嵌入式图形系统设计

怯肇乾　　编著
(Kai Zhaoqian)

北京航空航天大学出版社

内 容 简 介

图形用户界面(GUI)是嵌入式应用系统设计的关键技术之一。本书全方位地阐述了如何在保持嵌入式系统高度的稳定可靠性和快速的实时响应性的基础上,以最小的系统资源占有量,实现简洁、友好、丰富、优质的人机交互显示。

首先简要介绍了嵌入式图形用户界面 E-GUI 的特点和 E-GUI 系统的结构特征,指出了进行 E-GUI 设计的两种有效途径——直接 GUI 软件设计和应用 μC/GUI、μWindows(即 MicroWindows)、MiniGUI、Embedded Qt、WinCE-GWES 及 VxWorks-WindML/Zinc 等嵌入式图形系统软件进行 GUI 设计,并对比分析了 5 种常见、典型的 GUI 设计开发应用特征。然后,叙述了 E-GUI 的设计基础——嵌入式应用系统开发的基本知识和嵌入式软件体系架构的方法步骤,着重说明了嵌入式硬件体系的结构组成、基本软件体系的架构和外设/接口的驱动程序设计。接着分别对嵌入式 GUI 直接软件设计、嵌入式 μC/GUI 图形系统设计、嵌入式 μWindows 图形系统设计、嵌入式 MiniGUI 图形系统设计和嵌入式 Qt 图形系统设计展开了全面论述,重点介绍了底层驱动的设计或定制、图形系统的结构组成与内核的定制或移植、应用程序接口 API 函数与窗口/插件的应用、GUI 功能性应用程序设计的一般步骤和方法技巧、个人计算机上的模拟仿真与程序调试等内容。最后还分别说明了 WinCE-GWES 和 VxWorks-WindML/Zinc 的多媒体图形界面设计。

本书特别适合于从事嵌入式应用系统设计的广大工程技术人员,也是高等学校/职业学校嵌入式系统软硬件设计与机电一体化专业教育培训的理想教材和参考书。

图书在版编目(CIP)数据

嵌入式图形系统设计/怯肇乾编著.—北京:北京航空航天大学出版社,2009.3
ISBN 978-7-81124-487-8

Ⅰ.嵌… Ⅱ.怯… Ⅲ.软件工具-程序设计 Ⅳ.TP311.56

中国版本图书馆 CIP 数据核字(2008)第 199247 号

©2009,北京航空航天大学出版社,版权所有。
未经本书出版者书面许可,任何单位和个人不得以任何形式或手段复制本书内容。侵权必究。

嵌入式图形系统设计

怯肇乾 编著
(Kai Zhaoqian)

责任编辑 李 青 李冠咏 李徐心

*

北京航空航天大学出版社出版发行
北京市海淀区学院路 37 号(100191) 发行部电话:010-82317024 传真:010-82328026
http://www.buaapress.com.cn E-mail:bhpress@263.net
北京时代华都印刷有限公司印装 各地书店经销

*

开本:787×1 092 1/16 印张:27 字数:691 千字
2009 年 3 月第 1 版 2009 年 3 月第 1 次印刷 印数:5 000 册
ISBN 978-7-81124-487-8 定价:49.00 元

前 言

随着嵌入式系统的广泛应用,对嵌入式软件的要求更高了,不仅要求软件稳定可靠和实时响应,而且还要具有丰富友好的图形用户界面。嵌入式图形界面(E-GUI)设计应运而生并迅速发展,已经成为嵌入式微控制/处理器系统的核心技术之一。本书全方位地阐述了如何在保持嵌入式系统高度的稳定可靠性和快速的实时响应性的基础上,以最小的系统资源占有量,实现简洁、友好、丰富、优质的人机交互图形显示。

本书概括了 E-GUI 的特点和 E-GUI 系统的结构特征,叙述了 E-GUI 的设计基础——嵌入式应用系统开发的基本知识和嵌入式软件体系架构的方法步骤,指出了进行 E-GUI 设计的两条有效途径——直接 GUI 软件设计和应用 μC/GUI、MiniGUI 等嵌入式图形系统软件设计。本书着重阐述的是嵌入式 GUI 直接软件设计、嵌入式 μC/GUI 图形系统设计、嵌入式 μWindows 图形系统设计、嵌入式 MiniGUI 图形系统设计和嵌入式 Qt 图形系统设计。本书也说明了 WinCE-GWES 多媒体图形界面设计和 VxWorks-WindML/Zinc 多媒体图形界面设计。嵌入式图形系统设计的前提是如何进行软硬件系统设计和基本软件体系架构与设备驱动程序的设计,只有奠定了坚实的软硬件基础,才能更好、更快地展开 E-GUI 设计。嵌入式图形系统设计的重点是贯穿在各种类型的嵌入式图形界面设计中底层驱动的设计或定制、图形系统的体系构造与内核的定制或移植、应用程序接口 API 函数与窗口/插件的应用、GUI 功能性应用程序设计的一般步骤和方法技巧以及个人计算机上的模拟仿真与程序的调试运行等重要环节。为了把抽象的理论叙述和枯燥的经验总结形象化、具体化,结合嵌入式图形系统设计的项目开发实践,理论联系实际,本书在各章节列举了大量的应用开发设计实例,以求浅显易懂,突出实用。

本书共有10章。第1章概括描述了嵌入式图形系统设计的特点、设计基础和开发方法;第2~3章阐述了 E-GUI 设计的基础知识——嵌入式应用系统的开发设计和嵌入式软件体系架构的方法步骤,着重说明了嵌入式硬件体系的结构组成、基本软件体系的架构和外设/接口的驱动程序设计;第4章阐述了针对 LED/LCD/LCM 屏的直接底层驱动图形界面设计的方法步骤;第5~8章阐述了 μC/GUI、μWindows、MiniGUI 和 QtE 四种典型的嵌入式图形系统下的 GUI 应用设计,涵盖了嵌入式图形软件的移植、人机外设或接口驱动的定制或设计及 GUI 应用程序的设计/模拟仿真/调试运行等方面;第9章阐述了嵌入式 WinCE 下基于 GWES 体系的多媒体图形界面及其设计;第10章阐述了嵌入式 VxWorks 下应用 WindML 和 Zinc 多媒体组件进行的图形界面设计。

本书具有以下四大特点:

① 立足项目开发实践,重在实用,设计举例丰富。
② 面向现代 E-GUI 技术的综合应用,知识涉及面广。
③ 软硬件结合紧密,叙述循序渐进,章节配置合理。

④ E-GUI 设计结构清晰,软件实现突出了可靠、高效和优质的目标。

该书是对本人"嵌入式软硬件及其系统设计"系列应用技术丛书中的第三本《嵌入式应用程序及其监控软件设计》的有力补充和扩展。"嵌入式软硬件及其系统设计"系列应用技术丛书包括4本:《嵌入式系统硬件体系设计》、《基于底层硬体的软件设计》、《嵌入式应用程序及其监控软件设计》和《嵌入式系统工程规划设计》。其中,《嵌入式系统硬件体系设计》和《基于底层硬体的软件设计》已经出版,它们是本书的基础,相关软硬件的基本设计和操作可以参考这两本书。

《嵌入式系统硬件体系设计》和《基于底层硬体的软件设计》覆盖面广,很实用,但书都很厚。《嵌入式图形系统设计》一书,写作开始,本人就力求把它写作成一本薄书,于是出于实用、简洁的目的,完成了这本书。遗憾的是,书还是有些"厚",于是又进行了大幅度的缩减,特别是代码和插图部分,列举的例程代码尽可能合在一行,大部分插图都采用了"四周型"的形式。大多数例程代码来自本人的开发实践,经过了编译和调试,出于减少版面的目的,写在了一行,如果在某些软件开发环境下不能通过,则可以分开使之独立成行,再进行编译与调试即可。

本书的读者群是从事工业检测/控制、语音/图像处理、航空航天、军事、移动通信、便携式个人数字 PDA、消费类电子和仪表仪器等设计行业的各级软硬件设计人员,也可作为高等学校/职业学校"嵌入式应用系统设计"、"软件设计"等专业的本科生、研究生的使用教材。本书源于实践,力求浅显易懂,重在实用,本人曾以这些内容编成系列讲义,在高等学校/职业学校的本科生/研究生/工程硕士生的高级技能培训班中讲解,收到了很好的效果。

嵌入式图形系统设计涉及面广,图形体系软件众多,本人实践应用和接触比较多的,书中叙述得详细清晰;本人接触不多的,书中的叙述明显展开不够。由于个人知识水平和认识能力的局限,书中存在的不详、不当或错误之处,敬请广大读者批评指正。

愿本书的出版,能够给从事或想要从事软硬件设计的广大工程技术人员,在各类嵌入式应用系统上设计出简洁、友好、丰富、优质的人机交互图形显示界面,带来更多的帮助和有益的设计参考。

怯肇乾(Kai Zhaoqian)
2008年9月12日于上海

目　录

第1章　嵌入式图形系统设计概述

1.1　嵌入式图形界面及其实现概述 …………………………………………… 1
   1.1.1　图形用户界面及其应用 …………………………………………… 1
   1.1.2　嵌入式图形界面及其实现 ………………………………………… 2
1.2　嵌入式应用系统开发设计基础 …………………………………………… 3
1.3　嵌入式软件体系架构设计基础 …………………………………………… 6
   1.3.1　嵌入式软件体系架构 ……………………………………………… 6
   1.3.2　嵌入式软件体系架构设计 ………………………………………… 7
1.4　常见嵌入式图形设计体系简介 …………………………………………… 10
1.5　本章小结 ………………………………………………………………… 12
1.6　学习与思考 ……………………………………………………………… 12

第2章　嵌入式应用系统开发基础

2.1　引子：便携式手持巡检体系设计 ………………………………………… 13
   2.1.1　问题的提出及其方案规划 ………………………………………… 13
   2.1.2　系统的硬件体系设计 ……………………………………………… 14
   2.1.3　系统的软件体系设计 ……………………………………………… 17
2.2　嵌入式应用系统设计的理论基础 ………………………………………… 25
   2.2.1　嵌入式系统及其设计概述 ………………………………………… 25
   2.2.2　嵌入式硬件体系及其设计 ………………………………………… 26
   2.2.3　底层硬件操作软件及其设计 ……………………………………… 28
   2.2.4　嵌入式系统的应用程序设计 ……………………………………… 31
   2.2.5　嵌入式体系的系统级规划设计 …………………………………… 34
2.3　项目设计举例：FPGA-SoPC体系 ……………………………………… 38
   2.3.1　系统工程规划与控制算法确定 …………………………………… 38
   2.3.2　嵌入式硬件体系设计 ……………………………………………… 45
   2.3.3　嵌入式软件体系架构 ……………………………………………… 48
   2.3.4　嵌入式应用程序设计 ……………………………………………… 55
   2.3.5　通用计算机监控软件设计 ………………………………………… 63
2.4　本章小结 ………………………………………………………………… 67
2.5　学习与思考 ……………………………………………………………… 68

第 3 章 嵌入式软件体系架构基础

- 3.1 嵌入式软件体系架构的基本内容 69
  - 3.1.1 嵌入式软件体系架构综述 69
  - 3.1.2 E-RTOS 及其体系构造 71
  - 3.1.3 嵌入式软件体系架构要素 73
- 3.2 嵌入式体系的直接软件架构 74
  - 3.2.1 直接软件体系架构概述 74
  - 3.2.2 基本软件体系的架构 76
  - 3.2.3 接口/外设的驱动设计 78
  - 3.2.4 软件框架的快速建立 80
- 3.3 嵌入式 μC/OS 体系的软件架构 81
  - 3.3.1 μC/OS E-RTOS 简要介绍 81
  - 3.3.2 μC/OS 基本软件体系架构 82
  - 3.3.3 μC/OS-Ⅱ 操作系统的移植 83
  - 3.3.4 外设/接口的驱动程序设计 85
  - 3.3.5 μC/OS 软件体系架构举例 87
- 3.4 嵌入式 μC/Linux 体系的软件架构 89
  - 3.4.1 μC/Linux 及其交叉开发 89
  - 3.4.2 μC/Linux 的芯片级移植 91
  - 3.4.3 μC/Linux 设备驱动及其设计 95
  - 3.4.4 字符型设备驱动程序设计 96
  - 3.4.5 块型设备驱动与闪存文件操作 101
- 3.5 嵌入式 WinCE 体系的软件架构 106
  - 3.5.1 嵌入式 Windows 及其开发综述 106
  - 3.5.2 WinCE 基本软件体系的定制 109
  - 3.5.3 WinCE 操作系统内核的移植 110
  - 3.5.4 WinCE 设备驱动程序及设计 113
  - 3.5.5 块型设备驱动及文件系统操作 116
- 3.6 嵌入式 Vxworks 体系的软件架构 117
  - 3.6.1 嵌入式 VxWorks 软件体系架构基础 117
  - 3.6.2 VxWorks 内核移植及其 BSP 编写 120
  - 3.6.3 VxWorks 字符型设备驱动程序设计 122
  - 3.6.4 VxWorks 块型设备及文件系统操作 126
- 3.7 本章小结 128
- 3.8 学习与思考 129

第 4 章 嵌入式 GUI 直接软件设计

- 4.1 嵌入式 GUI 直接软件设计综述 130

4.2 常用辅助设计的软件工具介绍 …………………………………… 131
4.3 LED-GUI 图文显示设计 …………………………………………… 133
  4.3.1 LED 显示及其硬件驱动 ……………………………………… 133
  4.3.2 常见 LED 系统的硬件设计 …………………………………… 134
  4.3.3 LED-GUI 直接软件设计综述 ………………………………… 137
  4.3.4 LED-GUI 应用项目开发举例 ………………………………… 137
4.4 LCD/LCM-GUI 图文显示设计 …………………………………… 152
  4.4.1 LCD 显示及其控制/驱动/接口 ……………………………… 152
  4.4.2 常见 LCD 控制/驱动/接口设计 ……………………………… 153
  4.4.3 LCD/LCM-GUI 直接软件设计综述 ………………………… 156
  4.4.4 LCD/LCM-GUI 应用项目开发举例 ………………………… 157
4.5 本章小结 …………………………………………………………… 173
4.6 学习与思考 ………………………………………………………… 173

第5章 嵌入式 μC/GUI 图形系统设计

5.1 μC/GUI 图形系统概述 …………………………………………… 174
  5.1.1 μC/GUI 图形系统简介 ……………………………………… 174
  5.1.2 μC/GUI 的特点与接口 ……………………………………… 176
5.2 μC/GUI 的软件体系构成 ………………………………………… 176
  5.2.1 μC/GUI 的软件构成 ………………………………………… 176
  5.2.2 μC/GUI 的文件组织 ………………………………………… 177
5.3 μC/GUI 的窗口管理机制 ………………………………………… 179
  5.3.1 μC/GUI 运行原理分析 ……………………………………… 179
  5.3.2 μC/GUI 窗口管理基础 ……………………………………… 180
  5.3.3 回调函数应用举例 …………………………………………… 181
5.4 μC/GUI 的移植或定制 …………………………………………… 182
  5.4.1 μC/GUI 移植的重要环节 …………………………………… 182
  5.4.2 μC/GUI 典型移植举例 ……………………………………… 185
  5.4.3 在目标板上应用 μC/GUI …………………………………… 187
5.5 μC/GUI 应用程序开发 …………………………………………… 188
  5.5.1 应用程序开发描述 …………………………………………… 188
  5.5.2 应用程序设计举例 …………………………………………… 189
5.6 μC/GUI 的模拟仿真与调试 ……………………………………… 190
  5.6.1 软件模拟仿真综述 …………………………………………… 190
  5.6.2 模拟仿真应用举例 …………………………………………… 192
5.7 μC/GUI 图形系统开发举例 ……………………………………… 195
  5.7.1 LCD 仪器的 GUI 设计 ……………………………………… 195
  5.7.2 监控体系的 GUI 设计 ……………………………………… 196
  5.7.3 测量体系的 GUI 设计 ……………………………………… 200

5.8 本章小结 …… 202
5.9 学习与思考 …… 203

第6章 嵌入式 μWindows 图形系统设计

6.1 μWindows 图形系统简介 …… 204
  6.1.1 μWindows 及其特性 …… 204
  6.1.2 目前版本的新特性 …… 206
  6.1.3 μWindows 软件应用 …… 206
6.2 μWindows 软件体系构成 …… 207
  6.2.1 基本软件体系的构成 …… 207
  6.2.2 图形引擎的特性与实现 …… 210
6.3 μWindows 软件移植 …… 211
  6.3.1 μWindows 的内核移植 …… 211
  6.3.2 LCD 帧缓冲驱动程序开发 …… 213
6.4 μWindows API 函数介绍 …… 218
  6.4.1 Win32/WinCE GDI 函数库 …… 218
  6.4.2 Nano-X 函数库及 FLNX …… 220
6.5 μWindows 应用程序开发 …… 221
  6.5.1 应用程序设计基础 …… 221
  6.5.2 典型界面设计举例 …… 224
6.6 μWindows 的模拟仿真 …… 228
  6.6.1 软件模拟仿真综述 …… 228
  6.6.2 模拟仿真应用举例 …… 229
6.7 μWindows 应用设计举例 …… 229
  6.7.1 红外抄表器的 GUI 设计 …… 229
  6.7.2 微型图形应用库的设计 …… 231
  6.7.3 在线监测器的 GUI 设计 …… 234
  6.7.4 掌上浏览器的 GUI 设计 …… 236
6.8 本章小结 …… 239
6.9 学习与思考 …… 239

第7章 嵌入式 MiniGUI 图形系统设计

7.1 MiniGUI 图形系统概述 …… 240
  7.1.1 MiniGUI 图形系统及应用 …… 240
  7.1.2 MiniGUI 的主要功能特点 …… 242
7.2 MiniGUI 软件体系构成 …… 243
  7.2.1 MiniGUI 的体系结构和运行模式 …… 243
  7.2.2 典型应用及其软件架构 …… 244
7.3 MiniGUI 软件移植 …… 246

  7.3.1 MiniGUI 的内核移植过程 …… 246
  7.3.2 MiniGUI 的编译及其设置 …… 253
 7.4 MiniGUI 应用开发基础 …… 255
  7.4.1 消息循环和窗口过程 …… 255
  7.4.2 对话框和控件编程 …… 260
  7.4.3 GDI 函数及其使用 …… 267
 7.5 MiniGUI 应用程序开发 …… 276
  7.5.1 一般设计过程综述 …… 276
  7.5.2 举例：触摸屏核准 …… 276
 7.6 MiniGUI 模拟仿真 …… 280
  7.6.1 模拟仿真方法手段简介 …… 280
  7.6.2 模拟仿真的一般过程 …… 291
  7.6.3 模拟仿真示例演示 …… 291
 7.7 MiniGUI 应用设计举例 …… 299
  7.7.1 机车显示终端界面设计 …… 299
  7.7.2 车载导航终端界面设计 …… 301
  7.7.3 税控收款机显示界面设计 …… 305
 7.8 本章小结 …… 307
 7.9 学习与思考 …… 308

第 8 章 嵌入式 Qt 图形系统设计

 8.1 Qt‑GUI 图形体系概述 …… 309
  8.1.1 Qt‑GUI 软件体系简介 …… 309
  8.1.2 QtE‑GUI 及其应用综述 …… 311
 8.2 QtE‑GUI 框架结构及核心技术 …… 312
  8.2.1 QtE‑GUI 的框架构造 …… 312
  8.2.2 QtE 关键编程技术综述 …… 315
 8.3 QtE‑GUI 软件移植 …… 318
  8.3.1 QtE‑GUI 开发环境的建立 …… 318
  8.3.2 QtE‑GUI 的移植与应用 …… 320
  8.3.3 QtE‑GUI 移植的关键环节 …… 322
 8.4 QtE‑GUI 编程循序渐进 …… 324
  8.4.1 "Hello Word!"——Qt 初步 …… 324
  8.4.2 创建简单窗口并添加按钮 …… 325
  8.4.3 Signal/Slot 的对象间通信 …… 326
  8.4.4 使用菜单及其快捷键 …… 328
  8.4.5 增添工具条和状态栏 …… 332
  8.4.6 运用鼠标和键盘事件 …… 336
  8.4.7 使用"对话框"窗口部件 …… 340

8.4.8　绘图程序的 Qt 编制 ……………………………………………………… 343
8.4.9　Qt 中的多线程编程 …………………………………………………… 347
8.4.10　Qt 网络编程的实现 …………………………………………………… 352
8.5　Qt Designer 及其应用 ……………………………………………………………… 357
8.5.1　Qt Designer 简述 ……………………………………………………… 357
8.5.2　基本运行要求 …………………………………………………………… 358
8.5.3　uic 转换及其简化 ……………………………………………………… 358
8.5.4　常用控件及其应用 ……………………………………………………… 359
8.5.5　综合应用演示 …………………………………………………………… 365
8.6　添加应用程序到 QtE/Qtopia ……………………………………………………… 369
8.6.1　系统平台的构成 ………………………………………………………… 369
8.6.2　添加应用程序到 Qtopia ………………………………………………… 369
8.7　QtE-GUI 应用设计举例 …………………………………………………………… 370
8.7.1　系统设计原理 …………………………………………………………… 370
8.7.2　软件系统设计 …………………………………………………………… 371
8.7.3　QtE 编程实现 …………………………………………………………… 372
8.8　本章小结 …………………………………………………………………………… 374
8.9　学习与思考 ………………………………………………………………………… 374

第 9 章　WinCE 下的图形用户界面系统设计

9.1　WinCE 用户界面服务概述 ………………………………………………………… 375
9.2　WinCE 用户界面要素及其使用 …………………………………………………… 376
9.2.1　窗口及其事件处理 ……………………………………………………… 376
9.2.2　资源及其使用 …………………………………………………………… 378
9.2.3　控件及其使用 …………………………………………………………… 380
9.2.4　图形及其使用 …………………………………………………………… 383
9.2.5　接收用户输入 …………………………………………………………… 386
9.3　WinCE 下的图形用户界面设计 …………………………………………………… 388
9.4　WinCE 图形用户界面开发举例 …………………………………………………… 390
9.4.1　WinCE GUI 应用程序框架 …………………………………………… 390
9.4.2　基于 WinCE 的监控界面设计 ………………………………………… 391
9.5　本章小结 …………………………………………………………………………… 393
9.6　学习与思考 ………………………………………………………………………… 393

第 10 章　VxWorks 下的图形用户界面设计

10.1　VxWorks 图形界面设计综述 …………………………………………………… 394
10.2　安装使用 WindML/Zinc 软件 …………………………………………………… 395
10.3　WindML 多媒体组件及其应用 ………………………………………………… 397
10.3.1　WindML 的功能特点 ………………………………………………… 397

10.3.2 WindML 的体系构造 …………………………………… 398
　　10.3.3 WindML 的配置编译 …………………………………… 401
　　10.3.4 WindML 的具体应用 …………………………………… 401
　　10.3.5 WindML 的功能扩展 …………………………………… 405
　　10.3.6 WindML 显示驱动开发 ………………………………… 407
　10.4 Zinc 多媒体组件及其应用 …………………………………… 407
　　10.4.1 Zinc 组件综合描述 ……………………………………… 407
　　10.4.2 Zinc 的多任务通信 ……………………………………… 409
　　10.4.3 Zinc 应用程序设计 ……………………………………… 412
　10.5 本章小结 ……………………………………………………… 415
　10.6 学习与思考 …………………………………………………… 415

参考文献 ………………………………………………………………… 416

第1章 嵌入式图形系统设计概述

嵌入式图形界面在工业数据采集/控制、自动化控制、监控/测试/测量、航空航天、武器装备、便携式仪表仪器、个人数字助理和消费电子等领域中的需求越来越广。随着嵌入式系统的广泛应用,迫切需要嵌入式图形体系能够图形界面简洁丰富,人机交互方便友好,工作稳定可靠,响应快速及时,代码量小且占用资源少。嵌入式图形系统有怎样的体系构造和特征?奠定怎样的软硬件基础才能开始嵌入式图形系统设计?有哪些常见的嵌入式图形系统?常用嵌入式图形系统的性能特征如何?怎样选择嵌入式图形系统并在此基础上展开嵌入式图形界面设计?针对上述问题,本章将展开全面的概述。

本章主要有以下内容:
➤ 嵌入式图形界面及其实现概述;
➤ 嵌入式应用系统开发设计基础;
➤ 嵌入式软件体系架构设计基础;
➤ 常见嵌入式图形设计体系简介。

1.1 嵌入式图形界面及其实现概述

1.1.1 图形用户界面及其应用

图形用户界面 GUI(Graphical User Interface),顾名思义,是一种以图形化为基础的用户界面,通常它使用统一的图形操作系统,如可移动的视窗、选项与鼠标,作为用户与操作系统之间的中介。GUI 最重要的优势在于使用户摆脱了在命令行提示符下与操作系统进行交互的方式,用户可以仅仅通过鼠标来熟练地操作程序,而且由于图表、对话框等的引入,使得操作更为直观形象。GUI 已经成为一种用户与计算机交互的标准。比较成功的 GUI 体系是各种通用计算机上使用的视窗系统。常见的视窗系统,如 Microsoft 下的 Windows、Unix 下的 Motif 和 Linux 下的 KDE/GNOME 等。

GUI 是人机界面 MMI(Man - Machine Interface)的重要表现形式,与其密切相关的硬件设备主要是各类计算机输出显示屏,也包括用于实现人机交互的鼠标、键盘、触摸板和手写板等输入设备。现代计算机系统已经趋向采用集输出显示与输入交互为一体的触摸显示屏。

通用计算机硬件平台下的 GUI MMI 层次结构一般如图 1-1 所示。

GUI 的发展历程可从以下不同的角度加以描述:

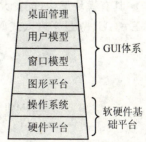

图 1-1 GUI MMI 层次结构

① 就用户界面的具体形式而言,GUI 的发展过程是批处理/联机终端(命令接口)、(文本)菜单等多通道-多媒体用户界面和虚拟现实系统。

② 就用户界面中信息载体的类型而言,GUI 的发展过程是以文本为主的字符用户界面、以二维图形为主的用户界面和多媒体用户界面,计算机与用户之间的通信带宽不断提高。

③ 就计算机输出信息的形式而言,GUI 的发展过程是以符号为主的字符命令语言、以视觉感知为主的图形用户界面、兼顾听觉感知的多媒体用户界面和综合运用多种感观(包括触觉等)的虚拟现实系统。

④ 就人机界面中的信息维度而言,经历了一维信息(主要指文本流,如早期的电传式终端)、二维信息(主要是二维图形技术,利用了色彩、形状和纹理等维度信息)、三维信息(主要是三维图形技术,但显示技术仍利用二维平面为主)和多维信息(多通道的多维信息)空间。

不论从何种角度看,人机交互发展的趋势都体现了对人的因素的不断重视,使人机交互更接近于大自然的形式,使用户能利用日常的自然技能,不需要经过特别的努力和学习,降低认知负荷,提高工作效率。

1.1.2 嵌入式图形界面及其实现

随着嵌入式系统的广泛使用,对软件的特性提出了更高的要求。嵌入式系统软件不仅要满足系统的实时性要求,而且还要具有良好的图形用户界面。伴随着硬件技术的发展,传统意义上的人机交互界面趋于淡化,取而代之的是具有友好人机交互支持的嵌入式图形界面 E-GUI(Embedded GUI)。E-GUI 就是在嵌入式系统中为特定的硬件设备或环境而设计的图形用户界面系统。E-GUI 是嵌入式微控制/处理器系统的核心技术之一,它与存储安全、嵌入式 JAVA 虚拟机并称为嵌入式系统中的三大关键技术。嵌入式微控制/处理器系统以其关键部件的高性能、低价格等优势为 E-GUI 的发展奠定了坚实的市场和技术基础。E-GUI 从弱交互性向强交互性转化的步伐越来越快。

嵌入式系统,以应用为中心、计算机技术为基础,软硬件可裁剪,适应应用系统对功能、可靠性、成本、体积及功耗等的严格要求。嵌入式系统的这些特征界定了它对 E-GUI 的基本要求。

E-GUI 的基本特点如下:
- 程序代码量小,系统资源需求少;
- 图形界面简洁丰富,人机互动便捷友好;
- 工作稳定可靠,响应迅速及时;
- 具有模块架构,配置灵活,便于移植。

E-GUI 立足于嵌入式 MMI,支持 E-GUI 的常见嵌入式 MMI 的构成如表 1-1 所列。

表 1-1 嵌入式系统中常见人机界面构成

常见人机界面 MMI
- 输出显示界面
  - LCD/LCM 液晶显示
  - LED 数码管/显示屏
- 输入操作界面
  - 键盘
  - 触摸板
  - 手写板

综合一体化界面 → 触摸显示屏

E-GUI的软件设计也称为嵌入式图形系统设计,属于嵌入式应用程序的设计范围,其实现方式有直接驱动显示和嵌入式图形系统应用两种。直接驱动显示就是在嵌入式软硬件平台的基础上,直接面向MMI硬件,编程实现E-GUI,关键环节包括显示器的点阵组合、颜色/灰度控制、亮度变换等底层驱动和窗口界面及其控件实现。嵌入式图形系统应用则是在嵌入式软硬件平台的基础上,移植现有成熟的嵌入式图形系统,然后调用其API(Application Programmable Interface)设计所需的GUI。嵌入式图形系统应用的关键是对嵌入式图形系统的移植和MMI底层驱动的配置。

嵌入式图形系统设计,特别是在自动化控制、工业数据采集/控制和运行系统监控等领域,应遵循一些基本的设计规则。这些规则概括如下:

① 顺序原则。即按照处理事件顺序、访问查看顺序(如由整体到单项,由大到小,由上层到下层等)与控制工艺流程等设计监控管理和人机对话主界面及其二级界面。

② 功能原则。即按照对象应用环境及场合的具体使用功能要求,各种子系统控制类型、不同管理对象的同一界面并行处理要求和多项对话交互的同时性要求等,设计分功能区、多级菜单、分层提示信息和多项对话栏并举的窗口等人机交互界面,从而使用户易于掌握交互界面的使用规律和特点,提高其友好性和易操作性。

③ 频率原则。即按照管理对象的对话交互频率高低,设计人机界面的层次顺序和对话窗口菜单的显示位置等,提高监控和访问对话的效率。

④ 重要性原则。即按照管理对象在控制系统中的重要性和全局性水平,设计人机界面的主次菜单和对话窗口的位置和突出显示性,从而有助于管理人员把握好控制系统的主次,实施好控制决策的顺序,实现最优调度和管理。

⑤ 面向对象原则。即按照操作人员的身份特征和工作性质,设计与之相适应和友好的人机界面。根据其工作需要,以弹出式窗口显示提示、引导和帮助信息,从而提高用户的交互水平和效率。

1.2 嵌入式应用系统开发设计基础

嵌入式应用系统的软硬件平台及其系统级规划设计是嵌入式图形系统设计的基础。本节将对嵌入式应用系统开发设计作一个整体性的简要介绍,为展开嵌入式图形系统设计奠定坚实的基础。

1. 嵌入式系统及其应用设计

嵌入式系统是应用软件与硬件体系紧密结合的一体化系统,其中包含着或简或繁的用于测量、控制、信号处理和通信等各类目的的系统级规划的数学模型。嵌入式系统的实现涉及电子/微电子、半导体、微计算机、传感/检测/变换、机/电/光一体化和工业品造型设计等诸多技术。

硬件体系、软件程序和系统工程是嵌入式系统的三个重要组成部分。其中,软件程序可以划分为软件体系和应用程序两部分。软件体系主要是指能够在硬件体系上运行的基本软件体系和嵌入式设备驱动程序。应用程序包括两个方面:嵌入式功能性程序和通用计算机上的监控程序;系统工程包括测量/控制算法模型、系统级的设计/验证和开发方案规划等内容。基本软件体系可以直接在所选微控制/处理器的指令系统上架构得到,也可以通过剪切移植选定的嵌入式实时操作系统而得到。

嵌入式系统的结构层次可以用如图1-2所示的"金字塔"构架形象地加以描述,硬件体系是基础,系统工程是"指挥中枢",软件程序是"有节奏的循环活动体",E-GUI是其中一类构建在软硬件体系基础之上重要的嵌入式应用程序。

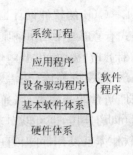

图1-2 嵌入式系统的层次结构

相应地,嵌入式应用系统设计也主要分为三个部分:嵌入式硬件体系设计、软件程序设计和嵌入式系统级规划设计。设计的嵌入式硬件体系是完全可见的,软件程序则只有GUI是可见的,系统级规划设计则是完全"务虚"的。系统级规划设计不可缺少,而且必须在整个系统设计前进行。

嵌入式应用系统设计应该达到以下目标:稳定可靠、简洁便利、经济实用。有实时性要求的嵌入式应用系统设计,还应该做到响应快速及时。

2. 嵌入式应用系统的软硬件设计

(1) 硬件体系设计

硬件体系设计的目标是,根据应用需求建立起以微控制/处理器为核心的整个硬件平台。首先,为系统选择核心微控制/处理器。核心微控制/处理器可以是8位/16位/32位的单片机SCM(Single Chip Microcomputer)、16位/32位的定点或浮点通用数字信号处理器DSP(Digital Signal Processor)和大规模可编程逻辑器件FPGA(Field Programmable Gate Array)等。接着,为系统选择合适大小和功能的程序存储器ROM(Read Only Memory)与数据存储器RAM(Random Access Memory)。然后,为系统设计所需的人机接口与通信接口及其相应的外设,如键盘输入、LED(Light-Emitting Diode)/LCD(Liquid Crystal Display)显示、UART(Universal Asynchronous Receive/Transmit)、USB(Universal Serial Bus)、1394、PCI(Peripheral Component Interconnect)/cPCI(complex PCI)总线、485总线、IrDA(Infrared Data Association)红外传输和工业以太网EMAC(Earthnet Media Access Control)等。如果需要实现数据采集与控制,还要设计相应的输入/输出通道,其中主要是ADC(Anolog Digital Convertor)和DAC(Digital Anolog Convertor)的选择与应用。最后,为系统设计供电电路、监控电路、复位电路和时钟电路等基础电路。微控制/处理器、时钟电路和电源电路是构成嵌入式系统必不可少的组成部分。现代使用的各类单片机或数字信号处理器内,常常集成各种常用的外部设备,如UART、ADC、DAC、EMAC、USB和ROM/RAM等,选用具有片内外设的微控制器,可以有效地减少系统器件的外部扩展。

确定好相关硬件体系器件后,就可以使用电子设计自动化工具EDA(Electronic Design Automatic)绘制电路原理图并进行PCB(Print Circuit Board)制板设计了,此后还可以使用相关模拟仿真工具进行所设计硬件体系的信号分析和实际模拟试运行分析。系统原理设计与PCB制板是嵌入式系统设计方案得以实施的基本环节。硬件体系设计还包括测试、调试和恶劣环境实验等重要环节。

(2) 软件体系设计

软件体系设计提供能够在硬件基础上运行的最小的基本软件,为应用程序设计构建基本的软件平台。软件体系设计主要包括三部分:基本软件体系架构、设备驱动程序设计和可编程逻辑软件。基本软件体系完成系统的启动和初始配置等操作,可以在基于所选微控制/处理器指令系统的基础上创立,也可以在引入 μC/OS、DSP/BIOS、μC/Linux、WinCE/XP 和 VxWorks 等实时操作系统的基础上创立。设备驱动程序完成外设或接口的初始配置,实现数据的读/写或收/发,提供 API 接口函数,供应用程序调用;设备驱动,主要是嵌入式外设或接口的驱动,如果所设计系统需要通用计算机监控程序,则还需要编写相应的通用计算机的通信接口驱动;可编程逻辑软件,通过对可编程器件的软件设计或配置,可以实现不同接口类型的外设或接口的连接,也可以实现常规的外设或接口,甚至实现整个微控制器及其所需外设/接口。

软件体系设计,可以通过一些软件体系架构工具、设备驱动设计工具和可编程逻辑软件设计工具等,简便而快速地进行开发,还可以通过一些专业化的软件工具进行模拟仿真。

(3) 应用程序设计

应用程序,用于实现需求的各种功能,如数据处理、人机交互和运行状况显示等,主要是运行于底层嵌入式应用系统中的应用程序,还包括用于通用计算机上的监控或测试软件。

嵌入式应用程序,通常在集编辑、编译和调试于一体的集成开发环境 IDE(Integrated Development Environment)下进行开发,通过通用计算机与目标板构成的"宿主机-目标机"体系进行调试和测试,其功能性的整体规划常通过基于进程或线程的多任务调度机制和一些进程或线程间的通信与同步机制可靠、高效地实现。

通用计算机监控或测试软件,通过 RS232-C、USB、EMAC 和 CPI/cCPI 等接口形式,用来完成对底层嵌入式应用体系的参数配置、运行状况监测、采集数据的收集与分析及执行行为的控制等操作,常设计成 GUI 丰富、便于简易操作的可视化窗口形式,选用 BCB(Bland C++ Builder)、Visual C++/Studio 和 KDevelop 等 IDE 进行开发设计。

3. 嵌入式系统级的规划设计

嵌入式系统级规划设计主要包括数学建模、项目规划管理和设计验证。首先需要进行数学建模,接着是项目的整体规划及其贯穿在项目进行过程中的项目跟踪管理,然后是对整个项目的设计验证。

每一种嵌入式应用系统,或简或繁,都包含有一定的数学模型。常用差分方程和传递函数等数学方法对应用系统加以描述。通过对系统数学模型的分析,可以确定系统的稳定性,找到系统稳定运行的条件,进而设计出高效、可靠的应用体系。当今高新技术实际上就是数学技术。数学建模和相应的计算是项目设计过程中的首要环节。系统模型及其计算分析,需要扎实的数学基础,包括函数及其图示、三角函数及其运算、平面几何/解析几何运用、复数及其特性与运算、线性代数运用、微/积分及其分析、级数与多项式应用及统计分析与概率分布等。

嵌入式系统级建模及其计算分析,典型的应用领域有微计算机控制、数字信号处理 DSP(Digital Signal Processing)和通信系统设计等。嵌入式系统中常用的微计算机控制模型有 PID(Proportional Integrating Differentiation)数字控制、智能模糊控制 FC(Fuzzy Control)、神经网络 NN(Neural Networks)控制、生物遗传算法控制、滑模变结构控制和专家知识系统等,其中以 PID 数字控制、智能模糊控制和神经网络控制应用最广。在实际应用中,为达到最佳控制和最优化的自整定效果,常常把几种控制模型集中在一起,实现更为高效精简的自适应、在线、闭环、实时和数字控制。常用的 DSP 类型有数字滤波、数字信号变换、功率谱估计、小波分析、音像的压缩/解压缩和语音/图像的识别等,如有限数字滤波、FIR、无限数字滤波、快速傅立叶变换 FFT、Z 变换和 Hilbert 变换等。通信系统设计包括通信过程的构造、信号与噪声分析及原理性模拟仿真等方面,通信系统数学模型的设计、分析和模拟仿真可以借助于

Matlab-Simulink、SystemView 和 ADS(Advanced Design System)等软件工具来实现。

　　嵌入式系统的项目开发计划与管理,包括开发进程及其调度、人力/物力分配、项目跟踪调整等,通常借助于项目管理软件工具进行,其中应用较普遍的是微软公司的 Microsoft Project。

　　系统级设计验证,用于构建嵌入式应用体系的数学模型和基本软硬件框架,确定关键性的模型参数和技术指标,进行功能性为主的模拟仿真,以验证整体设想的正确性并加以调整和完善。系统级设计验证通常在通用计算机的软件模拟环境中进行,最常用的软件工具是 Matlab-Simulink,其次是一些 EDA 软件工具,接下来是一些专业性的软件工具,也可以使用 C/C++语言通过 Visual C++、BCB 等自行设计某一领域的系统级设计与模拟仿真软件。

1.3　嵌入式软件体系架构设计基础

　　嵌入式图形系统构建在嵌入式软件体系的基础之上,只有建立起稳定可靠的嵌入式软件体系,才能开展嵌入式图形系统设计。本节将简要介绍嵌入式软件体系及其架构。

1.3.1　嵌入式软件体系架构

　　图1-3给出了嵌入式软件体系的架构及其设计示意图,其中的数字标示了相关的层次顺序。

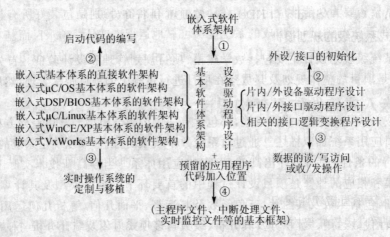

图1-3　嵌入式软件体系架构及其设计示意图

　　嵌入式软件体系架构首先是构建基本软件体系。基本软件体系是能够在嵌入式硬件体系上运行的最小软件系统。只有建立并运行基本软件体系,才能进行外设/接口的驱动程序和功能性应用程序的设计。在所选微控制/处理器的指令系统基础上直接创立基本软件体系,称为嵌入式基本体系的直接软件架构。引入实时操作系统 RTOS(Real Time Operation Sytem)的嵌入式基本软件体系架构,称为嵌入式 RTOS 基本体系软件架构,其核心是 RTOS 的移植或定制及其必需的时钟驱动。常用的嵌入式 RTOS 有 μC/OS、DSP/BIOS、μC/Linux、WinCE/XP 和 VxWorks 等。基本软件体系完成系统的启动和初始配置等操作,通常采用混合编程来实现。与硬件密切相关的部分,如启动代码和时钟的选配等通常采用汇编语言编写,其他大部分程序采用C/C++语言来实现,如外设与接口的配置、多任务环境的创建、硬件体系的自我测试及各级中断与总中断的开放等。

设备驱动程序完成嵌入式外设或接口的初始化配置和行为控制,实现数据传输的读/写访问或收/发操作,提供API函数,供应用程序调用。可编程逻辑器件及其软件,通过可编程逻辑设计或配置,实现不同接口类型的外设或接口的连接,也可以实现常规的外设或接口,甚至实现整个微控制/处理器及其所需外设/接口,即FPGA-SoPC(System on Pragrmmable Chip)设计。通常采用查询方式实现写访问或发送操作,采用中断方式实现读访问或接收操作;此外,也可采用直接存储器访问DMA(Direct Memory Access)方式来实现更为快速的读/写访问或收/发操作。嵌入式设备驱动多为单层或双层结构,有些设备驱动因硬件连接构成二级驱动,应用程序一般调用高层或高级驱动的API,高层或高级驱动可以使用低层或低级驱动的API。直接软件体系和基于RTOS的软件体系都有相应类型的设备驱动模型,各种设备驱动有各自的设计规律,通常根据所选操作系统及其设计规则,设计相应类型的设备驱动。

软件体系架构还应构建起功能性应用程序的基本框架,为其预留显著的代码加入位置。通常根据功能需求构建不同的成对文件(即"头文件/包含文件"和"功能实现文件")框架,如主体程序文件、异常中断处理文件、实时监控文件和运算分析文件等。在框架文件或驱动程序文件中,添加功能性代码的位置通常应用注释的方式明确给出。

软件体系架构,需要熟悉所选微控制/处理器的构造、存储器空间架构、CPU及其外设/接口的寄存器定义和用到的汇编指令。

软件体系架构要为功能性应用程序设计做好所有准备,特别是包装好所有相关硬件的操作,并通过各种调试与测试,使构成的系统能够可靠地运行。这是一项艰巨而基本的软件设计工作,可以借助一些软件体系架构工具、设备驱动设计工具和专业化的模拟仿真工具等缩短这一过程,简化并加快软件体系架构的开发。

1.3.2 嵌入式软件体系架构设计

嵌入式软件体系架构的设计有规律可循。不同类型的嵌入式软件体系架构有不同的设计特点,因使用微控制/处理器的指令体系和选用的RTOS而异。下面就E-GUI密切相关的嵌入式软件体系架构分别加以简要说明。

1. 嵌入式体系直接软件架构

嵌入式体系直接软件架构是进行嵌入式应用软件体系开发设计的最基本、最常用的软件架构方法,它能够以最小的软硬件资源占用率在预定的设计下得到优良的系统性能,广泛应用于中小型嵌入式应用体系的开发设计中,特别是便携式嵌入式产品中。

嵌入式体系直接架构软件主要包括两部分:基本体系的架构软件和所需外设或接口的驱动软件。基本体系的架构软件主要是SCM系统的启动代码或DSP系统的向量分配文件与命令链接文件的编写,另外基本体系的架构软件还要创建主程序和异常中断处理程序的框架。外设或接口驱动软件主要包括三部分:初始化配置、读/写访问或收/发操作和中断处理。它为应用程序提供初始化、存/取访问、中断处理及启动/停止控制等API接口函数。在接口或外设的驱动中,写访问或发送操作是主动的,可以通过简单的查询方式来实现;读访问或接收操作是被动的,可以使用中断方式来完成;对于访问或操作响应速度很快的被动读取或数据接收,宜采用简单的查询方式来实现。

一般根据 SCM 或 DSP 的类型和接口/外设的特点,在所选 IDE 提供的"启动代码或向量分配与命令链接"的模板文件和典型项目例程的基础上,按照实际需求,通过一边编程一边调试、由简到繁的方法,逐步完成嵌入式应用体系的直接软件架构。对于常见微控/处理器应用体系设计,可以借助一些软件体系架构工具,快速构建所需的嵌入式软件体系。

2. 嵌入式 μC/OS 体系软件架构

μC/OS 以源代码公开,结构小巧,资源占用少,执行效率高,实时性能优良和可靠性、稳定性强等特点,广泛应用于各种 SCM、DSP 和 FPGA-SoPC 体系中,特别是中小型嵌入式应用系统。μC/OS 的普适版本是 μC/OS-Ⅱ,它基于抢占式实时多任务调度,提供有任务调度与管理、时间管理、任务间同步与通信、内存管理和中断服务等功能,用于进程通信及其状态转化的 API 函数十分丰富。

嵌入式 μC/OS-Ⅱ 基本软件体系主要由启动代码、系统初始化、操作系统的构建与启动、多任务及其通信机制创建和多任务操作与中断处理部分等部分组成。其中,启动代码和系统初始化部分与直接软件架构类同,操作系统的构建与启动、多任务及其通信机制创建在 C 语言主函数 main() 中实现。μC/OS-Ⅱ 有规范的主函数、中断处理函数、任务处理函数和事件驱动型的任务处理函数框架,其软件体系的运行顺序是:基于微控/处理器的最基本软件体系→μC/OS-Ⅱ E-RTOS→用户应用程序。μC/OS-Ⅱ 基本软件体系构架的关键部分是与硬件相关的移植代码的编写和用于多任务调度的操作系统时钟的设置。μC/OS-Ⅱ 应用广泛,内核移植时,首先应设法得到移植范例,只有在不能找到的情况下才根据实际项目需求逐步移植内核。进行 μC/OS-Ⅱ 移植有规范的方法步骤可循。E-RTOS 即 Embedded Real Time Operation System。

μC/OS-Ⅱ 应用体系外设或接口的驱动,不仅有直接软件架构下设备驱动程序的共同特点,还有 μC/OS-Ⅱ 环境的"烙印",如使设备驱动受控于操作系统的多任务之间的同步机制,有利于保证实时多任务操作系统中对硬件访问的唯一性;把信号量、邮箱、消息队列和信号等通信同步机制引入驱动程序设计,可以使设备驱动程序更加灵活,执行效率更高,使有限的内存 RAM、中断等资源利用更加合理。

3. 嵌入式 μC/Linux 体系软件架构

继承了 Linux 操作系统高度的稳定性、优异的网络能力以及优秀的文件系统支持等主要优点的嵌入式 μC/Linux E-RTOS,内核定制高度灵活,源代码公开,设备驱动编制规范,特别适合无 MMU(Memory Manage Unit) 的微控/处理器体系。

开发环境的建立是 μC/Linux 软件体系开发的前提,开发 μC/Linux 普遍使用的是"宿主机-目标机"组成的交叉编译/调试开发环境和相应微控/处理器类型的 μC/Linux 软件包(如 arm-elf-tools 或 arm-linux)。

嵌入式 μC/Linux 软件体系架构主要是操作系统的芯片级移植和外设/接口驱动程序的设计。芯片级移植是 μC/Linux 软件体系设计的首要工作,主要包括两方面内容:添加与所选控制/处理器相关代码的 μC/Linux 内核的芯片级移植和构成最基本软件系统必不可少的时钟与串口设备的驱动程序移植。μC/Linux 将设备驱动程序视为特殊的文件即"设备文件"进行操作访问与管理,并把设备驱动程序编译为动态可加载的内核模块使用,因而外设/接口的驱动属于内核模块的范畴,而 μC/Linux 内核模块及其 makefile 文件十分规范,这使得 μC/Linux 设备驱动易于实现。μC/Linux 下外设/接口的驱动有字符型、块型外设和网络型 3 种类型,每种类型都有相应的规范代码框架规律。值得一提的是,μC/Linux下的外设或接口大多是作为字符型设备加以驱动的。在驱动设计中,还可以灵活地使用μC/Linux的信号量、消息队列、共享存储器和信号等进程/线程同步通信机制。

4. 嵌入式 WinCE/XPE 体系软件架构

WinCE/XPE是移动通信、消费类电子和便携式仪器等非个人计算机领域产品设计中广泛应用的具有显著GUI能力的E-RTOS。WinCE/XPE功能强大,适应具体硬件设备的可定制性强,操作系统移植有规律可循,外设/接口驱动设计简易,各类开发工具和手段也很齐备。其中,WinCE的嵌入式应用最为普遍。

嵌入式WinCE基本软件体系架构需要实现的是WinCE体系的定制或WinCE的内核移植。定制WinCE是在能够运行WinCE的硬件体系及其BSP(Board Support Package)基础上,根据实际需求,选择必需的WinCE及其BSP模块组件,构建并制作WinCE运行时映像。定制WinCE操作系统,需要经过创建、构建、运行和发布等一系列过程。移植WinCE内核的主要工作是设计BSP,大多数BSP开发都是基于现有硬件平台类似的BSP源代码作修改而实现的。WinCE本身自带很多各种类型的典型BSP。BSP的开发包括参考BSP的克隆、引导程序编写、OAL(Original Equipment Manufacturer Abstraction Layer)编写及驱动程序的设计与添加等过程,其中最重要的是引导程序、OAL和驱动程序的开发设计。

WinCE驱动程序以用户态DLL文件形式存在,可以区分为单体和两层(模型设备驱动与依赖硬件平台的驱动)形式或本地和流式接口形式,驱动实现中可以调用所有标准的WinCE API。模型设备驱动通常由WinCE提供,需要设计的外设/接口驱动一般是单体或依赖硬件平台的底层流式接口驱动。

WinCE的中断处理很特殊,它通过核心态的中断服务例程把物理中断映射为逻辑中断,激发关联事件对象,使得在该事件对象上的应用程序和设备驱动程序的中断服务线程开始执行来处理中断。

5. 嵌入式 VxWorks 体系软件架构

公认实时性最强的VxWorks E-RTOS,以高度的可靠性、优秀的实时性和灵活的可裁剪性,广泛应用在嵌入式工业数据采集/控制体系中,尤其是各类的ARM系列微控制/处理器系统。

开发VxWorks实时应用系统使用的是WindRiver的TornadoⅡ软件平台及其"宿主机-目标机"形式的交叉编译/调试开发环境(如Tornado 2.2 for ARM)。TornadoⅡ包括了从项目工程的创建、管理到BSP的移植,以及从应用系统的设计到系统的调试、性能分析等方方面面。

嵌入式VxWorks的软件体系架构,主要是以BSP设计为主的VxWorks操作系统的移植和特定外设/接口设备驱动程序的设计。BSP的具体开发过程可以概括为开发环境的建立、模板程序的修改和VxWorks映像的创建3个方面。目标板首先运行BSP开发得到的Boot Rom程序,初始化硬件资源,然后通过串口或网卡接口下载VxWorks映像。通过反复的调试和修改,VxWorks能够在目标板上正常运行,则操作系统的移植工作完成。之后就可以通过增量下载等方式下载并执行或调试编写的应用程序。

嵌入式VxWorks体系中的外设/接口多是基于I/O的字符型和块型设备,特别是字符型设备。字符型设备驱动有规范的程序代码框架。块型设备多为大容量闪存及其存储介质,通过使用文件系统进行操作,应用较多的文件系统是 TrueFFS。字符型和块型设备驱动程序包含初始化、函数功能和中断服务程序 3 部分。函数功能部分完成系统指定的功能,对于字符型设备,这些函数就是指定的 7 个标准函数;对于块型设备,则是在 BLK_DEV 或 SEQ_DEV 结构中指定的功能函数。中断服务程序实现与硬件交互。

1.4　常见嵌入式图形设计体系简介

嵌入式应用系统中常用的图形用户界面及其设计体系如表 1-2 所列。其中,μWindows 即 MicroWindows,QtE 即 Qt/Embedded,这是本书特有的简化称谓,以便于书写。

表 1-2　常用嵌入式图形界面及其设计体系

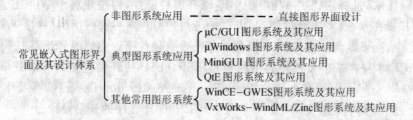

常见 E-GUI 应用中,为了便于快速开发设计,大多采用图形系统。列举的 4 种典型嵌入式图形系统中,μC/GUI 特别适合 μC/OS E-RTOS 应用体系,其他 3 种广泛应用于 μC/Linux,μC/GUI、MiniGUI 和 QtE 还可用于其他嵌入式操作系统,在嵌入式操作系统的广泛适应方面,尤以 μC/GUI 和 MiniGUI 最为突出。图形-窗口-事件系统 GWES(Graphics-Windows-Event System)是可裁剪、可定制大小的 WinCE 内核模块,只要在嵌入式 WinCE 中选择并设置了合适大小的 GWES,就可以直接在应用程序中设计诸如 Windows 视窗的图形界面。WindML/Zinc 是 Wind River 专门为其 VxWorks E-RTOS 的 GUI 应用而设计的嵌入式图形系统,通常采用媒体函数库 WindML 就可以实现常规的 E-GUI,Zinc 架构在 WindML 之上,采用 WindML/Zinc 可以在 VxWorks E-RTOS 中设计出更加丰富的 E-GUI。

列举的常用嵌入式图形系统中,唯有 MiniGUI 图形界面软件系统是一款优秀的国产软件工具。

无论是直接进行 E-GUI 设计,还是引入嵌入式图形系统并在其基础上开始 E-GUI 设计,嵌入式图形界面设计,虽然形式各不相同,却遵循一样的内在规律。图 1-4 道出了 E-GUI 设计的实质。

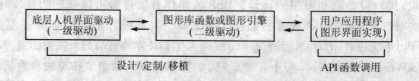

图 1-4　嵌入式图形界面设计的实质示意图

以显示器为主的底层人机界面构成一级驱动,核心的图形库函数或图形引擎构成了二级驱动,直接图形界面设计需要逐级全部实现各级驱动软件,并向应用层提供必需的 API 调用函数;采用了嵌入式图形系统,因其可靠地实现了图形函数库或图形引擎和常见人机界面的驱动,并对应用层呈现了丰富的 API 函数,使用中主要是"量体裁衣"的嵌入式图形系统的定制或移植,只有对少数不适应的硬件 UI 器件才去调整或设计底层驱动。"定制"即在厂商提供的能够正常运行操作系统和图形系统的开发板上实现最小的嵌入式图形系统,"移植"即在设计的目标板和所选的操作系统上配置并使用最小的嵌入式图形系统。

实际应用中,使用最多的是嵌入式图形界面直接设计和基于 μC/Linux 的 μC/GUI、MiniGUI 和 QtE 嵌入式图形系统的 E-GUI 设计。嵌入式图形界面直接设计,直接操纵底层人机接口,构成 GUI 显示数据,并在显示器上形成图形界面,直截了当,设计灵活,所见即所动作,简易直观,需用系统资源极少,代码运行速度很快。嵌入式 μC/GUI 图形系统设计,因 μC/GUI 源代码开放,内核"微型"及其占用系统资源少,代码运行效率高,设计图形界面丰富,内核可移植性强及开发手段齐全等特点而著称,非常适合需要友好图形用户界面,系统资源极其有限和实时稳定性要求高的嵌入式应用系统的设计。嵌入式 μWindows 图形系统设计,因 μWindows 现代化的视窗技术、高度的可移植性、丰富的 API 支持、源代码的开放性和简单易用的模拟仿真等性能闻名;在便携式移动通信、个人数字助理、工业仪表仪器和微型监控设备等领域的产品开发中有着广泛的应用。嵌入式 MiniGUI 图形系统设计,MiniGUI 以高效、可靠、可定制及小巧灵活而著名,其设计界面优美,画质优良;在资源需求等性能方面,MiniGUI 所达到的高度,甚至 μWindows 或者 QtE 都不及;MiniGUI 图形体系特别适合中、小型实时嵌入式应用系统。嵌入式 Qt 图形系统设计,使用针对便携式移动通信和个人数字助理等应用领域的 Qt 版本——QtE/Qtopia,Qt 是人机图形用户界面设计中常用的优秀设计手段,从而可以使开发人员使用熟悉的 GUI 设计手段,在各类嵌入式应用领域有着广泛的需求。表 1-3 给出了这 5 种常见 E-GUI 体系的性能对比。

表 1-3　5 种常见 E-GUI 体系的性能对比表

图形体系	资源需求	开发难易	界面画质	跨平台性	模拟仿真	成本投入	适用范围
直接设计	少	较难	较差	支持	差	最少	广
μC/GUI 设计	较少	较易	一般	支持	可以	少	LCD
μWindows 设计	较多	较难	好	单	可以	较多	广
MiniGUI 设计	少	较难	良	支持	可以	少	广
Qt/GUI 设计	多	较易	良	支持	可以	较多	广

在后续章节中,介绍嵌入式图形系统设计基础后,将分别着重阐述上述常用嵌入式图形系统设计,也将分别阐述 WinCE-GWES、VxWorks-WindML/Zinc 嵌入式图形系统设计。WinCE 和 VxWorks 及其图形体系,虽然嵌入式操作系统性能优良,但由于价格、版权及源码不公开等因素,很大程度上限制了它们的广泛应用。

E-GUI 设计项目时,应根据实际应用需求、开发设计的软硬件环境和技术人员能力等因素综合考虑,选择合适的嵌入式图形系统平台。如果开发人员十分熟悉嵌入式软硬件系统,设计经验丰富,则没有必要选择嵌入式图形系统,从底层硬件驱动开始进行 E-GUI 直接设计即可。如果确定要使用嵌入式图形系统,则应根据 GUI 功能、嵌入式操作系统、硬件资源占用量等需求,按照表 1-2 所列性能对比,选择性价比最高的嵌入式图形系统。

1.5　本章小结

　　嵌入式图形系统设计是为嵌入式系统特定的硬件设备或环境而设计图形用户界面,嵌入式图形界面是嵌入式微控制/处理器系统的关键技术之一。本章简要介绍了嵌入式图形系统的构成、特点、实现手段和基本设计规则,概括说明了嵌入式图形系统设计的软硬件基础,列举了常见的嵌入式图形系统及其性能特征,为后续章节的具体展开奠定了坚实的基础。

1.6　学习与思考

　　1. 嵌入式图形界面设计首先需要奠定哪些基础?其中心环节是什么?
　　2. 常用的 E-GUI 体系有哪些?各有什么特点?实际应用中怎样选用合适的 E-GUI 体系?

第 2 章 嵌入式应用系统开发基础

嵌入式应用系统的软硬件平台是嵌入式图形系统设计的基础,嵌入式应用体系设计包括哪些主要内容并达到怎样的目的?如何通过器件选型快速构建嵌入式硬件体系?如何架构包括嵌入式实时操作系统在内的底层硬件操作软件,并在此基础上开始应用程序设计?如何建立应用数学模型并展开嵌入式系统级规划设计?本章将针对这些嵌入式系统设计的基本知识展开全面阐述,为嵌入式图形系统设计奠定坚实的基础。为了使抽象枯燥的理论叙述生动形象,本章首先从一个简单的嵌入式应用项目设计实例开始,进而引出嵌入式系统设计的基础理论知识,然后再列举一个稍为复杂的现代嵌入式应用项目设计实例,理论再次联系实践,以求浅显易懂,循序渐进。本章主要有以下内容:

➢ 引子:便携式手持巡检体系设计;
➢ 嵌入式应用系统设计的理论基础;
➢ 项目设计举例:FPGA-SoPC 体系。

2.1 引子:便携式手持巡检体系设计

2.1.1 问题的提出及其方案规划

便携式手持巡检仪用于对铁路沿线设备的巡检,需要实现的主要功能如下:

① 相关设备的位置和记录时刻信息——可以通过 GPS(Global Position System)卫星信号的接收得到精确的定位/授时信息;

② 常见故障类型的预存及其故障记录——可以采用快速的大容量非易失数据存储器实现;

③ 便携、耐用,操作方便,人机界面友好——可以进行快速定位和故障对比记录,能长时间工作;

④ 方便的层层数据统计分析机制——具有良好而简易的数据通信。

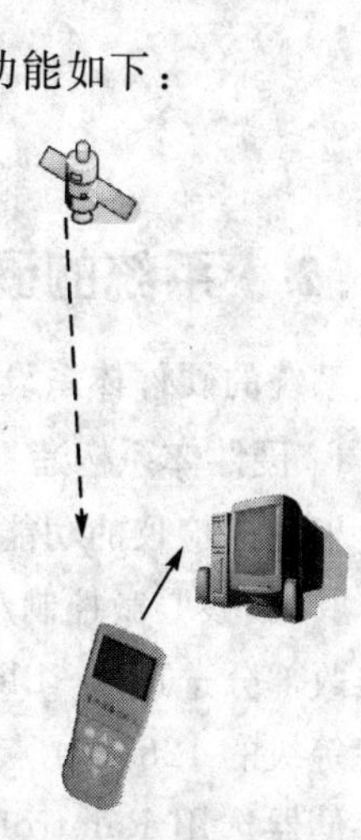

巡检系统的工作过程示意图如图 2-1 所示。

根据上述设想,可以得到如图 2-2 所示的基本方案规划示意图。其中的搜索算法用于在人工的适当选择干预下,通过现在定位点坐标与预存定位设备坐标的简易对比,快速找到要检查的设备。

图 2-1 巡检系统的工作过程示意图

详细的系统规划图因设备巡检及其层层数据管理机制而有所差异。图 2-3 给出了一种由巡检工、工区、领工区,一直到数据管理中心的整个体系框图。

嵌入式图形系统设计

图 2-2　巡检系统的基本方案规划示意图

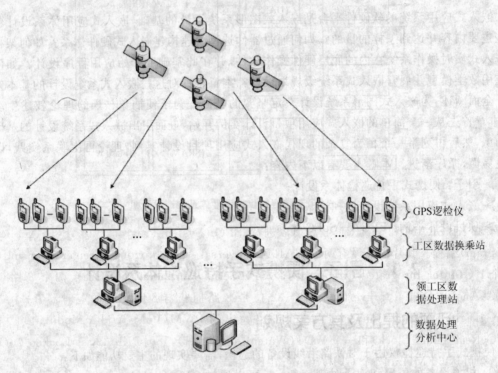

图 2-3　铁路某系统沿线设备巡检体系构成示意图

2.1.2　系统的硬件体系设计

系统的硬件体系设计主要是巡检仪主体的硬件体系构造和电路设计。

1. 硬件体系构造

根据巡检仪的功能需求和应用特征,构造其硬件体系如图 2-4 所示。

其中,核心微控制/处理器选用 Philips 公司的 ARM7TDMI-S 单片机 PC2138,卫星信号的接收部分选用 μ-Blox 公司的一体化 GPS 接收模块 TIM_LP,人机界面选用海谊公司的多灰度等级的 128×64 点阵的 LCM(Liquid Crystal Module)HZ128-64-D20-C,非易失性数据存储器选用 Ramtron 公司的高速度、大容量的 FRAM(Ferroelectric RAM)FM25L256 或 Saifun 公司 Quad NROM 技术的 EEPROM(Electrically Erasable Programmable ROM) SA25C020,电池选用大容量、小体积的可充电锂离子电池 ICR16850-200,电量监测器件选用 Maxim-Dallas 公司的一线制器件 DS2482。

LPC2138 是基于 16 位/32 位 ARM7TDMI-S 内核的单片机,具有实时仿真和跟踪功能,

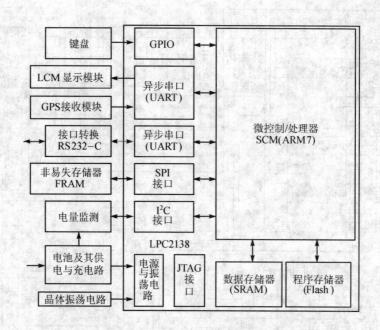

图 2-4 手持巡检仪的硬件体系构造设计图

带有 32 KB SRAM 和 512 KB 闪存,可以进行 ISP(In System Program)和 IAP(In Application Program)编程。其片内外设有两个 UART(Universal Asynchronous Receiver Transmitter)、两个 I²C(Inter Integrated Circuit)、两个 SPI(Serial Peripheral Interface)、两个 8 路 10 位 ADC(Anolog Digital Convertor)、两个 32 位带 8 路捕获与 8 路比较的定时器、一个 10 位 DAC(Digital Anolog Convertor)、一个 6 路输出的 PWM(Pulse Width Modulation)、一个 RTC(Real Timer Clock)和一个 WDT(Watch Dog Timer),片内 PLL(Phase Locked Logic)最大倍频可达 60 MHz,47 个 GPIO(General Programmable I/O),22 个中断源,16 级向量中断,4 个外中断,具有空闲与掉电低功耗模式,可以掉电检测,单 3.3 V 电源供电,超小 LQFP64/HVQFN64 封装。

LPC2138 优良的性能和丰富的片内外设,非常有利于进行便携式仪表的简洁可靠设计,可使用其 UART 接口连接 GPS 模块、LCM 模块和通用计算机,使用其 SPI 接口连接非易失存储器,通过其 GPIO 口外扩键盘。LPC2138 内含大量的数据和程序存储器,可免去外扩必要的存储器。LPC2138 没有一线制数据接口,可以使用其 I²C 接口通过 Maxim-Dallas 公司的接口转换器件 DS2438 连接电池电量测量器件。

2. 硬件电路设计

根据硬件体系构造,展开电路原理图设计,可以得到如图 2-5 所示的巡检仪硬件体系电路图。图中,按照功能及其电路原理把巡检仪硬件电路的分成了以下几个部分:GPS 接收部分、LCM 显示部分、非易失数据存储 NVRAM(None Volitale RAM)部分、功能选择部分、电池应用及其监测部分、键盘扫描编码部分、CPU 时钟部分、系统电源供给部分、仿真测试接口部分和通信接口部分。键盘形式为操作简便的线反转式扫描编码矩阵键盘。供电部分,先升压到 5 V 以供给 LCM,再降为 3.3 V 供给整个系统;同时完成充/供电转换,电池供应状况由

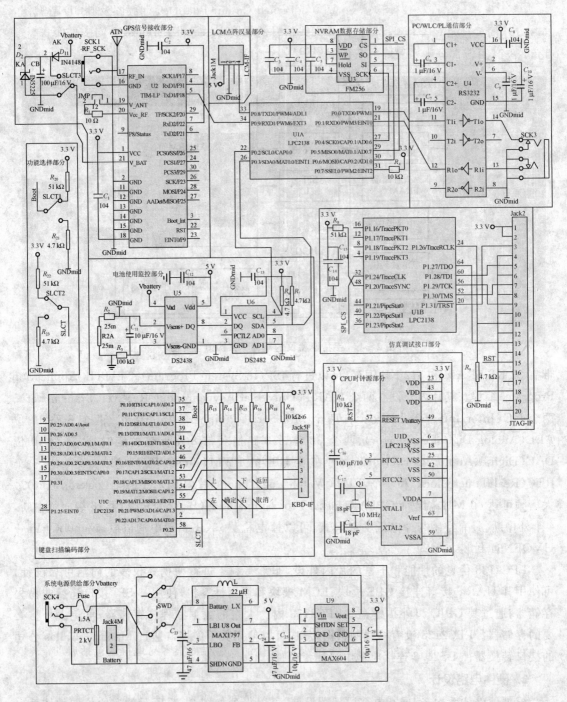

图 2-5 巡检仪硬件体系电路原理图

系统监视并在 LCM 上显示。一个 UART 口用于与外界通信,同时完成程序下载,由功能选择部分完成系统工作和程序下载两种模式的切换。系统设计两种工作形式:设备原始定位和巡检,由功能选择部分实现切换。功能选择部分的切换开关仅偶尔使用,设在机内。接收天线有两种:内置无源天线和车载有源天线,两者通过插口部分自动完成切换。

图 2-6 给出了巡检仪硬件体系的 PCB(Prined Circuit Board)设计版图及其 3D 造型图。PCB 设计的关键是 GPS 接收部分,高频天线信号的布线要尽量粗大、短小、在同一平面并不走直角,整个 GPS 部分则要做好屏蔽敷铜。

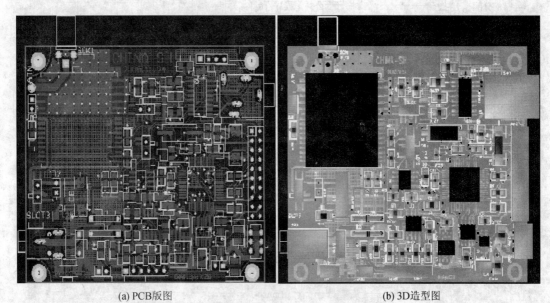

(a) PCB版图　　　　　　　　　　　　　　(b) 3D造型图

图 2-6　巡检仪硬件体系的 PCB 版图及其 3D 造型图

2.1.3　系统的软件体系设计

巡检系统软件主要是巡检仪的嵌入式软件和通用计算机上的分析软件,在实际应用中,常把前者称为下位软件,后者称为上位软件。

2.1.3.1　下位软件初步规划

下位软件决定采用以 C 语言为主、汇编语言为辅的混合编程形式。根据硬件特点及其功能需求,初步规划下位软件的构造如图 2-7 所示。

2.1.3.2　下位软件体系架构

下位软件体系框架,包括能够在硬件基础上运行的最小软件体系和必需的外设/接口的驱动及其基本的应用程序框架。为了加快开发,通常采用软件架构工具来得到下位软件体系框架。使用微控制/处理器软件架构工具,能以可视化的友好界面很容易地得到包括启动汇编文件、片内外设驱动文件等在内的适合微控制/处理器工作机制或在某种嵌入式实时操作系统之上的应用程序架构。硬件工程师设计出嵌入式硬件体系,应用软件架构工具产生程序基本架构,调试所设计的硬件体系,最后交给软件工程师的不仅是完整的硬件体系,而且还有完善的程序架构体系;留给软件工程师的任务就是在这个基于硬件的程序架构下编写功能代码,使整个设计过程大大地简化。

这里采用本书作者自行设计的 ARM7TDMI-S 单片机软件架构工具,该工具在作者的《嵌入式系统硬件体系设计》一书中有详细的介绍,在此仅给出一些关键的窗口操作示意图。

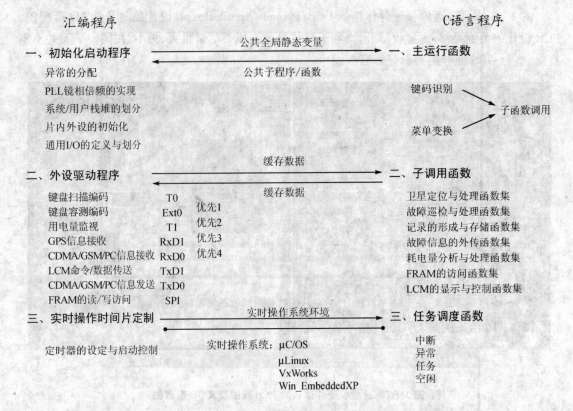

图 2-7 巡检仪下位软件初步规划示意图

图 2-8 给出的是软件代码架构的主选择窗口。

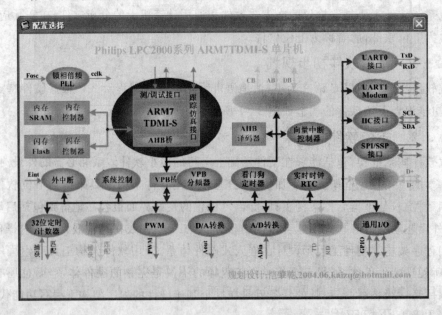

图 2-8 ARM7TDMI-S 单片机软件架构的主选择窗口

图 2-9 给出的是系统整体配置的对话框。

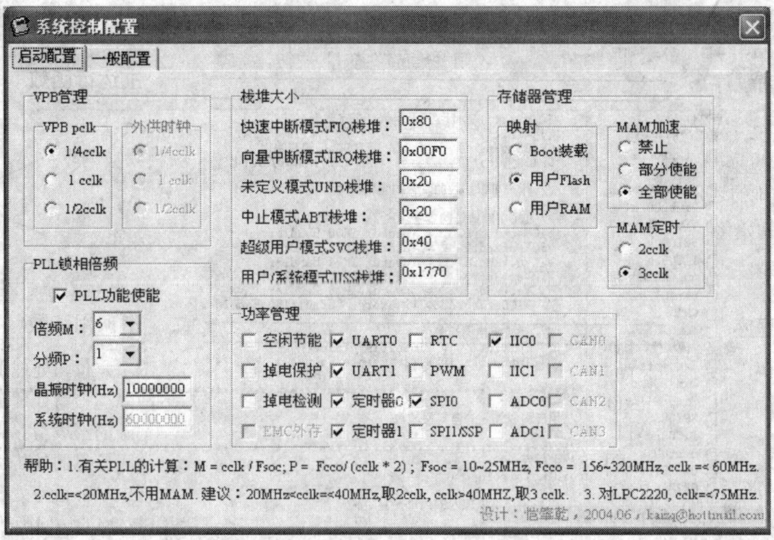

图 2-9 ARM7TDMI-S 单片机软件架构的系统控制配置对话框

图 2-10 给出的是 UART 接口设置对话框。

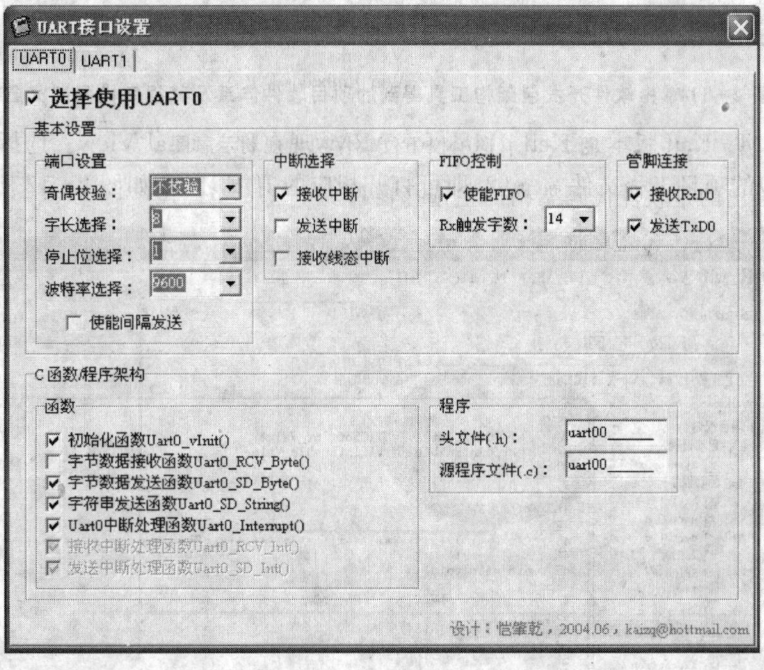

图 2-10 ARM7TDMI-S 单片机 UART 接口设置对话框

图 2-11 给出的是针对常用的 Keil μLink for ARM IDE(Integrated Development Enviroment)项目软件体系及其相关代码浏览窗口界面。

2.1.3.3　下位应用程序设计

1. IDE 及其应用

单片机软件的开发,通常采用集编辑、编译和调试功能于一体的 ARM-Keil 软件。ARM

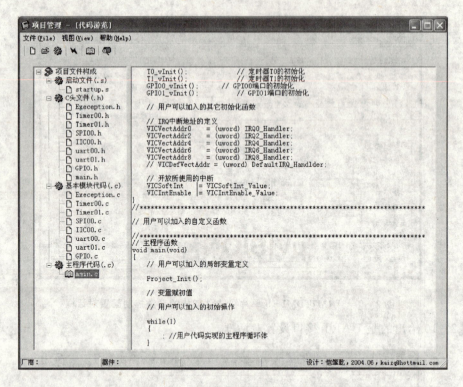

图 2-11　由软件开发包架构工具得到的项目软件体系及其程序代码浏览窗口

单片机的 ARM-Keil 版本是 Keil μLink for ARM，现在称为 Real View。选择软件架构工具所生成目录中的项目工程文件 *.uv2，即可打开相应的 IDE 环境，如图 2-12 所示。

图 2-12　利用 Keil μLink for ARM IDE 开发嵌入式系统软件

应用 Keil μLink for ARM 可以方便地调试下位软件，其灵活多样的调试窗口如图 2-13 所示。

图 2-13　Keil μLink for ARM 灵活多样的调试窗口

2. 应用程序设计

整个下位软件可以划分为前台软件和后台软件。后台软件主要包括系统初始化程序、外围设备驱动程序以及中断处理程序；前台软件主要包括键盘识别及处理、菜单屏幕切换、定位、故障巡检、故障记录、FRAM 访问以及 LCM 显示模块控制等。应用程序设计主要是在所架构的软件体系上进行中断处理服务和前台软件的编写。应用程序设计的关键是系统内存和 NVRAM 数据存储及其直接面向用户的屏幕菜单切换。

32 KB 的系统内存主要用作数据缓存，可以划分为 3 个区：堆栈区、系统/用户区和代码交换区。其中堆栈区包括快速中断、超级用户、中止、中断和未定义 5 个部分。应根据实际需求，合理分配各个区域的位置和大小。这部分工作是在软件体系架构时完成的。

根据功能需求和应用特点，将 NVRAM 存储器空间划分为 9 个工作数据区：指针位置区、指针记录区、版本数据区、巡检故障区、设备位置区、故障类型区、故障记录区、日志记录区和设备编号区。如果采用寿命有限的 EEPROM，则需要在软件上采取措施，如循环使用等，以避免某些存储单元因使用频繁而过早地报废器件。

人机界面的菜单，借鉴电子辞典的方式，使用分级菜单形式进行设计。当选中菜单中的一个项目时，如果此项目有子菜单，则全屏显示子菜单。存在多个菜单项时，一般采用并排配置的形式，通过操作键盘的"左、右、上、下"方向键来进行选择。光标所在的菜单项使用反白的方法表示,通过按"确定"键选中此菜单项。

为了更方便地操作硬件,可以通过驱动程序提供的 API 函数再次封装,形成二级驱动函数。这样得到的功能函数有键盘编/解码函数、电池监控管理函数、GPS 信号接收函数、LCM 显示函数和 NVRAM 访问函数等。

设计中用到 4 个中断,中断优先级由高到低依次为键盘中断(Ext0)、电量监控中断(I^2C)、GPS 接收中断(RxD1)和 PC 接收中断(RxD0)。

前台程序的主要功能是为用户提供一个菜单界面,对按键进行识别和处理。主程序是前台程序的入口,其主要功能是识别键盘按键,根据所识别出的按键来切换菜单屏幕,同时根据用户所选择的菜单项调用相关子程序进行处理。主程序主要包括键码识别及处理和菜单屏幕切换两个子程序。菜单屏幕切换的主要功能是确定要显示的内容,然后将显示的内容经过串口发送到 LCM 显示。其主体框架代码如下:

```
int display_screen(int screen_type, int sub_screen_type, int icon_position)
{   int ret_value; char content[100];
    get_screen_content(content, screen_type, sub_screen_type );   // 得到要显示的内容
    ret_value = write_com(content);                                // 写显示模块缓存区
    add_display_icon(icon_position);                               // 菜单 + 光标,LCM 显示
    return ret_value;
}
```

需要设计的前台应用子程序有定位、故障巡检、故障记录、通信、电池容量、NVRAM 访问和 LCM 显示控制等,这里以"故障巡检"子程序为例加以说明。"故障巡检"子程序主要是根据键盘的输入来记录相关的故障信息。其主体框架代码如下:

```
int handler_exam( )
{   char record[8]; int key_value, icon_position, sub_screen, item;
    key_value = key_identification();                    // 从键盘得到输入
    item = get_exam_item(key_value);                     // 从输入的键来判断选择巡检项目
    sub_screen = get_next_sub_screen(item);              // 选择选件项目,显示相应的子菜单
    memset(record, 0, sizeof(record));                   // 默认的故障为空
    display_screen(SCREEN_EXAM, sub_screen, NULL);       //显示子菜单
    while(1)
    {   key_value = key_identification();
        if(key_value == KEY_BACK)
        {   display_screen(SCREEN_EXAM, NULL, NULL);break; }
        switch(sub_screen)
        {   case TRANSFORMER:                            //变压器设备
                item = get_transformer_item(key_value);
                recorde = generate_exam_record(TRANSFORMER,item); break;
            case POLE: … break;                          //电杆设备
            ……
        }
    }
}
```

2.1.3.4 上位应用软件设计

1. 通信协议的简单确定

上位软件实现巡检仪的配置和记录数据的采集/显示/存储/打印。巡检仪配置包括变化数据存储位置和下载预定故障表两方面。据此，在串口通信协议的基础上，特定专用通信协议如下：

(1) 数据收集

PC 请求记录数据发送的指令格式为"0x1b 'R' \r \n"，4 字节。巡检仪收到指令后，读取所存记录数据，逐条记录地向 PC 传送，同时在 LCM 屏上显示"正在向主机发送记录数据……"。发送的每条记录后用"\r \n"做标识，以供 PC 识别。

(2) 仪表配置

协议格式为"0x1b 'C' 位置块号 起始记录号 \r \n"，5 字节。一个字节的"C"表示以下是配置数据。位置块号，以一字节的十六进制数表示，范围为 232～239，来自软件窗口中的块选框。起始记录号，以一个字节的十六进制数表示。巡检收到该指令后按其要求执行相关配置，并在 LCM 屏上显示"已接收到指令"。

(3) 预置故障类型

协议格式为"0x1b 故障编号 故障内容 \r \n"，5 字节。故障编号，以一个字节的十六进制数表示，高半字节 0～9，表示故障大类；低半字节 0～9，表示每类中的具体故障种类；每个故障最多 32 字节，以 ASCII 码或汉字编码表示，不足或没有的补以 0x00。巡检仪收到该指令后，将预置数据写入闪存指定的位置。

2. 可视化应用软件设计

上位软件使用 BCB(Borland C++ Builder) IDE 编写，采用 WinAPI 串口收发 API 函数和主动发送、定时接收的策略实现数据的传输通信，图 2-14 给出了所设计的可视化窗口界

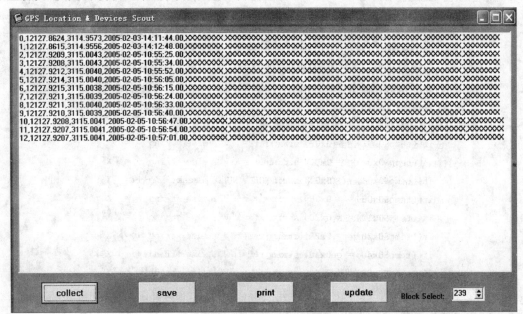

图 2-14 巡检仪配置与数据采集的可视化程序窗口

面。图中,"×"号表示不存在该故障,"√"表示存在该故障,每条信息前面给出了设备所在的经纬度和记录时刻值。

上位软件中的主要程序段有串口初始化、数据的采集、打印和存储等,其中重要的数据接收与处理程序的主要代码如下:

```
void __fastcall TForm1::Timer1Timer(TObject *Sender)
{   AnsiString string; char inBuffer[10857] = "",temp;
    unsigned int m = 0; unsigned char n; Timer1->Enabled = false;
    bResult = ReadFile(hCom,&inBuffer,10857,&nBytesRead,NULL);        //记录数据接收
    if(! bResult)
    {   switch(GetLastError())
        {   case ERROR_INVALID_USER_BUFFER:
                ShowMessage("Error Invalid User Buffer!"); break;
            default:  ShowMessage(GetLastError() + "Read Data Fail!"); break;
        }
        exit(0);
    }
    Memo1->Lines->Clear();                                            //清除屏幕窗口显示
    while(1)                                                          //数据处理屏幕窗口显示
    {   string = "";
        if((inBuffer[m+45] != 0x0D) && (inBuffer[m+46] != 0x0A)) break;
        string = IntToStr(inBuffer[m]) + ",";                         //设备号
        for(n=0;n<10;n++) string += inBuffer[m+n+1]; string += ",";   //经度
        for(n=0;n<9; n++) string += inBuffer[m+n+11]; string += ",";  //纬度
        for(n=0;n<4; n++) string += inBuffer[m+n+20]; string += "-";  //年
        for(n=0;n<2; n++) string += inBuffer[m+n+24]; string += "-";  //月
        for(n=0;n<2; n++) string += inBuffer[m+n+26]; string += "-";  //日
        for(n=0;n<2; n++) string += inBuffer[m+n+28]; string += ":";  //时
        for(n=0;n<2; n++) string += inBuffer[m+n+30]; string += ":";  //分
        for(n=0;n<5; n++) string += inBuffer[m+n+32];                 //秒
        for(n=0;n<8; n++)                                             //故障识别
        {   string += ","; temp = inBuffer[m+n+37];
            if((temp&0x01) == 0x01) string += "V"; else string += "X";
            if((temp&0x02) == 0x02) string += "V"; else string += "X";
            if((temp&0x04) == 0x04) string += "V"; else string += "X";
            if((temp&0x08) == 0x08) string += "V"; else string += "X";
            if((temp&0x10) == 0x10) string += "V"; else string += "X";
            if((temp&0x20) == 0x20) string += "V"; else string += "X";
            if((temp&0x40) == 0x40) string += "V"; else string += "X";
            if((temp&0x80) == 0x80) string += "V"; else string += "X";
        }
        Memo1->Lines->Add(string); m += 47;
    }
}
```

2.2 嵌入式应用系统设计的理论基础

2.2.1 嵌入式系统及其设计概述

1. 嵌入式系统的基本概念

所谓嵌入式系统,是指微操作系统和功能软件集成在以微控制器为核心的微型计算机硬件体系中形成的简易便捷、稳定可靠、经济实用的机电一体化产品整体,简单地说,嵌入式系统就是应用软件与硬件体系紧密结合的一体化系统。

之所以说嵌入式系统是机电一体化系统,是因为它除了涉及电子/微电子、半导体和微计算机等主要技术外,还涉及传感/检测/变换、机电/光电、机械加工制作和工业品造型设计等技术。

可以说,嵌入式系统是一种"大杂烩",它汇聚了许多现代新技术,也融合了很多传统的工业技术并吸取了众多技术的特长。能否设计出一个理想的嵌入式系统产品,取决于各类相关知识的积累和对它们的灵活运用。这如同一个厨师制作大杂烩,做得好,就是可口的糊辣汤、搅锅菜、八宝粥,做得上乘了,就是地道的家肴美餐、满汉全席;当然,做砸了,就是四不像的糊涂菜粥了。

从嵌入式系统的概念中可以看出,嵌入式系统应具有以下特点:
- 硬件体系结构紧凑,稳定可靠,经济实用;
- 软件代码小,自动化程度高,实时测控能力强;
- 产品的软硬件结合紧凑,简单易用,成本低廉,性能优良。

2. 嵌入式应用系统设计

一个完整的嵌入式系统主要由硬件体系、软件程序和系统工程三部分组成。详细的嵌入式系统的构成如表2-1所列。需要特别注意的是,嵌入式系统不只是其主体嵌入式应用体系,还应包括与其密切相关的通用计算机软硬件和系统工程,才能构成完整的应用系统。

表2-1 嵌入式系统的构成

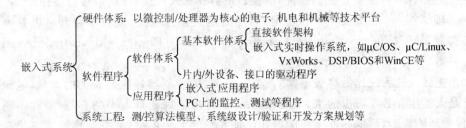

嵌入式应用系统设计,通常需要达到以下目的:
- 稳定可靠——硬件体系工作稳定可靠,抗干扰性强,免维护,功耗低;软件代码小,异常处理能力强。
- 简捷便利——硬件体系构造简单,软件代码小,响应快,实时性强,系统体积小,重量轻,便携,易升级。
- 经济实用——系统成本低,开发周期短,环境适应性强,升级换代及其兼容性优良。

2.2.2 嵌入式硬件体系及其设计

1. 嵌入式硬件体系的构成

嵌入式硬件体系的基本构成可以用如图 2-15 所示的模型来表达。其中,嵌入式硬件体系的核心部分是微控制/处理器(Micro Controller/Processor),基础构成部分是时钟电路和电源供给部分。数据存储器和程序存储器是嵌入式系统进行智能控制和实现具体测量控制、监视的重要组成部分。键盘输入和显示/打印/记录部分是重要的人机界面接口。数据采集通道和执行控制通道是嵌入式系统进行测量和控制的主要途径。通信接口,可以是并行或串行的,可以是有线或无线的,是嵌入式系统和外界进行数据交流联系的信息通道。微控制/处理器、时钟电路和电源电路,三位一体,可以构成一个最简单的嵌入式系统,这三部分是构成嵌入式系统必不可少的。数据和程序存储器使嵌入式系统具有了较为高级的人工智能。其他部分可以根据构成嵌入式系统的简繁灵活选择使用。

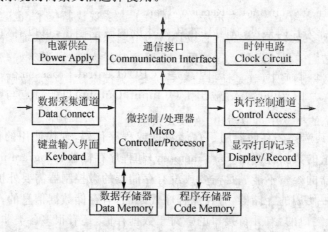

图 2-15 嵌入式硬件体系的基本构成框图

嵌入式硬件体系的各个构成部分,大致可以划分为三类组成部件:
- 核心部件——主要是微控制器或微处理器和时钟电路。
- 主要部件——主要是存储器、测控通道器件和人机接口/通信接口器件。
- 基础部件——主要是电源供电电路,还有电路监控电路、复位电路和电磁兼容与干扰抑制 EMC(Electro Magnetic Compatibility)/EMI(Electro-Magnetic Interference)电路等。

如果把嵌入式系统比做高级动物"人类",那么,微控制器好比是人类的大脑,电源供给电路好比是人类生存必不可少的水、空气和食品,时钟电路好比是人类的心脏,源源不断地供应给养、促进新陈代谢,数据和程序存储器好比是人类的大脑皮层,数据采集通道好比是人类的感觉器官,执行控制通道好比是人类的四肢,显示部分好比是人类的外部表情,通信接口好比是人类的语言文字。嵌入式硬件体系可谓是"麻雀虽小,五脏俱全"。

2. 嵌入式硬件体系设计

嵌入式硬件体系设计工作,可以划分为直接相关部分设计和间接相关部分设计两部分。直接相关部分设计,是根据实际应用需求直接选择合适的组成器件设计相应的模块电路。间接相关部分设计,就是把各个直接相关部分设计构成一个整体,并进行模拟仿真分析和硬件体系调试。

(1) 直接相关部分设计

主要包括以下内容：

① 微控制器及其选择。嵌入式系统中的微控制/处理器主要是单片机 SCM（Single Chip Microcomputer）、数字信号处理器 DSP（Digital Signal Processors）和大规模可编程逻辑器件。单片机主要是 8 位、16 位或 32 位的通用单片机，如 MCS-51 单片机、PIC 系列单片机、可编程片上系统 PSoC（Programmable System on Chip）单片机、MCS-x96 单片机、80C166 系列单片机和 ARM 系列单片机等。数字信号处理器，主要是能够进行复杂数学运算和数据处理分析的通用可编程 DSP，如 TI 公司的 TMS320C2000 系列、TMS320C5000 系列和 TMS320C6000 系列等。大规模可编程逻辑器件，主要是复杂可编程逻辑器件 CPLD（Complex Programmable Logical Device）和现场可编程逻辑器件 FPGA（Field Programmable Gate Array）。现代使用的各类单片机或数字信号处理器内，经常集成各种常用的外部设备，如通用异步收发 UART（Universal Asynchronous Receive/Transmit）模块、模/数转换 ADC（Analog Digit Converter）等，统称为片内外设，选用具有片内外设的微控制器，可以有效地减少系统器件的外部扩展。

选择微控制/处理器时需要考虑因素是：CPU（Central Processing Unit）的速度及其匹配、数据总线宽度、片内外设、输入/输出 I/O（Input/Output）口的特点与数量、开发工具及其简繁程度、成本等。

② 存储器及其选择。存储器用于存储数据或程序代码，现代使用的很多微控制/处理器内常含有一定数量的数据存储器（data memory）和程序存储器（program memory），在微控制/处理器所含存储器的容量不能满足需要或没有存储器的微控制器需要外扩存储器件或存储介质。嵌入式系统中使用的存储器，有存储程序代码的，有存储数据信息的；有同步工作的，有异步工作的；有串行接口的，有并行接口的。对于数据存储，还有很多各类非易失存储器件；对于程序存储，有电擦除存储器和闪存（flash memory）等。嵌入式系统中使用的存储介质有 IC 卡、CF 卡和电子盘等。这些存储介质多由含有特定接口和数字逻辑的各类存储器件构成。选择存储器时需要考虑的因素是：存储器的类型、读/写访问的速度、存储器的容量、访问的简繁程度、电源供应和成本等。

③ 人机接口/通信接口的设计。嵌入式系统中的人机接口 MMI（Man-Machine Interface），主要是各种类型的键盘输入接口、LED（Light-Emitting Diode）数码显示/LCD（Liquid Crystal Display）显示及其接口，个别情况下还有微型打印、记录仪驱动及语音报警等。嵌入式系统中的通信接口，主要是一些总线接口、串行传输接口、远距离数据传输接口和无线通信接口等。这些接口中，有串行数据传输的，有并行数据传输的，也有差分数据传输的。接口常见形式有 UART 接口、USB（Universal Serial Bus）接口、1394 接口、PCI（Peripheral Component Interconnect）/cPCI（complex PCI）总线接口、485 总线接口、IrDA（Infrared Data Association）红外传输接口和以太网接口等。

应根据具体的设计系统需求，选择并设计相应的人机界面和通信接口。

④ 信号采集与控制通道的设计。信号采集通道用于收集外部需要测量的信号，这些信号通常可以分为开关量信号和模拟量信号两类。开关量信号即外界目标的通断等可以用二值表示的状态，模拟量信号即是通过传感变换得到的微变电信号。现代很多传感器内部含有微控

制器,自成体系,构成一体化模块,可以直接对外送出数字信号,这类传感器使用方便,直接连接设计系统的主控制/处理器相应接口即可。开关量信号通道相对简单,设计相应的电平变换和隔离形式即可。模拟量信号通道设计环节较多,一般含有隔离、放大、滤波、模型数变换和多路切换等诸多环节。

应根据具体的设计系统需求,选择合适的器件并设计相应的信号采集与控制通道。

⑤ 基础电路的设计。嵌入式系统的基础电路包括供电电路、系统监控电路、复位电路、时钟电路和 EMC/EMI 电路等。现代嵌入式系统对低功耗要求严格,供电电路常常是多电源制,有 5 V、3.3 V、2.5 V、1.8 V 等电源设计,涉及升压、降压和稳压等。一些手持设备还常常要求电路监控和电量计量等,需要设计特定的电路监控电路。复位电路和时钟电路直接影响着系统的工作性能,需要设计特定规格的电路。对电磁兼容要求严格场合使用的嵌入式系统产品,还要在系统中进行 EMC/EMI 电路设计。

应根据具体的设计系统需求,选择合适的器件进行相应的基础电路设计。

(2) 间接相关部分设计

主要包括以下内容:

① 系统原理设计与 PCB 制板。确定好相关硬件体系器件后,就可以着手进行系统原理设计和 PCB(Print Circuit Board)制板设计。可以选择 Protel、Power Logic/PCB 或 OrCAD 等电子设计自动化 EDA(Electronic Design Automatic)工具绘制电路原理图,进行 PCB 制板;还可以在原理图设计和 PCB 制板设计完成后,使用相关模拟仿真工具进行设计硬件体系的信号分析和实用模拟试运行分析,查找问题,找出解决办法,在设计阶段进一步完善电路。

系统原理设计与 PCB 制板是嵌入式系统设计方案得以实施的重要环节。

② 硬件体系的调试。嵌入式硬件体系调试包括测试、调试和恶劣环境实验三个时期。测试主要包括初期板级测试、基础电路测试、各个组成模块电路测试和系统整体测试等。调试主要是软硬件结合的模拟与仿真及其测量分析。恶劣环境实验用以验证产品在极端情形下的承受能力,包括极限温度实验、抗干扰实验和振动实验等。

嵌入式硬件体系调试是嵌入式系统产品开发生产、走出实验室进入应用必不可少的环节。

2.2.3 底层硬件操作软件及其设计

1. 底层硬件操作软件及其组成

基于底层硬件的操作软件,泛指能够控制相关硬件的功能行为,对其进行读/写访问或数据接收/发送传输操作的程序代码集,通常也称为硬件操作软件或者基于硬件的软件。

硬件操作软件设计,主要是基于 CPU 结构的基本软件体系架构、设备驱动程序设计和可编程逻辑程序设计,也可以是这三者的有机整合与扩展即可编程片上系统设计 SoPC。其中,基于 CPU 结构的基本软件体系架构,就是建立能够进行系统应用软件设计所需的最小的可靠软件运行环境,一般包括时钟管理、工作模式设置、外设配置、接口初始化、多任务分配和中断设置等。

基于底层硬件的软件结构组成可以用表 2-2 所列结构,进行简单地概括。

表 2-2　基于底层硬体的软件组成

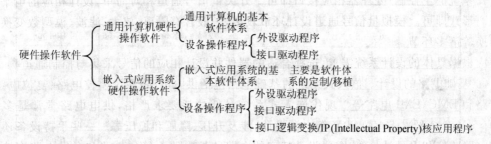

现实世界的各类软硬件应用体系产品中,硬件体系是整个系统赖以存在的基础,应用软件或程序使整个系统具有特定的功能和特征,基于硬件的软件是联系底层硬件体系和顶层应用软件的有力纽带和不可缺少的桥梁。有了底层硬件操作软件,整个软硬件体系才形成了一个有机整体。

2. 嵌入式实时操作系统及应用

嵌入式实时操作系统 E-RTOS(Embedded Real Time Operation System)一般可以提供多任务调度、时间管理、任务间通信和同步以及内存管理 MMU(Memory Manager Unit)等重要服务,使得嵌入式应用程序易于设计和扩展。E-RTOS 在系统实时高效性、硬件的相关依赖性、软件固化以及应用的专业性等方面具有较为突出的优势,它不同于一般意义的计算机操作系统,它具有有占用空间小,执行效率高,方便进行个性化定制和软件要求固化存储等特点。采用 RTOS 可以使嵌入式产品更可靠,开发周期更短。

嵌入式操作系统还有一个特点,针对不同的平台,系统不是直接可用的,一般需要经过针对专门平台的移植操作,系统才能正常工作。进程调度、文件系统支持和系统移植是在嵌入式操作系统实际应用中最常见的问题。任务调度主要是协调任务对计算机系统资源(如内存、I/O 设备和 CPU)的争夺使用。进程调度又称为 CPU 调度,其根本任务是按照某种原理为处于就绪状态的进程占用 CPU。嵌入式系统中内存和 I/O 设备一般都和 CPU 同时归属于某进程,所以任务调度和进程调度概念相近,很多场合不加区分。进程调度可分为"剥夺型调度"和"非剥夺型调度"两种基本方式。所谓"非剥夺型调度",是指一旦某个进程被调度执行,则该进程一直执行下去直至该进程结束,或由于某种原理自行放弃 CPU 进入等待状态,才将 CPU 重新分配给其他进程。所谓"剥夺型调度",是指一旦就绪状态中出现优先权更高的进程,或者运行的进程已用满了规定的时间片时,便立即剥夺当前进程的运行(将其放回就绪状态),把 CPU 分配给其他进程。文件系统是反映负责存取和管理文件信息的机构,也可以说是负责文件的建立、撤销、组织、读/写、修改、复制及对文件管理所需要的资源(如目录表和存储介质等)实施管理的软件部分。嵌入式操作系统移植的目的是使操作系统能在某个微处理器或微控制器上最简、最快地运行。

常用的 E-RTOS 有 μC/OS、DSP/BIOS、μC/Linux、WinCE/XP 和 VxWorks 等。衡量一个嵌入式实时操作系统的基本指标是它是否支持多任务调度,是否支持文件管理操作,还有它所需额外占用系统资源的多少。常用的 E-RTOS 的性能及其应用需求如表 2-3 所列。

表2-3 常用 E-RTOS 的性能及其应用需求表

操作系统	内核大小	内存要求	实时性	CPU 要求	MMU 要求
μC/OS-Ⅱ	6 B~10 KB	极少	较强	8位/16位/32位	可有可无
DSP/BIOS	150~6 500 W(字)	≥575 W(字)	较强	16/32DSP	可有可无
WinEXP	≥8 MB(字节)	大	弱	X86,ARM,MIPS,SHx	必须有
WinCE	≥200 KB	较大,≤512 MB	较强		
μC/Linux	≥512 KB	≥1 MB	较强	16位/32位	没有
VxWorks	≥8 KB	较大	强	16位/32位	可有可无

如果决定采用 E-RTOS,则需要根据存储器容量、中断资源、硬件资源、CPU 运算能力、开发周期和投入成本等因素综合选择适合自己的硬件平台的操作系统。

3. 设备驱动程序及其设计

底层设备分为片外设备或接口和片内设备或接口,其驱动程序设计主要是相关外设或接口器件的初始化配置、行为控制、基本的读/写访问或收/发操作等,并面向应用程序提供界面友好的 API(Application Programming Interface)调用接口。

初始化配置和行为控制主要用于设置硬件的工作模式、数据传输格式、通信速率和返回状态信息规定等。初始化配置只在系统启动时由系统基本软件体系调用,行为控制通常在执行过程中用以改变硬件的行为规则。

读/写访问或收/发操作的方式一般有查询方式和中断方式两种。查询方式需要软件不断地进行状态字或状态位的查询,直到有效事件发生为止;中断方式无需软件干预,只有发生有效事件,才通过硬件通知软件;写访问或发送操作通常是主动的,只要硬件空闲,就可以使其执行,通常采用查询方式;读访问或接收操作是被动的,硬件何时得到或产生有效数据是不确定的,通常采用中断方式。为进一步加快读/写访问或收/发操作,一些系统也采用直接存储器访问 DMA(Direct Memory Access)方式,这通常是含有 DMA 控制器的硬件体系。

不同的操作系统具有不同的驱动程序模型。Windows 系统的驱动程序模型主要是层次结构的 WMD(WIN32 Driver Model)和新兴的 WDF(Windows Driver Fundation)。WMD 的层结构次从底到上依次是总线驱动程序、功能驱动程序和过滤器驱动程序。Linux/μCLinux 系统的驱动程序分为字符型设备驱动程序、块型设备驱动程序和网络型设备驱动程序三种。μC/Linux 下的很多外设和接口如 SPI(Serial Peripheral Interface)、I^2C(Inter-Integrated Circuit)、ADC(Anolog Digital Convertor)和 DAC(Digital Anolog Convertor)等都可作为字符型设备对待。VxWorks 系统的驱动程序分为 I/O 驱动型和非 I/O 驱动型,I/O 驱动型设备主要是字符型和块型设备,非 I/O 型设备包括串行设备、网络设备、PCI 设备、PCMCIA 设备、定时器、硬盘和 Flash 存储设备等。WinCE 下的驱动程序是单体或双层的本地或流式驱动程序。Linux 和 Windows 等操作系统常常把设备视作文件进行操作,称为设备文件。对于闪存(Flash)等存储器类型的块型设备,在驱动架构中引入了方便的文件系统,如 dosFS、TrueFFS 和 JFFSx 等。Linux 和 Windows 等通用计算机操作系统,为安全起见,划分了用户态和核心态,设备驱动程序通常位于核心态;μC/Linux 和 WinCE 等嵌入式操作系统,为结构紧凑起见,不再划分用户态和核心态。

通用计算机 Windows、Linux 等常见操作系统下,和软件直接打交道的常见硬件接口或设备是异步串行口、并行打印口、以太网接口、便携式 USB 接口设备、ISA/PC104 工业板卡和 PCI/CPCI 工业板卡。Windows、Linux 等操作系统对串行通信、并行通信和以太网通信提供有很好的支持,涉及这三种通信,可以直接使用操作系统提供的 API 函数。对于 USB 设备、ISA 和 PCI/CPCI 板卡,则需要编写专门的设备驱动程序。

嵌入式应用体系的常见外设和接口有 UART、I^2C、SPI、EMAC(Earthnet Media Access Control)、USB 和 CF(Compact Flash)卡等,其驱动程序多是单体的,虽然有些操作系统如 WinCE 的驱动是分层的,但此时通用层驱动已由操作系统提供,需设计的仍然是针对具体设备的驱动。

不同操作系统的不同类型驱动程序都有相应的设计规律和开发方法,可以按照这些设计规律和方法技巧开发所需外设或接口的驱动程序。对于 Linux、Windows 等通用计算机操作系统,特别是 Windows 下的设备驱动,还可以借助于软件工具快速设计所需设备的驱动程序。Windows 下的设备驱动程序的常用开发软件工具有 WinDDK/WDK、Driver Studio 和 WinDriver。值得一提的是 WinDriver,在 Windows 下它除了快速开发 Windows 下的设备驱动程序,还可以快速开发可用于 Linux、VxWorks 下的设备驱动程序。

操作系统通常都提供信号量、消息队列和管道等同步通信机制,把这些机制或原理引入驱动程序设计,非常有利于设备驱动程序的灵活设计和高效执行,有利于嵌入式应用系统有限的内存 RAM、中断和 CPU 操作周期等资源的合理使用。

4. 可编程逻辑软件及实现

选用可编程器件,通过软件设计或配置,可以实现不同接口类型的外设或接口的连接,也可以实现常规的外设或接口,甚至实现整个微控制器及其所需外设/接口。硬件外设/接口及其片上系统,通过文本描述或图形交互的可编程软件设计,不仅可以做到灵活的数字逻辑实现,还可以做到灵活的模拟逻辑实现。可编程逻辑设计调试/测试手段多样,工具周全易用,开发周期短,而且所构成的体系能够更加稳定可靠。尤其值得一提的是,还可以通过可编程逻辑设计,实现专门而复杂的 DSP 算法,把系统核心微控制器彻底从繁琐的数学运算中解放出来。

可编程逻辑软件设计主要包括可编程数字逻辑设计、可编程配置逻辑设计和可编程模拟逻辑设计三个方面。硬件外设/接口及其片上系统的可编程软件设计,涉及的主要通用可编程/配置器件及其逻辑编程软件设计技术有:可编程配置器件及逻辑设计技术,可编程数字器件及其逻辑设计技术,可编程模拟器件及其逻辑设计技术,片上系统及其嵌入式体系逻辑设计技术等。

使用可编程逻辑软件设计实现嵌入式应用体系中的外设/接口及其整个片上系统,能够使嵌入式应用体系设计集成度更高,遭受外界的不良影响更小,系统的稳定可靠性更强,也正是这种开发应用推动着嵌入式系统设计的持续发展与增长。

2.2.4 嵌入式系统的应用程序设计

嵌入式系统的应用程序包括运行于底层嵌入式应用体系中的应用程序和运行于通用计算机上的监控或测试软件两方面。通常,把前者称为下位机应用程序,把后者称为上位机监控软件。

1. 下位机的应用程序开发

(1) 开发环境及其应用

下位机应用程序的开发通常在通用计算机的 Windows 或 Linux 操作系统下的集成开发环境 IDE(Integrated Development Environment)下进行，IDE 集程序的编辑、编译和调试于一体。IDE 所在的计算机称为宿主机，运行程序的嵌入式应用体系称为目标机，宿主机和目标机之间通过 JTAG(Joint Test Action Group)接口相连。

常用的 IDE 有 8 位/16 位/32 位单片机 SCM——ARM-Keil 公司的 Keil C51/Keil（X）C166/Real View，16 位/32 位定点/浮点通用数字信号处理器 DSP——TI 公司的 CCS(Code Composer Studio)，FPGA-SoPC——Xilinx 公司的 EDK-XPS(Embedded Development Kit-XIlinx Platfrom Studio)等。

(2) 功能实现的整体规划

嵌入式应用系统各项功能的实现，在应用程序设计中通过一系列的任务划分及其调度来完成。任务的配置与多任务调度是嵌入式应用程序设计的关键，应该根据实际功能需求及其逻辑关系进行任务的合理安排和搭配。任务可以安排在各种优先级的异常或软硬件中断中实现，也可以安排在低优先级的空闲循环中运行，每一优先等级的各个任务又形成优先执行序列。任务通过系统的中断、同步与通信机制完成其等待、执行、挂起和休闲等各个状态的切换。要明确任务的轻重缓急和响应效率，清楚软件系统的中断异常与进程或线程调度机理，知晓任务、进程或线程间的同步与通信机理，并统筹兼顾系统的稳定可靠性和实时响应性要求，只有这样才能做好应用程序的整体规划。任务的配置与多任务调度还需要在调试分析中不断地改进和完善。

(3) 编程技巧及其应用

应用程序设计中的一些编程技巧和注意事项如下：

① 栈堆的合理配置。大多数嵌入式微控制/处理器系统不严格区分"栈"和"堆"，而是统称为"栈堆"，这一点与在通用计算机下的应用不同。应用栈堆时，要明确栈堆的增长方向，确定好各种栈堆的位置（即片内或片外存储器的起始地址）和合适的大小（即堆栈长度）。

② 常量/变量的使用。嵌入式软件设计时，通常把经常调整的量作为常量定义在头文件中，如通信速率、倍/分频系数等，以利于程序的调整变动；还经常把外部系统传入的参数定义为全局变量，以利于从外部调整嵌入式系统的性能或运行参数，哪怕变量仅使用一次。有时，为了便于观察分析，也有意把部分或全部的局部变量定义为全局变量，如栈堆的占用情况分析。

③ 硬件操作的定义。应用程序访问底层硬件通常采用其驱动程序提供的 API 函数或宏来实现。独特而又简单的硬件操作，常常由应用程序通过自定义带变量的宏或指向指针的指针操作来实现，如 I/O 的操作、寄存器和存储器的操作。

④ 中断嵌套的应用。采用中断嵌套时，应注意进出栈堆的保护操作。很多微控制/处理器体系，可以自动实现中断嵌套，但嵌套的层数是有限的，通常是 8 层，这已经能够满足大多数应用；对于中断中安排任务多、实时要求高及响应十分频繁的应用，很可能突破 8 层的极限，引起系统混乱，此时强制性地加入进出栈保护往往会收到理想的效果。

⑤ 同步机制的运用。常见嵌入式操作系统都提供信号量、消息队列、管道等通信和同步机制，在驱动程序和应用程序之间、应用程序与应用程序之间，恰当地使用这些通信和同步机

制,既安全高效又节省系统资源。没有引入嵌入式操作系统的直接软件体系设计,通过构造循环队列巧妙地实现可靠高效的串行数据通信,就是这个道理。

⑥ 程序文件的层次安排。通常按实现的功能把应用程序分为若干"对"文件,每对文件包括常量/变量/结构/函数等的定义或声明的头文件和实现具体功能的程序代码文件,这样的安排条理清晰,便于程序的修改和完善。程序代码的实现一般应采用 C 语言或汇编语言,尽量少用或不用 C++语言,以降低编译要求并减少代码量,这是嵌入式系统设计的通常做法。

(4) 程序的编译与调试

程序编译时,应提前设置好编译/链接选项,包括 include/lib 库的指定、环境变量的确定、调试信息的加入和优化设置的选择等,其中尤为重要的是优化设置的选择。嵌入式系统软硬件结合紧密,不应选择过高的优化选项,以损失系统设计性能。通常应首先选定不使用程序优化的选项,等待程序调试运行正常后,再逐步提高优化选项并调试分析,直接找到合适的最高优化选项。一般来说,程序越优化,所使用的资源越少,代码量也越少。

嵌入式应用执行程序有多种运行方式,如模拟运行方式、宿主机-目标机联调方式、独立运行方式和性能测试方式等。调试程序时,应先使其在通用计算机下顺利实现模拟运行,然后再连接目标机,进行宿主机和目标机的联调,等待程序完全正常后再去掉调试信息,让程序独立地在目标机上试运行。

断点和观察点的运用是程序调试的常用手段。断点是静态的,可以无条件地控制程序的启动和停止,使应用程序运行到所要调试的程序行上。观察点是动态的,能够控制程序满足设定条件的循环运行而终止在预设结果出现的程序行上。IDE 提供有多种方便程序调试的观察窗口,如 CPU 寄存器窗口、存储器窗口、变量窗口、栈堆窗口和代码分析窗口等。调试程序执行到断点或满足观察点条件而停止时,可以通过这些窗口观察在断点处的应用程序的变量以及寄存器和存储器的值等检测所调试的应用程序运行是否正确。通过各种类型的观察窗口,运用断点和观察点,可以发现绝大多数的程序逻辑设计错误。此外,还可以借助于示波器、逻辑分析仪和在线调试器等硬件手段,通过触发和跟踪,发现更多的软件设计问题,并加以纠正和完善。

2. 上位机的监控软件开发

上位监控软件运行在工业控制计算机、个人计算机和笔记本电脑等通用计算机上,可以用来完成对底层嵌入式应用体系的参数配置、运行状况监测、采集数据的收集与分析及执行行为的控制等,是嵌入式系统不可缺少的部分。上/下位软件之间的连接方式通常有 RS232-C、USB 和 EMAC 等。

上位监控软件通常设计成 GUI 丰富、便于简易操作的可视化窗口形式,其开发软件工具很多。Windows 下常用的 IDE 开发工具有 BCB(Bland C++ Builder)、Dephi、Visual C++/Studio、Visual Basic、Bland JBuilder 和 NI LabView 等。Linux 下常用的 IDE 开发工具有 KDevelop、Anjuta 和 Bland C++ BuilderX 等。其中,JBuilder 是用 Java 语言通过解释性操作实现的,开发的软件可以跨平台应用;Dephi 使用 Pasic 语言,其他软件工具都使用 C/C++语言。上位监控软件需要很好地实现对底层通信接口的操作,选用 IDE 开发工具时,要考虑其中能有简易便捷的通信接口实现手段。

进行监控软件设计时,应注意合理安排中断、进程、线程和任务,合理规划进程/线程/任务间的通信和同步,并统筹兼顾系统的数据传输、可视化界面显示和实时响应性,做好多任务调度。

数据采集用的监控软件设计可能用到数据库,采用数据库软件,可以方便地实现数据存储、决策分析、统计报表和曲线图示等可视化功能。一般的数据采集系统设计,在 Windows 下选用 Paradox 和 MS Accesss 等中小型桌面数据库即可,对于数据量大的应用,可以考虑选采用 SQL Server、Sybase、Interbase 和 Oracle 等大型后台数据库。

监控软件的测试通常在所选的 IDE 下进行,安全可靠性要求高的应用,可以选择使用 Rose 和 LoadRunner 等软件工具进行严格规范的白/黑盒测试。

2.2.5　嵌入式体系的系统级规划设计

1. 数学知识基础

每一种嵌入式应用系统或简或繁都包含有一定的数学模型。应用系统的数学描述方法一般有差分方程、传递函数、单位脉冲响应序列和空间状态方程表达式 4 种,其中以差分方程和传递函数最为常见。系统有连续状态和离散状态两种状态,实际所处的是连续状态,分析需要的是离散状态。系统分析可以选择在时域或频域中进行。通过对系统数学模型的分析,可以确定系统的稳定性,找到系统稳定运行的条件,进而设计出高效可靠的应用体系。

数学有其抽象和难懂,更有其严密的推导,它有纵向(理论体系的建立)和横向(数学的应用)两个方面。当今高新技术实际上就是数学技术。在技术科学中,应用最广泛的数学研究领域是数值分析和数学建模。数学建模和相伴的计算是项目设计过程中的首要环节。

建立系统模型与进行系统分析,需要扎实的数学基础。常用的基础数学知识如下。

➢ 函数及其图示与特性:图像特征、常见函数方程、奇偶性、对称性、周期性和单调性等。

➢ 三角函数及其运算:三角函数互化、和差化积、积化和差、正/余弦定理和三角不等式等。

➢ 平面几何:常见几何体的面积/体积、方程表达、位置关系、距离/夹角求解、向量和射影等。

➢ 解析几何:线与面的表示及其相互位置关系,空间向量、状态空间表达,图解方程及方程组等。

➢ 复数及其特性与运算:复数的多种表达与运算,复平面及拉普拉斯变换,复数方程及求解。

➢ 线性代数:排列组合,行列式、矩阵、向量及其线性变换、相关性判别及线性方程组求解等。

➢ 微/积分及其意义:微分——切线/切平面,近似计算;积分——面积、体积;微/积分互化的现实意义,如力——功,水深——水压力,质量——引力,(角)位移——(角)速度——(角)加速度,角频率——转矩;微/积分方程及其求解,偏导及其几何应用,全微分及其近似运算,二重积分计算及其几何应用等。

➢ 级数与多项式:级数及其收敛性,常数项、幂、正余弦和傅里叶等级数,函数展开成有限多项式。

➢ 统计分析与概率分布:二项分布、指数分布、均匀分布和正态分布等及其分布的数学期望和方差。

2. 典型应用领域

(1) 微计算机控制

微计算机控制以微控制/处理器为核心，根据被控对象的特征，按照一定的数学控制模型，对被控对象的状态或运动过程进行控制，使之达到设定的要求。计算机控制的类型，从自动控制方式上可以分为开环控制、闭环控制、在线控制、离线控制和实时控制等；从参与控制的方式上可以分为直接数字控制、计算机监督控制、多级控制和分布/分散控制等；从调节规律上可以分为顺序控制、比例 P(Proportional)-积分 I(Integrating)-微分 D(Differentiation)控制、前馈控制、最优/最佳控制、自适应控制和自学习控制等。嵌入式系统中常用的微计算机控制模型有 PID 数字控制、智能模糊控制 FC、神经网络 NN 控制、生物遗传算法控制、滑模变结构控制和专家知识系统等，其中以 PID 数字控制、智能模糊控制和神经网络控制应用最广。计算机控制模型多用 Z 传递函数加以描述；有些控制模型，如滑模变结构控制，是用空间状态方程描述的。实际应用中，为达到最佳控制和最优化的自整定效果，常把几种控制模型集中在一起，图 2-16 就是一种以 PID 控制为中心，集 NN 控制和 FC 控制于一体的更为高效精简的自适应、在线、闭环、实时、数字控制系统。

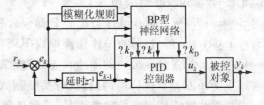

图 2-16　神经网络模糊自整定的 PID 控制框图

(2) 数字信号处理

数字信号处理 DSP(Digital Signal Processing)，以数字形式对信号进行采集、变换、滤波、估值、增强、压缩和识别等处理，以得到便于观察、分析和输出控制的信号形式。

常用的 DSP 类型有数字滤波、数字信号变换、功率谱估计、小波分析、音像的压缩/解压缩和语音/图像的识别等。数字滤波包括有限数字滤波 FIR、无限数字滤波 IIR 和自适应数字滤波；数字信号变换形式有离散傅里叶变换 DFT、快速傅里叶变换 FFT、离散余弦变换、Z 变换、线性调频 Z 变换和 Hilbert 变换等；功率谱估计包括经典型、AR 型和现代型，小波分析 (Wavelet) 多见于噪声消除和压缩处理。

在嵌入式系统中，DSP 通常采用通用 DSPs 完成，有时也采用 FPGA 或高性能的 SCM 实现。

(3) 通信系统设计

主要包括通信过程的构造、信号与噪声分析和原理性模拟仿真等方面。需要构造的一般通信过程是：编码、调制、发送/接收、解调和译码，每一环节都对应有很多可用数学方程或方程组表达的模拟或数字模型和相应的时域或频域响应波形、特性曲线。噪声分析及其消除通常应用小波分析实现。通信系统数学模型的设计、分析和模拟仿真可以借助于 Matlab–Simulink、SystemView 和 ADS(Advanced Design System)等软件工具来实现。

常见的通信形式有光纤通信、微波传输、超宽带传输 UWB 和自由光通信等，常见的微波传输通信有蓝牙技术(blue tooth)、WiFi(Wireless Fidelity)和 WiMax(World Interoperability for Microwave Access)等，每一种类型的通信系统都有典型的传输模型和很多实现方法。设计通信应用系统时，需要根据具体需求和环境要求，通过建模、模拟仿真和运算分析，找出最简、最优、便于实现的数学模型。

3. 系统级设计验证

系统级设计验证用于构建嵌入式应用体系的数学模型和基本软硬件框架,确定关键性的模型参数和技术指标,进行功能性为主的模拟仿真,以验证整体设想的正确性并加以调整和完善。

系统级设计验证在通用计算机的软件模拟环境下进行,通常借助于工具软件实现。系统级设计与模拟仿真的软件工具,最常用的是 Matlab–Simulink,其次是一些电子设计自动化 EDA(Electronic Design Automatic)软件工具,接下来是一些专业性的软件工具。常用的 EDA 软件工具有 Cadence–OrCAD 公司的 PSpice A/D(PSpice)、IIT(Interactive Image Technologies)公司的 MultiSim(EWB)、Ivex 公司的 Spice、Mentor–PADS 公司的 HyperLynx、Altium(Protel)公司的 Designer–Simulate 等。常用的专业性软件工具有 Elanix 公司的 System View、Labcenter 公司的 Proteus、Agilent 公司的 ADS(Advanced Design System)、SystemC、Cadence 公司的一体化模拟器 IUS(Incisive Unified Simulation)/IFV(Incisive Formal Verifier)、Novas 公司的 Debussy、AMS Designer/AMSVF 等。也可以使用 C/C++语言通过 Visual C++、BCB 等自行设计某一领域的系统级设计与模拟仿真软件。

掌握并熟练使用一种软件工具,通常能够使系统级设计验证工作事半功倍。下面对一些常用或典型的软件工具作简要介绍。

(1) Matlab–Simulink

Matlab(Matrix Laboratory)是 MathWorks 公司推出的一种科学计算软件,它以矩阵的形式处理数据,将高性能的数值计算和可视化集成在一起,并提供了大量的内置函数,广泛应用于科学计算、控制系统、信息处理、数学建模、系统辨识等领域的分析、仿真和设计工作。其主要构成如下:

- Matlab 开发环境,是进行应用研究开发的交互式平台;
- Matlab 数学与运算函数库,是用于科学计算的函数库;
- Matlab 语言,是进行应用开发的编程工具;
- 图形化开发,用于二维、三维图形的开发;
- 应用程序接口(API),用于与其他语言混合编程;
- 面向专门领域的工具箱,包括小波分析、神经网络、信号处理、图像处理、模糊逻辑控制、优化设计和鲁棒控制等几十个不同应用的工具箱。

Simulink 是 Matlab 产品簇中一种,它基于 Matlab 框图设计环境,可以用来对各种动态系统进行建模、分析和仿真,其建模范围广泛,如航空航天动力学系统、卫星控制制导系统、通信系统、船舶及汽车等。其中包括连续、离散,条件执行,事件驱动,单速率、多速率和混杂系统等。Simulink 提供了利用鼠标拖放的方法建立系统框图模型的图形界面,还提供了丰富的功能块以及不同的专业模块集合,利用 Simulink 几乎可做到不书写一行代码就能完成整个动态系统的建模工作。

(2) PSpice

PSpice 是一个全功能的模拟与数字混合信号仿真器,它支持从高频系统到低功耗 IC 设计的电路设计,具有电路的分析验证能力,能够对电路进行参数优化和对器件的模型参数进行提取。PSpice 已和 OrCAD Capture 及 Concept HDL 电路编辑工具整合在一起,可以方便地在单一的环境里建立设计、控制模拟并得到结果。

(3) Mutisim

MultiSim 原来称为 EWB(Electronics Workbench)，是基于 Spice 的电路设计与仿真的虚拟电子工作台软件，它集成了电路图编辑、高性能的模拟-数字电路及混合电路的仿真功能，可以完成直流电路分析、电路的瞬态分析/稳态分析/时域和频域分析、器件的线性与非线性分析、电路的噪声与失真分析、灵敏度分析、温度扫描分析、零-极点分析、传输函数分析和最坏情况分析等功能。其元件库丰富，能输出 PSpice/OrCAD/Protel 识别的网络表文件，提供有 VHDL/Verilog 设计与仿真接口、FPGA/CPLD 综合、RF 设计和后处理功能，还可以进行从原理图到 PCB 布线工具包的无缝连接。EWB 最重要的特点是仿真的手段切合实际，选用的元器件和仪器与实际情况非常接近。

(4) System View

System View 是基于个人计算机的系统设计和仿真分析的软件工具，它提供有可视化软件环境，应用 System View 可以轻松地完成数字信号处理(DSP)系统、通信系统、控制系统以及构造通用数字系统模型的设计和模拟分析工作。

(5) Proteus

Proteus 用于在通用计算机的 Windows 下完成微控制/处理器体系的电路分析、模拟仿真和软件调试。Proteus 实现了单片机仿真和 SPice 电路仿真相结合，具有模拟/数字电路仿真、单片机及其外围电路系统仿真、RS232 动态仿真、I^{2}C/SPI 调试、键盘和 LCD 仿真的功能，具有各种虚拟仪器，如示波器、逻辑分析仪、信号发生器等；支持主流单片机系统的仿真，如 68000 系列、8051 系列、AVR 系列、PIC12/16/18 系列、Z80 系列、HC11 系列以及各种外围芯片；提供有软件调试功能，可以在硬件仿真系统中进行全速、单步和设置断点等调试，可以观察各个变量和寄存器等的当前状态，同时支持第三方的软件编译和调试环境，如 Keil C51 μVision2 等软件；Proteus 还具有强大的原理图绘制功能。

(6) ADS

ADS 是微波电路和通信系统的设计和仿真软件，其功能非常强大，仿真手段丰富多样，可实现包括时域和频域、数字与模拟、线性与非线性及噪声等多种仿真分析手段，并可对设计结果进行成品率分析与优化。ADS 的主要应用领域为射频和微波电路的设计，通信系统的设计，RFIC(Radio Rrequence Integrated Circuit)设计，DSP 设计和向量仿真，是射频工程师必备的工具软件。

(7) SystemC_Win

SystemC_Win 是在 Windows 下应用基于 C++的 SystemC 语言进行快速可靠的电子系统级 ESL(Electronic System Level)片上系统 SoC(System on Chip)设计与验证的可视化软件工具，它能够完成从系统级到门级、从软件或硬件、从设计到验证的全部 SystemC 描述的实现。通过基于 SystemC 语言的电子系统级-事务级模型 ESL-TLM(Transaction Level Model)，进行整体系统级设计、验证和模拟仿真，能够使软硬件设计并行进行，并协调软硬件设计，进一步加快 SoC 芯片级系统设计的速度。

(8) IUS/IFV

IUS/IFV 用于设计验证各种复杂程度的数字电路、片上系统 SOC 以及混合信号集成电路，是纳米级集成电路设计的快速高效验证工具。IUS 支持 Verilog、VHDL、SystemC、SCV

(SystemC Verification standard)及其 PSL/Sugar,它具有静态/动态的断言检查、完全的事务级支持、硬件描述语言 HDL(Hardware Description Langguage)分析、一体化的测试生成及可选的按需加速等强大功能。IFV 则更进一层,它以友好的图形用户界面和综合环境,提供了更加易于使用而全面的调试和分析手段。

(9) Debussy

Debussy 是 HDL 的调试和分析工具,它不仅可以方便地用来运行模拟分析或察看波形曲线,而且能够在 HDL 源代码、原理框图、波形曲线图和状态变化图之间,即时跟踪,协助工程师调试。实际应用中常常把 IUS 和 Debussy 联合使用,从而快速、高效地进行 SOC IC 设计。

(10) AMS Designer/AMSVF

AMS Designer 是一种基于 Virtuoso Spectre 和 Ultrasim Simulator 以及 IUS 引擎的可靠的单一核心的混合信号模拟器。Spectre 和 Ultrasim 是两种高性能的模拟求解器,支持几乎所有的 HDL 语言和 Spice 网表规格。AMS Designer 比较适合大型全芯片设计。AMSVF 是一种针对复杂混合信号电路进行全芯片验证的有效而强大的工具,其应用模式灵活,功能更加先进而强大,能够帮助更多的用户在设计的初期阶段发现设计错误,缩短设计周期,实现一次性"流片"成功。

4. 项目的规划管理

嵌入式体系的系统级规划设计的根本目标是:建立并实现一个含有最简、最优的控制策略或分析处理算法的系统模型,进而通过软硬件设计得到高性价比的嵌入式应用产品。

概括起来,进行嵌入式系统工程规划设计的基本步骤如下:

① 制订并确立系统的总体控制方案;
② 建立算法模型,进行整体性的模拟仿真;
③ 核心微控制/处理器选择;
④ 进行全面性的系统整体设计;
⑤ 初步规划系统的硬件体系;
⑥ 初步规划系统的软件体系;
⑦ 规划系统的联合调试/测试。

接下来,进行嵌入式系统的项目开发计划与管理,包括开发进程及其调度、人力/物力分配和项目跟踪调整等,通常借助于项目管理软件工具。其中应用较普遍的是微软公司的 Microsoft Project。

Microsoft Project 是一个功能强大而且可以灵活运用的项目管理工具,可以用来协调计划、项目以及资源,控制简单或复杂的项目,优化资源,安排工作的优先顺序并协调项目与总体目标;可以用来安排和追踪所有的活动以对活动的项目进展进行详细的了解。

2.3 项目设计举例:FPGA – SoPC 体系

2.3.1 系统工程规划与控制算法确定

2.3.1.1 系统工程的整体规划

这里给出的是一个 2.5 Gbps 光纤数据传输的中继/监控系统的项目开发设计。

中继实现的传输距离可达 300 km,最远可达 500 km。光纤传输采用激光信号,对于 300 km 的传输,选用普通的激光收发器即可达到要求;对于 500 km 的传输,则需要选用大功率激光发射器。光纤传输的编码、串行化、调制与解调、反串行化、解码及其工作模式的识别与切换和误码纠错等是一系列复杂的过程,可以选用专用的收/发控制器简化这一过程。

监控的目的是完成整个系统的初始配置和工作模式的切换及其工作环境参数的设定,并完成对运行过程中的关键性能指标的查询。整个系统宜做成无人机界面的板卡形式,监控功能通过串行通信形式在远端的通用计算机上实现。通信形式可采用 RS232C - RS485 形式或工业以太网形式,这里采用简易的 RS232C - RS485 形式,简单地说就是 RS232-C 形式。

由此规划整个系统的设计方案如图 2-17 所示。图中的微控制/处理器体系完成的主要工作有 4 项:

➤ 对两个收发器的初始配置;
➤ 对收/发控制器的初始配置和运行中的配置;
➤ 对激光发射模块即大功率激光发射器;
➤ 与通用计算机的串行通信及其系统进行状况监控。

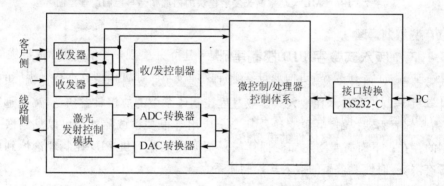

图 2-17 2.5 Gbps 光纤通信中断/监控系统方案规划示意图

2.3.1.2 大功率激光发射器的控制

大功率激光发射器,价格昂贵,而且有苛刻的稳定偏流和温度要求,通常采用数字比例 P(Proportional)积分 I(Integrating)闭环控制使其正常地工作。下面以随动管理型激光 CML(Chip Managed Laser)技术的蝶形激光发射模块为例,说明其数字 PI 的控制过程,CML 器件的结构组成和控制原理如图 2-18 所示。

CML 模块主要由分布式反馈型 DFB(Distributing Feed Back)激光发射器、光谱重构器(optical spectrum reshaper)、分光器 BP(Bemsplitter)和两个光电探测器 PD(Photo Detectors)组成。光电流 PD1 用于监控 DFB 的输出功率,PD2 来自 OSR 的反射,PD2/PD1 用于锁定相关光谱的频率(分光器的位置)和 OSR(通过使用 TEC♯1 的 DFB 温度控制)。TEC♯2 控制 OSR 的温度和定位 OSR 的操作点。

CML 模块的控制主要有三个环节:DFB 的偏流控制 PD1、PD2/PD1 确定的 DFB 恒温控制 NRPD 和 OSR 的恒温控制。最后一个环节要求不高,采用模拟 PI 控制器件如 Maxim 公司的 MAX1978 即可,前两个环节要求苛刻,需要采用数字 PI 控制。其中 DFB 恒温控制最重要,采用数字 PI、模拟 PI 串级控制,数字 PI 的输出作为模拟 PI 的参考输入,模拟 PI 控制器仍

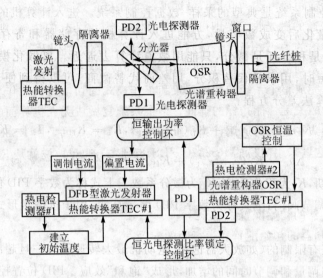

图 2-18　CML 大功率激光发射模块的内部构造与控制原理框图

可采用 MAX1978。

2.3.1.3　嵌入式数字 PID 控制基础

随着微控制/处理器和大规模可编程器件的高速发展,按偏差信号进行比例、积分和微分控制的计算机 PID 控制技术在嵌入式工业过程控制体系中的应用日益广泛,高速远距离光传输通信、精密伺服驱动控制、电源变换及其安全应用等很多领域随处都可以见到嵌入式数字 PID 控制的存在。下面简要阐述如何把算法复杂的传统计算机 PID 控制理论恰到好处地应用到资源有限、实时性要求高的嵌入式控制体系。

1. 计算机数字 PID 控制理论概述

连续的模拟 PID 控制系统的原理如图 2-19 所示。

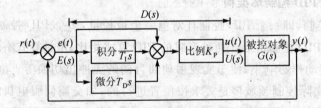

图 2-19　模拟 PID 控制系统框图

其传递函数和微分控制方程如下:

$$D(s) = \frac{U(s)}{E(s)} = K_P \left(1 + \frac{1}{T_I s} + T_D s\right)$$

$$u(t) = K_P \left[e(t) + \frac{1}{T_I}\int_0^t e(t)\,\mathrm{d}t + T_D \frac{\mathrm{d}e(t)}{\mathrm{d}t}\right] + u_0$$

式中,T_I 为积分时间常数,T_D 为微分时间常数,K_P 为比例系数或增益,$r(t)$ 为设定值或参考值,$y(t)$ 为反馈值或测量值,控制偏差 $e(t) = r(t) - y(t)$,u_0 为初始值即控制基础。

计算机数字控制系统是典型的采样-数据控制系统。进入计算机的连续时间信号,必须经过采样和整量化后变成数字量,方能进入计算机的存储器和寄存器;而计算机中的计算和处理,不论是积分还是微分,只能用数值计算去逼近。离散化模拟PID微分方程,当采样周期相当短时,用求和代替积分,用差商代替微商,可以得到便于计算机采样控制的数字PID控制算法差分方程:

$$u_i = K_\mathrm{P} e_i + K_\mathrm{I} \sum_{j=0}^{i} e_i + K_\mathrm{D}(e_i - e_{i-1}), K_\mathrm{I} = K_\mathrm{P}\frac{T}{T_\mathrm{I}}, T_\mathrm{P} = K_\mathrm{P}\frac{T_\mathrm{D}}{T}$$

$$\Delta u_i = K_\mathrm{P}(e_i - e_{i-1}) + K_\mathrm{I} e_i + K_\mathrm{D}(e_i - 2e_{i-1} - e_{i-2})$$

式中,T为采样周期,K_I为积分系数,K_D为微分系数。上式称为数字PID位置算式,用于按位置控制的场合,如调节阀门;下式称为数字PID增量算式,用于按增量形式控制的场合,如步进电机。

执行机构的是有限制的(如放大器饱和、电动机最大转速等),一旦超出范围,就会引起达不到期望效果的超调量和调节时间的增加,形成"饱和"效应。PID位置控制时由于积分项的存在而存在"积分饱和"现象,PID增量控制时没有"积分饱和"效应却因微分的存在而产生了减慢系统动态过程的"微分饱和"现象。常用的"积分饱和"抑制方法有"遇限削弱积分法"和"积分分离法";常用的"微分"饱和抑制方法是微分项上或整个PID调节器后加入惯性环节,以克服完全微分的缺点。

干扰严重的场合需要采取相应的抑制措施,常用的方法有算术平均滤波、一阶惯性滤波和四点中心差分等。给定值变化迅速时,还要考虑防止出现过大的控制量,常用的方法有前置滤波、微分先行PID和IPD控制等。

2. 嵌入式数字PID控制基本形态

嵌入式应用控制系统,资源有限,实时性要求高,必须对传统的计算机PID控制加以简化和改造才能更加有效地引入应用。

(1) 单回路的PID控制环架构

单回路PID控制,即一个PID控制环对应一个被控量,多个PID控制环之间没有直接关联,这是很常见的PID控制情形。两种形式的PID算式相比,增量算式有很多优点,如运算量小,累积误差小,误动作影响小,便于实现手动到自动的无冲出切换等。嵌入式设计中宜采用PID增量算式,但实际控制领域多是要求按位置进行的,如交流伺服电机的驱动、逆变电源的控制等,此时可采用PID增量算式和递推累加输出形式。PID控制中的"饱和"效应以积分饱和最为常见,对于"积分饱和"多采用引入防饱和积分的特殊"遇限削弱积分法"。

综上所述,得到的最基本的防饱和积分的嵌入式PID控制体系结构如图2-20所示。

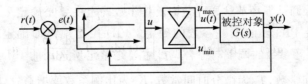

图2-20 防饱和积分的嵌入式PID控制系统框图

相应的计算公式如下：

$$e_k = r_k - y_k$$

$$U = R_{k-1} + K_P \cdot e_k$$

$$u_k = \begin{cases} u_{\max} & U \geqslant u_{\max} \\ U & \\ u_{\min} & U \leqslant u_{\min} \end{cases}$$

$$R_k = R_{k-1} + K_I e_k + K_C \cdot (u_k - U) + K_D \cdot (e_k - e_{k-1})$$

式中，积分饱和修正系数 $K_C = K_I/K_P = T/T_I$，R_k 为第 k 次的积分调节累计量。

实际应用中可以根据对象的特性和控制要求，改变 PID 结构，取其中的一部分构成控制器，如 P 调节器、PI 调节器和 PD 调节器等。嵌入式系统中应用最多的是 PI 调节器。

嵌入式 PID 控制体系在干扰严重的场合，对测量的输入模-数 AD(Anolog Digit) 转换值，多采用简易的算术平均滤波法，采样次数通常取为 2 的倍数，以便于微处理控制器的快速运算。

(2) 多回路 PID 串级控制架构

当系统中同时有几个因素影响同一个被控制量，或对象的容量滞后较大、负荷受干扰剧烈或频繁，或对调节质量要求较高，或控制任务比较特殊，就需要增加一个或几个控制内回路，进行串级 PID 控制。典型的 PID 串级控制体系框图如图 2-21 所示。

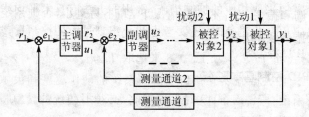

图 2-21　PID 串级控制系统框图

PID 串级控制，能够有效地克服二次扰动的影响，提高系统的工作频率，使串级系统有一定的自适应能力。主副回路可以采用相同的采样周期，即同步采样，也可以异步采样。异步采样时，主回路采样周期要是副回路的整数或分数"倍"。应先计算最外面的回路，然后逐步转向里面的回路进行计算。一般地，主调节器应选择 PI 或 PID 控制规律，副调节器选择 P 控制规律，如果选择流量为副参数，则在副调节器中引入积分作用，通常副调节器不引入微分作用。嵌入式控制系统中常见的是 2~3 级的 PID 串级控制。

3. 嵌入式数字 PID 控制系统设计

嵌入式数字 PID 控制体系设计包括 PID 结构及其参数确定、软硬件体系设计和 PID 控制环参数的调整与综合调试等环节。PID 结构及其参数确定主要是确定采用的 PID 控制规律、PID 控制功能仿真及 PID 环的主要参数的确定。PID 控制规律即确定采用 P、PI、PD 还是 PID 控制。PID 控制环参数的调整与综合调试主要是整定所选用的 PID 控制环参数，使 PID 控制达到最佳效果。

(1) PID 控制环节主要参数的确定

应用 PID 控制,必须采用合适的采样周期 T、比例放大系数 K_P、积分时间 T_I 和微分时间 T_D,使整个控制系统得到良好的性能。

① 采样周期 T。T 越小,控制效果越好。在选择 T 时应综合考虑以下三点:

- 首先应满足香农(C. E. Shannon)定理:$\omega_s \geqslant \omega_m$,实际应用中取 $\omega_s \geqslant (10 \sim 15) m_\omega$。其中 ω_s 为采样频率,ω_m 为包括噪声在内的被采样信号的最高频率。
- 根据执行机构和被控对象的特点,执行机构动作的惯性大,T 应取大些;被控对象反应快,T 应取小些,若存在纯滞后时间 τ 则 $T < (1/10 \sim 1/4)\tau$;总体上 T 越小,系统的随动和抗干扰性越好。
- 从微机的工作量、调节回路的计算成本和控制算法的精确执行上看,T 应选择大些。注意选取适当的微机字长精度以消除积分不灵敏。

② 比例系数 K_P。增大 K_P 可以加快系统响应,有利于减小系统静态误差,但 K_P 过大会使系统有较大的超调,从而引起被控量振荡甚至导致系统不稳定。比例控制不能消除稳态误差。

③ 积分时间 T_I。积分控制的作用是,只要系统有误差存在,积分控制器就不断地积累,输出控制量,以消除误差。因而,只要有足够的时间,积分控制将能完全消除误差,使系统误差为零,从而消除稳态误差。然而,积分作用太强会使系统超调加大,甚至使系统出现振荡。加入积分环节可以得到较好的稳态性能,增大 T_I 将减慢"消除静差"的过程,牺牲系统的动态品质,但有助于减小超调和振荡。K_P 不变的情况下,T_I 不易过小,否则系统稳定性降低,振荡加剧,调节过程加快且振荡频率升高。

可以根据经验公式如 $T/T_I = 0.1 \sim 0.3$ 来选取 T_I。

④ 微分时间 T_D。加入微分环节有利于提高系统的动作速度和灵敏度。增大 T_D 有利于加快系统响应,使超调量减小,稳定性增加,克服振荡,减少调整时间,从而改善系统的动态性能,但系统对扰动的抑制能力减弱。T_D 不宜过大,否则也会使系统不稳定。微分控制不直接影响稳态精度,它仅在瞬态过程中有效。微分控制不能单独使用,引入了微分环节宜采用较大的 K_P 值。

可以根据经验公式如 $T/T_D = 0.02 \sim 0.06$ 来选取 T_D。

特别指出:选择 T、K_P、T_I 和 T_D 时,要注意参考前人或同行实践和实验的数值,在此基础上确定。

(2) PID 控制环的功能仿真与调整

PI 控制环的设计及其参数的确定还可以借助于 Matlab - Simulink 软件工具,进一步模拟仿真和调整。图 2-22 给出了用 Matlab - Simulink 实现的 PID 控制仿真和参数调整设计图,图中还显示了 PID 控制的模拟效果波形图。图中的 plant 是以传递函数表示的设备模型,很多厂商可以提供设备模型的传送函数,如交流电机 $s = 1/(0.1s^3 + 1)$。使用 Matlab - Simulink 还可以对 PID 串级控制体系进行模拟仿真和参数调整。

PID 仿真及其参数调整合适后,还可以使用 Matlab - Simulink 得到适合于微控制/处理器的 C 语言或 FPGA 器件的 VHDL(Very High hardware Description Language)语言的程序,对 FPGA 器件,还可生成测试文件,以便借助于 Modelsim 软件工具进行更深一步的仿真

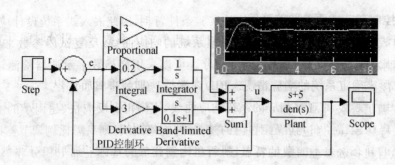

图 2-22 Matlab-Simulink 实现的 PID 控制仿真与参数调整

和 PID 参数调整设计。

(3) PID 控制体系的软硬件实现

嵌入式 PID 控制体系的软硬件设计,包括硬件体系设计、基本软件体系架构和应用软件设计三部分。硬件体系设计主要是微控制/处理器、模/数 A/D 与数/模 D/A(Digital Anolog)转换器件的选择;基本软件体系架构主要是建立起能够运行的最小软件,包括启动代码和底层模块如定时器的驱动代码;应用程序主要是 PID 控制代码及其控制效果代码等。

微控制/处理器,可以选择各种 8 位/16 位/32 位的单片机、16 位/32 位 DSP 或者 FPGA 器件。选用 FPGA 器件时,还可以借助于 DSP builder、DSP System Generator 等工具制作 PID IP(Intellectual Property)核,进行 SoPC(System On Programmable Chip)软硬件协同设计。

A/D 和 D/A 器件的选择,主要是考虑器件的数据位数精度和转换时间指标,应根据 PID 控制的精确程度与实时性而定。需要明确增加 A/D 转换器的位数,以加长微控制/处理器字长提高运算精度,能够有效地消除可能产生的积分不灵敏。

基本软件体系的架构,可以借助于常见的微控制/处理器类型软件架构工具进行,以减少开发时间,快速得到程序结构体系代码。如 ARM 系列器件软件架构工具和 TI-DSPs 系列器件软件架构工具和 XPS-EDK 的 BSB(Xilinx Platform Studio-Embedded Development Kit-Base System Builder)等。

PID 控制代码的编写通常用 C 语言完成,实时性要求高、资源有限的微控制/处理器体系可采用汇编语言编写,如选用 TMS320LF2407A 实现交流伺服控制。编写汇编语言代码,需要熟悉选定微控制/处理器的指令,可选用相应的软件架构工具加以简化。

(4) PID 控制环节主要参数的整定

PID 控制器参数整定,就是选择最合适的 T、K_P、T_I 和 T_D,使系统的控制性能达到最好状态。

① PID 调节环的基本参数整定。PID 环的基本参数整定方法如表 2-4 所列。

表 2-4 PID 控制环参数的整定方法类型表

$$\text{PID环整定方法} \begin{cases} \text{理论计算法如时域法、频域法、根轨迹法等} \\ \text{工种整定法} \begin{cases} \text{实验法} \begin{cases} \text{扩充临界比例法} \\ \text{阶跃曲线法} \end{cases} \\ \text{经验法} \end{cases} \end{cases}$$

由于理论计算方法比较繁琐,实验法的实验条件苛刻,因此嵌入式系统设计应用中多采用经验法。经验法是通过模拟或闭环运行,观察系统的响应曲线,反复试凑参数来实现的,PID参数"试凑"的规则是:先比例,后积分,再微分。可以采用高档数字示波器检测输入/输出电路关键点的波形来确定系统的响应情况。PID参数"试凑"的步骤如下:

- 将 K_P 由小变大,并观察相应的系统响应曲线,直到得到反应快、超调小的响应曲线,若系统静态误差已经在允许范围并且有满意的响应曲线,则只需比例调节器即可。
- 若系统的静态误差不能满足要求,则须在比例调节的基础上加上积分环节。整定时先置 T_I 为一个较大的值,并将上面整定得到的 K_P 略微缩小(一般为原来的80%),然后减小 T_I,并观察系统静态误差的消除情况。可以根据响应曲线的好坏反复改变 K_P 与 T_I,以得到较好的控制效果。
- 若使用 PI 调节器消除了静态误差,但动态过程经反复调整仍不好,则需考虑加入微分环节,构成 PID 调节器。整定时可先置 T_D 为零,在上面整定的基础上逐步增大 T_D,同时相应地改变 K_P 和 T_I,逐步试凑,以获得满意的效果。

需要明确的是,整定中参数的选定并不唯一,不同的整定参数可能得到同样的控制效果,只要控制过程满足应用和设计要求即可。

② 串级控制的 PID 环参数的整定步骤如下:

- 整定时应尽量加大副调节器的 K_P,以提高其波动频率,使主、副环波动频率错开,最好相差三倍以上。一般情况下,主、副环频率相差越大,相互之间的影响就越小。
- 串级调节器的整定次序是:先副后主,先比例、后积分、最后微分。整定副调节器时,可先使主环开路。然后在投入副环的情况下,再把主环整定好。
- 副环的给定值是变化的,当其迅速变化时,可考虑增加控制量阻尼的算法,如加入一阶惯性环节的前置滤波、微分先行 PID、IPD 控制等。

2.3.1.4 项目开发规划及其管理

选用常见的软件工具 Microsoft Project 进行项目的开发规划和管理,计划整个项目由 5 个工程师组成的项目组完成:高级系统工程师(简称"高系工")、高级硬件工程师(简称"高硬工")、硬件助理工程师(简称"硬助工")、高级软件工程师(简称"高软工")、软件助理工程师(简称"软助工"),前后共计需要 73 个工作日。用 Microsoft Project 设计的整个项目开发的任务划分、资源分配和进度计划如图 2-23 所示,整个项目开发的规划和管理的部分"甘特图"如图 2-24 所示。

2.3.2 嵌入式硬件体系设计

1. 主要元器件的选型

(1) 主要外围部件的选择

收/发器、收/发控制器、大功率激光发射器、ADC 和 DAC 是需要重点选择的系统外围器件,型号选择如下:

- 通用激光收/发器——AMCC 的多速率收/发器 S3485;
- 光传输收/发控制器——AMCC 的收/发控制器 S4815,宽频域、多通道、强纠错,具有

任务名称	工期	开始时间	完成时间	前置任务	资源名称
1 ⊟ 2.5G光中继/监控系统研发	73 工作日	2006年4月4日	2006年7月18日		
2 ⊟ 总体设计	9 工作日	2006年4月4日	2006年4月14日		
3 方案规划	3 工作日	2006年4月4日	2006年4月6日		高硬工,高系工,高软工
4 控制模型确立	1 工作日	2006年4月7日	2006年4月7日	3	高系工
5 主器件选择/设备准备	1 工作日	2006年4月10日	2006年4月10日	4	高硬工,硬助工
6 设计资料收集	4 工作日	2006年4月11日	2006年4月14日	5	硬助工,高硬工,高系工
7 总体设计结束	0 工作日	2006年4月14日	2006年4月14日	6	
8 ⊟ 产品设计	34 工作日	2006年4月17日	2006年6月6日	2	
9 ⊟ 系统控制设计	15 工作日	2006年4月17日	2006年5月10日		高系工
10 确立系统控制过程	7 工作日	2006年4月17日	2006年4月25日		
11 控制模型的建立与纽	8 工作日	2006年4月26日	2006年5月10日	10	
12 系统控制设计结束	0 工作日	2006年5月10日	2006年5月10日	11	
13 ⊟ 硬件电路原理设计	15 工作日	2006年4月17日	2006年5月10日		高硬工,硬助工
14 主控板原理设计	15 工作日	2006年4月17日	2006年5月10日		
15 器件选购	7 工作日	2006年4月17日	2006年4月25日		
16 背板/电源板设计	8 工作日	2006年4月26日	2006年5月10日		
17 硬件电路设计结束	0 工作日	2006年5月10日	2006年5月10日	14	
18 ⊟ 软件设计	18 工作日	2006年5月10日	2006年6月5日	13,9	高软工,软助工
19 基本软件体系架构	3 工作日	2006年5月11日	2006年5月15日		
20 外设/接口驱动设计	10 工作日	2006年5月16日	2006年5月29日	19	
21 应用程序设计	5 工作日	2006年5月30日	2006年6月5日	20	
22 监控程序设计	5 工作日	2006年5月11日	2006年5月17日		
23 CPG转换软件设计与	13 工作日	2006年5月18日	2006年6月5日	22	
24 软件设计结束	0 工作日	2006年5月10日	2006年5月10日		
25 ⊟ 硬件体系设计	19 工作日	2006年5月11日	2006年6月6日	13	高硬工,硬助工
26 主板PCB设计	10 工作日	2006年5月11日	2006年5月24日		
27 电源板/背板设计	8 工作日	2006年5月11日	2006年5月22日		
28 机箱机械部分设计	5 工作日	2006年5月23日	2006年5月24日	27	
29 制板/件外协,元器件	5 工作日	2006年5月25日	2006年5月31日	26,27	
30 硬件组装	4 工作日	2006年6月1日	2006年6月6日	29	
31 硬件体系设计结束	0 工作日	2006年6月6日	2006年6月6日	30	
32 产品设计结束	0 工作日	2006年6月6日	2006年6月6日	18,25	
33 ⊟ 产品调试	20 工作日	2006年6月7日	2006年7月4日	8	高软工,高硬工,硬助工,软助工
34 基本硬件电路调试	2 工作日	2006年6月7日	2006年6月8日		
35 基本软硬件体系调试	5 工作日	2006年6月9日	2006年6月15日	34	
36 外设/接口驱动调试	8 工作日	2006年6月16日	2006年6月27日	35	
37 应用程序调试	5 工作日	2006年6月28日	2006年7月4日	36	
38 监控程序调试	18 工作日	2006年6月9日	2006年7月4日	34	
39 产品调试结束	0 工作日	2006年7月4日	2006年7月4日	37,38	
40 ⊟ 产品测试与试运行	5 工作日	2006年7月5日	2006年7月11日	33	软助工,硬助工
41 产品测试	2 工作日	2006年7月5日	2006年7月6日		
42 产品试运行	3 工作日	2006年7月7日	2006年7月11日	41	
43 产品测试结束	0 工作日	2006年7月11日	2006年7月11日	42	
44 ⊟ 研发总结/文档整理	5 工作日	2006年7月12日	2006年7月18日	40	高系工,高软工,高硬工,软助工
45 产品说明书编制	2 工作日	2006年7月12日	2006年7月13日		
46 研发总结/文档整理	3 工作日	2006年7月14日	2006年7月18日	45	

图 2-23　Microsoft Project 规划和管理项目开发的示意图

存储器接口；

> 大功率激光发射模块——Finisar 的 10 Gbps 速率、CML 型激光发射器 DM200-01；
> 模/数转换器 ADC——AD-BB 的 ADS8343,16 位宽,4 通道,100 kHz 转换率,SPI 接口；
> 数/模转换器 DAC——AD-BB 的 DAC8554,16 位宽,4 通道,高转换速率,SPI 接口。

这几种器件中,以 S4815 和 DM200-01 最为昂贵和重要,选型和使用时需要特别注意。

(2) 微控制/处理体系的选择

主要包括三个方面：核心微控制/处理器、程序存储器 ROM/数据存储器 RAM 和接口部件。设计系统必须使用的接口有外部存储控制器 EMC(External Memory Control)、UART、SPI、GPIO 和 JTAG 等。嵌入式应用开发中,常选择 CPU 运行速度高,含有足够容量和速度

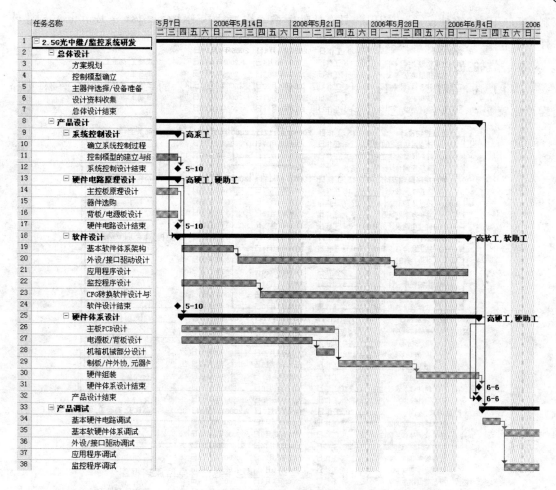

图 2-24 用 Microsoft Project 规划的整个项目开发的"甘特图"

的片内 ROM/RAM,具有所需常规片内外设/接口的 RISC(Reduce Instruction Set Computer)型的微控制/处理器,如 SCM 或 DSP。为使设计灵活多样、可变性强,同时稳定可靠、实时性强,这里采用 FPGA 器件和 SoPC 技术,进行软硬件协同设计。

FPGA 器件选用 Xilinx 公司的 Spartan-3 系列的 XC3S1000,该器件采用 90 nm 工艺,内含 1 M 个系统门电路,时钟频率可达 340 MHz,具有 391 个 I/O 口、54 KB 可用作双端口存储器的块存储器 BRAM(Block RAM)、15 KB 分布式 RAM、18×18 位的乘法器、嵌入式 eXtremeDSP 等资源。

开发工具选用 Xilinx 公司的 EDK-XPS IDE。微控制/处理器采用 Xilinx 公司的 MicroBlaze 软核。MicroBlaze 是 32 位哈佛架构的 RISC 型微控制/处理器,具有三级指令流水线操作,CPU 速度可达 150 MHz,需要的最少逻辑单元数约为 950,支持指令/数据缓存,并可选择整合低延时的浮点运算单元 FPU(Float Point Unit)和 MMU。可以在 MicroBlaze 体系中嵌入的 E-RTOS 有 μC/OS、μC/Linux、VxWorks、eC/OS、Nucleus、ThreadX 和 LSP 等。应用 MicroBlaze 可以实现高性能的嵌入式应用和多核微处理器系统。XPS-EDK 中包含可直接使用的 MicroBlaze 软核和 UART、SPI、定时器(timer)、EMC、DMA、ADC、DAC、中断控制器和 GPI/O 等外设/接口 IP 核,具有软件体系架构工具 BSB(Base System Builder),构建软件体系和编辑、编译和调试软件十分方便。

2. 系统的硬件体系设计

综上所述,运用 EDA 电路设计工具可以设计如图 2-25 所示的系统硬件电路。硬件电路设计比较复杂,限于篇幅,这里仅给出了原理框图。

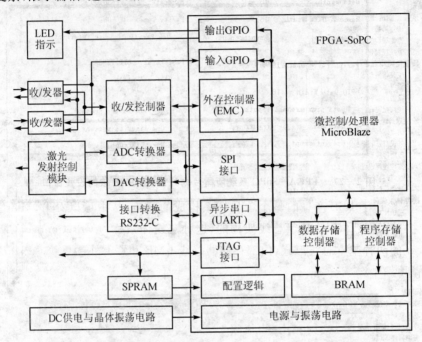

图 2-25 2.5 Gbps 光纤通信中断/监控系统硬件电路原理框图

2.3.3　嵌入式软件体系架构

2.3.3.1　嵌入式软件体系初步架构

使用 EDK-XPS 的 BSB 工具,它能够以可视化向导式选配和参数设置形式快速方便地引导用户构成所需的软硬件平台。图 2-26 是进行系统整体设置的对话框,这里输入的参考时钟和总线时钟均为 25 MHz,选择低电平复位有效,指定片内 H/W 调试模块作为调试基础,设定 32 KB BRAM 为数据和程序存储器区。

图 2-27 给出了所需片内外设/接口 IP 核的设置窗口,这里为了叙述方便,设法把它们合并在一起。其中 RS232 和定时器选中使用中断,分别用于产生中断服务程序框架,以快速接收通信数据和实现定时 PI 控制。GPIO 主要用于配置和输入激光收发/收发控制器状态,有一些用于系统输出状态的 LED 指示,

图 2-26　FPGA-SoPC 系统整体设置的对话框

GPIO 划分为双向 GPIO、输入 GPIO 和输出 GPIO 三种。EMC 主要用于连接激光收/发控制器,这里特地把激光收/发控制器作为存储器进行操作。

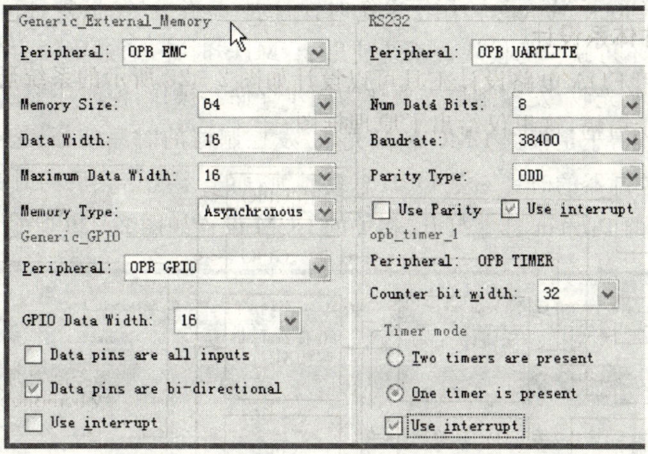

图 2-27 FPGA-SoPC 系统所需片内外设/接口 IP 核的设置窗口

图 2-28 给出了 BSB 产生的整个项目体系构成的窗口,从中可以看出,MicroBlaze 软核及其外设/接口 IP 核体系是基于总线架构的,这种总线体系称为 CoreConnect。图中显示了 CoreConnect 的两种基本总线形式(内部存储器总线 LMB 和片上外围总线 OPB)及其连接 IP 核模块的情形。

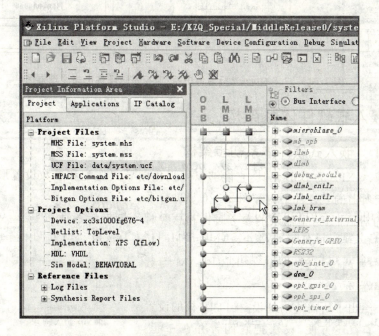

图 2-28 BSB 生成的整个项目体系构成的窗口

2.3.3.2 嵌入式基本软件体系架构

应用 BSB 得到的项目软件体系只是一个初步的软件框架,还需要作进一步的处理才能使

用。必需的操作处理主要有以下几个方面:

1. DCM 模块设置

DCM(Digital Clock Manager)用于系统时钟管理,具有分频、倍频、去抖和相移等功能,是构成系统最基本的不可缺少的模块。系统使用 25 MHz 时钟,通过倍频为激光收/发控制器提供 50 MHz 时钟。激光收/发控制器需要作为同步存储器操作,但时序要求特殊,EMC 配置为同步时不能满足需求,于是根据 EMC 和激光收/发控制器的时序特征,把 EMC 配置为异步,提供给激光收/发控制器的时钟不是 OPB 总线时钟,而是系统倍频后的时钟。DCM 配置窗口可由图 2-28 所示的 Project 标签打开,相关的 DCM 设置如图 2-29 所示。

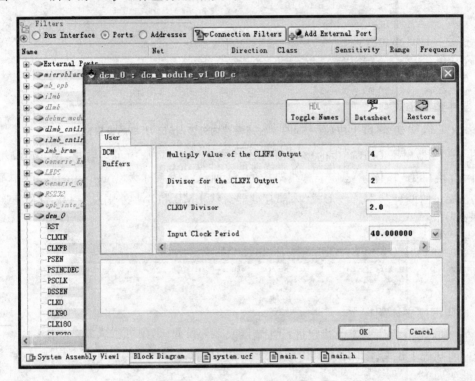

图 2-29　DCM 及其配置窗口

2. 硬件连接设置

硬件连接用于定义 FPGA I/O 端口,可在 BSB 产生的框架文件 system.ucf 的基础上进行,需要指定的主要端口有时钟、复位、EMC 接口、UART 接口、SPI 接口和 GPIO 端口等,本系统的部分 system.ucf 文件的内容如下:

```
Net sys_clk_pin LOC = B14;                          # 系统时钟
Net sys_rst_pin LOC = AB23;                         # 系统复位
Net sys_clk_pin TNM_NET = sys_clk_pin;              # 系统级约束
TIMESPEC TS_sys_clk_pin = PERIOD sys_clk_pin 40000 ps;
Net sys_rst_pin TIG;
Net fpga_0_RS232_RX_pin LOC = P26;                  # RS232 端口定义
Net fpga_0_RS232_TX_pin LOC = R25;
Net fpga_0_LEDS_GPIO_d_out_pin<0> LOC = E23;        # LED 指示:LED0
```

```
Net fpga_0_LEDS_GPIO_d_out_pin<1> LOC = E24;        # LED1——EFEC 模式指示
Net fpga_0_LEDS_GPIO_d_out_pin<2> LOC = D26;        # LED2
Net fpga_0_LEDS_GPIO_d_out_pin<3> LOC = H26;        # LED4
Net fpga_0_LEDS_GPIO_d_out_pin<4> LOC = D25;        # LED6——运行指示
Net fpga_0_LEDS_GPIO_d_out_pin<5> LOC = K25;        # LED8
Net fpga_0_LEDS_GPIO_d_out_pin<6> LOC = K26;        # LED10
Net fpga_0_LEDS_GPIO_d_out_pin<7> LOC = L25;        # LED12
Net fpga_0_LEDS_GPIO_d_out_pin<8> LOC = J25;        # LED3
Net fpga_0_LEDS_GPIO_d_out_pin<9> LOC = H25;        # LED5
# Net fpga_0_LEDS_GPIO_d_out_pin<10> LOC = ;
Net fpga_0_LEDS_GPIO_d_out_pin<11> LOC = V3;        # DAC 模块选择
Net fpga_0_LEDS_GPIO_d_out_pin<12> LOC = W1;        # TEC 开关
……
Net clk2_out_pin LOC = AE13;                        # 二倍频时钟输出
```

3. 器件适配指定

用于指定代码下载的目的器件,通常二进制运行代码存储在串行非易失性存储器 SPRAM 中,系统上电后转载到 FPGA 的 BRAM 中,然后再运行。为了频繁的调试需求,常指定直接把代码下载到 FPGA 中进行,需要修改的文件是 download.cmd,其内容如下:

```
setMode - bscan
setCable - p auto
identify
assignfile - p 2 - file implementation/download.bit
program - p 2
quit
```

4. 应用程序主体架构

若在 BSB 产生软件框架前指定进行存储器或某外设测试,则可生成测试程序例程。通常在此例程的基础上编写主程序及其中断服务程序的框架。为该系统设计的主程序及其中断服务程序框架如下:

```
# include "xbasic_types.h"
# include "xparameters.h"
# include "stdio.h"
# include "xutil.h"                    //系统提供的 IP 核驱动
# include "xgpio_l.h"
# include "xtmrctr_l.h"
# include "xuartlite_l.h"
# include "xintc_l.h"
……                                    //可以加入的常量、变量和函数定义
……                                    //可以加入的外部变量和函数声明
void Project_vInit(void)               //项目体系初始化函数
{ …… }
int main (void)                        //主程序
{    //可加入的变量定义
```

```
        Project_vInit();                    //项目体系初始化
        //可加入的初始配置
        while(1)
        { …… }
        return 0;
}
void Time_PID_ISR(void * baseaddr_p)        //定时器中断服务程序
{   Xuint16 temp = XTmrCtr_mGetControlStatusReg(XPAR_OPB_TIMER_0_BASEADDR, 0);
    if (temp & XTC_CSR_INT_OCCURED_MASK)    //判断是否为指定的中断
    { …… }                                  //可加入的中断处理
    XTmrCtr_mSetControlStatusReg(           //清除定时中断标志
        XPAR_OPB_TIMER_0_BASEADDR, 0, temp);
}
void RS232_RCV_ISR(void * baseaddr_p)       //串行数据接收处理中断程序
{   Xuint8 temp, data;
    while(! XUartLite_mIsReceiveEmpty(      // UART 接收 FIFO 中的数据
        XPAR_RS232_BASEADDR))
    { …… }                                  //数据接收及其处理
}
```

2.3.3.3 嵌入式设备驱动程序设计

嵌入式系统设备驱动通常可分为两级，有几级驱动，就有几级驱动代码及其 API 接口函数，高级驱动可以直接调用低级驱动函数代码。对于 FPGA-SoPC 应用，一级设备驱动主要是 IP 核模块的驱动，通常由系统提供，可直接调用；二级设备驱动主要是连接 IP 核模块的片外设备，其驱动需要调用一级驱动进行编写并逐步调试。对于用户自己开发的 IP 核，需要自己编写相应的驱动和接口函数。

本系统项目驱动，主要是激光收/发控制器的配置和通过 SPI 的 ADC 数据采集与 DAC 控制。前者可以通过"指向指针的指针"的存储器访问来直接实现，无需编写专门的驱动代码，这里不再叙述。后者是一套典型的二级驱动过程，其中一级驱动主要是 SPI 配置的指定或修改，可以在 BSB 使用中或由图 2-28 所示的 Project 标签打开的窗口来实现。图 2-30 给出了 SPI IP 接口配置的修改对话框。

通过 SPI 的 ADC 数据采集与 DAC 控制的二级驱动，需要根据 ADC、DAC 和 SPI IP 的操作时序来编写。按照 SPI 时序规范，可以由 SPI IP 提供的设定信号线分别选择 ADC 和 DAC，但是由于 DAC 需要连续的多字节操作，突破了 SPI IP 的单字节操作规范，所以单独为 DAC 指定了特殊的选择信号线；同时 ADC 和 DAC 的时钟逻辑正好相反，因此在应用中需要注意不时地变换时钟逻辑。

ADC 和 DAC 的二级驱动代码由 SPI_AD_DA.h 和 SPI_AD_DA.c 组成，相关的连接端口定义在前述的 system.ucf 文件中，SPI_AD_DA.h 头文件的主要代码如下：

```
# include "xbasic_types.h"
# include "xparameters.h"
# include "xspi_l.h"
```

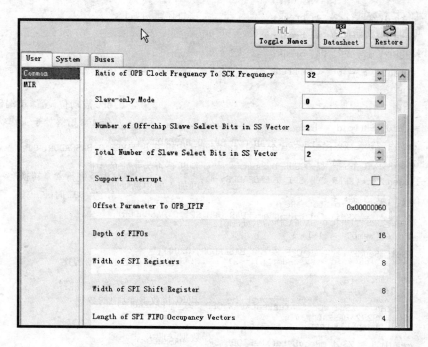

图 2-30　FPGA-SoPC SPI IP 接口配置的修改对话框

```
#include "xgpio_l.h"
extern Xuint16 LED_Data;
void SPI_vInit(void);                              // SPI 接口初始化函数
Xuint16 SPI_ADC_Collect(Xuint8);                   //指令 A/D 转换并读取结果
void SPI_DAC_Output(Xuint8, Xuint16);              //对指定通道指定进行 D/A 转换
```

SPI_AD_DA.c 文件的主要代码如下：

```
#include "SPI_AD_DA.h"
void SPI_vInit(void)                                //SPI 接口初始化函数
{   Xuint16 temp = XSpi_mGetControlReg(XPAR_OPB_SPI_0_BASEADDR);
    temp &= ~(XSP_CR_TXFIFO_RESET_MASK              //复位 SPI 收/发缓冲区
            | XSP_CR_RXFIFO_RESET_MASK);
    temp |=  XSP_CR_MASTER_MODE_MASK;               //选择 SPI 主模式工作
    XSpi_mSetControlReg(XPAR_OPB_SPI_0_BASEADDR, temp);
    XSpi_mEnable(XPAR_OPB_SPI_0_BASEADDR);
}
Xuint16 SPI_ADC_Collect(Xuint8 channel)             //指令 A/D 转换并读取结果
{   Xuint8   m; Xuint16 temp; Xuint32 result = 0;
    XSpi_mSetSlaveSelectReg(XPAR_OPB_SPI_0_BASEADDR, ~1);   //使能 ADC 片选
    temp  =  XSpi_mGetControlReg(XPAR_OPB_SPI_0_BASEADDR);
    temp &= ~(XSP_CR_TXFIFO_RESET_MASK              //复位 SPI 收/发缓冲
            | XSP_CR_RXFIFO_RESET_MASK);
    temp &= ~XSP_CR_CLK_POLARITY_MASK;              //启动正逻辑时钟
    XSpi_mSetControlReg(XPAR_OPB_SPI_0_BASEADDR, temp);
    switch(channel)                                 //ADC 通道选择
```

```
    {   case 0: m = 1<<4; break;
        case 1: m = 3<<4; break;
        case 2: m = 2<<4; break;
        default: m = 6<<4; break;
    }
    m |= 1<<7; m |= 1<<2;                                   //ADC 启动位设置,单端模式选择
    m |= 3;                                                 //使 ADC 始终处于工作状态
    do temp = XSpi_mGetStatusReg(XPAR_OPB_SPI_0_BASEADDR);
    while((temp>>3)&1);
    XSpi_mSendByte(XPAR_OPB_SPI_0_BASEADDR, m);             //指令进行 A/D 转换
    for(m=0;m<3;m++)                                        //产生 SPI 时钟
    {   do temp = XSpi_mGetStatusReg(XPAR_OPB_SPI_0_BASEADDR);
        while((temp>>3)&1);
        XSpi_mSendByte(XPAR_OPB_SPI_0_BASEADDR, 0x00);
    }
    for(m=0;m<4;m++)                                        //读取转换结果
    {   do temp = XSpi_mGetStatusReg(XPAR_OPB_SPI_0_BASEADDR);
        while(temp&1); result <<= 8;
        result |= XSpi_mRecvByte(XPAR_OPB_SPI_0_BASEADDR);
    }
    result >>= 7; result &= 0xffff;                         //结果处理
    XSpi_mSetSlaveSelectReg(XPAR_OPB_SPI_0_BASEADDR, 1);    //禁止 ADC 片选
    return result;
}
void SPI_DAC_Output(Xuint8 channel, Xuint16 data)           //对指定通道进行 D/A 转换
{   Xuint8   status, temp; Xuint16 ctrl;
    do status = XSpi_mGetStatusReg(XPAR_OPB_SPI_0_BASEADDR);
    while(((status>>2)&1)==0);
    ctrl = XSpi_mGetControlReg( XPAR_OPB_SPI_0_BASEADDR);
    ctrl &= ~(XSP_CR_TXFIFO_RESET_MASK                      //复位 SPI 收/发缓冲
              | XSP_CR_RXFIFO_RESET_MASK);
    ctrl |=   XSP_CR_CLK_POLARITY_MASK;                     //启动反逻辑时钟
    XSpi_mSetControlReg(XPAR_OPB_SPI_0_BASEADDR, ctrl);
    XSpi_mSetSlaveSelectReg(XPAR_OPB_SPI_0_BASEADDR, ~2);   //使能 DAC 片选
    LED_Data &= ~(1<<4);                                    //使能特殊片选输出
    XGpio_mSetDataReg(XPAR_LEDS_BASEADDR, 1, LED_Data);
    temp = 0x10 | (channel<<1);                             //通道选择与 DAC 工作方式指令
    XSpi_mSendByte(XPAR_OPB_SPI_0_BASEADDR, temp);
    temp = data >> 8;                                       //发送数据的高字节
    do status = XSpi_mGetStatusReg(XPAR_OPB_SPI_0_BASEADDR);
    while(((status>>2)&1)==0);
    XSpi_mSendByte(XPAR_OPB_SPI_0_BASEADDR, temp);
    temp = data & 0xff;                                     //发送数据的低字节
    do status = XSpi_mGetStatusReg(XPAR_OPB_SPI_0_BASEADDR);
    while(((status>>2)&1)==0);
```

```
XSpi_mSendByte(XPAR_OPB_SPI_0_BASEADDR, temp);
do status = XSpi_mGetStatusReg(XPAR_OPB_SPI_0_BASEADDR);
while(((status>>2)&1) = = 0) ;                          //等待数据完全送出
for(temp = 0;temp<3;temp + +)                           //读"净"接收缓冲区
{   status = XSpi_mGetStatusReg(XPAR_OPB_SPI_0_BASEADDR);
    while(status&1) ; XSpi_mRecvByte(XPAR_OPB_SPI_0_BASEADDR);
}
LED_Data |= 1<<4;                                       //禁止特殊片选输出
XGpio_mSetDataReq(XPAR_LEDS_BASEADDR, 1, LED_Data);
}
```

2.3.4 嵌入式应用程序设计

2.3.4.1 CML 控制的软件实现

根据 CML 激光信息发射的原理和嵌入式数字 PID 控制的理论,可以设计如图 2 - 31 所示的 CML PI 监控流程。对两个 PI 控制环选取相同的采样周期 $T=20$ ms。偏流 PI 控制环中,选取 $K_P=30, T_I=0.1$ s,则 $K_I=6, K_C=0.2$。NRPD - PI 控制环中,NRPD =(RPD - MinRPD)/(MaxRPD - MinRPD),RPD = PD2/PD1,选取 $K_P=3, T_I=0.1$ s,则 $K_I=0.6, K_C=0.2$。测量最低温度、最高温度下的 RPD 值作为 MaxRPD 和 MinRPD。

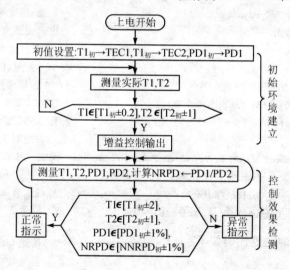

图 2 - 31 CML 大功率激光发射器的监控流程图

CML PI 控制的软件实现主要由三部分构成:建立初始环境、循环进行两个环节的 PI 控制及其控制效果显示。CML 初始环境的建立可以安排在主体程序的开始部分一次实现,PI 控制效果的检测与显示可以安排在主体程序的循环中实现,两个 PI 控制环的实现必须实时而快速地实现,安排在 20 ms 定时器中断服务中实现。由此可以设计基本的 CML PI 控制程序文件 CML_ctrl.h 和 CML_ctrl.c。

CML_ctrl.h 文件的主要代码如下:

```
#include "xbasic_types.h"
```

```c
#include "xparameters.h"
#include "xgpio_l.h"
#include "SPI_AD_DA.h"
#define Gain_Setup      0x7fff                      //增益控制值
#define Timer_vInit     500000                      //20 ms 定时
#define PD1_Setup       0xc065                      //偏流-PI 环参数:控制值
#define PD1_min         -17406                      // PD1 范围
#define PD1_max         43759
#define PD1_Kp          30                          //比例系数
#define PD1_Ki          6                           //积分系数
#define PD1_Kc          0.2                         //防饱和积分系数
#define NRPD_Setup      70                          // NRPD-PI 环参数:控制值
#define NRPD_min        -30                         // NPRD 范围
#define NRPD_max        30
#define NRPD_Kp         3                           //比例系数
#define NRPD_Ki         0.6                         //积分系数
#define NRPD_Kc         0.2                         //防饱和积分系数
Xuint8 CML_Status_Show = 0;                         // CML 状态显示
Xuint8 LED_Flag = 0;                                // LED 指示标志
Xuint16 LED_Data = 0;                               // LED 控制字
Xuint16 PAD_adjust, TEC_adjust;                     //电流、温度调整
Xuint16 pd1, pd2, RPD;                              //电流检测变量 RPD = pd2/pd1
Xuint8 NRPD;                                        // NRPD 控制变量
Xuint8 PID_Flag = 0;                                // PID 控制环运行(运行 1/停止 0)
float Found[2] = {0, 0};                            // PI 运算增量变量
Xuint16 CTRL[3] = {0x31f6, 0x4b43, 0xb332};         // TEC1、TEC2、PD1 设置值
void CML_vInit(void);                               //建立 CML 控制环境
void CML_Show(void);                                // CML 控制状况指示
short CML_PI_Loop(short Rt,short Yt, float Found, float Kp,  // CML-PI 调节器运算
        float Ki, float Kc,long Umax, short Umin);
extern Xuint16 SPI_ADC_Collect(Xuint8);             //外部函数声明
extern void SPI_DAC_Output(Xuint8, Xuint16);
```

CML_ctrl.c 文件的主要代码如下:

```c
#include "CML_ctrl.h"
void CML_vInit(void)                                //建立 CML 控制环境
{   Xuint16 measure[2];
    SPI_DAC_Output(0, CTRL[0]);                     //启动 TEC-1 环
    SPI_DAC_Output(1, CTRL[1]);                     //启动 TEC-2 环
    SPI_DAC_Output(3, CTRL[2]);                     //增加偏流
    LED_Data |= 1<<3;                               //打开 TEC 控制
    XGpio_mSetDataReg(XPAR_LEDS_BASEADDR, 1, LED_Data);
    do                                              //提供温度前提条件
    {   measure[0] = SPI_ADC_Collect(2);            //热电偶 1
        measure[1] = SPI_ADC_Collect(0);            //热电偶 2
```

```
    }while(((measure[0]<0xc70a)||(measure[0]>0xc796))
        || ((measure[1]<0xc69d)||(measure[1]>0xc954)));
    SPI_DAC_Output(2,Gain_Setup);                    //增益控制
    PID_Flag = 1;                                    //启动 PID 调节
}
void CML_Show(void)                                  //CML 控制状况指示
{   Xuint16 measure[2];
    measure[0] = SPI_ADC_Collect(2);                 //取得实际温度值:热电偶 1、2
    measure[1] = SPI_ADC_Collect(0);
    if(((measure[0]<0xc49a)||(measure[0]>0xca07))    //超调 LED 指示
      ||((pd1<0xd4a3)||(pd1>0xd57d))||((NRPD<63)||(NRPD>77))
      ||((measure[1]<0xc69d)||(measure[1]>0xc954))) LED_Data |= 7;
    else    LED_Data &= ~7;
}
short CML_PI_Loop(                                   //CML-PI 调节器运算
    short Rt,short Yt,float Found,float Kp,float Ki, //参考值,反馈,增量值,比例系数,积分系数
    float Kc,long Umax,short Umin)                   //防饱和积分系数,输出限定最大值/最小值
{   float Et,Um,Ut; Et = Rt - Yt; Um = Found + Kp * Et;
    if(Um>=Umax) Ut = Umax; else if(Um<=Umin) Ut = Umin; else Ut = Um;
    Found += Ki * Et + Kc * (Ut-Um); return ((short)Ut);
}
```

2.3.4.2 通信协议及其底层实现

1. 特定通信协议的制订

为确保快速可靠地监控串行数据传输,特别制订以下通信协议:

(1) 数据格式规定

数据以字节为基本单位,按若干字节构成的"帧"进行每次传输。"帧"包括起始字、命令/应答字、有效数据长度字、实际数据、和校验字和结束字。

起始字、命令/应答字、有效数据长度字、实际数据、和校验字和结束字统称为"帧内段",每段可以规定为不同长度的字节。帧格式如图 2-32 所示。规定各个帧内段如下:

- 起始字——规定为 0x5AA5,2 字节;
- 命令/应答字——1 字节,前 3 位表示父类型,其余位表示子类型;
- 有效数据长度字——1 字节,以十六进制形式表示传输数据的有效长度;
- 实际数据——通常以十六进制形式表示顺序排放,特殊约定另作说明;
- 和校验——1 字节,所有传输数据字节的和取其最低字节表示;
- 结束字——规定为 0xA55A,2 字节。

帧格式	起始字 (0x5AA5)	命令字 (父类+子类)	有效数据 长度 n	有效数据	和校验字	结束字 (0xA55A)
帧内段长度 (字节数)	2	1	1	n	1	2

图 2-32 特殊串行通信的传输数据"帧"格式框图

(2) 数据传输约定

上位 PC 主动下发命令,下位设计系统被动应答。

(3) 命令字规定

① 通信通道测试。父子类都规定为 0,无有效数据传送。

② 收/发器配置。父类规定为 1。子类规定:0 为读取操作,后跟有效数据长度为 2 的十六进制地址值;1 为写入操作,后跟有效数据长度为 4 的十六进制地址和数据。

规定:配置文件中地址 0xfc00,其值为 0xffff 则文件格式为 EFEC;否则为其他格式。

③ 系统运行参数设置。父类规定为 2。子类规定:0~31,后跟所对应的参数数据。规定参数格式为:整数按十六进制形式,其他类型数据另行约定。

④ 系统运行状况查询。父类规定为 3。子类规定:0~31,分别对应事先约定的参数。

⑤ 写 GPIO 端口。父类规定为 4。子类规定:0 为写 I/O 口,1 为读 I/O 口。

(4) 应答字规定

① 通信通道测试。父子类都为 0,收到正确的命令数据,应答"Y";接收命令数据错误,应答"N"。

② 收/发器配置回读。父类规定为 1。子类规定:0 为读取操作,后跟有效数据长度为 4 的十六进制地址和数据。收到正确的命令数据,返回上位 PC 要求的数据,在无数据返回要求时,可应答"Y";接收命令数据错误,应答"N"。

③ 系统运行参数回读。父类规定为 2。子类规定:0~31,后跟所对应的参数数据。收到正确的命令数据,应答"Y";接收命令数据错误,应答"N"。

④ 系统运行状况查询。父类规定为 3。子类规定:0~31,后跟所对应的状况数据。规定状况数据格式为:整数按十六进制形式,其他类型数据另行约定。收到正确的命令数据,返回上位 PC 要求的数据;接收命令数据错误,应答"N"。

⑤ GPIO 应答。父类规定为 4。子类规定:0~31,后跟 32 位端口数据。收到正确的命令数据,应答"Y";接收命令数据错误,应答"N"。

⑥ 应答的统一规定。父类规定为 7。收到正确的命令数据,应答"Y";接收命令数据错误,应答"N"。

2. 通信传输的底层实现

下位通信传输的数据接收采用中断实现,以快速、及时地接收数据;传输数据的识别、错误校验及其操作处理在主体程序的循环中完成。引入"环形队列"缓冲存储传输数据,中断接收服务程序不断地接收并存入传输数据,通信处理程序不断地取出数据并进行处理。由此可以设计基本的通信处理程序文件 CMNCT_PRCS.h 和 CMNCT_PRCS.c。CMNCT_PRCS.h 文件的主要代码如下:

```
#include "xbasic_types.h"
#include "xparameters.h"
#include "xuartlite_l.h"
#include "xgpio_l.h"
#define ORT_Zone ((volatile Xuint16 *)\           //收/发控制配置区
    XPAR_GENERIC_EXTERNAL_MEMORY_MEMO_BASEADDR)
#define Queue_Len    20                            //接收队列长度
```

```c
Xuint8 RCV_PT = 0, APL_PT = 0;                          //数据应用指针,数据接收指针
Xuint8 RCV_Queue[Queue_Len];                            //接收数据队列
Xuint8 RCV_Flag = 0;                                    //接收标志为0x0f 收到完整一帧
Xuint8 Check_Sum(Xuint8 * data, Xuint8 length);         //求校验和
void Uart_Send_String(Xuint8 * data, Xuint8 length);    //发送指定长度的字符串
void Uart_Send_Raply(Xuint8 * data, Xuint8 replay);     //接收应答
void CMNCT_Process(void);                               //通信处理
```

CMNCT_PRCS.c 文件的主要代码如下:

```c
#include "CMNCT_PRCS.h"
Xuint8 Check_Sum(Xuint8 * data, Xuint8 length)          //求校验和
{   Xuint8 i; Xuint16 result = 0;
    for(i = 0;i<length;i++) result += * data++;
    i = (unsigned char)(result & 0xff); return i;
}
void Uart_Send_String(Xuint8 * data, Xuint8 length)     //发送指定长度的字符串
{   Xuint8 i; data[0] = 0x5a; data[1] = 0xa5;
    data[length-2] = 0xa5; data[length-1] = 0x5a;
    for(i = 0;i<length;i++) XUartLite_SendByte(XPAR_RS232_BASEADDR, * data++);
}
void Uart_Send_Raply(Xuint8 * data, Xuint8 replay)      //发送应答
{   data[2] = 0xe0; data[3] = 0x01; data[4] = replay;
    data[5] = Check_Sum(data, 5); Uart_Send_String(data, 8);
}
void CMNCT_Process(void)                                //通信并处理,主要是收发器配置的操作
{   Xuint8 i = 0, cc[20], m, n; Xuint16 value, address; Xuint32 value1;
    do
    {   cc[i++] = RCV_Queue[APL_PT++];
        if(APL_PT>= Queue_Len) APL_PT = 0;
    }while(APL_PT! = RCV_PT);
    if(RCV_Flag! = 0xff) return; RCV_Flag = 0;
    i = cc[3] + 4;                                      //判断接收是否正常,若错误,则应答"N"
    value = Check_Sum(cc, i);
    if((value! = cc[i])||(cc[0]! = 0x5a)||(cc[1]! = 0xa5))
    {   Uart_Send_Raply(cc, 0x4e); return;        }
    m = cc[2]>>5; n = cc[2] & 0x1f;
    switch(m)
    {   case 0: Uart_Send_String(cc, 7); break;         //通信测试,正常时原文应答
        case 1: switch(n)                               //收/发器配置的读/写操作
                {   case 0: cc[3] = 4;                  //读相关配置寄存器
                        address = ((((Xuint16)cc[4])<<8)|cc[5]);
                        value = ORT_Zone[address/2];
                        cc[6] = value >> 8; cc[7] = value & 0xff;
                        cc[8] = Check_Sum(cc, 8);
                        Uart_Send_String(cc, 11); break;
```

```
                    ……
                    default: break;
            }
            break;
    case 2: value = cc[4]; value <<= 8; value |= cc[5];        //系统运行参数设置
            switch(n)
            {   case 0: CTRL[0] = value;                        //参数 1
                    TEC_adjust = CTRL[0]; SPI_DAC_Output(0, CTRL[0]); break;
                ……
                default: break;
            }
            Uart_Send_Raply(cc, 0x59); break;                   //应答"Y"
    case 3: cc[3] = 2;                                          //系统运行状况查询
            switch(n)
            {   case 0: value = SPI_ADC_Collect(2);             //状况 1:T1
                    break;
                ……
                default: break;
            }
            cc[4] = value >> 8; cc[5] = value & 0xff; cc[6] = Check_Sum(cc, 6);
            Uart_Send_String(cc, 9); break;
    case 4: switch(n)                                           //写 GPIO 端口
            {   case 0: value1 = cc[4]; value1 <<= 8;           //写 GPIO
                    value1 |= cc[5]; value1 <<= 8;
                    value1 |= cc[6]; value1 <<= 8; value1 |= cc[7];
                    XGpio_mSetDataReg(XPAR_GENERIC_GPIO_BASEADDR, 1, value1);
                    Uart_Send_Raply(cc, 0x59); break;           //应答"Y"
                ……
                default: break;
            }
            break;
    default: break;
    }
}
```

2.3.4.3 下位主体应用程序设计

下位主体程序包括主程序和中断处理服务程序。主程序初始化整个系统并循环执行收/发控制器配置、通信处理及 CML PI 控制效果的检测与显示等通常事务；中断服务程序包括实现环形数据接收的串行中断程序和定时 CML PI 控制程序。中断服务程序优先级最高，必须快速、及时响应；主程序优先级最低。主体程序的主要代码如下：

```
void Project_vInit(void)                                        //项目体系初始化函数
{   XGpio_mSetDataReg(XPAR_LEDS_BASEADDR, 1, 0x10);              // GPIO 与 LED 初始化
    XGpio_mSetDataDirection(XPAR_LEDS_BASEADDR, 1, 0x0);
    XGpio_mSetDataReg(XPAR_GENERIC_GPIO_BASEADDR, 1, 0x30000);
```

```c
    XGpio_mSetDataDirection(XPAR_GENERIC_GPIO_BASEADDR, 1, 0x0);
    XGpio_mSetDataDirection(XPAR_OPB_GPIO_0_BASEADDR, 1, 0xffff);
    SPI_vInit();                                            // SPI_AD_DA 初始化
    microblaze_enable_interrupts();                         //中断体系的初始化
    XTmrCtr_mSetLoadReg(XPAR_OPB_TIMER_0_BASEADDR, 0, Timer_vInit); //设置定时周期
    XTmrCtr_mSetControlStatusReg(XPAR_OPB_TIMER_0_BASEADDR, //复位定时器清中断
        0, XTC_CSR_INT_OCCURED_MASK | XTC_CSR_LOAD_MASK );
    XIntc_RegisterHandler(XPAR_OPB_INTC_0_BASEADDR,         //指定定时器中断句柄
        XPAR_OPB_INTC_0_OPB_TIMER_0_INTERRUPT_INTR,
        (XInterruptHandler)Time_PID_ISR, (void * )XPAR_OPB_TIMER_0_BASEADDR);
    XIntc_RegisterHandler(XPAR_OPB_INTC_0_BASEADDR,         //指定 UART 中断句柄
        XPAR_OPB_INTC_0_RS232_INTERRUPT_INTR,
        (XInterruptHandler)RS232_RCV_ISR, (void * )XPAR_RS232_BASEADDR);
    XIntc_mEnableIntr(XPAR_OPB_INTC_0_BASEADDR,
        XPAR_OPB_TIMER_0_INTERRUPT_MASK | XPAR_RS232_INTERRUPT_MASK);
    XUartLite_mEnableIntr(XPAR_RS232_BASEADDR);             //使能 UART 中断
    XIntc_mMasterEnable(XPAR_OPB_INTC_0_BASEADDR);          //启动中断控制
}
int main (void)                                             //主程序
{   Xuint16 i, ee, tt; Xuint32 m = 0;
    Project_vInit();                                        //项目体系初始化
    CML_vInit();                                            //建立 CML PI 控制环境
    i = XGpio_mGetDataReg(XPAR_OPB_GPIO_0_BASEADDR, 1);     //激光收/发器配置
    if(((i>>14)&1) = = 0)
        XGpio_mSetDataReg(XPAR_GENERIC_GPIO_BASEADDR, 1, 0x35f5);
    else XGpio_mSetDataReg(XPAR_GENERIC_GPIO_BASEADDR, 1, 0x3535);
    for(i = 0;i<3274;i + +)                                 //激光收/发控制器的初始公共项配置
    {   ee = Common[i][0]; tt = Common[i][1]; ORT_Zone[ee/2] = tt;      }
    i = XGpio_mGetDataReg(XPAR_OPB_GPIO_0_BASEADDR, 1);
    if(((i>>14)&1) = = 0)                                   //激光收/发控制器的初始 EFEC 项配置
    {   for(i = 0;i<351;i + +)
        {   ee = EFEC[i][0]; tt = EFEC[i][1]; ORT_Zone[ee/2] = tt;      }
        LED_Data | = 1<<14;
    }
    else                                                    //激光收/发控制器初始 OC48 项配置
    {   for(i = 0;i<326;i + +)
        {   ee = OC48[i][0]; tt = OC48[i][1]; ORT_Zone[ee/2] = tt;      }
        LED_Data & = ~(1<<14);
    }
    XTmrCtr_mSetControlStatusReg(                           //定时器:启动,开中断,重载,减计数
        XPAR_OPB_TIMER_0_BASEADDR, 0,
        XTC_CSR_ENABLE_TMR_MASK   | XTC_CSR_ENABLE_INT_MASK |
        XTC_CSR_AUTO_RELOAD_MASK | XTC_CSR_DOWN_COUNT_MASK);
    PAD_adjust = CTRL[2];                                   // PI 控制变量赋初值
    TEC_adjust = CTRL[0];
```

```
        while(1)                                    //主程序循环体
        {   if(RCV_Flag = = 0xff) CMNCT_Process();   //串行通信处理并发送信息
            if(CML_Status_Show)                     // CML PI 控制效果的检测显示
            {   CML_Show(); CML_Status_Show = 0;  }
            i = XGpio_mGetDataReg(                  //系统状态检测处理与指示
                XPAR_OPB_GPIO_0_BASEADDR, 1);
            if((((i>>15)&1) = = 0)||(((i>>11)&1) = = 1)) LED_Data | = 1<<7; else LED_Data & =
            ~(1<<7);
            ……
            ee = XGpio_mGetDataReg(XPAR_GENERIC_GPIO_BASEADDR, 1);
            if(((i>>14)&1) = = 1) ee | = 0x404; else ee & = ~0x404;
            XGpio_mSetDataReg(XPAR_GENERIC_GPIO_BASEADDR, 1, ee);
            if( + +m>200000)                        //程序运行指示
            {   m = 0;
                if(LED_Flag = = 0)                  //亮 LED 指示
                {   LED_Data | = 1<<11; LED_Flag = 1;  }
                else                                //熄 LED 指示
                {   LED_Data & = ~(1<<11); LED_Flag = 0;  }
            }
            XGpio_mSetDataReg(XPAR_LEDS_BASEADDR,1, LED_Data);  //刷新 LED 输出
        }
        return 0;
}
void Time_PID_ISR(void * baseaddr_p)                //定时器中断服务程序
{   Xuint16 temp, dd[2]; short gg, z[2]; long cc[2] = {0, 0};
    temp = XTmrCtr_mGetControlStatusReg(XPAR_OPB_TIMER_0_BASEADDR, 0);
    if (temp & XTC_CSR_INT_OCCURED_MASK)            //判断是不是所指定的中断?
    {   for(gg = 0;gg<8;gg + + )                    //采样,8 次平均滤波
        {   pd1 = SPI_ADC_Collect(3); pd2 = SPI_ADC_Collect(0);
            cc[0] + = pd1; cc[1] + = pd2;
        }
        pd1 = cc[0]>>3; pd2 = cc[1]>>3;
        if(pd1>0x7fff) z[0] = -(~pd1 + 1); else z[0] = pd1;  //A/D 补码负数?
        if(pd2>0x7fff) z[1] = -(~pd2 + 1); else z[1] = pd2;
        gg = CML_PI_Loop(PD1_Setup, z[0],           //偏流 PD1 - PI 控制环
                Found[0], PD1_Kp, PD1_Ki, PD1_Kc, PD1_max, PD1_min);
        gg >> = 5; PAD_adjust + = gg; SPI_DAC_Output(3, PAD_adjust);
        RPD = (((long)z[1]) + 0x7fff) * 1000/(((long)z[0]) + 0x7fff);
        NRPD = (RPD - 1782) * 100/733;
        gg = CML_PI_Loop(NRPD_Setup, NRPD,          // NRPD - PI 控制环
                Found[1], NRPD_Kp, NRPD_Ki, NRPD_Kc,NRPD_max, NRPD_min);
        gg <<= 2; TEC_adjust + = gg; SPI_DAC_Output(0, TEC_adjust);
        CML_Status_Show = 1;
    }
    XTmrCtr_mSetControlStatusReg(                   //清除定时中断标志
```

```
                XPAR_OPB_TIMER_0_BASEADDR, 0, temp);
    }
    void RS232_RCV_ISR(void * baseaddr_p)              //串行数据接收处理中断程序
    {   Xuint8 temp, data;
        while(! XUartLite_mIsReceiveEmpty(XPAR_RS232_BASEADDR))   // UART 接收 FIFO 中有数据
        {   temp = RCV_PT + 1; if(temp>= Queue_Len) temp = 0;
            data = XUartLite_RecvByte(XPAR_RS232_BASEADDR);       //接收数据
            if(temp = = APL_PT) return;                            //收满?
            else
            {   if(data = = 0xa5) RCV_Flag + = 1;                  //收到结束字?
                if((RCV_Flag>= 2)&&(data = = 0x5a)) RCV_Flag = 0xff;
                if(RCV_Flag! = 0xff)                               //接收到有效数据
                {   RCV_Queue[RCV_PT++] = data;
                    if(RCV_PT>= Queue_Len) RCV_PT = 0;
                }
            }
        }
    }
```

2.3.5 通用计算机监控软件设计

2.3.5.1 Windows 串行通信综述

异步串行通信是 Windows 下与硬件设备打交道、实现自动化系统及其仪表仪器体系数据传输经常采用的简单易行方式,通过恰到好处的软件设计,可以达到实时、高速、高效、高度可靠。实现异步串行通信的软件设计方法很多,每种方法都有其特有的优势和不足。选择合适的设计方法,并对所选方法进行取长补短和综合应用,是实现可靠和高效的异步串行通信的关键所在。

1. Windows 异步串行通信编程概述

Windows 下通过异步串行通信编程实现数据传输的方法主要有三种:I/O 端口操作、系统 API 函数和特别设计的控件。在应用程序设计中通常采用后两种方法。异步串行通信包括数据的接收和数据的发送两方面。应用程序设计中的数据收/发一般采用主动发送和被动接收策略。主动发送数据比较容易实现。被动接收数据需要在数据到达后才能实施,具体实现起来有一定的方法和技巧,不同的方法达到的目的和效率不同。编程实现数据接收通常有两种方式:事件驱动(event driven)法和查询(polling)法。事件驱动法程序响应及时,可靠性高,多被采用。下面重点说明异步串行通信编程的数据接收实现。

2. 常见异步串行通信控件及其应用

常用 IDE 中使用的异步串行通信控件有 Visual Basic 的 MSComm32、Dephi 公司的 SP-Comm、Moxa 公司提供的应用于 BCB 的 PcommPro、应用于.net 及其精简平台等便携式产品的 Charon、应用于 BCB 的 Victor 等。其中 MSComm32 控件在各种应用开发工具中被广泛选用。这些控件通过一定的操作变换,可以从一种开发环境输出到另一种开发环境,如从 Visual Basic 输出 MSComm32 控件进而安装到 BCB、Visual C++等中应用。

3. WinAPI 串行通信函数及其应用

利用 Windows API 函数进行异步串行通信,程序编制灵活,实际应用更为广泛。用于异步串行通信的 Windows API 函数有 20 个左右,常用的函数有 CreateFile()、CloseHandle()、GetCommState()、SetCommState()、GetCommTimeouts()、SetCommTimeouts()、SetupComm()、PurgeComm()、ReadFile()、WriteFile()、ClearCommError()、Get/SetCommMask() 和 WaitCommEvent() 等,其具体应用可以参阅 WinAPI 手册。应用 WinAPI 函数进行串行通信,既要熟悉上述这些关键 API 函数,还要知晓多线程和消息机制。编程设计中常采用主线程和监视线程来实现串行数据的接收:打开串口后由主线程首先设置要监视的串口通信事件,进而打开监视线程,监视所设置的串口通信事件是否已发生,当其中某个事件发生后,监视线程马上将该消息发送给主线程,主线程收到消息后根据不同的事件类型进行处理,包括读取接收到的数据。

4. 用特定协议和定时机制接收串行数据

在 Windows 下采用通信控件实现串行数据传输,无须了解通信细节,编程简单,但缺乏灵活性,实现可打印字符传输容易,实现二进制数据传输却数据识别困难而且出错率极高,很不适应现代工业数据采集和控制的需要;采用 WinAPI 函数实现串行数据传输,虽然稍显复杂却编程灵活性大,多为实际应用采纳,但是它在现代可视化应用编程中,因为 Windows 可视化程序的事件驱动的特点和异步串行通信数据等待接收事件的性质,若接收数据迟迟不到,程序就很难走出 WaitCommEvent() 事件,造成可视化应用程序窗口中的其他操作如单击按钮、数据输入等项迟迟得不到响应。为改变 WinAPI 函数串行通信的这些不足,必须采用一定的方法技巧。

实际应用中优化串行数据接收、改善 WinAPI 函数串行通信的常用方法主要有两种:一是采用特定通信协议和定时机制,二是采用多线程机制。首先介绍第一种方法。所谓特定通信协议,是指通信双方约定主次,"主"问"从"必答,主方要求从方传输数据,从方准备了数据就传输,没有准备好就告诉主方没有数据可传。定时机制是指采用定时器,限定从方的回答在规定的时间内,因为协议约定从方必然作答,限定时间一到,主方必然得到从方的数据或回答。"特定通信协议和定时数据接收的 WinAPI 异步串行通信"编程方式,在数据传输量不大、通信约定规范且校验措施得当的情况下,可以很简便地实现所设计系统的快速响应和稳定可靠,因而被大多数实践应用所青睐。

5. 用多线程优化 WinAPI 串行数据接收

通过特定通信协议和定时机制优化了采用 WinAPI 函数的串行数据传输通信,但是需要制订严密的通信协议和确定适当的定时时间,尺度掌握不好,容易出现数据遗漏和数据传输实时性变差。进一步改善应用 WinAPI 函数串行通信的一种方法是采多线程机制优化串行数据接收。这里给出一个在 BCB 下采用 WinAPI 函数和多线程 MT(Multi - Thread)方式通过串行通信来检测输入数据并存储的例子。在 BCB 中创建线程首先要创建线程对象,其操作是用选择 File→New,创建一个空白的线程,然后再加上其事件程序。这里建立一个名为 TreadThread 的线程,用来取得输入到串行端口的数据。线程启动的执行程序写在 Execute 方法中。

```
void __fastcall TeadThread::Execute()
{     while(! Terminated) Synchronize(ReadData);    }
```

该线程一旦启动,就会执行 Execute 方法中的程序代码,在该方法中用一个自定义的 ReadData 函数来完成串行数据的读取操作。在此处有几点要注意:首先,在 Execute 中必须加上 Terminated 的检查,只有其属性不为 True 时才执行程序代码;其次,将 ReadData 当作参数,放在 Synchronize 中,这样的同步机制可以避免存取对象时造成错误。ReadData 函数的代码如下:

```
void __fastcall TReadThread::ReadData()
{   DWORDn BytesRead, dwEvent, dwError;
    COMSTAT cs;                                              //用于存放串口状态
    char inbuff[100]; if(hComm = = INVALD_HANDLE_VALUE) return;
    ClearCommError(hComm,&dwError,&cs);
    if(cs.cbInQue>sizeof(inbuff))                            //数据多于缓冲区,则接收数据无效,清除
    { PurgeComm(hComm, PURGE_RXCLEAR); return;   }
    ReadFile(hComm, inbuff, cs.cbInQue, &nBytesRead, NULL);  //读取接收数据
    inbuff[cs.cbInQue] = '\0'; Form1->Edit1->Text = inbuff;  //将数据显示出来
}
```

在主窗体程序中调用线程时,首先要把线程声明的头文件包含进去,然后在 Private 中声明一个 TreadThread 类型的对象,最后在程序中启动线程。线程启动的程序如下:

```
Read232 = new TReadThread(true);
Read232->FreeOnTerminate = true;          //终止时自行撞毁
Read232->Resume();                        //启动线程
```

由于 New 方法中的参数给定的是 True,一旦创建线程后,并不会马上执行其中的程序代码。设置 FreeOnTerminated 属性为 True,则程序一旦终止,原来所占的内存空间将被释放。

6. Windows 异步串行通信编程总结

应该根据项目研发的实际需要,进行 Windows 下的异步串行通信编程:若只是简单地进行字符类型的收/发传输可以选择易用的控件来实现;若是含有二进制数据的工业数据采集与控制的应用,则要选择灵活的 WinAPI 函数来实现。采用 WinAPI 函数进行串行通信,特别是数据接收,容易造成程序堵塞现象,可以采用"特定协议/定时机制"或多线程机制进一步优化,以实现可靠而高效的串行通信。

2.3.5.2 通用计算机监控软件设计

通用计算机监控软件采用 BCB IDE 设计,用于完成系统的初始配置、工作模式变更、运行状态及其查询等。其中主要的工作是完成收/发控制器及其 GPIO 端口的设置或查询。上/下位软件之间的数据传输选用"特定通信协议和定时数据接收的 WinAPI 异步串行通信"的编程方式,通用计算机主动发送,定时接收上传数据。根据实际要求和反复的测试,选用定时时间为 30 ms。

图 2-33 给出了上位监控软件的设计对话框,其中还设计了简便的"使用指南"和串行通信测试项。

软件设计的关键部分是串行通信的初始化部分和定时数据接收部分,主要程序代码如下:

```
DCB dcb; HANDLE hCom; LPCTSTR port; BOOL fSuccess,bResult;          //异步串口通信变量
unsigned long nBytesWritten,nBytesRead; COMMTIMEOUTS timeouts;
BOOL AutoTxd = false; unsigned long AutoTxd_Count = 0, Line_CNT = 0;//全局功能性变量
void __fastcall TMainF::Uart_Init(void)                             //RS232 串口初始化
```

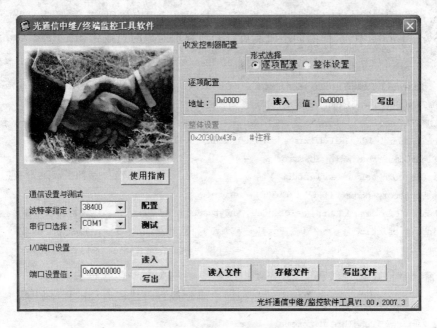

图2-33 系统运行监控软件的对话框

```
{   if(CMNT_Port->Text=="COM1") port = "COM1";           //串行口选择
    else if(CMNT_Port->Text=="COM2") port = "COM2";
    else if(CMNT_Port->Text=="COM3") port = "COM3"; else port = "COM4";
    hCom = CreateFile(port,GENERIC_READ|                  //打开指定的串行口
            GENERIC_WRITE, 0, NULL,OPEN_EXISTING,0,NULL);
    if (hCom == INVALID_HANDLE_VALUE) exit(0);
    fSuccess = SetupComm(hCom,100,100);                    //设置收/发缓冲区的大小
    timeouts.ReadIntervalTimeout = MAXDWORD;               //数据接收的超时设置
    timeouts.ReadTotalTimeoutMultiplier = MAXDWORD;
    timeouts.ReadTotalTimeoutConstant = 1000;              //65000
    fSuccess = SetCommTimeouts(hCom,&timeouts);
    fSuccess = GetCommState(hCom,&dcb);                    //数据格式/传输速度/校验的设置
    if(! fSuccess) exit(0); dcb.BaudRate = StrToInt(CMNT_Baud->Text);
    dcb.ByteSize = 8; dcb.Parity = NOPARITY; dcb.StopBits = ONESTOPBIT;
    fSuccess = SetCommState(hCom,&dcb); if (! fSuccess) exit(0);
}
void __fastcall TMainF::RCV_TimerTimer(TObject *Sender)   //定时接收及其数据处理
{   unsigned char gg[20], m, i; __int64 value;
    unsigned short temp; AnsiString string, tt;
    RCV_Timer->Enabled = false;                           //关闭用于接收的定时器
    bResult = ReadFile(hCom, gg,20,&nBytesRead,NULL);     //接收数据并校验
    if(! bResult) return ;
    if((gg[0]!=0x5A)||(gg[1]!=0xA5)) return;              //标识字识别
    m = CheckSum(gg, gg[3]+4);                            //和校验
    if(m!=gg[(gg[3]+4)]) return;
    m = gg[2]>>5; i = gg[2] & 0x1f;                       //数据处理
```

```
switch(m)
{ case 0: if(i = = 0) ShowMessage("UART 通信测试正常!");      //串口通信测试
    else ShowMessage("UART 通信通道故障!"); break;
  case 1: switch(i)                                           //收/发器配置
    { case 0: value = gg[4]; value <<= 8; value |= gg[5];    //读寄存器
        RTCFG_Addr ->Text = "0x" + IntToHex(value, 4);
        value = gg[6]; value <<= 8; value |= gg[7];
        RTCFG_Value ->Text = "0x" + IntToHex(value, 4); break;
      default: break;
    }
  case 4: switch(i)                                           // GPIO 配置
    { case 1: value = gg[4]; value <<= 8; value |= gg[5];    //读寄存器
        value <<= 8; value |= gg[6]; value <<= 8; value |= gg[7];
        Port_Value ->Text = "0x" + IntToHex(value, 8); break;
      default: break;
    }
  case 7: if(gg[4] = = 0x59)                                  //通信应答处理
    { if((AutoTxd_Count>Line_CNT)&&(AutoTxd))
        { string = File_Show ->Lines -> Strings[Line_CNT + +];
          tt = string.SubString(1, 6); temp = StrToInt(tt);
          gg[0] = temp >> 8; gg[1] = temp & 0xff; gg[1] &= ~1;
          tt = string.SubString(8, 6); temp = StrToInt(tt); gg[2] = temp >> 8;
          gg[3] = temp & 0xff; WriteRegister(gg);
        }
      else{ AutoTxd = true; AutoTxd_Count = 0; ShowMessage("底层体系接收正常!"); }
    }
    else if(gg[4] = = 0x4e)
    { ShowMessage("下发数据出现错误");
      if((AutoTxd_Count! = 0)&&(AutoTxd))
        { AutoTxd = true; AutoTxd_Count = 0; }
    }
    break;
  default: break;
}
}
```

2.4　本章小结

　　本章从一个简单的便携式检测仪器系统的设计入手,引出了嵌入式应用系统设计的全面理论,然后又回到项目开发实践,应用系统性的理论知识,展开了一个现代的中继/监控系统的FPGA－SoPC 设计。

　　概括起来,本章阐述的关键点如下:

➤ 嵌入式应用系统设计涉及的中心环节;

➤ 嵌入式硬件体系的构成及其开发设计;
➤ 底层软硬件体系的构成及其开发设计;
➤ 嵌入式应用程序及其系统监控程序设计;
➤ 嵌入式应用体系的系统级整体规划设计。

嵌入式应用系统的软硬件平台及其系统级规划设计是嵌入式图形系统设计的根本基础,了解并熟悉嵌入式系统设计的基本知识和各个开发设计环节,就可以很好地为嵌入式图形系统设计奠定坚实的基础。

2.5　学习与思考

1. 嵌入式应用体系开发的主要环节有哪些?图形系统设计位于其中什么位置?进行嵌入式图形系统设计涉及其中什么内容和环节?

2. 列举一个经历的嵌入式应用体系设计实例,说明所涉及的开发设计环节,重点指出嵌入式图形系统设计所必需的环节。

第3章 嵌入式软件体系架构基础

嵌入式软件平台是嵌入式图形系统设计的基础,嵌入式软件体系框架包括哪些基本内容?怎样进行嵌入式体系的直接软件架构?怎样展开常见嵌入式实时操作系统的软件架构?本章将针对这些嵌入式软件设计的基本知识展开全面阐述,为嵌入式图形系统设计奠定坚实的基础。

本章主要有以下内容:
➤ 嵌入式软件体系架构的基本内容;
➤ 嵌入式体系直接软件架构;
➤ 嵌入式 μC/OS 体系软件架构;
➤ 嵌入式 μC/Linux 体系软件架构;
➤ 嵌入式 WinCE 体系软件架构;
➤ 嵌入式 VxWorks 体系软件架构。

3.1 嵌入式软件体系架构的基本内容

3.1.1 嵌入式软件体系架构综述

嵌入式软件体系架构与硬件密切相关,又称为硬件操作软件或者基于硬件的软件。其开发设计主要有三个部分:基本软件体系构建、底层外设或接口驱动程序设计和硬件接口逻辑变换程序设计,也可以是这三者的有机整合——可编程片上系统设计 SoPC。

1. 基本软件体系的构建

基本软件体系的构建,主要是针对特定的微控制/处理器而构建的系统,能够初步运行和完成要求功能的基本软件平台,包括系统启动、时钟配置、所用操作系统的构建、所需外设或接口的初始化、中断与任务的分配和启动等。对于通用计算机系统,如常用的 Intel 公司的 X86 与 Pentium 系列计算机,由于存在足够容量的内存和硬盘,直接自定义安装最小化的操作系统即可,操作系统如 Windows 和 Linux 等。对于嵌入式应用系统,当前主流应用是 SCM 和 DSP 体系,主要是启动文件、主程序文件、外设与接口初始化配置文件、中断处理文件和实时监控文件等的基本架构;采用嵌入式操作系统的,如 μC/Linux 和 VxWorks 等,还包括操作系统内核的最小选配或嵌入移植。

基本软件体系的构建,主要是嵌入式应用系统的基本软件体系构建,通常采用混合编程的软件形式,以汇编语言编写最基本的启动程序文件,完成包括时钟管理、工作模式设置和中断分配等工作,为系统应用软件设计创建所需的最小的可靠软件运行环境;以 C/C++语言的形式完成启动程序文件以外的大多数程序文件的编制,包括外设与接口的配置、多任务环境的创建、硬件体系的自我测试及各级中断与总中断的开放等,以减小编程难度,增强程序的可读性和移植性,方便程序的调试分析。

2. 底层外设或接口驱动程序设计

底层外设或接口的驱动程序设计,主要是相关外设或接口器件的初始化配置、行为控制、基本的读/写访问或收/发操作等,并为应用程序提供界面友好的 API 函数调用接口。初始化配置和行为控制主要用于设置硬件的工作模式、数据传输格式、通信速率和返回状态信息规定等。初始化配置只在系统启动时由系统基本软件体系调用,行为控制通常在执行过程中用以改变硬件的行为规则。读/写访问或收/发操作的方式一般有两种:查询方式和中断方式。查询方式需要软件不断地进行状态字或状态位的查询,直到有效事件发生为止;中断方式无须软件干预,只要有效事件发生,就通过硬件通知软件。写访问或发送操作通常是主动的,只要硬件空闲,就可以使其执行,通常采用查询方式来实现;读访问或接收操作是被动的,硬件何时得到或产生有效数据是不确定的,通常采用中断方式加以实现。

3. 硬件接口逻辑变换程序设计

硬件接口的逻辑变换程序设计是对完成硬件接口逻辑转换的 PLD(Programmable Logic Device)或 PAC(Programmable Anolog Device)器件进行可编程逻辑程序设计。

PLD 器件主要用于以软件编程形式灵活地实现数字信号的接口逻辑变换,如操作时序变换、状态等待插入、总线形式转换、工况查询和统计分析等,PCI 接口信号的逻辑变换、脉冲计数转速分析、屏幕扫描显示和简易键盘扫描编码等。PLD 编程语言多采用 VHDL 或接近 C 语言的 Verilog。近年来的 PLD 设计还常借助于 Matlab 数学运算工具和特定的 DSP 逻辑设计工具来实现复杂的数学分析运算,把 CPU 从繁琐的数学运算中解放出来,这就是常说的 DSP Builder。现代形成的基于 FPGA PLD 的 SoPC 技术则把嵌入式应用系统设计推向了一个更高的层次,SoPC 技术是软硬件协同设计灵活运用的结果,通过 IP 核复用,它将尽可能大而完整的电子系统在一块 FPGA 中实现,是嵌入式应用系统发展的主要方向。

PAC 器件主要用于以图形或软件编程形式实现模拟信号的电压范围变换、有源滤波、信号的缩放、调制与解调等。如通过可编程模拟逻辑设计完成对输入模/数转换器 ADC 的模拟信号进行二阶有源滤波。

硬件接口的逻辑变换程序设计,主要是数字可编程逻辑程序的设计,即 PLD 设计。

常见嵌入式体系主要是以各类 SCM 和 DSP 为微控制/处理器,以可编程逻辑器件为接口逻辑变换的应用系统,这种类型的嵌入式软件体系的框架结构组成可以用图 3-1 形象地加以描述。从图 3-1 中可以清楚地看到组成嵌入式软件体系框架的三个主体部分:嵌入式基本软件体系、外设或接口驱动程序和硬件接口逻辑变换程序。嵌入式软件体系架构,要在以 CPU 为核心的硬件体系上,为实现特定功能和应用领域的应用软件设计,奠定一个良好的软件设计起点和运行环境,搭建起应用程序设计的最基本的软件平台,因此必须做到稳定可靠、实时高效、短小精简。

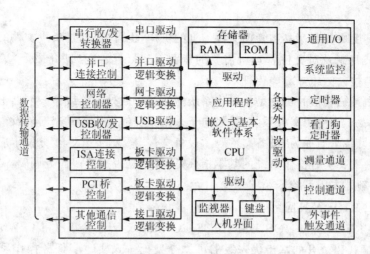

图 3-1　常见嵌入式软件体系架构的构成框图

3.1.2　E-RTOS 及其体系构造

1. E-RTOS 的特点

嵌入式实时操作系统 E-RTOS 的使用是当前嵌入式应用的一个热点。在嵌入式应用系统中应用 E-RTOS 具有巨大的优势：

➢ E-RTOS 一般可以提供多任务调度、时间管理、任务间通信和同步以及内存管理 MMU 等重要服务，使嵌入式应用程序易于设计和扩展。

➢ E-RTOS 在系统实时高效性、硬件的相关依赖性、软件固化以及应用的专业性等方面具有较为突出的优势。不同于一般意义的计算机操作系统，它有占用空间小，执行效率高，方便进行个性化定制和软件要求固化存储等特点。

➢ 采用 RTOS 可以使嵌入式产品更可靠，开发周期更短。

嵌入式系统中采用的操作系统都是经过特别设计或严格裁剪的微型实时操作系统。在嵌入式应用系统中采用微型的实时操作系统，可以有效地增强整个系统的稳定性、可靠性和实时操作性，而付出的代价是增加了 ROM/RAM 存储器容量和额外的定时器资源的开销。

2. E-RTOS 体系构造

嵌入式操作系统还有一个特点是，针对不同的平台系统不是直接可用的，一般需要经过针对专门平台的移植操作系统才能正常工作。进程调度、文件系统支持和系统移植是在嵌入式操作系统实际应用中最常见的问题。

任务调度主要是协调任务对计算机系统资源（如内存、I/O 设备和 CPU 时钟周期）的争夺使用。进程调度又称为 CPU 调度，其根本任务是按照某种原理为处于就绪状态的进程占用 CPU。由于嵌入式系统中内存和 I/O 设备一般都和 CPU 同时归属于某进程，所以任务调度和进程调度概念相近，很多场合不加区分。进程调度可分为"剥夺型调度"和"非剥夺型调度"2种基本方式。所谓"非剥夺型调度"，是指一旦某个进程被调度执行，则该进程一直执行下去直至该进程结束，或由于某种原因自行放弃 CPU 进入等待状态，才将 CPU 重新分配给其他进程。所谓"剥夺型调度"，是指一旦就绪状态中出现优先权更高的进程，或者运行的进程已用满了规定的时间片时，便立即剥夺当前进程的运行（将其放回就绪状态），把 CPU 分配给其他进程。

文件系统是反映负责存取和管理文件信息的机构,也可以说,是负责文件的建立、撤销、组织、读/写、修改、复制及对文件管理所需要的资源(如目录表和存储介质等)实施管理的软件部分。

嵌入式操作系统移植的目的是使操作系统能在某个微处理器或微控制器上运行。

各种操作系统下,使用文件系统后,趋向于采用文件的操作方式来对外设或接口的驱动进行操作,这样的设备驱动称为"设备文件"。"设备文件"概念的引入,十分便于应用程序设计。

衡量一个嵌入式实时操作系统的基本指标是,看它是否支持多任务调度,是否支持文件管理操作,它所需额外占用系统资源的多少。

3. 常用 E-RTOS 及其应用

常用的 E-RTOS 有 μC/OS、DSP/BIOS、μC/Linux、WinCE/XP 和 VxWorks 等。

μC/OS 是源代码公开的基于优先级的可剥夺型抢占式实时多任务操作系统。现在普遍使用的版本是 μC/OS-Ⅱ。μC/OS-Ⅱ 体系具有源代码公开,结构小巧,占用空间少,执行效率高,实时性能优良和可靠稳定性高等优点,但也有移植困难,缺乏必要的技术支持等缺点。结构小巧是 μC/OS-Ⅱ 的显著特点,它编译后的内核仅有 6～10 KB。μC/OS 基本软件体系的架构主要是操作系统的移植,关键性的技术集中在相关核心微控制器硬件与具体应用的代码编制和系统时钟的设置等方面,此外还有任务堆栈的合理规划。μC/OS-Ⅱ 特别适合中小型嵌入式应用系统,在各类 8 位、16 位、32 位 SCM 或 DSP 嵌入式体系中都可见到它的应用。

DSP/BIOS 是 DSP 应用体系中使用比较普遍的 E-RTOS,其优越性主要体现在其多任务规划和实时分析上。DSP/BIOS 实时内核与 API、DSP/BIOS 配置工具和 DSP/BIOS 实时分析工具是 DSP/BIOS 的 3 个组成部分。DSP/BIOS 调度按线程结构化设计,支持 4 种优先级由高到低的线程类型:硬件中断 HWI、软件中断 SWI、任务 TSK 和后台线程 IDL。每种线程都有不同的执行和抢占特性。可以使用集成在 CCS 中的 DSP/BIOS 实时分析工具方便地实现 DSP/BIOS 软件的调试与监测。选用 DSP/BIOS 作为 DSP 应用体系的 E-RTOS,不仅能够达到提高系统的稳定性、可靠性和实时响应能力的目的,而且配置简易,移植方便,可视化的交叉软件调试/监控手段丰富多样。

μC/Linux 是广泛应用的 Linux 精简版本,主要针对无 MMU 的微控制/处理器应用系统而设计,其目标文件体积可控制在几百 KB。μC/Linux 秉承了 Linux 的大多数优良特性,如稳定、良好的移植性、优秀的网络功能,对各种文件系统完备的支持和标准丰富的 API 等。引导程序、μC/Linux 内核和文件系统是 μC/Linux 的 3 个基本组成部分。芯片级移植是 μC/Linux 软件体系设计的首要工作,主要是添加与所选处理控制器相关的代码。移植 μC/Linux 的同时也要完成对必不可少的时钟和串口驱动程序的移植。μC/Linux 下常把硬件驱动程序编译为动态可加载的内核模块使用。μC/Linux 设备驱动程序的特点、类型、加/卸载、应用及其设计,基本上与 Linux 一样。

WinCE/XPE 继承了 Windows 操作系统强大的图形窗口界面,在移动通信、消费类电子和便携式仪器等领域中应用广泛。WinCE 是一个基于优先级的抢占式多任务操作系统,其基本调度单元是线程,它具有层次化的构造和多种线程同步和进程通信方法。WinCE 需要 MMU 支持,它通过一系列的转化操作,把产生的物理中断映射为中断服务线程执行来达到中断处理的目的。WinCE 的设备驱动多为流式接口,特定外设/接口的驱动常设计成流式接口的单体驱动形式。架构基于 WinCE 的软件体系,首要的是 WinCE 操作系统的定制或移植。定制或移植 WinCE 及其设备驱动设计采用 PB(Platform Builder)工具来完成,WinCE 应用程序设计采用 Visual Studio2005 来完成。

VxWorks 是一个基于 C 语言的具有高度可靠性、优秀实时性和灵活可裁剪性的能够实现文件管理体系和多任务抢占/轮询调度机制的 E-RTOS,能够满足许多特定实时环境所需的多任务、基于优先级的抢占调度和任务间的通信与同步等基本要求,在工业数据采集和控制领域中占有很重要的地位。VxWorks 的主要组成部分有高性能的 RTOS 核心 wind、板级支持包 BSP(Board Support Package)、网络设施、I/O 系统和文件系统等。VxWorks 主要通过板级支持包 BSP 和硬件设备打交道。BSP 可以划分为两部分:目标系统引导部分和设备驱动程序部分。对于不同目标系统及其环境中的设备,可以通过修改和重写 BSP 完成设备驱动程序,实现对硬件的配置和访问。VxWorks 应用系统开发的理想完整软件平台是 TornadoⅡ,它包括了从项目工程的创建、管理到 BSP 的移植,以及从应用系统的设计到系统的调试、性能分析等方面,是一个不受目标机资源限制的超级开发和调试环境。

3.1.3 嵌入式软件体系架构要素

架构嵌入式软件体系时,需要考虑的主要因素有以下几个方面:

1. 是否采用、采用怎样的嵌入式实时操作系统

是否采用 E-RTOS,取决于系统的功能实现和对所选用微控制/处理器的熟悉程度。如果设计系统实现的功能复杂程度不高,又对所选用的微控制/处理器比较熟悉,则完全可以考虑不采用 E-RTOS,直接基于所选微控制/处理器指令系统而建立起包括启动代码、所需外设或接口驱动等最基本的软件平台。嵌入式系统的软件体系直接架构,系统资源使用开销小,代码运行效率高,是进行嵌入式应用软件体系开发设计的最基本、最常用的软件架构方法手段,在中小型嵌入式应用体系的开发设计中,特别是便携式嵌入式产品的开发设计中有着广泛的应用。

如果决定采用嵌入式实时操作系统,则需要根据存储器容量、中断资源、硬件资源、CPU 运算能力、开发周期和投入成本等因素,综合选择适合自己硬件平台的操作系统。嵌入式应用体系中常用的 RTOS,其内核大小、存储器特别是内存的使用量、实时响应能力、CPU 适应范围场合、对硬件体系的要求等各有千秋:μC/OS-Ⅱ内核最小,占用系统资源最少,可以适应各类常见微控制器或微处理器体系,但是其功能特别是实时性不够理想;DSP/BIOS 的内核大小、存储器使用量仅比 μC/OS-Ⅱ稍大,其实时响应能力较强,主要应用在高精端的 DSP 体系中;WinCE/XPE 最大的优势是其传承的优异图形界面功能,需要系统 CPU 具有 MMU 能力,需要占用一定量的闪存和内存,在便携式移动设备中应着重考虑;μC/Linux 也需要占用一定量的存储器资源,其操作系统的移植与外设接口设计的规律性强,虽然实时性不是很强,但可以加以改进,主要适合于没有 MMU 要求的微控制器/处理器体系中;VxWorks 是公认的实时性最强的操作系统,需要占用一定的系统资源,如闪存、内存等,对系统微控制器或处理器有/无 MMU 能力都可以很好地适应。

2. 如何进行嵌入式实时操作系统的定制或移植

定制或移植 E-RTOS 是进行嵌入式实时操作系统软件体系架构最根本的工作。定制 E-RTOS,就是把具有全面适应能力的某 E-RTOS 体系进行缩减,并略作修改,使其适应具体的硬件体系。移植 E-RTOS,就是要在所设计的硬件平台上架构起实际项目需要的基本 E-RTOS 软件体系。实际应用中,大部分情况下需要做的是 E-RTOS 移植工作。

不同的 E-RTOS,有不同的移植特点和过程步骤,在后续章节中将对常用 E-RTOS 的移植进行逐一介绍。无论使用哪一种 E-RTOS 实现多任务调度,一般都离不开系统时钟,因此移植 E-RTOS 前必须考虑分配硬件定时器来实现系统时钟。此外,为了便于调试和系统维护,还要考虑在移植中实现最简单的数据通信,如 UART 串口驱动,以便通过系统输出而观察系统 CPU 的运行状态。

3. 如何使所设计的外设/接口驱动更稳定高效且使用资源最少

设计某种 E-RTOS 下的外设或接口驱动程序,既要考虑充分利用该 E-RTOS 所提供的程序间的同步和通信机制使所设计驱动程序工作起来更稳定,实时响应能力更强,消耗系统资源更少,又要考虑遵循该 E-RTOS 下硬件外设/接口驱动程序的设计规律,使开发更快、更容易、更规范。后续章节中将对常用的 E-RTOS 的外设或接口硬件设备的驱动程序设计进行逐一介绍。

4. 如何进行可编程逻辑设计减轻硬件设计的复杂度或 CPU 的负荷量

可以在嵌入式应用系统中使用各类可编程器件,通过可编程软件逻辑设计,降低系统硬件体系设计的复杂程度,使所设计系统更稳定可靠和工作高效。可以通过 FPGA 的 DSP Builder 设计,完成复杂的数学运算,从而把系统 CPU 解放出来,转而集中精力执行更为实时的测量/控制动作。甚至可以考虑进行 FPGA-SoPC 软硬件协同设计,把嵌入式应用系统设计完全软件化。

5. 如何建立正确而高效的与外界系统进行数据传输的特殊通信协议

一般所设计的嵌入式应用体系都需要与外界其他系统进行数据传输通信。通过串口、并口、USB 口和以太网接口等实现通信,除了要遵循接口特定的通信规律外,还要制订针对特殊功能需要的数据通信规约,确定通信双方数据传输的形式、内容、错误校验、握手和异常处理等事项。数据形式包括一个数据包,即"帧"的开始、结束、指令、冗错的内容和位置。通信中经常采用的错误校验机制有奇偶校验、和校验和循环冗余校验 CRC 等。握手机制的建立有利于确定数据的完整接收。异常处理有利于解决长时间无响应、通信无故中断而造成的无限等待等不良现象。严密的通信协议是保证安全、完整、高效、正确地实现数据传输的前提和关键。应根据实际数据传输的要求、通信总线途径等因素综合制订通信规约。

3.2 嵌入式体系的直接软件架构

3.2.1 直接软件体系架构概述

1. 直接软件体系架构的内容

直接架构嵌入式系统的软件体系,是指以所选微控制/处理器具有的指令系统、适应的编辑/编译/调试环境及其软硬件操作机制框架为基础,直接建立起包括启动代码、所需外设或接口驱动等最基本的软件平台。嵌入式系统的软件体系直接架构,只采用所选微控制/处理器具有的简单操作系统,系统资源使用开销小,代码运行效率高,是中小型嵌入式应用系统经常采用的软件开发设计手段。

嵌入式应用系统的直接架构软件,主要包括两部分:基本体系的架构软件和所需外设或接口的驱动软件。基本体系的架构软件主要是系统启动代码的编写,对于 DSP 体系还包括链接命令文件的编写。链接命令文件主要完成各个程序段和数据段的存储器分配,这种操作在 SCM 体系中则由启动代码完成。

所谓启动代码,就是处理器在启动时执行的一段代码,主要任务是初始化处理器模式、设置堆栈、初始化变量等。这些操作与处理器体系结构和系统配置密切相关,一般用汇编语言来编写。启动代码与应用程序一起固化在嵌入式体系的程序存储器 ROM 中,并首先在系统上运行,它应包含各模块中可能出现的所有"段"类,并合理安排它们的次序。启动程序代码的基本内容包括:配置中断向量表,初始化存储器系统、堆栈、有特殊要求的端口与设备、用户程序执行环境,改变处理器模式及呼叫主应用程序。启动代码类似于通用计算机中的 BIOS,它从系统上电的开始就接管 CPU,依次负责初始化 CPU 在各种模式下的堆栈空间,设定 CPU 的内存映射,对系统各种控制寄存器和外部存储器进行初始化,设定各外围设备的基地址,创建正确的中断向量表等;接着进入到 C 代码,在 C 代码中继续对时钟、RS232 端口等各种外设或接口进行初始化,然后打开系统中断允许位;最后进入到应用代码中执行,执行期间响应各种不同的中断信号并调用预先设置好的中断服务程序。

外设或接口的驱动软件,其基本组成主要有三部分:初始化配置、读/写访问或收/发操作及中断处理。驱动操作代码通常采用 C 语言编写,实时性要求比较高的驱动采用汇编语言编写。驱动代码通常编写成应用程序接口 API 函数的形式,供给实现具体功能的应用程序段调用。一般地说,有几级驱动,就有几级驱动代码及其 API 接口函数,高级驱动可以直接调用低级驱动函数代码。驱动代码含有的 API 接口函数有外设初始化函数、存取访问函数、中断处理函数和启动/停止函数等。

2. 直接软件体系架构的特点

直接软件体系架构的最大特点是系统资源占用少。与采用了 μC/OS、μC/Linux 和 VxWorks 等嵌入式实时操作系统的应用体系相比,它没有操作系统内核占用 ROM(通常是 Flash 闪存)的开销,没有因任务调度而需要的庞大堆栈内存 RAM 占用的开销,更没有为多任务调度必需的系统时钟和辅助时钟所占用的定时器资源开销,因此,代码运行效率相对较高,软件开发设计较容易。直接架构嵌入式应用软件体系,特别适合于中小型嵌入式应用体系的开发设计。

但是应该看到,直接软件体系架构还是存在着很多不足,特别是对于中大型嵌入式应用体系。与采用了 μC/OS、DSP/BIOS、μC/Linux、WinCE/XP 和 VxWorks 等嵌入式实时操作系统的应用体系相比,其软件运行未知因素较多,对各种异常的处理能力不足,稳定性、可靠性差;缺少基于优先级的多任务调度机制和文件管理能力,测量与控制的实时性较差;直接软件体系架构很难把握多中断优先级和中断的嵌套,还有主程序中固定不变的多功能任务执行顺序;另外,它还存在着代码移植性与通用性差等不足。

尽管直接软件体系架构存在着诸多不足,但是由于其系统资源占用最少,易于构建软硬件开销最小,结构紧凑,成本低廉,简单易用,性能优良的嵌入式应用体系,因此在中小型嵌入式应用体系的开发设计中,特别是便携式嵌入式产品中,还存在着广泛的应用。

3.2.2 基本软件体系的架构

1. 软件体系架构综述

(1) SCM 体系的软件架构

SCM 基本软件体系主要包括的文件有启动文件、主程序文件、异常处理文件及其相应的头文件。通常,启动文件采用所选 SCM 特定的汇编语言编写,其他文件采用 C/C++语言编写。启动文件完成时钟配置、存储器分配和堆栈设置等,最后跳转到主程序。主程序中首先完成整个体系的各类外设、接口和 I/O 端口的初始化,然后进行异常中断的分配及其开放,最后进入一个无限循环体执行后台事务处理。异常处理文件主要是各种中断处理服务程序。主程序文件和异常处理文件的头文件对程序中使用的包括文件、全局变量、外部变量、数据结构、自定义函数和外部函数等加以定义或声明,其中要特别包括的是关于 CPU 及其各种寄存器定义的头文件。主程序文件对各类外设、接口和 I/O 端口的初始化一般是通过调用对各类外设、接口和 I/O 端口相应硬件设备驱动程序的初始配置函数来完成的。各个中断处理服务例程可以集中在一个文件中,也可以分散到各个设备驱动程序中。

SCM 基本软件体系架构,就是编写出上述程序文件的基本框架。例如,若要用到一个中断,则要在主程序文件的起始部分对其进行相关配置,设置中断优先级、中断开放等操作,然后在异常处理文件中编写出对应的中断处理函数,其函数体是一个空框架,具体要实现什么功能由应用程序设计人员根据具体情况进行设计编制。

(2) DSP 体系的软件架构

DSP 基本软件体系主要包括的文件有向量分配文件、主程序文件、中断处理文件、链接命令文件及其相应的头文件。通常,向量分配文件采用所选 DSP 特定的汇编语言编写,其他文件采用 C/C++语言编写。向量分配文件主要完成所需的向量配置和中断向量表设置;主程序文件完成系统配置、时钟管理、看门狗定时器设置,各类外设、接口和 I/O 端口的初始化配置,特殊运算模块的初始化、异常中断及其相关设置等,最后进入一个无限循环体执行后台事务处理。中断处理文件主要是各个中断处理服务例程的集合。链接命令文件主要完成各个存储器的结构划分和地址映射,也可以包括堆栈设置等。主程序文件和中断处理文件的头文件中的定义或声明,主程序文件对各类外设、接口和 I/O 端口的初始化方式,与 SCM 体系的软件架构一样。中断处理文件中的各个中断处理服务例程,一般是通过调用相应外设或接口的硬件设备驱动程序中的中断处理函数完成的。DSP 软件体系的文件结构组成与 SCM 软件体系相似,SCM 软件体系启动文件的功能分散成了更为灵活的向量分配文件和链接命令文件,并将其中的基本配置工作大部分转移到了主程序文件中。

DSP 基本软件体系架构,就是编写出上述程序文件的基本框架。这些文件的编写,一般是按照相应的语法规则,以相近模板文件为基础进行修改得到的。

2. 软件体系架构举例

基本软件体系架构,因 SCM 或 DSP 的类型、所用的集成开发环境 IDE、仿真调试工具的不同而不同。对于 SCM,常用的器件是 8 位/16 位/32 位的 SCM,如 51 系列、C166/XC166 系列和 ARM 系列,典型的 IDE 是 ARM - Keil C,典型的仿真调试工具是各种型号的 Keil μLink。对于 DSP,常用的器件是 TI 公司的 16 位/32 位定点/浮点 DSP,如 TMS320C2000 系列、TMS320C5000 系列和 TMS320C6000 系列，典型的 IDE 是 CCS(Code Composer Studio)，典型的仿真调试工具是 XDS510 和 XDS560。软件体系架构中，差别较大的是 SCM 的启动文件或 DSP 的向量分配文件与命令链接文件；主程序文件和异常中断处理文件，除格式规定和寄存器及其应用有差别外，主体框架基本相同。典型 IDE 中常提供有常用 SCM 或 DSP 的启动文件、向量分配文件与命令链接文件模板或典型项目软件样例，在此基础上开始基本软件体系架构，往往可以事半功倍。

下面以 80C166 系列 SCM 和 Keil PK166 IDE 为例，说明 16 位 SCM 基本软件体系的直接架构。C166 系列 SCM 的启动文件有 startup.a66 和 start167.a66 两种，可以在此基础上构建项目的启动文件。启动文件的汇编代码很长，不再详细列举。架构的主程序文件的框架代码如下：

```
#include "main.h"
void Project_Init(void)                  // C166 微控制器初始化函数
{   IO_vInit();                          //初始化 I/O 端口
    PWM_vInit();                         //初始化脉冲宽度调制解调器 PWM[片内外设]
    CC1_vInit();                         //初始化捕获/比较单元 1(CAPCOM 1)[片内外设]
    CC2_vInit();                         //初始化捕获/比较单元 2(CAPCOM 2)[片内外设]
    GT1_vInit();                         //初始化通用定时器单元 1[片内外设]
    INT_vInit();                         //初始化外部事件触发器[片内外设]
    //用户可以加入的代码
    IEN = 1;                             //开放全局中断
}
//用户可以加入的自定义函数
void main(void)                          //主程序函数
{   //用户可以加入的自定义变量
    Project_Init();                      //初始化项目核心微控制器
    //用户可以加入的全局初始变量赋值
    while(1)                             //无限循环体，完成后台事务处理
    {   //用户可以加入的代码   }
}
```

架构的中断处理文件的框架代码如下：

```
#include "interrupt.h"
//捕获/比较 CC0 通道中断处理程序
void CC1_viIsrCC0(void) interrupt CC0INT
{   //用户可以加入的代码   }
//捕获/比较 CC28 通道中断处理程序
void CC2_viIsrCC28(void) interrupt CC28INT
{   //用户可以加入的代码   }
……
//外部事件触发 3 中断处理程序
void INT_viIsrEx3(void) interrupt CC11INT    //与捕获/比较 CC11 通道共用一个中断向量
{   //用户可以加入的代码   }
```

框架代码段中，以注释的形式明确给出了应用程序的添加位置。

3.2.3 接口/外设的驱动设计

1. 接口/外设驱动设计综述

常见嵌入式硬件接口有串行通信接口、并行通信接口、无线通信接口、人机接口、现场总线接口和工业板卡总线接口等,集中体现为 UART(Universal Asynchronous Receiver & Transmission)/SCI(Serial Communication Interface)、I^2C、SPI、键盘输入/LCD 和 CAN(Controller Area Network)总线等方面。常见嵌入式硬件外设有串行或并行存储器/存储介质、各种定时器或由"定时器组"构成的定时单元、各类看门狗定时器、由 ADC 或 DAC 等构成的测量/控制通道器件和系统监控单元等,另外还有各类局部串行总线器件、现场总线接口节点和通信接口器件等。具有 UART、I^2C 和 SPI 等接口的外设,其直接软件驱动实际上就是对这些接口的驱动。外设集中体现为并行存储器、定时器单元、看门狗定时器、ADC、DAC、系统监控单元、移动存储介质和多功能通用 I/O 端口等方面。很多常用接口和外设,如 UART/SCI、I^2C、SPI、CAN、RAM/ROM 存储器、定时器、看门狗定时器、ADC 和 DAC 等,已经和微控制/处理器集成到同一芯片中,成为片内外设。

嵌入式硬件接口的软件驱动,主要是对构成这些接口的控制器件或模块的软件驱动,一般包括接口器件或模块的初始化和对接口的读/写访问或通过接口的数据收/发传输两个方面。接口器件或模块的初始化主要完成接口功能选项的设置、通信速率的设定、通信数据格式的确定和初始工作状况的指定等操作。对接口的读/写访问或通过接口的数据收/发传输,是接口驱动的主要目的,可以通过查询方式或中断方式得以实现。一般来说,数据的写访问或发送操作是主动的,数据的读访问或接收操作是被动的,主动的访问或操作可以通过简单的查询方式来实现,被动的访问或操作可以使用中断方式来完成,当然对于访问或操作响应速度很快的被动读取或数据接收也宜采用简单的查询方式来实现。

嵌入式硬件外设的驱动代码通常编写成 API 函数的形式供给实现具体功能的应用程序段调用。一般地说,硬件外设驱动代码含有的 API 函数有初始化函数、存取访问函数、中断处理函数和启动/停止函数等。外围设备连接到嵌入式系统微控制器,一般有两种形式:一种是通过微控制器集成的专用硬件接口或微控制器的 I/O 口;一种是通过接口转换器件。对前一种类型的驱动操作是一级驱动,对后一种类型的驱动是二级驱动。一般来说,有几级驱动,就有几级驱动代码及其 API 函数,高级驱动可以直接调用低级驱动的 API 函数。

嵌入式硬件接口或外设的软件驱动实现,最终是通过对微控制器的各个相关寄存器和/或接口器件/模块的各个寄存器的读/写操作来实现的,因此,编制硬件接口或外设驱动软件前,需要仔细阅读微控制器和接口器件/模块的资料,特别是相关的寄存器设置与操作部分及其注意事项。

嵌入式硬件接口和外设的种类很多,涉及面很广,每个类别的接口或外设的驱动软件设计在遵循共同的设计规律下又具有不同的侧重和特色。掌握了常见的接口和外设的驱动软件的设计规则和方法技巧,在进行新的硬件接口驱动软件设计时,可以触类旁通。

2. 接口/外设驱动设计举例

这里列举的是 ARM7TDMI-S SCM 的 SPI 接口模块的驱动设计,主要包括模块初始化和数据收/发传输两部分。模块的初始化完成传输速率、工作模式、总线控制和收/发引脚的配置;由于 SPI 总线数据传输速度较快,其数据收/发通常采用查询方式完成。

SPI 驱动程序由 spi.h 和 spi.c 两个文件组成。spi.h 文件的大致内容如下：

```c
#include <LPC213x.h>
#define ubyte unsigned char
#define uhword unsigned short
#define uword unsigned long
#define S0SPCCR_Value    0x24        //传输速率
#define S0SPCR_Value     0x20        //SPI 总线控制
#define SPI0_Pin         0x01        //定义 SPI 信号引脚
#define SPI0_CS0         0x38        //主模式从机片选:8 位,6～5 位端口,4～0 位引脚号
#define SPI0_CS1         0x80        //7 位—1(无)/0(有)
void   SPI0_vInit(void);             //SPI0 口初始化函数
void   SPI0_CS_Enable(ubyte);        // SPI 总线主模式片选使能函数
void   SPI0_CS_Disable(ubyte);       //SPI 总线主模式片选禁止函数
void   SPI0_SD_Byte(ubyte);          //SPI 总线字节数据发送函数
ubyte  SPI0_RCV_Byte(void);          //SPI 总线字节数据接收函数
```

spi.c spi.h 文件的大致内容如下：

```c
#include "SPI00.h"
void SPI0_vInit(void)                          // SPI0 口初始化函数
{   ubyte temp;
    //引脚配置: SCK,MISO,MOSI,SSEL—P0.4～7
    if (SPI0_Pin == 1)                         //特定信号引脚定义
    {   PINSEL0 &= 0xffff00ff;   PINSEL0 |= 0x00005500;    }
    if ((S0SPCR_Value & 0x20) == 0x20)         //主模式从机片选信号引脚配置
    {   if((SPI0_CS0 & 0x80) == 0x00)          //片选 0
        {   temp = SPI0_CS0 & 0x1f;
            if((SPI0_CS0 & 0x60) == 0x00)
            {   IODIR0 |= 1<<temp; IOSET0 |= 1<<temp;     }
            else if((SPI0_CS0 & 0x60) == 0x20)
            {   IODIR1 |= 1<<temp; IOSET1 |= 1<<temp;     }
            ......
        }
        ……                                      //其他片选信号定义
    }
    //接口配置
    if((S0SPCR & 0x20) == 0x20) S0SPCCR = S0SPCCR_Value;//主模式传输速率定义
    S0SPCR = S0SPCR_Value;                     //接口控制字
}
void SPI0_CS_Enable(ubyte port)                // SPI 总线主模式片选使能函数
//参数 port 要求:8 位,6～5 位端口,4～0 位引脚号,7 位—1(无)/0(有)
{   ubyte temp = port & 0x1f;
    if((port & 0x60) == 0x00) IOCLR0 |= 1<<temp;
    else if((port & 0x60) == 0x20) IOCLR1 |= 1<<temp;
}
void SPI0_CS_Disable(ubyte port)               // SPI 总线主模式片选禁止函数
//参数 port 要求:8 位,6～5 位端口,4～0 位引脚号,7 位—1(无)/0(有)
```

```
{   ubyte temp = port & 0x1f;
    if((port & 0x60) == 0x00) IOSET0 |= 1<<temp;
    else if((port & 0x60) == 0x20) IOSET1 |= 1<<temp;
}
void SPI0_SD_Byte(ubyte data)                              // SPI 总线字节数据发送函数
{   S0SPDR = data; while((S0SPSR & 0x80) == 0) ;    }
ubyte SPI0_RCV_Byte(void)                                  // SPI 总线字节数据接收函数
{   S0SPDR = 0xff; while((S0SPSR & 0x80) == 0) ; return (S0SPDR);    }
```

可因需变动 spi.h 文件开始部分以常量形式定义的传输速率、总线模式和从机选择等数值。

3.2.4 软件框架的快速建立

应用上述介绍的嵌入式体系直接软件架构的方法技巧,可以实现不同类型、不同厂商的微控制/处理器系统的直接软件架构。但是,微控制/处理器种类繁多,外设和接口也千差万别,每种微控制/处理器都有很多 CPU 寄存器,微控制/处理器的外设和接口对应也有许多配置与操作寄存器,而且微控制/处理器从 8 位到 32 位,寄存器越来越多,寄存器位数也越来越宽。使用一款微控制/处理器,不论是 SCM 还是 DSP,很多时间要花费在对这些寄存器的认识和熟悉上。尽管现代很多微控制/处理器都可以使用 C 语言编程,可最初的启动配置文件或向量分配文件与命令链接文件仍然要用汇编语言编程实现,熟悉这些汇编指令也要花费时间。为了更加有效地开发嵌入式体系产品,最大可能地减少熟悉新型微控制/处理器的寄存器和汇编指令的时间,使用微控制器程序架构工具是明智的选择。使用微控制器程序架构工具,能以可视化的友好界面很容易地得到包括启动汇编文件、片内外设或接口硬件的驱动文件等在内的,适合微控制器工作机制或在某种嵌入式实时操作系统之上的应用程序架构。设计嵌入式微控制/处理器硬件体系,应用软件程序架构工具产生程序基本架构,调试所设计的硬件体系,最后交给软件工程师的不仅是完整的硬件体系,而且还有完善的程序架构体系,留给软件工程师的任务就是在这个基于硬件的程序架构下编制填写功能代码,整个设计过程大大地得到了简化。

常见的嵌入式体系软件架构工具有 Cypress 公司的适合于 PSoC 的 PSoC Designer、Infinoen 公司的适合于其 51、C166/XC166 等的 8 位/16 位/32 位单片机的虚拟电子工程师 DAvE、Xilinx 公司的适合于 FPGA – SoPC 设计的 EDK – XPS – BSB 等。根据多年的嵌入式系统软硬件设计实践,作者针对 Philips 公司的 ARM 系列单片机编制有 ARM7TDMI – S 系列单片机程序架构软件工具,针对 TI 公司的 2000 系列 DSP 编制有 TI – 240xA 系列 DSP 程序架构软件工具。图 3 – 2 给出了应用 TI – 240xA 系列 DSP 程序架构软件工具得到的以 TMS320F2407A 为核心的伺服控制系统的软件架构窗口,其中显示的构建代码是 SVPWM (Space Vect Pulse Width Modulation)算法的汇编语言程序,用汇编语言实现关键的代码可以有效地提高伺服控制精度。

应该看到,常见的软件架构工具,都是针对某一厂商的一类常用系列微控制器件,还没有通用万能的软件架构工具,因此使用软件架构工具具有一定的局限性。对于新出现的性能优良的微控制器,其软件体系架构,仍然需要采用上述介绍的一般的嵌入式直接软件架构手段来实现。

嵌入式软件体系架构基础

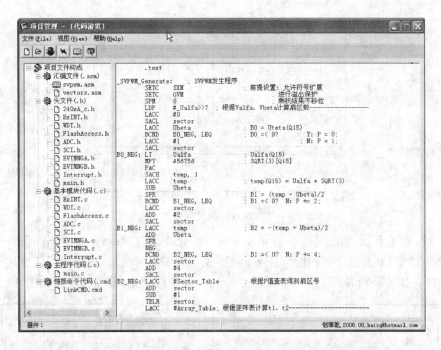

图3-2 用软件架构工具得到精密伺服控制系统的软件架构窗口

3.3 嵌入式 μC/OS 体系的软件架构

3.3.1 μC/OS E-RTOS 简要介绍

μC/OS 是基于抢占式实时多任务调度的 E-RTOS,它以源代码公开,结构小巧,资源占用少,执行效率高,实时性能优良,稳定性、可靠性高等特点,广泛应用于各种 SCM、DSP 和 FPGA-SoPC 体系中,特别是中小型嵌入式应用系统。μC/OS 的普适版本是 μC/OS-Ⅱ,μC/OS-Ⅱ是一段微控制器启动后首先执行的背景程序,它作为整个系统的框架贯穿系统运行的始终。μC/OS-Ⅱ提供有任务调度与管理、时间管理、任务间同步与通信、内存管理和中断服务等功能,用于进程通信及其状态转化的 API 函数十分丰富。编译后的 μC/OS-Ⅱ内核仅有 6~10 KB,其大部分代码是用易于编译实现的 ANSI C 编写的。

基于 μC/OS-Ⅱ的嵌入式应用系统的软件体系框图如图 3-3 所示,核心代码、配置代码和相关处理器的移植代码部分是 μC/OS-Ⅱ的主要组成部分。核心代码用于实现内核管理、事件管理、消息队列管理、存储管理、消息管理、信号量处理、任务调度和定时管理。设置代码用来配置事件控制块的数目以及是否包含消息管理的相关代码。

μC/OS-Ⅱ核心代码中,与应用密切相关、颇为重要的组成部分有任务处理(OS_task.c)、时钟(OS_time.c)、任务间的同步和通信等。任务处理部分完成以任务为基本单位的调度操作,包括任务的建立、删除、挂起和恢复等。时钟部分按时钟节拍 timetick(最小时钟单位)完成任务延时等操作。任务间的同步和通信:通过信号量(semaphore)、邮箱(mailbox)、消息队列(queue)和互斥信号量(mutex)等方式,实现任务间的互相联系和对临界资源的访问。

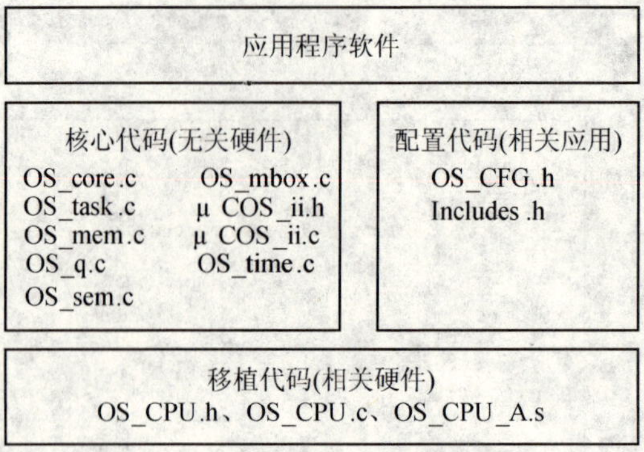

```
┌─────────────────────────────────────────┐
│            应用程序软件                  │
└─────────────────────────────────────────┘
┌──────────────────────┐ ┌────────────────┐
│  核心代码(无关硬件)   │ │配置代码(相关应用)│
│  OS_core.c  OS_mbox.c│ │ OS_CFG.h       │
│  OS_task.c  μCOS_ii.h│ │ Includes.h     │
│  OS_mem.c   μCOS_ii.c│ │                │
│  OS_q.c     OS_time.c│ │                │
│  OS_sem.c            │ │                │
└──────────────────────┘ └────────────────┘
┌─────────────────────────────────────────┐
│          移植代码(相关硬件)              │
│    OS_CPU.h, OS_CPU.c, OS_CPU_A.s        │
└─────────────────────────────────────────┘
```

图 3-3 μC/OS 系统的软件体系构造图

μC/OS-Ⅱ主要就是利用任务控制块 OS_TCB、就绪表(ready list)和控制块优先级表 OSTCBPrioTbl[]来进行任务调度。任务调度工作分为两部分：最高优先级任务的寻找和任务切换。任务切换分两种情况：任务级和中断级。中断级优先，其操作实现如图 3-4 所示。

```
void OSSched(void)      // 任务级的任务切换        // 中断级的任务切换
{                                                 {
    关中断；                                          保存全部 CPU 寄存器；
    如果(不是中断嵌套并且系统可以被调度)              调用 OSIntEnter()或 OSIntNesting++；
    {                                                 开放中断；
        确定优先级最高的任务；                         执行用户代码；
        如果(最高级的任务不是当前的任务)               关闭中断；
        {                                             调用 OSIntExit()；
            调用 OSCtxSw()；  // 模仿中断              恢复所有 CPU 寄存器；
        }                                             RETI；
    }                                                 }
    开中断；
}
```

(a) 任务级的任务切换   (b) 中断级的任务切换

图 3-4 任务级和中断级操作实现

3.3.2 μC/OS 基本软件体系架构

嵌入式 μC/OS 基本软件体系及其编程形式，可用表 3-1 简要描述。其中启动代码部分和项目体系初始化部分和上节介绍的直接软件架构相同。嵌入式 μC/OS 软件体系的运行顺序是：基于微控制/处理器的最基本软件体系→μC/OS-Ⅱ E-RTOS→用户应用程序。

表 3-1 嵌入式 μC/OS 基本软件体系构成

```
                     ┌ 启动代码部分          ─ 汇编语言
                     │ 项目体系初始化部分
    μC/OS 基本  ─────┤ μC/OS 构建与启动部分   ┐ C 语言
    软件体系         │ 多任务及通信机制创建部分 ┘ Main()实现
                     └ 多任务操作与中断处理部分 ─ C 语言
```

主函数、中断处理函数、任务处理函数和事件驱动型的任务处理函数框架如下：

```
void main(void)                  //主函数
{   初始化系统的硬件；
    OSInit();                    //μC/OS 初始化
```

    任务的建立,消息机制的建立;
    OSStart();   //启动 μC/OS
}
void xxx_ISR(void)   //中断处理函数
{   保存处理器寄存器的值;
    调用 OSIntEnter();
    执行用户的工作;
    调用 OSIntExit();
    恢复处理器寄存器的值;
    RTI;
}
void YourTask(void * pdata)   //循环任务处理函数
{   OSStartHardware();   //任务初始化代码
    for(;;)
    {   //用户代码;
        //调用以下 μC/OS 系统服务函数之一
        OSMboxPend(); OSQPend(); OSSenPend();OSTaskDel(OS_PRIO_SELF);
        OSTaskSuspend(OS_PRIO_SELF); OSTimeDly(); OSTimeDlyHMSM();
        //用户代码;
    }
}
```

或者是：

```
void YourTask(void * pdata)                 //只执行一次的任务处理函数
{   //用户代码;
    OSTaskDel(OS_PRIO_SELF);
}
void YourTask(void * pdata)                 //事件驱动的循环任务处理函数
{   init();                                 // 任务初始化
    for( ; ; )
    {   /*消息循环
        OSQPend();
        switch(Qresult)
        {   ...    }
    }
}
```

3.3.3 μC/OS-Ⅱ 操作系统的移植

1. 移植的关键技术和环节

μC/OS 基本软件体系构架的关键部分是与硬件相关的移植代码的编写和用于多任务调度的操作系统时钟的设置,此外,任务堆栈的合理规划也举足轻重。

(1) 相关硬件的移植

通过 OS_CPU.h、OS_CPU_A.s 和 OS_CPU_C.c 三个文件实现。OS_CPU.h 用于定义系统数据类型、栈增长方向、关中断/开中断和系统软中断等。OS_CPU_A.s 定义需要对处理
```

器的寄存器进行的操作,主要是4个子函数:OSStartHighRdy()、OSCtxSw()、OSIntCtxSw()和OSTickISR()。OSStartHighRdy()为启动函数,OSStart()指明优先级最高的任务,OSCtxSw()通过模仿中断实现任务级的任务切换,OSIntCtxSw()为退出中断服务函数,OSIntExit()实现中断级的任务切换,OSTickISR()通过周期性中断为内核提供时钟节拍(一般为ms级)。OS_CPU_C.c定义OSTaskStkInit()等6个函数,用于对建立的用户任务堆栈进行初始化和扩展系统内核。

(2) 相关应用的配置

由文件OS_CFG.h和Includes.h组成,OS_CFG.h用于内核的配置和剪切,Includes.h用于构成整个系统程序所需要的文件。

(3) 时钟节拍及其管理

为系统调度提供周期性的递增信号OSTime,由时钟节拍中断处理函数OSTickISR()及其OSTimeTick()函数组成,OSTimeTick()函数用来判断延时任务是否延时结束,从而将其置于就绪态,程序代码框架如下:

```
void OSTickISR(void)
{   保存处理器寄存器的值;
    调用OSIntEnter()或是将OSIntNesting加1;
    调用OSTimeTick();
    调用OSIntExit();
    恢复处理器寄存器的值;
    执行中断返回指令;
}
void OSTimeTick(void)
{   OSTimeTickHook();              //调用用户定义的时钟节拍外连函数
    while(除空闲任务外的所有任务)
    {   OS_ENTER_CRITICAL();       //关中断
        对所有任务的延时时间递减;
        扫描时间到期的任务,并且唤醒该任务;
        OS_EXIT_CRITICAL();        //开中断
        指针指向下一个任务;
    }
    OSTime++;                      //累计从开机以来的时间
}
```

2. 移植的步骤与方法技巧

首先到 μC/OS-Ⅱ 官方主页上的移植范例列表中查找接近的目标微控制器体系及其开发工具的移植范例,如果能够找到,往往会事半功倍;如果不能找到,则根据实际项目需求进行 μC/OS 移植。

下面介绍进行 μC/OS-Ⅱ 移植的一般步骤。

① 深入了解所采用的系统核心,如中断处理机制、软中断或陷阱及其触发和存储器使用机制等。

② 分析所用C语言开发工具的特点,如各种数据类型分别编译为多少字节,是否支持嵌入式汇编/格式要求怎样,是否支持"interrupt"非标准关键字声明的中断函数,是否支持汇编

代码列表功能等。

③ 编写移植代码,主要是修改与微控制/处理器相关的代码,具体有如下内容:
➤ 在 OS_CPU.h 中设置一个常量来标识堆栈增长方向;
➤ 在 OS_CPU.h 中声明几个用于开关中断和任务切换的宏;
➤ 在 OS_CPU.h 中针对具体处理器的字长重新定义一系列数据类型;
➤ 在 OS_CPU_A.s 中改写上述介绍的 4 个汇编语言函数;
➤ 在 OS_CPU_C.c 中用 C 语言编写上述介绍的 6 个简单函数;
➤ 修改主要头文件 INCLUDE.h,将上面的 3 个文件和其他的头文件加入。

④ 进行移植测试。编写完所有的移植代码后,可以编写几个简单的任务程序进行测试。测试通过后,可以再引入简单的中断及其服务程序,进一步加以测试。

⑤ 针对项目的开发平台,封装服务函数。有利于项目代码的简洁和维护。

以上简要说明了嵌入式 μC/OS 基本软件体系的架构,介绍了 μC/OS 操作系统的移植及其应用程序框架的构建,限于篇幅,不再列举实例,详细环节可参考作者的《基于底层硬件的软件设计》一书。

3.3.4 外设/接口的驱动程序设计

1. 外设/接口驱动设计综述

μC/OS-Ⅱ下,嵌入式应用体系的外设或接口硬件设备驱动程序,也主要是由设备初始化部分和"读/写存取访问"或"数据收/发操作"两部分组成的,硬件设备的"读/写存取访问"或"数据收/发操作"同样也是通过传统的查询、中断和直接存储器访问 DMA 等形式实现的。为了保证在实时多任务操作系统中对硬件访问的唯一性,系统的驱动程序应该受控于相应的操作系统多任务之间的同步机制。μC/OS-Ⅱ提供有信号量、邮箱、消息队列和信号等通信同步机制,把这些机制引入驱动程序设计,可以使设备驱动程序更加灵活、执行效率更高,使有限的内存 RAM 和中断等资源利用更加合理。

嵌入式 μC/OS-Ⅱ应用体系的外设或接口硬件设备驱动程序,有直接软件架构下设备驱动程序的共同特点,同时也具有 μC/OS-Ⅱ操作系统环境的"烙印",通过对典型外设/接口的 μC/OS-Ⅱ下驱动程序设计,可以从中加以体验。下面以常见的 CAN 总线接口为例,说明在 μC/OS-Ⅱ下的驱动程序设计。

2. 举例:CAN 总线接口驱动

应用 μC/OS-Ⅱ的任务调度功能和信号量、邮箱通信机制,配合数据缓冲队列,可以更加有效地实现 CAN 总线硬件接口外设模块的驱动,这里以 TI 公司的 2407A DSPs 为例说明具体设计过程。2407A DSPs 内含一个 CAN 总线协议控制器,利用它外加一个 CAN 总线收发器件就可以实现 CAN 现场总线通信。

实现 CAN 总线通信,首先要建立数据收/发缓冲区。向 CAN 口发送数据时,只要把数据写到缓冲区,然后由 CAN 控制器逐个取出往外发送;从 CAN 口接收数据时,等收到若干字节后才需要 CPU 进行处理,这些预收的数据可以先存在缓冲区,缓冲区可以设置收到若干字节后再中断 CPU,这样就可以避免因 CPU 的频繁中断而降低系统的实时性。在对缓冲区读/写的过程中,还会遇到下列现象:想发送数据的时候,缓冲区已满;想去读的时候,接收缓冲却是空的。对于用户程序端,如果采用传统的查询工作方式,频繁地读取使得程序效率大为降低。

如果引入读、写两个信号量分别对缓冲区两端的操作进行同步,程序的执行效率就会大大提高。用户任务想写但缓冲区满时,在信号量上休眠,让 CPU 运行其他任务,等待 ISR 从缓冲区读走数据后,唤醒这个休眠的任务;类似的,用户任务想读但缓冲区空时,也可以在信号量上休眠,等待外部设备有数据来了再唤醒。

接收和发送的数据缓冲区数据结构定义如下:

```
typedef struct
{   INT16U BufRxCtr;                    //接收缓冲中字符的数目
    OS_EVENT BufRxSem;                  //接收信号量
    INT8U BufRxInPtr;                   //接收缓冲中下一个字符的写入位置
    INT8U BufRxOutPtr;                  //接收缓冲中下一个待读出字符的位置
    INT8U BufRx[CAN_BUF_SIZE];          //接收环形缓冲区的大小
    INT16U BufTxCtr;                    //发送缓冲中字符的数目
    OS_EVENT BufTxSem;                  //发送信号量
    INT8U BufTxInPtr;                   //发送缓冲中下一个字符的写入位置
    INT8U BufTxOutPtr;                  //发送缓冲中下一个待读出字符的位置
    INT8U BufTx[CAN_BUF_SIZE];          //发送环形缓冲区的大小
}CAN_BUF;
```

接口函数设计如下:

```
void CanInitHW( );                      //设置 CAN 控制器端口中断向量
void CANSendMsg( );                     //向 CAN 控制器端口发送数据
void CANReceiveMsg( );                  //从 CAN 控制器端口接收数据
```

基于缓冲队列支持的 CAN 总线传输任务的通信过程如图 3-5 所示。

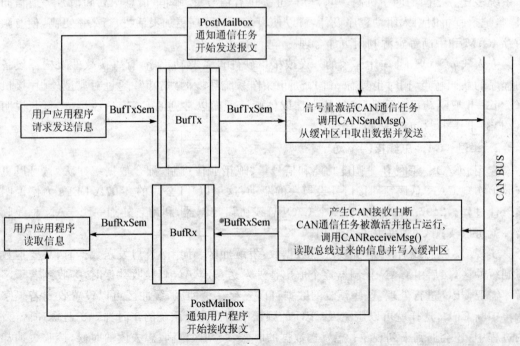

图 3-5 基于缓冲队列的 CAN 总线通信软件流程图

在 CAN 总线通信任务中,采用查询方式发送,中断方式接收,任何时候只要没有关中断,中断任务的优先级高于其他任何任务。可以说,该任务是"基于中断响应"的。这样处理的好处是能够最大程度地保证通信的实时性,同时也使得系统资源的利用率大大提高。任务间的通信和同步通过邮箱和信号量机制进行。当用户应用程序或任务要求进行远程 CAN 通信时,应用程序或任务先要获得 BufTxSem,并向发送缓冲区 BufTx 装入报文,写入缓冲区结束后释放信号量 BufTxSem,通过邮箱通知 CAN 通信任务处理报文并完成报文的发送。当总线发来报文时,接受节点的 CAN 控制器会产生一个接收中断,当前运行任务被挂起,CAN 通信任务被激活并抢占运行,获取信号量 BufRxSem,然后从总线上读取报文并写入缓冲区,写入结束后释放信号量 BufRxSem,并通过邮箱通知相应的用户应用程序或任务;应用程序或任务通过获得信号量 BufRxSem 从缓冲区内读取相应的报文信息。

中断任务的处理通过中断服务程序 ISR 实现,中断服务程序 ISR 可以按照前文所述形式书写,这里不再赘述,在此重点说明一下 ISR 的安装位置。许多实时操作系统都提供了安装、卸载中断服务程序的 API 接口函数,有些成熟的 RTOS 甚至对中断控制器的管理都有相应的 API 函数。但 μC/OS-Ⅱ 内核没有提供类似的接口函数,需要用户在对应的 CPU 移植中自己实现。在 2407A DSPs 中,可以在设计中断向量表的时候把用户的中断入口写好,这样一旦 CAN 通信接收中断发生时,2407A DSPs 就能自动从中断向量表里读取相应的程序入口,进而跳转并执行用户的 ISR 程序。

3.3.5 μC/OS 软件体系架构举例

本小节列举的例子是总线式数据采集系统,把 μC/OS-Ⅱ 引入该系统中,可以使其比以往直接软件架构的前后台系统工作得更加稳定,而且在一定程度上满足了监控测量实时性的需求。

1. 系统的组成与功能

该系统采用总线巡检方式,对监测对象进行数据采集与处理,系统硬件以模块化结构,实现 32 路/64 路/128 路模拟或数字量的集中监测,适用于各种标准现场一次仪表或二次仪表的数据测量与控制。整机采用先进的微机处理技术和通信控制技术,并嵌入实时处理内核 μC/OS-Ⅱ。系统的硬件组成如图 3-6 所示。

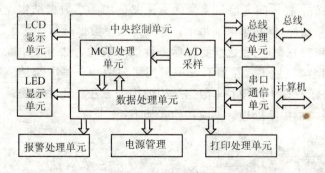

图 3-6 总线式数据采集系统硬件组成框图

现场监测通道状态以总线方式,通过总线处理单元传送到 CPU 进行数据采集与处理,其中核心微控制/处理器采用具有 10 位 A/D 转换器的 80C196KB。

该系统可以对各通道的工作参数、状态进行即时修改设定,并可以通过面板 LED 实时显示 32 路/64 路/128 路通道的工作状态,同时各通道的实时参数通过 LCD 进行逐屏显示。对发生报警的信道可以通过打印处理单元进行打印输出、声光报警及显示。系统以总线巡检方式,对各信道的工作状态进行远程数据采集并进行集中数据处理。为进一步满足智能化管理的需要,具有与计算机通信的功能,以实现监测数据共享。同时也可通过计算机对各信道的工作状态进行设置。

2. μC/OS-Ⅱ 在系统中的应用

开发 μC/OS-Ⅱ 实时内核的流程如图 3-7 所示。该系统的软件由实时操作系统加上应用程序构成。应用程序与操作系统的接口通过系统调用来实现。用 80C196KB 作为系统的核心微控制器,只能用内部 RAM 作为 TCB 和所有系统存储器(含各种控制表)以及各个任务的工作和数据单元。

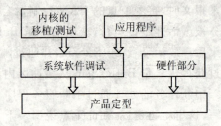

图 3-7 μC/OS-Ⅱ 实时内核开发流程图

该系统软件架构的主要方面及其注意事项如下:

① 各个任务的数据和工作单元尽量用堆栈实现。这样可以允许各个任务使用同一个子程序。使用堆栈实现参数传递并作为工作单元,而不使用绝对地址的 RAM,能实现可重入子程序。该子程序既可为各个任务所调用,也可实现递归调用。

② 任务的分配。根据该系统的性能指标和技术要求,可对系统进行如下的任务划分:按键中断、LCD 显示、串行通信、打印与报警、信道巡检 A/D 采样与数据处理、系统信息显示、系统工作参数测量和电源切换与充电管理,共 8 个任务。

③ 任务的调度。根据各个任务的实时性要求及重要程度,分别置它们优先级为 4、9、8、7、6、11、10 和 5。其中 0、1、2、3、OS_LOWEST_PRIO-3、OS_LOWEST_PRIO-2、OS_LOWEST_PRIO-1 和 OS_LOWEST_PRIO 这几个优先级保留以被系统使用。优先级号码越低,任务的优先级越高。程序之间的通信可以通过按键中断设置标志来实现,按键中断的优先级最高。该系统的软件处理没有采用优先级转换的方法,而是采用状态置位判断的方法,这样可以减少程序的复杂性。

④ 任务间的通信。任务间通信最简便的方法是使用共享数据结构。虽然共享数据区法简化了任务间的信息交换,但必须保证每个任务处理共享数据时的排它性,以避免竞争和数据破坏。通常与共享资源打交道,使之满足互斥条件最一般的方法有关中断、使用测试并置位、禁止任务切换和利用信号量等。在本系统中采用了前两种。关中断是一种最简单快捷的方式,也是在中断服务子程序中处理共享数据结构的唯一方法。要注意的是关中断的时间尽量短,以免影响操作系统的中断处理。其应用模式如下:

```
void Function(void)
{    OS_ENTER_CRITICAL();
     ……                   //在此处理共享数据
     OS_EXIT_CRITICAL();
}
```

测试并置位方式需要有一个全局变量,约定好先测试该变量;如果是约定的数值,则执行

该任务,否则不执行。这种方法称测试并置位 TAS(Test-And-Set),其应用程序如下:

```
Disable interrupts                          //关中断
if (Access Variable is 0)
{    /* 若资源不可用,标志为 0 */
    Set variable to 1;                      //置资源不可用,标志为 1
    Reenable interrupts;                    //重开中断
    Access the resource;                    //处理该资源
    Disable interrupts;                     //关中断
    Set the Access variable back to 0;      //使资源不可使用,标志为 0
    Reenable interrupts;                    //重新开中断
}
else
{   Reenable interrupts;                    //开中断
    ……                                       //资源不可使用,以后再试
}
```

⑤ 时钟节拍,是特定的周期性中断,取为 1 毫秒。时钟的节拍式中断使得内核可以将任务延时若干个整数时钟节拍,以及当任务等待事件发生时提供等待超时的依据。另外,系统信息的定时显示也需要系统每隔一次时钟节拍显示一次。

⑥ 存储空间的分配,为了减少操作系统的体积,只应用操作系统的任务调度、任务切换、信号量处理、延时及超时服务几部分。这样可使操作系统的内核减小为 3~5 KB,再加上应用程序最大可达 50 KB 左右。因为每个任务都是独立运行的,每个任务都具有自己的栈空间,这样可以根据任务本身的需求(局部变量、函数调用和中断嵌套等)来分配其 RAM 空间。

3.4 嵌入式 µC/Linux 体系的软件架构

3.4.1 µC/Linux 及其交叉开发

1. µC/Linux 操作系统综述

µC/Linux(Micro-Control Linux),即"针对微控制领域而设计的 Linux 系统",是嵌入式应用体系中经常采用的 E-RTOS,特别适合于没有 MMU 的微控制器体系,其内核虽小却保留了 Linux 操作系统高度的稳定性、优异的网络能力以及优秀的文件系统支持等的主要优点。µC/Linux 的基本构成如表 3-2 所列,内核功能结构如图 3-8 所示。内存管理方面,µC/Linux 不能使用 Linux 基于 MMU 的虚拟内存管理技术,它采用实存储器管理策略(real memeory management)直接访问内存,所有程序中访问的地址都是实际的物理地址。这是一种扁平(flat)方式内存管理模式,用户程序同内核及其他用户程序在一个地址空间,操作系统对内存空间没有保护,编程时需要全面合理地规划整个内存。进程管理方面,µC/Linux 使用 vfork 实现"多进程管理",这种机制同其内存管理紧密相关,启动新的应用程序时系统必须为应用程序分配存储空间,并立即把应用程序加载到内存,必须在可执行文件加载阶段对其做 reloc 处理,以使程序执行时能够直接使用物理内存。µC/Linux 无突出的实时响应性能,对于工业控制和进程控制等一些实时性要求较高的应用,可使用实时操作性好的 RT-Linux 的

patch 增强其实时操作。

表 3-2 μC/Linux 基本构成

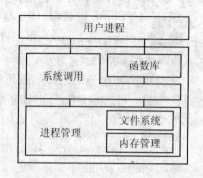

图 3-8 μC/Linux 内核功能结构图

概括起来，μC/Linux 的主要特征如下：
➢ 通用 Linux API；
➢ 内核体积小于 512 KB，内核加上文件系统小于 900 KB；
➢ 支持 TCP/IP 等大量网络协议；
➢ 支持各种文件系统，包括 NFS、EXT2、ROMFS、JFFS、MS-DOS 和 FAT16 等；
➢ 支持各种典型的处理器构架，包括 ARM、PowerPC、X86 和 ColdFire 等。

μC/Linux 主要运行在没有 MMU 的控制/处理器上，如 ARM、MIPS、PowewrPC 和 M68K 等系列。运行 μC/Linux 最少需要 1 MB 内存，一般 2 MB 以上内存比较适合 2.4 版本的 μC/Linux 内核运行，若要运行 2.6 版本的 μC/Linux 内核最好拥有 4 MB 以上内存。μC/Linux 编译完后的内核映像文件不超过 1 MB。在 40 MHz 频率的控制/处理器上就可以运行 μC/Linux，控制/处理器的快慢只影响应用程序执行的快慢。

2. 嵌入式 μC/Linux 的交叉开发

开发 μC/Linux 普遍使用的是交叉编译/调试开发环境。所谓"交叉"，即在宿主机上开发，在目标机上进行。这里以 ARM 系列 SCM 为例，介绍 μC/Linux 开发环境及其建立。

(1) 开发环境简介

开发 μC/Linux 使用 GNU 通用 Linux 开发套件，它包括一系列的开发调试工具，主要组件有 GCC 交叉编译器、辅助工具箱 Binutils 和 GDB 交叉调试器。其中编译链接工具 GCC 和 Binutils 是必需的。还需要准备显示终端，用于 μC/Linux 内核在启动时或运行时的信息输出显示，实现主机与目标机之间的交互，默认终端是 UART 串行口。μC/Linux 采用的是扁平 (flat) 可执行文件格式。GCC 的编译器形成的是 COFF (Common Object File Format) 或 ELF (Excutive Linked File) 格式的可执行文件，可以使用 coff2flt 或 elf2flt 工具进行格式转化以形成 μC/Linux 要求的 *.flt 可执行文件。

(2) 开发环境的建立

针对 ARM 平台的交叉编译环境，主要是 arm-elf-tools 和 arm-linux，这里使用的是 arm-elf-tools-20040427.sh。建立 ARM 平台交叉编译环境，就是要在 PC 上建立目标代码为 ARM 的编译工具链 (toolchains)，以编译和处理 Linux 内核和应用程序。

① 安装 arm-elf-tools：这里从源码和二进制文件直接安装。首先准备 binutils-2.10.tar.bz2、gcc-2.95.3.tar.bz2、genromfs-0.5.5.tar.gz、elf2flt-20030314.tar.gz 和 build-μCLinux-tools.sh 等文件，然后把其中的脚本文件 build-μCLinux-tools.sh 复制到 Linux

环境的根目录下运行,就完成了 arm-elf-tools 的安装。

② 编译 μC/Linux 内核,具体过程如下:

➤ 建立 /usr/src/μCLinux-dist 目录,下载并复制 μCLinux-dist-20040408.tar.gz,对其解压缩和解包。

➤ 进入 μCLinux-dist 目录,图形方式下使用命令"make xconfig",命令行方式下使用命令"make menuconfig",可打开配置窗口或界面。

➤ 在 Vendor/Product 中选择 GDB/ARMulator,在 Kernel Version 中选择 linux-2.4.x,在 Libc Version 中选择 μC-libc,完成基本的 μC/Linux 内核配置选择。

➤ 在 Vendor/Product 中选择 Customize Vendor/User Settings,进入应用程序配置窗口或界面,可以选择 Filesystem Application 和 Network Application 等项。

➤ 保存所选配置,退出配置窗口或界面,后台自动生成 .config 文件。

➤ 执行命令"make dep"、"make",编译内核和文件系统等,生成 elf 格式的 μC/Linux 内核可执行文件和文件系统映像文件 romfs.img 等。

➤ 使用推荐的 skyeye.conf 配置文件调试运行得到的核心代码。可以根据具体硬件平台对 skyeye.conf 文件适当加以改动。执行的命令为"skyeye linux-2.4.x/linux"、"target sim"、"load"、"run"。执行要在 /usr/src/μCLinux-dist/ 下,skyeye.conf 文件也要在该目录下。命令执行后出现"Welcome to μCLinux"的运行结果,就表示配置、编译 μC/Linux 和文件系统成功了。

编译 μC/Linux 内核和文件系统,是 μC/Linux 开发流程中的两个重要过程。

③ 编译应用程序:使用 GNU make 工具(简称 make)。编译应用程序前,首先要在应用程序的同一目录下,创建一个 makefile 文件,然后在该目录下,运行 make 命令就可完成应用程序的编译。μC/Linux 的 makefile 文件编写,可以从模板文件开始,以降低编程难度。

3.4.2 μC/Linux 的芯片级移植

μC/Linux 芯片级移植,就是修改 μC/Linux 和硬件相关的部分,使其可在指定硬件平台上运行起来,这是 μC/Linux 软件体系设计的首要工作。这里以 ARM7TDMI-S 单片机 LPC2200 为例加以阐述,选用 GCC 编译器和绑定 GDB 用户界面的模拟调试器 SkyEye。

1. 内核的芯片级移植

内核的芯片级移植主要是添加与所选控制/处理器相关的代码,这些代码分为 4 部分:

(1) 增加体系架构和机型相关的代码

首先在 atch/armnommu/mach-types 文件最后添加一个没有用过的机型号码,接着对 arch/armnommu/mach-lpc/arch.c 文件添加描述机型的数据结构,然后在 linux-2.4.x/arch/kernel/head_armv.s 文件中添加启动代码,完成对 LPC2200 的 processor_id(控制/处理器序号)和 __machine_arch_type(机型序号)的赋值。

(2) 增加中断系统

首先通过 include/asm-armnommu/arch-lpc/irq.h 和 arch/armnommu/mach-lpc/irq.c 文件的添加,实现中断初始化。irq.h 文件的主要代码如下:

```
static __inline__ void init_irq(void)
```

```c
{   int irq; lpc_init_vic();                                //中断向量控制器初始化
    for(irq = 0; irq<32; irq++)
    {   if(!VALID_IRQ(irq)) continue;
        irq_desc[irq].valid = 1; irq_desc[irq].probe_ok = 1;
        irq_desc[irq].mask_ack = lpc_mask_ack_irq;          //掩码确认函数
        irq_desc[irq].mask = lpc_mask_irq;                  //中断屏蔽函数
        irq_desc[irq].unmask = lpc_unmask_irq;              //中断屏蔽失效函数
    }
}
```

irq.c 文件的主要代码如下:

```c
void lpc_mask_irq(unsigned int irq)                         //中断屏蔽函数
{   __arch_putl(1<<irq), VIC_IECR;    }
void lpc_unmask_irq(unsigned int irq)                       //中断屏蔽失效函数
{   unsigned long mask = 1<<irq;   unsigned long ier = __arch_getl(VIC_IER);
    __arch_putl((ier | mask), VIC_IER);
}
void lpc_mask_ack_irq(unsigned int irq)                     //掩码确认函数
{   __arch_putl(0x0, VIC_AR); lpc_mask_irq(irq);    }
void lpc_init_vic(void)                                     //中断向量控制器初始化
{   init irqno;
    __arch_putl(0xffffffff, VIC_IECR);                      //禁止所有中断
    __arch_putl(0xffffffff, VIC_SICR);                      //清除所有软件中断
    __arch_putl(0, VIC_ISLR);                               //使用 IRQ 而非 FIQ
    for(irqno = 0; irqno<16; irqno++)
    {   __arch_putl(irqno, VIC_VAR(irqno));                 //索引
        __arch_putl(0x20 | irqno, VIC_VCR(irqno));          //向量
    }
    __arch_putl(16, VIC_DVAR);
    __arch_putl(1, VIC_PER);                                //设置保护
    __arch_putl(2, MEMMAP);                                 //重映射 IRQ 到 RAM 中
}
```

接下来添加 include/asm - armnommu/arch - lpc/irqs.h 文件,定义系统中用到的外设中断号。然后改动 arch/armnommu/kernel/entry_armv.s 文件,实现 get_irqnr_and_base 宏,以获取发生中断的中断号。最后,在文件 include/asm - armnommu/arch - lpc/hardware.h 中,添加变量 RAM_BASE,指明异常处理函数的地址:

```
#if defined(CONFIG_ARCH_LPC)
.equ __real_stubs_start, 0x200 + RAM_BASE
```

(3) 增加其他代码

包括 DMA 操作的 include/asm - armnommu/arch - lpc/dam.h 文件、存储器操作的 include/asm - armnommu/arch - lpc/memory.h 文件、实现空闲调用和重启的 include/asm - armnommu/arch - lpc/processor.h 文件、定义 CPU 和外设的寄存器地址的 include/asm -

armnommu/arch-lpc/hardware.h 文件等。

（4）修改 makefile 和配置菜单

μC/Linux 配置，主要是 config.in 和 makefile 文件。

arch/armnommu/config.in 用于定义 μC/Linux 配置菜单，移植 μC/Linux 时需要在 config.in 文件中添加的代码如下：

```
choise 'ARM system type' \
    LPC              CONFIG_ARCH_LPC \
    ……
if ["$CONFIG_ARCH_LPC" = "y"]; then
    define_bool    CONFIG_NO_PGT_ARM710              y
    define_bool    CONFIG_CPU_ARM710                 y
    define_bool    CONFIG_CPU_32                     y
    define_bool    CONFIG_CPU_32v4                   y
    define_bool    CONFIG_CPU_WITH_CACHE             n
    define_bool    CONFIG_CPU_WITH_MCR_INSTRUCTION   n
fi
……
if [" $CONFIG_ARCH_EBSA110" = "y" o \
    ……
    $CONFIG_ARCH_LPC" = "y" o \
    ……
fi
……
```

添加 mach-lpc/makefile 文件，其内容如下：

```
USE_STANDARD_AS_RULE := true
O_TARGET := lpc.o
obj-y := $(patsubst %.c, %.o, $(wildcard *.c))     # 目标文件列表
include $(TOPDIR)/Rules.make
```

修改 linux-2.4/makefile 文件，其内容如下：

```
ARCH := armnommu
CROSS_COMPPPPILE = arm-elf-
```

修改 arch/armnommu/makefile 文件，添加内容如下：

```
……
ifeq ( $(CONFIG_ARCH_LPC), y)
# TEXTADDR = 0x80008000
TEXTADDR  = 0x80020000
MACHINE   = lpc
endif
```

2. 基本设备驱动的移植

构成最基本的软件系统，时钟和串口是必不可少的。时钟是整个系统的心跳，串口是基本

的输入/输出通道。

(1) 时钟驱动程序的移植

时钟驱动最主要的功能是定时产生一个中断,为一些基于时钟驱动或周期运行的任务提供服务。首先添加 include/asm - armnommu/arch - lpc/timer.h 文件,其内容如下:

```
#if(KERNEL_TIMER = = 0)
    #define KERNEL_TIMER_IRQ_NUM IRQ_TC0
#elif(KERNEL_TIMER = = 1)
    #define KERNEL_TIMER_IRQ_NUM IRQ_TC1
#else #error Weird - KERNEL_TMER isn't defined orsomething…
#endif
static unsigned long lpc_gettimeoffset(void)
{   //volatile struct lpc_timers * tt = (struct lpc_timers * )LPC_TC_BASE;
    return 0;
}
static void lpc_timer_interrupt(int irq, void * dev_id, struct lpc_pt_regs * regs)
{   __arch_pul(0x01, T0IR); do_timer(regs); do_profile(regs);     }
extern void lpc_unmask_irq(int);
extern inline void setup_timer(void)
{   __arch_putl(2, T0TCR);                 //初始化定时器
    __arch_putl(0xffffffff, T0IR); __arch_putl(0, T0PR); __arch_putl(3, T0MCR);
    __arch_putl(Fpclk/Hz, T0MR0); __arch_putl(1, T0TCR);
    lpc_unmask(KERNEL_TIMER_IRQ_NUM);    gettimeroffset = lpc_gettimeoffset;
    setup_arm_irq(KERNEL_TIMER_IRQ_NUM, &timer_irq);
}
```

μC/Linux 内核启动时会调用 setup_timer() 函数把 KERNEL_TIMER_IRQ_NUM 中断号和 timer_irq 时钟相关的函数挂载起来,这样当时钟中断发生时就会调用 lpc_timer_interrupt() 进行相应的时钟中断处理。

然后添加 include/asm - armnommu/arch - lpc/timerx.h 文件,其主要内容如下:

```
#define CLOCK_TICK_RATE 100/8
```

(2) 串口驱动程序的移植

μC/Linux 内核提供有 UART 串口驱动程序,只需添加一个定义 LPC2200 串口基地址的宏、中断号的使用等与硬件相关的一些信息。添加 include/asm - armnommu/arch - lpc/serial.h 文件的内容如下:

```
#define RS_TABLE_SIZE        2
#define BASE_BAUD            115200
#define STD_COM_FLAGS        (ASYNC_BOOT_AUTOCONF | ASYNC_SKIP_TEST)
#define STD_SERIAL_PORT_DEFNS                                                    \
    {   type: PORT_16550A, xmit_fifo_size: 16, baud_base: BASE_BAUD, irq: IRQ_UART0, \
        flags: STD_COM_FLAGS, io_type: SERIAL_IO_RAM, iomeme_reg_shift: 2,       \
        iomem_base: (u8 * )LPC_UART0_BASE         /* LPC2200 的串口 UART0 基地址 */  \
    },  /* ttys0 */                                                              \
```

```
        {   //……
        }   /* ttys1 */
unsigned int baudrate_div(unsigned int baudrate)
{   return ((Fpclk/16)/baudrate);    }
```

3.4.3 μC/Linux 设备驱动及其设计

μC/Linux 从 Linux 裁剪并继承而来,其设备驱动程序的特点、类型、加/卸载、应用及其设计,基本上和 Linux 一样。μC/Linux 与 Linux,通过设备驱动程序操作和管理硬件设备,并将其视为特殊的文件即"设备文件"进行访问。设备驱动程序封装了操作各种硬件设备的技术细节,并通过特定的规范接口即"设备文件接口",供应用程序使用。这种机制有效地保证了操作系统的安全可靠性。表 3-3 和表 3-4 给出了 μCLinux/Linux 设备驱动的类型划分与构成。

表 3-3 μCLinux/Linux 设备驱动的类型划分

μCLinux/Linux设备驱动的类型 { 字符型设备驱动程序 / 块型设备驱动程序 / 网络型设备驱动程序

表 3-4 μCLinux/Linux 设备驱动的基本组成

μCLinux/Linux设备驱动的基本组成 { 自动配置和初始化程序 / 服务于I/O请求的子程序,又称驱动程序的上半部分 / 中断服务子程序,又称驱动程序的下半部分

μCLinux/Linux 系统提供有信号量、消息队列、共享存储器和信号等进程/线程同步通信机制,可以在驱动程序设计中灵活应用,使设备驱动执行效率更高,使有限的内存 RAM 和中断等资源利用更加合理。

μC/Linux 下常把设备驱动程序编译为动态可加载的内核模块使用,驱动程序设计服从内核模块的编制规律。μC/Linux 内核模块文件的基本框架如下:

```
#ifndef __KERNEL__
    #define __LERNEL__                    //指明程序在内核空间运行
#ifndef MODULE
    #define MODULE                        //指明这是一个内核模块
#endif
#include <linux/module.h>
#include <linux/sched.h>
#include <linux/kernel.h>
#include <linux/init.h>
int test_init(void);
void test_cleanup(void);
module_init(test_init);                   //关键语句:注册加载时执行的函数
module_exit(test_cleanup);                //关键语句:注册卸载时执行的函数
int test_init(void)
{   模块初始化,包括资源申请;
```

```
        register_chrdev/blkdev(……);            //设备注册
        ……
        return 0;
}
void test_cleanup(void)
{       模块关闭,包括资源释放;
        unregister_chardev/blkdev(……);         //设备注销
        ……
}
```

μC/Linux 的 Makefile 文件的基本框架如下:

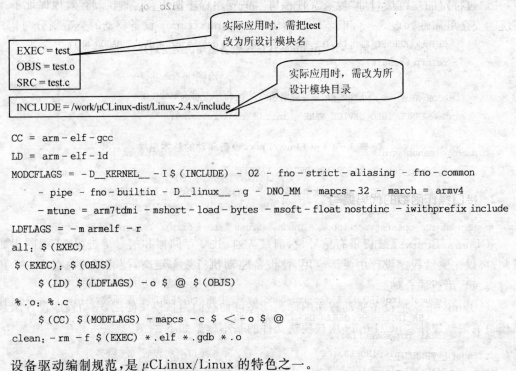

```
CC = arm - elf - gcc
LD = arm - elf - ld
MODCFLAGS = - D__KERNEL__ - I $ (INCLUDE) - O2 - fno - strict - aliasing - fno - common
    - pipe - fno - builtin - D__linux__ - g - DNO_MM - mapcs - 32 - march = armv4
    - mtune = arm7tdmi - mshort - load - bytes - msoft - float nostdinc - iwithprefix include
LDFLAGS = - m armelf - r
all: $ (EXEC)
$ (EXEC): $ (OBJS)
    $ (LD) $ (LDFLAGS) - o $ @ $ (OBJS)
%.o: %.c
    $ (CC) $ (MODFLAGS) - mapcs - c $ < - o $ @
clean: - rm - f $ (EXEC) *.elf *.gdb *.o
```

设备驱动编制规范,是 μCLinux/Linux 的特色之一。

3.4.4 字符型设备驱动程序设计

μC/Linux 下的外设或接口,很多都是作为字符型设备加以驱动的,如 SPI、I^2C、ADC、DAC、GPIO 和 PWM 等,下面以 ARM7 单片机 LPC2200 下 I^2C 接口驱动为例加以说明。

1. 字符型设备驱动的整体架构设计

在 μC/Linux 内核模块的基础上加以修改得到,其中需要具体化的部分及其初始化与清除函数代码如下:

```
#define MAJOR_NR 125                //需要定义的常量/全局变量和声明的函数或结构——主设备号
#define DEVICE_NAME "i2c"           //设备名
int usage = 0;                      //设备使用计数器
struct semaphore sem, irq_sem;      //用于总线占用、中断资源使用的信号量定义
static int i2c_open(struct inode * inode, struct file * flip);
```

```c
static int i2c_ioctl(struct inode * inode, struct file * flip, unsigned int cmd, unsigned long arg);
static ssize_t write_i2c(struct file * flip, const char * buf, size_t count, loff_t * f_pos);
static ssize_t read_i2c(struct file * flip, const char * buf, size_t count, loff_t * f_pos);
static int i2c_release(struct inode * inode, struct file * flip);
int i2C_init(void); void i2c_cleanup(void);
static struct file_operations i2c_fops            //设备文件结构表
{   ower: THIS_MODULE, open: open_i2c, ioctl: ioctl_i2c,
    read: read_i2c, write: twrite_i2c, rclease: release_i2c,
}
int i2C_init(void)                                //初始化函数代码设计
{   int result = register_chrdev(MAJOR_NR, DEVICE_NAME, &i2c_fops);
    if(result<0)
    {   printk(KERNEL_ERR_DEVICE_NAME": Unable to get major % d\n", MAJOR_NR);
        return (result);
    }
    if(MAJOR_NR = = 0) MAJOR_NR = result;         //动态
    printk(KERNEL_INFO_DEVICE_NAME": init OK\n"); return 0;
}
void i2c_cleanup(void)                            //清除函数代码设计
{   unregister_chrdev(MAJOR_NR, DEVICE_NAME);    }
```

2. 接口操作函数的代码编写

```c
static int i2c_open(struct inode * inode, struct file * flip)   //open()函数
{   unsigned long flags, temp;
    unsigned int MINOR(inode->i_rdev);            //获取I²C设备的从设备号
    if(usage = = 0)                               //判断I²C总线使用情况,首次使用才设置
    {   request_irq(IRQ_I2C, i2c_irq_handle,      //中断申请并指明处理函数,不用时可去掉
            SA_INTERRUPT, NULL, DEVICE_NAME, NULL);
        local_irq_save(flag);                     //关中断,临界保护
        temp = inl(PINDEL0);                      //I²C接口引脚设置
        PinSel0Save = temp & (0x0f<<4);
        temp &= ~(15<<4); temp |= 5<<4; outl(temp, PINSEL0);
        outl(0x6c, I2CCONCLR);                    //清除控制寄存器
        outl(0xffff, I2SCLH);                     //设置高电平时间
        outl(0xffff, I2SCLL);                     //设置低电平时间
        sema_init(&sem, 1);                       //I²C总线保护信号量:用时先获取,用毕发送
        sema_init(&irq_sem, 0);                   //I²C中断保护信号量:用于指明中断是否完成
        flip->private_data = (void *)num;         //标识不同的I²C器件
        local_irq_restore(flag);                  //开中断
    }
    usage ++; MOD_INC_USE_COUNT; return(0);       //成功返回
}
static int release_i2c(struct inode * inode, struct file * flip)   //release()函数
{   unsigned long flag, temp;
```

```c
        MOD_DEC_USE_COUNT; usage --;
        if(usage = = 0)
        {   local_irq_save(flag); temp = inl(PinSel0);
            temp & = ~(0x0f<<4); temp | = PinSel0Save;
            outl(temp, PINSEL0); local_irq_restore(flag);
            free_irq(IRQ_I2C, NULL);             //中断及其资源释放
        }
        return 0;
}
static int ioctl_i2c(struct inode * inode, struct file * flip, unsigned int cmd, unsigned long arg)
                                                                      // ioctl()函数
{   if((_IOC_TYPE(cmd) ! = I2C_IOC_MAGIC)||(_IOC_NR(cmd) > = I2C_MAXNR))
        return - ENOTTY;                    //判断命令编号是否合法
    switch(cmd)
    {   case I2C_SET_CLH: if(arg<4) arg = 4;
            ouutl(arg, I2SCLH);     break;     //设置高电平时间
        case I2C_SET_CLL: if(arg<4) arg = 4;
            ouutl(arg, I2SCLL);     break;     //设置低电平时间
        default: return - ENOTTY; break;
    }
    return 0
}
static ssize_t write_i2c(struct file * flip, const char * buf, size_t count, loff_t * f_pos)
                                                                      // write()函数
{   unsigned long flag;
    if(! access_ok(VERIFY_READ, (void *)buf, count)) return - EFAULT;  //判断缓冲区是否合法
    unsigned int num = (unsigned int)filp->private_data;   //获取设备标识,即设备从地址
    if(down_interruptible(&sem)) return - ERESTARTSYS;    //获取信号量,若成功,则独占总线
    local_irq_save(flag);
    outl(0x6c, I2CONCLR);              //启动总线操作
    outl(0x40, I2CONSET);              //使能总线
    I2cAddr = num & 0xfe;              //存储发送地址,指定为数据发送操作
    I2c_Nbyte = count;                 //存储写字节数
    I2cBuf = (unsigned char *)buf;     //存储写的数据指针
    outl(0x24, I2CONSET);              //设置为主机,启动总线
    local_irq_restore(flag);
    if(down_interruptibal(&irq_sem))   //上次中断数据传输未完
    {   up(&sem);                      //发信号以释放总线
        return - ERESTARTSYS;          //直接返回
    }
    up(&sem);                          //上次中断数据传输完成;发信号以释放总线
    return count - I2cNbyte;           //返回写入数据个数
}
static ssize_t read_i2c(struct file * flip, const char * buf, size_t count, loff_t * f_pos)
                                                                      //read()函数
```

```
{   unsigned long flag;
    if(! access_ok(VERIFY_READ, (void * )buf, count)) return - EFAULT;    //判断缓冲区是否合法
    if(down_interruptible(&sem)) return - ERESTARTSYS;                    //获取信号量,若成功,则独占总线
    unsigned int num = (unsigned int)filp->private_data;                  //获取设备标识,即设备从地址
    local_irq_save(flag);
    outl(0x6c, I2CONCLR);                        //启动总线操作
    outl(0x40, I2CONSET);                        //使能总线
    I2cAddr = num | 0x01;                        //存储发送地址,指定为数据接收操作
    I2c_Nbyte = count;                           //存储读字节数
    I2cBuf = (unsigned char * )buf;              //存储读到的数据
    outl(0x24, I2CONSET);                        //设置为主机,启动总线
    local_irq_restore(flag);
    if(down_interruptibal(&irq_sem))             //上次中断数据传输未完
    {   up(&sem);                                //发信号以释放总线
        return - ERESTARTSYS;                    //直接返回
    }
    up(&sem);                                    //上次中断数据传输完成;发信号以释放总线
    return count - I2cNbyte;                     //返回读出数据个数
}
```

3. 底层中断及其处理程序的设计

采用中断访问设备,需要在 open 函数中申请相应的硬件中断并指明中断处理函数。I^2C 总线操作为提高传输效率常采用中断方式。上述 open()函数中已指明 I^2C 中断,定义的中断处理函数如下:

```
static void i2c_irq_handle(int irq, void * dev_id, struct pt_regs * regs)
{   unsigned int temp = inl(I2CSTAT);
    switch(temp&0xf8)
    {   case 0x08:                               //已发送起始条件
        case 0x10:                               //已发送重复起始条件
            outl(I2cAddr, I2DAT);                //发送地址
            outl(0x28, I2CCONCLR);               //清除标志
            break;
        case 0x18:                               //已发送 SLA + W,并已接收应答
            get_user(temp, (u8 * )I2cBuf);
            outl(temp, I2DAT);    I2cBuf + + ; I2cNbyte —;
            outl(0x28, I2CONCLR);                //清除标志
            break;
        case 0x28:                               //已发送 $I^2C$ 数据,并接到应答
            if(I2cNbyte>0)
            {   get_user(temp, (u8 * )I2cBuf); outl(temp, I2DAT);
                outl(0x28, I2CONCLR);            //清除标志
                I2cBuf + + ; I2cNbyte —;
            }
            else
            {   outl(0x28, I2CONCLR);            //清除标志
```

```
                outl(1<<4, I2CONSET);       //结束总线
                up(&irq_sem);               //发出通知：总线使用完毕,可进行新数据传输
            }
            break;
        case 0x20:                          //已发送 SLA+W,已接收非 ACK
        case 0x30:                          //已发送 I2DAT 中的字数数,已接收非 ACK
        case 0x48:                          //已发送 SLA+R,已接收非 ACK
            outl(1<<4, I2CONSET);           //发送停止信号
            outl(0x28, I2CONSCLR);          //清除标志
            up(&irq_sem); break;
        case 0x38:                          //在 SLA+R/W 或数据字节中丢失仲裁
            outl(0x28, I2CONSCLR);          //清除标志
            up(&irq_sem); break;
        case 0x40:                          //已发送 SLA+R,已接收 ACK
            if(I2cNbyte<=1) outl(1<<2, I2CONCLR);   //下次发送非 ACK
            else outl(1<<2, I2CONSET);      //下次发送 ACK
            outl(0x28, I2CONSCLR);          //清除标志
            break;
        case 0x50:                          //已接收数据字节,已发送 ACK
            temp = inl(I2DAT);
            put_user(temp, (u8 *)I2cBuf);   //接收数据
            I2cBuf++; I2cNbyte--;
            if(I2cNbyte<=1) outl(1<<2, I2CONCLR);   //下次发送非 ACK
            outl(0x28, I2CONSCLR);          //清除标志
            break;
        case 0x58:                          //已接收数据字节,已发送非 ACK
            temp = inl(I2DAT);    put_user(temp, (u8 *)I2cBuf);
            I2cNbyte--;                     //接收数据
            outl(1<<4, I2CONSET);           //结束总线
            outl(0x28, I2CONSCLR);          //清除标志
            up(&irq_sem); break;
        default: outl(0x28, I2CONSCLR);     //清除标志
            break;
        }
    }
}
```

4. 编译指导文件 Makefile 的编制

在上述 Makefile 文件框架上进行修改,其中改动部分代码如下：

```
EXEC = i2c
OBJS = i2c.o
SRC = i2c.c
INCLUDE = /work/uClinx/linux2.4.x/include
……
```

5. 字符型设备驱动的应用程序调用

(1) 需要使用的头文件 i2c.h

```
#ifndef __I2C_H
    #define __I2CH
#include <linux/ioctl.h>
#define I2C_IOC_MAGIC 0xd4
#define I2C_SET_CLH _IO(I2C_IOC_MAGIC, 0)      //设置高电平时间
#define I2C_SET_CLL _IO(I2C_IOC_MAGIC, 1)      //设置低电平时间
#define I2C_MAXNR 2                             //最大命令数
#endif
```

(2) 可使用的接口函数

open()函数：打开文件，在使用 I^2C 从器件前调用，由该函数确定操作的从器件地址，其函数原型为 int open(const char * pathname, int flags);

close()函数：关闭文件，在使用完 I^2C 从器件后调用，函数原型为 int close(int fd);

ioctl()函数：I/O 控制，实际控制 I^2C 设备，函数原型为 int ioctl(int fd, unsigned long cmd, ……);

read()函数：从 I^2C 器件中读取数据，函数原型为 ssize_t read(int fd, void * buf, size_t count);

write()函数：向 I^2C 器件中写入数据，函数原型为 ssize_t write(int fd, void * buf, size_t count)。

(3) 设置 I^2C 总线速率

例程代码如下：

```
int fd = open("/dev/lpc2200-i2c", O_RDWR);
ioctl(fd, I2C_SET_CLH, ((11059200/30000)+1)/2);    //外设总线 VPB 频率 11 059 200 Hz
ioctl(fd, I2C_SET_CLL, ((11059200/30000)+1)/2);    //I²C 总线速率 30 000 Hz
```

(4) 写数据到 I^2C 从器件

例程代码如下：

```
u8 temp[5] = {'H','E','L','L','O'}; write(fd, temp, 5);
```

(5) 从 I^2C 从器件读数据

例程代码如下：

```
u8 tmp[4]; read(fd, tmp, 4); close(fd);
```

3.4.5 块型设备驱动与闪存文件操作

块型设备以块（512 KB 扇区）为单位操作，主要指 CF（Compact Flash）、SD（Secure Digital Memory Card）和 DOC（Disk On Chip）等闪存（Flash）设备，通常采用文件系统操作块型设备。基于文件系统的块型设备驱动通常分为两个或两个以上的层，常见的是两层的块型设备驱动程序：上层是通用的、与硬件无关的块型设备驱动程序，下层是密切相关硬件的块型设备驱动

程序。上层通用块型设备驱动程序把文件系统和底层块型设备驱动程序隔离开来,并通过相应接口分别与它们相连。

1. μC/Linux 的块型设备驱动程序设计

(1) 块型设备驱动程序的基本架构

在 μC/Linux 内核模块代码框架上修改得到,需要添加的部分如下:

```
#define MAJOR_NR 128                                    //主设备号
#define DEVICE_NAME "mydevice"                          //设备名
#define DEVICE_NR(device) MINOR(device)                 //次设备号
static int xxx_open(struct inode * inode, struct file * flip);
static int xxx_ioctl(struct inode * inode, struct file * flip, unsigned int cmd, unsigned long arg);
static int xxx_release(struct inode * inode, struct file * flip);
static int check_xxx_change(kdev_t dev); static int xxx_revalidate(kdev_t dev);
int xxx_init(void); void xxx_cleanup(void);
static struct block_device_operations xxx_fops     //设备文件结构表
{   ower: THIS_MODULE, open: xxx_open, ioctl: xxx_ioctl,
    check_media_change: check_xxx_change, revalidate: xxx_revalidate, release: release_i2c,
}
```

(2) 初始化与清除函数的架构

```
int xxx_init(void)
{   初始化模块自身(包括请求一些资源);
    int result = register_blkdev(MAJOR_NR, DEVICE_NAME, &xxx_fops);    //注册块型设备
    if(result<0) return(result);
    blk_queue_make_request(BLK_DEFAULR_QUEUE(MAJOR_NR, make_request));
        //用于实现实际的数据传输
    return 0;
}
void xxx_cleanup(void)
{   关闭模块自身(包括释放一些资源);
    unregister_blkdev(MAJOR_NR, DEVICE_NAME);                           //删除块型设备
}
```

(3) 常用接口操作函数的架构

```
static int xxx_open(struct inode * inode, struct file * flip)          //open()函数
{   从设备号 = MINOR(inode->i_rdev);
    通过从设备号判断需要操作的设备;
    通知内核进入临界区(关中断);
    需要操作的设备使用计数器 + +;
    if(需操作的设备使用计数器 = = 1) 初始化设备(包括申请资源);
    通知内核退出临界区(开中断);
    MOD_INC_USE_COUNT; return 0;
}
static int xxx_release(struct inode * inode, struct file * flip)       //release()函数
{   从设备号 = MINOR(inode->i_rdev);
```

        通过从设备号判断需要操作的设备；
        通知内核进入临界区(关中断)；
        需要操作的设备使用计数器 --；
        if(需操作的设备使用计数器 = = 0) 关闭设备(包括释放资源)；
        通知内核退出临界区(开中断)；
        MOD_DEC_USE_COUNT; return 0;
}
static int xxx_ioctl(struct inode * inode, struct file * flip, unsigned int cmd, unsigned long arg)
                                                // ioctl()函数
{   long size; struct hd_geometry geo;
    switch(cmd)
        {   case BLKGETSIZE: //返回设备扇区数目
            if(arg = = 0) return - EINVAL;   //空指针：无效
            if(access_ok(VERIFY_WRITE, arg, sizeof(long)) = = 0) return - EFAULT;
            size = 设备扇区数目；
            if(copy_to_user((long *)arg, &size, sizeof(long))) return - EFAULT; return 0;
        case BLKRRPART: //重读分区表
            if(设备驱动支持分区) return xxx_revalidate(inode->i_rdev);
            else return - ENOTTY;
        case HDIO_GETGEO: //返回设备的物理参数
            if(access_ok(VERIFY_WRITE, arg, sizeof(geo)) = = 0) return - EFAULT;
            从设备号 = MINOR(inode->i_rdev);
            通过从设备号判断需要操作的设备；
            geo.cylinders = 操作设备的柱面数；
            geo.heads = 操作设备的磁头数；
            geo.sectors = 操作设备的每磁道扇区数；
            geo.start = 操作设备的数据起始扇区索引；
            if(copy_to_user((void *)arg, &geo, sizeof(geo))) return - EFAULT; return 0;
        default: return blk_ioctl(inode->i_rdev, cmd, arg);
        }
    return - ENOTTY;
}
static int check_xxx_change(kdev_t dev)   //用以支持可移动设备,判断设备是否变化
{   从设备号 = MINOR(inode->i_rdev);
    通过从设备号判断需要操作的设备；
    if(需要操作设备的介质发生了变化) return；
    else return 0;
}
static int xxx_revalidate(kdev_t dev)   //revalidate()函数,用于设备介质变化时更新设备内部状态
{   更新设备内部状态; return 0;   }
```

### (4) 块型设备的数据传输实现

块型设备的数据传输不在 ioctl( )函数中实现,通过系统调用注册数据传输函数实现。Linux 下块型设备驱动使用请求队列实现数据传输,通过 blk_init_queue( )函数初始化一个请求队列,并把实际传输数据函数传递给队列,这是针对硬盘等机械寻址设备的。μC/Linux 下,
```

多使用闪存等电子设备,已经完全没有必要这样做,可以使用自己的"make_request"替换系统提供的函数,在这个"make_request"中实现实际的数据传输,从而简化设计,减少资源占用,提高系统效率。这样做需要在驱动程序的初始化函数中调用 blk_queue_make_request()函数,其原型如下:

```
void blk_queue_make_request(request_queue * q, make_request_fn * make_request);
```

其中,q 为块型设备请求队列,make_request 为驱动的数据传输函数。不使用请求队列驱动的 make_request()函数的示意代码如下:

```
static int make_request(request_queue_t * queue, int rw, struct buff_head * bh)
{   从设备号 = MINOR(bh->b_rdev);
    通过从设备号判断需要操作的设备和分区;获取每扇区字节数;
    缓冲区字节数 = bh->b_rsector + 本分区起始扇区号;
    缓冲区地址 = bh->b_data;缓冲区字节数 = bh->b_size;
    switch(cmd)
    {   case READ:                                    //读请求
        case READA:                                   //提前读请求
            while(缓冲区字节数>=每扇区字节数)
            {   通知内核进入临界区;读指定扇区(开始扇区号);
                通知内核退出临界区;
                缓冲区字节数 = 缓冲区字节数-每扇区字节数;
                开始扇区号 ++;缓冲区地址 += 每扇区字节数;
            }
            bh->b_end_io(bh, 1); break;
        case WRITE:                                   //写请求
            refile_buffer(bh);                        //通知内核准备改变缓冲块状态
            while(缓冲区字节数>=每扇区字节数)
            {   通知内核进入临界区;写指定扇区(开始扇区号);
                通知内核退出临界区;
                缓冲区字节数 = 缓冲区字节数 - 每扇区字节数;
                开始扇区号 ++;缓冲区地址 += 每扇区字节数;
            }
            mark_buffer_uptodate(bh, 1);              //通知内核操作完成
            bh->b_end_io_(bh, 1); break;
        default: bh->b_end_io_(bh, 1); break;
    }
    return 0;
}
```

(5) makefile 文件的编制

在内核模块 Makefile 文件框架上修改,其中需要改动的部分代码如下:

```
EXEC = xxx
OBJS = xxx.o
SRC = xxx.c
INCLUDE = /work/uClinx/linux2.4.x/include
```

……

2. 闪存驱动及文件系统操作

(1) 综　述

μC/Linux下可以操作闪存介质的文件系统有JFFSx、ZLG/FS、YAFFS/YAFFS2和cramFS等。其中使用较多的是JFFSx，这是一种专为Flash而设计的日志文件系统，它能够实现Flash负载平衡和垃圾收集，有效地解决Flash使用中突出的寿命问题。

闪存设备的操作顺序是文件系统→通用设备驱动→底层设备驱动。两个层次的驱动具有相似的程序框架，但在文件操作上是逐级调用的。

JFFSx通用块型设备驱动程序，使用的是存储技术设备MTD(Memory Technology Device)类型的驱动程序。MTD驱动程序是专门为嵌入式Linux环境而开发设计的一类驱动程序，它对"闪存"有更好的支持、管理和基于扇区的擦除、读/写操作接口，能够使新存储设备驱动更加简单。

作为支持通用设备驱动程序的相关硬件的底层驱动程序，其编写上特别的地方是在其初始化函数中要设法把上层驱动中的操作函数联系到本层同等的函数上来，相关代码举例如下：

```
upper_driver.open = bottom_open;
upper_driver.release = bottom_release;
upper_driver.check_media_change = bottom_check_media_change;
```
……

另外，还要在其config.h文件中，把上层驱动程序的头文件包含进来，并着重说明，代码如下：

```
#define DEVICE_NAME "special flash device"
#define DEVICE_BYTES_PER_SEC 512
#define DEVICE_SEC_PER_DISK 1024 * 32
```
……

(2) 文件系统及应用程序加载

文件系统加载的具体步骤如下（这里以JFFS2文件系统为例）：

① 修改设备号，如修改JFFS2的主设备号major，在/linux-2.4.x/include/linux/mtd/mtd.h中把"#define MTD_BLOCK_MAJOR 31"改成"#define MTD_BLOCK_MAJOR 30"，就取消了把JFFS2作为根文件系统。

② 编写Maps文件。在/kernel/drivers/mtd/maps中添加闪存的映像，该文件就是底层块型设备驱动。

③ 将配置加入/kernel/drivers/mtd/maps/Config.in中的"dep_tristate'CFI Flash device mapped on S3C2410' CONFIG_MTD_S3C2410 $CONFIG_MTD_CFI"，这里示意的是一个嵌入式ARM单片机S3C2410系统。

④ 配置内核使其支持JFFS2。这里要特别注意MTD的选项支持及其子项，如RAM/ROM/Flash chip drivers和Mapping drivers for chip access，还有File systems下的选项支持。

⑤ 制作JFFS2映像。使用JFFS2的制作工具，执行如下命令即可生成所要的映像：

```
chmod 777 mkfs.jffs2          //取得mkfs.jffs2的执行权限，使其成为可执行文件
```

```
./mkfs.jffs2 -d jffs2/ -o jffs2.img    //生成jffs2文件映像,其中目录jffs2是新建的一个目录
```

⑥ JFFS 的下载。烧写完引导程序(boot loader)、内核映像(zImage)、根文件系统(如 ramdisk.image.gz)之后,接着烧写 jffs2.img,具体烧写如下:

```
tftp 30800000 jffs2.img              fl 1800000 30800000 20000
```

其中 20 000 可根据 JFFS2 的大小适当调整,理论上只要比 jffs2.img 略大即可,但要为 20 000的整数倍。1 800 000 是 JFFS2 在闪存中的起始位置,3 800 000 是将 JFFS2.img 下载到内存中的位置。

⑦ 在根文件系统上自动挂接 JFFS2。在 ramdisk.image.gz 的 mnt/etc/init.d/rc ＄ 中加入如下指令,以便启动时自动挂载 JFFS2 文件系统:mount －t jffs2 /dev/mtdblock/4 /mnt。

3. 用户应用程序的启动

在嵌入式应用系统中,往往需要直接启动专用的用户程序,可用如下方法实现:在制作根文件系统映像(如 ramdisk.image.gz)前在根目录下创建 myproc 目录,将用户应用程序如 MyApp 复制到此目录下。在 ramdisk.image.gz 的 mnt/etc/init.d/rc ＄ 文件中加入如下指令,以便可自动启动用户应用程序 MyApp。

```
#cd /myproc( 进入 myproc 目录)             #./MyApp
```

3.5 嵌入式 WinCE 体系的软件架构

3.5.1 嵌入式 Windows 及其开发综述

微软公司 Windows 的 Windows Embedded,其产品有两个:WinCE(Windows CE)和 WinXPE(Windows XP Embedded)。WinCE 最著名的应用是 Windows Mobile 平台,Windows Mobile 是基于 WinCE 的一个移动智能设备品牌,其产品也有两个:Pocket PC 和 Smartphone。Pocket PC 是基于 WinCE 的 PDA 专用开发平台;Smartphone 是基于 WinCE、增加了通信模块等、专用于智能手机的开发平台。

1. WinXPE 及其开发简介

WinXPE 是集成了内嵌功能的 Windows XP Professional Service Pack 2 的组件化版本,它使用所有 Win32API 和完全版的 .net,仅适用于 X86 架构的 CPU;最小可以做到 8 MB,以 40 MB 为基数递增;拥有某些嵌入的特定功能,包括从 CD-ROM 或闪存盘上启动和运行 WinXPE。

微软公司为 WinXPE 的开发提供有目标分析器(target analyzer)、组件设计器(component designer)和目标设计器(target designer)等软件工具,逐次使用这些软件工具,就可以针对 X86 架构的嵌入式应用体系,得到可下载的操作系统映像。采用 WinXPE 的最大优势是可以在其基础上设计丰富优质的 GUI,美中不足的是它的存储器资源占有量太大,适用的硬件体系类型太单一。

2. WinCE 体系及其开发

(1) WinCE 及其开发简介

广泛应用的 Windows Embedded 是 WinCE。WinCE 的主要特点如下:

▶ 精简的模块化操作系统。WinCE 高度模块化,可以满足特定要求的定制。最小的可运行 WinCE 内核只有 200 KB 左右,增加网络支持需要 800 KB,增加图形界面支持需要 4 MB,增加 Internet Explorer 需要额外的 3 MB。

▶ 多硬件平台支持。包括 X86、ARM、MIPS 和 SuperH 等嵌入式领域主流的 CPU 架构。

▶ 支持有线和无线的网络连接。稳健的实时性支持。

▶ 丰富的多媒体和多语言支持。强大的开发工具。

基于 WinCE 的嵌入式系统开发流程,如图 3-9 所示。

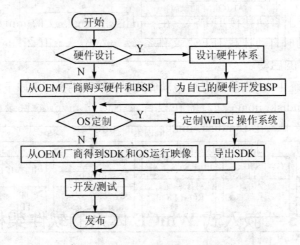

图 3-9 基于 WinCE 的嵌入式系统开发流程

微软公司为 WinCE 推出的软件开发工具主要有 4 种:PB(Platform Builder)、Visual Studio2005、Visual Studio .NET 2003 和 EVC。纯应用程序开发多采用 Visual Studio,内核定制则采用 Platform Builder。微软公司还提供用于 WinCE 产品调试和监控的软件工具 ActiveSync,用来通过串口、红外接口、USB 端口或以太网连接 WinCE 目标机和安装桌面 Windows 的通用计算机。

(2) WinCE 的体系结构

WinCE 属于典型的微内核操作系统,其内核仅仅实现进程、线程、调度及内存管理等基本模块,图形系统、文件系统及设备驱动程序等则作为单独的用户进程来实现,从而显著地增加了系统的稳定性和灵活性。WinCE 的层次化结构组成如图 3-10 所示,图中 OEM 即原始设备制造商(Original Equipment Manufacturer),OAL 即 OEM 抽象层(OEM Abstraction Layer),Boot Loader 即引导程序,CoreDLL 是一个会被所有用户进程都加载的动态链接库 DLL (Dynamic Link Library),GWES 即支持 GUI 的图形(graphic)、窗口(windows)和事件 (event)系统。

操作系统层实现进程管理、线程调度、处理机管理、调度、物理内存/虚拟内存管理、文件系统及设备管理等功能,其基本功能放在多个独立的进程中实现,运行时这些进程大致有内核 NK.EXE、图形系统 GWES.EXE、对象存储 FILESYS.EXE、设备管理系统 DEVICE.EXE 和服务 SERVICES.EXE 等。其中 NK.EXE 和 FILESYS.EXE 是所有 WinCE 应用体系中必不可少的。WinCE 的模块构成如图 3-11 所示。

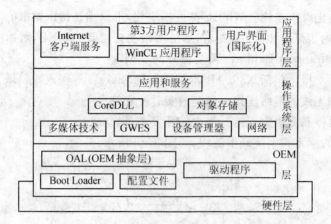

图 3-10　WinCE 的层次化体系结构图

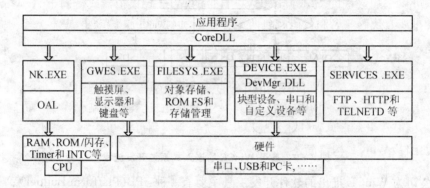

图 3-11　WinCE 的模块构成图

(3) WinCE 的进程、线程与调度

WinCE 是一个基于优先级的抢占式多任务操作系统,每一个进行着的应用程序都是一个进程,一个进程中可以包含一个或多个线程。WinCE 调度系统负责对系统中的多个线程进行调度。WinCE 最多只能支持 32 个进程同时运行,每个进程占据 32MB 虚拟地址空间即一个 Slot。用户可用的实际进程数将近 30 个。系统调度程序使用基于优先级的时间片算法对线程进行调度。线程可以拥有 256 个优先级(0 级最高)。WinCE 提供有互斥 Mutex(Mutual Exclusion)、事件 Event 和信号量 Semaphore 三种内核机制来实现多线程间的同步,提供有剪贴板(Clipboard)、COM/DCOM、网络套接字(Socket)、文件映射(File Mapping)和点对点消息队列(Point-to-Point Message Queues)等进程间的通信方式。

(4) 层次化的内存管理

从上到下依次为物理内存、虚拟内存、逻辑内存和 C/C++语言运行库,每一层都向外提供一些编程接口函数,这些编程接口函数即可被上一层使用,也可直接被应用程序使用。WinCE 最大支持 512 MB 的物理内存,虚拟内存的寻址能力可达 4 GB。4 GB 的虚拟内存分为若干页,页面的大小为 1 KB 或 4 KB;整个空间被区分为两个 2 GB 区域,低 2 GB 是用户空间,高 2 GB 是内核空间。MMU 负责把虚拟地址映射到物理地址,并提供一定的保护。逻辑内存分为堆和栈两种,用于程序代码中的动态和静态内存分配;堆供应用程序动态内存的申请和释放,每次堆上内存的申请量为 4 B 或 8 B;栈用于进程中的函数调用等,从高地址到低地址增长,每个线程实际可用栈为 58 KB。C/C++语言运行库 CRT(C Runtime Library)提供一系列的内存管理函数,如 malloc/free 和 new/delete 等。

(5) WinCE 应用程序开发

可以使用 PB 或 Visual Studio 2005,纯应用程序开发多采用 Visual Studio 2005。WinCE 为应用程序的开发提供了 3 种选择:Win32CE-API、微软基础类 MFC(Microsoft Foundation Class)/活动模板库 ATL(Active Template Library)和.NET CF 精简版(.NET Compact Framework)。其中 Win32CE-API 运行时效率高,占用资源少,虽然开发效率不如其他两种高,但多被采用。需要明确的是,Win32CE-API 使用的是 WIN32 API 的一个子集和不完全版的.NET,即.NET Compact Framework。

WinCE 下应用程序的开发流程大致可分为 3 个步骤:安装合适的 SDK(Software Development Kit),编写代码与调试,发布应用程序。应用程序代码的编写通常选用 Visual Studio,代码的调试可以采用 Visual Studio 或 EVC 自带的 WinCE 模拟器或借助于 ActiveSync。应用程序的发布涉及代码签名和代码打包两个方面。

3.5.2 WinCE 基本软件体系的定制

定制 WinCE 嵌入式基本软件体系,是在能够运行 WinCE 的硬件体系及其 BSP 基础上,根据实际应用需求,选择必需的 WinCE 及其 BSP 模块组件,构建并制作 WinCE 运行时映像。WinCE 软件包中有很多常见硬件体系的操作系统定制实例可供参考。

1. PB/组件/WinCE 构建简述

定制 WinCE 使用的工具是 PB IDE。PB IDE 主要由 4 部分组成:Catalog 视图与 Feature 管理、平台生成选项、平台初始化配置文件(*.reg、*.dat、*.db 与 *.bib)和 SDK 及其导出。安装完 PB 后,PB 和 WinCE 目录就出现在本机,WinCE 下的主要子目录有 Public、Private、Platform、SDK 和 Others 等。Public 目录涵盖了构建工具、代码和库等众多信息;Platform 目录存放的是所有的 BSP;SDK 目录存放的是构建编译器及其他一些辅助工具。

WinCE 的构建系统(build system)负责根据用户选择特性为目标设备构建 WinCE 运行时映像。生成运行时映像有两种可选方式:使用 PB 集成开发环境构建或使用命令行工具构建。WinCE 的构建分为 4 个步骤,依次为 Sysgen、Build、Release Copy 和 Make Image。Sysgen(System Generation)根据用户设计的一组环境变量,生成头文件及可执行文件;Build 用于编译本机 C/C++(.C/.CPP 文件)代码及其 C#编写的托管代码(.CS 文件);Release Copy 把前述构建得到的所有结果文件复制到同一个目录中;Make Image 打包相关文件,最后生成 Unicode 编码形式的 WinCE 运行时映像。

定制 WinCE 可以使用其自带的组件,也可以创建自定义实现某些具体功能的组件。创建自定义组件有两个方式:一种方式是提供代码或编译好的二进制文件并把它制作成 PB 的一个组件;另一种方式是把自编代码集成到 WinCE 构建系统中。其中第一种方式较为简单,常被采用,它使用记录组件名称、类别和版本等信息的.cec 文件,可以使用 PB 自带的 CEC Editor 工具以图形化的方式来创建 CEC 文件。

2. WinCE 定制的一般设计流程

定制 WinCE 操作系统,需要经过如下创建、构建、运行和发布等一系列过程。

① 得到并安装与开发板相对应的 BSP。得到 BSP 的途径大致有三条:PB IDE 自带、

OEM厂商提供和自主研发。BSP提供两种形式：MSI安装包形式和源代码形式。其中MSI安装包的BSP只用Import到PB中即可，PB可识别的安装文件是*.cec文件；源代码形式的BSP需要手工安装，操作过程较为复杂。

② 定制WinCE操作系统。根据具体应用需求，选择合适的OS(Operation System)组件，并且构建运行时映像。OS的配置分为两大类：HLBASE(无GUI)和IABASE(含GUI)，两者统称为CEBASE。WinCE运行时映像有以bin和nb0为扩展名的两种格式。bin是WinCE默认的，它按段组织文件内容，该文件不能直接执行，必须按一定的格式解开到内存中才能执行；nb0文件可下载到闪存中，并从闪存中本地执行。

③ 把运行时映像下载到开发板上进行运行调试。需要做的工作有：得到并安装Boot Loader，配置网络连接，配置调试串口(可选)，配置PB连接设置，下载运行映像。Boot Loader是BSP的一部分，在OS构建时也会得到其运行时映像，也可从OEM厂商得到，它必须在OS下载前烧录进目标板上的闪存中。

④ 发布操作系统。把经过调试的Flash版WinCE映像烧写到目标上的闪存中，下载途径通常是JTAG端口或串口。这样，WinCE开机即可运行。

3.5.3　WinCE操作系统内核的移植

1. WinCE运行的硬件需求

- 控制/处理器必须具有32位，可选四大类型的ARM、X86、MIPS或SH控制/处理器。
- 存储系统：无详细规定，一般来说，若使用GUI则至少要有16 MB物理内存，MMU部件必备。
- 其他硬件：主要有串行口、以太网端口和RTC(Real Time Clock)芯片等。

2. 板级支持包及开发设计

WinCE BSP的结构组成与开发的大致步骤如图3-12所示。现实中，从零开始编写BSP所有代码的情况很少，大多数情况下，开发BSP都是基于现有的硬件平台类似的BSP源代码作修改。使用WinCE自带的BSP源代码对于编写BSP就比较有参考价值。WinCE本身自带有很多种类型的典型BSP。PB提供有可视化的BSP Wizard向导用以指导创建和开发

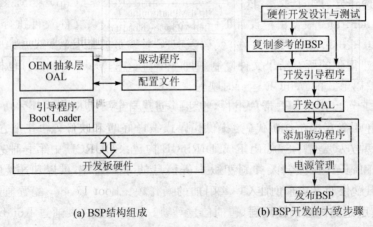

(a) BSP结构组成　　　　(b) BSP开发的大致步骤

图3-12　WinCE BSP的结构组成与开发步骤图

BSP，该向能够帮助完成4种操作：创建一个全新的BSP，复制一个BSP，修改一个现有的BSP以及创建驱动程序。

复制可参考的BSP：复制前要确保所复制的BSP与目标BSP有相似性。在BSP Wizard中选择了要复制的BSP后，要为新的BSP的Catalog描述文件命名并添加描述信息，然后命名BSP所在的目录，接下来根据实际需要选择要保留的组件。复制结束后就可以在得到的新BSP基础上进行修改了。

BSP Wizard也可以帮助建立一个空白的BSP，实现步骤类似复制BSP。

驱动程序的测试可以使用WinCE Test Kit工具。发布BSP使用PB自带的Export Wizard工具。

开发BSP最复杂的部分是设计引导程序、OAL和编写驱动程序，下面将分别加以介绍。

3. 引导程序的编写

引导程序有三大功能：初始化目标硬件设备、控制启动过程、下载并执行操作系统映像，主要用于产品的开发调试和维护升级。最终产品也可以不包含引导程序，直接执行OAL，然后启动操作系统。引导程序主要由以下几部分构成：BLCommon、EBoot(Earthnet Boot)、存储管理和EDBG驱动程序。存储管理包括BootPart和Flash FMD，常见的EDBG驱动有NE2000、CS8900和RTL8139等。引导程序中有两类经常用到的设备：以太网卡和闪存，它对这两类设备的驱动分别称为EthDbg驱动和FMD驱动。

应用较为普遍的开发板SMDK2410的BSP，其EBoot的工作流程及其运行中调用的主要函数顺序如图3－13所示，从中领略到引导程序的工作原理。其中KernelRelocate()用于重定位全局变量，OEMDebugInit()用于初始化调试端口，OEMPlatformInit()用于目标板设备初始化，OEMPreDownload()用于映像下载预处理，DownloadImage()用于下载WinCE映像，OEMLaunch()用于启动WinCE映像，main()和BootLoaderMain()是主控函数。

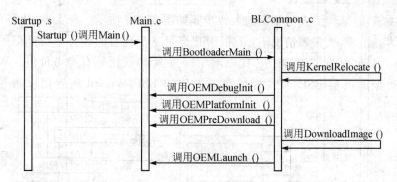

图3－13 WinCE EBoot的工作流程与函数调用顺序图

配置和构建引导程序包括源代码编译、Boot Loader配置和映像打包三个方面和步骤。对于要构建的代码首先要编写SOURCE和DIRS文件。在SOURCE文件中首先要指定可执行任务程序名称EBoot.exe及其入口函数Startup()，然后指明汇编/编译和连接的参数及其库，并列出所有源代码文件表，还可加入一些附加的操作项。Boot Loader配置通过Boot.bib文件实现，要在其中定义内存的使用、打包的信息等项。映像打包主要通过RomImage.exe工具完成。

4. OAL 程序的编制

OAL 用于把 OS 内核对硬件的访问功能抽象成一些函数或库,如计时器库、RTC 库、Cache 库、Startup 库、中断库和 IO 控制库等。通常它被编译成 OAL.lib 库,然后与其他的内核库进行链接,共同形成 WinCE 内核的可执行文件 NK.exe。OAL 的启动过程也是整个 OS 的启动过程,其基本工作内容就是初始化,包括初始化软硬件执行环境、操作系统及应用程序本身的执行环境,直到操作系统开始对所有进程进行调度为止。ARM 平台的 OAL 启动顺序如图 3-14 所示,其中 KernelStart()是 OAL 启动的主控函数,它负责完成的工作为初始化页表、打开 MMU 和 Cache、设置异常向量跳转表和栈初始化等;ARMInit()初始化 ARM 平台,它完成的主要工作为调用 KernelRelocate()进行重定位,调用 OEMInitDebugSerial()初始化调试输出使用的串口,调用 OEMInit()初始化目标设备上的硬件,调用 KernelFindMemory()来获取所有物理内存信息并把内存分成应用内存和对象存储两个部分;OEMInit()函数的主要流程和功能为设置错误捕获和报告软件占用的内存大小并初始化 Cache,调用 OALIntrInit()初始化中断,调用 OALTimerInit()函数初始化时钟,调用 OALKitStart()函数初始化 KITL 链接,初始化内核等。

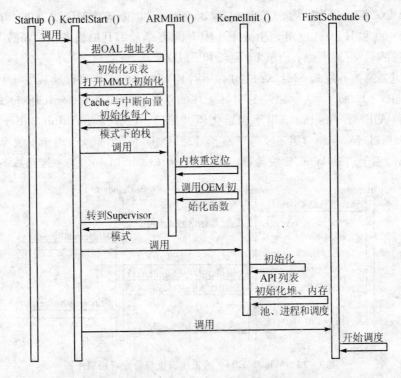

图 3-14 WinCE OAL 启动的顺序示意图

OAL 的主要过程实现包括中断处理、RTC 操作、Cache 操作、CPU 状态管理和 OEMIo-Control 等。这里以中断处理加以说明。中断处理流程为外设等硬件向 CPU 产生物理中断 IRQ(Interrupt ReQuest),CPU 通过运行在核心态的中断服务例程 ISR(Interrupt Service Routines)把 IRQ 映射为逻辑中断 SYSINTR,然后 OS 根据所产生的逻辑中断号激发所关联的事件内核对象,这将使等在该事件内核对象上的应用程序和设备驱动程序的中断服务线程 IST(Interrupt Service Thread)开始执行并处理中断。通过这些步骤,把产生的物理中断映射为 IST 的执行,从而达到中断处理的目的。WinCE 的中断处理模型如图 3-15 所示。

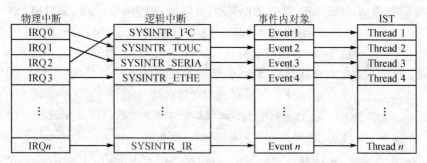

图 3-15 WinCE 的中断处理模型示意图

为完成中断处理流程,必须完成几个中断函数:OEMInterruptEnable()、OEMInterruptDisable()、OEMInterruptDone()、OEMInterruptHandler() 和 OEMInterruptHandlerFIQ()。前三个函数负责开/关中断和通知中断完成,后两个函数在 ARM 平台中充当 ISR 的角色。中断处理涉及 CPU 中断控制寄存器的操作,S2410 ARM 微处理器的中断相关控制寄存器有中断源等待寄存器 SRCPND、中断屏蔽寄存器 INTMSK、中断等待寄存器 INTPND 和中断偏移寄存器 INTOFFSET。OEMInterruptHandler() 函数的编写代码如下:

```
ULONG OEMInterruptHandler(ULONG ra)
{   irq = INREG32(&g_pIntrRegs->INTOFFSET);        //取得刚发生的物理中断号
    if(irq = = IRQ_TIMER4)                          //处理系统时钟(特殊处理)
    {   OUTREG32(&g_pIntrRegs->SRCPND, 1<<IRQ_Timer4);//清除中断
        OUTREG32(&g_pIntrRegs->INTPND, 1<<IRQ_Timer4);
        sysIntr = OALTimerIntrHandler();            //调用定时器 ISR
    }
    else                                            //禁止同类型中断
    {   mask = 1<<irq; SETREG32(&g_pIntrRegs->INTMSK, mask);   }
    OUTREG32(&g_pIntrRegs->SRCPND, mask);           //清空中断等待寄存器
    OUTREG32(&g_pIntrRegs->INTPND, mask);
    sysIntr = NKCallIntChain((UCHAR)irq);           //可挂载的 ISR(某些平台支持)
    if((sysIntr = = SYSINTR_Chain)||! NKIsSysIntrValid(sysIntr))
        sysIntr = OALIntrTranslateIrq(irq);
    if(SYSINTR_NOP = = sysIntr)                     //在空或无效情况下去中断屏蔽
    {   if(OAL_INTR_IRQ_UNDEFINED = = irq2)
            CLRREG32(&g_pIntrRegs(INTMSK, mask));   //去除主要中断的屏蔽
        else                                        //去除外部中断的屏蔽
        {   mask = 1<<4 * (irq2 - IRQ_EINT4 + 4); CLRREG32(&g_pIntrRegs(INTMSK, mask));   }
    }
    return sysIntr;                                 //返回逻辑中断
}
```

3.5.4　WinCE 设备驱动程序及设计

1. WinCE 设备驱动程序综述

WinCE 驱动程序以用户态 DLL 文件形式存在,由 Device.exe、GWES.exe 或 FileSys.exe

加载，与应用程序具有相同的保护级，所有驱动程序共享同一个进程地址空间，驱动实现中可以调用所有标准的 WinCE API。WinCE 驱动程序的类型划分如表 3-5 所列。

表 3-5　WinCE 驱动程序的类型划分

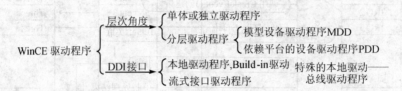

流式接口驱动程序，把硬件设备抽象成文件，供应用程序使用 OS 提供的 API 对设备进行访问；它采用统一固定的 DDI(Device Driver Interface)接口函数，其应用模型如图 3-16 所示。常见流式接口驱动程序 DDI 函数为：XXX_Init、XXX_Deinit、XXX_Open、XXX_Close、XXX_Read、XXX_Write、XXX_Seek、XXX_IOControl、XXX_PowerUp 和 XXX_PowerDown，其中 XXX 为具体的符合 WinCE 规定的设备名称。

WinCE 提供有大量的设备驱动程序，这些驱动程序大多是某类与设备无关的 MDD 层驱动程序或常见外设或接口的流式接口驱动程序，如 UART、NDIS(Network Driver Interface Standard)网络、显示卡、触摸屏、鼠标、键盘、电池、块型设备、计时器、1394 驱动、HID 驱动、PCI 总线驱动、USB 主机控制器驱动和 SD 卡等，这为特殊硬件设备编写驱动时，以类似的驱动代码进行修改提供了很大的便利。

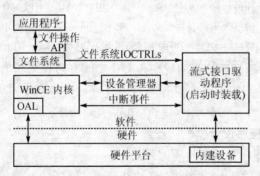

图 3-16　WinCE 流式驱动程序模型示意图

设备管理器负责对加载的设备进行管理，包括设备的枚举、通过名称访问设备以及对应用程序的通知等。设备管理器使用系统函数 RequestDeviceNotification() 和 StopDeviceNotification() 向应用程序发送通知以说明驱动设备的状态。驱动程序可以通过注册表或使用函数 AdvertiseInterface() 向应用程序发通知以说明驱动设备的状态。

WinCE 的中断处理，上节介绍了其过程及模型，这里着重介绍中断服务线程 IST 及其设计。IST 负责处理相应中断的大多数操作，IST 中通常使用的系统函数有 InterruptInitialize()、WaitForSingleObject() 和 InterruptDone() 等。InterruptInitialize() 函数负责把某个逻辑中断号与一个 Event 内核对象关联起来，WaitForSingleObject() 函数阻塞当前线程等待某个 Event 内核对象标识的事件发生，InterruptDone() 函数用来告诉 OS 对中断的处理已经完成。IST 要做的首件事情是创建一个 Event 内核对象，并使用 InterruptInitialize() 函数把该事件与一个逻辑中断相关联。典型的 IST 流程如图 3-17 所示。

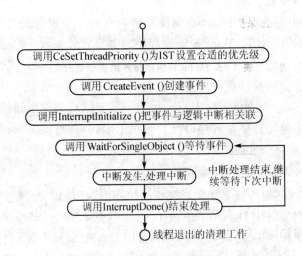

图 3-17　典型的 WinCE IST 流程示意图

WinCE 下可以使用三种方式直接访问某一地址的物理内存：通过函数 VirtualAlloc()和 VirtualCopy()，使用函数 MmMapIoSpace()和 MmUnmapIoSpace()，使用函数 AllocPhysMem()和 FreePhysMem()。

WinCE 下的 DMA 处理，需要为 DMA 传输分配一块缓冲区，分配 DMA 缓冲区有两种方式：使用 CEDDK 函数或 WinCE 内核函数。CEDDK 函数是 HalAllocateCommonBuffer()、HalFreeCommonBuffer()和 HalTranslateSystemAddress()。内核函数是 AllocPhysMem()和 FreePhysMem()。

WinCE 采用两层（MDD 和 PDD）的电源管理器 PM（Power Manager）。PM.dll 直接与 Device.exe 链接。使用电源管理的驱动程序和 PM 之间有两种交互机制：PM 使用 DeviceIoControl()函数向设备驱动程序发送 I/O 控制（IOCTLs），驱动程序调用 DevicePowerNotify()函数与 PM 交互。

2. WinCE 设备驱动程序设计

WinCE 下设备驱动程序开发的步骤大致如下：

① 选择驱动程序的接口。本地设备驱动或流式接口驱动，通常设计为流式接口驱动程序。

② 选择驱动程序模型的实现方式。单体方式或分层方式，通常设计为单体驱动程序。

③ 设计并实现驱动程序。如果选择本地设备驱动，大多可以直接修改微软公司提供的样板程序；如果选择流接口驱动，一体实现方式只需要按照相关规范实现流接口函数，而分层实现方式还需要设计 MDD、PDD 及其两层之间的接口。MDD 驱动程序通常是某类硬件的通用驱动程序，微软公司提供有大多数常规的 MDD，真正需要设计的是特定硬件设备的 PDD。

④ 安装设备驱动程序。安装驱动程序有两种方式，第一种是系统启动时使用设备管理器自动安装，相应的注册表设置如下（这里以一个名为 FPS 的假想设备为例加以说明）：

```
[HKEY_LOCAL_MACHINE\Drivers\BuiltIn\FPS]
    "Prefix" = "FPS"              ;向系统注册设备名 FPS(FingerPrint Sensor)
    "Dll" = "fps.dll"             ;对应的动态库文件
    "IoBase" = dword:BC400000     ;设备基址
```

```
"SysIntr" = dword:15          ;设备使用的系统中断号
"Order" = dword:0             ;设备管理器加载驱动的顺序
```

第二种是把生成的动态库文件复制到 Windows 目录下即可,该方式比较简单。

当然这两种实现方式的驱动代码实现略有差别,第二种实现方式的 Init 函数需要对注册表项进行设置而不是读取。在实际系统设计时,为了便于以后的程序移植多采用第一种方式。

流式接口驱动程序是设计驱动程序时经常采用的形式,其具体实现步骤有 4 个:

① 为驱动程序选择一个前缀。

② 实现 DLL 驱动所必需的接口函数。

③ 编写 DLL 导出。在 DDL 中导出供应用程序使用的接口函数通常有两种方法:使用编译扩展关键字"__declspec(dllexport)"和使用 .def 导出文件。使用编译扩展关键字,C++编译器会对函数名进行修饰,在关键字上加上"extern 'C'"这段代码。通常采用导出文件形式。

④ 为驱动程序定义注册表。

3.5.5 块型设备驱动及文件系统操作

1. WinCE 的块型设备驱动综述

WinCE 块型设备驱动程序是用流式接口模型实现的,这类驱动程序由设备管理器来管理,并提供文件函数与应用程序相联系。块型设备驱动程序最重要的函数是 DSK_IOControl,它负责对块型设备驱动程序的所有 I/O 请求。如果所控制的设备用于文件存储,则可以使用文件系统模型。

WinCE 中闪存设备主要有两种:ATA 闪存和线性闪存。ATA 闪存卡借助于线性闪存器件和特殊的控制芯片来模拟 ATA 硬盘,它需要块型设备驱动程序才能在 WinCE 下工作。线性闪存卡,有一组连续范围的存储器地址,其每个存储位置都可以直接存取;它使用软件驱动程序层来模拟硬盘实现数据移动,该软件驱动程序层被称为闪存移动层(FTL)。WinCE 上 FTL 的实现采用的是 M-System 公司的 TrueFFS 驱动程序。TrueFFS 是一个流式接口驱动程序,它把标准的 WinCE 流式接口函数提供给操作系统。WinCE 支持的不同结构形状的线性闪存有小型卡、标准 PC 卡和电子盘 DOC 等。

2. 块型设备体系及文件系统

块型设备驱动程序一般是流式接口驱动程序,应用程序通过标准文件 API 函数如 CreateFile、ReadFile 等来存取块型设备上的文件。应用程序调用 ReadFile 从线性闪存块型设备上读取数据的控制流程如图 3-18 所示,应用程序调用 ReadFile 函数产生读请求,WinCE 文件分区表系统把该请求传给逻辑块并在缓冲区中搜索请求的块,若块不存在就发出一个 IOControl 请求。TrueFFS 驱动程序接收 IOControl 请求,然后通过套接字进入线性闪存块型设备,完成请求的任务。

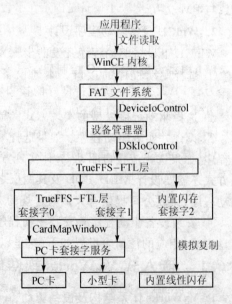

图 3-18 WinCE 块设备及其文件操作示意图

WinCE 采用 FAT 文件系统支持块型设备。FAT 文件系统使用块型设备驱动程序对块型设备进行操作,它实现一个逻辑文件系统并在应用程序名字空间(如\PC\ExelDocs\Expense report.px1)和设备空间中的设备(如 DSK1:)之间提供一个抽象,通过适当的 I/O 控制码来调用块型设备驱动程序的 IOControl 函数,从而存取操作块型设备。块型设备负责保证安全的 I/O 操作。

3. 实现 WinCE 块型设备驱动程序

块型设备驱动程序必须提供流式接口函数,执行正确的启动顺序,支持设备侦测,使用正确的注册表键,对电源循环做适当的反应,并提供 Install_Driver 函数。

(1) 块型设备驱动程序的函数

主要是标准的流式接口函数,另外还要提供以下几个特殊的函数:执行初始化任务的 XxxDriverEntry,用以通知来自可拆卸式闪存介质上事件的状态回调函数 XxxDriverCallback,用于支持热插拔闪存存储介质侦测的 XxxDriverDetectdisk。

(2) 块型设备驱动程序的加载与注册键

块型设备驱动程序的加载与常规流式驱动程序一样。包含有块型设备驱动程序的 OEM,在平台的\Drivers\Builtin\下包含有相关的注册表键。第三方 PC 卡或可拆卸块型设备驱动程序使用\Drivers\PCMCIA 下的注册键。设备管理器利用这些注册表键加/卸载或跟踪块型设备驱动程序。

(3) 块型设备驱动程序的安装

连接一个未识别的块型设备时,设备管理器询问用户并找出适当的块型设备驱动程序 DLL,然后调用驱动程序的 Install_Driver 入口点,Install_Driver 函数应保证所需的数据文件都正确安装上,并在\Driver 注册表部分创建相关的注册键。也可以不通过 Install_Driver 函数而使用其他手段,如由 OEM 作为构造成 WinCE 平台一部分的软件方式或者由桌面 WinCE 服务器远程软件方式。

(4) 块型设备的存取

有两种方式,取决于设备是固定在平台上或是用户可拆卸的。固定块型设备的存取是通过 MMapIOSpace 函数把设备的地址空间直接映射到 OS 的地址空间来实现;可拆卸块型设备驱动需要使用内存窗口来存取块型设备(使用 VirtualAlloc 和 VirtualCopy 函数来创建窗口)。

(5) 块型设备驱动 I/O 控制码

为与 FAT 文件系统保持良好的接口状态,块型设备驱动程序必须对下述控制码做出反应:DISK_IOCTL_GETINFO、DISK_IOCTL_READ、DISK_IOCTL_WRITE、DISK_IOCTL_SETINFO、DISK_IOCTL_FORMAT_MEDIA 和 DISK_IOCTL_GETNAME。

(6) 块型设备驱动程序的电源循环处理

块型设备驱动程序要能够高效地处理 POWER_DOWN 和 POWER_ON 系统消息。

3.6 嵌入式 Vxworks 体系的软件架构

3.6.1 嵌入式 VxWorks 软件体系架构基础

1. VxWorks 体系结构及设备驱动

VxWorks 是公认的实时性最强的操作系统,它具有高度的可靠性、优秀的实时性和灵活的可裁剪性，其主要组成有 5 个部分：高性能的实时操作系统核心 wind、板级支持包 BSP、网络设施、I/O 系统和文件系统，其基本结构如图 3-19 所示。VxWorks 主要通过板级支持包 BSP 与硬件设备打交道，BSP 及其设备驱动程序划分如表 3-6 所列。引导部分在目标系统启动时初始化硬件，为操作系统运行提供硬件环境。设备驱动程序部分主要是驱动特定目标环境中的各种设备，对其进行初始化和控制。通用常规驱动可以在不同的目标环境之间移植；专用 BSP 驱动程序与具体的硬件体系相关联。特殊设备主要指一些非基于 I/O 系统的设备，如串行设备、网络设备、PCI 设备、PCMCIA 设备、定时器、硬盘和 Flash 存储设备等。常见的 VxWorks 设备有终端及伪终端设备、管道设备、伪存储器设备、NFS 设备、非 NFS 设备、虚拟磁盘设备和 SCSI 接口设备等。

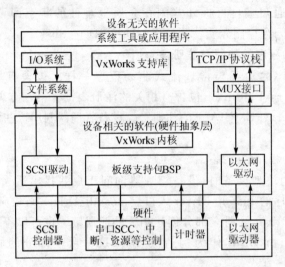

图 3-19　VxWorks 操作系统的基本构成示意图

表 3-6　VxWorks 的 BSP 及设备驱动划分

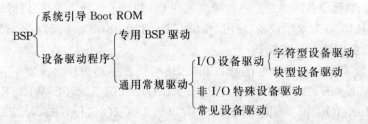

VxWorks 的 I/O 系统由基本 I/O 及含 buffer 的 I/O 组成，它提供若干函数库来支持标准的字符型设备和块型设备。VxWorks 的 I/O 系统结构组成如图 3-20 所示。

字符型/块型设备的驱动程序包含三个部分：初始化部分、函数功能部分和中断服务程序。初始化部分初始化硬件，分配设备所需的资源，完成所有与系统相关的设置。函数功能部分完成系统指定的功能，对于字符型设备，这些函数就是指定的 7 个标准函数；对于块型设备，则是在 BLK_DEV 或 SEQ_DEV 结构中指定的功能函数。中断服务程序 ISR(Interrupt Serve Route)用于与同硬件交互。VxWorks 提供 intConnect()函数来把中断与中断处理程序联系起来。

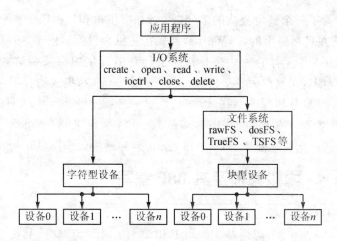

图 3-20 VxWorks 的 I/O 系统结构示意图

2. VxWorks 的 BSP 及其开发设计

板级支持包 BSP 包含了与硬件相关的功能函数，提供 VxWorks 与硬件之间的接口，主要完成硬件初始化，包括系统上电时在特定位置提供入口代码、初始化存储器、关中断、把 VxWorks 加载到 RAM 区等，支持 VxWorks 与硬件驱动的通信。BSP 主要由 C 源文件和汇编文件组成，包括源文件、头文件、make 文件、导出文件和二进制的驱动模块。经过编译、链接，并在 makefile 和 depend. bspname 等文件的控制下，BSP 源程序最后将生成映像。VxWorks 的映像可分为两类：可下载映像和可引导映像。可下载映像（Loadable Image）实际包括两部分，一是 VxWorks，二是 Boot ROM，两部分独立创建。其中 Boot ROM 包括被压缩的 Boot ROM 映像（bootrom）、非压缩的 Boot ROM 映像（bootrom_uncmp）和驻留 ROM 的 Boot ROM 映像（bootrom_res）三种类型。可引导映像的 VxWorks 和 Boot ROM 合成在一起。板级支持包开发工具 BSP Developer's Kit，提供有建立开发新目标板的 BSP 和设备驱动程序的一系列开发工具，用于设计、归档和测试新设备的驱动程序与 BSP 的工作性能。BSP 的具体开发过程如下：

① 建立开发环境。主要是以目标板 CPU 的 BSP 文件为模板，在 ornado\target\config 目录下创建用户的 BSP 目录 bspname，把 ornado\target\config\all 下的文件和 BSP 模板文件复制到该目录下，根据具体情况选择合适的 VxWorks 映像类型。

② 修改模板程序。主要修改的文件有控制映像创建的 Makefile 文件，根据具体目标板设置串行接口、时钟以及 I/O 设备等的 bspname. h，根据目标板的具体情况配置宏定义的 config. h 以及控制系统引导与启动的 romInit. s、bootConfig. c 和 sysALib. s 文件。

③ 创建 VxWorks 映像。根据具体需要在命令行环境下利用 Makefile 创建各种映像，也可以在 Tornado 的集成环境下 Build 菜单中选择 Build Boot ROM 来创建各种类型的 Boot ROM。此外，如果系统硬件包括串口，则要根据具体情况修改 sysSerial. c 文件；如果包含网络部分，则要修改 configNet. h；如果包含 NVRAM，则要修改 bootnv. h 文件。

3. Tornado 开发工具及其 IDE 简介

进行 VxWorks 实时应用系统开发的理想完整软件平台是 Tornado Ⅱ 集成交叉开发环境，它包括了从项目工程的创建、管理到 BSP 的移植，以及从应用系统的设计到系统的调试、性能分析等，给嵌入式系统开发提供了一个不受目标机资源限制的超级开发和调试环境。

Tornado Ⅱ IDE 包含了三个高度集成的部分：运行在宿主机和目标机上强有力的交叉开发工具和实用程序，运行在目标机上的 VxWorks，连接宿主机和目标机的多种通信方式，如以太网和串口线等。Tornado Ⅱ 含有的独立核心软件工具有图形化的交叉调试器（CrossWind Debugger/WDB）、工程配置工具（Project Facility/Configuration）、集成仿真器 VxSim（Integrated Simulator）、动态诊断分析工具 WindView、C/C++编译环境、主机目标机连接配置器（Launcher）、目标机系统状态浏览器（Browser）、命令行执行工具（WindSh）、多语言浏览器（WindNavigator）、图形化核心配置工具（WindConfig）和增量加载器（Incremental Loader）等。

3.6.2　VxWorks 内核移植及其 BSP 编写

1. VxWorks RTOS 的移植过程

移植 VxWorks 操作系统，必须首先编写 BSP 软件。由 BSP 软件利用 Tornado 2.2 IDE 生成 Boot ROM 程序和 VxWorks 内核。目标板首先运行 Boot ROM 程序，初始化目标板上的硬件资源，然后通过串口或网卡接口下载 VxWorks 内核。通过反复的调试和修改，VxWorks 能够在目标板上正常运行，则操作系统的移植工作至此完成。然后，可以通过增量下载或其他方式，将编写的应用程序下载到开发板中的操作系统上，直接运行或利用 Tornado 2.2 IDE 进行调试。

基于硬件体系的 BSP 软件的编写是 VxWorks 操作系统移植的中心，下面以 Samsung 公司的 S3C4510B ARM7TDMI-S 单片机目标硬件体系为例，阐述 VxWorks 操作系统的移植及其 BSP 软件设计。

2. S3C4510B VxWorks BSP 开发

(1) 嵌入式 S3C4510 应用体系简介

S3C4510B 微控制器是专为以太网通信系统的集线器和路由器而设计的，具有低成本和高性能的特点，它内置了 16 位/32 位 ARM7TDMI-S ARM 微控制/处理器内核，集成了多种外围部件，主要特性有 50 MHz 的时钟频率，3.3 V 的内核/IO 电压，8 KB 的 Cache/SRAM，10 Mbps/100 Mbps MII 接口的以太网控制器，可支持 10 Mbps 的双 HDLC 通道，两个 UART，两个 DMA 通道，两个 32 位定时/计数器，18 个可编程 I/O 口，支持 21 个中断源的中断控制器，支持 SDRAM/EDO DRAM/SRAM/Flash 等存储器，具有扩展外部总线，JTAG 接口。

这里列举的 S3C4510B 应用系统，在 S3C4510B 外围集成了以太网卡、SDRAM、Flash、UART 以及高级数据链路控制 HDLC（High Data Link Controller）等外设。SDRAM 选用 HY57V653220（8 MB），两片 Flash 分别为 AM29F040（存放 bootrom）和 T28F160BT（作为文件系统用）。

(2) VxWorks 下的 BSP 构建

开发前需要做一些准备工作，如准备开发工具和阅读类似的 BSP 软件包等。开发工具是 Tornado 2.2 for ARM。参考资料有 BSP Kit、S3C4510B 数据手册。参考 BSP 软件包是 Tornado 2.2 for ARM 下自带的 wrSBCArm7 BSP。程序的烧写采用编程器。

与 BSP 相关的文件有 romInit.s、sysAlib.s、bootInit.c、bootConfig.c、sysLib.c、config.h、configNet.h、makefile 以及与具体硬件相关的文件，如串口 sysSerial.c 等。

开发 S3C4510B 系统的 BSP 过程如下：

① 复制 BSP。复制 wrSBCArm7 BSP 并命名为 4510BSP，修改该目录下的文件，从而得到自己的 BSP。

② 修改 MakeFile 文件。修改 4510BSP 目录下的 makefile 文件，修改如下几行：

```
TARGET_DIR = 4510BSP              # 自定义
VENDOR = CAI                      # 自定义
BOARD = MyArmBoard                # 自定义
ROM_TEXT_ADRS = 01000000          # Boot ROM 入口地址
ROM_WARM_ADRS = 01000004          # Boot ROM 热启动入口地址
ROM_SIZE = 00080000               # ROM 空间的大小[单位：字节]
RAM_LOW_ADRS = 00006000           # RAM 的 text/data 地址(bootrom)
RAM_HIGH_ADRS = 00486000          # RAM 的 text/data 地址(bootrom)
```

其中，ROM_TEXT_ADRS 通常这就是 ROM 地址区的首地址，也有硬件配置使用 ROM 起始的一部分地址区作为复位向量，因而需要据此设置偏移量作为它的地址；ROM_WARM_ADRS 通常位于固定的 ROM_TEXT_ADRS+4 的地方，需要热启动时，sysLib.c 文件中 sysToMonitor()函数代码明确跳转到 ROM_WARM_ADRS 地址处开始执行；RAM_LOW_ADRS 指明装载 Vxworks 的地址；RAM_HIGH_ADRS 用以将 Boot ROM Image 复制到 RAM 的目的地址。

RAM_LOW_ADRS 和 RAM_HIGH_ADRS 都是绝对地址，通常位于 DRAM 起始地址的偏移量处，该偏移量取决于微控制/处理器的结构。根据 ARM 的内存分布可以得到 RAM_LOW_ADRS 在 DRAM+0x1000 处。这些地址对于 S3C4510B 来说是重映射后的地址。

③ 修改 config.h 文件。主要是修改 ROM_BASE_ADRS、ROM_TEXT_ADRS、ROM_SIZE、RAM_LOW_ADRS、RAM_HIGH_ADRS 和通过 undef 去掉不需要的部分。注意它们应与 makefile 文件中设置的一致。

④ 修改 romInit.s 文件。CPU 一上电就开始执行 romInit()函数，因此在 romInit.s 代码段中它必须是第一个函数。对于热启动，处理器将会执行 romInit()加上 4 行后的代码（具体情形可以参考 sysLib.c 中的 sysToMonitor()函数）。更多的硬件初始化在 sysLib.c 中的 sysHwInit()函数中完成，romInit()的工作就是做较少的初始化并把控制权交给 romStart()（在 bootInit.c 文件中）。

在 S3C4510B 微控制器中，romInit.s 文件主要做了以下几个工作：

➤ 禁止 CPU 中断并切换到 SVC32 模式，禁止中断控制器；
➤ 初始化 SYSCFG、EXTDBWTH、ROMCON0、ROMCON1 和 DRAMCON0 等寄存器，同时初始化 Flash、SDRAM 和 DM9008 等外围设备；
➤ 将 Flash 的内容复制到 SDRAM 中；
➤ 改变 Flash 和 SDRAM 的基地址，将 SDRAM 基地址改为 0；
➤ 初始化堆栈指针，跳转到 C 程序 romStart()函数中。

在这里只需要修改 SYSCFG、EXTDBWTH、ROMCON0、ROMCON1 和 DRAMCON0 等寄存器来设置 Flash、SDRAM、DM9008 的基地址和大小即可。这需要根据板上的配置来改，修改的内容在 wrSbcArm7.h 文件中。

BSP 基本部分修改至此完成,至于 bootInit.c 和 bootConfig.c 文件,一般不需要修改,只是在调试过程中为了方便调试,可以将其复制到 BSP 目录下,然后修改 makefile 文件,在 makefile 文件中添加如下两句:BOOTCONFIG = bootConfig.c 和 BOOTINIT = bootInit.c。

⑤ 利用 TSFS(Target Server File System)下载。要利用 TSFS 下载 VxWorks,首先需要配置以下内容:

在 config.h 文件中添加如下内容:

```
#define INCLUDE_SERIAL                      //特殊端口配置
#undef NUM_TTY
#define NUM_TTY N_SIO_CHANNELS
#undef CONSOLE_TTY
#define CONSOLE_TTY 0
#undef CONSOLE_BAUD_RATE
#define CONSOLE_BAUD_RATE 38400
#ifdef SERIAL_DEBUG                         //WDB 调试
#define WDB_NO_BAUD_AUTO_CONFIG
#undef WDB_COMM_TYPE
#undef WDB_TTY_BAUD
#undef WDB_TTY_CHANNEL
#undef WDB_TTY_DEV_NAME
#define WDB_COMM_TYPE WDB_COMM_SERIAL       /* WDB 在串口模式 */
#define WDB_TTY_BAUD 38400                  /* WDB 连接的波特率 */
#define WDB_TTY_CHANNEL 1                   /* COM 端口 2 */
#define WDB_TTY_DEV_NAME "/tyCo/1"          /* 默认的 TYCODRV_5_2 设备名 */
#endif
#define INCLUDE_TSFS_BOOT
```

并修改引导行为:

```
#define DEFAULT_BOOT_LINE "tsfs(0,0)host:vxWorks f = 8 h = 169.254.72.67\
                           e = 169.254.72.68 u = caiyang pw = caiyang"
```

其中,串口 1 用来显示引导信息,相当于通用计算机中的显示器,串口 2 用来下载 VxWorks 和调试。串口 2 波特率不宜太高。

配置 target server

启动 Tornado IDE,选择 Tool→target server→target server file system→Enable File System,然后目录指向 Vxworks 所在的地方。同时注意要把 Tornado Registry 打开,这样配置完后单击 Launch 按钮即可连接成功,此后就可以通过串口 2 下载 VxWorks 和调试了。

一般情况下,首先调试好 BSP,然后再调试网卡。在调试网卡前,需要用串口来下载 VxWorks 映像。至此,BSP 就开发完成了。

3.6.3 VxWorks 字符型设备驱动程序设计

1. 字符型设备驱动及其设计简述

VxWorks 下的很多外设和接口都可以作为字符型设备进行驱动程序设计,如 I^2C 接口、

ADC、DAC、GPIO、PWM 和矩阵扫描键盘等。字符型设备驱动程序的设计主要是具体的 I/O 操作函数、设备加载函数和中断处理函数的编写。I/O 操作函数有 8 个：create()、remove() 或 delete()、open()、close()、read()、write() 和 ioctl()。驱动的加载一般是先调用驱动安装函数 iosDrvInstall()，将所设计的 I/O 操作函数等设备驱动例程加入到设备驱动列表中，并把中断向量和 ISR 连接上，然后系统调用 iosDevAdd() 函数，将设备加入到设备列表中。把中断与中断处理程序联系起来的 intConnect() 函数通常在应用程序中实现。每个 I/O 操作函数不一定全部设计，应因需要而定。

字符型设备驱动相关的核心结构为：

> 设备列表，通过 iosDevShow 或 devs 可以查看系统中安装的设备。
> 驱动程序描述表，通过 iosDrvShow 可查看系统中驱动程序的个数和各个 I/O 函数的地址。
> 文件描述符表，是 I/O 系统将文件描述符与驱动程序、设备对应起来的手段。

应用程序中 fd = open("/xxDev", O_READ, 0) 是先通过"/xxDev"文件名在设备列表中找到设备，然后根据设备描述结构找到驱动程序索引号再找到驱动程序，返回文件描述符；read(fd, &buf, nBytes) 与 write(fd, &buf, nBytes) 的过程是通过文件描述符表直接找到驱动程序索引号进而使用驱动程序。

2. 字符型设备驱动程序软件架构

嵌入式 VxWorks 下字符型设备驱动程序的代码框架如下，它主要由头文件和 C 程序源文件组成。文件中通过调用 VxWorks 的系统函数 select()，可以很好地解决字符型设备驱动程序和 I/O 系统直接作用在执行读/写操作时设备还未准备好或没有有效数据而造成的程序阻塞问题。

头文件"*.h"大致为：

```
#ifndef __XYXTYDRV_H__
    #define __XYXTYDRV_H__
    #ifdef __cplusplus
        extern "C"{
    #endif
    typedef struct
    {    DEV_HDR devHdr; BOOL isCreate, isOpen; UINT32 RegMEMBase, ioAddr;
        SEL_WAKEUP_LIST selWakeupList;BOOL ReadyToRead, ReadyToWrite;
    } ttyXyx_DEV;
    #ifdef __cplusplus
    }
    #endif
#endif
```

C 语言"*.c"源程序代码大致为：

```
#include "xyxtyDrv.h"
LOCAL int ttyXyxDrvNum = 0;
STATUS ttyXyxDrv()                              //安装设备驱动程序
{    if(ttyXyxDrvNum>0) return(OK);
```

```
    //可加入的驱动程序的初始化代码
    //把驱动程序加入驱动程序链表中
    if(ttyXyxDrvNum = iosDrvInstall(ttyXyxOpen, ttyXyxDelete, ttyXyxOpen,
        ttyXyxClose, ttyXyxRead, ttyXyxWrite, ttyXyxIoctl) = = ERROR) return (ERROR);
    return (OK);
}
STATUS ttyXyxDevCreate(char * devName)           //创建设备驱动程序
{   ttyXyx_DEV * pttyxyxDev;
    if(ttyXyxDrvNum < 1)
    {   errno = S_ioLib_NO_DRIVER; return (ERROR);   }
    if((pttyxyxDev = (ttyXyx_DEV *)malloc( sizeof(ttyXyx_DEV))) = = NULL) return (ERROR);
    bzero(pttyxyxDev, sizeof(ttyXyx_DEV)); selWakeupListInit(&pttyxyxDev->selWakeupList);
    //初始化 pttyxyxDev
    if(iosDevAdd(&pttyxyxDev->devHdr, devName, ttyXyxDrvNum) = = ERROR)
    {   free((char *)pttyxyxDev); return (ERROR);   }
    return (OK);
}
int ttyXyxOpen(DEV_HDR * pttyDevHdr, int option, int flags)   //打开事件函数
{   ttyXyx_DEV * pttyDev = (ttyXyxDEV *)pttyDevHdr;
    if(pttyDev = = NULL)
    {   errnoSet(S_xyx_NODEV); return (ERROR);   }
    if(pttyDev->isOpen)
    {   errnoSet(S_xyx_DEVOPENED); return (ERROR);   }
    pttyDev->isOpen = TRUE;
    //...初始化
    return (int)pttyDevHdr;
}
int ttyXyxRead(int ttyDevId, char * pBuf, int nBytes)   //读操作函数
{   ttyXyx_DEV * pttyXyxDev = (ttyXyx_DEV *)ttyDevId;
    int ReadLength = ERROR; BOOL FoundError;
    if(pttyXyxDev = (ttyXyx_DEV *)NULL)
    {   errnoSet(S_xyx_NODEV); return ERROR;   }
    if(pttyXyxDev->ReadyToRead)
    {   ReadLength = 0; while(ReadLength < nBytes) ReadLength + + ;
        //判断寄存器和收到的字节数
        if(FoundError) return (ERROR); return (ReadLength);
    }
    return (ReadLength);
}
int ttyXyxWrite(int ttyDevId, char * pBuf, int nBytes)   //写事件函数
{   ttyXyx_DEV * pttyXyxDev = (ttyXyx_DEV *)ttyDevId;
    int WriteLength = 0; BOOL FoundError;
    if(pttyXyxDev = = (ttyXyx_DEV *)NULL)
    {   errnoSet(S_xyx_NODEV); return (ERROR);   }
    if(pttyXyxDev->ReadyToWrite)
```

```
    {   pttyXyxDev->ReadToWrite = FALSE;
        //写出数据,状态判断
    }
    pttyXyxDev->ReadyToWrite = TRUE;
    if(FoundError) return (ERROR); return (WriteLength);
}
int ttyXyxIoctl(int ttyDevId, int cmd, int arg)          //控制操作函数
{   int status; ttyXyx_DEV * pttyXyxDev = (ttyXyx_DEV *)ttyDevId;
    switch(cmd)
    {   case FIOSELECT:
            selNodeAdd(&pttyXyxDev->selWakeupList, (SEL_WAKUP_NODE *)arg);
            if((selWakeupType((SEL_WAKUP_NODE *)arg) == SELREAD)
                    && (&pttyXyxDev->ReadyToRead))
                selWakeup((SEL_WAKUP_NODE *)arg);
            if((selWakeupType((SEL_WAKUP_NODE *)arg) == SELWRITE)
                    && (&pttyXyxDev->ReadyToWrite))
                selWakeup((SEL_WAKUP_NODE *)arg);
            break;
        case FIOUNSELECt:
            selNodeDelete(&pttyXyxDev->selWakeupList, (SEL_WAKUP_NODE *)arg);
            break;
        case xx_STATUS_GET: status = xxStatusGet(&arg); break;
        case xx_CONTROL_SET: status = xxCMDSet(arg); break;
        //其他命令
        default: errno = S_ioLib_UNKNOWN_REQUEST; status = ERROR; break;
    }
    return (status);
}
int ttyXyxClose(int ttyDevId)                            //关闭操作函数
{   ttyXyx_DEV * pttyXyxDev = (ttyXyx_DEV *)ttyDevId;
    if(pttyXyxDev = (ttyXyx_DEV *)NULL)
    {   errnoSet(S_xyx_NoMEM); return (ERROR);     }
    //处理设备
    free(pttyXyxDev);                                    //释放资源
}
STATUS ttyXyxDelete(char * devName)                      //卸载操作函数
{   DEV_HDR * pDevHdr; char * pNameTail;
    pDevHdr = iosDevFind(devName, pNameTail);            //搜索设备
    if(pDevHdr == NULL || *pNameTail != '\0') return (ERROR);
    //释放源样本唤醒信号
    iosDevDelete(pDevHdr); /* 卸载 */  return (OK);
}
LOCAL ULONG ttyXyxIntHandler(int ttyDevId)               //中断处理函数
{   ttyXyx_DEV * pttyXyxDev = (ttyXyx_DEV *)ttyDevId;
    if(pttyXyxDev = (ttyXyx_DEV *)NULL)
```

```
{    errnoSet(S_xyx_NoMEM);        return (ERROR);    }
//读取中断状态
//如果可以收到
pttyXyxDev->ReadyToRead = TRUE; pttyXyxDev->ReadyToWrite = FALSE;
//清除中断
}
```

3.6.4 VxWorks 块型设备及文件系统操作

1. 块型设备驱动与文件系统操作概述

　　块型设备驱动程序与 I/O 系统之间必须有文件系统。块型设备的驱动挂在文件系统上，先和文件系统作用，再由文件系统与 I/O 系统作用。块型设备的使用比字符型设备更方便。块型设备驱动必须创建一个逻辑盘或连续设备。块型设备驱动程序通过初始化块型设备描述结构 BLK_DEV 或顺序设备描述结构 SEQ_DEV 来实现驱动程序提供给文件系统的功能，使用文件系统设备初始化函数，如 dosFsDevInit()，实现将驱动程序装入 I/O 系统，即文件系统把自己作为一个驱动程序装到 I/O 系统中，并把请求转发给实际的设备驱动程序。结构 BLK_DEV 或 SEQ_DEV 定义块的大小、数目等相关设备的变量和实现设备读/写、控制、复位以及状态检查等操作的函数列表。块型设备驱动程序的操作函数大致有以下几个部分：低级驱动程序初始化（包括初始化硬件，分配和初始化设备数据结构，用于多任务存取的互斥量创建，中断初始化，打开设备中断）、设备创建（先分配一个设备描述符，然后根据具体情况填写该设备的描述符）、读/写操作（以块为单位进行设备数据的输入/输出传输）、I/O 控制和复位及状态检测。顺序存储设备还包括一些特有的操作，如写文件标志、向后搜索、保留操作和安装/卸载等。

　　块型设备支持的文件系统有 dosFS、TrueFFS、TSFS、typeFS 和 rawFS 等，基于 VxWorks 的嵌入式应用领域中应用最多的是 TrueFFS 文件系统，通过 TrueFFS 文件系统对嵌入式应用体系中广泛使用的大容量 Flash 存储器和 CF 卡等闪存设备运行操作。

　　快速闪存文件系统 TrueFFS 也称为 TFFS，通过模拟硬盘驱动器来屏蔽 Flash 操作的具体细节，从而使得在闪存设备上执行读/写操作简单易行。

　　TrueFFS 由一个核心层(core layer)和三个功能层组成，三个功能层分别是转换层(translation layer)、MTD 层(memory technology drivers layer)和 Socket 层(Socket layer)。核心层主要用于连接其他几个层，同时也负责进行碎片回收、定时器和其他系统资源的维护，通常 WindRiver 以二进制文件提供这部分内容。转换层主要实现 TrueFFS 和 dosFs 之间的高级交互功能，它也包含了控制 Flash 映射到块、wear-leveling、碎片回收和数据完整性所需的智能化处理功能，有三种不同的转换层模块可供选择，具体选择哪一种层取决于所用的 Flash 介质采用的是 NOR-based、NAND-based，还是 SSFDC-based 技术。Socket 层提供 TrueFFS 和板卡硬件(如 Flash 卡)的接口服务，用来向系统注册 Socket 设备，检测设备拔插，硬件写保护等。MTD 层主要是实现对具体的 Flash 进行读、写、擦和 ID 识别等驱动，并设置与 Flash 密切相关的一些参数，TrueFFS 已经包含了支持 Intel、AMD 以及 Samsung 部分 Flash 芯片的 MTD 层驱动。以上四个层次，通常要做的工作在后两层。在 VxWorks 下配置 TrueFFS 时，必须为每一层至少包含一个软件模块。

嵌入式应用体系中广泛使用的是大容量 Flash 存储器和可移动的 CF 卡闪存介质，下面以 CF 卡为例介绍 VxWorks 下块型设备的驱动程序设计和 TFFS 操作，选用的硬件平台基于 PowerPC 微处理器体系。

2. 闪存介质 CF 卡及 TFFS 操作

(1) TFFS 文件系统驱动程序的编制

TrueFFS 的编程主要在 MTD 层和 Socket 层。首先必须在当前 VxWorks 生成目录的配置文件（config.h）中定义 INCLUDE_TFFS（包含 TrueFFS 系统）和 INCLUDE_TFFS_SHOW（包含 TrueFFS 系统的显示函数）。

① 翻译层：根据 Flash 的实现技术来选择。设计中选用了 SST 公司的 SST49CF064 的 CF 卡，64MB 容量。它是基于 NAND 的 Flash 技术，所以在文件中定义 INCLUDE_TL_NFTL；如果是 NOR 技术，则定义 INCLUDE_TL_FTL。

② MTD 层：文件 cfCardMTD.c 实现了 MTD 层的功能。在本设计中，MTD 层主要实现 4 个函数：读、写、擦除和 ID 识别。ID 识别函数根据读取设备的 ID 号来选择与当前设备匹配的 MTD 驱动，函数中指定了针对当前设备的一些参数以及基本操作函数，并赋给一个叫 FLFlash 的数据结构。

```
FLStatus cfMTDIdentify (FLFlash* pVol);
```

FLFlash 数据结构中的主要参数赋值如下：

```
pVol->type = CF_ID;                        /* 器件 ID 号 */
pVol->erasableBlockSize = 512;             /* 可擦除的最小单元是 512 B */
pVol->chipSize = 0x4000000;                /* 器件容量为 64 MB */
pVol-write = cfWriteRoutine;               /* 写函数 */
pVol->read = cfReadRoutine;                /* 读函数 */
pVol->rease = cfEraseRoutine;              /* 擦除函数 */
pVol->map = cfMap;                         /* 将 CF 卡的一段区域映射到内存空间 */
```

CF 卡的读/写操作需要按照一定算法实现，它的擦除函数非常简单，直接返回就可以了，因为 CF 卡可以直接调用写命令写入数据，本身能够自动完成擦除操作。cfMap 函数将 CF 卡的一段区域映射到存储空间，一般为 4 KB。CF 卡的 40 MB 地址空间并不映射到系统的存储空间中，所以 Flash 的 MTD 驱动中的该函数可以为空。最后，识别函数必须在 MTD 驱动表单 mtdTable[] 中注册：

```
#ifdef INCLUDE_MTD_CFCARD
    cfMTDIdentify,
#endif
```

并增加函数声明：

```
extern FLStatus cfMTDIdentify (FLflash vol);
```

③ Socket 层：文件 sysTffs.c 实现了 Socket 层的功能。sysTffsInit() 函数是主函数，调用 Socket 注册函数 cfSocketRegister()，初始化 Socket 数据结构 FLSocket。

```
LOCAL void cfSocketRegister (void)
```

嵌入式图形系统设计

```
{
    FLSocket vol = flSocketOf(noOfDrives);
    tffsSocket[noOfDrives] = "F";                    /* Socket 名称 */
    vol.window.baseAddress = CF_BASE_ADRS>>12;       //窗口的基地址
    vol.cardDetected = cfCardDetected;               /* 检测 CF 卡是否存在的函数 */
    vol.VccOn = cfVccOn;                             /* CF 卡上电函数 */
    vol.VccOff = cfVccOff;                           /* CF 卡断电函数 */
    vol.initSocket = cfInifSocket;                   /* CF 卡初始化函数 */
    vol.setMappingContext = cfSetMappingContext;     /* CF 卡映射函数 */
    vol.getAndClearCardChangeIndicator = cfGetAndClearCard ChangeIndicator;// 设置改变函数
    vol.writeProtected = cfWriteProtected;           /* CF 卡写保护判断函数 */
    noOfDrives ++;
}
```

其中,映射窗口的基地址以 4 KB 为单位。TrueFFS 系统每 100 ms 调用 CF 卡检测函数,判断 CF 卡是否存在。上电/断电函数主要用于节省系统功耗。初始化函数负责访问 CF 卡之前的所有前期工作。如果插入 CF 卡型号改变了,cfGetAndClearCard ChangeIndicator 函数就会及时向 TrueFFS 系统报告。sysTffs.c 中实现上述的所有函数。大部分情况下,不必关心 FLSocket 数据结构,只关心它的成员函数。实现了的成员函数会被 TrueFFS 系统自动调用。

(2) 操作程序的实现

完成 TrueFFS 的编写之后,经过编译链接,如果一切正确,则 VxWorks 运行时会调用 tffsDrv() 函数自动初始化 TrueFFS 系统,包括建立互斥信号量、全局变量和用来管理 TrueFFS 的数据结构,注册 Socket 驱动程序。当 TrueFFS 需要和底层具体硬件打交道时,它使用设备号(0~4)作为索引来查找它的 FLSocket 结构,然后用相应结构中的函数来控制它的硬件接口。成功完成 Socket 注册之后,用户就可以调用 tffsDevCreate() 创建一个 TrueFFS 块型设备,调用 tffsDevFormat 格式化设备,再调用 dosFsDevInit() 函数加载 DOS 文件系统。之后,就可以像使用磁碟设备一样使用 CF 卡,如调用函数 open、read、write、close 和 creat 等文件操作函数。

TrueFFS 的简单测试,可以从主机复制一个文件到 CF 卡,再将这个文件从 CF 卡复制到主机,然后比较原文件和最后文件的区别。用户也可以调用函数 tffsShow() 或 tffsShowAll() 来查看 TrueFFS 的创建情况。

TrueFFS 可以极大地延长 Flash 设备的寿命,其损耗均衡算法能够将频繁使用的损耗(如 FAT 表带来的)平均分配给所有物理扇区。

3.7 本章小结

本章首先介绍了嵌入式软件体系的基本框架构造,指出了架构嵌入式软件体系的重要因素。接着逐一介绍了嵌入式应用系统中常见的 5 种类型的软件体系的构建:嵌入式体系的直接软件架构、嵌入式 μC/OS 体系的软件架构、嵌入式 μC/Linux 体系的软件架构、嵌入式 WinCE 体系的软件架构和嵌入式 Vxworks 体系的软件架构。5 种类型的嵌入式软件体系架构,是后续各章嵌入式图形系统设计要用到的基础软件部分,只有建立了特定的嵌入式软件体系，才能在其上展开用户期望的嵌入式图形系统设计。

本章简要阐述了5种常用嵌入式基本软件体系和外设/接口的驱动程序设计，具体操作系统移植与各类驱动程序设计的详细环节及其应用举例，还有网络驱动及其通信实现等方面，限于篇幅，没有深入阐述，更为具体及全面的相关内容，可参考作者所著的《基于底层硬件的软件设计》一书。

3.8　学习与思考

1. 嵌入式软件体系架构涉及了哪些主要内容和环节？
2. 对比嵌入式直接软件体系架构、μC/OS、μC/Linux、WinCE 和 VxWorks 软件体系架构的特点、步骤的相同和差异。
3. μC/OS、μC/Linux 和 WinCE 内核的移植或定制有什么相同和差异？
4. 借助软件工具架构嵌入式软件体系是一条捷径，试列举所知道的有关 μC/OS、μC/Linux 和 WinCE 软件体系架构的软件工具。读者想编写这方面的软件架构工具吗？

第4章 嵌入式 GUI 直接软件设计

在嵌入式应用系统设计中,直接操纵底层人机接口,构成 GUI 显示数据,并在显示器上形成图形界面,直截了当,设计灵活,所见即所动作,简易直观,需用系统资源少,代码运行快,在工业数据采集/控制、便携式仪表仪器、医疗器械和多媒体大屏幕显示等方面有着广泛的应用。

嵌入式 GUI 体系直接设计是嵌入式图形系统设计中常用的有效设计手段。本章主要针对 LED/LCD 显示屏,编写底层驱动程序,构成 API 函数,进而直接调用,设计所需的嵌入式 GUI 应用程序。本章主要有以下内容:
➢ 嵌入式 GUI 直接设计综述;
➢ 常用辅助软件工具介绍;
➢ LED - GUI 图文显示设计;
➢ LCD/LCM - GUI 图文显示设计。

4.1 嵌入式 GUI 直接软件设计综述

1. 嵌入式 GUI 直接设计及其特点

嵌入式 GUI 直接设计,直接面对显示硬件电路模块,通过对其进行有效控制或读/写访问操作,从键盘和触摸屏等输入设备取得人机交互信息,把相关数据信息送往输出显示电路模块,从而在显示器上显示出期望的图形界面。

嵌入式 GUI 直接设计,不采用任何中间 GUI 软件体系,没有更多的软件包装和层次限制,设计自由度大,所见即所动作,直截了当,简易直观,需用系统存储器资源较少,代码运行较快。但是,嵌入式 GUI 直接设计,需要自行设计底层人机输入/输出驱动程序及其 API 接口,自行实现常见 GUI 中间软件的图形引擎功能,设计难度较大;而且由于存在设计的不完备和有限的测试,安全隐患较大,显示出来的界面图形画质也不及基于 GUI 软件的设计好。

随着科学技术的发展和设计人员工作经验的积累,嵌入式 GUI 直接设计的图形界面画质,正在直逼甚至超过基于 GUI 软件的设计,如直接嵌入式 GUI 设计的丰富多彩的 LED 大屏幕多媒体显示。

2. 嵌入式 GUI 直接设计的硬件基础

嵌入式 GUI 直接设计,需要直接操作输入/输出人机接口,因此必须了解并熟悉这些接口的硬件电路构造才能更好地对它们进行有效的访问。键盘、触摸屏和显示器等输入/输出人机接口中,显示器是首要的硬件。嵌入式 GUI 直接设计中经常面对的显示器设备的主要类型如表 4-1 所列。

从硬件角度看,对显示器的操作主要是控制和驱动,驱动在最底层。控制是对显示器初始状况等方面的配置或运行中工作模式等方面的切换,驱动是对显示电路给以正确的时序方面的操作。嵌入式系统中常见的显示器是以显示控制器和显示器件为核心的模块,并且还含有用作数据缓冲的存储器和便于控制与访问的寄存器。寄存器通常分为控制寄存器、状态寄存器和数据寄存器,大量的点阵LED屏和LCD显示器就是这样。对显示器的控制和读/写访问操作,通常表现为对其寄存器和存储器的操作,其中包括中断和DMA(Direct Memory Access)。

表4-1 嵌入式GUI直接设计面对的显示器类型划分

嵌入式系统中常用的显示器 { LED显示器 { 数码LED显示屏 / 点阵LED显示屏 } ; LCD显示器 { LCD显示屏 / LCM(LCD显示模块) } }

3. 嵌入式GUI直接设计的重要环节

以显示器为主的人机接口驱动程序设计是嵌入式GUI直接设计的重要环节。

人机接口连接到微控制器,一般有两种形式:一种是通过微控制器集成的专用硬件接口或微控制器的I/O口;另一种是通过接口转换器件。前一种类型只需要一级驱动;后一种类型则需要二级驱动,逐级串行操作。驱动操作代码通常采用C语言编写,实时性要求比较高的驱动则其关键部分或全部采用汇编语言编写。驱动代码通常编写成应用程序接口API函数的形式,供给实现具体功能的应用程序段调用。一般来说,有几级驱动,就有几级驱动代码及其API接口函数,高级驱动可以直接调用低级驱动程序的API。驱动代码含有的API接口函数有初始化函数、存取访问函数、中断处理函数、启动/停止函数及方式切换控制函数等。

设计的驱动程序需要经过严格的调试和测试,通常采用软硬件结合的方法,一边在开发调试平台上运行驱动代码,一边用示波器或逻辑分析仪观察接口连接线上的信号活动状态,按照微控制器与外设的应用操作要求,逐步逐级进行。

嵌入式系统中,显示器上的点和显示数据存在着一一对应的关系,简单的是对应亮/灭的"0/1"位逻辑,复杂的是对应像素点的可表示颜色或灰度等的多位数据。每点数据的行列排列组合,就形成了一幅丰富的图形界面。

显示器和系统微控制/处理器之间,常采用快速存储器作为显示缓冲,以避免闪烁等不良现象,提高画质,该存储器称为显示缓存,它是显示器和系统微控制/处理器都要使用的共享存储器,通常设计为双倍大小,供显示器和系统微控制/处理器交替循环使用。共享存储器的使用是驱动程序设计的重点。

4. 嵌入式GUI直接设计的应用

嵌入式GUI直接设计,常用于对实时响应性和稳定可靠性要求较高,资源和成本需求量少,显示界面画质要求较低的场合,如电子仪表仪器、工业监控产品、便携式测量设备、医疗器械和交通/航运指示等领域。另外,室内外大屏幕多媒体广告宣传等方面,也在越来越多地采用嵌入式GUI直接设计。

4.2 常用辅助设计的软件工具介绍

嵌入式系统中,显示器上的点和显示数据存在着一一对应的关系,简单的是对应亮/灭的"0/1"位逻辑,复杂的是对应像素点的可表示颜色或灰度等的多位数据。每点数据的行列排列组合,就形成了一幅丰富的图形界面。

嵌入式GUI设计中,常需要将特定字符或图像转换成屏幕上显示的数据。可以根据显示点和数据的对应关系,手工实现这一过程。简单的汉字或图像还可以这样做,复杂的文字串或图像就困难了,而且容易出错,可以设计可视化的转换软件工具来达到快速简化的目的。

图4-1给出了一个产生汉字数据的软件工具应用示例,中间是所选汉字对应的十六进制数据。这是作者根据实际需要用C++ Builder自行设计的。

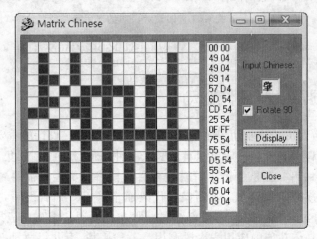

图 4-1　汉字显示数据产生工具应用示例

图4-2给出了一个将位图转换成显示数据的软件工具应用示例,图的下方是以C语言数组方式表示的显示数据。

图 4-2　产生位图显示数据的软件工具应用示例

以上介绍的两款软件工具都具有编辑功能,可以进行创建、载入和修改等工作,可以选择得到需要的数据格式。

4.3 LED-GUI 图文显示设计

4.3.1 LED 显示及其硬件驱动

1. LED 人机显示界面概述

嵌入式系统中的 LED(Light-Emitting Diode)人机显示界面,主要用作数字显示的 LED 数码管组和能够显示汉字/图形的大屏幕 LED 点阵显示屏。嵌入式 LED 显示器的应用状况如表 4-2 所列。

少量的 LED 数码管显示主要在静态方式下工作,直接由微控制器点亮即可。大量的 LED 数码显示和 LED 点阵模块组显示主要在动态方式下工作,需要不断地进行逐行扫描。LED 人机显示界面,主要由 LED 数码管/8×8 点阵 LED 模块、驱动电路和控制电路组成。简单的 LED 数码管显示或点阵 LED 模块组显示,其控制可由系统微控制器完成;含有大量的 LED 数码管或 LED 点阵模块组的显示,其控制需要使用专门的微控制器,如 SCM、CPLD/FPGA 等,构成 LED 专用控制模块,这样的控制模块常通过串行口或 8 位/16 位并行口与所设计的系统相连接。

表 4-2 嵌入式 LED 显示器的应用状况表

项 目	显示方式	控制形式	接口形式
少量数码管	静态显示	系统微控制/处理器	串口或 8 位/16 位并口
大量数码管 点阵模块组	动态显示 (逐行扫描)	SCM、DSPs、 CPLD/FPGA	

2. LED 显示的驱动器件

早期的 LED 数码管或点阵模块驱动电路,大多采用低电压信号的串并转换 CMOS 电路和大电流驱动的双极性电路两部分组成(如 74HC595 + MC1413/UNL2803/UNL2084、CD4094/MC14094 + MC1413、74HC164 + 74HC273 + MC1413)。这种电路焊点多,成本高,可靠性低。鉴此 TI 公司开发生产了专用 TPIC6B595(TPIC6C595),该 ASIC 将串并转换和大电流驱动合二为一。其显著特点如下:并行输出驱动能力大(单路驱动电流高达 200 mA),可直接驱动 LED;电流电压范围宽,工作电压可在 5~15 V 内灵活选用;串行输入、移位和锁存、时钟输入端口都设有施密特整形电路;串并输出电流大,吸收和供给电流都大于 4 mA,级联方便;数据处理速度高,串行时钟频率 f_{max} 可达 25 MHz,特别适合于多灰度彩色显示屏的 LED 驱动。无锡东大先行微电子公司推出与 TPIC6B595 完全兼容的 ASIC 芯片 AMT9094/9095,价格极低。由于 TPIC6B595 是 8 位的,在制作全彩屏时用量很大,且 256 级灰度控制复杂,TI 公司又推出了 TLC5901/5902/5903。其特点是:恒流源输出 5~80 mA 或 10~120 mA,驱动能力 80 mA(16 位)或 120 mA(8 位);PWM 控制 256 级灰度显示;亮度32级可调;时钟同步的8位并行数据输入。该芯片使得256级灰度控制更为简单,恒流源方式使得图像显示一致性更好,TQFP100封装使得驱动板面积大为减小。在此基础上TI公司又推出了TLC5921。北京华虹公司也推出了性能优良的9701。9701特性如下:内含$8\times16\times32$数据扫描阵列,可实现从静态到1/32动态扫描;数据输入扫描阵列和数据输出灰度控制分别采用两个独立的时钟;具有8位并行数据输入和8位并行数据输出的级联功能;16个数据输出端,每个端口驱动电流在80 mA以上,每个端口数据输出耐压大于20 V;数据输出256级灰度;输出具有模式选择端,可用于奇/偶帧选择;具有非线性校正控制输入端。

常用的LED驱动集成器件还有:串行输入、带锁存、可亮度控制、驱动器16位LED的OTC-032;集锁存/译码/扫描/时钟于一体,采用动态扫描方式显示,驱动4个共阴极LED数码管,串行数据输入,可与单片机直接相连的Motorola公司的MC14499;SPI接口、64段LED驱动、16级亮度控制、可级联的多功能LED译码显示驱动芯片Maxim公司的MAX7219/力源公司的ICPS7219等。

常用的逐行扫描控制器件有双2-4译码器74xx138xx、3-8译码器74xx138、4-10译码器74xx145、4-16译码器74xx154/CD4515等。在LED驱动电路中,还常用到大功率达林顿开关三极管,如NPN型的TIP122、PNP型的TIP127等。

此外,还有一类集LED数码管或点阵模块显示与键盘扫描编码于一体的LED显示/键盘芯片,如Intel公司的8位并行接口、32段LED显示、64键盘控制芯片8279,比高公司的8位/16位2线串行接口、128段LED显示、64键盘控制芯片BC7280/81,Hitachi公司的8位4线串行接口、64段LED显示、64键盘控制芯片HD7279,广州周立功单片机公司的8位SPI串行接口、64段LED数码管显示、64键盘控制芯片ZLG7289A,南京沁恒公司的4/2线串行接口、64段LED显示、64键盘控制芯片CH451/452等。

概括起来,LED驱动的集成电路IC(Integrated Circuit)器件组合如表4-3所列。

表4-3 LED驱动器件及其组合类别表

列驱动 IC	组合 IC	74HC595 + MC1413/UNL2803/UNL2084、CD4094/MC14094 + MC1413、74HC164 + 74HC273 + MC1413
	独立 IC	TPIC6B595(TPIC6C595)、AMT9094/9095、TLC5901/ 5902/5903、TLC5921、9701、OTC-032、MC14499、MAX7219/ICPS7219 等
行控制 IC		译码器:74xx139、74xx138、74xx145、74xx154/CD4515 等 功率开关管:NPN型的TIP122、PNP型的TIP127 等
显示/键盘 IC		Intel8279、BC7280/81、HD7279、ZLG7289A、CH451/452 等

4.3.2 常见LED系统的硬件设计

1. LED数码管的驱动及其连接

这类人机界面的设计主要是使用LED驱动控制芯片或LED显示/键盘控制芯片。图4-3给出了使用MC14499驱动4位LED数码显示的电路及其与MCS-51单片机的连接。

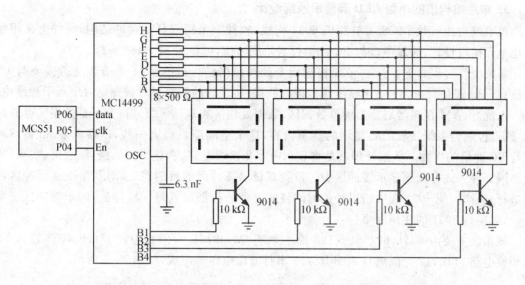

图 4-3 MC14499 构成的 LED 数码管驱动控制电路及其连接

2. LED 点阵模块组及其驱动

这类电路主要由 8×8 LED 点阵模块、"列"驱动芯片、"行"扫描译码芯片和大功率达林顿三极管等构成。图 4-4 给出了由 AMT9094、CD4515 和 TIP127 等构成的 LED 点阵显示模块的电路图,这种模块可以横向级联,组成更大面积的 LED 显示界面。

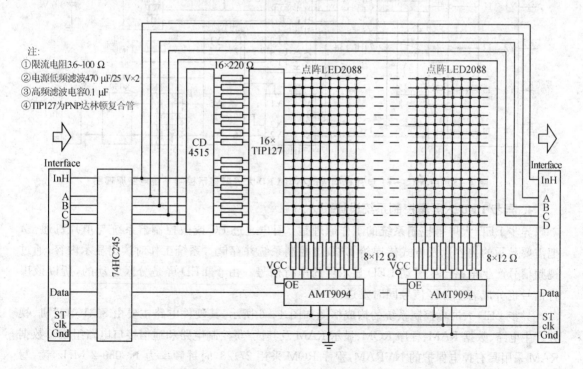

图 4-4 由 AMT9094、CD4515 和 TIP127 等构成的 LED 点阵显示模块的电路图

3. 单片机构成的小型 LED 屏显示系统设计

该系统可由一块 MCS51 单片机 8031 构成，软件上采用双显示缓冲结构，硬件上采用结构化单元模块设计，通过串口与 PC 或微控制系统通信，可显示 32×160 点阵。

系统工作过程如下：平常 8031 根据指令处理数据进行扫描显示，并查询是否需要与 PC 通信；与 PC 通信时，8031 中止显示转而接收数据；所进行的扫描显示放在定时中断子程序中。

系统 SRAM 存储器划分为屏幕数据区、数据处理区和双显示缓冲区。屏幕数据区存放从 PC 或微控制器系统接收的要显示的屏幕内容，这个空间应设得大一些，以存放多屏内容，减少与 PC 通信的次数。数据处理就是将显示内容变换成左移、右移、对移、展屏、收屏、快入、快出和闪烁等方式存储到显示缓冲区中。设置双显示缓冲区的目的在于，对其中一屏缓冲区内容进行显示时，使 8031 在中断以外的时间将所处理的数据放入另一缓冲区，两个缓冲区交替显示，以提高 8031 的使用效率。

该系统主要由 8031、62256、27128 最小系统、Max813L 看门狗电路、74HC4053 输入/显示切换电路、TIL117 光隔离与 8050RS232 串行通信电路等组成，如图 4-5 所示。

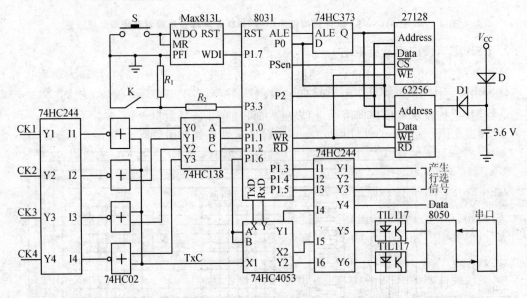

图 4-5 由 MCS-51 单片机构成的小型 LED 大屏幕显示控制系统电路原理图

4. 异步 LED 大屏幕控制系统设计

异步 LED 大屏幕控制系统的工作原理是：用户通过 PC 或微控制器系统与单片机通信，把需要显示的内容以及方式传递给 LED 屏控制系统并存储。系统工作时读出显示内容，通过视频信号产生电路产生驱动 LED 显示屏的串行信号。由于 LED 屏是分区驱动的，所以该串行信号也分成若干分区信号同时发送。

异步 LED 大屏幕控制系统的构成框图如图 4-6 所示，其硬件电路主要由 8031 单片机、视频产生电路、数据 RAM、程序 ROM、显示 RAM 及其读/写控制电路和通信接口电路组成。数据 RAM 采用具有掉电保护的 NVRAM，程序 ROM 采用 27128，时钟频率为 11.059 2 MHz，读/写控制电路和视频产生电路采用大规模可编程逻辑器件 FPGA 实现，这里选用 Xillinx 公司的 3042 芯片，其 PLD 程序设计使用 Xillinx 公司的 Foundation 软件实现。

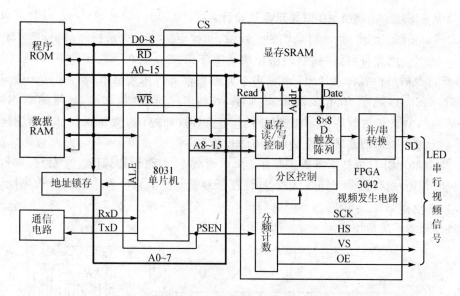

图4-6 由MCS-51单片机构成的小型LED大屏幕显示控制系统电路原理图

4.3.3 LED-GUI直接软件设计综述

1. LED-GUI直接软件设计的基本思想

LED-GUI直接软件设计的基本思想如下：

➤ 根据LED显示屏的硬件构成特点，构造底层硬件操作函数或子程序，形成API。
➤ 构造显示数据，调用所设计的API函数或子程序，在LED屏上完成数码、文字或图形显示。

2. LED-GUI直接软件设计的过程实现

LED-GUI直接软件设计的实现过程如下：

➤ 根据像素点和显示数据的对应关系，人工或借助于辅助软件设计工具，以"帧"、"行"或"幅"为单位，构造显示数据集。
➤ 调用硬件驱动API函数，把显示数据送往显示缓冲区。
➤ 调用硬件驱动的控制API函数，在指定位置显示期望的数码、文字或图形。

4.3.4 LED-GUI应用项目开发举例

这里以LED时钟屏和LED图文屏为例，介绍嵌入式LED-GUI的直接软件设计。

4.3.4.1 LED时钟屏软件设计

1. 硬件体系构成

LED时钟屏，显示年、月、日、时、分、秒和农历月、日，具有红外遥控修改日期、时间和闹钟定时功能，带有语音芯片实现的整点报时功能。时钟屏的硬件体系主要由遥控发射器、带有遥控接收的主控制板和LED显示驱动板三部分组成。下面介绍主控板和显示驱动板的简易电路构成。

（1）主体控制板

主体控制板采用廉价的双微控制器实现日历/时间信息的遥控修改及其LED数码屏的显

示驱动与内容刷新。主微控制器 AT89C51 用于读取日历/时间信息,变换成 LED 屏可以显示的数据形式,以串行方式,通过驱动增强,传送给 LED 驱动板;次微控制器 AT89C2051 用作遥控接收,通过解码处理,把接收到的信息传送给主微控制器 AT89C51,AT89C51 显示修改提示,并把修改后的内容写入日历时间芯片。日历时间芯片采用具有掉电数据保持与自动计时功能的 DS12887。遥控接收器采用 Vishay 的带有放大与解调功能的红外检测器 TSOP322。两个微控制器之间通过外部触发中断以串行方式交换遥控接收的解码信息,AT89C2051 也以类似的方法解码接收到的遥控数据。

AT89C51 向 LED 屏送去的控制信息有:可进行 16 行逐行扫描的 4 个行选信号、串行数据与移位时钟信号、行使能与锁存信号等,这些信号经过 74LS245 和相应的上拉电阻驱动后,再传输给 LED 显示屏。

主体控制板的整个硬件体系原理图如图 4-7 所示。

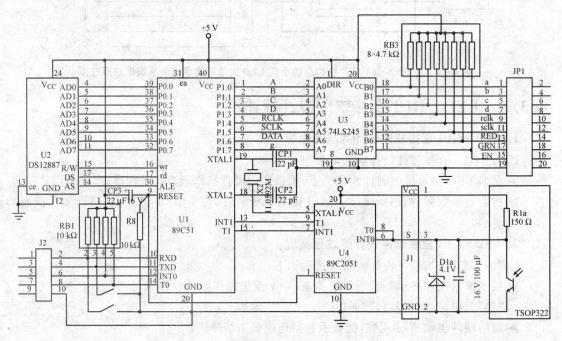

图 4-7 主体控制板的硬件体系原理图

(2) 驱动显示板

时钟 LED 屏,以阿拉伯数字显示为主,多为 LED 数码管,只有显示星期的数字使用 8×8 点阵 LED 显示汉字的"一"~"七"。数码 LED 的段或点阵 LED 的列,其驱动采用器件串并转换器 74HC595,对于数码管还需加入功率驱动器件,这里选用达林顿晶体管阵列器件 ULN2083A。数码 LED 的位或点阵 LED 的行,采用 16 选 1 的逐行扫描来逐位或逐行选通点亮,这里选用两个 4-10 译码器 74LS145 构成。驱动板从主控制板接收到控制信号,经过 74HC245 驱动增强后,把串行时钟、时钟及其控制信号送给 74HC595,行选信号送给 74LS145;7 个 74HC595 首末相连,构成一块 LED 驱动板,末级再把驱动控制信号送给下一块类似的 LED 驱动控制板。

LED 屏的驱动控制电路原理图如图 4-8 所示。

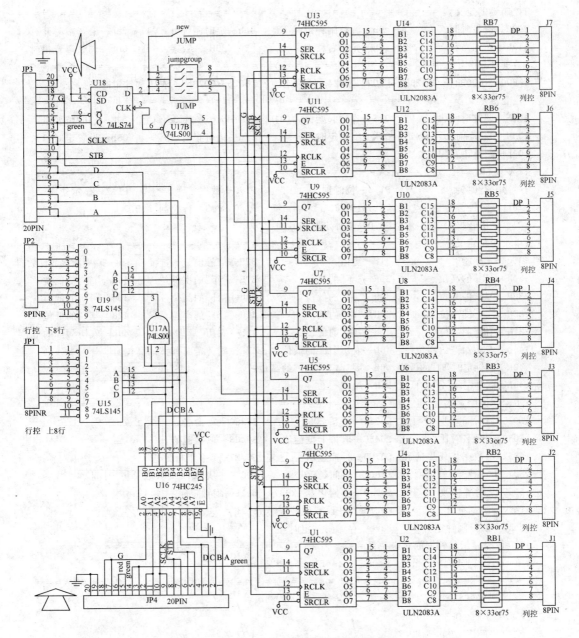

图 4-8 LED 时钟屏的驱动电路原理图

2. 软件体系设计

(1) 软件的整体架构

除了遥控接收与解码外,时钟屏的大部分功能都由主控制器 AT89C51 实现。其数据区的划分、标志位和全局变量的定义、I/O 口的使用、人机交互键值的定义、各个程序段的作用和程序代码的整体构成如下面的程序段所示,程序采用汇编语言编写,其中作了详细注释。

```
$ TITLE(Written: KaiZhaoQian)
$ DATE(12/11/1999)
```

```
;控制键的定义:========================================
;C8H---调整时间          c9h---调整闹钟定时      0dh---定时闹钟开/关      fah---语音报时开/关
;1AH---光标左移          1BH---光标右移          [30-39H]---数字0~9      0bh---调整语音报时
;数据区划分:==========================================
;[8000-800BH]---DS12887  [8020-8024H]---命名     [8025-8028h]---农历和钟定时(时:分)
;位变量定义:==========================================
;01H---调整时间(1)       02H---收到起始标志(0)   04H---digital modify(1)  03H---临时位变量
;05H---0.5s[前(0)/后(1)] 06h---闹钟定时(1)       07h---语音报时(1)        08h---设置定时(1)
;09h---调整语音报时
;I/O端口:============================================
;P1.4---行时钟           P1.5---位时钟           P1.6---数据              P1.7---显示使能
;INT1---时钟位           T1---数据位             P1.0-1.3---行控制[A,B,C,D]
;P3.1---语音报时(1)      P3.0---闹钟定时(1)
;单位变量定义:========================================
;30H---光标指针          31H---键值              32H---信号值             33H---T0中断次数计数器
;34H---"年"的高位        35H---"年"的高位        37H---"年"的次低位       36H---"年"的低位
;38H---"月"的高位        39H---"月"的低位        3AH---"日"的高位         3BH---"日"的低位
;3DH---"时"的高位        3EH---"时"的低位        41H---"分"的高位         42H---"分"的低位
;3FH---"秒"的高位        40H---"秒"的低位        43h---农历"月"的高位     44h---农历"月"的低位
;45h---农历"日"的高位    46h---农历"日"的低位    47h---闹钟定时"时"的高位
;48h---闹钟定时"时"的低位 49h---闹钟定时"分"的高位
;4ah---闹钟定时"分"的低位 3CH---星期
;子程序说明:==========================================
;S0254---时间修改        S0361---联系2051        S0382---写命名
;S0395---命名对比        S045C---取得上位键值    S0468---取得键值
;S0529---数据装载并显示  S07C9---行控显示        S07E7---1字串行传送
;S07F3---2字空间时钟传送 S080C---时间延迟        S0859---从DS12887A取日历/时间
;S08CD---时钟修改        S0939---初始化DS12887A  bell---闹钟定时
;talk---语音报时         set_bell---设置闹钟定时 bell_dpl---闹钟定时显示
;take---取得闹钟定时     save---存储闹钟定时
;LED数码显示与数据的对应关系=============================
; 0---dp  1---b  2---c  3---a  4---f  5---d  6---g  7---e
;====================================================
        CSEG
        ORG   0000H
        LJMP  MAIN                    ;主程序
        ORG   000BH
        LJMP  L04F1                   ;T0中断程序
        ORG   001BH
        LJMP  L03AD                   ;INT1中断程序
MAIN:   MOV   SP,#50h
        clr   p3.0                    ;关闭闹钟定时
        ……
```

(2) 主体程序设计

主体程序主要有两个:主程序和INT1中断程序。主程序实现LED屏的大部分功能,

INT1 程序实时接收输入控制键值并交付主程序使用。这两个程序都用汇编语言实现,程序流程如图 4-9 所示。程序代码很长,这里不再详细列举。

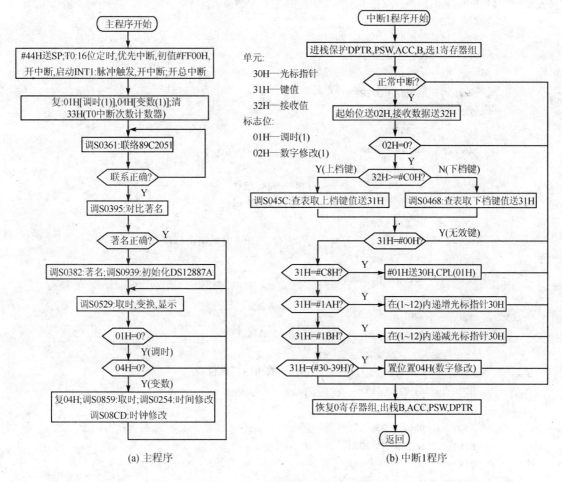

(a) 主程序　　　　　　　　　　　　　　(b) 中断1程序

图 4-9　LED 时钟屏的主体程序流程图

(3) 底层硬件操作及其处理子程序设计

时钟屏软件以实用为目的,没有过多的层次划分和限制,很多子程序或多或少都涉及硬件操作及其处理,这里以日期/时钟的显示子程序 S0529 为例说明。

S0529 程序从 DS12887A 芯片中取得显示信息,转换成可在屏幕上显示的数据,送 LED 屏显示。该程序调用的子程序有:"12887A 信息获取"子程序 S0859、"字传送"子程序 S07E7、"空字传送"子程序 S07F3 和"硬件行控"子程序 S07C9。其主要程序及其子程序代码如下:

```
S0529:  LCALL   S0859           ;----------数据装载显示----------
        MOV     R4,#20H         ;S0859---从 DS12887A 中取得日历/时间值
        MOV     A,37H           ;通过查表,得到能在 LED 上显示的数据
        CJNE    A,#09H,L0535    ;2000 年显示处理
        MOV     R4,#19H
L0535:  MOV     A,R4            ;34H--"年"高位
        SWAP    A
```

```
            ANL     A,#0FH
            MOV     34H,A
            MOV     A,R4                    ;35H---"年"次高位
            ANL     A,#0FH
            MOV     35H,A
            MOV     DPTR,#D07FC
            MOV     A,34H
            MOVC    A,@A+DPTR
            MOV     34H,A
            MOV     A,35H
            MOVC    A,@A+DPTR
            MOV     35H,A
            MOV     R6,30H                  ;30H---光标指针
            MOV     A,37H                   ;37H---"年"次低位
            MOVC    A,@A+DPTR
            JNB     01H,L0562               ;标志位:01H---时间调整(1)?
            JNB     05H,L0562               ;        05H---0.5s[前(0)/后(1)]?
            CJNE    R6,#01H,L0562
            CLR     A
L0562:      MOV     37H,A
            MOV     A,36H                   ;36H---"年"低位
            ......
            MOV     A,46h                   ;46h---农历"日"低位
            MOVC    A,@A+DPTR
            JNB     01H,e003
            JNB     05H,e003
            CJNE    R6,#17,e003
            CLR     A
e003:       MOV     46h,A
L0620:      MOV     R7,#00H                 ;R7---行控制
            MOV     P1,#00H                 ;========第一行(5个字):年,空=======
            MOV     A,34H                   ;"年"的高两位---34H 35H
            LCALL   S07E7                   ;1个字的串行传送
            MOV     A,35H
            LCALL   S07E7
            MOV     A,37H                   ;"年"的低两位---37H 36H
            LCALL   S07E7
            MOV     A,36H
            LCALL   S07E7
            lcall   space_byte
            LCALL   S07C9                   ;行控显示
            MOV     A,38H                   ;========第二行(5个字):月,日,空=========
            ......
            MOV     A,3DH                   ;========第三行(5个字):时,分,空========
```

```
        ……
        MOV     A,3FH                   ;========第四行(5个字):秒,秒,空=========
        ……
        MOV     A,43H                   ;=======第五行(5个字):农历月,日,空======
        ……
        MOV     A,3CH                   ;===第六行(2个字):星期-1[点阵汉字第1行],空===
        ……
        INC     R4                      ;===第七行(2个字):星期-2[点阵汉字第2行],空===
        ……
        clr     P3.5                    ;===第13行(2个字):星期-8[点阵汉字第8行],空===
        lcall   space_byte
        lcall   space_byte
        lcall   space_byte
        INC     R4
        MOV     A,r4
        MOV     DPTR,#D0811
        MOVC    A,@A+DPTR
        LCALL   S07E7
        lcall   space_byte
        LCALL   S07C9
        RET
S07C9:  SETB    P1.7                    ;-----------行控显示-----------
        SETB    P1.4                    ;P1.7---使能;P1.4---行时钟
        MOV     A,R7                    ;R7---行控制
        MOV     C,ACC.0
        MOV     P1.0,C
        MOV     C,ACC.1
        MOV     P1.1,C
        MOV     C,ACC.2
        MOV     P1.2,C
        MOV     C,ACC.3
        MOV     P1.3,C
        cpl     P1.4
        lcall   aa                      ;延时
        cpl     P1.7
        nop
        nop
        clr     P1.7
L07E0:  cpl     P1.4
        INC     R7
        RET
S07E7:  MOV     R3,#08H                 ;-----------1个字的串行传送-----------
L07E9:  RLC     A
        MOV     P1.6,C                  ;P1.6---数据线
```

```
            SETB     P1.5                    ;P1.5---串行时钟线
            CLR      P1.5
            DJNZ     R3, L07E9
            RET
S0859:      MOV      DPTR, #800AH            ;------从DS12887A中取得日历/时间------
L085C:      MOVX     A, @DPTR
            JB       ACC.7, L085C
            MOV      DPTR, #8004H            ;"时"低位---3EH
            MOVX     A, @DPTR
            MOV      B, A
            ANL      A, #0FH
            MOV      3EH, A
            MOV      A, B                    ;"时"高位---3DH
            SWAP     A
            ANL      A, #0FH
            MOV      3DH, A
            MOV      DPTR, #8002H            ;"分"低位---42H
            ……
            MOV      A, B                    ;农历"日"高位---45h
            SWAP     A
            ANL      A, #0FH
            MOV      45h, A
            RET
```

4.3.4.2 LED图文屏软件设计

1. 系统整体简介

图文屏用于在LED屏幕上显示图形和文字,整个系统由PC图文编辑软件和LED屏两部分组成。LED屏主要由主控板、驱动板和点阵LED组成,可以为单色屏、双色屏或全彩屏。通常的像素点,"单色屏"为红或绿LED管组成,只能显示一种颜色;"双色屏"由红和绿LED管组成,可以显示红、绿、黄三种颜色;"全彩屏"由红、绿和蓝LED管组成,可以显示全部色彩。图文编辑软件把编辑好的图文数据转变成可以在LED屏上显示的数据,通过RS232-C串口或以太网传送给"LED屏"进行显示,并可以控制其行为。

这里介绍的是可以显示2(行)×10个16×16点阵汉字的"红/绿"双色LED图文屏。图文编辑软件的数据下传,采用RS232-C形式实现。LED屏主控板和驱动板的结构与图4-6和图4-4相似。主控板上加入了辅助微控制器AT89C2051,以实现遥控文字输入和控制,相关的硬件结构如图4-7所示。该图文屏可以显示近百幕内容,可以固定某一幕显示或"循环各幕"显示,可以在指定的位置显示日历/时钟信息,每幕的内容都各有16种出/入屏幕模式,形式多样,色彩丰富。图4-10是作者用C++ Builder编写的文字输

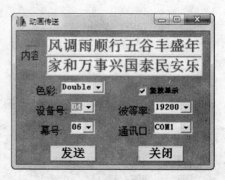

图 4-10 2×10 LED 双色
图文屏编/控软件图

入及其屏幕显示控制的编辑与传输软件对话框,该软件可以控制连接在RS232-C上的不同LED屏。

2. 软件体系设计

(1) 软件的整体架构

LED图文屏的功能主要由主控制器AT89C51实现,其数据存储/缓冲区的划分、位变量/标志位/全局变量的定义、硬件操作的宏定义、以常量形式表示的硬件可变参数、临时变量的分配和程序代码的整体构成如下程序段所示。程序采用汇编语言编写,其中作了详细注释。程序中以常量形式表示硬件可变参数,非常有利于程序修改,适应新类型的产品,如得到 4×80 LED屏程序。

```
$ title(rework:KaiZhaoQian.)
$ date(12/16/2001)
        dbuf            equ     0000h           ;显示缓冲区:[0000---3FFFH]
        dmapg1          equ     4000h           ;绿色显示映像区:[4000---427fH]
        dmapr1          equ     4280h           ;红色显示映像区:[4280---44ffH]
        mode_addr       equ     6580h           ;模式区:[6580---67BFH],72×8B
        mubak           equ     67c0h           ;幕序列备份
        time            equ     0D000h          ;日历/时钟区:[D000-D00DH]
        mark1           equ     6800h           ;标记区:[6800---6813H],20B
        rams1           equ     6830h           ;命名1区:[6830---6837H],5B
        rams2           equ     6835h           ;命名2区:[6838---683FH],5B
        maxm            equ     54              ;最大幕数
        maxline         equ     64              ;最大行数(单色屏:128,双色屏:64)
        wordlen         equ     10              ;半标记区长度
        bytelen         equ     20              ;字节长度--列(8位)
        extlen          equ     108             ;数据缓冲行的开始字节
        dotnum          equ     32              ;行
        halfdotnum      equ     16              ;1/2行
        shiftnum1       equ     80              ;1/2字节长度×8
        zone            equ     280h            ;区长度
        zone_l          equ     80h             ;区长度的低字节
        zone_h          equ     02h             ;区长度的高字节
        flag0           equ     7               ;标识字规定
        flag1           equ     5
        flag2           equ     50
        flag3           equ     160
        dbufclockred    equ     0c7ch           ;红色时钟显示区
        dbufclockgrn    equ     2c7ch           ;绿色时钟显示区
                bseg at 00h                     ;位变量区及其位变量定义------
        sio_ok:         dbit    1               ;20H:00H--收到一幕(1)
        invalid0:       dbit    1               ;  01H--红色:无效(1)/有效(0)
        invalid1:       dbit    1               ;  02H--绿色:无效(1)/有效(0)
        bytenumber:     dbit    1               ;  03H--帧区分(0)
```

sm2_flag:	dbit	1	;	04H---地址(1)/数据(0)
cbak:	dbit	1	;	05H---C 备份
data_ok:	dbit	1	;	06H---收到数据(1)
mono_bit:	dbit	1	;	07H---单色(1)/双色(0)
circle:	dbit	1	;21H:08H---循环显示(1)/固定显示(0)	
rg:	dbit	1	;	09H---绿(0)/红(1)
ctemp:	dbit	1	;	0AH---C 临时存储器
mark_flag:	dbit	1	;	0BH---"I-X"显示时钟(1)
flash_flag:	dbit	1	;	0CH---时钟闪烁
idd_bit:	dbit	1	;	0EH---设备(1)/数据(0)
adjustc:	dbit	1	;	0FH---调整时间(1)
digital:	dbit	1	;22H:10H---数字输入(1)	
	dseg at 30h		;单元变量定义------------	
framelong:	ds	1	;30H---帧长度	
datalong0:	ds	1	;31H---红色数据列数(8位)	
datalong1:	ds	1	;32H---绿色数据列数(8位)	
count1:	ds	1	;33H---T0 中断计数器	
idd_save:	ds	1	;34H---设备地址	
linenum0:	ds	1	;35H---红色数据行数	
linenum1:	ds	1	;36H---绿色数据行数	
keysave:	ds	1	;37H---收到输入键值	
keybak:	ds	1	;38H---键的实际值	
ddata:	ds	1	;39H---收到数据	
syssta:	ds	1	;3AH---系统启动	
sio_sys:	ds	1	;3BH---帧序列数	
charc:	ds	1	;3CH---显示时钟的位置	
charval:	ds	1	;3DH---时钟数字	
p2bak:	ds	1	;3EH---端口 P2 备份	
linenum:	ds	1	;3FH---行号	
insuiji:	ds	1	;40H---随机输入	
outsuiji:	ds	1	;41H---随机输出	
currentm:	ds	1	;42H---当前幕	
inmode:	ds	1	;43H---输入模式	
outmode:	ds	1	;44H---输出模式	
append:	ds	1	;45H---追加模式	
speed:	ds	1	;46H---延迟模式	
i:	ds	1	;47H---移动发列数或行数	
j:	ds	1	;48H---访问中的行或列	
delaynum:	ds	1	;49H---显示迟延	
siobak:	ds	1	;4AH---隐藏数据备份	
Hyear:	ds	1	;4BH---"年"的高两位	
year:	ds	1	;4CH---"年"的低两位	
month:	ds	1	;4DH---月	
day:	ds	1	;4EH---日	

```
        hour:        ds      1           ;4FH---时
        minute:      ds      1           ;50H---分
        second:      ds      1           ;51H---秒
        week:        ds      1           ;52H---星期
        currentmbak: ds      1           ;53H---固定幕
        scrzonbak:   ds      1           ;54H---幕区备份
        cursorp:     ds      1           ;55H---光标指南
        modify:      ds      1           ;56H---时间变化值
        stack:       ds      1           ;57H---栈堆指南
shiftdbuf       macro                    ;功能：翻转显示
        jb      p3.2, $
        jnb     p3.2, $
        cpl     p1.3
        cpl     p1.4
        endm
dptr_a          macro                    ;功能：a + dptr→dptr
        add     a, dpl
        mov     dpl, a
        clr     a
        addc    a, dph
        mov     dph, a
        endm
dptrp2r0        macro                    ;功能：dptr→p2(p2bak)r0
        mov     r0, dpl
        mov     p2bak, dph
        mov     p2, p2bak
        endm
inc_p2r0        macro
        inc     r0                       ;功能：递增[p2(p2bak)r0
        cjne    r0, #0, $+5
        inc     p2bak
        mov     p2, p2bak
        endm
dptr_ab         macro                    ;功能：a×b + dptr→dptr
        mul     ab
        clr     c
        add     a, dpl
        mov     dpl, a
        mov     a, b
        addc    a, dph
        mov     dph, a
        endm
dptr_bytelen    macro                    ;功能：dptr + #bytelen→dptr
        mov     a, #bytelen
```

```
            add     a, dpl
            mov     dpl, a
            mov     a, #0
            addc    a, dph
            mov     dph, a
            endm
p2r0dec     macro                       ;功能：递减[p2(p2bak)r0]
            dec     r0
            mov     a, r0
            cjne    a, #0ffh, $+5
            dec     p2bak
            mov     p2, p2bak
            endm
dptrdec     macro                       ;功能：递减(dptr)
            dec     dpl
            mov     a, dpl
            cjne    a, #0ffh, $+5
            dec     dph
            endm
            cseg at 00h                  ;程序段********************
            ljmp    begin
            org     0bh
            ljmp    tt0_clock            ;定时器中断 0 程序
            org     13h
            ljmp    int1_key             ;外部中断 1 程序
            org     23h
            ljmp    sio_int              ;串行中断程序
            org     2bh
            db      0                    ;特定设备地址
            org     2dH
begin:      mov     sp, #stack           ;栈堆位置——57H
            mov     tmod, #00100001b     ;T1:8 位,定时;T0:16 位,定时;全部由 TR 位启动
            ……
```

(2) 主体程序设计

LED 屏的主要程序段有"固定幕"或"循环各幕"显示的主程序,接收 PC 下传的显示内容与控制信息的串行中断程序,接收遥控输入信息的外部中断 1 程序,各种类型的进出屏幕形式变换与输出程序,日历/时钟显示与修改程序,用于人机交互时预修改信息闪烁指示的定时器 0 中断程序等,其中接收 PC 与遥控输入信息的程序需要优先执行,以便及时响应外部联系,安排在中断中实现。

主程序循环执行,其流程如图 4-11 所示。

串行中断接收流程及其通信约定如表 4-4 所列。

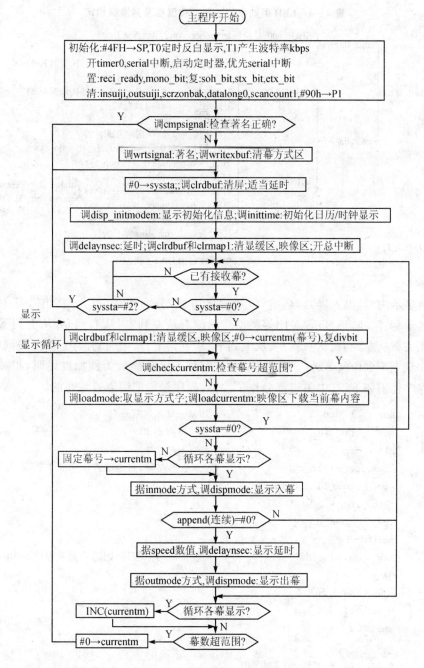

图 4-11 主循环执行流程图

(3) 底层操作及其处理子程序设计

相关底层操作及其处理的子程序,层层相扣,每层都有子程序,子程序又调用子程序,有显示内容出入屏幕方面的,有接收 PC 传入显示数据与控制信息方面的,有接收遥控输入信息而修改显示内容与控制指令方面的,有关于日历/时钟显示与修改方面的等。其中基本的是显示内容出入屏幕方面的操作。

表4-4 LED屏的串行中断接收流程及其通信约定

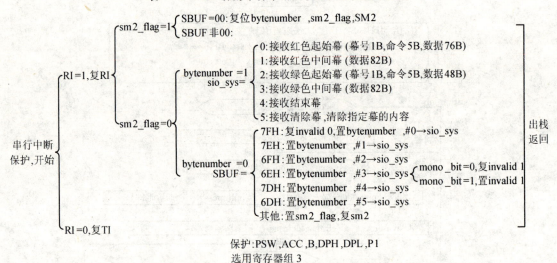

每幕的显示内容,出入屏幕,各有16种显示方式,分为移动(移入/移出)、开关(打开/关闭)、立即显示/关闭、随机显示/关闭等类型。移动有从左到右、从右到左、从上到下和从下到上4种。开关有从左到右、从右到左、从上到下、从下到上、从中间到两边、从两边到中间、从中间到上下和从上下到中间8种。下面以从左到右移入屏幕显示为例加以说明,相关程序及其调用的子程序代码如下,其中关键部分作了注释,程序是用汇编语言编写的。

```
inmode1:   mov    i, #0                    ; IN01---移入:左←右
in1_lp:    mov    r1, #8                   ; r1---寄存器R1
in1_one:   clr    rg
           lcall  green_in_r_l             ;显示数据左移,右边填入映像区1数据,每次显示1列
           jb     mono_bit, $+8
           setb   rg
           lcall  green_in_r_l
           shiftdbuf
           mov    a, syssta                ;系统重启吗?若是,则返回到主程序main_lp位置
           jz     $+5
           ljmp   main_lp
           djnz   r1, in1_one
           inc    i
           mov    a, i
           cjne   a, #bytelen, in1_lp
           ret
green_in_l_r:                              ;显示数据右移,左边填入映像区1数据
           mov    dptr, #dbuf+extlen-1     ;extlen---扩展长度(98)
           jnb    rg, $+6                  ;标志位:rg---绿(0)/红(1)
           mov    dptr, #dbuf+extlen-1+2000h  ;绿色显示区:[0000-1FFFH]
           mov    r5, dpl                  ;红色显示区:[2000-3FFFH]
           mov    r4, dph                  ;r4,r5---显示区,r6---列数,r7---行数
           mov    r7, #0
```

```
in_l_r_loop:
          mov     dptr, #dmapg1            ;绿色映像区 1:[4000-52BFH]
          jnb     rg, $+6                  ;红色映像区 1:[52C0-657FH]
          mov     dptr, #dmapg1+zone       ;区,首地址为 12C0H
          mov     a, r7
          mov     b, #bytelen              ;bytelen---字节长度(30)
          dptr_ab
          mov     a, i                     ;i---字节位置
          dec     a
          dptr_a
          movx    a, @dptr
          xch     a, b
          mov     a, r1                    ;开始 r1=8
          rl      a
          rl      a
          mov     dptr, #rshiftaddr        ;确认字节的右移位
          jmp     @a+dptr
in_l_r_2: mov     cbak, c
in_l_r_1: mov     dpl, r5
          mov     dph, r4
          lcall   r_shift                  ;显示区所有数据右移 1 位,左边填入"C"的内容
          mov     a, dpl                   ;C 为 ACC 的进位或借位
          add     a, #extlen               ;下一行
          mov     dpl, a
          mov     a, dph
          addc    a, #0
          mov     dph, a
          mov     r5, dpl
          mov     r4, dph
          inc     r7
          cjne    r7, #maxline, $+16       ;maxline---最大实际行数(128)
          mov     dptr, #dbuf+extlen-1-bytelen    ;r7>=maxline,dbuf 的最后 2 区
          jnb     rg, $+6
          mov     dptr, #dbuf+extlen-1+2000h-bytelen
          mov     r5, dpl
          mov     r4, dph
          cjne    r7, #dotnum, in_l_r_loop
          ret
rshiftaddr:                                ;确认字节的右移位
          mov     c, b.7                   ;位 7
          sjmp    in_l_r_2
          mov     c, b.7
          sjmp    in_l_r_2
          mov     c, b.6                   ;位 6
          sjmp    in_l_r_2
```

```
            mov     c, b.5              ;位 5
            sjmp    in_l_r_2
            mov     c, b.4              ;位 4
            sjmp    in_l_r_2
            mov     c, b.3              ;位 3
            sjmp    in_l_r_2
            mov     c, b.2              ;位 2
            sjmp    in_l_r_2
            mov     c, b.1              ;位 1
            sjmp    in_l_r_2
            mov     c, b.0              ;位 0
            sjmp    in_l_r_2
r_shift:    mov     c, cbak             ;显示区所有数据的行数右移一位,左边移入位 C 的内容
r_shift_1:  mov     r6, #bytelen        ;r6---bytelen(列数)
rsh_loop:   movx    a, @dptr
            rrc     a
            movx    @dptr, a
            inc     dptr
            djnz    r6, rsh_loop
            ret
```

4.4　LCD/LCM-GUI 图文显示设计

4.4.1　LCD 显示及其控制/驱动/接口

　　液晶显示(Liquid Crystal Display),简称 LCD,是利用液晶材料在电场作用下发生位置变化而遮蔽/通透光线的性能制作成的一种重要平板显示器件。通常使用的 LCD 器件有 TN 型(Twist Nematic,扭曲向列型液晶)、STN 型(Super TN,超扭曲向列型液晶)和 TFT 型 TFT(Thin Film Transistor,薄膜晶体管型液晶)。TN、STN、TFT 型液晶,性能依次增强,制作成本也随之增加。TN 和 STN 型常用作单色 LCD,STN 型可以设计成单色多级灰度 LCD 和伪彩色 LCD,TFT 型常用作真彩色 LCD。TN 和 STN 型 LCD,不能做成大面积 LCD,其颜色数在 2^{18} 种以下。2^{18} 种颜色以下的称为伪色彩,2^{18} 种及其以上颜色的称为真彩色。TFT 型可以实现大面积 LCD 真彩显示,其像素点可以做成 0.3 mm 左右。TFT-LCD 技术日趋成熟,长期困扰的难题已获解决,性能指标:视角达 170°,亮度达 500 尼特,分辨率达 40 英寸,变化速度达 60 帧/秒。

　　进行 LCD 设计主要是 LCD 的控制/驱动和与外界的接口设计,控制主要是通过接口与外界通信、管理内/外显示 RAM,控制驱动器,分配显示数据;驱动主要是根据控制器要求驱动 LCD 进行显示。控制器还常含有内部 ASCII 字符库,或可外扩的大容量汉字库。小规模 LCD 设计常选用一体化控制/驱动器;中大规模的 LCD 设计常选用若干个控制器、驱动器,并外扩适当的显示 RAM、自制字符 RAM 或 ROM 字库。控制与驱动器大多采用低压微功耗器件。与外界的接口主要用于 LCD 控制,通常是可连接单片机 MCU 的 8 位/16 位 PPI 并口或

若干控制线的 SPI 串口。显示 RAM 除部分 Samsung 公司的器件需要用自刷新动态 SDRAM 外,大多公司的器件都用静态 SRAM。嵌入式人机界面中常用的 LCD 类型及其典型控制/驱动器件与接口 MCU 如表 4-5 所列。

表 4-5 常用 LCD 及其控制驱动类型

LCD界面	类型说明
段式LCD	如HT 1621(控/驱),128 点显示,4线 SPI 接口
字符型LCD	如HD 44780 U(控/驱),2行×8字符显示,4位/8位PPI接口
单色点阵LCD	如SED 1520(控/驱),61段×16行点阵显示,8位 PPI 接口;又如 T6963C(控)+T6A39(列驱)+T6A40(行驱),640×64 点双屏显示,8位 PPI 接口
灰度点阵LCD	如HD 66421(控/驱),160×100 点单色 4级灰度显示,8位PPI 接口
伪彩点阵LCD	如SSD 1780(控/驱),104 RGB×80点显示,8位 PPI 或3线/4线SPI接口
真彩点阵LCD	如HD 66772(控/源驱)+HD 667741(栅驱),176 RGB×240 点显示,8/9/16/18位 PPI 接口,6/16/18位动画接口,同步串行接口
视频变换LCD	如HD 66840(CRT-RGB→LCD-RGB),720×512点显示,单色/8级灰度/8级彩色,4位 PPI 接口

控制驱动器件的供电电路、驱动的偏压电路、背光电路和振荡电路等构成 LCD 控制驱动的基本电路。它是 LCD 显示的基础。

LCD 及其控制驱动、接口和基本电路一起构成 LCM(Liquid Crystal Module,LCD 模块)。常规嵌入式设计,多使用现成的 LCM 做人机界面;现代嵌入式设计,常把 LCD 及其控制驱动器件、基本电路直接做入系统,整体考虑,既结构紧凑,又降低成本,并且有利于减少功耗、实现产品小型化。

控制 LCD 显示,常采用单片机 MCU,通过 LCD 部分的 PPI 或 SPI 接口,按照 LCD 控制器的若干条协议指令执行。MCU 的 LCD 程序一般包括初始化程序、管理程序和数据传输程序。大多数 LCD 控制驱动器厂商都随器件提供有汇编或 C 语言的例程资料,十分方便程序编制。

4.4.2 常见 LCD 控制/驱动/接口设计

1. 段式 LCD 的控制驱动与接口设计

段式 LCD 用于显示段形数字或固定形状的符号,广泛用作计数、计时和状态指示等。普遍使用的控制驱动器件是 Holtek 公司的 HT1621,它内含与 LCD 显示点一一对应的寄存、振荡电路,低压低功耗,4 线串行 MCU 连接,8 条控制/传输指令,可进行 32(段)×4(行)= 128 点控制显示,显示对比度可外部调整,可编程选择偏压、占空比等驱动性能。HT1621 控制驱动 LCD 及其接口 MCU 如图 4-12 所示。

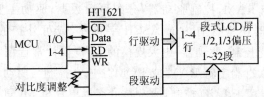

图 4-12 段式 LCD 的控制驱动与接口图

2. 字符型 LCD 的控制驱动与接口设计

字符型 LCD 用于显示 5×8 等点阵字符,广泛用作工业测量仪表仪器。常用的控制驱动器件有:Hitachi 公司的 HD44780u、Novatek 公司的 NT3881D、Samsung 公司的 KS0066 和 Sunplus 公司的 SPLC78A01 等。HD44780U 使用最普遍,它内嵌与 LCD 显示点一一对应的显存 SRAM、ASCII 码等的字符库 CGROM 和自制字符存储器 CGRAM,可显示 1~2 行每行 8 个 5×8 点阵字符或相应规模的 5×10 点阵字符,其内振荡电路附加外部阻容 RC 可直接构成振荡器。HD44780 具有可直接相连 68 MCU 的 4 位/8 位 PPI 接口,9 条控制/传输指令,显示对比度可外部调整。HD44780U 连接 80 MCU 时有直接连接和间接连接两种方式。直接连接需外部逻辑变换接口控制信号而无需特别操作程序;间接连接将控制信号接在 MCU 的 I/O 口上需特别编制访问程序。HD44780U 控制驱动 LCD 及其与 80 MCU 的直接连接如图 4-13 所示。

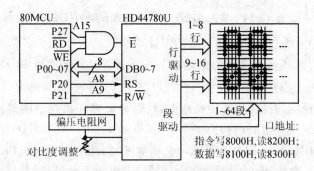

图 4-13 字符型 LCD 及其控制驱动与接口图

3. 单色点阵型 LCD 的控制驱动与接口设计

单色点阵型 LCD 用作图形或图形文本混合显示,广泛用于移动通信、工业监视和 PDA 产品中。小面积 LCD 常采用单片集成控制驱动器件,如 Seiko Epson 公司的 SED1520,可实现 61(列)×16(行)点阵显示;中等面积 LCD 常采用单片控制/列驱动器件与单片行驱动器件,如 Hitachi 公司的 HD61202U(控/列驱)、HD61203(行驱),可实现 64×64 点阵显示;较大面积 LCD 常采用"控制器+显存+列驱动器+行驱动器"形式,如 Toshiba 公司的 T6963C(控)、T5565(显存)、T6A39(列驱)和 T6A40(行驱),可实现 640×128 点阵显示。这些驱动器常需 12~18 V 负电源实现偏置与调整对比度。控制器件大多可以外接阻容 RC 构成振荡器或外接振荡器或外接时钟。显存中的每一位与 LCD 显示点一一对应。需要文字显示时,简单字符可直接使用集成在控制器内的 ASCII 字库,汉字或自制字符显示可在控制器外扩展大容量的字库 CGROM 或自制字库 CGRAM。控制接口通常是 8 位 PPI 的 68 或 80 系列单片机接口(与 MCU 的连接也存在直接连接和间接连接两种形式),7~13 条控制/传输指令,可实现点、线、圆等绘图功能。控制器 T6963C、HD61830、SED1335 等可以实现单双屏 LCD 控制,这是适应移动通信显示的结果,实质上是平分显存并分别对应两个 LCD 屏。编制传输数据程序时要注意结合显存的特点适当变换数据形式,如 SED1520 显存中的 8 位数据是反竖排的,HD61202 显存中的数据是竖排的。图 4-14 是 Seiko Epson 公司的 SED1335 控制器,外扩显存 SRAM、自制字库 SGRAM、大容量汉字库 CGROM,与列驱动器 SED1606、行驱动器 SED1635 组成的 LCD 及其接口 80MCU 的构成框图,可以实现 640×256 单色点阵 LCD 显示。

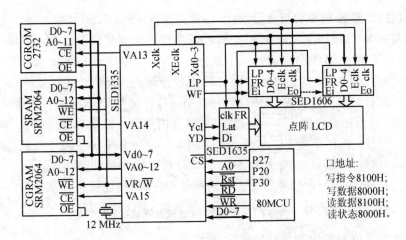

图 4-14　单色点阵型 LCD 及其控制驱动与接口图

4. 灰度点阵型 LCD 的控制驱动与接口设计

测控系统和低成本手持设备中大量使用灰度点阵型 LCD,这种 LCD 使用的控制器显存中每 n 位对应一个 LCD 显示点,整个 LCD 实现的灰度等级就是 2^n。Hitachi 公司的 HD66421 就是一款常用的经济型灰度点阵 LCD 控制驱动器,单片 HD66421 外加少许阻容器件即可实现 2^2 级 160(列)×100(行)点的 LCD 灰度显示,并置使用 HD66421 可以实现更大面积的 LCD 显示。HD66421 嵌有 160×100×2 位显存,具有 8 位 PPI 接口可直接连接 80MCU,8 条控制/传输指令,可编程变化驱动特性及其调整灰度类型。HD66421 需外接一个电阻 R 构成体系振荡电路,需负电源实现偏压。HD66421 是高度集成器件,322 脚封装,线路板 PCB 设计上有难度,应足够重视。HD66421 控制驱动灰度点阵 LCD 及其与 80MCU 的接口如图 4-15 所示。

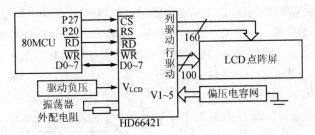

图 4-15　灰度点阵型 LCD 控制驱动及其接口图

5. 伪彩点阵型 LCD 的控制驱动与接口设计

彩色 LCD 显示基于红 R、绿 G、蓝 B 三基色叠加原理,每个 LCD 像素点由三个 RGB 子像素点构成,分别由三个 RGB 色段驱动。彩色 LCD 显示需要更大的显存,每个色段有 2^n 种颜色,就需占用 n 位显存。彩色 LCD 显示是 LCD 升级换代的必然结果。伪彩显示常使用廉价的 STN 型 LCD,多用于移动通信、PDA 等产品中。Solomon Systech 公司的 SSD1780 是一款典型的单片高度集成的伪彩点阵型 LCD 控制驱动器件,其内含 312×81×4 位的图形数据显存 GDDRAM、477 kHz 的振荡电路、集成偏压电路和 DC-DC 电路,具有 8 位 PPI 接口(可直接连接 80/68MCU)与 3 线/4 线 SPI 串行接口,36 条控制/传输指令,外加几个电容器件,SSD1780 就可控制驱动 104RGB×81 点彩色 STN 型 LCD,展示 $2^{3n}=4\,096$ 种颜色。SSD1780

是 627 引脚封装,线路板 PCB 设计难度更大,需认真对待。SSD1780 控制驱动伪彩 STN 型点阵 LCD 及其与 80MCU 的接口如图 4-16 所示。

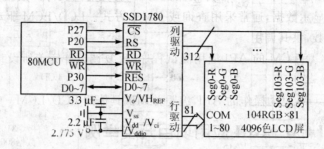

图 4-16 伪彩 STN 型点阵 LCD 控制驱动及其接口图

6. 真彩点阵型 LCD 的控制驱动与接口设计

现代高档 PDA、家电和显示墙等越来越多地应用了真彩点阵 LCD 显示技术。LCD 真彩显示的颜色种数在 2^{18} 以上,与伪彩显示相比,需要更大的显存和更高的控制驱动技术,且需达到高速动画。LCD 真彩显示使用 TFT 型 LCD,主动点阵显示,需要采用源极驱动器(source driver)和栅极驱动器(gate driver)去控制 LCD 场效应晶体管 FET 的源极与栅极。源极驱动器接收显示数据驱动 LCD 列显示,也称为数据驱动器(data driver),栅极驱动器控制逐行扫描。Hitachi 公司的 HD66772 系列真彩 LCD 控制驱动器件是嵌入式人机界面设计中表现丰富多彩世界的理想选择,可以实现 176RGB×240 点 2^{18} 色高速动画 TFT 点阵显示。该系列器件包括 HD66772、HD66774、HD66775 和 HD667P01。HD66772 是内嵌 95 KB 显存的控制器与 176RGB 段的源极驱动器;HD66774 是内含驱动电源的 240 行栅极驱动器;HD77665 仅是 120 行栅极驱动器;HD667P01 是驱动电源器件。HD66772 具有与 80MCU 直接连接的 8 位/16 位 PPI 接口、6 位/16 位/18 位动画接口和同步串行接口。使用 HD66772 系列器件,控制驱动 176RGB×240 点 TFT 型 LCD 真彩显示,有两种方案:"1 片 HD66772 + 1 片 HD66774"和"1 片 HD66772 + 2 片 HD66775 + 1 片 HD667P01"。前者结构紧凑,后者比较经济,图 4-17 给出了前一方案的 LCD 控制驱动连接与 16 位 MCU 接口的框图。

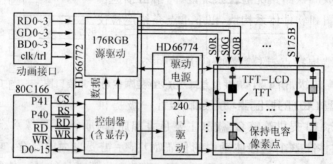

图 4-17 真彩点阵型 LCD 控制驱动及其接口图

4.4.3 LCD/LCM-GUI 直接软件设计综述

LCD/LCM-GUI 直接软件设计的一般过程如下:

① 根据 LCD/LCM 的硬件时序特征和寄存器操作规定,编写驱动程序。LCD/LCM 驱动

程序包括初始化程序、管理程序和数据传输程序。初始化程序设定 LCD/LCM 默认的基本工作环境。管理程序控制 LCD/LCM 工作模式的切换、背光的开关等。数据传输程序主要用于向 LCD/LCM 传送显示数据,通常采用查询或 DMA 方式。LCD/LCM 驱动程序须向用户应用程序提供 API 函数,供其调用。

② 设计调用 LCD/LCM 的 API 应用测试程序,反复调试并完善所设计的 LCD/LCM 驱动程序。

③ 调用 LCD/LCM 驱动操作的 API,编写并调试具体的 LCD/LCM - GUI 应用程序。

4.4.4 LCD/LCM - GUI 应用项目开发举例

这里分别以便携式设备使用的小 LCM 和仪表仪器中使用的大 LCM 为例,介绍嵌入式 LCD/LCM - GUI 的直接软件设计。

4.4.4.1 LCM 手持巡检仪软件设计

手持巡检仪是为巡视人员提供的检查铁路沿线设备运行状况的便携式记录仪,它具有常见故障选择记录、GPS(Glabal Position System)定位/授时等能力,要求有丰富的易于操作的各级菜单和翻页选择的 GUI 界面。巡检仪的核心微控制/处理器是 ARM7TDMI - S 单片机 LPC2138,显示界面是具有 UART 接口的 64 灰度等级的 128×64 点阵的汉字显示单色 LCM——HZ120 - 64D20,人机输入采用 2×4 行列式"线反转扫描编码"键盘。LPC2138 含有存储器和 UART 等丰富的片内外设,LCM 连接就在 LPC2138 的一个 UART 接口上,键盘连接在 LPC2138 的通用 I/O 端口上。为简化设计,LCM 和 GPS 接收模块共用一个 UART 接口,LPC2138 对 GPS 模块执行接收功能,对 LCM 执行发送功能。本书第 2 章曾经介绍过以该巡检仪为基础构成的铁路路况巡检系统设计,给出了巡检仪的硬件电路原理图和软件体系构造,以下重点介绍巡检仪的 LCM - GUI 设计。

根据软硬件的结构特点,巡检仪的 GUI 软件分为三个层次:UART、LCM 两级底层驱动和上层显示函数库。三个层次,层层嵌套,从底部到上层,每层都为上一级提供 API,最上层的显示 API 提供给整个系统(主要是主程序)调用。巡检仪 GUI 软件在整个软件体系中的位置如图 4 - 18 所示。

图 4 - 18 巡检仪 GUI 软件在整个软件体系中的位置图

1. UART 接口驱动程序

UART 驱动程序主要包括初始化程序和串行数据收/发操作程序。初始化程序完成通信速率、传输数据格式等的设定。串行数据收/发,最基本的是单个字节的传输,然后是基于字节的字符串包括汉字的传输。由于硬件设计的特点,

LPC2138只能向LCM发送数据。

UART驱动程序由uart01.h和uart01.c两个文件组成,UART程序还通过中断方式接收GPS传来的"定位/授时"信息,这里不作介绍,只说明LCM相关的部分。uart01.h文件的主要代码如下:

```c
#define ubyte        unsigned char
#define uhword       unsigned int
#define uword        unsigned long
#define DataFrame    0x03           //串行数据收/发格式定义
#define U1DLM_Value  0x00           //串行传输速率
#define U1DLL_Value  0x62
#define U1IER_Value  0x01           //串行收/发中断控制
#define U1FCR_Value  0xc1           //串行收/发数据缓冲控制
#define TxD1_Pin     1              // TxD 引脚定义
#include <LPC213x.h>
ubyte ModemState;                   // Modem 状态
void  Uart1_vInit(void);            //串口初始化函数
void  Uart1_SD_Byte(ubyte);         //字节数据发送函数(等待发完)
void  Uart1_SD_String0(const ubyte *);  //字符串数据发送函数(等待发完)
ubyte Uart1_SD_String1(char *, uhword); //字节块发送函数
```

uart01.c文件的主要代码如下:

```c
#include "uart01.h"
void Uart1_vInit(void)              //串口初始化函数
{   //数据收/发格式与波特率的设置
    U1LCR = 0x80 | DataFrame;       // DLAB = 1,数据收/发格式
    U1DLM = U1DLM_Value;            //传输速度 = Fpclk/(波特率×16)
    U1DLL = U1DLL_Value; U1LCR &= 0x7f;
    //相关收/发缓冲与中断的设置
    U1FCR = U1FCR_Value&0xfe;       //收/发缓冲
    U1FCR = U1FCR_Value&0xf1;
    U1IER = U1IER_Value;            //收/发中断
    //引脚配置
    if (TxD1_Pin == 1)              // TxD — P0.8
    {   PINSEL0 &= 0xfffcffff; PINSEL0 |= 0x00010000; }
}
ubyte Uart1_RCV_BFSZ(void)          //缓冲数据接收深度的确定函数
{   ubyte temp;
    temp = (U1FCR & 0xc0)>>6;
    switch (temp)
    {   case 0: temp = 1; break;
        case 1: temp = 4; break;
        case 2: temp = 8; break;
        default: temp = 14; break;
```

```c
    return (temp);
}
void Uart1_SD_Byte(ubyte data)                     //字节数据发送函数(等待发完)
{   U1THR = data; while((U1LSR & 0x40) == 0);  }
void Uart1_SD_String0(const ubyte * string)        //字符串数据发送函数(等待发完)
{   ubyte i, j;
    if((U1FCR & 0x01) == 1)                        //缓冲数据发送
    {   j = Uart1_RCV_BFSZ();                      //计算缓冲区深度
        do                                         //数据发送
        {   for(i = 0; i<j; i++)
            {   if( * string == '\0') { while((U1LSR&0x20) == 0); return; }
                U1THR = * string ++;
            }
            while((U0LSR&0x20) == 0);
        } while( * string != '\0');
    }
    else                                           //非缓冲数据发送
    {   while(1)
        {   if( * string == '\0' ) break;
            U1THR = * string ++; while((U1LSR & 0x40) == 0);
        }
    }
}
ubyte Uart1_SD_String1(char * Data, uhword NByte)  //字节块发送函数
{   ubyte i, j;
    j = Uart1_RCV_BFSZ();                          //计算缓冲区深度
    while (NByte > 0)                              //发送 NByte 字节数据
    {   for (i = 0; i < j; i++)
        {   U1THR = * Data ++; NByte --; if (NByte == 0) break;  }
        while((U1LSR & 0x20) == 0);                //等待数据发送完毕
    }
    return(ModemState);
}
```

2. LCM 外设驱动程序

LCM 驱动程序主要是根据 LCM 数据传输格式的规定,调用 UART 发送函数,向 LCM 发送显示的图文内容和控制命令。关于 LCM 数据传输格式的规定,需要参阅 HZ120-64D20 的用户手册。

LCM 驱动程序由 cm_lcm.h 和 CM_LCM.c 文件组成,cm_lcm.h 文件的主要代码如下:

```c
extern void Uart1_SD_Byte(ubyte);                  // UART01 API 声明
extern void Uart1_SD_String0(const ubyte *);
extern ubyte Uart1_SD_String1(char *, uhword);
void LCM_backlight_switch(ubyte);                  // LCM 背光开/关(0—开/1—关)
```

```c
void LCM_display_gray (ubyte);                      // LCM 灰度设置(64 级:0x00~0x3f)
void LCM_clear_screen(void);                        //清屏
void LCM_cursor_position (ubyte, ubyte);            //光标位置指定
void LCM_set_number (ubyte, ubyte, ubyte);          //数字显示
void LCM_set_string(ubyte, const ubyte *);          //字符串(含汉字)正/反显示
void LCM_draw_picture(const ubyte *);               //点阵图案绘制
```

CM_LCM.c 文件的主要代码如下:

```c
#include "CM_LCM.h"
void LCM_backlight_switch(ubyte on_off)             // LCM 背光开/关(0—开/1—关)
{   Uart1_SD_Byte(0x1b);                            //按 LCM 规定的数据格式传输
    Uart1_SD_Byte(0x25); Uart1_SD_Byte(on_off);
}
void LCM_display_gray (ubyte gray)                  // LCM 灰度设置(64 级:0x00~0x3f)
{   Uart1_SD_Byte(0x1b); Uart1_SD_Byte(0x31); Uart1_SD_Byte(gray);   }
void LCM_clear_screen (void)                        //清屏
{   Uart1_SD_Byte(0x1b); Uart1_SD_Byte(0x32);   }
void LCM_cursor_position (ubyte x, ubyte y)         //光标位置指定
{   Uart1_SD_Byte(0x1b); Uart1_SD_Byte(0x33);
    Uart1_SD_Byte(x); Uart1_SD_Byte(y);
}
void LCM_set_number (ubyte x, ubyte y, ubyte num)   //数字显示
{   Uart1_SD_Byte(0x1b); Uart1_SD_Byte(0x3c);
    Uart1_SD_Byte(x); Uart1_SD_Byte(y); Uart1_SD_Byte(num);
}
void LCM_set_string(ubyte P_N, const ubyte * string)   //字符串(含汉字)正/反显示
{   Uart1_SD_Byte(0x1b); Uart1_SD_Byte(0x37);
    Uart1_SD_Byte(P_N); Uart1_SD_String0(string); Uart1_SD_Byte(0x00);
}
void LCM_set_characters(ubyte P_N, char * characters, uhword NByte)   //变量字符串显示
{   Uart1_SD_Byte(0x1b); Uart1_SD_Byte(0x37); Uart1_SD_Byte(P_N);
    Uart1_SD_String1(characters, NByte); Uart1_SD_Byte(0x00);
}
void LCM_draw_picture(const ubyte * picture)        //点阵图案绘制
{   ubyte m; Uart1_SD_Byte(0x1b);
    Uart1_SD_Byte(0x42); Uart1_SD_Byte(0x00); Uart1_SD_Byte(0x20);
    Uart1_SD_Byte(0x10); Uart1_SD_Byte(0x48); Uart1_SD_Byte(0x1c);
    for(m=0; m<252; m++) Uart1_SD_Byte(picture[m]);
}
```

3. 功能性显示函数库构造

功能性显示函数库通过调用 LCM 驱动的 API 函数,构造常用的各级 GUI 菜单、提示/警告界面和翻页操作界面等 API 函数,供系统应用程序(主要是主程序)调用。需要注意的是,向 LCM 传送大量的数据时,数据块之间要有足够的时间,以使 LCM 接收并处理完毕,可以加入延时来实现。

功能性显示函数库由 display.h 和 Display.c 文件实现，display.h 文件的主要代码如下：

```c
DisLine dis_line;                                    //在屏幕上显示的内容
extern GpsInfo gpsinfo;                              // GPS 信息,在 GPS 接收程序中定义
extern GpsInfo * gps_rec_change(ubyte * ,ubyte);     // GPS 信号接收函数
void lcm_str(ubyte, ubyte, ubyte, ubyte * );         //光标定位字符串显示
void lcm_cha(ubyte, ubyte, ubyte, ubyte * ,uhword);  //光标定位字符变量显示
void display_begin_show(ubyte);                      //开机显示界面
void display_ys_main(ubyte * );                      //设备最初定位显示界面
void display_xj_main(ubyte * );                      //巡检开始显示界面
void display_rec_success();                          //数据记录成功界面
void display_menu_main(ubyte);                       //主菜单显示函数
void display_show_set(ubyte);                        //"背光/亮度"菜单显示界面
void display_backlight(ubyte);                       //"背光开关"菜单显示界面
void display_gray(ubyte * );                         //灰度等级显示界面
void com_sta_display(ubyte ,ubyte);                  //通信状态显示界面
void display_position_dev(DisLine * );               //定位时选定设备后的界面
void display_check_dev(DisLine * );                  //巡检时选定设备后的界面
void display_dev_list(DisLine * , ubyte );           //设备列表选择界面
void display_line(DisLine* ,uhword, ubyte,ubyte);    //设备选择页面的设备号正反显示
void display_shoted_page_arrow_updown(uhword,        //自动搜索到设备号后对"上/下键"的响应界面
                ubyte , ubyte, ubyte, ubyte);
void display_shoted_page(uhword, ubyte, ubyte);      //自动搜索到设备后的设备号列表界面
void display_manual_page(uhword, uhword);            //手动搜索时的设备号列表界面
void display_manual_page_updown(uhword,uhword,ubyte * , ubyte);  //扩展搜索时对"上/下键"的响应界面
void delay(void);                                    //时间迟延函数
void delay_n(void);
```

Display.c 文件的主要代码如下：

```c
#include "Display.h"
#include "cm_lcm.h"
#include "string.h"
#include "tmlint.h"                                  //终端通信程序,在项目的 tmlint.c 中实现
#include "keyboard.h"                                //键盘输入程序,在项目的 keyboard.c 中实现
void lcm_str(ubyte P_N, ubyte x, ubyte y, ubyte * string)    //光标定位字符串显示
{   LCM_cursor_position(y, x); LCM_set_string(P_N, string);   }
void lcm_cha(ubyte P_N, ubyte x, ubyte y, ubyte * characters, uhword NByte)  //光标定位字符变量显示
{   LCM_cursor_position(y, x); LCM_set_characters(P_N, characters, NByte);   }
void display_ys_main(ubyte * string)                 //设备最初定位显示界面
{   int bm_count = 0; ubyte bm_value = 0, bm_value_old = 0;
    uhword n; unsigned short shoted_dev_num = 0;
    unsigned char run_label[4] = {'-', '\\', '|', '/'}; ubyte run_index = 0;
    LCM_clear_screen ();lcm_str(0x00, 0x00, 0x05, "原始定位");
    lcm_str(0x00, 0x01, 0x01, "东经：");
```

```
        for(n = 0; n<1400; n++);                    //等待LCM完整接收数据
        lcm_str(0x00, 0x02, 0x01, "北纬:"); for(n = 0; n<1400; n++);
        lcm_str(0x00, 0x03, 0x01, "时间:");
        for(n = 0;n<1600;n++);
        lcm_str(0x00, 0x04, 0x00, "按确定选择设备!"); delay_1();
        ……
}
void display_xj_main(ubyte * string)                //巡检开始界面
{   uhword n; unsigned short shoted_dev_num = 0; unsigned short index;
    ubyte page_first_change = 0; ubyte page_second_change = 0;
    unsigned char run_label[4] = {'-', '\\', '|', '/'}; ubyte run_index = 0;
    int bm_count = 0; ubyte bm_value = 0, bm_value_old = 0;
    LCM_clear_screen ();
    lcm_str(0x00, 0x00, 0x01, "未搜索到设备!"); for(n = 0; n<1400; n++);
    lcm_str(0x00, 0x01, 0x01, "搜索中,请稍候..."); for(n = 0; n<1400; n++);
    lcm_str(0x00, 0x02, 0x01, "日期:"); for(n = 0; n<1600; n++);
    lcm_str(0x00, 0x03, 0x01, "时间:"); for(n = 0; n<1600; n++);
    lcm_str(0x00, 0x04, 0x00, "按确定手动巡检!"); for(n = 0; n<1600; n++);
    ……
}
void display_menu_main(ubyte x)                     //主菜单显示函数
{   LCM_clear_screen ();
    if(x == 0)
    {   lcm_str(0x01, 0x00, 0x00, "1.巡检/定位界面");
        lcm_str(0x00, 0x01, 0x00, "2.电量显示");
        lcm_str(0x00, 0x02, 0x00, "3.显示设置");
    }
    if(x == 1)
    {   lcm_str(0x00, 0x00, 0x00, "1.巡检/定位界面");
        lcm_str(0x01, 0x01, 0x00, "2.电量显示");
        lcm_str(0x00, 0x02, 0x00, "3.显示设置");
    }
    if(x == 2)
    {   lcm_str(0x00, 0x00, 0x00, "1.巡检/定位界面");
        lcm_str(0x00, 0x01, 0x00, "2.电量显示");
        lcm_str(0x01, 0x02, 0x00, "3.显示设置");
    }
}
void display_position_dev(DisLine * string)         //定位时选定设备后的界面
{   LCM_clear_screen ();
    lcm_str(0x00, 0x00, 0x00, "所选择定位设备:");
    lcm_str(0x00, 0x01, 0x01, "设备:");
    lcm_str(0x00, 0x02, 0x01, "东经:");
    lcm_str(0x00, 0x03, 0x01, "北纬:");
```

```
        lcm_cha(0x00, 0x01, 0x08, string->line0, 10);
        lcm_cha(0x00, 0x02, 0x07, string->line1, 12);
        lcm_cha(0x00, 0x03, 0x08, string->line2, 11);
        lcm_str(0x01, 0x04, 0x00, "确定"); lcm_str(0x00, 0x04, 0x0f, "返回");
        LCM_cursor_position(0x00, 0x04);
}
void display_check_dev(DisLine * string)              //巡检时选定设备后的界面
{   LCM_clear_screen ();
    lcm_str(0x00,0x00,0x00,"当前巡检设备"); lcm_cha(0x00, 0x02,0x05, string->line0, 10);
    lcm_str(0x01,0x04,0x00,"确定"); lcm_str(0x00,0x04,0x0f,"返回");
    LCM_cursor_position(0x00,0x04);
}
void display_dev_list(DisLine * string, ubyte page_status)    //设备列表选择界面
{   LCM_clear_screen ();
    if ( get_manual_valid() > 1 && CHECKLINE ! = POSITIONLINE)
    {   lcm_str(0x00, 0x00, 0x00, "请选择定位设备：");
        lcm_cha(0x01, 0x01, 0x00, string->line0, 10);
        lcm_cha(0x00, 0x02, 0x00, string->line1, 10);
        lcm_cha(0x00, 0x03, 0x00, string->line2, 10);
    }
    else
    {   lcm_cha(0x01, 0x00, 0x00, string->line0, 10);
        lcm_cha(0x00, 0x01, 0x00, string->line1, 10);
        lcm_cha(0x00, 0x02, 0x00, string->line2, 10);
        lcm_cha(0x00, 0x03, 0x00, string->line3, 10);
    }
    if(page_status == 0) lcm_str(0x00, 0x04, 0x00, "* 下一页");
    else if ( page_status == 1 )
    {   lcm_str(0x00, 0x04, 0x00, "* 下一页"); lcm_str(0x00, 0x04, 0x0a, "* 上一页"); }
    else if ( page_status == 2 ) lcm_str(0x00, 0x04, 0x00, "* 上一页");
    else if ( page_status == 3 )
    {   lcm_str(0x00, 0x04, 0x00, "* 上一页");
        if ( get_manual_valid() == 0 ) lcm_str(0x00, 0x04, 0x0a,"手动搜索");
        else lcm_str(0x00, 0x04, 0x0a,"起始定位");
    }
    else if ( page_status == 4 )
    {   if ( get_manual_valid() == 0 ) lcm_str(0x00, 0x04, 0x00,"手动搜索");
        else lcm_str(0x00, 0x04, 0x00,"起始定位");
    }
    LCM_cursor_position(0x00, 0x00);
}
……
```

图 4-19 给出了代码实现的主菜单、设备定位/搜索、设备巡检与故障选择的界面显示。

(a) 主菜单界面

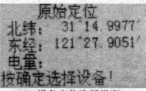
(b) 设备定位选择界面

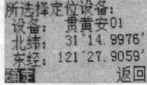
(c) 设备定位确定界面

(d) 设备巡检搜索界面

(e) 巡检设备选择界面

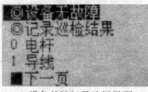
(f) 设备故障记录选择界面

图 4-19　巡检仪的主要界面设计示图

4.4.4.2　LCM 车载添乘仪软件设计

添乘仪是为列车添乘人员提供的对轨道交通线路上运行列车经过的所有信号机的地面信号及机车信号的所有状态进行半自动记录和自动统计的仪器。添乘仪由人工辅助自动记录信号机的相关状态信息。当添乘工作结束后,由数据汇总和统计软件系统通过串口等方式将添乘信息从添乘仪自动读出,并汇总和统计,同时形成各种报表。添乘记录和形成的各种报表可通过 WEB 进行发布,具备相应权限的人员可以通过浏览器对数据进行浏览、修改等。

1. 系统的整体构成简介

添乘仪主要完成铁路沿线信号机等设备的 GPS 快速定位和"运行状况选择"记录,需要有简洁而友好的 GUI,其硬件体系构成如图 4-20 所示。核心微控制器采用 Philips 公司的带有存储器接口的 ARM7TDMI 单片机 LPC2214,显示界面采用 8 位并行接口的多灰度等级的 320×240 点阵的汉字显示单色 LCM——LCM320240-8,人机输入采用 5×9 行列式"逐行扫描编码"键盘。LCM 连接在 LPC2214 的外部存储器接口上,5×9 键盘连接在 LPC2214 的通用 I/O 端口上。

LCM 的硬件连接上,使 LPC2214 的地址线 A0 连接 LCM 的 R/S 引脚,可以在 0 地址时传送控制命令,1 地址时传送显示数据;使 LCM 的 INT 引脚连接 LPC2214 的一个外部中断引脚上,可以快速响应来自 LCM 的反馈;LCM 的 RST 引脚和 Busy 引脚连接在 LPC 的通用 I/O 上,可以实现对 LCM 的复位操作和状态查询。

直接软件架构得到的添乘仪软件体系构成如图 4-21 所示。其中的 GUI 软件分为两个层次:底层的 LCM 驱动程序和上层的显示函数库。从底部到上层,每层都为上一级提供 API,最上层的显示 API 提供给整个系统(主要是主程序)调用。

2. LCM 驱动程序设计

LCM 连接在外部存储器接口上,可以把 LCM 当做存储器进行访问。在 C/C++语言

嵌入式 GUI 直接软件设计

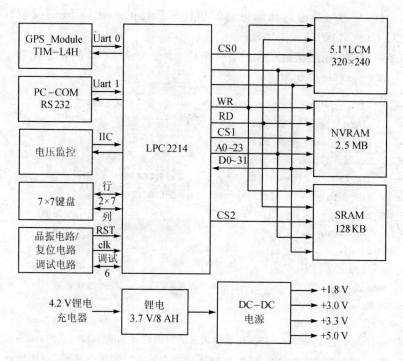

图 4-20 添乘仪的硬件体系构成框图

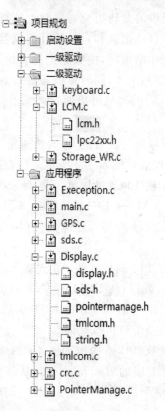

图 4-21 添乘仪的软件体系统及其 GUI 软件结构图

中,对存储器的读/写访问是通过指向指针的指针来进行的。对 LCM 的复位和状态查询操作,可以通过对 I/O 端口的访问来实现。

LCM 驱动程序由 lcm.h 和 LCM.c 文件组成,主要完成 LCM 的初始化和显示及其控制操作,lcm.h 文件的主要代码如下:

```
#include <LPC22xx.h>
#define     ubyte     unsigned char
#define     uhword    unsigned short
#define     uword     unsigned long
#define     LCM_CMD   (*((volatile ubyte *)0x82000000))
#define     LCM_Data  (*((volatile ubyte *)0x82000001))
void LCM_CMD_Write(ubyte, ubyte);              //发送指令函数
void LCM_Data_Write(ubyte);                    //发送数据函数
void LCM_RST(void);                            //复位函数
void LCM_Clear(void);                          //清屏函数
void LCM_Initial(void);                        //初始化函数
void GotoXY(ubyte, ubyte);                     //设定显示位置
void LCM_Print_String(char *);                 //字符串发送函数
void LCM_Show(ubyte, ubyte, char *);           //字符串定位显示函数
void LCM_Show_Characters(ubyte, ubyte, char *, ubyte);  //字符块定位显示函数
```

lcm.c 文件的主要代码如下:

```
#include "LCM.h"
void LCM_CMD_Write(ubyte cmdReg, ubyte cmdData)   //发送指令函数
{   LCM_CMD = cmdReg;                             //指定的寄存器
    LCM_CMD = cmdData;                            //指令数据
}
void LCM_Data_Write(ubyte WrData)                 //发送数据函数
{   uword e;
    do e = (IOPIN0&(1<<10));                      // LCM"忙"?
    while(e = = (1<<10)); LCM_Data = WrData;
}
void LCM_RST(void)                                //复位 LCM
{   ubyte t1; uhword t2;
    IOCLR0 | = (1<<12);
    for(t1 = 0;t1<3;t1 + +) for(t2 = 0;t2<60000;t2 + +);  //保证足够的复位时间
    IOSET0 | = (1<<12); for(t2 = 0;t2<10000;t2 + +);
}
void LCM_Clear(void)                              //清屏函数
{   LCM_CMD_Write(0xe0, 0x00);                    //写出规定的指令数据
    LCM_CMD_Write(0xf0, 0x98);
    for(uhword temp = 0;temp<10000;temp + +);     //使 LCM 反应完毕
}
void LCM_Initial(void)                            //初始化函数
{   LCM_CMD_Write(0x00,0xcc);                     // LCD 基本显示功能设定
```

```
    LCM_CMD_Write(0x01,0xF3);              //系统工作频率与中断位设定
    LCM_CMD_Write(0x90,0x09);
    LCM_CMD_Write(0xA0,0x00);              //中断功能设定
    LCM_CMD_Write(0xC0,0x00);              //触摸屏功能设定
    LCM_CMD_Write(0xF0,0x90);              //设定中文字型
    LCM_CMD_Write(0xF1,0x0f);              //改变字型垂直与水平显示大小
}
void GotoXY(ubyte x, ubyte y)              //设定显示位置
{   LCM_CMD_Write(0x60, x); LCM_CMD_Write(0x70, y);  }
void LCM_Print_String(char * str)          //字符串发送函数
{   while( * str！= '\0')
    {   LCM_Data_Write( * str++); for(uhword temp = 0;temp<1000;temp++);   }
}
void LCM_Show(ubyte x,ubyte y, char * str) //在屏上指定位置显示字符串
{   GotoXY(x,y); LCM_Print_String(str);  }
void LCM_Print_Characters(char * str, ubyte count)  //字符串发送函数
{   uhword temp; ubyte i = 0;
    while(i < count)
    {   LCM_Data_Write( * (str+i)); i++; for(temp = 0;temp<1000;temp++);  }
}
void LCM_Show_Characters(ubyte x,ubyte y, char * str,ubyte count)  //屏上指定位置字块显示
{   GotoXY(x,y); LCM_Print_Characters(str,count);  }
```

3. 功能性显示函数库构造

功能性显示函数库通过调用以 LCM API 为主的函数,实现菜单显示的大部分功能,构造常用的各级 GUI 菜单、提示/警告/状态显示界面和翻页操作界面等 API 函数,供系统(主要是主程序)调用。该函数库主要由 display.h 和 Display.c 文件组成,display.h 文件的主要代码如下:

```
#include "sds.h"                          //项目中的功能模块
#include "PointerManage.h"                //项目中的功能模块
#define     u8_t      unsigned char
#define     u16_t     unsigned short
#define     u32_t     unsigned int
#define     s8_t      char
#define     s16_t     short
#define     s32_t     int
SignalLamp signallamp[3];                 //变量声明
s8_t select_show[32], lineshow_title[14], signallampshow_title[8],write_flag = 0;
extern u16_t signallamp_begin_index;      //用到的其他程序模块中定义的变量
extern LineData linedata; extern u8_t status_judge; extern u8_t ok_times;
extern u16_t dis_temp0, dis_temp1; extern GpsInfo gpsinfo; extern u16_t first_index;
extern DeviceShow signallamp_show; extern PageTotal pagetotal;
extern PageTurn pageturn; extern PageEndNum pageendnum;
extern u8_t Uart1_RCV_Buffer[80];         // UART1 数据接收缓冲区
```

```c
extern u8_t Uart1_RCV_Num;                              // UART1 接收新数据数目
extern CheckedData checkdate_record;
extern void LCM_Clear(void);                            //清屏函数
extern void GotoXY(u8_t, u8_t);                         //设定显示位置
extern void LCM_Print_String(s8_t *);                   //字符串发送函数
extern void LCM_Show(u8_t,u8_t, s8_t *);                //字符串定位显示函数
extern void LCM_Show_Characters(u8_t,u8_t,char *,u8_t);//字符块定位显示函数
extern GpsInfo * gps_rec_change();                      // GPS 接收函数
extern void scan_devices_shrink( );
extern u16_t kbhit();                                   //键盘操作函数
extern u16_t getch();
void display_begin_show(u8_t);                          //开机界面
void display_title(u8_t);                               //主题选择界面
void display_select_line(u16_t);                        //线路选择界面
void display_select_station(u16_t);                     //车站选择界面
void display_manuselect_signallamp(u16_t);              //信号机的手动选择界面
void is_ok_pressed();                                   //处理完毕指示界面
void display_autoselect_signallamp();                   //信号机自动选择界面
void display_status(u16_t,u8_t,u8_t);                   //状态显示界面
void display_fault_machine(u16_t);                      //机械故障显示
void display_fault_weather(u16_t);                      //天气故障显示
void display_fault_shelter(u16_t);                      //遮蔽故障显示
void test_display();                                    //测试界面
void com_sta_display(u8_t,u8_t);                        //通信状态显示
```

Display.c 文件的主要代码如下：

```c
#include "Display.h"
#include "string.h"
u8_t g_reset_display;
void display_title(u8_t x)                              //主题选择界面
{   LCM_Clear();
    LCM_Show(0x0e,0x00,lineshow_title);                 //显示线路标题
    LCM_Show(0x12,0x10,signallampshow_title);           //显示信号机标题
    if(x==0) LCM_Show(0x01,0x20,"请选择线路");
    else if(x==1) LCM_Show(0x01,0x20,"请选择车站");
    else if(x==2) LCM_Show(0x01,0x20,"请选择信号机");
    else if(x==3) LCM_Show(0x01,0x20,"请选择机构故障");
    else if(x==4) LCM_Show(0x01,0x20,"请选择天气故障");
    else if(x==5) LCM_Show(0x01,0x20,"请选择遮挡故障");
    if((x==0&&pagetotal.line>1)||(x==1&&pagetotal.station>1)||(x==2&&pagetotal.sig-
    nallamp>1))
        LCM_Show(0x01,0xd0,"按上下键翻页选择!");
    if((x==3&&pagetotal.machine>1)||(x==4&&pagetotal.weather>1)||(x==5&&pagetotal.
    shelter>1))
        LCM_Show(0x01,0xd0,"按上下键翻页选择!");
```

}
```c
void display_select_line(u16_t page)            //线路选择界面
{   u8_t count, i, j;
    if(((page + 1) == pagetotal.line)&&(pageendnum.line! = 0)) count = pageendnum.line;
    else count = 3;
    for(i = 0;i<count;i + + )
    {   get_line_show(page * 3 + i);
        LCM_Show(0x02, S_LINE + i * 0x30, "                    ");
        LCM_Show(0x0c,S_LINE + i * 0x30,select_show); memset(select_show,0,32);
    }
    for(j = i;j<3;j + + )
        LCM_Show(0x02, S_LINE + j * 0x30, "                    ");
}
void display_select_station(u16_t page)         //车站选择界面
{   u8_t count, i, j;
    if(((page + 1) == pagetotal.station)&&(pageendnum.station! = 0)) count = pageendnum.station;
    else count = 3;
    for(i = 0;i<count;i + + )
    {   get_station_show(page * 3 + i);
        LCM_Show(0x02, S_LINE + i * 0x30, "                    ");
        LCM_Show(0x0c,S_LINE + i * 0x30,select_show);
        memset(select_show,0,32);
    }
    for(j = i;j<3;j + + )
        LCM_Show(0x02, S_LINE + j * 0x30, "                    ");
}
void display_manuselect_signallamp(u16_t page) //信号机的手动选择界面
{   u8_t i, j,show; u16_t count,dev_id,dev_index;
    if(status_judge == 2 && page == linedata.signallamp_num - 2) count = 2;
    else if(status_judge == 2 && page == linedata.signallamp_num - 1) count = 1;
    else if(status_judge == 2 && page == linedata.signallamp_num) count = 0;
    else if(status_judge == 1&&(page + 1) == pagetotal.signallamp&&(pageendnum.signallamp! = 0))
        count = pageendnum.signallamp;
    else count = 3;
    for(i = 0;i<count;i + + )
    {   LCM_Show(0x00, S_LINE + i * 0x30, "                    ");
        if(status_judge == 2)
            if(0 == getDevInfo(&signallamp[i], page + i,AREA_DEVICE))
                LCM_Show_Characters(0x01,S_LINE + i * 0x30,signallamp[i].name,8);
        else if(status_judge == 1)
        {   if(0 == getDevInfo(&signallamp[i],signallamp_begin_index + page * 3 + i,AREA_DEVICE))
                LCM_Show_Characters(0x01,S_LINE + i * 0x30,signallamp[i].name,8);
            dev_id = get_id(page * 3 + i,AREA_DEVICE);
            dev_index = getAreaIndex(dev_id,AREA_DEVICE);
            NVRAM_Read(devinfo_base + dev_index * sizeof(SignalLamp) + 12,&show,1);
```

```
            if(show!=0)    LCM_Show(0x00,S_LINE+i*0x30,"*");
        }
    }
    for(j=i;j<3;j++)
        LCM_Show(0x00, S_LINE+j*0x30, "                       ");
}
void is_ok_pressed()                        //处理完毕指示界面
{   s16_t  i; u16_t temp;
    if(dis_temp0!=0||ok_times==1)
    {   LCM_Show(0x02,G_LINE,"地面"); LCM_Show(0x14,T_LINE,"机车");
        if(write_flag==0) { record_process(); write_flag=1; }
    }
    ……
    if(checkdate_record.train_signal!=0)
        for(i=3;i>=0;i--)
        {   temp=(checkdate_record.train_signal>>(i*4))&0x0f;
            display_status(temp,1,3-i);
        }
}
void display_autoselect_signallamp()        //信号机自动选择界面
{   u8_t i; LCM_Clear(); LCM_Show(0x0c,0x00,lineshow_title);
    LCM_Show(0x01,0x20,"请选择信号机");
    if(checkdate_record.failure[0]!=0) LCM_Show(0x00,S_LINE,"*");
    if(dis_temp0!=0) LCM_Show(0x25,S_LINE,"*"); else LCM_Show(0x25,S_LINE," ");
    if(dis_temp1!=0) LCM_Show(0x25,S_LINE+0x30,"*");
    else LCM_Show(0x25,S_LINE+0x30," ");
    LCM_Show_Characters(0x01, S_LINE, signallamp[0].name, 8);
    LCM_Show_Characters(0x12,S_LINE, signallamp_show.distance0, 4);
    LCM_Show_Characters(0x01, 0x70, signallamp[1].name, 8);
    LCM_Show_Characters(0x12, 0x70, signallamp_show.distance1, 4);
    LCM_Show_Characters(0x01, 0xa0, signallamp[2].name, 8);
    LCM_Show_Characters(0x12, 0xa0, signallamp_show.distance2, 4);
    for(i=0;i<3;i++)
        if(first_index+i<linedata.signallamp_num)
        {   LCM_Show(0x0c,S_LINE+i*0x30,"前方：");
            LCM_Show(0x17,S_LINE+i*0x30,"米");
        }
    if(ok_times==0) LCM_Show(0x02,0xc0,"请注意前方信号机!");
}
void display_status(u16_t x,u8_t flag,u8_t y)   //状态显示界面
{   u16_t code=x&0x0f;
    switch(code)
    {   case GREEN: if(flag==0)
            {   LCM_Show(G_ROW+y*G_SPACE,G_LINE,"    ");
                LCM_Show(G_ROW+y*G_SPACE,G_LINE,"-L");
```

```c
                }
            else
                {   LCM_Show(T_ROW + y * T_SPACE,T_LINE,"      ");
                    LCM_Show(T_ROW + y * T_SPACE,T_LINE,"- L");
                }
                break;
        case…… break;
        default:break;
        }
}
void display_fault_machine(u16_t page)              //机械故障显示
{   u8_t count,i,j,s; u16_t temp = 0;
    if(((page + 1) == pagetotal.machine)&&(pageendnum.machine! = 0)) count = pageendnum.machine;
    else count = 3;
    temp = ((temp|checkdate_record.failure[2]))<<8; temp| = (temp|checkdate_record.failure[3]);
    for(i = 0;i<count;i + +)
    {   for(s = 0;s<16;s + +)
            if(((temp>>s)&0x01) == 1)
                if(page * 3 + i == s)
                {   LCM_Show(0x02, S_LINE + i * 0x30, "                    ");
                    LCM_Show(0x06,S_LINE + i * 0x30," * ");
                    NVRAM_Read(sub_type_base + (page * 3 + i) * 32, select_show, 32);
                    LCM_Show(0x08,S_LINE + i * 0x30,select_show);
                    memset(select_show,0,32); break;
                }
        if(s == 16)
        {   LCM_Show(0x02, S_LINE + i * 0x30, "                    ");
            NVRAM_Read(sub_type_base + (page * 3 + i) * 32, select_show, 32);
            LCM_Show(0x08,S_LINE + i * 0x30,select_show); memset(select_show,0,32);
        }
    }
    for(j = i;j<3;j + +) LCM_Show(0x02, S_LINE + j * 0x30, "              ");
}
void display_fault_weather(u16_t page)              //天气故障显示
{   u8_t count, i, j, s; u16_t temp = 0;
    if(((page + 1) == pagetotal.weather)&&(pageendnum.weather! = 0)) count = pageendnum.weather;
    else count = 3;
    temp = ((temp|checkdate_record.failure[4]))<<8; temp| = (temp|checkdate_record.failure[5]);
    for(i = 0;i<count;i + +)
    {   for(s = 0;s<16;s + +)
            if(((temp>>s)&0x01) == 1)
                if(page * 3 + i == s)
                {   LCM_Show(0x02, S_LINE + i * 0x30, "          ");
                    LCM_Show(0x06,S_LINE + i * 0x30," * ");
                    NVRAM_Read(sub_type_base + 16 * 32 + (page * 3 + i) * 32, select_show, 32);
```

```
                    LCM_Show(0x08,S_LINE + i * 0x30,select_show);
                    memset(select_show,0,32); break;
                }
            }
            if(s == 16)
            {   LCM_Show(0x02, S_LINE + i * 0x30, "            ");
                NVRAM_Read(sub_type_base + 16 * 32 + (page * 3 + i) * 32, select_show, 32);
                LCM_Show(0x08,S_LINE + i * 0x30,select_show);
                memset(select_show,0,32);
            }
        }
        for(j = i;j<3;j + + ) LCM_Show(0x02, S_LINE + j * 0x30, "            ");
}
void display_fault_shelter(u16_t page)            //遮蔽故障显示
{   u8_t count, i, j, s; u16_t temp = 0;
    if(((page + 1) == pagetotal.shelter)&&(pageendnum.shelter! = 0)) count = pageendnum.shelter;
    else count = 3;
    temp = ((temp|checkdate_record.failure[6]))<<8; temp| = (temp|checkdate_record.failure[7]);
    for(i = 0;i<count;i + + )
    {   for(s = 0;s<16;s + + )
        {   if((temp>>s)&(0x01) == 1)
                if(page * 3 + i == s)
                {   LCM_Show(0x02, S_LINE + i * 0x30, "            ");
                    LCM_Show(0x06,S_LINE + i * 0x30," * ");
                    NVRAM_Read(sub_type_base + 2 * 16 * 32 + (page * 3 + i) * 32, select_show, 32);
                    LCM_Show(0x08,S_LINE + i * 0x30,select_show);
                    memset(select_show,0,32); break;
                }
        }
        if(s == 16)
        {   LCM_Show(0x02, S_LINE + i * 0x30, "            ");
            NVRAM_Read(sub_type_base + 2 * 16 * 32 + (page * 3 + i) * 32, select_show, 32);
            LCM_Show(0x08,S_LINE + i * 0x30,select_show); memset(select_show,0,32);
        }
    }
    for(j = i;j<3;j + + ) LCM_Show(0x02, S_LINE + j * 0x30, "            ");
}
void   test_display()                    //测试界面
{   LCM_Clear();LCM_Show(0x01,0x00,"请选择工作状态：");
    LCM_Show(0x01,S_LINE,"原始定位"); LCM_Show(0x01,S_LINE + 0x30,"添乘状态");
}
void com_sta_display(u8_t type,u8_t control)    //通信状态显示
{   LCM_Clear(); delay(15,65535);
    if(type == DISPLAY_COM_SET)
    {   LCM_Show(0x05,0x70,"与 PC 机通信,\312\375 据格式设置中..!");
```

```
        delay(15,65535); LCM_Clear(); g_reset_display = 1;
    }
    ……
}
```

设计的添乘仪外形及其运行中的 GUI 界面如图 4-22 所示。

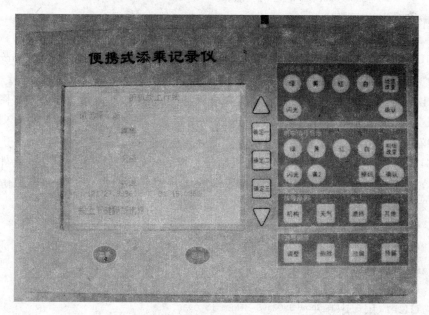

图 4-22　添乘仪外形及其运行中的 GUI 界面

4.5　本章小结

　　本章首先介绍了嵌入式 GUI 直接设计的特点、硬件基础和重要环节；接着分别针对 LED/LCD 屏，介绍了硬件上的驱动、控制和接口特征，说明了 LED/LCD/LCM GUI 直接软件设计的方法步骤。理论结合实践，本章还列举了几个典型的项目设计实例，给出了关键性的程序代码。

　　熟悉底层硬件连接性能，编写 LED/LCD 驱动 API，设计实现各种具体功能的 GUI API 库，是嵌入式 GUI 直接设计的关键和基础，只有层层把握好这些环节，才能做好嵌入式 GUI 体系直接设计。

4.6　学习与思考

　　1. 为什么很多情况下不选用现有的 GUI 软件体系而直接进行图文界面设计？
　　2. 简述 LED 大屏幕图文软件直接设计的基本方法和过程。
　　3. LCD/LCM 直接软件的关键环节是什么？它涉及的主要内容有哪些？

第5章 嵌入式 μC/GUI 图形系统设计

μC/GUI 是一个源代码开放的 GUI 设计工具,可以在嵌入式系统中实现 Windows 风格的图形界面,"微型"是其最大的特点。μC/GUI 以其占用系统资源少,代码运行效率高,设计图形界面丰富,内核可移植性强及开发手段齐全等特点而著称,非常适合需要友好图形用户界面、资源极其有限、实时稳定性要求高的嵌入式应用系统设计,在工业数据采集/控制领域、便携式移动仪器、个人数字助理和消费电子等产品开发中应用广泛。

μC/GUI 的软件体系架构和窗口管理机制是怎样的?如何进行 μC/GUI 的软件移植和定制?如何在嵌入式系统中应用 μC/GUI API 函数展开图形界面设计?如何模拟仿真并调试 μC/GUI 设计程序?本章将对上述问题展开全面阐述。本章主要有以下内容:

➤ μC/GUI 图形系统概述;
➤ μC/GUI 的软件体系构成;
➤ μC/GUI 的窗口管理机制;
➤ μC/GUI 的移植或定制;
➤ μC/GUI 应用程序开发;
➤ μC/GUI 的模拟仿真与调试;
➤ μC/GUI 图形系统开发举例。

5.1 μC/GUI 图形系统概述

5.1.1 μC/GUI 图形系统简介

1. μC/GUI 软件综述

μC/GUI 是 Micrium 公司推出的专门针对嵌入式系统图形界面设计的一款图形开发系统。Micrium 公司以其在嵌入式系统中广泛应用的轻量级实时操作系统 μC/OS-Ⅱ而闻名,μC/GUI、μC/FS、μC/TCP-IP 和 μC/USB 等是 Micrium 公司继 μC/OS 后推出的一系列优秀产品,其中 μC/GUI 软件以其占用系统资源少,代码运行效率高,设计图形界面丰富,内核可移植性强,开发手段齐全等特点而著称,在需要具有良好图形用户界面而资源极其有限的嵌入式应用产品中得到了广泛的应用。选用 μC/GUI 不但可以充分利用它强大的图形界面设计功能,使人机界面更加丰富、友好,而且还能使整个系统保持良好的实时性和稳定性,这使得 μC/GUI 倍受青睐。

μC/GUI 是一个源代码开放的图形系统,它提供了丰富的资源,包括二维绘图库、多字体及可扩充字符集/Unicode/位图显示、多级 RGB 颜色管理及灰度处理调整机制、动画优化显示、具有 Windows 风格的对话框和预定义控件(按钮、编辑框和列表框等),以及对键盘、鼠标、触摸屏等输入设备和双 LCD 输出的支持。μC/GUI 还提供有占用极少 RAM 的窗口管理体系。

μC/GUI 软件可以为任何使用 LCD 图形显示的应用提供高效的、独立于处理器及 LCD 控制器的图形用户接口,适应于各种类型的微控制/处理器和单色/彩色 LCD 及其常见的嵌入式实时操作系统 E-RTOS,适用于单任务或多任务系统环境。

μC/GUI 具有驱动接口层和应用层,全部代码采用 ANSI_C 编写,所有硬件接口定义都使用可配置的宏,提供源代码,可以方便地经过裁剪进而移植到各种平台下。μC/GUI 的所有程序在长度和速度方面都进行了优化,结构清晰。只要有基本的 ANSI_C 编译器就可以编译 μC/GUI。μC/GUI 可固化,可以很方便地嵌入到产品中。

在开发套件上,μC/GUI 还提供有众多的辅助开发工具,包括位图转换器、字体转换器、μC/GUI 浏览器和非常完善的基于 PC 平台的模拟器。μC/GUI 的主要构成模块和开发套件如图 5-1 所示,其中 μC/GUI 核心模块和 LCD 驱动模块是必需的,其他均是可配置、可选择模块。μC/GUI 应用程序的开发和调试可以在通用计算机上 μC/GUI 提供的仿真器下完成,在 PC 上调试成功的应用程序可以原封不动地移植到目标平台或产品中。

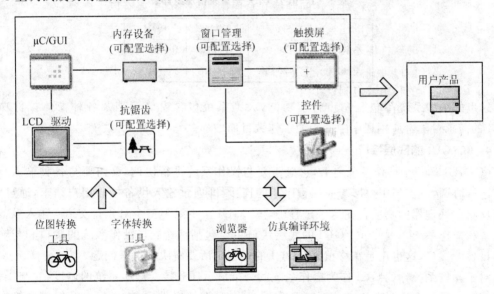

图 5-1 μC/GUI 的主要构成模块和开发套件框图

2. μC/GUI 和其他图形系统的比较

和其他图形系统软件相比,μC/GUI 具有以下突出优势:

① 体积小,配置性强,运用领域广泛。相对于众多嵌入式图形系统,如 μWindows、OpenGUI、Qt/Embedded 和 MiniGUI 等,μC/GUI 软件需要占用的系统资源是最少的。同时,μC/GUI 可配置性强,能够满足不同需求用户的需要,方便、灵活、小巧,有很好的实用性能。

② 平台广泛,移植方便。由于 μC/GUI 完全由 C 语言编写,适应绝大多数软硬件平台,其适应性非常强,相对于众多具有"软硬件针对性"的图形系统而言,μC/GUI 软件的结构划分和模块划分非常清晰,分设专门的 LCD 驱动模块,移植简单方便。同时,μC/GUI 代码量相对较小,易操作,可扩展性强,十分方便用户定制和自主更新完善,适合各类产品"个性化"的需求。

5.1.2 μC/GUI 的特点与接口

1. μC/GUI 软件的主要功能特性

μC/GUI 软件的主要功能特性可以概括为：图形库丰富，多窗口/多任务机制，窗口管理及丰富窗口控件类（按钮、检查框、单/多行编辑框、列表框、进度条和菜单等），多字符集和多字体支持，多种常见图像文件支持，鼠标、触摸屏支持，配置灵活自由等。

2. 基于模块化设计的组织架构

μC/GUI 具有基于模块化设计的组织架构，由不同的模块中的不同层组成。主要模块包括：核心模块、液晶驱动模块、内存设备模块、窗口系统模块、窗口控件模块、反锯齿模块和触摸屏及外围模块等。

3. 占用系统资源少，代码执行效率高

这是 μC/GUI 软件的最大特点。存储器（数据存储器 RAM 和程序存储器 ROM）是嵌入式应用系统必不可少的苛刻资源，μC/GUI 对存储器资源需求的大致情况如表 5-1 所列。

表 5-1 μC/GUI 资源需求情况统计表

类 型	Stack	RAM	ROM
小型系统	500 B	100 B	10～25 KB
大型系统	1 200 B	2～6 KB	30～60 KB

这里的小型系统不包含窗口管理功能，大型系统包含窗口管理及各种窗体控件功能；ROM 的需求量随着应用程序中使用的字体数目而增加。

4. μC/GUI 的底层接口

μC/GUI 运行于操作系统之上，它既需要与操作系统进行协调，又需要与各种输入/输出设备进行协调，以实现用户层与应用程序层的连接，即通过输入设备接收用户请求，通过输出设备反映微处理器的响应。在这一过程中，μC/GUI 至少要与三个对象打交道：输入设备、输出设备和操作系统。因此 μC/GUI 的底层接口主要包括两个：与操作系统的接口和与输入/输出设备的接口，这也正是在移植 μC/GUI 的过程中所要解决的关键问题。

对于操作系统，μC/GUI 作为操作系统的一个显示任务接受操作系统的调度，它与操作系统的接口必须具有实时响应性。对于用户输入，μC/GUI 提供键盘、鼠标以及触摸屏等支持；对于输出设备，μC/GUI 反映微处理器的响应给用户，通过 LCD 输出图像来完成，对于不同型号和显示原理的 LCD 要编制相应的驱动程序。

5.2 μC/GUI 的软件体系构成

5.2.1 μC/GUI 的软件构成

μC/GUI 软件是采用模块化组织架构的，其各个模块及其外部模块的相互关系如图 5-2 所示。

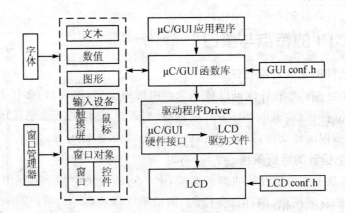

图 5-2 μC/GUI 软件模块及其相互关系结构框图

更为详细的 μC/GUI 软件体系的层次结构如 5-3 所示。

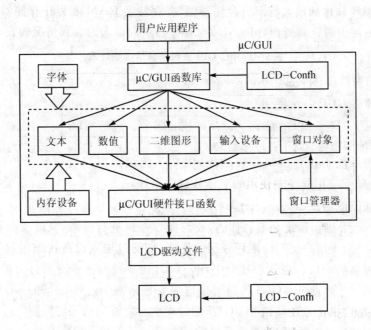

图 5-3 μC/GUI 软件模块及其相互关系结构框图

5.2.2 μC/GUI 的文件组织

μC/GUI 软件的文件按目录层次构造,如图 5-4 所示。其中较为重要的目录是配置文件目录 Config、GUI 库函数目录以及为 GUI 编写应用程序的目录。

下面分别简要介绍相应目录下的重要文件及其所含的重要函数。

1. μC/GUI 的 Config\目录

GUIConf.h:配置 GUI 移植到不同操作系统的选项。配置移植到 μC/OS-II 下时,可以允许多任务调用 μC/GUI 函数。

GUITouchConf.h:配置触摸屏的选项以及编写触摸屏的驱动。若移植 μC/GUI 所使用的 LCD 屏不支持触摸屏,则该文件为空。

LCD_Init.c：LCD 控制器的初始化文件。

LCD_Conf.h：LCD 显示屏的选项文件，包括 bpp (Bit Per Pixel)，调试板模式，水平、竖直方向的分辨率等。

2. μC/GUI 的 GUI\AntiAlias\目录

这个目录中包含 9 个文件，主要用以处理显示的边缘模糊效果，也就是抗锯齿和优化 LCD 显示。液晶屏上画斜线往往都有锯齿，需要通过优化算法进行美化。

3. μC/GUI 的 GUI\ConvertColor\目录

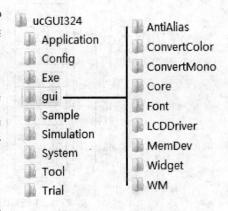

图 5-4 μC/GUI 软件的目录结构框图

这个目录中包含 14 个 .c 文件，涉及调色板模式。μC\GUI 的调色板模式有 111、222、223、323、332、444、555、565、8666 等。如果使用单色 LCD 屏，如单色 16 级灰度屏，则不涉及这些模式。为了保持 μC\GUI 文件的完整性，该目录以及目录下的 14 个文件，可仍然保存在移植文件中。

4. μC/GUI 的 GUI\ConvertMono\目录

此目录下的文件描述单色显示的不同模式，包含 4 个文件。

5. μC/GUI 的 GUI\Core 目录

此目录下包含 129 个文件，是 μC/GUI 的核心部分。包括 GUI 头文件、GUI 各种字体的设置、GUI 的二维图形库、GUI 获取函数和 GUI 画笔设置函数和 GUI 支持的鼠标/键盘触摸屏函数和 GUI 的 LCD 设置函数等。GUI 头文件用于显示各种文本、二进制、十进制、十六进制、字符型文本和字符串，在不同的位置显示二进制、十进制、十六进制、字符型文本和字符串等。GUI 的二维图形库包含各种 GUI 绘图函数，用来在各种位置绘各种点、线、位图、多边形、长方形和圆等。GUI 获取函数用来获取当前点、线、位图、多边形、长方形、圆、当前字体、当前二进制、十进制、十六进制、字符型文本和字符串等。这些函数在 μC/GUI 系统中都是必需的函数。正是这些函数的组合，使 μC/GUI 具有复杂而且完备的图形用户接口。而且，这些函数的组合使 μC/GUI 既可以单独使用，也可以通过配置文件，移植到各种操作系统中使用。

6. μC/GUI 的 GUI\Font 目录

此目录下包含的是 μC/GUI 支持的字体。

7. μC/GUI 的 GUI\LCDDriver 目录

该目录包含很多完备的 LCD 控制器的驱动程序以及 API 函数。

8. μC/GUI 的 GUI\MemDev 目录

MemDev 目录文件主要用于防止在画交迭图时产生的抖动。μC/GUI 函数绘图不使用 MemDev 时，画图操作直接写到终端上显示，交迭绘图执行时刷新屏幕，多次刷新时就会出现抖动。例如，要在背景色中画图，且在前景中写一些透明的文字，实现的步骤就是先画图，然后写文字，那么结果就会出现文字的抖动。如果在程序中使用 MemDev，则所有的执行操作都在 MemDev 中执行，当所有的操作都执行完毕之后，最后的结果才会送到屏幕上显示，因而可以避免多次刷新，从而避免抖动。此目录下包含 MemDev 的所有函数，包括创建 MemDev，激活 MemDev，执行画图操作，显示到终端和删除 MemDev 等。

9. μC/GUI 的 GUI\Touch 目录

这是触摸屏驱动函数所在的目录。此目录包含的多是模拟触摸屏驱动。

10. μC/GUI 的 GUI\Widget 目录

此目录包含窗口控件函数，共 46 个。运用窗口管理和回调机制，使用窗口控件函数，可以任意在 LCD 屏幕上实现类似于 Windows 的界面，非常有利于实现工业自动化控制及其触摸屏应用。此目录下的函数主要包括 μC/GUI 的窗口控件，如按钮 BUTTON、校验窗 CHECKBOX、编辑区 EDIT、窗口框 FRAMEWIN、列表 LISTBOX、进度条 PROGBAR、音频按钮 RADIOBUTTON、滚动条 SCROLLERBAR、改变值的灰度条 SLIDER 和文本框 TEXT 等。

11. μC/GUI 的 GUI\WM 目录

此目录包括窗口管理函数，共 52 个。μC/GUI 的窗口管理采用消息传递机制和回调机制。此目录下的函数主要包括设置、返回、建立背景窗口、父窗口、各种子窗口以及相应的尺寸、窗口句柄、原点(x,y)坐标、窗口宽度、高度和位置等，还包括改变窗口的大小，最关键的窗口的回调函数及窗口重绘函数等。

5.3 μC/GUI 的窗口管理机制

5.3.1 μC/GUI 运行原理分析

1. 数据结构

μC/GUI 是具有类 Windows 窗口风格的图形系统，以其窗口作为内存管理的基本单位，对所有窗口的管理是通过定义一个堆结构实现的。每个窗口在创建时根据其结构类型的不同，为其在堆空间里分配特定大小的连续内存块，并用一个块结构体数组中的一个元素标识。块结构体的定义如下：

```
typedef struct
{   tALLOCINT Of;           // 堆中块开始的位置
    tALLOCINT Size;         // 堆中所占连续内存块的大小
    HANDLE Next;            // 指向后一窗口的指针
    HANDLE Prev;            // 指向前一窗口的指针
}tBlock;
static tBlock aBlock[GUI_MAXBLOCKS];
```

所分配的块结构体数组元素在数组中的序号作为返回值用来标识一个窗口，即所谓的句柄。这样对于一个窗口而言，记录其各方面属性的窗口类型结构体变量被放在堆空间中，并且有一个块标志与之对应。

每创建一个窗口就在堆空间中划分一个与所需窗口类型结构体变量大小一致的连续区域。由于在窗口删除后会使已分配的堆区域出现内存空闲块，在分配新区域时先查找空闲块中是否有大小够用的块，如果没有，则调用 memmove() 函数使已分配的堆空间连续化，直到出现一个大小够用的区域。之后在块结构体数组中找出一个未用过的数组元素并使之指向该区域，然后将数组元素加入块链。

对于分配好的区域，返回其首地址并将其赋给该窗口类型结构变量的指针，通过指针类型限定访问范围从而实现窗口类型结构变量在堆中的存储。窗口删除时,只需将该窗口对应的块节点从块链中删除即可。虽然堆区域中被删除的窗口结构变量仍然存在,但由于块链中已不存在该节点,μC/GUI会认为它只是一个内存空闲块,将再次予以利用。整个过程中,通过定义一个全局结构变量GUI_Alloc存放相关分配信息,实现对内存的辅助管理。

2. 工作机制

窗口的创建、显示及删除都离不开消息机制和回调函数。在μC/GUI中定义了数十种用于各类基本操作的消息宏,对一个窗口的操作基本上都是通过向其对应的回调函数传送消息参数来完成的。一个窗口在创建时将一个对应的函数首地址保存在其结构体数据项中,而窗口创建过程中仅仅完成对其自身数据结构的初始化,包括基本特征信息及相关属性的赋值。此时在屏幕上并没有界面输出,μC/GUI中提供一个执行函数,当其被调用时会检查每个窗口的状态,根据不同情况向各窗口的回调函数发送一种消息。具体操作是通过一个指向函数的指针从窗口结构体数据项中得到回调函数首地址,并将消息作为参数调用该函数来完成的,回调函数在接到消息后进行相应处理。例如:当收到绘图消息后,调用输出函数完成向显示终端的输出。此外,用户可以定义自己的消息和回调函数以满足需要。整个工作过程中,μC/GUI利用一个全局的结构体变量GUI_Context即所谓的上下文变量来记录包括绘图属性、当前窗口信息、当前API列表和字体信息等与当前操作密切相关的信息,以管理整个工作流程。

5.3.2 μC/GUI 窗口管理基础

1. 图形窗口管理简介

窗口管理器 WM(Windows Manager)指用于管理LCD屏幕上图形显示的区域即窗口,使其重叠、嵌套和并列等。使用μC/GUI窗口管理时,任何能显示在显示终端上的内容都包含在一个窗口中,这个窗口是LCD屏幕上的一个给用户画图或者显示目标的区域。窗口可以是任何尺寸的,可以一次在屏幕上显示多个窗口,也可以在其他窗口当中或之前显示窗口。窗口管理中经常涉及几个常用述语,说明如下:

活动窗口　当前正在用来画图或显示操作的窗口。

子/父窗口　子窗口是相对于父窗口定义的窗口。无论何时,只要父窗口移动,则所有子窗口都要进行相应移动。子窗口被父窗口完全包含。

兄弟窗口　拥有同一个父窗口的子窗口们互相称为"兄弟窗口"。

有效窗口/无效窗口　有效窗口是一个已经完全更新,不需要重绘的窗口。不管是完全重绘,还是局部重绘。当窗口内容发生改变时,窗口管理器则标识窗口无效。下一次重绘之后,通过调用回调函数,窗口又变为有效。

客户区　窗口的客户区就是窗口的可用区。如果窗口包含方框或标题栏,则客户区就是方框或标题栏的内部区域。

句柄　当一个新的窗口被创建时,WM分配一个唯一的标识符,称为句柄。句柄用在后续对该窗口操作的所有函数中,而且可以利用该句柄唯一标识该窗口。

2. 回调函数及其回调机制

回调函数是由用户定义的,当特定事件发生时,指示图形系统调用特定函数的函数。通常当窗口的内容发生改变时,它们用来自动重绘窗口。例如,窗口内显示一幅位图,当窗口移动时,位图并不会自动移动,此时,就需要调用"回调函数"对窗口进行重绘,即从观众的角度来看,移动窗口和窗口内容。

在大多数的窗口系统中,"控制流"不仅仅是从用户程序到图形系统,而且还要能够从用户程序到图形系统,通过用户程序提供的回调函数,再返回到用户程序,即通过从用户程序到图形系统,再到用户程序这个过程,实现"事件驱动",达到窗口重绘的目的,这种机制就称为回调机制。μC/GUI 提供给窗口和窗口控件回调机制的背后,是一个事件驱动标志,即消息。回调的过程也是消息传递的过程。在 μC/GUI 中,回调机制用来在窗口管理中控制窗口的重绘操作,这使得窗口管理的有效性成为可能。

3. 回调函数与消息构造

"回调函数"原型:使用"回调函数"建立一个窗口时,必须有一个回调函数。所用的"回调函数"必须有如下原型:void callback (WM_MESSAGE * pMsg),其中 pMsg 为指向消息的指针。

"回调函数"执行的功能依赖于所接收到的消息。定义"回调函数"一般采用 switch 语句。switch 语句根据消息的类型,分别执行不同的功能,至少要有一个重绘"case"情形实现 WM_PAINT 消息的要求。

WM_MESSAGE 结构成员描述如下:
MsgId——消息类型;　　　HWin——目的窗口;　　　HWinSrc——源窗口;
Data.p——数据指针;　　　Data.v——数据值。

μC/GUI 特别规定的消息,MsgId 可能指向的 μC/GUI 软件特别规定的消息类型如下:
WM_PAINT——窗口重绘;　　　　　WM_CREATE——窗口一建立就发送;
WM_DELETE——窗口一删除就发送;　WM_SIZE——窗口尺寸发生改变就发送;
WM_MOVE——窗口移动就发送;　　 WM_SHOW——接收到 show 命令就发送;
WM_HIDE——接收到 hide 命令就发送; WM_TOUCH——触摸屏信息。

用户自定义消息:用户应用程序还可以自己定义额外的消息。为保证不用到 μC/GUI 软件特别规定的消息 ID,用户定义的消息从 WM_USER 后面开始。例如:

```
#define MY_MESSAGE_AAA WM_USER + 0
#define MY_MESSAGE_BBB WM_USER + 1
```

5.3.3 回调函数应用举例

"回调函数"的基本应用是实现窗口刷新。一个简单的自动更新窗口的回调函数如下:

```
void WinHandler(WM_MESSAGE * pMsg)
{   switch (pMsg->MsgId)
    {   case WM_PAINT? GUI_SetBkColor(0xff00);
        GUI_Clear(); GUI_DispStringAt("hello world",0,0);break;
    }
}
```

下面给出了一个完整的例子,用来实现窗口"循环重绘",程序清单如下,其中给出了详细的注释:

```
#include "GUI.h"
```

```c
static void cbBackgroundWin(WM_MESSAGE * pMsg)        /*背景窗的回调函数*/
{   switch (pMsg->MsgId)
    {   case WM_PAINT: GUI_Clear(); default: WM_DefaultProc(pMsg); }
}
static void cbForegroundWin(WM_MESSAGE * pMsg)        /*前景窗的回调函数*/
{   switch (pMsg->MsgId)
    {   case WM_PAINT: GUI_SetBkColor(GUI_GREEN);
            GUI_Clear(); GUI_DispString("Foreground window");
        default: WM_DefaultProc(pMsg);
    }
}
static void DemoRedraw(void)                          /*回调机制*/
{   GUI_HWIN hWnd;
    while(1)
    {   hWnd = WM_CreateWindow(10, 10,                /*创建一个前景窗*/
            100, 100, WM_CF_SHOW, cbForegroundWin, 0);
        GUI_Delay(1000);                              /*显示前景窗*/
        WM_DeleteWindow(hWnd);                        /*删除前景窗*/
        GUI_DispStringAt("Background of window has not been redrawn", 10, 10);
        GUI_Delay(1000);GUI_Clear();
        WM_SetCallback(WM_HBKWIN, cbBackgroundWin);  /*设置背景窗的回调功能*/
        hWnd = WM_CreateWindow(10, 10,                /*创建一个前景窗*/
            100, 100, WM_CF_SHOW, cbForegroundWin, 0);
        GUI_Delay(1000);                              /*显示前景窗*/
        WM_DeleteWindow(hWnd);                        /*删除前景窗*/
        GUI_Delay(1000);                              /*等待,显示将重绘*/
        WM_SetCallback(WM_HBKWIN, 0);                 /*删除回调函数*/
    }
}
void main(void)
{   GUI_Init(); DemoRedraw(); }
```

5.4 μC/GUI 的移植或定制

在设计的目标板上移植 μC/GUI 软件或在已有的开发板上定制 μC/GUI 软件,其关键环节在于恰到好处地对 μC/GUI 内核的剪切,做到"最小、最快",以满足实际应用需求。本节以 μC/OS-Ⅱ 嵌入式实时操作系统为例,重点阐述 μC/GUI 软件移植中的几个重要环节。处理好这些关键环节,基本上就完成 μC/GUI 软件的移植或定制的大部分工作了。

5.4.1 μC/GUI 移植的重要环节

1. 与 E-RTOS 接口部分的修改

(1) 多个显示任务资源互斥的处理

使用上锁/解锁机制,如 μC/OS 的区域访问权的宏 GUI_X_Lock()/ Unlock(),或者重新定义三个任务调度函数——GUI_X_InitOS() /Lock()/Unlock()。

μC/GUI 与 μC/OS-Ⅱ结合应用时通常被分为几个小的显示任务,由于每个显示任务都共用一个 GUI_Context 上下文变量;在操作系统进行任务切换时一个 GUI 任务对上下文的操作可能被另外一个 GUI 任务打断,此时新的 GUI 任务对上下文的操作是在被中断任务的上下文基础上进行的,这样前一个任务的信息会被后一个任务所使用,有些基本信息作为公用信息需要被共用,而有些信息在处理过程中是不能被打断的。这就存在资源互斥的问题。

μC/GUI 在设计时是通过上锁和解锁来解决这个问题。其过程是通过在关键区域入口设置 GUI_X_Lock()以获得专一访问权,用完后在出口处设置 GUI_X_Unlock()让出资源,达到多个 GUI 任务对同一数据在关键区域内访问的互斥。

在 μC/GUI 移植到 μC/OS-Ⅱ 的过程中,需要利用操作系统实现资源互斥的系统调用,对上述宏进行替换,这涉及三个任务调度函数的重新定义:

```
void GUI_X_InitOS(void);      /*任务初始化*/
void GUI_X_Lock(void);        /*任务锁定*/
void GUI_X_Unlock(void);      /*任务解锁*/
```

具体说,在 GUI_X_InitOS 函数体中调用 μC/OS 的 OSSemCreate(1)创建一个信号量,参数为 1 用来实现资源互斥,此后在 GUI_X_Lock()中调用 OSSemPend()来等待这个信号量,OSSemPend 函数完成的任务是检查信号量是否未被使用,是则进入关键区域执行 GUI,否则将当前任务挂起并进行任务切换。

同时在 GUI_X_Unlock()中调用 OSSemPost(),通过将等待该信号量的任务列表中优先级最高的任务设置为就绪,并进行任务切换来释放这个信号量以让出访问权。基于 μC/OS-μC/GUI 系统结构如图 5-5 所示。

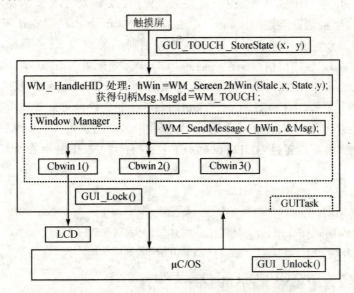

图 5-5　基于 μC/OS 的 μC/GUI 系统结构图

从上述分析不难看出,在等待信号量的过程中已经实现了任务切换,从而系统实时性要求的问题已经在解决资源互斥的过程中得到了解决。

(2) 延时和任务切换

μC/GUI 还用到 μC/OS-Ⅱ中的延时调用,通过在 GUI_X_Delay()中调用 μC/OS-Ⅱ的 OSTimeDly()实现延时和任务切换。这涉及两个系统时间接口函数:

```
int GUI_X_GetTime (void);        /* 取系统时间 */
void GUI_X_Delay (int ms);       /* 延时函数 */
```

2. 输入/输出驱动接口部分的设计

输入/输出设备包括 LCD 屏幕、键盘和触摸屏等,其中 LCD 屏是现代嵌入式系统图形界面显示必须要使用的。LCD 驱动程序的设计包括 LCD 初始化和中断处理服务等。LCD 驱动编程的实质是液晶屏上的点对应的显存编程,最底层调用函数为画点函数,用户可根据自身硬件平台情况,对总线接口和寄存器接口或者 LCD 控制器寄存器进行操作。_SetPixel()、_GetPixel()和 XorPixel()为最底层直接对显存进行操作的函数。μC/GUI 提供部分控制器驱动,程序文件为 GUI/LCDDriver/LCDSLin.c,如 SED1335 和 T6963 等简单 LCD 控制器,核心函数为 LCD_Write(),_SetPixel()调用 LCD_Write()实现"写显存"。

如果涉及输入设备如键盘、鼠标及触摸屏驱动的移植,还要编写相应的驱动程序。

嵌入式应用系统下 LCD 屏幕、键盘、触摸屏等人机接口驱动程序的具体编制,可以参考本书作者写的《基于底层硬件的软件设计》一书,其中对常用各种操作系统下的设备驱动程序实现有详细的论述。μC/GUI 软件本身也带有很多类型的驱动例程可供参考。

3. 配置文件相关参数的修改

首先定义两个文件:GUIConf.h 和 LCDConf.h。GUIConf.h 文件是 μC/GUI 功能模块和动态存储空间(用于内存设备和窗口对象)大小、默认字体设置等基本"GUI 预定义控制"的定义。LCDConf.h 为 LCD 屏大小、控制器类别、总线宽度和颜色选取等 LCD 参数的控制文件。对于 LCD 自带控制器类别的液晶屏,则通过 LCDConf.h 中的总线接口和寄存器接口进行硬件接口的配置和定义。对于片上集成 LCD 控制器平台而言,通过对片内 LCD 控制器寄存器的设置来配置 LCD 接口信号。在一般的 LCD 中需要配置的 LCD 接口信号包括 VFrame 帧同步信号、VLine 线同步脉冲信号、VCLK 像素时钟信号、VM 信号和数据位不等的像素点的数据输出信号。在 GUI/CORE/LCD_ConfDefaults.h 文件内可以找到所有囊括 LCD 配置默认选项,包括 LCD 屏个数、控制器个数、调色板和屏幕反向设置等众多配置选项。

如果配备触摸屏可以通过 GUITouchConf.h 进行配置,根据触摸屏及其控制芯片编制以下几个函数:

```
void TOUCH_X_ActivateX (void);    //准备 Y 轴数据测量
void TOUCH_X_ActivateY (void);    //准备 X 轴数据测量
int TOUCH_X_MeasureX(void);       //根据 A/D 转换结果返回 X 的值
int TOUCH_X_MeasureY(void);       //根据 A/D 转换结果返回 Y 的值
```

这几个函数在 GUI_TOUCH_Exec()会被调用。

4. 与硬件密切相关文件的调整

Sample\GUI_X 文件夹内包括与硬件联系紧密的文件,有 GUI_X.c、GUI_X_embOS.c 和 GUI_X_μCOS.c 等。其中 GUI_X.c 文件包括大部分与硬件的关联函数,如定时器的初始化和触摸屏相关的函数。μC/GUI 与操作系统挂接的核心是定时器的设置和挂接。μC/GUI 是通过延时函数 GUI_Delay()调用 GUI_X_Delay,再调用 GUI_Exec()处理窗口部件中的回调函数来进行窗口重绘的。在任何一款嵌入式操作系统中都需要定时器的心脏跳动作用,支持 OS 的 μC/GUI 可以通过定时器的设置达到嵌入式操作系统和图形系统的实时和同步操作。在 GUI_X_μCOS.c 中,通过 μC/OS 中的延时程序同 μC/GUI 挂接从而实现了整合。

5.4.2 μC/GUI 典型移植举例

1. 基于 S3C44B0X 的 μC/GU 移植

这里的软硬件平台是基于 S3C44B0X 硬件体系和 μC/OS-Ⅱ 嵌入式实时操作系统,在此基础上实现 μC/GUI 软件移植,以下说明移植过程,并着重说明 μC/GUI 软件剪切修改的重要环节的具体实现。

(1) S3C44B0X 微处理器和开发平台简介

硬件开发平台的微处理器是 Samaung 公司的 ARM7TDMI-S 单片机 S3C44B0X,E-RTOS 选择移植性较强的 μC/OS-Ⅱ。S3C44B0X 可工作在 66 MHz 时钟,其片内集成有 8 KB 的 Cache、LCD 控制器、5 通道 PWM 定时器和一个内部定时器、71 个 I/O 口、8 个外部中断源和实时时钟等。目标平台的液晶模块采用 320×240 分辨率,通过总线的形式连接在 S3C44B0X 的 Bank3 上,并在系统的内存区开辟了一块内存作为液晶显示的后台缓存。

(2) 基于 S3C44B0X 的 μC/OS-Ⅱ 上的 μC/GUI 移植

要成功将 μC/GUI 移植到基于 S3C44B0X 的 μC/OS-Ⅱ 上的平台上,一般要解决以下几方面的问题:

① 与操作系统的接口相关部分的修改。主要是要处理好多个显示任务切换时的资源互斥问题,正确地使用延时和任务切换。这些方面的解决方法在 5.4.1 小节中已经说明,可参考并进行相关的修改处理。

② 输入/输出设备驱动接口模块设计。主要是设计 LCD 驱动接口模块。LCD 驱动最基本的是 LCD 初始化函数,该函数完成对 S344B0X LCD 控制器的配置和显存的映射等任务。其具体实现代码如下:

```
void LCD_Init(void)
{   int i; LCD_DisplayOpen(FALSE);           /*关 LCD 显示 */
    for(i=0; i<320*240; i++)*(pLCDBuffer256+i) = 0x0;      /*初始化显存 */
    rPDATD = 0xff;                            /* PDATD[7:0]:此处初始化为 0xff */
    rPCOND = 0xaaaa;                          /* PCOND[15:0]:配置为功能端 */
    rPUPD = 0x00;            /* PUPD [7:0]:允许相应位的上拉电阻(0=允许,1=禁止) */
    rLCDCON1 = (0)|(DISMODE<<5)|(WDLY<<8)|(WLH<<10)|(CLKVAL<<12);
               /*禁止模式,8B_SNGL_SCAN,WDLY = 16clk,WLH = 16clk,CLKVAL = 10 */
    rLCDCON2 = (LINEVAL)|(HOZVAL<<10)|(LINEBLANK<<21);
               /*彩色模式,LCDBANK = 0xc000000,LCDBASEU = 0x0 */
    rLCDSADDR1 = (MODESEL<<27) | (((U32)pLCDBuffer256>>22)<<21) |
                 M5D((U32)pLCDBuffer256>>1);
    rLCDSADDR2 = M5D(((U32)pLCDBuffer256 + (LCDWIDTH * LCDHEIGHT))>>1) |
                 (MVAL<<21);
    rLCDSADDR3 = PAGEWIDTH | (OFFSIZE<<9);
```

```
    rREDLUT = 0xfdb97531;                              /*设置红、绿、蓝三色的颜色值*/
    rGREENLUT = 0xfdb97531; rBLUELUT = 0xfb73; rDITHMODE = 0x0;
    rDP1_2 = 0xa5a5; rDP4_7 = 0xba5da65; rDP3_5 = 0xa5a5f; rDP2_3 = 0xd6b;
    rDP5_7 = 0xeb7b5ed; rDP3_4 = 0x7dbe; rDP4_5 = 0x7ebdf; rDP6_7 = 0x7fdfbfe;
    rLCDCON1 = (1)|(DISMODE<<5)|(WDLY<<8)|(WLH<<10)|(CLKVAL<<12);
    Delay(5000);                                       /*使能模式,8B_SNGL_SCAN,WDLY = 16clk,
                                                          WLH = 16clk,CLKVAL = 10*/
    LCD_BkLight(TRUE);                                 /*开背光*/
    LCD_DisplayOpen(TRUE);                             /*打开LCD显示*/
}
```

完成上面LCD初始化后,再设置相应的中断服务子程序(IS),μC/GUI就可以稳定地运行在μC/OS-Ⅱ和目标平台之上了。

③ μC/GUI配置文件参数的修改。主要是LCDConf.h配置文件的修改,若LCD选用320×240彩色液晶屏,则需要对LCDConf.h文件作如下修改:

```
#ifndef LCDCONF_H
#define LCDCONF_H
#define LCD_XSIZE (320)           /*LCD水平分辨率*/
#define LCD_YSIZE (240)           /*LCD竖直分辨率*/
#define LCD_BITSPERPIXEL (8)
#endif
```

另外,还涉及LCD寄存器常量的设置等内容,这里不再一一列举。

2. 基于AT91SAM7的μC/GUI的移植

硬件设计方面主要是AT91SAM7芯片与有T6963驱动器的160×128单色显示屏接口。触摸屏设计主要是四线电阻式触摸屏和ADS7843芯片连接,再接在AT91SAM7芯片的SPI接口上,其PIRQ引脚与MCU上的IRQ0外部中断引脚相连接。AT91SAM7是Atmel公司推出的ARM7TDMI-S单片机。

μC/GUI的移植,主要还是对T6963驱动器的移植。首先修改文件LCDConf.h,主要的变动如下:

```
#define LCD_XSIZE            (160)
#define LCD_YSIZE            (128)
#define LCD_CONTROLLER       (6963)
#define LCD_BITSPERPIXEL     (1)
void LCD_X_Write00(char c); void LCD_X_Write01(char c);
char LCD_X_Read01(void);
#define LCD_WRITE_A1(Byte) LCD_X_Write01(Byte)        //写命令
#define LCD_WRITE_A0(Byte) LCD_X_Write00(Byte)        //写数据
#define LCD_READ_A1() LCD_X_Read01()                  //读状态
```

这里声明了三个和硬件接口有关的函数,直接操作硬件,函数的详细定义LCDLib.c文件中。

μC/GUI含有对T6963的驱动文件LCDSLIN.c文件,可以简化移植工作。接下来主要就是在 GUI_X_UCOS.c 文件中修改 GUI 与 OS 接口的几个函数：

```
int GUI_X_GetTime(void)
{ return OSTimeGet(); }
void GUI_X_Delay(int Period)
{ OSTimeDly(Period); }
void GUI_X_ExecIdle(void)
{ OS_X_Delay(1); }
static OS_EVENT * DispSem;
U32 GUI_X_GetTaskId(void)
{ return ((U32)(OSTCBCur->OSTCBPrio)); }
void GUI_X_InitOS(void)
{ DispSem = OSSemCreate(1); }
void GUI_X_Unlock(void)
{ OSSemPost(DispSem); }
void GUI_X_Lock(void)
{ INT8U err; OSSemPend(DispSem, 0, &err); }
void GUI_X_Init(void) { }
```

接下来主要是触摸屏驱动的编写。由于使用的是 ADS7843 芯片，网上有很多资料可以参考，所以很容易编写驱动，主要是用 AT91SAM7 芯片的 SPI 口对芯片进行操作。GUI_TOUCH_DriverAnalog.c 文件编写中有一个中断处理函数 IRQ0_HANDLE(void)，主要是当触摸而产生中断时，给 ADS7843 发送命令读取 X 或 Y 方向的数值。

5.4.3 在目标板上应用 μC/GUI

1. 一般操作步骤

在目标硬件上应用 μC/GUI 的基本步骤如下：

第一步，定制 μC/GUI。主要是通过修改头文件 LCDConf.h 来定制 μC/GUI，还必须定义一些基本数据类型（如 U8、U16 等），以及有关显示方案和所使用的 LCD 控制器的开关配置。

第二步，定义访问地址和访问规则。对于使用存储器映像的 LCD，仅仅需要在 LCDConf.h 中定义访问地址。对于端口/缓冲的 LCD，必须定义接口程序。Samples\LCD_X 目录下有一些所需的接口程序的范例代码可供参考。

第三步，编译、连接和测试范例程序。μC/GUI 带有一些单任务和多任务环境下的范例程序，编译、连接和测试这些范例程序，以熟悉 μC/GUI 的使用。

第四步，修改范例程序。对范例程序进行简单的修改，增加些额外的命令，诸如显示不同尺寸的文字，显示一条直线等。

第五步，多任务应用。如果多任务允许同时访问显示器，则宏 GUI_MAXTASK 和 GUI_OS 与文件 GUITask.cg 一起开始运行。

第六步，使用 μC/GUI 编写应用程序。

2. 简单应用例示

最简单的范例程序是 Basic_HelloWorld.c，该程序是在显示器的左上角输出"Hello

World!"。为了能实现这个功能,应用硬件、LCD 和 GUI 必须首先初始化。μC/GUI 的初始化通过在程序的开始通过调用 GUI_Init() 来实现。这里假设应用硬件的初始化已经完成。程序源代码如下:

```
#include "GUI.H"
void main(void)
{    /* 硬件初始化的确认 */
    GUI_Init(); GUI_DispString("Hello world!"); while(1);
}
```

下面给"Hello Word!"程序增加功能,在显示"Hello World!"后,使程序开始计数以估计能够获得多快的输出速度(至 LCD)。在主程序末尾的增加几行代码进行循环,调用一个显示十进制形态数值的函数来实现所希望的功能。增改后的程序源代码如下:

```
#include "GUI.H"
void main(void)
{    int i = 0;
    /* 硬件初始化的确认 */
    GUI_Init(); GUI_DispString("Hello world!");
    while(1)
    {    GUI_DispDecAt( i++, 20, 20, 4); if(i>9999) i = 0;   }
}
```

5.5　μC/GUI 应用程序开发

5.5.1　应用程序开发描述

1. μC/GUI API 函数

μC/GUI 软件的函数库为用户应用程序设计提供 GUI 函数,常用的 μC/GUI API 函数主要有:

▶ 文本操作的函数。用于在屏幕上显示字符串,并对其进行定位和排版等操作。
▶ 数值操作的函数。用于在屏幕上显示指定进制、格式和结构的数值,包括浮点数。
▶ 二维图形的绘制函数。包括图片、直线、多边形、圆、椭圆和圆弧等;大多数函数是 GUI 设计所必需的,这些函数基于快速及有效率的算法建立,只有绘制圆弧函数要求浮点运算支持。μC/GUI 提供 NORMAL 和 XOR 两种绘图模式。默认为 NORMAL 模式,即显示屏的内容被绘图所完全覆盖。在 XOR 模式,当绘图覆盖在上面时,显示屏的内容反相显示。
▶ 字体操作的函数。μC/GUI 提供 4 种基本字体:等宽位图字体,比例位图字体,带有 2 bpp(Bit Per Pixel)用于建立反混淆信息的比例位图字体,带有 4 bpp 用于建立反混淆信息的反混淆字体。字体操作函数包括字体的选择和设置等操作。
▶ 输入设备操作函数。主要用于得到键盘、鼠标或触摸屏等设备的输入信息。
▶ 各种窗口对象函数。包括按钮、编辑框、进度条和复选框等控件。控件需要使用窗口管理器 WM。一个控件根据其特性而绘制,这一过程通过调用 WM 的 API 函数 WM_Exec()来完成,也可以通过调用 WM_Paint()函数来绘制。在多任务环境中,一个后台任务通常用于调用 WM_Exec()并更新控件及其所有带有回调函数的窗口。

μC/GUI 函数库可以通过 GUI_Conf.h 文件进行配置,配置的内容包括是否采用内存设备,是否采用窗口管理器,是否支持操作系统、触摸屏以及配置动态内存的大小等方面。

2. μC/GUI 应用程序的开发步骤

应用 μC/GUI 软件开发图形界面应用程序的一般方法步骤,可以概括如下:
- 架构嵌入式基本软件体系,移植或定制所选的 E-RTOS。
- 按照项目开发实际需要,筛选 μC/GUI 目录及其文件,将核心文件、LCD 驱动文件和需要的字体文件包含进自己的项目里;然后再根据实际硬件需要,包含内存设备、输入设备控件和窗口管理部分,定制 μC/GUI 开发环境。
- 确定硬件设备地址,修改 LCD_Conf.h 文件,编写接口驱动代码。
- 编译、链接、调试最简示例程序。
- 修改示例程序并测试,逐渐增加需要的功能。
- 若采用多任务调度,则需要修改 GUI_MAXTASK 和 GUI_OS 宏,实现 μC/GUI 与所选 E-RTOS 的最佳结合。
- 编写具体的应用程序,在 PC 上反复模拟仿真调试,进而再下载到目标板进行测试。

只要经过正确的 μC/GUI 软件移植,通过 μC/GUI 开发 GUI 应用程序,是非常简便的。调用 GUI_Init()函数,再根据需要正确配制 μC/GUI 后,就可以使用 μC/GUI 强大的库函数和丰富的 GUI 资源进行编程了。在 GUI 编程过程中,可以打开抗锯齿功能减小图形失真,得到高质量的图形和字体效果;可以采用内存设备功能有效地克服闪烁现象,获得更快的显示速度。不过,应当明确的是,使用抗锯齿功能和内存设备功能是需要额外的内存开销的。

5.5.2 应用程序设计举例

这里在一个嵌入式开发板上用 μC/GUI 软件设计一个汽车发动机转速动态测量显示的 GUI。

开发板的核心是集成有 LCD 控制器的 ARM7TDMI-S 单片机 S3C44B0X,LCD 为 640×480 点阵的彩色液晶屏,整个硬件体系的构成如图 5-6 所示。用 μC/GUI 软件设计的汽车发动机转速动态测量显示 GUI 如图 5-7 所示。图中,黑色的背景是这个 LCD 的窗口区域,大小为 640×480。设计时首先利用画线函数绘制基本的弧线,再利用填充函数填充相应的背景颜色,最后用一个分片存储设备执行一个指定的绘图函数。在这种情况下,在一段时间内只有一小部分要更新。设计 GUI 应用程序的主要代码如下:

```
static void AutoScale(void)
{
    int Cnt; int tDiff, t0 = GUI_GetTime();
    PARAM Param;                              //绘图函数的参数
    GUI_AUTODEV AutoDev;                      //分片存储设备对象
    GUI_SetColor(GUI_WHITE);                  /* 设置颜色 */
    GUI_SetFont(&GUI_Font8x16);               /* 设置字体 */
    GUI_DispStringHCenterAt("Scale using GUI_AUTODEV-object", 160, 0);
    GUI_AA_EnableHiRes();                     /* 启动高分辨率用于抗锯齿 */
```

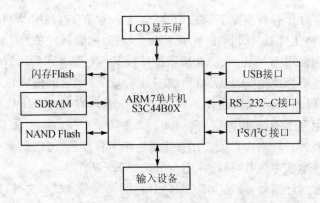

图 5-6　μC/GUI 软件的一种嵌入式硬件平台的结构框图

图 5-7　μC/GUI 软件设计的汽车发动机转速动态测量显示界面

```
GUI_AA_SetFactor(MAG);
GUI_MEMDEV_CreateAuto(&AutoDev);              /*建立 GUI_AUTODEV 对象*/
/*显示在一个固定时间上的指针*/
for (Cnt = 0; (tDiff = GUI_GetTime() - t0) < 24000; Cnt + +)
{   /*获得数值用于显示一个多边形来表示指针*/
    Param.Angle = GetAngle(tDiff) * DEG2RAD;
    GUI_RotatePolygon( Param.aPoints, aNeedle, countof(aNeedle), Param.Angle);
    GUI_MEMDEV_DrawAuto(&AutoDev, &Param.AutoDevInfo, &Draw, &Param);
}
}
```

5.6　μC/GUI 的模拟仿真与调试

5.6.1　软件模拟仿真综述

1. 模拟仿真简介

μC/GUI 软件提供有 PC 平台下的仿真器和浏览器,可以用来形象地动态模拟仿真所设计的 GUI 应用程序。只要把仿真器或浏览器模拟屏幕的大小、颜色等参数与实际 LCD 屏设置一致,运行效果就基本同实物完全一样。在 PC 上调试成功的 GUI 应用程序可以原封不动地移植到目标平台或产品中。仿真的整个图形库 API 和视窗管理 API 与目标系统是一样的,所有函数的运行与在目标硬件上运行高度一致，模拟时使用与目标系统同样的"C"源代码。唯一不同是在软件的底层：LCD 驱动。仿真器和浏览器使用一个仿真的驱动写入一个位图，以代替实际的 LCD 驱动。

应用 μC/GUI 仿真器或浏览器，需要借助于微软公司的 Visual C++（6.0 或更高版本）集成开发环境 IDE（Integrated Development Envioonment）和 μC/GUI 软件自带的模拟工程模板，即使用 Visual C++编译和调试所设计的 GUI 应用程序，在 μC/GUI 的仿真器或浏览器中观察程序运行效果。μC/GUI 软件的根目录下有 Visual C++项目文件 Simulation.dsw 和 Simulation.dsp，只要安装了 Visual C++ IDE，双击 Simulation.dsw 就可以打开"模拟工程模板"。这是在 PC 上模拟仿真 μC/GUI 应用程序最简便的方法。当然也可以使用 μC/GUI 提供的仿真库函数（sim.h 和 sim.c）在其他编译/调试器下模拟 μC/GUI 应用程序，这样相对复杂一些，需要自行建立一系列的编译和调试环境。

2. GUI 程序的模拟仿真

μC/GUI 软件的 Sample\GUI 目录下给出了很多模拟运行的样例程序，可供参考。编译并模拟运行这些范例程序的步骤如下。

第一步：双击 Simulation.dsw 文件打开 Visual C++工作区。

第二步：在 Visual C++中选择 Application 文件夹下的所有文件，按 Delete 键将它们删除，使 Application 文件夹变"空"；这些文件并不是真的被删除了，只是从项目中移走了。

第三步：右击 Application 文件夹，选择需加入的文件，出现一个对话框。

第四步：双击 Sample 文件夹，选择里面的一个范例文件。这里最重要的是 Application 文件夹只能包含所编译的范例的 C 文件，而不能是其他种类的文件。

第五步：在 Visual C++菜单中选择 Build/Rebuild All 或按 F7 键，重新构建范例文件。

第六步：在 Visual C++菜单中选择 Build/Start Debug/Go 或按 F5 键，开始仿真。

μC/GUI 仿真器打开后，在 PC 屏幕上显示一个相连的硬件平台和 LCD 屏，模拟的 GUI 应用运行在其中的 LCD 屏上。显示的仿真器造型是 μC/GUI 软件默认的，其设置在 Simulation.dsp 文件中，相关的语句是：

```
145 BITMAP DISCARDABLE "Device.bmp"
146 BITMAP DISCARDABLE "Device1.bmp"
```

可以将所指的位图文件换成特定的，其中 Device.bmp 决定了仿真器的外形，Device1.bmp 是"Hardkey"功能位图。Hardkey 的意思是能区别在仿真设备中的一个键或一个按钮是否被按下，当鼠标指针位于一个 Hardkey 上方，并且鼠标按键保持按下状态，则该 Hardkey 被认为是按下；当鼠标按键释放或指针移开 Hardkey，表示该 Hardkey"没有按下"。

3. 浏览器的运用

μC/GUI 的浏览器也可以用来模拟 GUI 应用程序，不但如此，它还可以在对源代码执行单步调试时，在 LCD 窗口中显示所有相应绘图操作。这是 μC/GUI 仿真器做不到的。μC/GUI 浏览器能显示仿真的 LCD 窗口和色彩窗口，其执行文件是 Tool\μC-GUI-View.exe。

可以在调试应用程序之前或正在调试时启动浏览器，并且可以同时使用仿真器和浏览器。

建议按如下步骤使用 μC/GUI 浏览器：启动观察器，在仿真开始前没有 LCD 或色彩窗口出现；打开 Visual C++工作区；编译和运行应用程序；调试应用程序。

5.6.2 模拟仿真应用举例

这里给出一个 μC/GUI 软件设计的随机曲线、正弦曲线及其叠加曲线循环动态显示的例程，用 Visual C++和 Simulation.dsw 模板进行编译和调试，并在 μC/GUI 仿真器和浏览器中得到运行效果。该例程的源代码如下：

```c
#include "gui.h"
#include "LCD_ConfDefaults.h"
#include <math.h>
#include <stdlib.h>
#define YSIZE (LCD_YSIZE - 100)
#define DEG2RAD (3.1415926f / 180)
#if LCD_BITSPERPIXEL == 1
    #define COLOR_GRAPH0 GUI_WHITE
    #define COLOR_GRAPH1 GUI_WHITE
#else
    #define COLOR_GRAPH0 GUI_GREEN
    #define COLOR_GRAPH1 GUI_YELLOW
#endif
typedef struct                                    //含有绘图例程信息的结构
{ I16 *aY; }PARAM;
static void Draw(void * p)                        //画绘图区
{ int i; PARAM * pParam = (PARAM *)p;
    GUI_SetBkColor(GUI_BLACK); GUI_SetColor(GUI_DARKGRAY);
    GUI_ClearRect(19, (LCD_YSIZE - 20) - YSIZE, (LCD_XSIZE - 2), (LCD_YSIZE - 21));
    for (i = 0; i < (YSIZE / 2); i += 20)
    { GUI_DrawHLine((LCD_YSIZE - 20) - (YSIZE / 2) + i, 19, (LCD_XSIZE - 2));
        if(i) GUI_DrawHLine((LCD_YSIZE - 20) - (YSIZE / 2) - i, 19, (LCD_XSIZE - 2));
    }
    for (i = 40; i < (LCD_XSIZE - 20); i += 40)
    GUI_DrawVLine(18 + i, (LCD_YSIZE - 20) - YSIZE, (LCD_YSIZE - 21));
    GUI_SetColor(COLOR_GRAPH0);
    GUI_DrawGraph(pParam->aY, (LCD_XSIZE - 20), 19, (LCD_YSIZE - 20) - YSIZE);
}
static void Draw2(void * p)
{ PARAM * pParam = (PARAM *)p; Draw(p); GUI_SetColor(COLOR_GRAPH1);
    GUI_DrawGraph(pParam->aY + 15, (LCD_XSIZE - 20), 19, (LCD_YSIZE - 20) - YSIZE);
}
static void Label(void)                           //标记x,y轴
{ int x, y; GUI_SetBkColor(GUI_RED); GUI_Clear(); GUI_SetPenSize(1);
    GUI_ClearRect(0, (LCD_YSIZE - 21) - YSIZE, (LCD_XSIZE - 1), (LCD_YSIZE - 1));
    GUI_DrawRect(18, (LCD_YSIZE - 21) - YSIZE, (LCD_XSIZE - 1), (LCD_YSIZE - 20));
    GUI_SetFont(&GUI_Font6x8);
    for (x = 0; x < (LCD_XSIZE - 20); x += 40)
    { int xPos = x + 18;
```

```c
            GUI_DrawVLine(xPos, (LCD_YSIZE - 20), (LCD_YSIZE - 14));
            GUI_DispDecAt(x / 40, xPos - 2, (LCD_YSIZE - 9), 1);
        }
        for (y = 0; y < YSIZE / 2; y += 20)
        {   int yPos = (LCD_YSIZE - 20) - YSIZE / 2 + y; GUI_DrawHLine(yPos, 13, 18);
            if(y)
            {   GUI_GotoXY(1, yPos - 4); GUI_DispSDec(-y / 20, 2);
                yPos = (LCD_YSIZE - 20) - YSIZE / 2 - y; GUI_DrawHLine(yPos, 13, 18);
                GUI_GotoXY(1, yPos - 4); GUI_DispSDec(y / 20, 2);
            }
            else GUI_DispCharAt('0', 7, yPos - 4);
        }
    }
    static void GetRandomData(I16 * paY, int Time, int n)        //得到随机数
    {   int aDiff, i;
        if(Time > 5000) Time -= 5000; if(Time > 2500) Time = 5000 - Time;
        Time /= 200; aDiff = Time * Time + 1;
        for (i = 0; i < n; i++)
        {   if(! i) paY[i] = rand() % YSIZE;
            else
            {   I16 yNew; int yD = aDiff - (rand() % aDiff);
                if(rand()&1) yNew = paY[i-1] + yD;
                else yNew = paY[i-1] - yD; if (yNew > YSIZE) yNew -= yD;
                else if(yNew<0) yNew += yD; paY[i] = yNew;
            }
        }
    }
    static void DemoRandomGraph(void)                  //画随机曲线
    {   PARAM Param; int tDiff, t0;
        GUI_RECT Rect = {19, (LCD_YSIZE - 20) - YSIZE, (LCD_XSIZE - 2), (LCD_YSIZE - 21)};
        GUI_HMEM hMem = GUI_ALLOC_Alloc((LCD_XSIZE - 20) * sizeof(I16));
        GUI_SetColor(GUI_WHITE); GUI_SetBkColor(GUI_RED);
        GUI_ClearRect(0, 0, LCD_XSIZE, 60); GUI_SetFont(&GUI_FontComic18B_1);
        GUI_DispStringAt("Random graph", 10, 20); Param.aY = GUI_ALLOC_h2p(hMem);
        GUI_SetFont(&GUI_Font6x8); t0 = GUI_GetTime();
        while((tDiff = (GUI_GetTime() - t0)) < 10000)
        {   int t1, tDiff2; GetRandomData(Param.aY, tDiff, (LCD_XSIZE - 20));
            t1 = GUI_GetTime(); GUI_MEMDEV_Draw(&Rect, Draw, &Param, 0, 0);
            tDiff2 = GUI_GetTime() - t1; if (tDiff2 < 100) GUI_Delay(100 - tDiff2);
        }
        GUI_ALLOC_Free(hMem);
    }
    static void GetSineData(I16 * paY, int n)              //得到正弦数据
    {   for (int i = 0; i < n; i++)
        {   float s = sin(i * DEG2RAD * 4); paY[i] = s * YSIZE / 2 + YSIZE / 2;  }
```

```
}
static void DemoSineWave(void)                              //画正弦曲线
{   PARAM Param; I16 * pStart; int t0, Cnt = 0;
    GUI_RECT Rect = {19,(LCD_YSIZE - 20) - YSIZE,(LCD_XSIZE - 2),(LCD_YSIZE - 21)};
    GUI_HMEM hMem = GUI_ALLOC_Alloc(405 * sizeof(I16));
    GUI_SetColor(GUI_WHITE); GUI_SetBkColor(GUI_RED);
    GUI_ClearRect(0, 0, LCD_XSIZE, 60); GUI_SetFont(&GUI_FontComic18B_1);
    GUI_DispStringAt("Sine wave", 10, 20); pStart = GUI_ALLOC_h2p(hMem);
    GetSineData(pStart, 405); GUI_SetFont(&GUI_Font6x8); t0 = GUI_GetTime();
    while((GUI_GetTime() - t0) < 10000)
    {   int t1, tDiff2;
        if(Cnt + + % 90) Param.aY + + ;
        else Param.aY = pStart; t1 = GUI_GetTime();
        GUI_MEMDEV_Draw(&Rect, Draw2, &Param, 0, 0);
        tDiff2 = GUI_GetTime() - t1; if(tDiff2<100) GUI_Delay(100 - tDiff2);
    }
    GUI_ALLOC_Free(hMem);
}
static void DrawOrData(GUI_COLOR Color, I16 * paY)          //数据"加"
{   GUI_SetColor(Color);
    GUI_DrawGraph(paY, (LCD_XSIZE - 20), 19, (LCD_YSIZE - 20) - YSIZE);
}
static void DemoOrData(void)                                //画相加的波形
{   int i; PARAM Param;
    GUI_RECT Rect = {19,(LCD_YSIZE - 20) - YSIZE,
                      (LCD_XSIZE - 2),(LCD_YSIZE - 21)};
    GUI_HMEM hMem = GUI_ALLOC_Alloc(405 * sizeof(I16));
    GUI_SetColor(GUI_WHITE); GUI_SetBkColor(GUI_RED);
    GUI_ClearRect(0, 0, LCD_XSIZE, 60); GUI_SetFont(&GUI_FontComic18B_1);
    GUI_DispStringAt("Several waves...",0,20);
    Param.aY = GUI_ALLOC_h2p(hMem); GetSineData(Param.aY, 405);
    GUI_MEMDEV_Draw(&Rect, Draw, &Param, 0, 0);
    for(i = 0; (i<90);i + + )
    {   DrawOrData(GUI_GREEN, + + Param.aY); GUI_Delay(10);   }
    GUI_ALLOC_Free(hMem);
}
void MainTask(void)                                         //主任务函数
{   GUI_Init(); GUI_MEMDEV_Load(); Label();
    while(1)
    {   DemoRandomGraph(); DemoSineWave(); DemoOrData();   }
}
```

μC/GUI 仿真器和浏览器的运行效果如图 5 - 8 所示。

——嵌入式 μC/GUI 图形系统设计—— 5

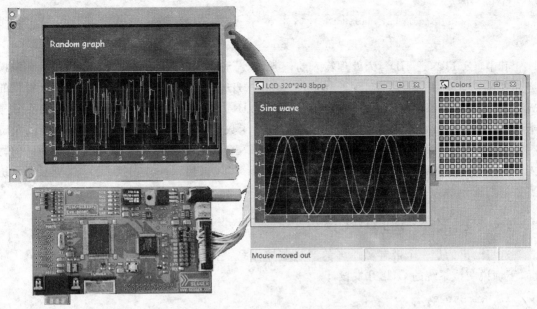

图 5-8 μC/GUI 仿真器和浏览器的运行效果图

5.7 μC/GUI 图形系统开发举例

下面列举几个嵌入式 GUI 项目设计实例,理论联系实际,综合说明如何应用 μC/GUI 软件进行 GUI 图形系统设计。例中将重点说明关键的实现环节。

5.7.1 LCD 仪器的 GUI 设计

在 LCD 仪器中,越来越多地采用基于 μC/OS 的 μC/GUI 图形系统,不但移植简便,开发方便灵活,而且可以使系统具有良好的实时性和稳定性。下面在 ARM 单片机平台上,以触摸屏作为输入,LCD 作为输出的人机接口为例,介绍 μC/GUI 与 μC/OS 结合的实现过程。

首先,在 ARM 硬件平台和 μC/OS 上完成 μC/GUI 的软件移植,其过程可以按照 5.4 节所述进行。然后根据需求以回调原理为基础,利用 μC/GUI 提供的编程接口设计所需的图形界面应用程序。在此基础上重新定义与 μC/OS 的接口以及与 LCD 的接口函数。之后按需要在 μC/OS 中创建 GUI 任务即可。创建时应该考虑 GUI 任务所需执行频度以及优先级的选择,其原则是不影响控制系统的实时性要求。以下是按系统需要创建的 3 个 GUI 任务:

```
void GUITask_HID(void pdata)
{    for(; ;)
     {   WM_HandleHID(); OSTimeDlyHMSM(0, 0, 0, 50); }
}
void GUITask_TextRefresh(void pdata)
{    for(; ;)
     {   APP_HandleTR (); OSTimeDlyHMSM(0, 0, 0, 50); }
}
void GUITask_ Exec(void pdata)
```

```
{    for(; ;)
    {    GUI_Exee(); OSTimeDlyHMSM(0, 0, 0, 50);    }
}
```

其中,GUITask_HID()为处理输入的任务,输入坐标通过触摸屏驱动程序获得后,在触摸屏处理任务中调用 GUI_TOUCH_StoreState(x, y)已经保存,因此只需调用 μC/GUI 提供的 WM_HandleHID()函数完成响应;GUITask_TextRefresh()任务负责对运行参数的实时显示,其中 APP_HandleTR()为用户自定义的显示函数;而 GUITask_Exec()函数则专门负责图像的实际显示,即调用 μC/GUI 提供的 GUI_Exec()函数完成数据向 LCD 显示缓冲区的写入,OsTimeDlyHMsM()为操作系统提供的延时函数,用以控制任务切换频度,这里根据系统需要周期设为 50 ms。

5.7.2 监控体系的 GUI 设计

这里给出的是一个带有触摸屏的测量监控体系,它要求有既友好又稍为复杂的 GUI 界面,下面说明该系统的 GUI 开发设计。

1. 系统的构成

系统是基于 Samsung 公司的 S3C44B0X,1 MB 的 Flash：SST39VF160,8 MB 的 SDRAM：HY57V641620;使用了 CASIO 公司 320×240 像素 STN 伪彩色 LCD,输入使用 4 线电阻式触摸屏,操作系统为 μC/OS-Ⅱ,编译器使用 ARM 的 ADS1.2;根据实际需要设计了两路 A/D 转换电路、一路 D/A 转换电路。详细的系统功能框图如图 5-9 所示。

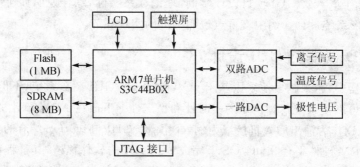

图 5-9 基于 μC/GUI 的测量/控制系统结构图

2. μC/GUI 的移植

μC/GUI 的移植过程主要是对 Config 目录下三个文件的修改,以及进行触摸屏和 LCD 驱动程序的编写。

(1) 相关触摸屏的移植

在使用触摸屏之前必须将 Config 目录下 GUIConf.h 中的 GUI_SUPPORT_TOUCH 设置为 1,由于项目中使用了操作系统所以同时将 GUI_OS 也设置为 1。触摸屏触点位置的获得是通过调用 GUI/core/目录下 GUI_TOUCH_DriverAnalog.c 文件中的 GUI_TOUCH_Exec()函数来实现的,对该函数进行修改后的伪代码如下:

```
void GUI_TOUCH_Exec(void)
{    读取触点在触摸屏上(x, y)点实际坐标值;
```

进行实际坐标值到逻辑坐标值的转换；
调用 GUI_TOUCH_StoreState(x, y)保存逻辑坐标值；
}

系统为了实时得到触点坐标，要不断调用 GUI_TOUCH_Exec( )函数。因此，需要在 μC/OS-Ⅱ操作系统中建立一个单独的任务对该函数进行调用，这样可保证触摸屏任务的实时响应。实现方式如下：

```
void Task_Touch(void * id)
{   // 建立触摸屏任务
    while(1)
    {   GUI_TOUCH_Exec();           // 调用此函数
        OSTimeDly(1);               // 延时一个时钟节拍
    }
}
```

(2) 相关液晶屏的移植

相关 LCD 的移植与具体使用的 LCD 有关，并且相同的 LCD 可以有不同的显示模式，这些都影响相关配置文件的修改。系统使用的是 CASIO 的 320×240 像素 STN 伪彩色 LCD，S3C44B0X 中的 LCD 控制器与 LCD 的连接方式为 8 位单扫描方式，显示模式为彩色显示。

配置参数在 LCDConf.h 文件中，修改后的参数如下：

```
#define LCD_XSIZE              320         // X，Y 大小
#define LCD_YSIZE              240
#define LCDCOLOR               0           // 定义显示模式
#define LCD_BITSPERPIXEL       8           // 每个像素点的位数
#define LCD_SWAP_RB            1           // 是否交换蓝色分量和红色分量
#define LCD_FIXEDPALETTE       332         // 调色板模式，这里使用 3 红，3 绿，2 蓝
#define LCD_MAX_LOG_COLORS     (256)       // 最大的逻辑颜色数
```

以上是对 LCD 各配置参数的修改，接下来将完成 LCD 驱动的 API 函数。其伪代码如下：

```
U32 BUFFER[LCD_YSIZE][LCD_XSIZE/4];    // 定义显存，对显存的操作会直接反映到 LCD 上
int LCD_L0_Init(void)                   // LCD 初始化函数
{   关闭 LCD；
    设定 S3C44B0X LCD 控制寄存器；
    打开 LCD；
    return 0;
}
void LCD_SetPixel(BUFFER, x, y, color)   // 画像素点函数
{   BUFFER[(y)][(x)/4] = ((BUFFER[(y)][(x)/4] &
    (~(0xff000000>>((x)%4)*8))) | ((color) << ((4-1-((x)%4))*8)));
}
```

另外，在 μC/OS-Ⅱ操作系统中也需要建立一个单独的任务对 GUI_Exec( )函数进行调用，以保证屏幕的及时刷新，给此屏幕刷新任务分配一个尽量低的优先级，确保核心任务的实

时性。实现方式如下：

```
void Task_LCDfresh (void * id)          //该任务完成屏幕刷新
{   while(1)
    {   GUI_Exec();                     // 完成屏幕刷新
        GUI_X_ExecIdle();               // 空闲任务
    }
}
```

(3) 操作系统接口文件的编写

μC/OS-Ⅱ下使用 μC/GUI 需要提供一些内核接口函数，来实现任务间同步。接口函数实现如下：

```
static OS_EVENT *DispSem;                               //μC/GUI 使用的信号量
int GUI_X_GetTime (void)                                // 获得当前时间
{   return ((int)OSTimeGet()); }
void GUI_X_Delay (int period)                           // μC/GUI 中的时间延时
{   INT32U ticks = (period * 1000) / OS_TICKS_PER_SEC;
    OSTimeDly(ticks);
}
void GUI_X_InitOS (void)                                // 初始化信号量
{   DispSem = OSSemCreate(1); }
void GUI_X_Lock (void)                                  // 锁定 GUI 任务
{   INT8U err; OSSemPend(DispSem, 0, &err); }
void GUI_X_Unlock (void)                                // 解除锁定
{   OSSemPost(DispSem); }
U32 GUI_X_GetTaskId (void)                              //取得当前任务的 ID 号
{   return ((U32)(OSTCBCur->OSTCBPrio)); }
```

有了这些内核接口函数，就可以使 μC/GUI 运行于 μC/OS-Ⅱ系统上。通过任务调度来实现各个任务间的协调工作，在任务建立时注意不要超出 GUI/Core/guitask.c 中规定的任务最大数 GUI_MAXTASK。

3. 中文小字库的实现

μC/GUI 带有多种常用的 ASCII 字体，也支持 UNICODE 字符显示。移植 GUI 的目的就是使人机界面友好、方便操作，所以对于国内用户来说装入汉字库是必需的。由于嵌入式系统内存资源十分有限，而整个汉字库又十分庞大，装入汉字库就意味着要牺牲很多的内存空间。基于这些考虑需要建立小型汉字库，这样不但可以解决汉字显示问题还可以节约宝贵的内存空间。下面重点讲述小型汉字库的创建方法及其相关程序代码。

μC/GUI 的文字显示是通过查找字模的方式实现的。字库中每一个字母都有其对应的字模，所有字母的字模都是由 GUI_FONT 和 GUI_FONT_PROP 这两个结构体来统一管理。从汉字库中选出必需的汉字，组成汉字库，选出的汉字其机内码可能是不连续的，这样必须要为每一个汉字建立一个 GUI_FONT_PROP 结构，再将它们链接成链表。此方法比较繁琐，要为每个汉字都建立一个链表结构。这里给出一种新的构造方式，即采取自定义编码。自定义编码也是两个字节，但这些编码必须是连续的，这样就将不连续的汉字机内码映射到此连续区域。此时只需要建立一个 GUI_FONT_PROP 结构就可以管理所有的汉字。例如，要实现"参数设置"这 4 个汉字，具体实现的伪代码如下：

```
GUI_FLASH const unsigned char acFontHZ12_b2ce[24] = {…………};   // 汉字"参"的点阵
GUI_FLASH const unsigned char acFontHZ12_cafd[24] = {…………};   // 汉字"数"的点阵
GUI_FLASH const unsigned char acFontHZ12_c9e8[24] = {…………};   // 汉字"设"的点阵
GUI_FLASH const unsigned char acFontHZ12_d6c3[24] = {…………};   // 汉字"置"的点阵
GUI_FLASH const GUI_CHARINFO GUI_FontHZ12_CharInfo[4] =          // 建立自己的汉字库
{   {12,12,2, (void GUI_FLASH *)&acFontHZ12_b2ce},               // 参 0xa1a1
    {12,12,2, (void GUI_FLASH *)&acFontHZ12_cafd},               // 数 0xa1a2
    {12,12,2, (void GUI_FLASH *)&acFontHZ12_c9e8},               // 设 0xa1a3
    {12,12,2, (void GUI_FLASH *)&acFontHZ12_d6c3}                // 置 0xa1a4
};
GUI_FLASH const GUI_FONT_PROP GUI_FontHZ12_Propa2 =
{   0xa1a1,                                                      // 映射地址起始位置
    0xa1fe,                                                      // 映射地址结束位置
    &GUI_FontHZ12_CharInfo[0],0                                  // 字模代码入口位置
};
GUI_FLASH const GUI_FONT GUI_FontHZ12 =
{   GUI_FONTTYPE_PROP_SJIS,                                      // 字体类型
    12, 12,1,1,                       // 字体高度，Y 轴的间距，Y 和 X 轴的放大倍数
    (void GUI_FLASH *)&GUI_FontHZ12_Propa2
};
```

完成上述代码后，再将 GUIConfig.h 中的 GUI_DEFAULT_FONT 设置为 &GUI_FontHZ12；在 GUI/Core/GUI.H 中定义 extern const GUI_FONT GUI_FontHZ12。至此移植的主要工作已完成，将修改后的代码加入工程中一起编译，汉字就能够显示在 LCD 屏幕上了。

4. μC/GUI 实现举例

系统的数据采集主要是对离子信号采集，并将采集到的信号进行绘图。对于采集时的各种参数需要人工设置，包括触发方式、采集间隔、脉冲宽度、显示时间、累加次数和平均次数。另一种需要采集的是温度，包括样品温度、腔体温度、尾部温度、扩散内温和扩散外温。控制系统界面如图 5-10 所示。其中，图 5-10(a) 为系统的主界面，通过各种按钮能够进入相应的子窗口；图 5-10(b) 是温度监测界面，将采集到的温度值显示在编辑框内。

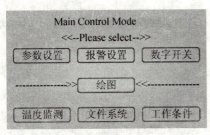
(a) 系统的主界面

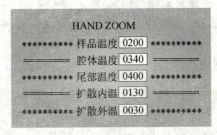
(b) 温度监测界面

图 5-10　μC/GUI 设计的测量/控制系统 GUI 图

5.7.3 测量体系的 GUI 设计

这里通过 μC/GUI 设计界面,以便通过实验板对信号发生器 33120 和 34970 进行控制。

1. 界面设计的思路

界面的实现采用分层树形表示,每层可通过嵌入式仪器平台上的小键盘来控制是进入下一个操作,选择某个低层界面,还是返回上层界面。界面的整体操作布局如图 5-11 所示,说明如下:进入画面为启动平台后,进入演示的片头,然后进入第一层选择界面,可进行接下来的演示选择。选择完成后,进入第二层界面选择(有两个第二层选择界面,分别对仪器 33120 和 34970 进行控制),待选定第二

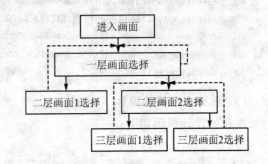

图 5-11 基于 μC/GUI 的多级人机交互显示框图

层控制界面后,便可根据所选的仪器控制界面来进行下一步操作。若选择 33120 则可直接单方控制,若选择 34970,因为是信号采集器,所以需要回馈样本的信息,因而有第三层界面,用来显示信息。每层都可以由小键盘控制返回到上一层界面进行下一步操作,如图中虚线所示。

2. 界面的具体实现

(1) 界面的内部设定

每层界面都有其特定内容,然后相互关联才可以实现。下面介绍各层界面的具体内容设定。

第一层选择界面,关键为两个选择,一个选择对 33120 进行操作,一个选择对 34970 进行操作。

左面的第二层选择界面为 33120 的控制界面。33120 为信号发生器,因此对它的操作就是完成控制其输出信号的波形、频率和波幅,靠小键盘 0~8 键来控制信号,9 键设为返回键,0~8 键的设置为:0—输出正弦波,1—输出方波,…,8—输出幅度 1 V。

右边第二层选择界面为对 34970 的控制界面。34970 为信号采集器,因此小键盘的键为对所采集的样本信号的选择,先是相关信息,9 键同样为返回键。但由于 34970 是数据采集器,所以又和 33120 有很大的不同,各键设置为:0—打开加热电阻的电源,…,8—复位,9—返回。

(2) 界面背景图片的设计

界面设计需要背景图片,文字介绍,文字布局,选择设计等方面,将这些用 μC/GUI 编程,载入嵌入式仪器平台中。

主体的程序为:

```
extern const GUI_BITMAP bmwaiguanlast;      /* 定义图片 */
GUI_DrawBitmap(&bmname1,0,0);               /* 全屏输出指定图片 */
Delay( DELAY_TIME);                          /* 延迟单位时间 */
GUI_Clear();                                 /* 清屏 */
GUI_DrawBitmap(&bmhills,0,0);                /* 全屏输出指定图片 */
Delay( DELAY_TIME);                          /* 延迟单位时间 */
```

```
GUI_SetColor(GUI_RED);                              /* 设定颜色 */
GUI_DispStringAt("欢迎",120,30);                    /* 由起始坐标(120,30)显示文字 */
Delay( DELAY_TIME);                                 /* 延迟单位时间 */
GUI_Clear();                                        /* 清屏 */
GUI_DrawBitmap(&bmhills,0,0); GUI_SetColor(GUI_RED);
GUI_DispStringAt( "欢迎进入控制 33120A",100,30);   /* 指定坐标显示文字 */
…
GUI_DispStringAt( "9 -返回",150,190);               /* 指定坐标显示文字 */
Delay( DELAY_TIME);
```

(3) 界面中按钮的设计
按钮的设计程序如下：

```
#define DELAY_TIME 20000                            /* 定义单位为延迟时间 */
void DemoButton(void)
{   BUTTON_Handle hButton1;                         /* 定义按钮函数 */
    …
    int Stat = 0;
    GUI_SetFont(&GUI_FontHZ12);                     /* 建立一个按钮 */
    hButton3 = BUTTON_Create(60,120,90,40,GUI_ID_OK,WM_CF_SHOW);
    hButton4 = BUTTON_Create(200,120,90,40,GUI_ID_OK,WM_CF_SHOW);
    …/* 定义按钮具体参数与位置 */
    BUTTON_SetBkColor(hButton3,1,GUI_RED);
    …/* 定义按钮颜色 */
    …
}
```

最后再在主程序中调用按钮子程序"DemoButton();"即可。

(4) 界面中键盘控制的设计
键盘的设计思路是采用查询、检测，检测按下的究竟是哪个按键，每个按键都对应一个操作，检测到相应的按键后，就直接去进行所对应的操作。同理设计后面的键盘控制。下面是一个基本的键盘程序，即在键盘按了某键后会显示出被按键的数值，这与设计通过键盘来控制信号发生器 33120 和信号采集仪 34970 是一样的道理，将下面程序中的"key_out='*'"改成所需的指令即可。

```
int Main(void)
{   int key;
    char key_out;                                   /* 定义 key_out */
    Board_Init(); KB_Init();
    Uart_Printf("键盘测试程序开始，请按键! \n");
    while(1)
    {   while(key = Test_KB())
        switch(key)                                 /* 键盘编码调整 */
        {   case 0: …
            key_out = '0';                          /* key_out = '0' 时 */
            break;
```

```
            case 5: …                              /* 执行状态 5 */
                key_out = 'C';
                break;                             /* key_out = 'C' 时,跳出 */
        }
        Uart_Printf("You press %c key! \n",key_out);
    }
}
```

(5) 键盘控制与界面结合

键盘控制与界面结合的思路就是在选择界面出现后,在其之间插入键盘控制程序,可以通过键盘控制程序在界面之间自由的选择。以选择进入 33120 控制界面为例,主要程序段代码如下:

```
GUI_DispStringAt("欢迎",120,30);                    /* 指定坐标显示文字 */
GUI_DispStringAt("0 - 33120A",100,200);            /* 指定坐标显示文字 */
GUI_DispStringAt( "1 - 34970A",200,200);           /* 指定坐标显示文字 */
Delay( DELAY_TIME);                                /* 延迟等待 */
Board_Init(); KB_Init();
while(1)
    while(key = Test_KB())                         /* 进入键盘控制 */
        switch(key)
        {   case 4: Delay( DELAY_TIME);            /* 延迟等待 */
                GUI_Clear();                       /* 清屏 */
                GUI_DrawBitmap(&bmhills,0,0);      /* 显示图片 */
                GUI_DispStringAt("33120A",100,30); /* 显示文字 */
                GUI_DispStringAt("0 -输出正弦波",40,50); /* 显示文字 */
                …
                break;
        }
```

5.8　本章小结

本章首先介绍了 μC/GUI 系统的功能特点和软件体系构造,接着说明了 μC/GUI 的运行原理和窗口管理机制,阐述了如何进行 μC/GUI 移植及其重要环节的实现,介绍了 μC/GUI 的 API 函数库,最后系统地总结了 μC/GUI 应用图形程序开发的方法步骤,并说明了如果利用 μC/GUI 仿真器和浏览器在 PC 上进行 GUI 程序的模拟调试。本章阐述的关键点是:

- ➤ μC/GUI 的特点　资源占用少,代码效率高,设计 GUI 丰富,内核可移植性强,开发手段齐全。
- ➤ μC/GUI 软件体系结构特征　模块化,层次化,条理十分清晰,易于软件移植或定制。
- ➤ μC/GUI 的运行机理　采用回调函数,通过事件驱动和消息传递机制,实现窗口绘制和更新。
- ➤ μC/GUI 移植的重要环节　操作系统接口的修改,底层驱动程序的调整,配置文件的变化。

➤ μC/GUI 应用程序开发的一般步骤　架构基本软件体系并移植所选 E-RTOS,移植或定制 μC/GUI 内核,调用 μC/GUI API 函数编写所需的图形界面,PC 上模拟仿真,下载测试并运行。

本章还列举了一些具体的项目开发实例,理论结合实际应用,阐明了 μC/GUI 图形系统设计关键环节的具体实现。更为具体的设计细节实现,可以参阅《μC/GUI 中文手册》或登录 Micrium 的网页 http://www.micrium.com。

5.9　学习与思考

1. μC/GUI 是如何调用回调机制和消息传递机制实现窗口管理的？μC/GUI 移植及其应用程序设计的具体步骤有哪些？

2. 参考 μC/GUI 例程,编写一个 ARM7 单片机如 LPC2214 驱动一个 320×240 的点阵彩色液晶显示模块 LCM 显示输入法选择的人机界面程序,在 Windows 下使用 VC++编译,并用辅助工具软件模拟调试。

第6章 嵌入式 μWindows 图形系统设计

μWindows 是一款优秀的嵌入式系统 GUI 设计工具,它以现代化的视窗技术、高度的可移植性、丰富的 API 支持、源代码的开放性和简单易用的模拟仿真等性能而深受嵌入式 GUI 设计工程师的青睐,在便携式移动通信、个人数字助理、工业仪表仪器和微型监控设备等领域的产品开发中应用广泛。

μWindows 的软件体系的层次架构是怎样的?如何进行 μWindows 的软件移植和编译?如何在嵌入式系统中进行 μWindows 图形界面设计和模拟仿真调试?本章将对上述问题展开全面阐述。为了便于行文和通俗易读,本书特别把 Microwindows 称为 μWindows。本章主要有以下内容:

➢ μWindows 图形系统简介;
➢ μWindows 软件体系构成;
➢ μWindows 软件移植;
➢ μWindowsAPI 函数介绍;
➢ μWindows 应用程序开发;
➢ μWindows 模拟仿真;
➢ μWindows 应用设计举例。

6.1 μWindows 图形系统简介

6.1.1 μWindows 及其特性

μWindows 是世纪软件(Century Software)公司开发推广的一款优秀的嵌入式系统图形用户界面设计工具,最初目的是在嵌入式 Linux 平台上提供与通用计算机类似的图形用户界面。μWindows 一经推出,很快就得到了界面设计用户的认可,后来几经完善发展,在嵌入式系统中获得了广泛应用。μWindows 软件,以现代化的视窗技术、高度的可移植性、丰富的 API 支持、源代码的开放性和简单易用的模拟仿真等性能而著称。如今虽然世纪软件已不再重点发展 μWindows 了,但 μWindows 软件仍然在广泛应用。

μWindows GUI 软件的主要性能特征如下:

① 源代码开放,资源占用少,微视窗功能强大,特别适合 Linux 的小型设备和平台。

μWindows 是一个著名的开放式源码嵌入式 GUI 软件,它出现的最初目的就是要把 X Window 图形视窗环境引入到嵌入式 Linux 小型设备和平台上。μWindows 是 X Window 嵌入式应用的微缩品,它可以 100~600 KB 的 RAM 和文件存储空间,提供与 X Window 相似的功能。

② 帧缓冲封装,人机界面丰富,功能强大,易于应用程序操作使用。

μWindows 软件使用图形显示内存作为帧缓存(FrameBuffer)进行存取,避免了对显示设备进行写入、控制时对内存映射区的直接操作,从而使用户可以在不了解底层图形硬件或没有使用过 X Window 的情况下进行图形界面程序的开发。这使 μWindows 在嵌入式系统中得以广泛使用。

在基于 Linux 的开发平台上,可以使用 FrameBuffer 机制直接读/写显存,也可以调用 SVGALib 库。

μWindows 软件还允许设计用户轻松加入并使用各种显示设备、鼠标、触摸屏和键盘等人机接口。

③ 基于 C 语言设计,可移植性好,适合主流的嵌入式硬件体系和操作系统。

μWindows 的源代码基本上都是用 C 语言实现的,只有某些关键代码使用了汇编语言以提高速度,μWindows 的可移植性非常好。μWindows 支持 Intel 公司的 16 位/32 位 CPU、MIPS 公司的 R4000 CPU 以及各种 ARM 芯片。μWindows 完全支持 Linux 和各种嵌入式 Linux。μWindows 内部的可移植结构基于一个相对简单的屏幕设备接口,其本身提供了多种嵌入式系统常见的显示设备驱动程序,因而可以在许多不同的实时操作系统 RTOS(Real Time Operating System)和裸机上运行,用户设计的图形程序不需重写就可以被不同的工程共享,甚至可以运行在不同 RTOS 的不同对象上。μWindows 主要应用在嵌入式 Linux 下,但不局限于 Linux 开发平台,在 eC/OS、FreeBSD 和 Minix 等操作系统上都可以运行。

④ 模拟仿真,简便易行,无须进行交叉编译、调试和测试。

μWindows 软件附带模拟仿真工具,能够以图形方式支持在主机平台上的仿真目标。为嵌入式 Linux 设计的 μWindows 应用程序,可以在台式机上进行编写和开发,不用进行交叉编译,就可测试和运行,并且直接在目标平台上运行。

⑤ 图形引擎功能强大,支持位图、字体、光标和颜色,视窗优良且响应性好。

μWindows 的图形引擎能够运行在任何支持 readpixel、writepixel、drawhorzline、drawvertline 和 setpalette 的系统之上。在底层函数的支持下,μWindows 上层实现了位图、字体、光标以及颜色的支持。整个 μWindows 系统使用了优化的绘制函数,从而在移动窗口时为用户提供了更好的响应。μWindows 实现了内存图形绘制和图形移动,使得屏幕画图显得很平滑,因而 μWindows 特别适合动画显示、绘制多边形、任意区域填充及剪切等图形界面设计。

⑥ 支持多种位型像素显示,支持彩色/灰度显示,视窗内容丰富而且易用。

μWindows 支持 Linux 内核帧缓存结构,可以提供每像素 1 位、2 位、4 位、8 位、16 位、24 位和 32 位的支持,支持彩色显示和灰度显示。彩色显示包括真彩色(每像素 15 位、16 位和 32 位)和调色板(每像素 1 位、2 位、4 位和 8 位)两种模式。在彩色显示模式下,所有的颜色用 RGB 格式给出,系统再将它转换成与之最相似的可显示颜色;而在单色模式下,则转换成不同的灰度级。μWindows 支持窗口覆盖和子窗口概念、完全的窗口和客户区剪切、比例和固定字体,而且还提供了简单易用的字体和位图文件处理工具。

⑦ API 函数库丰富易用,选择性/适合性好,易于应用程序调用。

μWindows 提供有两种类型的应用源程序接口 API:Win32/WinCE GDI 和 Nano - X(也称为 X lib),可以供不同操作系统编程使用,每种 API 函数库都有很好的适合特性,应用程序的函数调用都非常简易方便。Windows 编程员一般使用 MS - Visual C++类库 MFC 中的 C++应用程序框架或者更新的 ATL 框架,在绘制图形时使用 Win32 图形设备接口 GDI(Graphic Device

Interface);Windows 中还包括有许多 Win32 GDI 中的应用界面控件,如按钮和列表等。而 X Windows 系统提供有低级接口 X lib,非常有利于实现最低级简单的绘图功能,并将其封装成程序包在需要显示时在显示设备上运行;用户界面大多数采用插件(Widget),在 X lib 的上层加入插件集可以实现更高级的函数,而 μWindows 正在逐步加入 GTK+/GDK 以及 FLTK 插件,以实现更多的用户界面控件。这样,应用 μWindows 软件设计嵌入式 GUI 时,Window CE 应用可以选择 Win32/WinCE GDI,嵌入式 Linux 应用可以选择 Nano-X。

6.1.2 目前版本的新特性

软件的当前版本是 μWindows V0.90/V0.91,该版本在硬件驱动加速、图形引擎算法以及代码质量等方面,都比以前版本有很大的改进。

μWindows V0.90 版本的主要新特性概括如下:

- 支持新的 NXL IB 项目,NXL IB 对 X11 的二进制程序可以不加修改地直接在 μWindows 下运行,而无须 X11 Server 支持;
- 支持 Sharp Zaurus、Tuxscreen、TriMedia 及 Cygnus X11 平台;
- 内建标准化校准(nxcal)支持,如一个触摸屏驱动程序可以支持包含 iPAQ、Zaurus、ADS 和 Tuxscreen 在内的大多数 ARM 平台;
- 增强了字符支持,包括 BIG5、GB2312、EUCCN、EUCKR、EUCJ P 和 J ISX0213 等;
- 大幅度提高了 X11 屏幕驱动程序和文本画图的速度;
- 32 位的 ARGB 硬件驱动,支持单色 Alpha 显示;
- 支持带有 HAVI 键盘映射的 L IRC 键盘;
- 能够从源代码中为 html 和 pdf 文档自动生成支持基于 Doxygen 的文档。

6.1.3 μWindows 软件应用

μWindows 软件以其优良的性价比在个人数字助理 PDA、便携式移动设备和测控仪表仪器等方面获得了广泛的使用。图 6-1 给出了采用 μWindows 软件设计实现的两个便携产品的操作界面。

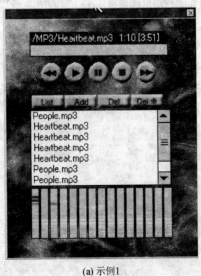
(a) 示例1

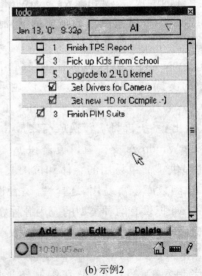
(b) 示例2

图 6-1 μWindows 软件应用界面设计示例图

6.2 μWindows 软件体系构成

6.2.1 基本软件体系的构成

μWindows 软件的构成采用三个层次构造：底部驱动层，面向基本的图形输出和人机交互输入设备，屏幕、鼠标、触摸屏以及键盘等驱动程序提供了对物理设备访问的能力，在程序中通过相应的数据结构就能访问实际的硬件设备；中间引擎层，提供底层硬件的抽象接口，是一个可移植的图形引擎，提供点线绘制、区域填充、多边形绘制、剪切和 RGB 颜色模式使用等功能；高端应用层，分别提供兼容于 X Window 和 Win32/WinCE 的 API，同时提供窗口管理。形象化的 μWindows 软件的层次组成如图 6－2 所示，详细的 μWindows 软件分层结构模型如图 6－3 所示。

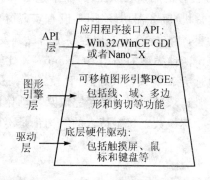

图 6－2　μWindows 软件的层次结构示意图

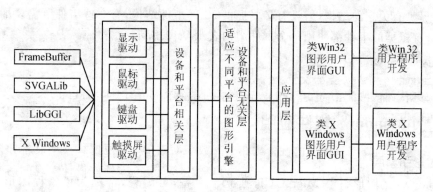

图 6－3　μWindows 软件的分层结构模型图

下面分别对这三个层次及其内涵进行简要说明。

1. 应用程序接口 API 层

μWindows 提供两种流行的图形编程接口：Win32/WinCE GDI 和 Nano－X。Nano－X 也称为 X lib。Win32/WinCE GDI 基于消息驱动机制，兼容 Win32/WinCE，可应用于所有的 Windows CE 和 Win32 应用程序；Nano－X 基于 C/S(Client/Server)模式，应用于所有 Linux X 插件集的最底层，能够使 Linux 程序员开发图形应用程序。Win32/WinCE GDI API 的源代码在 win＊.c 中，Nano－X API 的源代码在 nanox＊.c 中。Nano－X API 函数，在客户端以 nx……( )命名，在服务端以 Gr……( )命名。

μWindows API 函数的基本模型都是用来初始化屏幕、键盘和鼠标的驱动程序的，此后一直等待 select( )消息循环。事件发生时，对应的信息被送到用户程序。如果是用户请求图形操作，相关参数将被编码后送到适当的 GdXXX 核心程序上。与原始图形操作相对的窗口概念是被 API 层控制，也就是说，API 函数定义了窗口及其对应系统的概念。这样，系统坐标就能被转成屏幕上显示的坐标，并且可将数据传给 GdXXX 核心程序，由其进行实际操作。API 层也定义图形/显示文件，并且会将此信息包括裁剪信息送到核心程序上。

μWindows API 支持大多数图形绘制、裁剪、窗口工具条绘制以及拖拉窗口等操作程序。Nano-X API 以 mini-X 服务器为基础，类似于 X 的一个 API，沿用 X Window 中的 X lib API，命名都是 GrXXX() 而不是 X Windows 中的 XXX()。Nano-X API 加入了基于网络的客户机/服务器功能，但是没有实现窗口管理，所以对窗口的处理需要使用系统提供的一个插件集，或者完全由应用程序员自己开发。

两种类型的 API 中，Nano-X 比较好，结构清晰，功能完全。Nano-X 基于的 C/S 模式，也称为 X 协议模式，在这种模式下，驱动整个系统运行的是请求与事件。

请求是客户端为了完成某一动作而对服务器端所发出的申请，并且为每一个请求都定义一个标识数。每个请求的结构都是不同的，但类似如下结构：

```
#define GrNumberNextEvent 22         //为请求定义的标识数
typedef struct
{   BYTE8  *reqType, hilength; UNIT16 length;
}nxGetNextEventReq;
```

事件是每个窗口系统必不可少的部分，它反映系统运行的状态，一共有 22 种。对于每个事件都要提供有关它的结构，但没有必要提供 22 种事件结构，有一些事件所需要的数据是一样的，如所有鼠标的事件都使用一个事件结构表示，如下所示：

```
typedef
{   GR_EVENT_TYPE type; GR_WINDOWS wid;
    GR_WINDOWS_ID wid, subwid; GR_COORD rootx, rooty, x, y;
    GR_BUTTON button; GR_KEYMOD modifiers;
}GR_EVENT_MOUSE;
```

2. 图形引擎层

μWindows 的图形引擎 MicroGUI，独立于设备，可编程，常称为可编程图形引擎 PGE（Programmable Graphic Engineer）。MicroGUI 提供了对屏幕、鼠标、键盘驱动程序和硬件之间的接口。μWindows 的核心函数处在图形引擎层，它通过调用下层硬件设备驱动程序得以实现，这些函数对屏幕、鼠标和键盘等驱动程序进行了封装，为 API 提供服务。用户应用程序不能直接调用核心图形引擎，但是可通过 API 函数来实现。核心程序在客户机/服务器模型下常驻在服务器上，使用内部的文本字体和位图文本模式。核心程序使用"指针"，这样不用靠转变成句柄来实现更多的复杂功能。

图形引擎层也叫设备与平台无关层，它提供一个可以为各种应用层共享的与设备无关的核心图形引擎，其中主要工作就是实现各种图形函数和输入设备的功能函数。在图形引擎层，向下看到的是各类设备对象，向上则是要提供一个抽象的核心图形界面，使得上面的应用层对它所使用的到底是什么设备对象不用去理会。运行在 Linux 系统中时，μWindows 提供的所有绘图函数都是通过调用底层屏幕驱动 Framebuffer 或 SVGALib 来实现的。图形引擎层支持行绘制、区域填充、剪切以及 RGB 颜色模型，控制字体的显示等。

μWindows 核心程序以 GdXXX() 开头，与之相连的是图形输出系统而不是窗口管理系统，它还控制所有的裁剪和颜色转换功能。μWindows 的源代码中，核心的例程包括：

- dvdraw.c 核心图形程序,绘制线段、圆、多边形及填充,实现文本和位图文件及其颜色转换；
- devclip.c 核心裁剪程序；
- devrgn.c 动态分配程序；
- devmouse.c 鼠标控制程序；
- devkbd.c 核心键盘控制程序；
- devpalX.c 与调色板相关的代码；
- fongt_xxxx.c 对不同字体的显示操作；
- devimage.c 实现对 GIF、BMP、JPEG 和 PPM 等格式图形的显示操作。

图形引擎的每一例程都接受 ScreenDevice 结构指针 PSD 作为第一个参数。PSD 说明了底层的显示细节,如屏幕大小(x 和 y 值)、屏幕颜色 ncolors 以及诸如打开、关闭、画线等函数指针。PSD 的结构定义如下：

```
typedef struct _mwscreendevice * PSD
typedef struct _mwscreendevice
{    MWCOORD xres, yres;
    …
    PSD ( * Open) (PSD psd); void ( * Close) (PSD psd);
    …
    Void ( * DrawPixel)(PSD psd, MWCOORD x, MWCOORD y, MWPIXEL c);
    …
}ScreenDevice;
```

3. 底层驱动层

底层驱动层也叫设备与平台相关层,它将系统与设备和操作系统平台的具体细节屏蔽起来,通过实际的设备驱动程序接口或者操作系统调用来与硬件设备交互。通常使用设备对象(Device Object)的概念来描述底层硬件设备,每一个对象描述一类实际设备的属性和方法。例如,屏幕设备对象就描述了其各种属性(屏幕尺寸、分辨率、像素深度、像素格式和逻辑显存首地址等)和基本方法(打开和关闭显示器、设置调色板、返回屏幕属性、读/写像素点等)。最底层实际上是以设备对象的方式为中间层提供了一个抽象的设备驱动界面。μWindows 在这一层中对屏幕、鼠标、触摸屏和键盘等设备分别定义了一个对应的数据结构。其中,屏幕设备驱动结构体 ScreenDevice 指定了诸如设备的大小、硬件使用的图形模式等底层的显示情况以及打开、关闭、画点线等方法；键盘设备驱动结构体 KBDDevice 定义打开、关闭和读取键值等方法；屏幕信息的结构体 MWScreenINFO 和位图信息的结构体 MWImageINFO 是两个常用的结构体,用来取得当前打开的显示屏幕和位图的长、宽、位色等属性值。

设备驱动程序的接口函数定义在 device.h 中,其中包括屏幕驱动程序、鼠标驱动程序和键盘驱动程序。图形引擎层可以使驱动设备直接完成对硬件的具体操作,保证了平台硬件设备发生变化时,只需改写相应的驱动程序即可,而不需要修改上层代码。μWindows 已实现至少将一个屏幕、鼠标和键盘的驱动与系统相连。

(1) 屏幕驱动

μWindows 可运行在支持 Framebuffer 的 32 位 Linux 系统上,也可使用 SVGALib 库进

行图形显示。此外，μWindows 还被移植到 16 位的 ELKS 和实模式的 MSDOS 上，实现 1 位、2 位、4 位、8 位、16 位和 32 位的像素支持，以及实现 VGA16 平面模式支持。μWindows 的图形引擎能够运行在任何支持 readpixel、writepixel、drawhorzline、drawvertline 和 setpalette 的系统之上。在底层函数的支持之下，上层得以实现对位图、字体、光标以及颜色的支持。除了对基于调色板的 1 位、2 位、4 位和 8 位像素模式的实现，μWindows 也实现了 16 位和 32 位像素的真彩模式。屏幕驱动中还包括一些入口指针，这些指针分别用以读/写像素、绘制水平或垂直线、在屏幕和内存之间相互映射内存空间，实现这些基本指针的过程中需运行包括 TrueType 或 Adobe Type1 的字体支持、RGB 颜色支持、JPEG 以及 BMP 图形处理等 μWindows 上层函数。

（2）鼠标驱动

μWindows 有三个鼠标驱动程序：GPM 驱动程序、串口鼠标驱动程序和 INT33 驱动程序。GPM 驱动程序 mou_gpm.c，支持 Linux 系统；串口鼠标驱动程序 mou_ser.c，支持 Linux 和 ELKS 系统；INT33 驱动程序 mou_dos.c，支持 MSDOS 系统。鼠标驱动程序的基本功能是将鼠标中的数据编码，然后返回关于鼠标位置和按键的相对或绝对数据。Linux 操作系统下，μWindows 的主循环声明 select() 函数；如果运行系统不支持 select()，则 μWindows 提供 Poll() 函数入口。

（3）键盘驱动

μWindows 提供两个键盘驱动程序：Kbd_tty.c 和 Kbd_bios.c。适用于 Linux 和 ELKS 系统，键盘被当成文件描述符来读/写；Kbd_bios.c 用于 MSDOS 真彩模式下，它通过读/写 PC BIOS 对按键进行操作。

μWindows 的分层设计使得它能够在需要时易于改写和定制，能够运行在任何支持 FrameBuffer 的 Linux 系统（2.2 以上版本）中，这些特点使得 μWindows 在嵌入式系统设计中的应用十分广泛。

6.2.2 图形引擎的特性与实现

图形引擎的主要功能是完成图形在实虚屏之间的转换，并将指针传给 PSD 作为它的首个参数。PSD 参数将指定底层的显示模式，例如设备的垂直和水平尺寸、硬件使用的颜色模式。另外，真正执行画图的程序在这一层中作为功能指针使用。所有屏幕坐标都是 COORD 类型。

颜色在图形引擎中被指定为 RGB COLORVAL 模式，然后被转换成颜色指针，以 PIXELVAL 模式传给显示硬件，在 32 bpp（bit per pixel）真彩显示器环境下不必转换。

下面对实现图形引擎的 μWindows 重要操作及其核心函数说明如下：

① 区域。区域用来描述屏幕上像素点的分布。在 μWindows 中，区域用一些无交迭的矩形组成的数组来描述。实现区域有两种方法。最初用一个静态数组 CLIPRECTs 来描述复杂区域，该数组中任一矩形中的点都被认为是存在这个区域中的，另一个全局变量 clipcount 用来给这个数组中的矩形计数；这个方法没有给区域管理提供入口点，所以整个数组的数据直接被送给负责裁剪功能的函数。新方法则可以创建任何数目的区域，用来描述区域的数组 CLIPREGION 被定义成动态数据组，可动态分配它所包含矩形的数量，这样那些无交迭的矩形被存放在"y-x"类型的队列中；在同一队列中，所有矩形的垂直高度 y 是一样的，这意味着在每个队列中只有矩形的宽度可变。实际程序利用 Intersection、Union、Subtraction 和 Exclusive OR 等方法来实现区域的创建、删除或者合并,相关的操作函数为 GdAllocRegion(区域创建)、GdDestroyRegion(区域删除)、GdCopyRegion(区域复制)、GdUnionRectWithRegion(合并矩形和区域)、GdIntersectRegion(在两个区域的交集处创建一个新区域)、GdSubtractRegion(在两个区域的差集处创建一个新区域)、GdUnionRegion(在两个区域的并集处创建一个新区域)和 GdXorRegion(产生异或区域)。

② 裁剪。图形引擎中有一个由图形操作定义的一些矩形组成的裁剪区,如果点被包含在这些裁剪区内,就会被绘制出来。有两个裁剪算法,devclipl.c 针对静态矩形数组,devclipc2.c 针对新的动态数组。GdSetClipRects 函数是唯一删除区域并指定后来的图形操作的入口点。所有的绘图程序都要调用两个附加程序来决定是否画图。GdClipPoint 函数获取屏幕坐标的(x,y)点,如果该点被绘制出来,则返回 TRUE。GdClipArea 函数获取屏幕上方最左或者下方最右的点并返回以下值,CLIP_VISIBLE(指定区域在原区域内)、CLIP_INVISIBLE(指定区域不在原区域内)和 CLIP_PARTIAL(指定区域部分在原区域内)。

③ 画线。MicroWindows 函数使用 GdPoint 画点,GdLine 函数实现画线。画线时使用当前的前景色(DgSetForeground 指定)。有 MODE_SET 和 MODE_COR 两种绘制模式。

④ 矩形、圆和椭圆以及多边形。矩形、圆和椭圆的绘制分别调用 GdRect 和 GdEllipse 函数来实现。μWindows 中定义了一个包含(x,y)多边形顶点的数组来表示多边形,调用 GdLine 函数画线,把这些点相连就可以实现画多边形。绘制时使用前景色。

⑤ 区域填充。μWindows 中使用 GdFillRect 函数填充矩形区域,填充使用前景色。填充圆和椭圆使用 GdFillEillpse 函数,填充多边形使用 GdFillPoly 函数。填充通过在屏幕驱动中不断地调用 GrawHorzLine 函数实现。

⑥ 字体和文本输出。μWindows 支持可变/不可变字体。文本输出时使用 GdSetFont 函数定义使用的字体,再调用 GdText 函数输出。

⑦ 颜色模式和调色板。μWindows 支持 RGB 颜色、颜色匹配、真彩和调色板显示和 3D 效果的显示。

⑧ 图片绘制。μWindows 支持两种格式的图片。单色图片用 IMAGEBITS 结构(1 表示前景色,0 表示背景色)来定义,绘制时调用 GdBitmap 函数。彩色图片可以分别定义为1 bpp、4 bpp、8 bpp 的模式,用 IMAGEHDR 结构来表示,绘制时调用 GdDrawImage 函数。

⑨ 映射。映射功能在实/虚屏的转换中使用。GdBlit 函数可以实现上层的 API 将虚拟内存复制到显示屏上,复制时调用 GdBlit 函数。

6.3 μWindows 软件移植

μWindows 软件移植的主要工作是其内核的移植,应用中经常做的 μWindows 内核移植是如何使 μWindows 内核在通用计算机或者嵌入式开发实验板/目标板上运行起来,以便于模拟仿真并最终推出产品。另外,不可缺少的 LCD 帧缓冲驱动程序的定制或开发也很重要,没有 LCD 显示,图形界面设计就没有意义。下面重点阐述这些关键环节的实现。

6.3.1 μWindows 的内核移植

首先要设法得到 μWindows 软件安装包。μWindows 软件安装包包括(以 μWindows 0.

90版为例):
- 字库 microwindows-fonts-0.90.tar.gz;
- 软件包 microwindows-0.90.tar.gz。

这些软件一般都可从世纪软件公司的网站上(http://www.microwindows.org)免费下载。

另外,由于 μWindows 需要使用 FreeType 库函数产生 TrueType 字体,因此还需要下载安装 FreeType,这里使用的是 1.3.1 版本的 FreeType。

6.3.1.1 PC 上的安装运行

解压缩相关的 μWindows 软件安装包,安装 FreeType 库函数之后,就可以开始运行 μWindows。μWindows 在 PC 上安装和运行的方法与过程,相对简单,只要按照实际情况进行配置、编译即可。

首先在解压缩目录中输入命令"./xconfigure",会出现相应的配置菜单,PC 上具体的参数配置如下:

① 单击 Compiling Option,进入编译选项。在随后弹出的子窗口中选择 Optimize,单击 OK 返回即可。

② 单击 Platform,进入开发平台选项。由于是在 PC 上运行,选择 Linux(Native)选项。在其后的 Option 选项中,对 Screen Driver 选项,选择 X11;对 Mouse Driver 鼠标选项,选择 GPM mouse;对 Keyboard Driver 键盘选项,选择 TTY。

③ 单击 Libraries to Compile,进入链接库配置选项。其中有 NanoX 库和 μWindows 库,在 NanoX 的 Option 选项中,选择 Link app into Server 和 compile demos 选项。

其他参数配置,包括字库、文件格式支持等应根据具体的情况进行配置。这样就完成了 μWindows 在 PC 上运行的配置工作,存盘退出,屏幕显示配置成功。

接下来输入命令"make",完成编译工作。编译完成后,在 SRC 的 bin 目录下有很多演示程序,一些是基于 Nano-X API 的,一些是基于 Win32 API 的,都可以直接运行。

6.3.1.2 嵌入式体系上的实现

这里以 μWindows 在 ARM7TDMI-S 单片机 S3C44B0X 为主控芯片的嵌入式开发板中的移植为例进行说明。首先需要建立交叉编译开发环境,采用的编译器是 arm-elf-gcc,汇编器是 arm-elf-as,链接器为 arm-elf-ld,库管理器为 arm-elf-ar。接着,移植相应的 μC/Linux。最后,在 μC/Linux 内核中将 S3C44B0X 的帧缓冲设备驱动打开,并建立/dev/fb0 设备节点。

至此,已经做好基础准备工作,下面具体阐述 μWindows 在嵌入式体系上实现的步骤与方法。

1. μWindows 的配置

可以利用"./xconfigure"命令,也可以通过直接修改配置文件"src/config"进入菜单配置界面。这里采用直接修改配置文件"src/config"的方法,其中几个比较关键的选项是体系结构、交叉编译器、每像素位数和帧缓冲等。

2. 关键源代码的调整

完成 μWindows 的配置工作后,接下来需要根据 μC/Linux 的特性,对 μWindows 的源代码进行相应修改。具体需要修改的地方包括三个方面：

① 屏幕缓冲映射的调整。打开帧缓冲设备时，需要调用 void * mmap(void * start, size_t length, int prot, int flags, int fd, off_t offsize)函数，将屏幕缓冲区映射到用户地址空间。在基于 PC 开发时，由于在 Linux 系统下，参数 flags 默认为 MAP_SHARED，即对映射区域的写入数据会复制到文件内，而且允许其他映射该文件的进程共享。由于 μCLinux 是没有内存管理单元 MMU(Memory Manaagement Unit)的，因此参数 flags 应为 MAP_FIXED，即如果参数 start 所指的地址无法成功建立映射时，则放弃映射，不对地址做修正。因此，应该修改文件/SRC/drivers/scr_fb.c，将 mmap()函数中的 flags 参数改为 MAP_FIXED。

② 编译选项的增添。如果此时直接编译经过配置和修改源代码的 μWindows，会得到提示出现"undefined reference to '_ _CTOR_LIST'"和"undefined reference to '_ _DTOR_LIST'"的错误。这是由于原来在 libgcc 中是有 _ _CTOR_LIST 和 _ _DTOR_LIST 参数定义的，但在 μCLinux 的交叉编译链中，该符号被删掉。在 elf2flt 的 link script 中提供了这两个符号的定义，使用 μCLinux 的交叉编译链接工具编译可执行程序必须用- elf2flt 选项。因此应在编译的选项里加上"- elf2flt"，修改的文件包括 demos 文件夹下各个相关文件夹的 Makefile 文件。

③ fork( )函数的代换。由于 μCLinux 缺少 MMU 硬件的支持，无法实现 fork( )函数，而只能使用 vfork( )函数，因此在含有 fork( )函数的文件中应加入相应的条件编译指令，用 vfork( )来代替 fork( )。

3. 编译运行

完成了整个 μWindows 在 S3C44B0X 嵌入式开发板中的移植，接着编译 μWindows 软件包即可。最后，将编译好的演示程序复制到 μCLinux 内核中，再编译内核，将编译好的内核映像文件下载至 RAM 中，即可运行演示。

6.3.1.3　μWindows 的汉化

GUI 设计常常用到中文汉字，为了使 μWindows 实现对简体汉字的支持，需要对引擎层的 devfont.c 进行相应修改。在 devfont.c 文件中定义了 μWindows 关于字体操作的核心数据结构和操作函数。由于 μWindows 采用面向对象的设计方法，因而只要重新定义一系列对简体中文的数据结构和操作函数，并向系统注册，之后就可以完成系统的汉化。需要重新定义的数据结构和函数如下：

```
static MWFONTPROCS hzk_procs =
{    MWTF_ASCII,                                    // ASCII 码支持
    Hzk_getfontinfo, Hzk_gettextsize, NULL, Hzk_destroyfont,
    Hzk_drawtext, Null, Null                       // HZK 汉字支持
};
```

6.3.2　LCD 帧缓冲驱动程序开发

6.3.2.1　LCD 驱动的基础知识

1. "帧缓冲"与显示像素

嵌入式系统的图形界面显示普遍采用液晶显示器 LCD。LCD 显示的图形画面通常用

"帧"描述。帧(Frame)是显示屏所显示的一幅完整画面,其整个显示区域在系统内会有一段存储空间与之对应,通过改变该存储空间的内容,从而改变显示屏的内容,该存储空间被称为帧缓冲器,简称为"帧缓冲 FB(Frame Buffer)"。显示屏上的每一点都必须与 FB 里的某一位置对应。而计算机显示的颜色是通过 RGB 值或灰度值来表示的,因此如果要在屏幕某一点显示某种颜色,则必须给出相应的 RGB 值或灰度值。FB 就是用来存放整个显示的编码和像点值的外部存储器区域的。FB 中的每一个字节对应着 LCD 中的一个像素,如 LP064V02 显示屏有 640×480=307 200 个像素。

2. "帧缓冲"的控制与特点

FB 和 LCD 显示屏之间的数据传输频繁,不宜完全由系统 CPU 通过程序直接驱动,通常在 FB 和 LCD 之间加入专用的 LCD 控制器作为中间件,以减轻 CPU 的负担,得到优良的显示画面,该中间件负责从 FB 里提取数据,进行处理,并传输到显示屏上。LCD 控制器一般由 LCD DMAC(直接数据存取控制器)、输入/输出 FIFO、内部调色板、TMED 抖动(帧速率控制)和寄存器组构成。LCD 控制器可与系统主控制器集成在一起(现代微控制/处理器多采用这种结构),也可与 LCD 一起构成 LCD 模块(即 LCM)。

系统主 CPU 与 FB 之间、FB 与 LCD 之间,其数据传输通常采用 DMA(Direct Memory Access)实现。FB 存储区一般为一对,一个供主 CPU 通过 DMA 传入数据,另一个供 LCD 控制器通过 DMA 向 LCD 传送显示数据,两区循环交替,从而得到优良的图形界面画质,使"帧缓冲"驱动呈现为"数据不缓存,即送即显示"。这就是"帧缓冲"的特点。

3. "帧缓冲"驱动的实现

LCD 及其控制器是"帧缓冲"设备,在 Linux 下属于典型的字符型设备,字符型设备采用"文件层-驱动层"的接口方式。LCD 驱动程序的设计,首先是配置 LCD 控制器,而在配置 LCD 控制器中最重要的则是帧缓冲区的指定,帧缓冲区的大小由屏幕的分辨率和显示色彩数决定。文件层定义驱动接口的数据结构如下:

```
static struct file_operations fb_fops =
{    ower: THIS_MODULE;
     read: fb_read;write: fb_write;ioctl: fb_ioctl;        // 读、写和 I/O 控制操作
     mmap: fb_mmap;open: fb_open;release: fb_release;      // 映射、打开和关闭操作
}
```

其成员函数都在 linux/driver/video/fbmem.c 中定义,相应的函数对具体硬件进行操作,对寄存器进行设置,对显示缓冲进行映射。主要结构体还有以下几个。

➢ struct fb_fix_screeninfo:记录了帧缓冲设备和指定显示模式的不可修改信息。它包含了屏幕缓冲区的物理地址和长度。

➢ struct fb_var_screeninfo:记录了帧缓冲设备和指定显示模式的可修改信息。它包括显示屏幕的分辨率、每个像素的比特数和一些时序变量。其中,变量 xres 定义了屏幕一行所占的像素数,yres 定义了屏幕一列所占的像素数,bits_per_pixel 定义了每个像素用多少个位来表示。

➢ struct fb_info:Linux 为帧缓冲设备定义的驱动层接口。它不仅包含了底层函数,而且还有记录设备状态的数据。每个帧缓冲设备都与一个 fb_info 结构相对应。其中,成员变量 modename 为设备名称,fontname 为显示字体,fbops 为指向底层操作的函数的

指针。

帧缓冲设备对应的设备文件是/dev/fb*。Linux 支持多个帧缓冲设备,最多可达 32 个,即/dev/fb0～31。/dev/fb 则指向当前的帧缓冲设备,通常情况下默认的帧缓冲设备为/dev/fb0。μWindows 提供基于 Linux 内核的帧缓冲设备驱动程序,通过/dev/fb0 设备文件,利用 mmap()系统调用将显示缓存映射至系统内存。将"帧缓冲"映射到进程地址空间之后,就可以进行读/写操作,而读/写操作就会反映到 LCD。

6.3.2.2 "帧缓冲"驱动程序开发

重点阐述 Linux/μCLinux 下具有 LCD 控制器的 LCD 驱动程序开发,这是 μWindows 最常见的应用。

1. 驱动程序设计

在 Linux 下,具有"帧缓冲"能力的 LCD 设备是字符型设备,遵循字符型设备驱动程序的设计规律。设计字符型设备驱动的主要工作是编写初始化函数和设备操作函数,LCD 驱动也不例外。

① 编写初始化函数。该函数首先初始化 LCD 控制器,通过写寄存器设置显示模式和颜色数,然后分配 LCD 显示缓冲区。在 Linux 中可以用 kmalloc()函数分配一段连续的空间。

缓冲区大小为:[点阵行数]×[点阵列数]×[用于表示一个像素的比特数]/8。

缓冲区通常分配在大容量的片外 SDRAM 中,起始地址保存在 LCD 控制寄存器中。

例如,采用 640×480 点 16 位彩色 LCD,则需要分配的显示缓冲区为 640×480×16/8 = 600 KB。

最后是初始化一个 fb_info 结构,填充其中的成员变量,并调用 register_framebuffer(&fb_info)函数,将 fb_info 登记入内核。

② 编写成员函数。编写结构 fb_info 中函数指针 fb_ops 对应的成员函数,对于嵌入式系统的简单实现,只需要下列三个函数即可。

```
struct fb_ops
{   ……
    int ( * fb_get_fix)(struct fb_fix_screeninfo * fix, int con, struct fb_info * info);
    int ( * fb_get_var)(struct fb_var_screeninfo * var, int con, struct fb_info * info);
    int ( * fb_set_var)(struct fb_var_screeninfo * var, int con, struct fb_info * info);
    ……
}
```

结构 fb_ops 定义在 include/linux/fb.h 中。这些函数都是用来设置/获取 fb_info 结构中的成员变量的,应用程序对设备文件进行 ioctl 操作时调用它们。对于 fb_get_fix(),应用程序传入的是 fb_fix_screeninfo 结构,函数对其成员变量赋值,主要是 smem_start(缓冲区起始地址)和 smem_len(缓冲区长度),最终返回给应用程序。fb_set_var()函数的传入参数是 fb_var_screeninfo,函数对 xres、yres 和 bits_per_pixel 赋值。

对显示设备的操作主要有以下几种:

➤ 读/写(read/write),相当于读/写屏幕缓冲区。

➤ 映射(map)操作,Linux 应用程序不能直接访问物理缓冲区空间,在文件操作 file_operations 结构中提供了 mmap 函数,将文件的内容映射到用户空间。对于帧缓冲设备,则可通过映射操作,将屏幕缓冲区的物理地址映射到用户空间的一段虚拟地址中,之后用户就可以通过读/写这段虚拟地址访问屏幕缓冲区,在屏幕上绘图。
➤ I/O控制(ioctl),可读取/设置显示设备及屏幕的参数,如分辨率、显示颜色数和屏幕大小等。

2. 模块化 LCD 驱动

编写模块化 LCD 驱动程序时,首先要从内核中去除 LCD 驱动。需要做一些改动,去除以下文件:/root/usr/src/arm/linux/kernel/sys.c、/root/usr/src/arm/linux/include/arm-arm 下的 unistd.h 和 lcd.h、/root/usr/src/ arm/linux/arch/arm/kernel 下的 calls.s。这里是以 ARM 单片机 S3C2410 为例,假定驱动程序命名为 lcd。

模块化驱动程序的几个关键函数是:

```
lcd_kernel_init(void);                                                          // 当模块被载入时执行
lcd_kernel_exit(void);                                                          // 当模块被移出内核空间时被执行
lcd_kernel1_ioctl(struct * inode, struct * file, unsigned int cmd, unsigned longarg);   // 其他功能
```

执行 insmod lcd.o 命令可将 LCD 驱动添加到内核中,执行 rmmod lcd 命令可从内核中删除 LCD 驱动。

3. 静态加载 LCD 驱动

将写好的 LCD 驱动程序 lcd.c 放到 arm/linux/drivers/char 目录下,在 arm/linux/drivers/char/config.in 文件上加一行"Bool''LCD driver support''CONFIG_LCD"。在 arm/linux/drivers/char/Makefile 文件上加一行"obj-$(CONFIG_LCD)+=lcd.o"。这样,当再进行 make xconfig 时,就会选择是否将 LCD 驱动编译进内核。

4. 驱动程序的使用

应用程序中操作/dev/fb 的一般步骤是:打开/dev/fb 设备文件;用 ioctrl 操作取得当前显示屏幕的参数,如屏幕分辨率和每个像素的比特数,根据屏幕参数可计算屏幕缓冲区的大小;将屏幕缓冲区映射到用户空间;映射后即可直接读/写屏幕缓冲区,进行绘图和图片显示。

6.3.2.3 "帧缓冲"驱动设计举例

使用硬件平台是以 Intel 公司的 ARMv5TE 体系结构的 Xscale ARM 处理器 PXA270 和 LG-Philiph 公司的 6.4 英寸真彩 TFT-LCD 屏 LP064V02 构成的嵌入式体系,PXA270 内嵌 LCD 控制器。该系统 LCD"帧缓冲"驱动设计的主要环节如下:

1. 帧缓冲器的初始化

主要数据结构如下:

struct pxafb_info 主要用于帧缓冲区设备驱动框架的搭建,也是 Linux 为帧缓冲设备定义的驱动层接口。它不仅包含底层函数,而且还记录了帧缓冲器设备的全部信息。每个帧缓冲设备都必须与一个 fb_info 结构相对应。其中,成员变量 modename 为设备名称,fontname 为显示字体,fbops 为指向底层操作的函数的指针。

struct pxafb_fix_screeninfo 记录不能修改的显示控制器参数,包括屏幕缓冲区的物理地址和长度。

struct pxafb_var_screeninfo 记录可以修改的显示控制器参数,它包括显示屏幕的分辨率、每个像素的比特数和一些时序变量。其中,变量 xres 定义了屏幕一行所占的像素数,yres

定义了屏幕一列所占的像素数，bits_per_pixel 定义了每个像素用多少个位来表示。

帧缓冲区的初始化函数在/drivers/video/pxafb.c 文件中，结构如下：

```c
int __init pxafb_init(void)
{   struct pxafb_info * fbi; int ret;
    …
    fbi = pxafb_init_fbinfo();              // 初始化一些重要的数据结构
    …
    ret = pxafb_map_video_memory(fbi);      // 在内存中创建一个图像缓存区
    …
    pxafb_set_var(&fbi->fb.var, -1, &fbi->fb);
    …
    ret = register_framebuffer(&fbi->fb);   //登记，使画面缓冲区与控制台设备驱动的高层挂钩
    …
    set_ctrlr_state(fbi, C_ENABLE);         //使能 LCD 控制器
    …
    return ret;
}
```

首先调用 pxafb_init_fbinfo()，目的在于对几个数据结构进行初始化，并设置有关的基本参数，如所用的字体和显示屏的规格等，还有为了搭建帧缓冲器的设备驱动框架做一些准备。接着通过 pxafb_map_video_memory() 函数在内存中创建帧缓冲区，实际上是为一个内存区间另外建立一个映射。这里分配用于帧缓冲区的内存区间应该是不经高速缓存、不加写缓冲的，这样才可以一经写入便立即反映在显示屏上，而无需先对高速缓存进行刷新。pxafb_set_var() 函数为控制台设备驱动的高层提供一个驱动帧缓冲区的界面，同时也确定一些与画面缓冲区有关的参数，并记录在一个 fb_var_screeinfo 数据结构中；确定了这些参数以后，如果目标帧缓冲区属于当前选定的控制台设备，就通过 pxa_activate_var() 函数把这些参数分门别类地组合生成 PXA270 各有关寄存器的映像，并最终设置到 PXA270 的各个 LCD 控制寄存器中。这里用到以下 6 个寄存器：

DBAR1　DMA 通道 1 的基地址寄存器，用于调色板。
DBAR2　DMA 通道 2 的基地址寄存器，用于画图。
LCCR0　黑白/彩色模式选择，单画面/双画面显示方式、被动/主动显示模式选择。
LCCR1　控制水平方面扫描，包括每行的像素、水平同步脉冲宽度、在水平扫描行的开头和末尾各空出几个像素等参数。
LCCR2　控制垂直方面扫描，包括每个画面的行数、垂直同步脉冲宽度、在画面的顶部和底部各空出几行等参数。
LCCR3　控制像素时钟的频率以及各种同步脉冲的极性。
这些宏操作都在/drivers/video/pxafb.h 文件中。

```c
# if defined(CONFIG_FB_LB064v02)
# define LCD_PIXCLOCK           250000      //54000//150000
# define LCD_BPP                16
# define LCD_XRES               640
# define LCD_YRES               480
```

```
#define LCD_HORIZONTAL_SYNC_PULSE_WIDTH    46
#define LCD_VERTICAL_SYNC_PULSE_WIDTH      1
#define LCD_BEGIN_OF_LINE_WAIT_COUNT       96
#define LCD_BEGIN_FRAME_WAIT_COUNT         35
#define LCD_END_OF_LINE_WAIT_COUNT         4
#define LCD_END_OF_FRAME_WAIT_COUNT        0
#define LCD_SYNC   (FB_SYNC_HOR_HIGH_ACT | FB_SYNC_VERT_HIGH_ACT)
#define LCD_LCCR0 (LCCR0_OUC | LCCR0_CMDIM | LCCR0_RDSTM | \
           LCCR0_OUM | LCCR0_BM | LCCR0_QDM | LCCR0_PAS | \
           LCCR0_EFM | LCCR0_IUM | LCCR0_SFM | LCCR0_LDM )
#define LCD_LCCR3 (LCCR3_PCP | LCCR3_HSP | LCCR3_VSP)
#endif
```

最后通过 register_framebuffer() 进行各项登记,使帧缓冲区与控制台设备驱动的高层相连。参数 fbi 是一个指向 fb_info 数据结构的指针,通过这个数据结构使帧缓冲区与文件系统连接起来。

2. 帧缓冲区的操作

对帧缓冲区的操作,应用程序首先要打开代表帧缓冲区的设备文件,帧缓冲区的 file_operations 数据结构是 fb_fops。

```
static struct file_operations fb_fops =
{    owner:THIS_MODULE,
     read: fb_read;write: fb_write;ioctl: fb_ioctl;        // 读、写和 I/O 控制操作
     mmap: fb_mmap;open: fb_open;release: fb_release;      // 映射、打开和关闭操作
     #ifdef HAVE_ARCH_FB_UNMAPPED_AREA
         get_unmapped_area: get_fb_unmapped_area,
     #endif
};
```

6.4 μWindows API 函数介绍

μWindows 提供两种类型的 GUI 编程接口:Win32/WinCE GDI 和 Nano-X。Nano-X 也称为 X lib。下面分别介绍这两种 API 中的主要常用函数及其涉及的编程观念。

6.4.1 Win32/WinCE GDI 函数库

1. 消息及其驱动机制

Win32/WinCE GDI 的基本通信机制是消息机制。一个消息机制中包含了消息的数目和两个参数 wParam、lParam。"消息"存放在应用程序的消息队列(message-queue)中。

常用的规定消息有:针对键盘输入的 WM_GHAR,针对鼠标键被按下的 WM_LBUTTONDOWN,窗口创建时使用的 WM_CREATE,窗口删除时使用的 WM_DESTROY 等。

常用消息处理函数有:传递消息到窗口的 SendMessage(),传递消息到消息队列的 PostMessage(),传递消息 WM_QUIT 到读消息队列时的中断程序的 PostQuitMessage(),取得到

消息后结束中断的GetMessage()，传递"按键按下/弹起"消息WMCAR的TranslateMessage()，传递消息到相关窗口处理程序的DispatchMessage等。

2. 窗口的创建和删除

常用操作函数有：定义新窗口类型并启动窗口程序的RegisterClass()，删除窗口类型的UnRegisterClass()，按窗口类型创建一个窗口的CreateWindowsEx()，删除一个窗口的DeatroyWindow()等。窗口创建后产生WM_CREATE消息，删除后产生WM_DESTROY消息。

3. 窗口的显示、隐藏和移动

常用操作函数有：指定窗口是否可见的ShowWindow()，改变窗口位置和大小的MoveWindow()等。窗口位置改变时，产生WM_MOVE消息；窗口大小改变时，产生WM_SIZE消息。

4. 窗口的绘制

常用操作函数有以下4类。

① 相关窗口属性操作的函数：窗口标题栏自动绘制、设置属性的SetWinowText()，察看窗口属性的GetWindowText()等。窗口绘制时产生WM_PAINT消息。

② 实/虚屏切换函数：GetClientRect()和GetWindowRect()函数各自返回虚屏和实屏的坐标值。实屏指使用绝对坐标绘制的屏幕显示窗口，虚屏指使用相对坐标系绘制的不在屏幕上显示的窗口。虚屏也称为像素映射(pixmap)或虚窗口(offscreen)，可以用来保存被遮掩的窗口内容，实现屏幕刷新等应用。

③ 设备上下文操作函数：取得DC(Device Contexts)的GetDC()，画标题栏时需要调用的GetWindowDC()，定义子/兄弟窗口裁剪操作的GetDCEx()，绘制结束时释放DC而调用的ReleaseDC()等。调用图形API之间要包含DC，DC指定系统所使用的窗口和坐标系，同时还定义系统默认的前景色和背景色。

④ 图形绘制函数：设置文本前景色的SetTextColor()，设置文本背景色的SetBkColor()，获取系统颜色的GetSysColor()，设置背景色标识符的SetBkMode()，设置绘制模式（如XOR、SET等）的SetROP2()，用目前前景色画一个像素点的SetPixel()，准备画线的MoveToEx()，用目前前景色画一条线段的LineTo()，用目前画笔颜色画矩形的Rectangle()，用目前画笔颜色填充矩形的FillRect()，用目前前景/背景颜色输出文本的TextOut()，用目前前景/背景颜色输出文本的ExtTextOut()，输出文本或计算文本大小的DrawText()，画位图的DrawDIB()，选择画笔或字体的SelectObject()，获取已确定画笔或字体的GetStockObject()，创建画笔的CreatePen()，创建画刷的CreateSolidBrush()，创建虚屏幕的CreateCompatibleBitmap()，删除画笔或位图的DeleteObject()，创建虚屏区的CreateCompatibleDC()，删除虚屏区的DeleteDC()，复制像素映射的BitBlit()，获取当前系统调色板入口点的GetSystemPaletteEntries()等。

5. 其他实用函数

主要操作函数有：设置桌面背景图片的WndSetDesktopWallpaper()，为窗口创建光标的WndSetCursor()，拉伸窗口的WndRaiseWindow()，缩小窗口的WndLowerWindow()，返回最上层窗口句柄的WndGetTopWindow()，睡眠的Sleep()等。另外，较重要的类型函数还有以下三类。

① 设置窗口中心的函数：返回 ancestor 窗口的 GetActiveWindow()，返回当前桌面窗口的句柄的 GetDesktopWINDOW()。消息 WM_SETFOCUS 和 WM_KILLFOCUS 分别用于获取/删除中心。

② 鼠标捕获的函数：获取全部的鼠标移动信息的 SetCapture()，返回到程序的 ReleaseCapture()，返回到捕获区域的 GetCaptrue()。消息 WM_MOUSEMOVE 用来表示鼠标被移动。

③ 区域管理函数：定义一个矩形结构的 SetRect()，定义一个空矩形的 SetRectEmpty()，复制一个矩形的 CopyRect()，判断是否为空矩形的 IsRectEmpty()，放大矩形的 InflateRect()，移动矩形的 OffsetRect()，判断点是否在矩形区内的 PtInRect() 等。

6.4.2　Nano－X 函数库及 FLNX

6.4.2.1　Nano－X API 函数

Nano－X 基于 C/S 模型，它允许应用程序使用 C/S 网络协议或本地 UNIX Domain Socket，使几个应用程序运行在嵌入式设备或远端主机上，并连接到 Server 上显示出来。C/S 协议还可以利用共享的内存空间在客户端和服务器之间传播数据。Nano－X 可在每个客户机上运行，这意味着一旦发送了客户机请求包，服务器在另一个客户机提供服务之前一直等待，直到整个包到达为止。这使得服务器代码非常简单，而运行速度仍非常快。正是由于这些特征，使得 Nano－X 比 Win32/WinCE GDI 性能更佳，应用更广。

常用的 Nano－X 主要 API 函数有：

(1) 窗口的创建和删除

在 Nano－X 中，使用 GrNewWindow() 创建窗口，使用 GrNewInputWindow() 定义窗口只允许用来输入。这两个函数也定义了窗口的边界和颜色。

(2) 窗口的显示、隐藏和移动

GrMapWindow() 用来显示窗口，GrUnmapWindow() 用来隐藏窗口，GrRaiseWindow() 用来拉伸窗口，GrLowerWindow() 用来缩小窗口，GrMoveWindow() 用来移动窗口，GrResizeWindow() 用来改变窗口大小，GrNewPixmap() 用来生成一个像素映射。

(3) 窗口中的图形绘制

使用 GC 保存上下文信息，使用若干绘图函数绘制图形界面。

① 图形上下文 GC(Graphics Context)。GrNewGC() 用来分配 GC()，删除 GC 时使用 GrDestroyGC()，复制 GC 时使用 GrCopyGC()。创建一个 GC 后，服务器返回一个 GC 的标识 ID，用来作为 API 的参数。GC 一般不存放裁剪区和系统坐标系。

② 绘图 API。返回文本宽度和高度信息的 GrGetGCTextSize()，清除窗口的 GrClearWindow()，在 GC 中设置前景色的 GrSetGCForeground()，在 GC 中设置背景色的 GrSetGCBackground()，在 GC 设置"使用背景色"的 GrSetGCUseBackground()，设置绘图模式的 GrSetGCMode()，设置字体的 GrSetGCFont()，用目前前景色画点的 GrPoint()，用目前前景色画线的 GrLine()，用目前前景色画矩形的 GrRect()，用目前前景色填充矩形的 GrFillRect()，用目前前景色画圆或椭圆的 GrEllipse()，用目前前景色填充圆或椭圆的 GrFillEllipse()，用目前前景色画多边形的 GrPoly()，用目前前景色填充多边形的 GrFillPoly()，用目前前景色输出文本字

符串的 GrText()，用当前单色位图画图片的 GrBitmap()，画矩形的 GrArea()，从屏幕中读取像素点并返回其值的 GrReadArea()，获取当前使用的系统调色板入口点的 GrGetSystemPaletteEntries()，把 RGB 颜色转换成 PIXELVAL 像素值的 GrFindColor()等。

6.4.2.2　FLNX 工具应用

Nano-X 或 X lib 非常适宜于实现最低级简单的绘图功能，并将其封装成程序包在需显示时在显示设备上运行。对于高级而复杂的图形界面设计，可以在 X lib 的上层加入插件集 FLTK 米快速高效地实现。

FLTK(Fast Light Tool Kit)是一种使用 C++开发的简单灵活的 GUI 工具箱，它应用于 Unix、Linux、MS-Win95/98/NT/2000 和 MacOS 操作系统平台，相对于其他的许多图形接口开发工具包(如 MFC、GTK 和 QT 等)，它具有体积很小，速度比较快，跨平台移植性好，跨平台 GUI 插件(Widget)丰富，支持 OpenGL 操作等特点。FLTK 还能提供方便的界面设计工具 FLUID(Fast Light User Interface Designer)，支持 GCC、BC 和 VC 等多种 C++编译器。FLTK 可以定制以满足不同的需要，特别适用于占用资源很少的环境，在嵌入式开发上有着极大的竞争力。FLTK 的网站是 www.fltk.org。

针对 μWindows GUI 图形引擎的 FLTK 的 Linux 版本被称为 FLNX，是 μWindows 上的 FLTK API。它能用来为嵌入式环境创建一个出色的 GUI 构建器。FLNX 由 FI_Widget 和 FLUID 两个构件组成。FI_Widget 由所有基本窗口构件 API 组成，占用 40~48 KB 的资源，它提供大多数窗口构件如按钮、对话框、文本框以及出色的"赋值器"选择(用于输入数值的窗口插件)，还包括滑动器、滚动条、刻度盘等其他构件。FLUID 是用来产生 FLTK 源代码的图形编辑器，占用大约 380 KB 资源(包括每个窗口构件)，是进行程序界面设计的有力工具。

6.5　μWindows 应用程序开发

μWindows GUI 更多地应用于嵌入式 Linux 下。Nano-X API 结构清晰，功能完全，也更容易入门和掌握，是 Linux/μCLinux 下应用 μWindows 进行图形图像编程的有力工具。本节重点介绍 Linux/μCLinux 下如何使用 Nano-X API 进行 μWindows 应用程序设计。

6.5.1　应用程序设计基础

建立并启动 Nano-X 服务器后，就可以开始 μWindows GUI 应用程序设计。在屏幕上绘制一个主窗口，再在该主窗口上绘制直线、矩形、圆、椭圆以及填充上颜色的矩形、圆和椭圆，就是简单的 GUI 应用程序设计。在此基础上引入事件循环驱动机制，进而可以实现更为复杂的 GUI 应用程序设计。

下面重点介绍如何建立 Nano-X 服务器为 μWindows GUI 应用程序设计奠定基础和如何在应用程序中使用事件驱动循环机制。

6.5.1.1　建立 Nano-X 服务器

Nano-X 服务器的建立贯穿 μWindows 软件的移植过程中，相关更为具体的操作过程如下。

1. 初始化

通过编译 μWindows 为主机和嵌入式目标平台建立一个 Nano-X 服务器。大多数设置选项在配置文件中,解压缩 μWindows 软件开发包后进入 microwin/src 目录中的编辑配置文件,相关的重要设置选项如下：

```
ARCH = LINUX - NATIVE        # 通知系统为当前运行的主机 Linux 系统生成程序
ARCH = LINUX - ARM           # 指定嵌入式硬件目标平台进行交叉编译
ARCH = LINUX - MIPS
ARCH = LINUX - POWERPC
HAVE_BMP_SUPPORT = Y         # 设置用于提供 Nano - X 服务器的图像支持
HAVE_GIF_SUPPORT = Y
HAVE_JPEG_SUPPORT = Y
HAVE_FREETYPE_SUPPORT = Y    # 有关字符支持的选项
HAVE_T1LIB_SUPPORT = Y
HAVE_HZK_SUPPORT = Y
```

设置 JPEG 图像选项时必须给出外部 jpeg 解压缩库的位置,如 LIBJPEG=/usr/lib/libjpeg.a。另外一个重要设置项为选择是否提供大小可变字体支持,默认项是在 drivers/genfont.c 中提供固定大小的位图字体。若想显示更大的字体,如运行一个嵌入式浏览器,则可加入对 TrueType 或 Adobe Type 1 字体的支持。选项确定后,就可以根据显示的需要指定字体文件和像素点的大小,μWindows 会根据外部字体文件来生成大小适当的字体。最新的版本还可支持外部中文字体,其中所有的字体可用 8 位 ASCII 码、Unicode - 16 或 UTF - 8 确定。其中 UTF - 8 是 Unicode 的字节流编码方案。FreeType 和 T1lib 外部库分别用于支持 TrueType 和 Adobe Type 1 字体。这些库必须预先编译并且在配置文件中应指定其位置。

2. 配置输出显示设备

μWindows 在帧缓存系统和 X Windows 下运行,每一种显示驱动都需要确定不同的设置。如果已经在 Linux 桌面上运行了 X,最好首先用 X 屏幕驱动建立系统,然后再为嵌入式设备生成一个帧缓存。下列选项用以配置 X 屏幕驱动：

```
X11 = Y    SCREEN_WIDTH = 640    SCREEN_HEIGHT = 480
SCREEN_PIXTYPE = MWPF_TRUECOLOR0888
```

μWindows 通过这些选项在 X 桌面上生成一个 640×480 的虚窗口,采用 8 位色彩模式(红、绿、蓝各用 8 位表示)输出。通过改变设置可以在桌面上控制目标嵌入式设备的仿真,例如仿真一个每像素 16 位的显示则可使 SCREEN_PIXTYPE=MWPF_TRUECOLOR565。MWPF 常数在 src/include/mwtypes.h 头文件中有详尽的解释。必须确定 Linux 系统内核支持帧缓存,帧缓存显示的设置如下：

```
X11 = N                FRAMEBUFFER = Y
FBVGA = Y              VTSWITCH = Y
PORTRAIT_MODE = N
```

FBVGA 选项引入了对 16 色 VGA 平面模式屏幕驱动的支持,但是该选项不可用于嵌入式系统。VTSWITCH 选项允许 μWindows 在帧缓存控制器上运行,按 ALT 键可打开另一个虚拟控制器。一些嵌入式系统要求该选项关闭。PORTRAIT_MODE 选项利用 L/R 键来指定系统偏向于左/右运行,这和康柏公司的 iPAQ PDA 非常类似。

3. Linux 内核帧缓存支持

运行 Nano-X 服务器时显示"Can't open /dev/fb0",说明没有打开帧缓存或是系统内核没有引入帧缓存驱动。最简单的识别方式是启动系统时是否可见一个企鹅图标,如果没有图标则确认下列选项是否在/usr/src/linux/.config 文件中:

```
CONFIG_FB = y                CONFIG_FB_VGA16 = y
CONFIG_FBCON_VGA = y         CONFIG_FBCON_CFB4 = y
CONFIG_FBCON_CFB0 = y
```

如果系统支持图形卡而不是标准的旧 VGA,可以不用 CONFIG_FB_VGA16 选项。在重建内核之前,需要备份旧的内核,并且在 lilo.conf 文件中写明备份位置。启用帧缓存是大部分嵌入式系统的标准设置。

最后一项重要配置是为 μWindows 指定鼠标或触摸屏输入的驱动程序。目前 μWindows 上的鼠标是通过 GPM 工具或直接使用串口。指令 GPMMOUSE=Y 是选择 GPM 支持,设置之后运行 gpm 工具,如 gpm-R-t ps2(支持 PS/2 鼠标)。指令 SERMOUSE=Y 是选择串口,同时还要在 src/drivers/mou_ser.c 中设置 MOUSE_TYPE 和 MOUSE_PORT 两个环境变量。

4. 创建一个完整的演示系统

一旦在配置文件中设置好选项,只要用户不再改动,参数就保持不变。同时在 src 目录中还有很多针对不同平台的样本配置文件。要创建一个 Nano-X 服务器并且运行演示程序,首先进入 microwin/src 目录,然后键入"make",所有的程序将在 microwin/src/bin 目录中生成,客户链接库也放在 microwin/src/lib 目录下。要运行演示程序,首先运行 Nano-X 服务器(在 bin/nano-x 下),然后再运行应用程序,如:

```
bin/nano-X & sleep 1; bin/world
```

运行"demonstration world plotting"程序之前需要运行休眠命令,以便服务器有一段时间来进行初始化。

6.5.1.2 Nano-X 的事件驱动

Nano-X API 体系下的事件驱动机制如下:

① Nano-X 体系下,事件通过窗口来实现,比如要构造一个 button,可以画出一个窗口,把它作为 button。为该 button 编写事件处理,首先要进行事件声明"GR_EVENT event;"。

② 要为该窗口选择事件"GrSelectEvents(GR_WINDOW_ID event1 | event2 | …);"。GR_WINDOW_ID 是给哪个窗口选择事件,后面是事件列表。通过事件列表规定该窗口能处理哪些类型事件。

③ 通过事件类型获取函数 GrGetNextEvent(&event)获取事件。

④ 判断函数类型。

```
switch(event.type)
{    // 判断事件类型
    case GR_EVENT_TYPE_BUTTON_DOWN:
        do_btdown(&event.button);        // 调用事件处理函数
        break;
```

}

⑤ 在事件处理函数中判断事件发生的区域,处理具体的响应事件。

Nano-X 应用程序基本遵从以下逻辑结构:首先创建窗口,显示窗口,然后进入事件循环(Event Loop)等待用户发出指令。

6.5.2 典型界面设计举例

6.5.2.1 基本图形界面的绘制

启动 Nano-X 服务器,在屏幕上绘制一个主窗口,在该窗口上绘制直线、矩形、圆、椭圆以及填充颜色的矩形、圆和椭圆。

1. 设计步骤

① 创建一个窗口,在 Linux 的 VI 或其他编程工具中键入以下代码:

```
#define MWINCLUDECOLORS
#include <stdio.h>
#include "nano-x.h"
static GR_WINDOW_ID w;                    // 声明根窗口
static GR_GC_ID gc;                       // 声明根窗口上下文
int main(int ac, char * * av)
{   if (GrOpen()<0) { printf("Can't open graphics\n"); exit(1); }
    for(;;)
    {   w = GrNewWindow(GR_ROOT_WINDOW_ID,
            10, 10, 300, 200, 3, GREEN, BLUE);  // 实例化根窗口
        Gc = GrNewGC();                         // 实例化上下文
        GrMapWindow(w);                         // 显示窗口
        …                                       // 画直线、矩形、画圆和椭圆
        …                                       // 显示字符,画实圆和实椭圆
    }
    GrClose(); return 0;
}
```

存盘(如存为 sample.c),编译该程序:gcc sample.c -o sample -I./include -L./lib -l nano-x,然后运行 Nano-X 服务器,再运行所设计的应用程序 sample。也可以自编一个 Makefile 文件来完成编译工作。建议单独为所写的 μWindows 应用程序建立一个目录,把 src/demos/nanox(Nano-X API)或 src/demos/mwin(Win32/WinCE GDI API)目录下的 Makefile 复制到该目录,并针具体的编译需求进行修改。这样以后只要修改 Makefile 就可以完成新加入程序的编译而不必每一次都输入较长的命令,同时也方便程序管理,提高编译成功率。这两个目录下的 Makefile 以及 src 目录下的 Makefile.rules 很有参考价值。编译好的文件一般放在 src/bin 目录下。可以修改它们的执行权限"chmod +w filename"或"chmod 777 filename",然后下载到目标板上运行。

② 改写以上程序进行画点、画直线操作:在以上这段代码中 For(;;){ }语句中加入 "GrPoint(w, gc, 30, 30); GrLine(w, gc, 10, 10, 30, 30);"等函数进行画点、画直线等操作。

③ 绘制一个红、黄、蓝三级嵌套的窗口,在最里面的窗口中画出一个绿色的椭圆。
④ 打开 xconfigure 配置交叉编译环境,进行交叉编译后在目标板上运行所设计的程序。

2. 参考程序

```c
#define MWINCLUDECOLORS
#include <stdio.h>
#include "nano-X.h"
static GR_WINDOW_ID w;                              // 声明根窗口
static GR_WINDOW_ID we;
static GR_EVENT event;
static GR_GC_ID gc;                                 // 声明根窗口上下文
int main(int ac, char **av)
{   if (GrOpen()<0) { printf("Can't open graphics\n"); exit(0); }
    w = GrNewWindow(GR_ROOT_WINDOW_ID,
           10, 10, 300, 200, 3, GREEN, BLUE);       // 实例化根窗口
    gc = GrNewGC();                                 // 实例化上下文
    GrMapWindow(w);                                 // 显示窗口
    GrLine(w, gc, 70, 20, 70, 175);                 // 画直线
    GrLine(w, gc, 140, 20, 140, 175); GrLine(w, gc, 210, 20, 210, 175);
    GrLine(w, gc, 270, 20, 270, 175);
    GrRect(w, gc, 100, 50, 50, 20);                 // 画矩形
    GrEllipse(w, gc, 50, 50, 50, 50);               // 画圆和椭圆
    GrFillEllipse(w, gc, 50, 50, 25, 25);           // 画实圆和实椭圆
    GrFillEllipse(w, gc, 125, 80, 30, 10);
    GrSetGCForeground(gc, YELLOW);                  // 字符显示
    GrSetGCBackground(gc, GREEN);
    GrText(w, gc, 150, 100, "Hello (^o^)", -1, GR_TFASCII);
    we = GrNewWindow(w, 260, 10, 30, 20, 1, YELLOW, BLUE);    //创建窗口关闭按钮
    GrMapWindow(we); GrSetGCForeground(gc, GREEN);
    GrSetGCBackground(gc, YELLOW); GrText(we, gc, 2, 15, "EXIT", -1, GR_TFASCII);
    GrSelectEvents(we, GR_EVENT_MASK_EXPOSURE| GR_EVENT_MASK_BUTTON_DOWN);
    for(;;)
    {   GrCheckNextEvent(&event);
        switch (event.type)
        {   case GR_EVENT_TYPE_BUTTON_DOWN:
                if (event.button.wid == we) { GrClose(); exit(0); }
                break;
        }
    }
    GrClose(); return 0;
}
```

6.5.2.2 事件驱动的窗口界面

在屏幕上绘制一个主窗口,在该窗口上绘制子窗口,给子窗口选择相应事件并编写相应事件的处理代码。具体的主要源程序如下:

```c
#define MWINCLUDECOLORS
#include <stdio.h>
#include "nano-X.h"
static GR_WINDOW_ID w;                      // 声明根窗口
static GR_GC_ID gc;                         // 声明根窗口绘图上下文
static GR_GC_ID gLamp;                      // 声明灯的绘图上下文
static GR_GC_ID gid;                        // 声明按钮的绘图上下文
static GR_GC_ID t;                          // 声明欢迎词绘图上下文
GR_EVENT event;                             // 声明事件
GR_WINDOW_ID btRed;                         // 声明按钮窗口(红),它实际是个窗口,把它作为按钮
GR_WINDOW_ID btGreen, btBlue;
GR_WINDOW_ID btLamp;                        // 声明灯窗口,在该窗口上画出灯
GR_FONT_ID font;                            // 设置字体号
void draw_main_win(GR_WINDOW_ID w, GR_GC_ID gc);
void draw_Error_win(char *arg[]); void do_btdown(GR_EVENT_BUTTON *event);
int main(int ac, char **av)
{   if (GrOpen()<0) { printf("Can't open graphics\n"); exit(0); }
    gc = GrNewGC();                         // 实例化上下文
    draw_main_win(w, gc); GrClose();        return 0;
}
void draw_main_win(GR_WINDOW_ID w, GR_GC_ID gc)
{   w = GrNewWindow(GR_ROOT_WINDOW_ID,
                10, 10, 300, 200, 3, GREEN, BLUE);      // 实例化根窗口
    GrMapWindow(w);                                     // 显示窗口
    btLamp = GrNewWindow(w, 125, 25, 50, 50, 0, GREEN, 0);  // 绘出灯窗口
    btRed = GrNewWindow(w, 55, 150, 50, 20, 1, WHITE, BLUE);// 绘出红按钮窗口
    …                                                   // 同理画出绿、蓝按钮窗口
    GrMapWindow(btLamp);                                // 显示出灯和各个按钮子窗口
    GrMapWindow(btRed); GrMapWindow(btGreen); GrMapWindow(btBlue);
    gLamp = GrNewGC();                                  // 画灯
    GrSetGCForeground(gLamp, GRAY); GrSetGCBackground(gLamp, GREEN);
    GrFillEllipse(btLamp, gLamp, 25, 25, 25, 25);
    gid = GrNewGC();                                    // 画红按钮
    GrSetGCForeground(gid, RED); GrSetGCBackground(gid, WHITE);
    GrFillEllipse(btRed, gid, 25, 10, 23, 8);
    …                                                   // 同理画出绿、蓝按钮
    GR_GC_ID t;                                         // 为欢迎词选择字体颜色
    t = GrNewGC(); GrSetGCForeground(t, RED); GrSetGCBackground(t, GREEN);
    font = GrCreateFont("times.ttf", 90, NULL);         // 为欢迎词设置字体
    GrSetGCFont(t, font);
    GrText(w, t, 75, 115, "WELCOME TO BEIJING CHINA", -1, GR_TFASCII);
    GrSetGCForeground(t, YELLOW);                       // 给红按钮加上文字"RED"
    GrSetGCBackground(t, RED);
    GrText(btRed, t, 16, 14, "RED", -1, GR_TFASCII);
    …                                                   //给绿、蓝按钮加上文字
```

```c
    // 为灯、按钮选择事件
    GrSelectEvents(btLamp, GR_EVENT_MASK_EXPOSURE |GR_EVENT_MASK_BUTTON_DOWN);
    GrSelectEvents(btRed,GR_EVENT_MASK_EXPOSURE |GR_EVENT_MASK_BUTTON_DOWN);
    …
    while(1)
    {   GrGetNextEvent(&event);
        switch(event.type)
        {   …                                              // 判断事件类型
            case GR_EVENT_TYPE_BUTTON_DOWN:
                do_btdown(&event.button); break;          // 调用事件处理函数
            case GR_EVENT_TYPE_KEY_DOWN:
                do_keydown(&event.key); break;
        }
    }
}
void draw_Error_win(char * arg[])
{   GR_WINDOW_ID winError = GrNewWindow(w, 20, 100, 400, 300, 1, WHITE, BLUE); }
void do_btdown(GR_EVENT_BUTTON * event)
{   …                                                     // 调用鼠标事件
    if(event ->wid == btRed)                              // 红按钮事件响应
    {   gLamp = GrNewGC(); GrSetGCForeground(gLamp, RED);
        GrSetGCBackground(gLamp, GREEN);
        GrFillEllipse(btLamp, gLamp, 25, 25, 22, 22); return;
    }
    …                                                     // 绿、蓝按钮的事件响应代码
}
void do_keydown(GR_EVENT_KEY_DOWN * event)
{   …  }
```

6.5.2.3 窗口动态刷新的实现

采用 Expose Event：当一个窗口被遮住时，μWindows 剪辑该窗口图画并保存下来，当被遮掩部分再次需显示时，可以重新刷新以显示以前的内容；刷新发生时，服务器首先向应用程序发送一个 Expose Event，要求重新绘制窗口中的内容；另外 Microwindows 应该在首次显示窗口后就发出一个 Expose Event 指令，这样重新绘制时使用的代码和原来显示时所用的代码才会完全一样。下面例子用该机制显示一些文字，并在窗口移动后重新显示出来。

```c
#define MWINCLUDECOLORS
#include
#include "nano-x.h"
int main(int ac, char * * av)
{   GR_WINDOW_ID w; GR_GC_ID gc; GR_EVENT event;
    if (GrOpen() < 0) { printf("Can't open graphics "); exit(1); }
    w = GrNewWindow(GR_ROOT_WINDOW_ID, 20, 20, 100, 60,4, WHITE, BLUE);
    gc = GrNewGC(); GrSetGCForeground(gc, BLACK);
    GrSetGCUseBackground(gc, GR_FALSE);
```

```
            GrSelectEvents(w, GR_EVENT_MASK_EXPOSURE); GrMapWindow(w);
            for (;;)
            {   GrGetNextEvent(&event);
                switch (event.type)
                {   case GR_EVENT_TYPE_EXPOSURE:
                        GrText(w, gc, 10, 30,"Hello World", -1, GR_TFASCII); break;
                }
                GrClose();
            }
            return 0;
        }
```

例子中用 GrSelectEvents()函数发送 GR_EVENT_TYPE_EXPOSURE 事件到客户(client)程序中。为了保持 C/S 之间的通信,Server 只向每个 Client 窗口发送选择过的事件。程序中只有一句处理"Hello World"显示文本,该句在 Expose Event 例程中。GrMapWindow()调用后立即产生一个 Expose Event,这样即使窗口实际上并没有真正移动,文字还是会被显示出来。

6.6　μWindows 的模拟仿真

6.6.1　软件模拟仿真综述

1. μWindows 模拟仿真功能简介

μWindows 软件包内含模拟仿真工具,可以在通用计算机上模拟仿真运行目标平台的 GUI 及其支撑软件,这是 μWindows 最为显著的优势。这样就可以在通用计算机的 Linux 环境下编制和调试面向嵌入 Linux 的 μWindows 应用软件,而没有必要建立跨平台交叉编译环境,并在目标平台上对软件进行编制和调试。这非常有利于嵌入式 GUI 软件的移植和开发。μWindows 软件的简洁易行模拟仿真功能,在于它含有 X Screen Driver,而不是 Linux 的帧缓冲性能。

在通用计算机的 Linux 下安装 μWindows 软件包时做好相关配置并编译整个 μWindows 软件后,就可以编制 GUI 应用程序并通过 μWindows 所含的模拟仿真窗口环境进行调试工作。

在通用计算机的 Linux 下执行编译好的 μWindows GUI 应用程序,能够自动打开 μWindows 模拟仿真窗口,并在其中自动运行所设计的 GUI 执行程序。

在通用计算机上调试成功的 μWindows GUI 应用程序,几乎不作变动,下载到嵌入式目标系统,就可以正常运行。

2. μWindows 模拟仿真环境的建立

μWindows 模拟仿真环境的建立,贯穿于 μWindows 软件在 PC 的移植过程中。6.3.1 小节中已经详细介绍了 μWindows 内核在 PC 上的安装运行,这里着重说明建立 μWindows 模拟仿真环境中的重要配置选项的设置与修改情况。

修改安装目录下 mirowin/src 的 config 文件,使进行在通用计算机上的 μWindows 软件

具有模拟仿真能力,相关的主要配置项如下:

```
ARCH = LINUX - NATIVE;
...
HAVE_FREETYPE_SUPPORT = Y;
//设置对 Free Type 和 T1lib 字体的支持
HAVE_T1LIB_SUPPORT = Y; HAVE_HZK_SUPPORT = Y;
...
X11 - Y; SCREEN_WIDTH = 640; SCREEN_HEIGHT = 400;
SCREEN_PIXTYPE = MWPF_TRUECOLOR0888;
```

6.6.2 模拟仿真应用举例

简单的窗口动态刷新例程,在 6.5.2.3 小节中已经给出,让它在装有 μWindows 软件的 PC Linux 环境下运行,它将启动 μWindows 模拟仿真窗口,并在其中模拟显示带有"Helle World"字样的窗口,可以试试:其他 X 桌面窗口遮挡该窗口恢复后,模拟试验窗口是否仍然恢复显示?模拟仿真运行效果如图 6-4 所示。

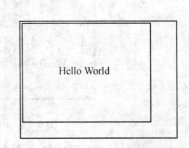

图 6-4 简易例程的模拟仿真效果图

6.7 μWindows 应用设计举例

下面列举几个嵌入式 GUI 项目设计实例,从 μWindows 的内核移植到应用程序设计及其模拟仿真与实际运行等环节,理论联系实际,综合说明如何应用 μWindows 软件进行 GUI 图形系统设计。

6.7.1 红外抄表器的 GUI 设计

远程红外抄表器用于住宅区物业管理人员抄取电表、水表和煤气表,它需要友好的图形界面,而且成本要低。把 μWindows 应用于抄表器的开发能够很好地满足性能和价格的需求。

这里重点说明使用 μWindows 进行"远程红外抄表器"的 GUI 设计。目标平台是以 S3C44B0X 为核心的 Embest EduKit-Ⅱ,采用 μC/Linux 操作系统,输入显示屏是 256 色的 STN 型 LCD,显示驱动是基于"帧缓冲 FB"的驱动程序。S3C44B0X 是 ARM7TDMI-S 单片机。

应用 μWindows 开发红外抄表器 GUI 软件的主要涉及方面如下:

1. μWindows 硬件驱动程序的实现

包括屏幕、鼠标和键盘的驱动程序。其中最重要的是 LCD"帧缓冲"驱动的实现,它在移植 μC/Linux 内核的裁剪与配置中完成。移植 μC/Linux 内核时关于"帧缓冲 FB"支持的配置如图 6-5 所示。如果还需要其他一些功能,如 TFTP 下载,则也可以在配置中加入。

2. μWindows 内核的裁剪及其编译运行

在裁剪过程中应该选择熟悉的 API 编程接口及其选项,如果选择了 Nano-X API,则在

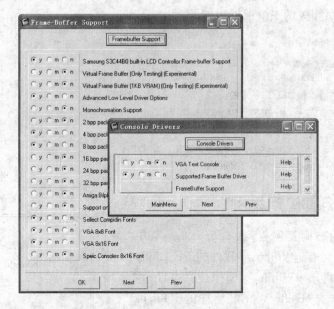

图 6-5 μC/Linux 内核关于 FB 支持的配置

配置 μWindows 时就必须选择支持客户/服务器的选项：Nano-X 和 nanawm。这里选择使用 Win32/WinCE API。μWindows API 兼容 Win32 API 编程模式，所以熟悉 Win32 API 的工程师，可以很快熟悉 μWindows 的 Win32/WinCE API，并用它来开发在 μWindows 下的 GUI 应用程序，从而开发出新一代的嵌入式产品。

重要的 μWindows 选择配置为：在应用程序配置对话框中，选择 μWindows，如图 6-6 所示，选定 μWindows 中的项，其余项勿选。从 μWindows 的配置对话框中还可以看到新添加的应用程序是否已经出现在配置对话框中。设置完毕后保存、退出。在 Cygwin 环境下依次执行 make dep、make clean、make lib_only、make user_only、make romfs、make image 命令，即可完成编译过程。

3. 应用程序的编写

选择 API 函数，按照抄表器的功能需求编写应用程序，应用程序要体现所有的功能，由应用程序调用驱动程序。应用程序实现的功能包括：多种输入法的设计与支持，日期时间设置，定时开关机设置，背光开启时间设置，液晶对比度调节的设置，自动启动设置，开机密码设置，串口选择及波特率设置，数据保护设置，节电模式设置，系统信息收集显示等。

4. GUI 应用程序的添加

在红外抄表器 GUI 的平台搭建过程中，在 μC/Linux 内核中需要添加 mterm.c 和 muserfd.c 两个应用程序。其中，mterm.c 是一个显示终端的窗口，在主机上的超级终端上输入信息，在 LCD 上类似 Windows 的窗口中就能得到显示。具体实现过程如下：

① 修改 ./config/config.in，在相应的菜单块中增加一行，如下所示：

bool mterm CONFIG_USER_MICROWIN_BIN_MTERM
bool muserfd CONFIG_USER_MICROWIN_BIN_MUSERFD

② 在 μCLinux-dist\user\microwin\Makefile 文件中增加一行，如下所示：

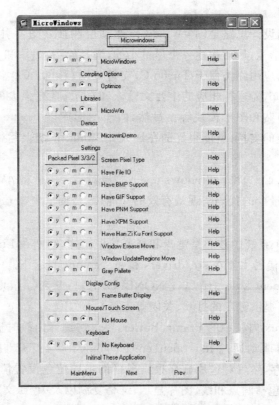

图 6-6 μWindows 的编译配置

```
$(ROMFSINST) -e
CONFIG_USER_MICROWIN_BIN_ MTERM /bin/mterm
$(ROMFSINST)-e CONFIG_USER_MICROWIN_BIN_ MUSERFD /bin/muserfd
```

修改后，对 μC/Linux 进行重新编译，就把新的应用程序加载到文件系统中了。

也可用"快速添加应用程序到文件系统中的方法"，即省略在系统中添加程序编译加载信息，直接用交叉编译工具自行编译，然后将生成的 flat 可执行文件放在 romfs/bin 目录下，使用命令生成 romfs 映像。

5. 运行 μWindows 应用程序

编译完成后，连接 PC 上的超级终端，就可以运行新的内核。在超级终端的 sash 提示符下，输入如下命令运行 μWindows 应用程序：

/>cd /bin;/bin>./ mterm

这时，在 LCD 上就会显示一个类似 Windows 的窗口。

6.7.2 微型图形应用库的设计

这里应用 μWindows 设计更适合嵌入式应用系统的轻量级图形应用库。尽管 μWindows 已经提供了一个全功能的可视化图形用户界面开发工具，但是由它生成的代码量很大，在某些低端的嵌入式 Linux 系统中不适合，因此十分需要设计一个面向低端的、非窗口管理的基本图形应用库。它代码量小，占用内存少，能够为嵌入式系统构建基本的图形用户界面提供编程接口。

基本图形应用库的设计思路是以 µWindows 驱动层和独立图形引擎层为核心，将它们抽取出来，不再采用分层结构，最后构建一个尽量小的，满足绘图、显示和中文输入等功能的轻量级图形应用库。该图形应用库类似于 Turbo C，支持灰度/彩色 LCD 和 PS/2 键盘，屏幕驱动支持 1/2/4/8/16/32 bpp，能进行相应的中西文输入和显示；具有强大的绘图功能，包括画线、区域填充、画多边形、剪贴和图形模块等。显然，由于图形库以 Frame Buffer 为基础，无需特殊操作系统或图形系统的支持，就能很好的在嵌入式 Linux 系统上运行，具有较好的移植性、易使用性和稳定性。

系统基于 Linux 2.4.19 和 µWindows 0.89，主要难点：一是将 µWindows 层次打乱后如何进行代码的重构，用最少的代码实现最有效的功能；二是提供中文显示和中文输入的支持。

1. 结构重构

① 底层驱动。整个系统的核心是键盘和屏幕数据结构，它们在 Linux 系统中都是被当做文件来进行访问，其 C 代码主要在 src/drivers 和 src/engine 目录下。

键盘是通过 fd=open("/dev/tty",O_NONBLOCK)打开，利用 ioctl 进行操作的，涉及的文件是 kbd_ttyscan.c(提供键盘的打开、关闭等支持)。

屏幕驱动基于 Linux 内核中的 Frame Buffer，要求在编译内核时选择支持 Frame Buffer 的编译参数选项。屏幕驱动通过 fd=open(env="/dev/fb0")打开，用 SCREENDEVICE 的指针 PSD 指向这片显存，然后对这片显存根据屏幕的不同位色设置情况，为中间引擎层提供相应的图形操作支持，包括画点和线、图片显示、屏幕复制以及中/西文字的显示等。其涉及的文件较多，类型定义与函数声明的头文件有 fb.h、genfont.h 和 genmem.h，C 代码文件有 src_fb.c(提供基本的 Frame Buffer 打开和关闭等支持)、fb*.c(*为 2、4、8、16、24、32，提供对应不同灰度级别和不同位色屏幕的支持)、genmem.c(提供显存分配)和 genfont.c(提供中西文字体显示支持)。

② 中间引擎层。这一层在底层驱动提供的设备对象支持下，完成图形在实虚屏之间的转换(以 PSD 指针作为参数来进行)，实现各种图形功能函数(以 Gd...为开头)。相关的类型定义与函数声明头文件有 include 目录下的 mwtypes.h、swap.h 和 winkbd.h，C 代码主要有 src/engine 目录下的 devarc.c(提供弧线和椭圆绘制支持)、devclip.c(提供剪贴支持)、devdraw.c(提供基本的绘图支持)、devfont.c(提供字体字库支持)、devimage(提供图片绘制复制支持)、devkbd.c(提供键盘控制支持)、devrgn.c(提供区域操作动态分配支持)和 devpal*.c(*为 1、2、4、8，提供调色板支持)。

分析完驱动层和引擎层后，将它们的相关文件放在同一个目录下，利用 gcc 编译器编译，链接生成目标文件，然后用 ar 归档命令即可生成库文件(动态库和静态库)，只需要将这个库文件提交给二次开发人员即可进行图形应用程序的开发。

2. 中文支持

嵌入式 Linux 应用系统中，控制台驱动程序和 Frame Buffer 驱动程序对字符的处理都是以单字节为基础的，所以需要进行中文化的改造。

① 中文显示的支持。这里采用 16×16 点阵的 GB2312 字库，字模文件 hzk.bin 存放在/font/chinese 目录下。对于一个需要显示的字符串，首先判断其是属于哪种编码集，如果是 ASCII 码，则调用 µWindows 提供的 GdText 函数进行显示；如果是汉字，则根据其机器内码

得到区位码,计算该汉字字模在字模文件中的偏移量,读出该汉字字模,调用底层 DrawPixel 函数形成像素点,并显示。

② 中文输入的支持。μWindows 对输入法没有任何支持,所以这一块几乎所有的代码都需要重新编写。针对 GB2312 字库的拼音输入方法,只能逐字输入。默认字模文件 hzk.bin 存放在/fonts/chinese 目录下。中文拼音输入法流程如图 6-7 所示。

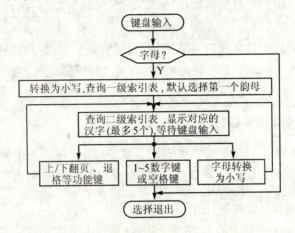

图 6-7 中文拼音输入法程序流程图

首先定义一个拼音结构体:

```
struct PY_index
{   char PY[6];                  //拼音的韵母
    char * PY_mb;                //对应的汉字机内码
};
```

然后根据 GB2312 字库和汉字的声母、韵母定义拼音输入法查询码表。查询码表分两部分,第一部分是二级索引表,它将每个拼音和汉字对应起来,代码如下:

```
struct PY_index PY_index_a[5] =
{   {"","阿啊呵腌嗄锕吖"},
    ……
    {"i","爱哀挨碍埃癌艾唉矮哎皑蔼隘暖霭捱嗳瑷嫒锿嗌砹"},
    {"o","奥澳傲熬敖凹袄懊坳嗷拗廒骜鳌翱岙廒遨獒聱媪螯鏊"}
};
……
struct PY_index PY_index_z[36] =
{   {"a","杂扎砸咋哳匝拶"},{"ai","在再载灾仔宰哉栽崽甾"},
    {"an","咱赞暂攒簪糌瓒拶昝趱鏨"},
    ……
    {"un","尊遵樽鳟撙"},{"uo","作做坐座左昨琢佐凿撮柞嘬作胙唑笮阼笮酢"}
};
struct PY_index PY_index_end[1] = {{"", PY_mb_space}};
```

其中,PY_mb_space 为常量 0xffff,它用于两个地方,一是 i,v,u 三个字母不能作为声母,所以它们没有对应的汉字,这里就以 0xffff 来约定;二是表示拼音表的结束。

第二部分是一级索引表,它将 26 个首字母(即声母)和其韵母对应起来。

struct PY_index code * code PY_index_headletter[27] = { PY_index_a,…, PY_index_z, PY_ index_end };

有了上面定义的两个索引表,就可以进行汉字的输入。

3. 图形库的整体性能

图形应用库提供了图形系统的初始化、键盘操作、区域块复制、中西文的输入显示和基本图形绘制等共计 40 多个 API 功能函数,能满足低端嵌入式 Linux 系统的图形应用程序开发的基本需要。该图形应用库只有约 70 KB 大小,占用资源少,性能稳定,能够满足低端信息终端和控制系统等嵌入式 Linux 产品设计的需要,目前已经成功应用于嵌入式税控收款机(pos)和自动柜员机(ATM)等嵌入式产品中。

6.7.3 在线监测器的 GUI 设计

这里给出的是一个微伏信号在线监测应用系统,软件设计上采用 μC/Linux 操作系统和 μWindows GUI 体系很好地实现了数据显示、人机交互和故障自动报警功能,为实现微伏信号在线监测提供了一种体积小,功耗低,操作灵活的解决方案。

1. 硬件体系构成

系统的核心微控制器是 Samsung 公司的 32 位 ARM7TDMI - S 单片机 S3C44B0X,三运放差动放大电路构成微弱采样信号的前置放大部分,S3C44B0X 及其外围器件构成数据采集与显示电路。

S3C44B0X 内置有 8 通道的 10 位模/数转换器 ADC、8 KB 的高速缓存器 Cache、同步动态存储器 SDRAM、LCD 控制器、4 通道的直接存储器 DMA 和为数众多的通用 I/O 口等片内外设,非常有利于系统硬件体系的架构。设计中直接使用 S3C44B0X 完成 A/D 数据采集、LCD 控制液晶显示器、键盘输入和故障报警 4 个主要功能。经前置放大电路处理完成之后的 0~2.5 V 电压电极性信号,由 S3C44B0X 的 10 位精度片上 A/D 采集到 CPU 中。S3C44B0 自带 LCD 控制器,利用 DMA 控制器从系统 RAM 中的显示缓冲区读取显示数据,提供给 LCD 控制器刷新液晶显示屏。键盘和报警电路利用 S3C44B0 通用 I/O 端口进行控制。

2. 软件体系设计

软件设计基于 μC/Linux 操作系统和 μWindows GUI,整个系统软件包括操作系统自带的设备驱动程序、操作系统运行环境、根据用户需要自定义的设备驱动程序和封装了底层驱动的中间层接口程序和高级应用程序几个部分,分别在驱动层和高级应用层程序中实现。其中高级应用层程序部分的构成框图如图 6-8 所示。

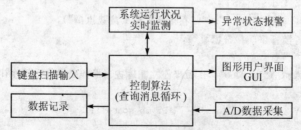

图 6-8 高级应用程序框图

高级应用程序的设计以控制算法为核心,多个任务为控制服务。系统内核定时将测得的数据,通过回调函数传递给高级应用程序。高级应用程序为每个被测通道分配一个数据缓冲区,数据缓冲区是一个含有 10 个无符号整型数的数组,GCC 编译器默认无符号整型数长度为 16 位。测量电路中 ADC 为 10 位模/数转换器,缓冲区中的每个单元的低 10 位存储数值,最高位为 1 表示该数据无效或者已经被处理,为 0 表示该数据有效并等待处理;第 10～14 位表示数据编号,用来区分不同通道的数据。内核驱动程序按格式准备好测量数据后,再由回调函数把数据传送给高级应用程序。应用程序只要使用"与"、"或"操作就可以提取数据类型、实际数据等信息。

(1) 自定义设备驱动

设备驱动程序是操作系统和硬件设备之间的接口,它主要完成对设备初始化,实现内核和应用程序与设备之间的数据交换,检测处理设备错误等功能。μC/Linux 操作系统使用设备文件的方式进行设备管理应用,一个具体的物理设备被映射为一个设备文件,用户程序可以像对文件一样对此设备文件进行打开、关闭和数据读/写等操作。

系统软件设计中的驱动层部分,除了使用 μC/Linux 操作系统自带的设备驱动程序外,需要对外部设备编写自定义的设备驱动程序,以满足操作系统的要求。以字符型设备 ADC 为例,主要对其编写自定义的驱动程序。使用结构体 file_operations{}作为 ADC 字符型设备的函数接口,内核通过这个函数接口来操作设备。自定义后的 file_operations{}结构体如下:

```
struct file_operations ADC_fops =
{   read : ADC_read; poll : ADC_poll; ioctl : ADC_ioctl;   // 读数据,查询设备,IO 控制
    open : ADC_open; release : ADC_release;                //打开/关闭设备
    ……
};
```

编写自定义驱动程序完成后,内核调用相应函数即可对 ADC 设备文件进行 open、ioctl 等具体操作。

(2) 图形用户界面设计

这里采用 μWindows 实现图形界面,以窗口形式显示测量数据及其他参数。API 采用 Win32/WinCE GDI,通过消息传递机制实现各种 GUI 显示功能。编写基于 μWindows 的应用程序,基本结构为初始化、创建窗口与资源、进入消息循环三部分。主程序中相关部分的代码如下:

```
int WINAPI WinMain()
{   MwRegisterEditControl(NULL);                           //声明不使用控件
    wndclass.style = CS_DBLCLKS | CS_HREDRAW | CS_VREDRAW;
    wndclass.lpszClassName = szAppName;                    //创建窗口属性的结构体变量
    RegisterClass(&wndclass);
    hwnd = CreateWindowEx();                               //创建窗口
    while (1)
    {   if(PeekMessage(&msg,NULL,0,0,PM_REMOVE))            //消息查询
            TranslateMessage(&msg);DispatchMessage(&msg);   //传递消息至窗口处理程序
        ScanKey_function();                                 //扫描键盘
        RxKeyvalue(hedit_Param);
```

```
      ……
    }
}
```

调用窗口创建函数 CreateWindowEx()后,系统在内存中创建了一个虚拟的窗口,之后调用窗口显示函数 ShowWindow()就可将虚拟窗口显示为可视窗口,成为 Windows 风格的视窗界面。主程序运行时不断调用提取消息函数 PeekMessage(),查看消息队列是否收到任务信息,当有信息产生时,就执行对应的消息处理函数。同时,在消息循环里也反复调用键盘缓冲区查询函数 RxKeyvalue(),查看是否有键盘输入,以便随时响应。

6.7.4 掌上浏览器的 GUI 设计

越来越多的嵌入式应用系统,包括 PDA、机顶盒和 WAP 手机等系统不仅要求高性能、高可靠性的图形显示界面支持,而且要求提供全功能的 Web 浏览器。包括 HTML 支持,JavaScripe 支持,甚至包括 Java 虚拟机的支持。这里要介绍的就是一个拥有丰富图形界面、支持嵌入式浏览器的基于 ARM 单片机架构的 μC/Linux 系统。

1. 系统的软硬件设计

该系统基于 EP7312-B 嵌入式开发系统,软件基础由 arm-Linux、μWindows 和 ViewML 三部分组成。整个系统的软件体系架构如图 6-9 所示。

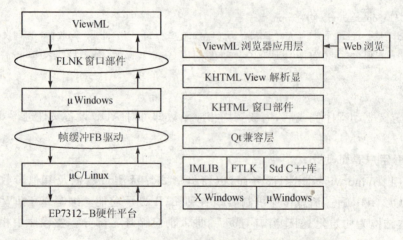

图 6-9 嵌入式 GUI 浏览器系统的软件体系构成框图

(1) EB7312-B

EB7312-B 采用的核心微控制是 Cirrus Logic 公司推出的 EP7312。EP7312 由 32 位的精简指令集微控制器 ARM720T 处理器及若干片上外设所组成,是专门用于 PDA、Internet 设备、移动电话和手持设备的超低功耗和高性能的微处理器。EB7312-B 平台的核心部分有 EP7312、内存管理单元、写缓冲器模块和 8 KB 独立的指令数据高速缓存。内存管理单元兼容 WinCE 和 Linux。其他功能块有内存控制器、48 KB 的片上 SRAM(LCD 控制器和一般应用共用)、32 MB 的动态存储器 SDRAM、16 MB 的闪存 Flash、两个全双工的 UART(16550 型)、10 Mbps 以太网卡 CS8900A,彩色 320×240LCD 和 83 键 ASCII 键盘等。EP7312 本身并不直接支持彩色 LCD,它是通过少许的外部逻辑和对 LCD 驱动器的一个轻微的改动来实现对彩色 LCD 的支持。

(2) arm – Linux

系统采用 arm – Linux 嵌入式操作系统,arm – Linux 是 μC/Linux 中的一个版本。arm – Linux 内核的移植是整个软件设计的关键和起点。移植过程的重点工作是启动程序的实现和 arm – Linux 下针对具体的硬件环境"帧缓冲设备"驱动程序的设计。

启动程序的主要步骤为:设置入口指针,设置中断向量,设置和初始化 RAM,初始化至少一个串行端口,检测 CPU 类型,初始化堆栈和寄存器,初始化存储器系统,设置内核相关列表,呼叫内核镜像。需要特别注意的是在设置 CPU 寄存器时,r0 为 0,r2 为检测出的 CPU 型号号码,MMU 关闭,指令 Catch 打开,数据 Catch 清空后关闭。

"帧缓冲"FB 提供显示内存和显示芯片寄存器,实现从物理内存到进程地址空间的映射。"帧缓冲"驱动程序首先调用 register_framebuffer 注册一个 FB 设备,然后在 Linux/drivers/video/fbmem.c 中登记初始化函数。所有"帧缓冲"驱动程序的 ioctl 调用由 fbmem.c 文件统一实现。

(3) μWindows

μWindows 的图形引擎支持 FB,只要修改 src/中针对基于 ARM 平台的 Linux 的配置文件 config.ads,指定使用 FB 作为底层图形支持引擎即可。μWindows 下支持 Linux 的鼠标驱动文件为 mou – gpm.c,键盘驱动文件为 kbd_tty.c。系统设计中并没有从头开始编写鼠标和键盘各数据结构的成员函数,只在原驱动中针对特定硬件部分作了相应改动。

(4) ViewML

ViewML 是第一个开放源代码的,专门面向嵌入式 Linux 系统的快速发展而开发的小型浏览器。其代码文件只有 800 KB,运行所需的内存空间约 2 MB,使用 FLTK 作为 GUI 平台开发,采用 C++面向对象的设计。ViewML 浏览器可以运行于 X Windows 和 μWindows 系统之上,因此可在 Linux 平台上进行调试和改进。这极大地方便了对浏览器的进一步完善。系统设计中对 ViewML 的改进是在基于 X Windows 平台的 μWindows 系统上完成的。

ViewML 浏览器的应用层很小,完全用 C++ FLTK 应用框架编写,提供基本的图形用户界面布局,同时该层还处理网络和本地文件存取要求。其语法分析器和显示引擎选用了源码开放的 KDE 桌面的 kfm 文件管理器中的 KDE 1.0 HTML 窗口部件(即图 6 – 9 中的 KHTML View 和窗口部件模块)。该窗口管理部件工作稳定,支持全部的 HTML 3.2 功能及部分 JavaScript 1.1。KDE 的窗口部件采用的是 Qt 窗口部件集合,为适应嵌入式系统的要求,ViewML 采用了轻量级图形库 FLTK。Qt 兼容层提供了 HTML 窗口部件和 FLTK 应用框架之间的接口。底层的网络协议采用万维网协会的 WWWLib 库执行所有的异步网络输入/输出和 HTTP 获得功能。

ViewML 是直接针对嵌入式 Linux 环境的一种高品质的网络浏览器,通过包含源代码开放的核心部件,能够在占用很少的 RAM 和 ROM 资源的条件下使用高质量的图形引擎。但在实际移植使用中发现它还是有一些欠缺的,下面重点讨论所设计系统针对 ViewML 窗口界面的改进。

2. ViewML 窗口界面的改进

ViewML 的应用层很小,只提供了基本的图形用户界面布局。作为与用户交互的窗口,要求有美观性、实用性和可操作性。为了使用户界面更为完善,设计系统增加了对 HTML 文件的打开、保存和关闭,还增加了对 Web 页的刷新、前进和返回等。

编写界面部分主要应用 FLTK 窗口部件,FLTK 提供了比较丰富的控件,如按钮、滚动条、文本、对话框和列表框等。所有这些窗口部件的框架类都在 FLNK 的文件夹 FL 中包含的 100 个头文件中定义。ViewML 中窗口的实现是通过创建类 VMLAppWindow 来构建基本的图形用户界面的,其中只包括三个函数:VMLAppWindow(int x, int y, int w, int h):PARENT_WINDOW(x, y, w, h, "ViewML Browser")、virtual void resize_notify(int x, int y, int w, int h)和 virtual int handle(int event)。在图形界面上添加按钮 Save、Open、Reload、Forword 和 Backward 等,需要在类 VMLAppWindow 中定义的相应函数,代码如下:

extern Fl_Button * Save, Fl_Button * Open, * Forward, * Backward, * Reload;

详细代码可以参阅头文件 Fl_Window.h 和 f Fl_Widget.h。编写好图形界面后,通过响应鼠标事件将图形和相应的事件关联起来。

在 ViewML 应用层中原有两个函数:static int send(Fl_Widget * o, int event)用于向 HTTP 发送请求,并将请求事例放入队列;int VMLAppWindow::handle(int event)用于调用线程对事例队列进行处理。除了实例化这两个函数,在这里还需加入处理网页的保存、后退和前进函数都要用到的函数 int VMLAppWindow::temp(int event),其功能是临时保存网页,其处理流程为:

① 在处理事例队列为非空时,从队列中取出一个处理过的 HTTP 请求;

② 将 HTTP 请求结果用 HTML 的 Tokenizer、HTNL - Parser 和 HTML - Layout 进行处理;

③ 把 HTTP 处理的结果加入临时保存队列中;

④ 从处理事例队列中删除此请求结果。

队列采用链表实现,当需要从当前页面后退时,其处理流程为:

① 捕获鼠标事件;

② 从队首搜索至工作指针的下一个元素为当前指针时,当前指针后退;

③ 将当前指针所指向的元素调用 HTML 引擎处理。

前进和刷新功能实现流程与后退类似,这里不再赘述。保存当前 HTM 的算法略微复杂些,因为在保存页面时还要同时保存页面中的图像文件,算法如下:

① 输入存盘路径和文件名;

② 对文件名进行自动处理,如加上后缀 htm,创建一个目录,以 files 为后缀存放图形文件;

③ 从临时保存队列中取当前指针,指针为非头指针时取其所指向的 HTML 文件,处理文件;

④ 将文件存入磁盘。

嵌入式系统的硬件条件有限,无存储量大的磁盘等设备,且 Flash 或 ROM 等存储介质的价格相对于台式机上使用的硬盘和光盘等是比较昂贵的,因此嵌入式系统只能以小巧且高效来赢得市场。

6.8 本章小结

本章首先介绍了 μWindows GUI 系统的功能特点和软件体系的层次构造,接着详细说明了 μWindows 的软件移植和 LCD"帧缓冲"驱动程序开发,重点阐述了 μWindows 的 API 函数库和 μWindows 应用程序设计,还说明了 μWindows 程序的模拟仿真。其中,μWindows 软件的剪切配置,LCD"帧缓冲"驱动的开发与配置,API 及其"消息传递/事件驱动"机理,GUI 应用程序设计是嵌入式 μWindows 图形系统软件设计的关键环节。

LCD"帧缓冲"驱动程序的设计方法原理,同样适应于后面将要阐述的基于"帧缓冲"的嵌入式 MiniGUI 和 Qt/Embedded GUI 图形软件设计。

本章列举了很多具体的项目开发实例,一边阐述 GUI 应用设计,一边说明应用理论,一边总结方法技巧,综合描述了如何运用 μWindows 设计具体的优质图形界面,并进一步说明了如何综合运用 FTLK 和 ViewML 等软件设计更加丰富和优质的图形界面。

6.9 学习与思考

1. 试概括选用 μWindows 进行图形界面设计的一般方法步骤。

2. 什么是"帧缓冲"? 它是怎样实现的? 使用"帧缓冲"有什么好处? 如何在 LCD 上实现"帧缓冲"?

3. μWindows 提供有 Win32/WinCE GDI API 库,这是否意味着可以应用 μWindows 进行 WinCE 下的图形界面设计? 在 μC/Linux 和 μWindows 下进行 GUI 设计可以选择使用 Win32/WinCE GDI API 库吗?

4. 有一个 PC104 体系,采用了 LG - Phlips 公司的 6.4 英寸 TFT - LCD 显示器和 μC/Linux 体系,试按讲述的方法移植 μWindows,并在 LCD 上显示一个简单的窗口图形界面,写出应用程序代码。

第7章 嵌入式 MiniGUI 图形系统设计

MiniGUI 图形界面软件系统是一款优秀的国产软件工具,它以高效、可靠、可定制、小巧灵活而著称,其设计界面优美,画质优良。在资源需求等性能方面,MiniGUI 所达到的高度,甚至 μWindows 或 Qt/Embedded 都不及。MiniGUI 图形体系特别适合中、小型实时嵌入式应用系统。

MiniGUI 有哪些特殊的体系构造和技术优势?如何进行 MiniGUI 的软件移植和编译?如何在嵌入式系统中展开 MiniGUI 图形界面设计和模拟仿真调试?本章将针对上述问题展开全面阐述。本章主要有以下内容:
- MiniGUI 图形系统概述;
- MiniGUI 软件体系构成;
- MiniGUI 软件移植;
- MiniGUI 应用开发基础;
- MiniGUI 应用程序开发;
- MiniGUI 模拟仿真;
- MiniGUI 应用设计举例。

7.1 MiniGUI 图形系统概述

7.1.1 MiniGUI 图形系统及应用

MiniGUI 图形界面软件系统是飞漫软件公司推出的一款优秀的国产软件工具,它高效、可靠、可定制、小巧灵活,特别适合于中、小型实时嵌入式应用体系。

1. MiniGUI 的技术优势

MiniGUI 突出的技术优势如下:

① 轻量,需用资源少。MiniGUI 需要占用的资源空间非常小。以嵌入式 Linux 操作系统为例,MiniGUI 的典型存储空间占用情况如下:
- Linux 内核为 300~500 KB(由系统决定);
- MiniGUI 支持库为 500~700 KB(由编译选项确定);
- MiniGUI 字体、位图等资源为 400 KB(由应用程序确定,可缩小到 200 KB 以内);
- GB2312 输入法码表为 200 KB(不是必需的,由应用程序确定);
- 应用程序为 1~2 MB(由系统决定)。

总体的系统占有空间为 2~4 MB。在某些系统中,功能完备的 MiniGUI 系统本身所占用的空间可进一步缩小到 1 MB 以内。

MiniGUI 能够在 CPU 主频为 30 MHz,仅有 4 MB RAM 的系统中正常运行(使用 μC/Linux 操作系统)。这是其他针对嵌入式产品的图形系统,如 μWindows 或 Qt/Embedded 所无法达到的。

② 高性能、高可靠性。MiniGUI 良好的体系结构及优化的图形接口,可确保最快的图形绘制速度。设计之初就充分考虑到了实时嵌入式系统的特点,针对多窗口环境下的图形绘制开展了大量的研究及开发,优化了 MiniGUI 的图形绘制性能及资源占有。大量实际系统的应用,尤其是工业控制系统的应用,证明 MiniGUI 具有非常好的性能。从 1999 年 MiniGUI 的第一个版本发布以来,就有许多产品和项目使用 MiniGUI,MiniGUI 也不断地从这些产品或项目中获得发展动力和新的技术需求,不断地提高自身的可靠性和健壮性。

③ 可配置性能。为满足嵌入式系统千变万化的需求,必须要求 GUI 系统是可配置的。MiniGUI 具有很多编译配置选项,通过这些选项可指定 MiniGUI 库中包括哪些功能及不包括哪些功能。大体说来,可以在如下几个方面对 MiniGUI 进行定制配置:

- 指定操作系统　可以是 μC/Linux、eC/OS、μC/OS-Ⅱ 和 VxWorks 等;
- 指定运行模式　可以是基于线程的 MiniGUI-Threads、基于进程的 MiniGUI-Lite,或者只是最简单的 MiniGUI-Standalone;
- 指定显示设备接口　旧的低端 GAL(Graphics Abstract Layer)/GDI(Graphics Device Interface)还是新的高端 GAL/GDI;
- 指定引擎及其选项　GAL 和 IAL(Input Abstract Layer);
- 指定需要支持的字体类型、字符集、图像文件格式和控件类;
- 指定控件的整体风格　是三维风格、平面风格还是手持终端风格。

这些配置选项大大增强了 MiniGUI 的灵活性,可针对具体应用需求量体裁衣,生成最适合产品需求的系统及软件。

④ 可伸缩性强。MiniGUI 丰富的功能和可配置特性,使得它既可运行于低端产品中,也可运行于基于 ARM9 等的高端产品中,并可使用 MiniGUI 的高级控件风格及皮肤界面等技术,创建华丽的用户界面。

⑤ 跨操作系统支持。理论上 MiniGUI 可支持任意一个多任务嵌入式操作系统。实际已支持 Linux/μClinux、eC/OS、μC/OS-Ⅱ 和 VxWorks 等操作系统。对不同操作系统,MiniGUI 提供完全兼容的 API。

⑥ 硬件平台支持。已验证的硬件平台有 Intel X86、ARM(ARM7/AMR9/StrongARM/xScale)、PowerPC、MIPS 和 M68K(DragonBall/ColdFire)等。

2. MiniGUI 的典型应用

MiniGUI 在手持信息终端、机顶盒、工业控制系统及工业仪表、彩票机、金融终端等产品和领域得到了广泛的应用。图 7-1 给出了几个典型应用示例,其中图 7-1(a)是高端手机、PDA 类产品的典型界面,图 7-1(b)是数字媒体及机顶盒类产品的典型界面,图 7-1(c)是工业仪表及控制系统的典型界面。

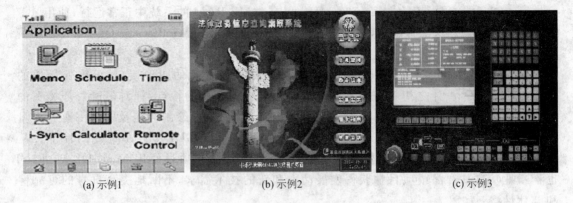

图 7-1 MiniGUI 的几个典型应用示意图

3. MiniGUI 的突出优势

MiniGUI、μWindows 和 Qt – Embedded 是当前嵌入式 Linux 中比较流行的三大嵌入式 Linux 的图形用户接口的解决方案,而 MiniGUI 因为其"小"的特色、对中文最好的支持以及中文参考资料的配备等独特优点,在嵌入式的实际 GUI 方案选型中,已成为实验研究或者项目所青睐的解决方案。

7.1.2 MiniGUI 的主要功能特点

MiniGUI 为实时嵌入式操作系统提供了完善的图形及图形用户界面支持。可移植性设计使得它不论在哪个硬件平台、哪种操作系统上运行,均能为上层应用程序提供一致的应用程序编程接口 API。MiniGUI 是操作系统和应用程序之间的高效通道,它将底层操作系统及硬件平台的差别隐藏起来,并对上层应用程序提供了一致的功能特性,这些功能特性包括:

➢ 完备的多窗口机制和消息传递机制;
➢ 常用的控件类,包括静态文本框、按钮、单行/多行编辑框、列表框、组合框、进度条、属性页、工具栏、拖动条、树型控件和月历控件等;
➢ 对话框和消息框支持,以及其他 GUI 元素,包括菜单、加速键、插入符和定时器等;
➢ 界面皮肤支持,可以通过皮肤支持获得外观非常华丽的图形界面;
➢ 通过两种不同的内部软件结构支持低端显示设备(如单色 LCD)和高端显示设备(如彩色显示器),前者小巧灵活,后者在前者的基础上提供了更加强大的图形功能;
➢ Windows 资源文件支持,如位图、图标和光标等;
➢ 各种流行图像文件的支持,包括 JPEG、GIF、PNG、TGA 和 BMP 等;
➢ 多字符集和多字体支持,目前支持 ISO8859 – 1 ~ ISO8859 – 15、GB2312、GBK、GB18030、BIG5、EMC – JP、Shift – JIS、EMC – KR 和 Unicode 等字符集,支持等宽点阵字体、变宽点阵字体、Qt/Embedded 使用的嵌入式字体 QPF、TrueType 以及 Adobe Type1 等矢量字体;
➢ 多种键盘布局的支持,除常见的美式 PC 键盘布局之外,还支持法语和德语等语种的键盘布局;
➢ 简体中文(GB2312)输入法支持,包括内码、全拼和智能拼音等,还可以从"飞漫软件"获得五笔和自然码等输入法支持；
➤ 针对嵌入式系统的特殊支持，包括一般性的 I/O 流操作和字节序相关函数等。

7.2 MiniGUI 软件体系构成

7.2.1 MiniGUI 的体系结构和运行模式

1. MiniGUI 软件体系构造

MiniGUI 具有良好的软件架构，使得它能够在众多的嵌入式操作系统上运行。MiniGUI 应用体系框图如图 7-2 所示。

MiniGUI 通过抽象层将应用上层和底层操作系统隔离开来，基于 MiniGUI 的应用程序一般通过 ANSI C 库以及 MiniGUI 自身提供的 API 来实现自己的功能，MiniGUI 中的"可移植层"将特定操作系统及底层硬件的细节隐藏起来，而上层应用程序则无需关心底层的硬件平台输出和输入设备。以 MiniGUI 为中心的嵌入式应用系统结构如图 7-3 所示。

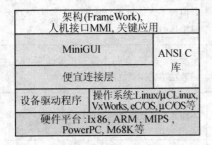

图 7-2 MiniGUI 图形体系及其应用框图

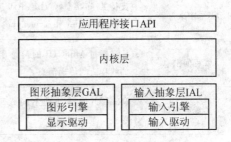

图 7-3 MiniGUI 应用体系详图

2. MiniGUI 的运行模式

MiniGUI 有三种运行模式，能够适合于不同类型的操作系统。在众多的操作系统中，有的以进程为中心进行调度，有的以线程为中心进行调度，特别是嵌入式操作系统，如 μC/Linux、μC/OS-Ⅱ、eC/OS 和 VxWorks 等，通常运行在没有内存管理单元 MMU（Memory Management Unit）的微控制/处理器体系中，往往没有进程的概念，只有线程或者任务的概念。这样，GUI 系统的运行环境也就大相径庭。MiniGUI 特有的运行模式概念，也为跨操作系统的支持提供了便利。MiniGUI 的三种运行模式为：

① MiniGUI-Threads。运行在 MiniGUI-Threads 上的程序可在不同线程中建立多个窗口，但所有窗口在一个进程或地址空间中运行。该运行模式非常适合大多数传统意义上的嵌入式操作系统，如 μC/OS-Ⅱ、eC/OS、VxWorks 和 pS/OS 等。在 Linux 和 μC/Linux 上，MiniGUI 也能以 MiniGUI-Threads 模式运行。

② MiniGUI-Lite。与 MiniGUI-Threads 相反，MiniGUI-Lite 上的每个程序是单独的进程，每个进程也可以建立多个窗口。MiniGUI-Lite 适合于具有完整 Unix 特性的嵌入式操作系统，如嵌入式 Linux。

③ MiniGUI-Standalone。MiniGUI 以独立进程的方式运行，既不需要多线程支持，也不需要多进程的支持。这种运行模式适合功能单一的应用场合，如在一些使用 μC/Linux 的嵌

入式产品中,因为各种原因而缺少线程支持,这时就可以使用 MiniGUI-Standalone 来开发应用软件。

一般而言,MiniGUI-Standalone 模式的适应面最广,可以支持几乎所有的操作系统,甚至包括类似于 DOS 这样的操作系统;MiniGUI-Threads 模式的适用面次之,可运行在支持多任务的实时嵌入式操作系统或者具备完整 Unix 特性的普通操作系统中,适合于功能单一、实时性要求很高的系统,如工业控制系统;MiniGUI-Lite 模式的适用面较小,它特别适合于具备完整 Unix 特性的普通操作系统,也适合于功能丰富、结构复杂、显示屏幕较小的系统,如个人数字助理 PDA 等信息产品。

MiniGUI-Threads 和 MiniGUI-Lite 应用较广,表 7-1 详细列出了它们的区别。

表 7-1 MiniGUI-Threads 和 MiniGUI-Lite 的区别

项　目	MiniGUI-Threads	MiniGUI-Lite
多窗口支持	完全	不能处理进程间窗口的剪切,但提供进程内多窗口的完全支持
字体支持	支持点阵字体(VBF、RBF)和矢量字体(Adobe Type1 和 TrueType)	目前尚不支持对 Adobe Type1 和 TrueType 等矢量字体的支持
线程间消息	传递通过 MiniGUI 的消息函数,可在不同的线程之间传递消息	未考虑多线程应用,不能直接通过 MiniGUI 消息函数在不同线程之间传递消息
多线程窗口	MiniGUI 能够处理不同线程之间的窗口层叠	不能处理多线程之间的窗口层叠
其他	基于线程的进行客户机/服务器(C/S, Client/Server)结构,系统健壮性较差,因此要求系统经过严格测试	采用 Unix Domain Socket 的基于进程的 C/S 结构,可建立健壮的软件架构。并提供了方便的高层进程间通信机制

不论采用哪种运行模式,除了少数几个涉及初始化的接口在不同运行模式上有所不同,MiniGUI 为上层应用软件提供了最大程度上的 API 一致性。

7.2.2　典型应用及其软件架构

1. MiniGUI-Threads 的典型应用和软件架构

这里给出的基于 MiniGUI-Threads 典型应用是一个计算机数字控制(CNC)系统,是基于 RT-Linux 建立的机床控制体系。系统使用 MiniGUI-Threads 作为图形用户界面支持系统,图 7-4 是该 CNC 系统的用户界面。

图 7-5 给出了该系统的软件架构框图。在用户层,该系统有三个线程:一个是 GUI 主线程;另一个是监视线程,监视系统的工作状态,并在该线程建立的窗口上输出状态信息;第三个是工作线程,该线程执行加工指令,并通过 RT-Linux 的实时 FIFO 和系统的实时模块进行通信。

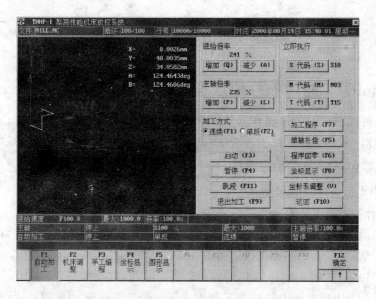

图 7-4 基于 RT-Linux 和 MiniGUI 的数控系统主界面

2. MiniGUI-Lite 的典型应用和软件架构

这里给出的典型应用是一个基于 MiniGUI-Lite 的 PDA。该 PDA 基于 Linux 开发，其上可以运行各种 PIM(Personal Information Management)程序、浏览器以及各种游戏程序。图 7-6 是该 PDA 的用户窗口。

系统中所有应用程序都以 Linux 进程的形式执行，MiniGUI-Lite 提供输入法支持和应用程序管理功能。应用程序之间以 MiniGUI-Lite 提供的 request/response 接口实现通信。图 7-7 是该系统的架构框图。

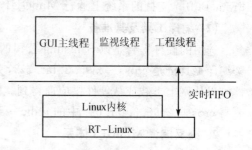

图 7-5 基于 RI-Linux 和 MiniGUI 的数控系统架构框图

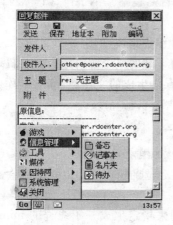

图 7-6 基于 MiniGUI 的 PDA 软件窗口

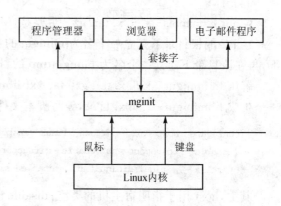

图 7-7 基于 MiniGUI 的 PDA 软件架构框图

7.3 MiniGUI 软件移植

7.3.1 MiniGUI 的内核移植过程

MiniGUI 可以移植到各种操作系统和嵌入式操作系统,这里以普遍使用的嵌入式 μC/Linux 和 μC/OS-Ⅱ 为例加以说明,并说明在常见硬件开发板上的具体移植过程。

7.3.1.1 μC/Linux 下的移植

1. MiniGUI 运行环境的搭建

(1) 帧缓冲驱动及其准备

在 Linux/μCLinux 上运行 MiniGUI,FrameBuffer 驱动程序功能必须正常。在 PC 上,如果显示芯片是 VESA 兼容的,则可以通过 Linux 的 VESA FrameBuffer 驱动程序获得较好的支持。对没有 FrameBuffer 支持的 Linux/μCLinux 系统,需要编写特定的图形引擎才能运行 MiniGUI。MiniGUI 1.6.x 中已包含了针对非 FrameBuffer 驱动的图形引擎实现。在没有 FrameBuffer 支持的系统上运行 MiniGUI,还可以借助虚拟软件实现相同的功能。

(2) 编译工具及其准备

选用的硬件平台是以 Samsung 公司的 ARM 单片机 S3C2410 为中心的开发板,使用的交叉编译工具链是 cross-2.95.3.tar.bz2,交叉编译器是 arm-linux-gcc2.95.3,这些工具软件可以从网上下载或从硬件供应商得到。需要注意的是,开发板的 Linux 的 glibc 的版本一定要与 cross-2.95.3.tar.bz 中的 glibc 一致,这里使用的是 glibc-2.2.3。

2. 交叉编译 MiniGUI 体系

(1) 库文件与源文件的安装

下载(http://www.minigui.org/)三个源码包及其相应的用户手册:

- libminigui-1.6.x.tar.gz   MiniGUI 函数库源代码,包括 libminigui、libmgext 和 libvcongui。
- minigui-res-1.6.x.tar.gz   MiniGUI 所使用的资源,包括基本字体、图标、位图和鼠标光标。
- mg-smaples-1.6.x.tar.gz   主要是《MiniGUI 编程指南》的配套示例程序。

在 PC 的根目录下建立一个名为 minigui 的目录,将下载的三个源码包全部复制到该目录下,再在该目录下建立一个名为 miniguitmp 的目录,以存放生成的文件和 minigui 库函数。

解压 libminigui-1.6.x.tar.gz:tar zxf libminigui-1.6.x.tar.gz。

生成 libminigui-1.6.x.目录,编写脚本文件 setup.sh,配置 lib,内容如下:

```
./configure-host=arm-unknown-linux-enable=jpgsupport=no
--enable-pngsupport=no-enable-gifsupport=no  -disable-lite
--prefix=/minigui/miniguitmp  -enable-smdk2410ial=yes
```

其中,host 用于指明宿主机的类型;disable-lite 用来指定生成基于线程的 minigui 版本而不是生成基于进程的 minigui 版本;prefix 用于指定 MiniGUI 函数库的安装路径/minigui/miniguitmp。

（2）环境参数的修改和系统的运行

根据 PC 的交叉编译环境安装的路径修改 libminigui-1.6.x. 目录下的 configure 文件，在文件的开头处加入编译器的安装路径，然后保存，使用的 PC 主机上交叉编译器安装路径是/usr/local/arm/，所以修改如下：

```
CC = /usr/local/arm/2.95.3/bin/arm-linux-gcc
CPP = /usr/local/arm/2.95.3/bin/cpp
LD = /usr/local/arm/2.95.3/bin/arm-linux-ld
AR = /usr/local/arm/2.95.3/bin/arm-linux-ar
RANLIB = /usr/local/arm/2.95.3/bin/arm-linux-ranlib
STRIP = /usr/local/arm/2.95.3/bin/arm-linux-strip
```

运行./configure 脚本文件，然后编译 GUI 体系：./ setup.sh；Make；make install。

如果运行成功，就会生成定制的 MakeFile 文件，执行 make 和 make install 后相应的函数库就安装到/minigui/miniguitmp/lib 下，执行 make install 命令必须要具有 root 权限。

接下来安装 MiniGUI 资源，这些资源包括基本字体、图标、位图和鼠标光标等。解压 minigui-res-1.6.tar.gz(ar zxf minigui-res-1.6.tar.gz)，进入生成目录，修改 configure.linux 文件，指明：

```
TOPDIR = /minigui162/miniguitmp
```

执行 make install，就可以把相关文件复制到/minigui/miniguitmp/目录下的相关目录中。

执行后会在/minigui/miniguitmp/下生成 usr/local/lib/minigui/res 相关目录。res 目录下的子目录有 bmp、cursor、font、icon 和 imetab 等。

3. 制作带有 MiniGUI 的文件系统映像（root_minigui.cramfs）

CRamFS 是 Linus Torvalds 撰写的只具备基本特性的文件系统，是一个简单的、经压缩以及只读的文件系统。为文件系统建立映像，首先要建立并安装 CRamFS 工具，这里使用 mkcramfs 工具建立文件系统映像。开发板上的 Linux 自带 VESA FrameBuffer 设备驱动程序，并且初始状态已经激活，这样 MiniGUI 就可以使用 FrameBuffer 作为图像引擎来显示图像。将/minigui/miniguitmp/lib 中所有的库文件复制到 root_minigui 的/usr/lib 中，将/minigui/miniguitmp/usr/local/lib/minigui 目录复制到 root_minigui 的/usr/lib 目录中，在/root_dir/root_minigui/usr/local 下执行 ln -s /usr/lib lib，生成链接文件。

修改/minigui/miniguitmp/etc/MiniGUI.cfg 文件，找到 ial_engine = console、mdev =/dev/mouse，修改为 ial_engine=SMDK2410、mdev=/dev/ts，然后保存退出。

把/minigui162/miniguitmp/etc/MiniGUI.cfg 文件复制到/root_dir/root_minigui/usr/local/目录中。

通过以上操作就把 MiniGUI 运行库和其他资源环境复制到 root_minigui 文件系统中，同时把 mg-samples-str-1.6.2/src/下可执行文件复制到/usr/local/bin 下。编译文件系统，在/root_dir 执行以下代码：

```
[root@localhost root_dir]# mkcramfs root_minigui? root_minigui.cramfs
```

就可以生成 root_minigui.cramfs 文件系统映像。

把 root_minigui.cramfs 复制到 PC 的/tftproot 下，通过 tftp 命令把文件系统下载到 2410

开发板上。重新启动开发板后执行以下代码：

```
[root@localhost root_dir]# cp /usr/local/bin/ * /tmp    // 将可执行文件复制到/tmp临时目录下
[root@localhost root_dir]# cd /tmp                      // 用cd命令进入/tmp目录
```

经过以上工作，用户就可以在/tmp目录下执行自己的应用程序。例如执行以下代码：

```
[root@localhost root_dir]# chmod 777 helloworld         // 改变权限，使其为可执行
[root@localhost root_dir]# ./helloworld                 // 执行helloworld
```

这样就成功地将带有MiniGUI界面的文件系统成功地移植到了开发板上。

7.3.1.2 µC/OS下的移植

µC/OS-Ⅱ开放源代码、简易、实时、占用资源极少，应用十分广泛。但是由于µC/OS-Ⅱ缺乏像malloc/free、printf/fprintf/sprintf这样的接口，缺乏与POSIX-Threads兼容的接口，还不能轻易地将MiniGUI移植到µC/OS-Ⅱ下，为此，飞漫软件公司编写了POSIX-Threads绕转接口，推出了专门适合于µC/OS-Ⅱ的应用版本MiniGUI for µC/OS-Ⅱ。POSIX-Threads绕转接口兼容于POSIX-Threads，同时实现了malloc/free和printf/sprintf/fprintf等接口。

MiniGUI for µC/OS-Ⅱ在常见的SkyEye模拟器及其µC/OS-Ⅱ操作系统下可以很好地调试运行。它使用MiniGUI内部的Dummy GAL引擎和Dummy/Auto IAL引擎来运行MiniGUI的应用程序，这两个引擎分别通过软件方法来模拟实际的输出和输入设备，如LCD显示屏及键盘。从应用程序运行过程中打印输出的信息，可以看到MiniGUI for µC/OS-Ⅱ在正常工作。

将MiniGUI for µC/OS-Ⅱ移植到S3C2410开发板上，使用针对开发板编写的图形和输入引擎，用ADS的armcc编译并测试，MiniGUI的所有示例程序都可以正常运行。

MiniGUI for µC/OS-Ⅱ版本为µC/OS-Ⅱ应用提供了很好的GUI解决方案。相对Micrium.com的µC/GUI而言，MiniGUI for µC/OS-Ⅱ版本的功能和特性更好。

7.3.1.3 常见开发板及其运行

这里简要说明MiniGUI在常见硬件开发板及其Linux/µCLinux下的移植应用，为方便调试运行，采用NFS(Net File System)方式。

1. 华恒HH2410R3

(1) 开发板基本配置

微控制器为32位的ARM9单位机S3C2410，主频可达203 MHz。闪存为16 MB。液晶显示器LCD为256色240×320。内存为64 MB SDRAM。

(2) 建立开发/运行环境

① 安装开发环境(包括交叉编译器及Linux内核)。进入Linux系统(假定为RedHat9)，将随开发板附带的光盘放入光驱中，系统自动挂装CDROM到/mnt/cdrom目录下，用root用户执行开发光盘中的安装脚本：

```
user$ su -
root# cd /mnt/cdrom
root# ./arminstall
```

即可完成整个开发环境的安装。Linux 内核、应用程序源代码以及各个工具软件安装的位置为/HHARM2410-R3 目录,交叉编译工具安装路径为/opt/host/armv4l。

② 设置环境变量 PATH。修改用户主目录下的.bash_profile 文件:

export PATH=/opt/host/armv4l/bin:$PATH

可重新登录系统或者在用户主目录下执行命令 user$ ..bash_profile 使环境变量生效。

③ 配置并运行 minicom。使用 root 用户运行 minicom,并进行配置:

root# minicom -s

配置串口参数,其基本配置为 A—Serial Device:/dev/ttyS0(端口号使用串口 1,根据实际连接的串口来设置);E—BPS/par/bits:/115 200 8N1(波特率);F,E 硬件流,软件流都改为 NO。

设置好后,选择"Save setup as df1"保存并退出。重新运行"minicom:root# minicom"。

④ 启动开发板。连接好开发板,并用串口线连接主机与开发板,开启开发板电源。开发板中已有的操作系统将启动,在 minicom 中按回车键即进入控制台。

⑤ 配置主机 NFS。在主机的/etc/exports 文件中添加 NFS 共享目录信息,如 /demos *(rw,sync)保存后,用 root 用户重启 NFS 服务:

root# /etc/init.d/nfs restart

⑥ 配置开发板 IP 地址。使用普通网线将开发板连接到主机所在的局域网,或使用直连网线将开发板与主机连接起来,根据主机所在网段配置开发板的 IP 地址,在 minicom 中执行:

ifconfig eth0 192.168.1.199

⑦ 将主机 NFS 共享目录挂装到开发板。在 minicom 中执行:

mount -t nfs 192.168.1.11:/demos/home

其中,192.168.1.11 为主机地址。

⑧ 编译 MiniGUI-STR 库,代码如下:

user$ cd <path to libminigui-str-1.6.2>
user$ ./build/buildlib-linux-hh2410r3
user$ make clean;make
user$ su -c 'make install'

此时会将 MiniGUI 编译并安装到以下目录:/opt/host/armv4l/armv4l-unknown-linux/。

⑨ 编译 MiniGUI-STR 示例程序,代码如下:

user$ cd <path to mg-samples-str-1.6.2>
user$ ./build-linux-hh2410r3
user$ make clean;make

编译完成后,在 src/目录下会有许多可执行程序产生,将可执行程序复制到/demos 中,如:

root# cp src/helloworld /demos

⑩ 准备 MiniGUI-STR 资源文件。MiniGUI 程序运行时会根据配置文件读取 MiniGUI 的资源,如图片和字体文件等。将 MiniGUI 资源包安装在主机上,将/usr/local/lib/目录下的 minigui/整个复制到/demos 目录下。

⑪ 修改 MiniGUI 的配置文件 MiniGUI.cfg。将/opt/host/armv4l/armv4l-unknown-linux/etc 下的 MiniGUI.cfg 文件复制到/demos 下,并作如下修改:

```
[system]
gal_engine = fbcon
ial_engine = hh2410r3
mdev = /dev/touchscreen/0raw
[fbcon]
defaultmode = 240x320-8bpp
```

为了保证 MiniGUI 程序能找到资源文件的位置,需将 MiniGUI.cfg 中指定资源文件的路径由默认的 /usr/local/lib 修改为/home,其中/home 为开发板挂载 NFS 共享的目录。

通常当前目录中保存 MiniGUI-STR 对应的 MiniGUI.cfg 文件,然后即可运行 MiniGUI 示例程序。

⑫ 运行 MiniGUI-STR 程序。在 minicom 中,执行下列命令:root# cd /home/;root# ./helloworld。

此时可在 LCD 屏幕上看到 MiniGUI 程序的运行效果,单击触摸屏,可看到程序的动态输出信息。

(3) 配置脚本说明

针对华恒 HH2410R3 开发板,飞漫软件公司专门编写有 buildlib-linux-hh2410r3 配置脚本,位于 MiniGUI 源码目录的 build/子目录下。其中主要的配置选项说明如下:

--prefix=/opt/host/armv4l/armv4l-unknown-linux 指定 MiniGUI 将安装到交叉编译工具中系统文件所在的目录,这样在编译 MiniGUI 的应用程序时不需要再使用-I 和-L 参数来指定 MiniGUI-STR 的头文件和库文件所在的目录。

--target=arm-unknown-linux 指定目标系统为 arm-unknown-linux。

--disable-shared 禁止产生共享库,只生成静态库,这样在编译应用程序时,MiniGUI 以静态库方式链接到应用程序中,执行时只要一个可执行文件即可。

--enable-hh2410r3ial 使 MiniGUI 中包含针对 HH2410R3 开发板的输入引擎。

--with-style=phone 指定 MiniGUI 在创建控件时,使用 phone 风格,默认为 pc3d 风格。

--enable-fblin16 包含 16 位线性图形子引擎。

--enable-tinyscreen 表示目标板为小屏幕。

(4) MiniGUI 中相关 HH2410R3 开发板的源程序

主要是输入引擎,对应文件为:

src/ial/hh2410r3.c 针对该板的输入引擎源码;

src/ial/hh2410r3.h 针对该板的输入引擎头文件。

2. 博创 ARM3000

(1) 开发板基本配置

微控制器为 32 位的 AR7TDMI-S 单片机 S3C44B0X01,以太网接口采用 RTL8019AS,

闪存为 16 MB 的 SAMSUNG 9F2808L10B,BIOS(Basic Input Operation System)为 2 MB 的 AM29LV160DB,LCD 为 320×240、256 色,内存为 32 MB/8 MB 的 HY57V561620BT-H。

(2) 建立开发/运行环境

① 安装开发环境(包括交叉编译器、Linux 内核及 μClibc)。进入 Linux 系统(假定为 RedHat9),将随开发板附带的光盘放入光驱中,系统自动挂装 CDROM 到/mnt/cdrom 目录下,用 root 用户执行开发光盘中的 install.sh 安装脚本:

```
user$ su -
root# cd /mnt/cdrom
root# ./arminstall
```

即可完成整个开发环境的安装。Linux 内核及 μClibc 安装的位置为/μClinux 目录,交叉编译器的安装目录为/usr/arm-linux-μClibc。

② 设置环境变量 PATH。修改用户主目录下的 .bash_profile 文件:

```
export PATH=/usr/arm-linux-μClibc/bin:$PATH
```

可重新登录系统或者在用户主目录下执行命令 user$ . .bash_profile 使环境变量生效。

③ 编译 μC/Linux 内核。使用 root 用户编译内核。

```
root# cd /μClinux/μClinux-2.4.x;
root# make dep;root# make。
```

④ 配置/运行 minicom,启动开发板。操作同 HH2410R3,开发板中已有的引导器将启动,在 minicom 中看到提示符后键入 boot,就可启动目标板系统,启动后自动以 root 权限进入系统。

⑤ 配置主机 NFS。在主机的/etc/exports 中添加 NFS 目录共享信息,如:/μClinux/ * (rw,sync),保存后,用 root 用户重启 NFS 服务:root# /etc/init.d/nfs restart。

⑥ 配置开发板 IP 地址,将主机 NFS 共享目录挂装到开发板。操作同 HH2410R3。

⑦ 编译 MiniGUI-STR 库。

```
user$ cd <path to libminigui-str-1.6.2>
user$ ./build/buildlib-μClinux-arm3000
user$ make clean; make
user$ su - c 'make install'
```

其中,buildlib-μClinux-arm3000 是为此开发板编写好的 MiniGUI 编译配置脚本。运行 make install 命令后,MiniGUI-STR 将被安装到/μClinux 目录下的 minigui/目录中。

⑧ 编译 MiniGUI-STR 示例程序。

```
user$ cd <path to mg-samples-str-1.6.2>
user$ ./build-μClinux-arm3000
user$ make clean; make
```

编译完成后,在 src 目录下会有许多可执行程序产生,在/μClinux 下有一个 demos 目录,可将这些可执行程序复制到其中:root# cp src/helloworld /μClinux/demos。

⑨ 准备 MiniGUI-STR 资源文件,修改 MiniGUI 的配置文件 MiniGUI.cfg,运行

MiniGUI-STR 程序。操作同 HH2410R3,只是修改 MiniGUI.cfg 时,需要设置 ial_engine =arm3000。

(3) 配置脚本的说明

针对博创 ARM3000 开发板,飞漫软件公司专门编写有配置脚本 buildlib-μClinux-arm3000,位于 MiniGUI-STR 源码目录的 build/子目录下。

相关的编译参数设置说明如下:

CC=arm-μClibc-gcc 指定编译器名称。

CFLAGS="-Wall -O2 -g -D_linux_ -I/μClinux/μClinux-2.4.x/include -I/μClinux/μClibc-0.9.19/include -fno-builtin -nostartfiles" 设置编译器参数,其中-Wall 表示显示编译过程中的所有警告;-O2 表示优化级别为 2;-g 表示为编译为调试版本,在程序中会包含调试信息;-D__linux__定义宏__linux__;-I/μClinux/μClinux-2.4.x/include 指定系统的头文件路径;-I/μClinux/μClibc-0.9.19/include 指定 μClibc 的头文件路径;-fno-builtin 用来取消所有的内联函数;-nostartfiles 表示链接时不使用标准的启动文件。

LDFLAGS="-elf2flt -static -L/μClinux/μClibc-0.9.19/lib -L/μClinux/μClinux-2.4.x/lib -lc" 设置链接器参数,其中-elf2flt 表示指定将生成的 ELF 格式的可执行文件转换成 FLAT 格式的文件;-static 表示使用静态方式链接库;L/μClinux/μClibc-0.9.19/lib 指定 μClibc 库所在的路径;-L/μClinux/μClinux-2.4.x/lib 指定 μClinux 系统的库所在的路径;-lc 指定要链接 libc 库。

相关的 MiniGUI 配置参数说明如下:

--prefix=/μClinux/minigui 指定编译 MiniGUI 后,执行 make install 时 MiniGUI 的安装目录,上述设定将把 MiniGUI 的头文件安装到/μClinux/minigui/include/目录下,MiniGUI 的库文件将安装到/μClinux/minigui/lib 目录下。

--build=i386-linux 表示执行编译的环境为 i386-linux。

--host=arm-elf-linux 表示主机类型为 arm-elf-linux。

--target=arm-elf-linux 表示目标平台类型为 arm-elf-linux,即编译器工具将生成的代码的系统类型。

--disable-shared 禁止产生共享库,只生成静态库,这样在编译应用程序时,MiniGUI 将自动以静态库方式链接到应用程序中,执行时只要一个可执行文件即可。

--with-osname=μClinux 指定操作系统为 μC/Linux。

--enable-lite 指定 MiniGUI 编译成"进程版"。

--enable-standalone 若与-enable-lite 选项一起使用,则会将 MiniGUI 编译成 MiniGUI-Standalone 模式。

--disable-micemoveable 禁止使用鼠标拖动窗口。

--disable-cursor 禁止显示鼠标光标。

--enable-galfbcon 包含针对 Linux FrameBuffer 的图形引擎。

--enable-fblin4l 包含 4 位色图形子引擎。该板是 8 位色的液晶屏,实际使用的是 fblin8 子引擎,MiniGUI-STR 默认情况下包含了对 fblin8 的子引擎。

--enable-textmode 打开 Linux 控制台文本模式的支持。

--enable-dummyial 包含"哑"输入引擎,当没有针对特定板子的输入引擎时,可以将输入引擎配置成"哑"引擎,使 MiniGUI 程序也能正常运行。

--enable-autoial 包含"自动"输入引擎,当没有针对特定板的输入引擎时,也可以将输入引擎配置成"自动"输入引擎,使 MiniGUI 程序能正常运行,并自动模拟单击和按键等动作。

--enable-arm3000ial 包括 arm3000 输入引擎,该引擎是专门针对博创 ARM3000 开发板编写的。

--disable-jpgsupport 取消对 jpg 格式图片的支持,因为 μClibc 中没有 jpg 库。

--disable-pngsupport 取消对 png 格式图片的支持,因为 μClibc 中没有 png 库。

--enable-mousecalibrate 启用鼠标校正,调用 SetMouseCalibrationParameters(const POINT * src_pts, const POINT * dst_pts)函数来设置校正参数,MiniGUI 会根据参数自动进行校正;该函数有两个参数:src_pts 为一组原始点的坐标点(一般为 5 个点),dst_pts 为一组目标坐标点(一般为 5 个点),src_pts 每个点的值是根据 dst_pst 每个点的位置,执行单击动作而获得的值。

编译 mg-samples-str 应用程序时,也使用了编辑好的配置脚本 build-μClinux-arm300,其中有一些设置,简要说明如下:

CFLAGS 中的参数 -I/μClinux/minigui/include 指定 MiniGUI-STR 的头文件所在的位置,其中 /μClinux/minigui 是在编译 MiniGUI-STR 时由— prefix 指定的路径。

LDFLAGS 中的 /μClinux/μClibc-0.9.19/lib/crt0.o 指明程序在链接时,要链接 crt0.o 文件,crt0.o 中包含了 C 程序的初始代码。

LDFLAGS 中的 -L/μClinux/minigui/lib 指定 MiniGUI-STR 的库文件所在的目录,其中 /μClinux/minigui 是在编译 MiniGUI-STR 时由 --prefix 指定路径。

(4) MiniGUI 中与 ARM3000 开发板相关的源程序

src/ial/arm3000.c 针对该板子的输入引擎源码。

src/ial/arm3000.h 针对该板子的输入引擎头文件。

(5) 注意事项和常见问题

应用程序不能运行,提示"GAL fbcon engine:Error when opening /dev/fb0"等类似信息,表示无法打开 /dev/fb0 设备,则需要在 minicom 中执行:

```
# ln -s /dev/fb0 /dev/fb/0
```

若提示"GAL fbcon engine:Can't open /dev/tty0",则表示无法打开 /dev/tty0 设备,需要创建该设备,在 minicom 中执行:

```
# mknod /dev/tty0 c 4 0
```

若提示"GDI:Error in loading raw bitmap fonts.",则表示装载字体失败,有可能是 MiniGUI.cfg 中指定的资源路径不对,需要检查资源文件的路径和 MiniGUI.cfg 中指定的路径是否一致。

7.3.2 MiniGUI 的编译及其设置

1. Linux 下编译 MiniGUI

Linux 下编译 MiniGUI 的基本步骤如下:

- 源码包准备。主要是 minigui-dev-1.6.x-linux.tar,包括 libminigui-1.6.x.tar.gz、minigui-res-1.6.tar.gz 和 mg-smaples-1.6.x.tar.gz。
- 函数库的安装与运行。解压 libminigui-1.6.x.tar.gz,配置脚本文件的编改(主要是硬件相关部分与交叉编译途径)与运行。
- 资源库的安装与运行。解压 minigui-res-1.6.tar.gz,修改配置文件,执行 make install。资源包括基本字体、图标、位图和鼠标光标等。

上述"μC/Linux 下的移植"中,已经详细介绍了 Linux 下 MiniGUI 的编译,在此不再赘述。

2. Windows 下编译 MiniGUI

(1) Windows 下编译 MiniGUI 的基本步骤如下:

- 源码包及环境准备。包括 minigui 资源文件、线程库 pthread 相关的头文件和库文件、VC++集成开发环境和模拟器 wvfb。pthread 相关的头文件和库文件主要是 pthreadVC1.lib、pthreadVC1.dll、semaphore.h、pthread.h 和 ched.h。
- 编译准备。首先建好 lib 和 include 个文件夹,然后把 phread 的相关文件分别复制进去,用 ue 把 minigui-win32.dsp 改成 for dos,把源码 build 目录下的 config-win32.h 复制出来替换上一级目录下的 mgconfig.h。
- 用 VC 打开 minigui-win32.dsp,分别在 C/C++和 Link 属性页中添加 pthread 的头文件所在的路径,并指定选定的输入法资源文件所在的位置。
- 执行编译,编译后在 build 目录下即可生成 MiniGUI 动态库。

(2) VC 下的工程项目设置

这里以 VC6.0 和 VC Net 环境分别加以说明。

① VC6.0 下的工程项目设置。用 VC6.0 打开 minigui-win32.dsp,需要对工程项目进行如下配置:

- 执行菜单 project→setting,打开工程设置对话框,在 setting for 中选择 All Configurations 选项,选择属性页 C/C++;在 Category 设置中,选择 Preprocessor,修改 Addtionals include directories 项,在其中添加 pthread 的头文件所在的路径,如 c:/usr/include。
- 选择属性页 Link:在 Category 设置中,选择 Input 选项,修改 Addtionals library path 项,在其中添加 pthreadVC1.lib 所在的路径,如 c:/usr/lib。
- 如果程序里用到输入法,则设置:打开 Source Files→minigui→sysres→mgetc.c 文件,指定拼音输入法资源文件所在的位置为 static char * IMEINFO_valueS[] = {"/路径/" " ", "1", "pinyin"}。路径要使用绝对路径,如资源文件是放在 c:/usr/res,需要指定到输入法 imetab,即 c:/usr/res/imetab。

② VC Net2003 下的设置。以 minigui-minigui-dev-1.6.8-win32 为例,方法如下:

- 用 VC Net 打开 minigui-minigui-dev-1.6.8-win32\edit 中 VC6.0 的工程文件;
- 在 VC Net 中操作"项目"→"edit 属性",在"配置"中选择"所有配置";
- 打开"c/c++"→"常规"→"附加包含目录"→加入"(路径)minigui-minigui-dev-1.6.8-win32\include"和"(路径)minigui-minigui-dev-1.6.8-win32\include\pthread-win32";打开"连接器"→"常规"→"附加库目录"→添加"(路径)minigui-dev

-1.6.8-for-win32\lib"。

(3) 编译/设置示例

以程序 helloword 为例。上面编译完成后在 build 目录下就生成了 minigui.lib 和 minigui.dll 两个文件。把这两个文件复制到 c:/usr/lib 目录下,并确保 helloword.c 所在目录下有 pthreadVC1.lib。把 minigui 源码里的头文件全部复制到 c:/usr/include 中。

用 VC6.0 打开 helloword.c 文件,如上述进行工程项目设置:在属性页 C/C++中修改 Addtionals include directories 项,在其中添加 c:/usr/include;在属性页 Link 中,修改 Addtionals library path 项,在其中添加 c:/usr/lib;在 Object/Library Modules 中添加 pthreadVC1.lib、libminigui-1.6.lib、libmgext-1.6.lib 或 minigui.lib(不同的编译方式生成的库名可能不同,应根据具体生成的 MiniGUI 库名来指定)。

编译生成 helloworld.exe。运行 wvfb 进而运行 helloworld.exe,就可以在 wvfb 窗口中看见运行结果。

7.4 MiniGUI 应用开发基础

7.4.1 消息循环和窗口过程

1. 基本概念

(1) 事件驱动

GUI 编程有一个重要的概念——事件驱动。其程序不再是只有一个入口和若干个出口的串行执行线路,而是一直处于一个循环状态;循环中,程序从外部输入设备获取某些事件,如按键或鼠标的移动,然后根据这些事件做出某种响应,并完成一定的功能;循环直到程序接受到某个消息为止。

"事件驱动"的底层设施,就是常说的"消息队列"和"消息循环"。最基本的 MiniGUI 元素是窗口,一旦建立就会从消息队列当中获取属于自己的消息,然后交由它的窗口过程进行处理。这些消息中,一些是基本的输入设备事件,一些是与窗口管理相关的逻辑消息。

(2) 消 息

MiniGUI 中消息定义为(在 include/window.h 中):

```
typedef struct _MSG
{   HWND            hwnd;
    int             message;
    WPARAM          wParam;
    LPARAM          lParam;
    #ifdef _LITE_VERSION
        unsigned int    time;
    #else
        struct timeval  time;
    #endif
    POINT           pt;
    #ifndef _LITE_VERSION
```

```
        void *              pAdd;
        #endif
} MSG;
typedef MSG * PMSG;
```

一个消息由其所属的窗口(hwnd)、消息编号(message)、消息的 WPARAM 型参数(wParam)以及消息的 LPARAM 型参数(lParam)组成。消息的两个参数中包含了重要的内容。例如,对鼠标消息而言,lParam 中一般包含鼠标的位置信息,而 wParam 参数中则包含发生该消息时,对应的 SHIFT 键的状态信息等。对其他不同的消息类型而言,wParam 和 lParam 也具有明确的定义。也可以使用 MiniGUI 的宏 MSG_USER 自定义消息,并定义消息的 wParam 和 lParam 意义,如:

```
#define MSG_MYMESSAGE1 (MSG_USER + 1)
#define MSG_MYMESSAGE2 (MSG_USER + 2)
```

可以在程序中使用自定义消息,并利用自定义消息传递数据。

(3) 消息循环

消息循环就是一个循环体,在这个循环体中,程序利用 GetMessage 函数不停地从消息队列中获得消息,然后利用 DispatchMessage 函数将消息发送到指定的窗口,也就是调用指定窗口的窗口过程,并传递消息及其参数。典型的消息循环如下所示:

```
while (GetMessage (&Msg, hMainWnd))
{
    TranslateMessage (&Msg);     // 将 MSG_KEYDOWN 和 MSG_KEYUP 消息译成 MSG_CHAR
    DispatchMessage (&Msg);      // 将消息发送到指定的窗口
}
```

在 MiniGUI-Threads 版本中,每个建立有窗口的 GUI 线程有自己的消息队列,而且所有属于同一线程的窗口共享同一个消息队列。因此,GetMessage 函数将获得所有与 hMainWnd 窗口在同一线程中窗口的消息。而在 MiniGUI-Lite 版本中,只有一个消息队列,GetMessage 将从该消息队列当中获得所有的消息,而忽略 hMainWnd 参数。

2. 重要的消息处理函数

除了 GetMessage、TranslateMessage 和 DispatchMessage 外,MiniGUI 还支持如下几个消息处理函数:

① PostMessage 该函数将消息放到指定窗口的消息队列后立即返回,称为"邮寄"消息。如果消息队列的邮寄消息缓冲区已满,则该函数返回错误值。在下一个消息循环中,由 GetMessage 函数获得这个消息之后,窗口才会处理该消息。PostMessage 一般用于发送一些非关键性的消息,如鼠标和键盘消息。

② SendMessage 该函数发送一条消息给指定窗口,并等待该消息被处理之后才会返回。需要知道某个消息的处理结果时,使用该函数发送消息,然后根据其返回值进行处理。在 MiniGUI-Threads 中,如果发送消息的线程和接收消息的线程不是同一个线程,发送消息的线程将阻塞并等待另一个线程的处理结果,然后继续运行;否则,SendMessage 函数将直接调用接收消息窗口的窗口过程函数。MiniGUI-Lite 则直接调用接收消息窗口的窗口过程函数。

SendNotifyMessage 该函数和 PostMessage 消息类似,不等待消息被处理即返回。但和 PostMessage 消息不同,通过该函数发送的消息不会因为缓冲区满而丢失,因为系统采用链表的形式处理这种消息。通过该函数发送的消息称为"通知消息",一般用来从控件向其父窗口发送通知消息。

PostQuitMessage 该消息在消息队列中设置一个 QS_QUIT 标志。GetMessage 在从指定消息队列中获取消息时,会检查该标志,如果有 QS_QUIT 标志,GetMessage 消息将返回 FALSE,从而可以利用该返回值终止消息循环。

3. 窗口的建立和销毁

(1) 窗口的建立

除了不在主窗口中使用窗口类的概念外,基本类似于 Windows 程序。首先在 MiniGUIMain()中建窗口,之后程序进入消息循环。MainWinProc()负责处理窗口消息,这个函数就是主窗口的"窗口过程"。窗口过程一般有 4 个入口参数:窗口句柄、消息类型和两个消息参数。

在 MiniGUI 程序中,首先初始化一个 MAINWINCREATE 结构,该结构中的元素及其使用说明如下:

CreateInfo.dwStyle   窗口风格。

CreateInfo.spCaption   窗口的标题。

CreateInfo.dwExStyle   窗口的附加风格。

CreateInfo.hMenu   附在窗口上的菜单句柄。

CreateInfo.hCursor   在窗口中所用的鼠标光标句柄。

CreateInfo.hIcon   程序的图标。

CreateInfo.MainWindowProc   该窗口的消息处理函数指针。

CreateInfo.lx   窗口左上角相对屏幕的绝对横坐标,以像素点表示。

CreateInfo.ty   窗口左上角相对屏幕的绝对纵坐标,以像素点表示。

CreateInfo.rx   窗口的长,以像素点表示。

CreateInfo.by   窗口的高,以像素点表示。

CreateInfo.iBkColor   窗口背景颜色。

CreateInfo.dwAddData   附带给窗口的一个 32 位值,应该尽量减少静态变量,可以把所有需要传递给窗口的参数编制成一个结构,而将结构的指针赋予该域。在窗口过程中,可以使用 GetWindowAdditionalData 函数获取该指针,从而获得所需要传递的参数。

CreateInfo.hHosting   该域表示将要建立的主窗口使用哪个主窗口的消息队列。使用其他主窗口消息队列的主窗口称为"被托管"的主窗口。这只在 MiniGUI - Threads 版本中有效。

准备好 MAINWINCREATE 结构后,就可以调用 CreateMainWindow 函数建立主窗口,之后典型的程序将进入消息循环,如下所示:

```
int MiniGUIMain (int args, const char * arg[])
{   MSG Msg; MAINWINCREATE CreateInfo; HWND hWnd;
    // 初始化 MAINWINCREATE 结构
    CreateInfo.dwStyle = WS_VISIBLE | WS_VSCROLL | WS_HSCROLL | WS_CAPTION;
```

```
CreateInfo.spCaption = "MiniGUI step three"; CreateInfo.dwExStyle = WS_EX_NONE;
CreateInfo.hMenu = createmenu(); CreateInfo.hCursor = GetSystemCursor(0);
CreateInfo.hIcon = 0; CreateInfo.MainWindowProc = MainWinProc;
CreateInfo.lx = 0; CreateInfo.ty = 0; CreateInfo.rx = 640; CreateInfo.by = 480;
CreateInfo.iBkColor = COLOR_lightwhite; CreateInfo.dwAddData = 0;
CreateInfo.hHosting = HWND_DESKTOP;
hWnd = CreateMainWindow(&CreateInfo);          // 建立主窗口
if (hWnd == HWND_INVALID) return 0;
ShowWindow (hWnd, SW_SHOWNORMAL);              // 显示主窗口
while (GetMessage(&Msg, hWnd))                 // 进入消息循环
{    TranslateMessage (&Msg); DispatchMessage(&Msg);     }
MainWindowThreadCleanup (hWnd); return 0;      // 销毁主窗口的消息队列,返回
}
```

(2) 窗口的销毁

可以利用 DestroyMainWindow (hWnd)函数,该函数将销毁主窗口,但不会销毁主窗口所使用的消息队列,而要使用 MainWindowThreadCleaup 最终清除主窗口所使用的消息队列。一个主窗口过程在接收到 MSG_CLOSE 消息之后会销毁主窗口,并调用 PostQuitMessage 消息终止消息循环,如下所示:

```
case MSG_CLOSE:
    DestroyLogFont (logfont1);                 // 销毁窗口使用的资源
    DestroyLogFont (logfont2); DestroyLogFont (logfont3);
    DestroyWindow(hWndButton);                 // 销毁子窗口
    DestroyWindow(hWndEdit);
    DestroyMainWindow (hWnd);                  // 销毁主窗口
    PostQuitMessage(hWnd);                     // 发送 MSG_QUIT 消息
    return 0;
```

4. 重要系统消息及其处理

① MSG_NCCREATE   该消息在建立主窗口的过程中发送到窗口过程。lParam 中包含了由 CreateMainWindow 传递进入的 pCreateInfo 结构指针。可以在该消息的处理过程中修改 pCreateInfo 结构中的某些值。

② MSG_SIZECHANGING   该消息在窗口尺寸发生变化时,或建立窗口时发送到窗口过程,用来确定窗口大小。wParam 包含预期的窗口尺寸值,而 lParam 用来保存结果值。MiniGUI 的默认处理是:

```
case MSG_SIZECHANGING: memcpy ((PRECT)lParam, (PRECT)wParam, sizeof (RECT));
    return 0;
```

可以截获该消息的处理,让即将创建的窗口位于指定的位置,或者具有固定的大小,如在 SPINBOX 控件中,就处理了该消息,使之具有固定的大小:

```
case MSG_SIZECHANGING
{   const RECT * rcExpect = (const RECT *) wParam; RECT * rcResult = (RECT *) lPraram;
    rcResult->left = rcExpect->left; rcResult->top = rcExpect->top;
```

```
        rcResult->right = rcExpect->left + _WIDTH;
        rcResult->bottom = rcExpect->left + _HEIGHT; return 0;
}
```

③ MSG_CHANGESIZE 在确立窗口大小之后,该消息被发送到窗口过程,用来通知确定之后的窗口大小。wParam 含有窗口大小 RECT 的指针。应用程序应该将该消息传递给 MiniGUI 进行默认处理。

④ MSG_SIZECHANGED 该消息用来确定窗口客户区的大小,类似于 MSG_SIZECHANGING。wParam 包含窗口大小的信息,lParam 是用来保存窗口客户区大小的 RECT 指针。如果该消息的处理返回"非零值",则采用 lParam 中包含的值作为客户区的大小;否则忽略该消息的处理。如在 SPINBOX 控件中处理该消息,使客户区占据所有的窗口范围:

```
case MSG_SIZECHANGED
{   RECT* rcClient = (RECT*)lPraram; rcClient->right = rcClient->left + _WIDTH;
    rcClient->bottom = rcClient->top + _HEIGHT; return 0;
}
```

⑤ MSG_CREATE 该消息在建立好的窗口成功添加到 MiniGUI 的窗口管理器之后发送到窗口过程。这时,应用程序可以在其中创建子窗口。若该消息返回"非零值",则销毁新建的窗口。MSG_NCCREATE 消息被发送时,窗口尚未正常建立,不能在 MSG_NCCREATE 消息中建立子窗口。

⑥ MSG_PAINT 该消息在需要进行"窗口重绘"时发送到窗口过程。MiniGUI 通过判断窗口是否含有无效区域来确定是否需要重绘。当窗口在初始显示,从隐藏状态变化为显示状态,从部分不可见到可见状态,或者应用程序调用 InvalidateRect 函数使某个矩形区域变成无效时,窗口将具有特定的无效区域。这时,MiniGUI 将在处理完所有的邮寄消息、通知消息之后处理无效区域,并向窗口过程发送 MSG_PAINT 消息。该消息的典型处理如下:

```
case MSG_PAINT:
{   HDC hdc = BeginPaint(hWnd);
    ...                              // 使用 hdc 绘制窗口
    EndPaint(hWnd, hdc); break;
}
```

⑦ MSG_DESTROY 该消息在应用程序调用 DestroyMainWindow 或者 DestroyWindow 时发送到窗口过程中,用来通知系统即将销毁一个窗口。如果该消息的处理返回"非零值",则取消销毁过程。

5. 简单举例

这里给出一个简单的示例程序,该程序在窗口中打印"Hello, world!"。

```
#include <stdio.h>
#include <stdlib.h>
#include <string.h>
#include <minigui/common.h>
#include <minigui/minigui.h>
```

```c
#include <minigui/gdi.h>
#include <minigui/window.h>
static int HelloWinProc (HWND hWnd, int message, WPARAM wParam, LPARAM lParam)
{   HDC hdc;
    switch (message)
    {   case MSG_PAINT: hdc = BeginPaint (hWnd);
                TexOut (hdc, 0, 0, "Hello, world!"); EndPaint (hWnd, hdc); break;
        case MSG_CLOSE: DestroyMainWindow (hWnd);
                PostQuitMessage (hWnd); return 0;
    }
    return DefaultMainWinProc(hWnd, message, wParam, lParam);
}
static void InitCreateInfo (PMAINWINCREATE pCreateInfo)
{   pCreateInfo->dwStyle = WS_CAPTION | WS_VISIBLE;
    pCreateInfo->dwExStyle = 0; pCreateInfo->spCaption = "Hello, world!" ;
    pCreateInfo->hMenu = 0; pCreateInfo->hCursor = GetSystemCursor (0);
    pCreateInfo->hIcon = 0; pCreateInfo->MainWindowProc = HelloWinProc;
    pCreateInfo->lx = 0; pCreateInfo->ty = 0; pCreateInfo->rx = 320;
    pCreateInfo->by = 240; pCreateInfo->iBkColor = PIXEL_lightwhite;
    pCreateInfo->dwAddData = 0; pCreateInfo->hHosting = HWND_DESKTOP;
}
int MiniGUIMain (int args, const char * arg[])
{   MSG Msg; MAINWINCREATE CreateInfo; HWND hMainWnd;
    #ifdef _LITE_VERSION
        SetDesktopRect (0, 0, 800, 600);
    #endif
    InitCreateInfo (&CreateInfo); hMainWnd = CreateMainWindow (&CreateInfo);
    if (hMainWnd == HWND_INVALID) return -1;
    while (GetMessage (&Msg, hMainWnd)) DispatchMessage (&Msg);
    MainWindowThreadCleanup (hMainWnd); return 0;
}
```

该程序使用了 MiniGUI 的默认过程来处理前面提到的两条消息：MSG_PAINT 和 MSG_CLOSE。单击标题栏上的关闭按钮时，MiniGUI 将发送 MSG_CLOSE 到窗口过程。这时应用程序就可以销毁窗口，并终止消息循环，最终退出程序。

7.4.2 对话框和控件编程

编写简单的图形用户界面，可以通过调用 CreateWindow() 函数直接创建所有需要的子窗口（即控件），但在 GUI 比较复杂的情况下，每建立一个控件就调用一次 CreateWindow() 并传递许多复杂参数的方法，程序代码和用来建立控件的数据混在一起，非常不利于维护，很不可取。此时，可以采用对话框和控件编程。进行对话框和控件编程，通过指定模板（对话框模板），建立相应的主窗口和控件（模态或非模态对话框），能够以最少资源快速构建复杂的图形用户界面。

以下首先阐明组成对话框的基础——控件的基本概念，然后"定义"对话模板，并说明模态和非模态对话框之间的区别以及编程技术。

1. 控件和控件类

控件或者部件(widget),可以理解为主窗口中的子窗口,它和主窗口一样,既能够接收键盘和鼠标等外部输入,也可以在自己的区域内进行输出,只是它的所有活动被限制在主窗口中。MiniGUI 支持子窗口,并且可以在子窗口中嵌套建立子窗口。MiniGUI 中的所有子窗口均称为控件。

在 Windows 或 X Window 中,系统预先定义有一些控件类,利用某个控件类创建控件后,所有属于这个控件类的控件均会具有相同的行为和显示。这样,既可以确保一致的人机操作界面,也可以像搭积木一样地组建 GUI。MiniGUI 支持控件类和控件的概念,并且可以方便地对已有控件进行重载,使得其有一些特殊效果。如需要建立一个只允许输入数字的编辑框时,就可以通过重载已有编辑框而实现,而不需要重新编写一个新的控件类。

建立一个窗口,首先要确保选择正确的窗口类,每个窗口类决定了对应窗口实例的表象和行为。"表象"指窗口的外观,如窗口边框宽度,是否有标题栏等;"行为"指窗口对用户输入的响应。每一个 GUI 系统都会预定义一些窗口类,常见的有按钮、列表框、滚动条和编辑框等。如果要建立的窗口很特殊,就需要首先注册一个窗口类,然后建立这个窗口类一个实例。这样就大大提高了代码的可重用性。

MiniGUI 中,主窗口比较特殊,不提供窗口类支持。但主窗口中的所有控件,均支持窗口类(控件类)的概念。MiniGUI 提供了常用的预定义控件类,包括按钮(单选钮和复选钮)、静态框、列表框、进度条、滑块和编辑框等,如表 7-2 所列。也可以定制自己的控件类,注册后再创建对应的实例。

表 7-2 MiniGUI 预定义的控件类列表

控件类	类名称	宏定义	备注
静态框	static	CTRL_STATIC	
按钮	button	CTRL_BUTTON	
列表框	listbox	CTRL_LISTBOX	
进度条	progressbar	CTRL_PRORESSBAR	
滑块	trackbar	CTRL_TRACKBAR	
单行编辑框	edit、sledit	CTRL_EDIT、CTRL_SLEDIT	
多行编辑框	medit、mledit	CTRL_MEDIT、CTRL_MLEDIT	
工具条	toolbar	CTRL_TOOLBAR	
菜单按钮	menubutton	CTRL_MENUBUTTON	
树型控件	treeview	CTRL_TREEVIEW	包含在 mgext 库,即 MiniGUI 扩展库中
月历控件	monthcalendar	CTRL_MONTHCALENDAR	
旋钮控件	spinbox	CTRL_SPINBOX	

调用 CreateWindow 函数,可以建立某个控件类的一个实例。与 CreateWindow 函数相关的几个函数的原型如下(include/window.h):

```
HWND GUIAPI CreateWindowEx (const char * spClassName, const char * spCaption,
            DWORD dwStyle, DWORD dwExStyle, int id, int x, int y, int w, int h,
            HWND hParentWnd, DWORD dwAddData);
BOOL GUIAPI DestroyWindow (HWND hWnd);
#define CreateWindow(class_name, caption, style, id, x, y, w, h, parent, add_data) \
```

嵌入式图形系统设计

CreateWindowEx(class_name, caption, style, 0, id, x, y, w, h, parent, add_data)

　　CreateWindow 函数指定了控件类、控件标题、控件风格、窗口的初始位置和大小。该函数同时指定子窗口的父窗口。CreateWindowEx 功能和 CreateWindow 一致，但可以通过 CreateWindowEx 指定控件的扩展风格。DestroyWindow 函数用来销毁建立的控件或者子窗口。

　　下面是一个利用预定义控件类创建控件的例子，其中 hStaticWnd1 是建立在主窗口 hWnd 中的静态框；hButton1、hButton2、hEdit1 和 hStaticWnd2 则是建立在 hStaicWnd1 内部的几个控件，并作为 hStaticWnd1 的子控件而存在，建立了两个按钮、一个编辑框和一个静态按钮；而 hEdit2 是 hStaicWnd2 的子控件，hEdit1 是 hStaticWnd1 的子控件。

```c
#define IDC_STATIC1   100
#define IDC_STATIC2   150
#define IDC_BUTTON1   110
#define IDC_BUTTON2   120
#define IDC_EDIT1     130
#define IDC_EDIT2     140
int ControlTestWinProc (HWND hWnd, int message, WPARAM wParam, LPARAM lParam)
{   static HWND hStaticWnd1, hStaticWnd2, hButton1, hButton2, hEdit1, hEdit2;
    switch (message)
    {   case MSG_CREATE:
        {   hStaticWnd1 = CreateWindow (CTRL_STATIC, "This is a static control",
                    WS_CHILD | SS_NOTIFY | SS_SIMPLE | WS_VISIBLE | WS_BORDER,
                    IDC_STATIC1, 10, 10, 180, 300, hWnd, 0);
            hButton1 = CreateWindow (CTRL_BUTTON, "Button1",
                    WS_CHILD | BS_PUSHBUTTON | WS_VISIBLE,
                    IDC_BUTTON1, 20, 20, 80, 20, hStaticWnd1, 0);
            hButton2 = CreateWindow (CTRL_BUTTON, "Button2",
                    WS_CHILD | BS_PUSHBUTTON | WS_VISIBLE,
                    IDC_BUTTON2, 20, 50, 80, 20, hStaticWnd1, 0);
            hEdit1 = CreateWindow (CTRL_EDIT, "Edit Box 1",
                    WS_CHILD | WS_VISIBLE | WS_BORDER,
                    IDC_EDIT1, 20, 80, 100, 24, hStaticWnd1, 0);
            hStaticWnd2 = CreateWindow (CTRL_STATIC, "This is child static control",
                    WS_CHILD | SS_NOTIFY | SS_SIMPLE | WS_VISIBLE | WS_BORDER,
                    IDC_STATIC1, 20, 110, 100, 50, hStaticWnd1, 0);
            hEdit2 = CreateWindow (CTRL_EDIT, "Edit Box 2",
                    WS_CHILD | WS_VISIBLE | WS_BORDER,
                    IDC_EDIT2, 0, 20, 100, 24, hStaticWnd2, 0);
            break;
        }
        ……
    }
    return DefaultMainWinProc (hWnd, message, wParam, lParam);
}
```

也可以通过 RegisterWindowClass 函数注册自己的控件类,并建立该控件类的控件实例。不再使用某个自定义控件类,应该使用 UnregisterWindowClass 函数注销。这两个函数以及和窗口类相关函数的原型如下(include/window.h):

```c
BOOL GUIAPI RegisterWindowClass (PWNDCLASS pWndClass);         // 由 pWndClass 结构注册控件类
BOOL GUIAPI UnregisterWindowClass (const char * szClassName);  // 注销指定的控件类
char * GUIAPI GetClassName (HWND hWnd);                        // 获得窗口对应的窗口类名称
BOOL GUIAPI GetWindowClassInfo (PWNDCLASS pWndClass);          // 获取特定窗口类的属性
BOOL GUIAPI SetWindowClassInfo (const WNDCLASS * pWndClass);   // 指定特定窗口类的属性
```

下面是定义并注册一个自己的控件类的例子,用来显示安装程序步骤的信息,MSG_SET_STEP_INFO 消息用来定义该控件中显示的所有步骤信息,包括所有步骤名称及其简单描述;MSG_SET_CURR_STEP 消息用来指定当前步骤,控件将高亮显示当前步骤。

```c
#define STEP_CTRL_NAME "mystep"
#define MSG_SET_STEP_INFO (MSG_USER + 1)
#define MSG_SET_CURR_STEP (MSG_USER + 2)
static int StepControlProc (HWND hwnd, int message, WPARAM wParam, LPARAM lParam)
{   HDC hdc; HELPWININFO * info;
    switch (message)
    {   case MSG_PAINT: hdc = BeginPaint (hwnd);
            info = (HELPWININFO *)GetWindowAdditionalData (hwnd);
                                        // 获取步骤控件信息
            ......                      /* 绘制步骤内容 */
            EndPaint (hwnd, hdc); break;
        case MSG_SET_STEP_INFO:         /* 控件自定义的消息:用来设置步骤信息 */
            SetWindowAdditionalData (hwnd, (DWORD)lParam);
            InvalidateRect (hwnd, NULL, TRUE); break;
        case MSG_SET_CURR_STEP:         /* 控件自定义的消息:用来设置当前步骤信息 */
            InvalidateRect (hwnd, NULL, FALSE); break;
        case MSG_DESTROY: break;
    }
    return DefaultControlProc (hwnd, message, wParam, lParam);
}
static BOOL RegisterStepControl ()
{   int result; WNDCLASS StepClass;
    StepClass.spClassName = STEP_CTRL_NAME;
    StepClass.dwStyle = 0; StepClass.hCursor = GetSystemCursor (IDC_ARROW);
    StepClass.iBkColor = COLOR_lightwhite; StepClass.WinProc = StepControlProc;
    return RegisterWindowClass (&StepClass);
}
static void UnregisterStepControl ()
{   UnregisterWindowClass (STEP_CTRL_NAME); }
```

2. 控件子类化

采用"控件类及其实例"的结构,不仅可以提高代码的可重用性,而且还可以方便地对已有控件类进行扩展。如通过重载已有编辑框控件类而实现只允许输入数字的编辑框的建立。MiniGUI 中称这种技术为子类化或者窗口派生。子类化的方法有三种：

> 对已经建立的控件实例进行子类化，子类化的结果只影响这一个控件实例。
> 对某个控件类进行子类化，将影响其后创建的所有该控件类的控件实例。
> 在某个控件类的基础上新注册一个子类化的控件类，不影响原有控件类。Windows 中又称这种技术为超类化。

MiniGUI 中，控件的子类化实际是通过替换已有的窗口过程实现的。下面的例子通过控件类创建了两个子类化的编辑框，一个只能输入数字，而另一个只能输入字母代码如下：

```
#define IDC_CTRL1    100
#define IDC_CTRL2    110
#define IDC_CTRL3    120
#define IDC_CTRL4    130
#define MY_ES_DIGIT_ONLY    0x0001
#define MY_ES_ALPHA_ONLY    0x0002
static WNDPROC old_edit_proc;
static int RestrictedEditBox (HWND hwnd, int message, WPARAM wParam, LPARAM lParam)
{   if (message == MSG_CHAR)
    {   DWORD my_style = GetWindowAdditionalData (hwnd);
        /*确定被屏蔽的按键类型*/
        if ((my_style & MY_ES_DIGIT_ONLY) && (wParam < '0' || wParam > '9')) return 0;
        else if (my_style & MY_ES_ALPHA_ONLY)
            if (! ((wParam >= 'A' && wParam <= 'Z') || (wParam >= 'a' && wParam <= 'z')))
                return 0;              /*收到被屏蔽的按键消息,直接返回*/
    }
    return (*old_edit_proc)(hwnd, message, wParam, lParam); /*由老的窗口过程处理其余消息*/
}
static int ControlTestWinProc (HWND hWnd, int message, WPARAM wParam, LPARAM lParam)
{   switch (message)
    {   case MSG_CREATE:
        {   HWND hWnd1, hWnd2, hWnd3;
            CreateWindow (CTRL_STATIC, "Digit-only box:",WS_CHILD | WS_VISIBLE | SS_RIGHT,
                        0, 10, 10, 180, 24, hWnd, 0);
            hWnd1 = CreateWindow (CTRL_EDIT, "", WS_CHILD | WS_VISIBLE | WS_BORDER,
                        IDC_CTRL1, 200, 10, 180, 24, hWnd, MY_ES_DIGIT_ONLY);
            CreateWindow (CTRL_STATIC, "Alpha-only box:",
                        WS_CHILD | WS_VISIBLE | SS_RIGHT, 0, 10, 40, 180, 24, hWnd, 0);
            hWnd2 = CreateWindow (CTRL_EDIT, "", WS_CHILD | WS_BORDER | WS_VISIBLE,
                        IDC_CTRL2, 200, 40, 180, 24, hWnd, MY_ES_ALPHA_ONLY);
            CreateWindow (CTRL_STATIC, "Normal edit box:", WS_CHILD | WS_VISIBLE |
                        SS_RIGHT, 0, 10, 70, 180, 24, hWnd, 0);
            hWnd3 = CreateWindow (CTRL_EDIT, "", WS_CHILD | WS_BORDER | WS_VISIBLE,
                        IDC_CTRL2, 200, 70, 180, 24, hWnd, MY_ES_ALPHA_ONLY);
            CreateWindow ("button", "Close", WS_CHILD | BS_PUSHBUTTON | WS_VISIBLE,
                        IDC_CTRL4, 100, 100, 60, 24, hWnd, 0);
```

```
        /*用自定义的窗口过程替换编辑框的窗口过程,并保存老的窗口过程。*/
        old_edit_proc = SetWindowCallbackProc (hWnd1, RestrictedEditBox);
        SetWindowCallbackProc (hWnd2, RestrictedEditBox); break;
    }
    ......
    }
    return DefaultMainWinProc (hWnd, message, wParam, lParam);
}
```

3. 对话框及其模板

MiniGUI 中,对话框是一类特殊的主窗口,只关注与用户的交互——向用户提供输出信息,但更多的是用于用户输入。对话框可以理解为子类化之后的主窗口类。它针对对话框的特殊性(即用户交互)进行了特殊设计,如使用 TAB 键遍历控件,利用 ENTER 键表示默认输入等。MiniGUI 中,建立对话框之前,首先需要定义一个对话框模板,该模板中定义了对话框本身的一些属性,如位置和大小等,同时定义对话框中所有控件的初始信息,包括位置、大小和风格等,用两个结构表示对话框模板(src/window.h):

```
typedef struct
{   char *      class_name;              // 控制类
    DWORD dwStyle;                       // 控制类型
    int         x, y, w, h;              // 控制位置对话框
    int         id;                      // 控制标识
    const char * caption;                // 控制标题
    DWORD dwAddData;                     // 附加数据
    DWORD dwExStyle;                     // 控制扩展类型
} CTRLDATA;
typedef CTRLDATA * PCTRLDATA;
typedef struct
{   DWORD       dwStyle;                 // 对话框类型
    DWORD       dwExStyle;               // 对话框扩展类型
    int         x, y, w, h;              // 对话框类型位置
    const char * caption;                // 对话框标题
    HICON       hIcon;                   // 对话框图标
    HMENU       hMenu;                   // 对话框菜单
    int         controlnr;               // 控制数目
    PCTRLDATA   controls;                // 控制组指针
    DWORD dwAddData;                     // 附加数据,必须为 0
} DLGTEMPLATE;
typedef DLGTEMPLATE * PDLGTEMPLATE;
```

结构 CTRLDATA 用来定义控件,DLGTEMPLATE 用来定义对话框本身。程序中应该首先利用 CTRLDATA 定义对话框中所有的控件,并用数组表示。控件在该数组中的顺序,也就是对话框中用户按 TAB 键时的控件切换顺序;然后定义对话框,指定对话框中的控件数目,并指定 DLGTEMPLATE 结构中 controls 指针指向定义控件的数组。例如:

```
DLGTEMPLATE DlgInitProgress = {WS_BORDER | WS_CAPTION, WS_EX_NONE,
```

```
                    120, 150, 400, 130, "VAM - CNC 正在进行初始化", 0, 0, 3, NULL, 0};
CTRLDATA CtrlInitProgress [] =
{    {"static", WS_VISIBLE | SS_SIMPLE, 10, 10, 380, 16, IDC_PROMPTINFO, "正在...", 0},
     {"progressbar", WS_VISIBLE, 10, 40, 380, 20, IDC_PROGRESS, NULL, 0},
     {"button", WS_TABSTOP | WS_VISIBLE | BS_DEFPUSHBUTTON,
                    170, 70, 60, 25, IDOK, "确定", 0}
};
```

定义了对话框模板数据后，需要定义对话框的回调函数，并调用 DialogBoxIndirectParam 函数建立对话框，下面是一段示例代码：

```
/* 定义对话框回调函数 */
static int InitDialogBoxProc (HWND hDlg, int message, WPARAM wParam, LPARAM lParam)
{    switch (message)
     {    case MSG_INITDIALOG: return 1;
          case MSG_COMMAND:
               switch (wParam)
               {    case IDOK: case IDCANCEL: EndDialog (hDlg, wParam); break;  }
               break;
     }
     return DefaultDialogProc (hDlg, message, wParam, lParam);
}
static void InitDialogBox (HWND hWnd)
{    /* 将对话框和控件数组关联起来 */
     DlgInitProgress.controls = CtrlInitProgress;
     DialogBoxIndirectParam (&DlgInitProgress, hWnd, InitDialogBoxProc, 0L);
}
```

DialogBoxIndirectParam 以及相关函数的原型如下：

```
int GUIAPI DialogBoxIndirectParam (PDLGTEMPLATE pDlgTemplate,
          HWND hOwner, WNDPROC DlgProc, LPARAM lParam);
BOOL GUIAPI EndDialog (HWND hDlg, int endCode);
void GUIAPI DestroyAllControls (HWND hDlg);
```

4. 对话框的模态/非模态之分

模态对话框显示之后，不能再切换到其他主窗口工作，而只能在关闭之后才能使用其他的主窗口。非模态对话框则不然。

MiniGUI 使用 DialogBoxIndirectParam()函数建立模态对话框：首先根据模板建立对话框，然后禁止其托管主窗口，并在主窗口的 MSG_CREATE 消息中创建控件，并发送 MSG_INITDIALOG 消息给回调函数，最终建立一个新的消息循环，并进入该消息循环，直到程序调用 EndDialog 函数为止。

MiniGUI 使用 CreateMainWindowIndirect()函数建立非模态对话框，即利用对话框模板建立普通的主窗口，该函数以及相关函数的原型如下(src/window.h)：

```
HWND GUIAPI CreateMainWindowIndirect (PDLGTEMPLATE pDlgTemplate,
          HWND hOwner, WNDPROC WndProc);
```

```
BOOL GUIAPI DestroyMainWindowIndirect (HWND hMainWin);
```

7.4.3 GDI 函数及其使用

图形设备接口 GDI(Graphics Device Interface),是 GUI 的重要组成部分。通过 GDI,GUI 程序进行图形输出,包括基本绘图和文本输出。这里将详细描述 MiniGUI 中的 GDI 重要函数并举例说明其用法。

1. 图形设备上下文

(1) 概念及其内涵

MiniGUI 采用 Windows/X Window 中普遍使用的图形设备概念。每个图形设备定义了计算机显示屏幕上的一个矩形输出区域。在调用图形输出函数时,均要求指定经初始化的图形设备上下文 DC(Device Context),也称为"设备环境"。经过初始化的图形设备上下文确定了图形输出的一些基本属性,并一直保持,直到被改变。这些属性包括:输出的线条颜色、填充颜色、字体颜色和字体形状等。从 GUI 系统角度看,一个 DC 起码应该包含如下内容:

➤ 所在设备信息(显示模式、色彩深度和显存布局等);
➤ 所代表的窗口以及该窗口被其他窗口剪切的信息(MiniGUI 中称为"全局剪切域");
➤ 基本操作函数(点、直线、多边形、填充和块操作等)及其上下文信息;
➤ 程序设定的局部信息(绘图属性、映射关系和局部剪切域等)。

(2) DC 的获取和释放

① 基本操作函数 有三个,函数原型说明(include/gdi.h)如下:

```
HDC GUIAPI GetDC (HWND hwnd);           // 针对整个窗口获取 DC,坐标原点位于窗口左上角
HDC GUIAPI GetClientDC (HWND hwnd);     // 对窗口客户区获取 DC,坐标原点位于其左上角
void GUIAPI ReleaseDC (HDC hdc);
```

GetDC 和 GetClientDC 是从系统预留的若干个 DC 当中获得一个目前尚未使用的设备上下文,在使用完成一个由 GetDC 返回的 DC 后应该尽快调用 ReleaseDC 释放,避免同时使用多个 DC,并避免在递归函数中调用 GetDC 和 GetClientDC。

② 私有操作函数 为了便于程序编写,提高绘图效率,MiniGUI 还提供有建立私有 DC 的函数,它在整个窗口生存期内有效,免除了获取和释放的过程。这些函数的原型如下:

```
HDC GUIAPI CreatePrivateDC (HWND hwnd);
HDC GUIAPI CreatePrivateClientDC (HWND hwnd);
HDC GUIAPI GetPrivateClientDC (HWND hwnd);
void GUIAPI DeletePrivateDC (HDC hdc);
```

建立主窗口时,如果其扩展风格中指定了 WS_EX_USEPRIVATEDC 风格,则 CreateMainWindow 函数会自动为该窗口的客户区建立私有 DC。通过 GetPrivateClientDC 函数,可以获得该设备上下文。对于控件,如果控件类具有 CS_OWNDC 属性,则所有属于该控件类的控件将自动建立私有 DC。这两种情况,系统将在销毁窗口时自动调用 DeletePrivateDC 函数。

③ MSG_PAINT 消息中使用的 DC 通过 BeginPaint 和 EndPaint 函数。BeginPaint 函数中通过 GetClientDC 获取客户区 DC,然后将窗口当前的无效区域选择到窗口的剪切区域中;而 EndPaint 函数则清空窗口的无效区域,并释放 DC。这两个函数的原型如下(include/

window.h）：

```
HDC GUIAPI BeginPaint(HWND hWnd);
void GUIAPI EndPaint(HWND hWnd, HDC hdc);
```

BeginPaint 函数将窗口的无效区域选择到了 DC 中，可以通过一些必要的优化来提高 MSG_PAINT 消息的处理效率。例如，要在窗口客户区中填充若干矩形，就可以在 MSG_PAINT 函数中进行以下处理：

```
MSG_PAINT:
{    HDC hdc = BeginPaint (hWnd);
     for (j = 0; j < 10; j + +)
         if (RectVisible(hdc, rcs + j)) FillBox (hdc, rcs[j].left, rcs[j].top, rcs [j].right,
         rcs [j].bottom);
     EndPaint (hWnd, hdc); return 0;
}
```

这样可以避免不必要的重绘操作，从而提高绘图效率。

（3）系统内存 DC

MiniGUI 也提供了内存 DC 的创建和销毁函数。利用内存 DC 可以在系统内存中建立一个类似显示内存的区域，然后在该区域中进行绘图操作，结束后再复制到显示内存中。这样可以加快绘图，减少直接操作显存造成的闪烁现象。建立和销毁内存 DC 的函数原型如下（include/gdi.h）：

```
HDC GUIAPI CreateCompatibleDC (HDC hdc);
void GUIAPI DeleteCompatibleDC (HDC hdc);
```

（4）映射模式

一个 DC 被初始化后，其坐标系原点通常是输出矩形的左上角，x 轴水平向左，y 轴垂直向下，并以像素为单位。这种坐标的映射模式标识为 MM_TEXT。MiniGUI 提供了一套函数，可以改变这种映射方式，包括对默认坐标系进行偏移、缩放等操作。这些函数的原型如下（include/gdi.h）：

```
int GUIAPI GetMapMode (HDC hdc);                        // 返回当前映射模式,MM_TEXT 或 M_ANISOTROPIC
void GUIAPI GetViewportExt (HDC hdc, POINT * pPt);      // 返回映射信息,偏移量、缩放比例等
void GUIAPI GetViewportOrg (HDC hdc, POINT * pPt);
void GUIAPI GetWindowExt (HDC hdc, POINT * pPt);
void GUIAPI GetWindowOrg (HDC hdc, POINT * pPt);
void GUIAPI SetMapMode (HDC hdc, int mapmode);          // 设置映射模式
void GUIAPI SetViewportExt (HDC hdc, POINT * pPt);      // Set 函数组用来设置相应的映射信息
void GUIAPI SetViewportOrg (HDC hdc, POINT * pPt);
void GUIAPI SetWindowExt (HDC hdc, POINT * pPt);
void GUIAPI SetWindowOrg (HDC hdc, POINT * pPt);
```

通常情况下，MiniGUI 的 GDI 函数所指定的坐标参数称为逻辑坐标，绘制之前，首先要转化成设备坐标。使用 MM_TEXT 映射模式时逻辑坐标和设备坐标等价。LPtoDP 函数用来完成逻辑坐标到设备坐标的转换，DPtoLP 函数用来完成从设备坐标到逻辑坐标的转换，LPtoSP 函数和 SPtoLP 函数完成逻辑坐标和屏幕坐标之间的转换。逻辑坐标和设备坐标的关系可从 LPtoDP 函数中看到(src/gdi/coor.c)：

```
void GUIAPI LPtoDP(HDC hdc, POINT * pPt)
{   PDC pdc = dc_HDC2PDC(hdc);
    if (pdc->mapmode！= MM_TEXT)
    {   pPt->x = (pPt->x - pdc->WindowOrig.x) * pdc->ViewExtent.x / pdc->WindowEx-
        tent.x + pdc->ViewOrig.x;
        pPt->y = (pPt->y - pdc->WindowOrig.y) * pdc->ViewExtent.y / pdc->WindowEx-
        tent.y + pdc->ViewOrig.y;
    }
}
```

2. 矩形操作

(1) 矩形的定义

MiniGUI 定义矩形如下(include/common.h)：

```
typedef struct tagRECT            // 矩形表示屏幕上一个矩形区域
{   int left,top;                 // 左上角的 x, y 坐标(left 和 top)
    int right,bottom;             // 右下角的 x, y 坐标(right 和 bottom)
} RECT;                           // 需要注意右侧的边和下面的边不属于该矩形
typedef RECT * PRECT; typedef RECT * LPRECT;
```

(2) 操作函数

MiniGUI 提供了一组函数，可对 RECT 对象进行操作。

SetRect 对 RECT 对象的各个分量进行赋值。

SetRectEmpty 将 RECT 对象设置为空。MiniGUI 的空矩形定义为高度或宽度为零的矩形。

IsRectEmpty 判断给定 RECT 对象是否为空。

NormalizeRect 对给定矩形进行正规化处理：使 right > left 并且 bottom > top。满足这一条件的矩形又称"正规化矩形"，该函数可以对任意矩形进行正规化处理。

CopyRect 复制矩形。

EqualRect 判断两个 RECT 对象是否相等，即两个 RECT 对象的各个分量相等。

IntersectRect 求两个 RECT 对象之交集(交矩形)，不相交则返回 FALSE 且结果矩形未定义。

DoesIntersec 仅仅判断两个矩形是否相交。

IsCovered 判断 RECT 对象 A 是否全部覆盖 RECT 对象 B,即 RECT B 是否为 RECT A 的真子集。

UnionRect 求两个矩形之并。如果两个矩形根本无法相并，则返回 FALSE。相并之后的矩形所包含的任意点，应该属于两个相并矩形之一。

GetBoundRect 求两个矩形的外包最小矩形。

SubstractRect 从一个矩形中减去另外一个矩形。两个矩形相减的结果可能生成 4 个不相交的矩形。该函数将返回结果矩形的个数以及"差"矩形。

OffsetRect   对给定的 RECT 对象进行平移处理。

InflateRect   对给定的 RECT 对象进行膨胀处理,膨胀之后的矩形宽度和高度是给定膨胀值的两倍。

InflateRectToPt   将给定的 RECT 对象膨胀到指定的点。

PtInRect   判断给定的点是否位于指定的 RECT 对象中。

3. 区域操作

(1) 区域定义

区域为互不相交矩形的集合,在内部用链表形式表示。区域可以用来表示窗口的剪切域、无效区域和可见区域等。MiniGUI 中,区域和剪切域的定义是一样的,剪切域定义如下(include/gdi.h):

```
typedef struct tagCLIPRECT                    // 矩形
{   RECT rc; struct tagCLIPRECT * next;   }CLIPRECT;
typedef CLIPRECT * PCLIPRECT;
typedef struct tagCLIPRGN                     // 区域
{   RECT        rcBound;                      // 区域边界
    PCLIPRECT   head;                         // 矩形表头
    PCLIPRECT   tail;                         // 矩形表尾
    PBLOCKHEAP  heap;                         // 矩形堆栈
} CLIPRGN;
typedef CLIPRGN * PCLIPRGN;
```

每个剪切域对象有一个 BLOCKHEAP 成员。该成员是剪切域分配 RECT 对象的私有堆。在使用一个剪切域对象之前,首先应该建立一个 BLOCKHEAP 对象,并对剪切域对象进行初始化,如下所示:

```
static BLOCKHEAP sg_MyFreeClipRectList;
...
CLIPRGN my_region; InitFreeClipRectList (&sg_MyFreeClipRectList, 20);
InitClipRgn (&my_regioni, &sg_MyFreeClipRectList);
```

实际使用中,多个剪切域可以共享同一个 BLOCKHEAP 对象。

(2) 操作函数

初始化剪切域对象后,可以对剪切域进行如下操作。

SetClipRgn   将"剪切域"设置为仅包含一个矩形的剪切域。

ClipRgnCopy   复制剪切域。

ClipRgnIntersect   求两个剪切域的交集。

GetClipRgnBoundRect   求剪切域的外包最小矩形。

IsEmptyClipRgn   判断"剪切域"是否为空,即是否包含剪切矩形。

EmptyClipRgn   释放剪切域中的剪切矩形,并清空剪切域。

AddClipRect   将一个剪切矩形追加到剪切域中,该操作并不判断该"剪切域"是否和剪切矩形相交。

IntersectClipRect   求剪切区域和给定矩形相交的剪切区域。

SubtractClipRect　　从剪切区域中减去指定的矩形。

4. 基本图形操作

(1) 基本绘图属性

大体包括线条颜色、填充颜色、文本背景模式、文本颜色和 TAB 键宽度等，相关的操作函数如表 7-3 所列。

表 7-3　基本绘图属性及其操作函数

绘图属性	操作函数	受影响的 GDI 函数
线条颜色	GetPenColor/SetPenColor	LineTo、Circle、Rectangle
填充颜色	GetBrushColor/SetBrushColor	FillBox
文本背景模式	GetBkMode/SetBkMode	TextOut、DrawText
文本颜色	GetTextColor/SetTextColor	TextOut、DrawText
TAB 键宽度	GetTabStop/SetTabStop	TextOut、DrawText

(2) 基本绘图函数

点、线、圆、矩形和调色板操作等，函数原型定义如下(include/gdi.h)：

```
int GUIAPI GetPalette (HDC hdc, int start, int len, gal_color * cmap);      // 模板支持
int GUIAPI SetPalette (HDC hdc, int start, int len, gal_color * cmap);
int GUIAPI SetColorfulPalette (HDC hdc);
void GUIAPI SetPixel (HDC hdc, int x, int y, gal_pixel c);                  // 一般绘图支持
void GUIAPI SetPixelRGB (HDC hdc, int x, int y, int r, int g, int b);
gal_pixel GUIAPI GetPixel (HDC hdc, int x, int y);
void GUIAPI GetPixelRGB (HDC hdc, int x, int y, int * r, int * g, int * b);
gal_pixel GUIAPI RGB2Pixel (HDC hdc, int r, int g, int b);
void GUIAPI LineTo (HDC hdc, int x, int y); void GUIAPI MoveTo (HDC hdc, int x, int y);
void GUIAPI Circle (HDC hdc, int x, int y, int r);
void GUIAPI Rectangle (HDC hdc, int x0, int y0, int x1, int y1);
```

需要明确区分两个基本概念：像素值和 RGB 值。RGB 是计算机中通过三原色的不同比例表示某种颜色的方法，通常 RGB 中的红、绿、蓝可取 0～255 当中的任意值，从而可以表示 $255 \times 255 \times 255$ 种不同的颜色。显示内存要显示在屏幕上的颜色并不是用 RGB 这种方式，是所有像素的像素值。像素值的范围根据显示模式的不同而变化。16 色显示模式下像素值范围为 [0,15]；256 色模式下，像素值范围为 [0,255]；16 位色模式下，像素值范围为 $[0, 2^{16}-1]$。通常所说显示模式是多少位色，就是指像素的位数。

设置某个像素点的颜色，既可以直接使用像素值(SetPixel)，也可以间接通过 RGB 值来设置(SetPixelRGB)，并且通过 RGB2Pixel 函数，可以将 RGB 值转换为像素值。

调色板是低颜色位数的模式下(如 256 色或者更少的颜色模式)，用来建立有限的像素值和 RGB 对应关系的一个线性表。可以通过 SetPalett 和 GetPalette 进行调色板的操作，而 SetColorfulePalette 将调色板设置为默认的调色板。更高的颜色位数，如 15 位色以上，因为像素值范围能够表达的颜色已经非常丰富，加上存储的关系，就不再使用调色板建立像素值和 RGB 的对应关系，而使用更简单的方法建立 RGB 和实际像素之间的关系，如下所示(src/gal/

native/native.h)：

```
/* 真彩颜色转换与提取宏，从 RGB 转换到 gal_pixel */
/* 创建 24 位来自 RGB 的 8/8/8 格式像素(0x00RRGGBB) */
#define RGB2PIXEL888(r, g, b) (((r) << 16) | ((g) << 8) | (b))
/* 创建 16 位来自 RGB 的 5/6/5 格式像素 */
#define RGB2PIXEL565(r, g, b) ((((r) & 0xf8) << 8) | (((g) & 0xfc) << 3) | (((b) & 0xf8) >> 3))
/* 创建 15 位来自 RGB 的 5/5/5 格式像素 */
#define RGB2PIXEL555(r, g, b) ((((r) & 0xf8) << 7) | (((g) & 0xf8) << 2) | (((b) & 0xf8) >> 3))
/* 创建 8 位来自 RGB 的 3/3/2 格式像素 */
#define RGB2PIXEL332(r, g, b) (((r) & 0xe0) | (((g) & 0xe0) >> 3) | (((b) & 0xc0) >> 6))
```

RGB2PIXEL888 将[0,255]的 RGB 值转换为 24 位色的像素值；而 RGB2PIXEL565 转换为 16 位色的像素值；RGB2PIXEL555 和 RGB2PIXEL332 分别转换为 15 位色和 8 位色。

(3) 剪切域操作函数

MiniGUI 提供了如下函数完成对指定 DC 的剪切处理(include/gdi.h)：

```
void GUIAPI ExcludeClipRect (HDC hdc, int left, int top, int right, int bottom);
void GUIAPI IncludeClipRect (HDC hdc, int left, int top, int right, int bottom);
void GUIAPI ClipRectIntersect (HDC hdc, const RECT * prc);
void GUIAPI SelectClipRect (HDC hdc, const RECT * prc);
void GUIAPI SelectClipRegion (HDC hdc, const CLIPRGN * pRgn);
void GUIAPI GetBoundsRect (HDC hdc, RECT * pRect);
BOOL GUIAPI PtVisible (HDC hdc, const POINT * pPt);
BOOL GUIAPI RectVisible (HDC hdc, const RECT * pRect);
```

ExcludeClipRect 从 DC 的当前可见区域中排除给定的矩形区域，DC 的可见区域将缩小；IncludeClipRect 向当前 DC 的可见区域中添加一个矩形区域，DC 的可见区域将扩大；ClipRectIntersect 将 DC 的可见区域设置为已有区域和给定矩形区域的交集；SelectClipRect 将 DC 的可见区域重置为一个矩形区域；SelectClipRegion 将 DC 的可见区域设置为一个指定的区域；GetBoundsRect 获取当前可见区域的外包最小矩形；PtVisible 和 RectVisible 用来判断给定的点或者矩形是否可见，即是否全部或部分落在可见区域中。

5. 位图操作函数

位图操作函数非常重要，许多高级绘图操作函数都建立在它的基础上，如文本输出函数。MiniGUI 的主要位图操作函数如下所示(include/gdi.h)：

```
void GUIAPI FillBox (HDC hdc, int x, int y, int w, int h);
void GUIAPI FillBoxWithBitmap (HDC hdc, int x, int y, int w, int h, PBITMAP pBitmap);
void GUIAPI FillBoxWithBitmapPart (HDC hdc, int x, int y, int w, int h,
                                   int bw, int bh, PBITMAP pBitmap, int xo, int yo);
void GUIAPI BitBlt (HDC hsdc, int sx, int sy, int sw, int sh, HDC hddc, int dx, int dy, DWORD dwRop);
void GUIAPI StretchBlt (HDC hsdc, int sx, int sy, int sw, int sh,
                        HDC hddc, int dx, int dy, int dw, int dh, DWORD dwRop);
```

FillBox 用当前填充色填充矩形框；FillBoxWithBitmap 用设备相关位图对象填充矩形框，

可以用来扩大或者缩小位图；FillBoxWithBitmapPart 用设备相关位图对象的部分填充矩形框，也可以扩大或缩小位图；BitBlt 用来实现两个不同 DC 之间显示内存的复制；StretchBlt 则在 BitBlt 的基础上进行缩放操作。

通过 MiniGUI 的 LoadBitmap 函数，可以将某种位图文件装载为 MiniGUI 设备相关的位图对象，即 BITMAP 对象。设备相关的位图指的是，位图当中包含的是与指定 DC 显示模式相匹配的像素值，而不是设备无关的位图信息。MiniGUI 目前可以用来装载 BMP 文件、JPG 文件、GIF 文件以及 PCX、TGA 等格式的位图文件，而 LoadMyBitmap 函数则用来将位图文件装载成设备无关的位图对象。MiniGUI 中，设备相关的位图对象和设备无关的位图对象分别用 BITMAP 和 MYBITMAP 两种数据结构表示。相关函数的原型如下(include/gdi.h)：

```
int GUIAPI LoadMyBitmap (HDC hdc, PMYBITMAP pMyBitmap, RGB* pal, const char* spFileName);
int GUIAPI LoadBitmap (HDC hdc, PBITMAP pBitmap, const char* spFileName);
#ifdef _SAVE_BITMAP
    int GUIAPI SaveBitmap (HDC hdc, PBITMAP pBitmap, const char* spFileName);
#endif
void GUIAPI UnloadBitmap (PBITMAP pBitmap);
int GUIAPI ExpandMyBitmap (HDC hdc, const MYBITMAP* pMyBitmap,
                  const RGB* pal, PBITMAP pBitmap);
void GUIAPI ExpandMonoBitmap (HDC hdc, int w, int h, const BYTE* bits, int bits_flow, int pitch,
                  BYTE* bitmap, int bg, int fg);
void GUIAPI Expand16CBitmap (HDC hdc, int w, int h, const BYTE* bits, int bits_flow, int pitch,
                  BYTE* bitmap, const RGB* pal);
void GUIAPI Expand256CBitmap (HDC hdc, int w, int h, const BYTE* bits, int bits_flow, int pitch,
                  BYTE* bitmap, const RGB* pal);
void GUIAPI CompileRGBBitmap (HDC hdc, int w, int h, const BYTE* bits, int bits_flow, int pitch,
                  BYTE* bitmap, int rgb_order);
void GUIAPI ReplaceBitmapColor (HDC hdc, PBITMAP pBitmap, int iOColor, int iNColor);
```

上面的 Expand 函数组，用来将设备无关的位图转化为与指定 DC 相关的位图对象。

6. 逻辑字体和文本输出函数

（1）逻辑字体及其操作

MiniGUI 的逻辑字体功能强大，包括字符集、字体类型、风格和样式等丰富的信息，不仅可以用来输出文本，而且可以用来分析多语种文本的结构，在许多文本排版应用中非常有用。使用 MiniGUI 逻辑字体之前，首先要创建逻辑字体，并且将其选择到要使用这种逻辑字体进行文本输出的 DC 中。每个 DC 的默认逻辑字体是系统字体，即用来显示菜单、标题的逻辑字体。可以调用 CreateLogFont 和 CreateLogFontIndirect 两个函数来建立逻辑字体，并利用 SelectFont 函数将逻辑字体选择到指定的 DC 中，使用结束后，用 DestroyLogFont 函数销毁逻辑字体。注意不能销毁正被选中的逻辑字体，不要删除系统逻辑字体。这几个函数的原型如下(include/gdi.h)：

```
PLOGFONT GUIAPI CreateLogFont (const char* type, const char* family,
                  const char* charset, char weight, char slant, char set_width,
                  char spacing, char underline, char struckout, int size, int rotation);
```

嵌入式图形系统设计

```
PLOGFONT GUIAPI CreateLogFontIndirect (LOGFONT * logfont);
void GUIAPI DestroyLogFont (PLOGFONT log_font);
void GUIAPI GetLogFontInfo (HDC hdc, LOGFONT * log_font);
#define SYSLOGFONT_DEFAULT 0
PLOGFONT GUIAPI GetSystemFont (int font_id);        // 返回默认的系统逻辑字体
PLOGFONT GUIAPI GetCurFont (HDC hdc);               // 返回当前选中的逻辑字体
PLOGFONT GUIAPI SelectFont (HDC hdc, PLOGFONT log_font);
```

下面是建立了多个逻辑字体的程序段示例:

```
static LOGFONT? * logfont, * logfontgb12, * logfontbig24;
logfont = CreateLogFont (NULL, "SansSerif", "ISO8859-1", FONT_WEIGHT_REGULAR,
            FONT_SLANT_ITALIC, FONT_SETWIDTH_NORMAL,
            FONT_SPACING_CHARCELL,FONT_UNDERLINE_NONE,
            FONT_STRUCKOUT_LINE, 16, 0);
logfontgb12 = CreateLogFont (NULL, "song", "GB2312", FONT_WEIGHT_REGULAR,
            FONT_SLANT_ROMAN, FONT_SETWIDTH_NORMAL,
            FONT_SPACING_CHARCELL, FONT_UNDERLINE_LINE,
            FONT_STRUCKOUT_LINE, 12, 0);
logfontbig24 = CreateLogFont (NULL, "ming", "BIG5", FONT_WEIGHT_REGULAR,
            FONT_SLANT_ROMAN, FONT_SETWIDTH_NORMAL,
            FONT_SPACING_CHARCELL, FONT_UNDERLINE_LINE,
            FONT_STRUCKOUT_NONE, 24, 0);
```

其中,logfont 是属于字符集 ISO8859-1 的字体,并且选用 SansSerif 体,大小为 16 像素高;logfontgb12 是属于字符集 GB2312 的字体,并选用 song 体(宋体),大小为 12 像素高;logfontbig24 是属于字符集 BIG5 的字体,并选用 ming 体(即明体)。

(2) 利用逻辑字体进行多语种混和文本的分析

在建立逻辑字体后进行。多语种混和文本,是指两个不相交字符集的文本组成的字符串,如 GB2312 和 ISO8859-1,或 BIG5 和 ISO8859-2,通常是多字符集和单字符集之间的混和。利用下面函数,可以实现多语种混和文本的文本组成分析(include/gdi.h):

```
int GUIAPI GetTextMCharInfo (PLOGFONT log_font, const char * mstr, int len, int * pos_chars);
int GUIAPI GetTextWordInfo (PLOGFONT log_font, const char * mstr, int len,
            int * pos_words, WORDINFO * info_words);
int GUIAPI GetFirstMCharLen (PLOGFONT log_font, const char * mstr, int len);
int GUIAPI GetFirstWord (PLOGFONT log_font, const char * mstr, int len, WORDINFO * word_info);
```

GetTextMCharInfo 函数返回多语种混和文本中每个字符的字节位置,如对"ABC 汉语"字符串,该函数将在 pos_chars 中返回{0,1,2,3,5} 5 个值。GetTextWordInfo 函数则将分析多语种混和文本中每个单词的位置,对单字节字符集文本,单词以空格、TAB 键为分界,对多字节字符集文本,单词以单个字符为界。GetFirstMCharLen 函数返回第一个混和文本字符的字节长度。GetFirstWord 函数返回第一个混和文本单词的单词信息。

(3) 计算逻辑字体的输出长度和高度信息

操作函数如下(include/gdi.h):

```
int GUIAPI GetTextExtentPoint (HDC hdc, const char * text, int len, int max_extent,
                int * fit_chars, int * pos_chars, int * dx_chars, SIZE * size);
int GUIAPI GetFontHeight (HDC hdc);
int GUIAPI GetMaxFontWidth (HDC hdc);
void GUIAPI GetTextExtent (HDC hdc, const char * spText, int len, SIZE * pSize);
void GUIAPI GetTabbedTextExtent (HDC hdc, const char * spText, int len, SIZE * pSize);
```

GetTextExtentPoint 函数计算在给定的输出宽度内输出多字节文本时,可输出的最大字符个数、每个字符所在的字节位置、每个字符的输出位置,以及实际的输出高度和宽度。GetFontHeight 和 GetMaxFontWidth 函数则返回逻辑字体的高度和最大字符宽度。GetTextExtent 函数计算文本的输出高度和宽度。GetTabbedTextExtent 函数返回格式化字符串的输出高度和宽度。

(4) 文本输出函数

以下函数用来输出文本(include/gdi.h):

```
int GUIAPI TextOutLen (HDC hdc, int x, int y, const char * spText, int len);
int GUIAPI TabbedTextOutLen (HDC hdc, int x, int y, const char * spText, int len);
int GUIAPI TabbedTextOutEx (HDC hdc, int x, int y, const char * spText, int nCount,
                int nTabPositions, int * pTabPositions, int nTabOrigin);
void GUIAPI GetLastTextOutPos (HDC hdc, POINT * pt);
#define TextOut(hdc, x, y, text) TextOutLen (hdc, x, y, text, -1)          // 兼容定义
#define TabbedTextOut(hdc, x, y, text) TabbedTextOutLen (hdc, x, y, text, -1)
……
int GUIAPI DrawTextEx (HDC hdc, const char * pText, int nCount,
                RECT * pRect, int nIndent, UINT nFormat);
```

TextOutLen 函数用来在给定位置输出指定长度的字符串,若长度为-1,则字符串必须是以 '\0' 结尾的。TabbedTextOutLen 函数用来输出格式化字符串。TabbedTextOutEx 函数也用来输出格式化字符串,但可以指定字符串中每个 TAB 键的位置。DrawText 函数功能复杂,可以不同的对齐方式在指定矩形内部输出文本。下面的程序段根据字符串描述,调用 DrawText 函数进行对齐文本输出:

```
void OnModeDrawText (HDC hdc)
{   RECT rc1, rc2, rc3, rc4;
    const char * szBuff1 = "This is a good day. \n"
        "这是利用 DrawText 绘制的文本,使用字体 GB2312 Song 12. "
        "文本垂直靠上,水平居中";
    const char * szBuff2 = "This is a good day. \n"
        "这是利用 DrawText 绘制的文本,使用字体 GB2312 Song 16. "
        "文本垂直靠上,水平靠右";
    const char * szBuff3 = "单行文本垂直居中,水平居中";
    const char * szBuff4 =
        "这是利用 DrawTextEx 绘制的文本,使用字体 GB2312 Song 16. "
        "首行缩进值为 32.文本垂直靠上,水平靠左";
    rc1.left = 1; rc1.top= 1; rc1.right = 401; rc1.bottom = 101;
```

```
    rc2.left = 0; rc2.top = 110; rc2.right = 401; rc2.bottom = 351;
    rc3.left = 0; rc3.top = 361; rc3.right = 401; rc3.bottom = 451;
    rc4.left = 0; rc4.top = 461; rc4.right = 401; rc4.bottom = 551;
    SetBkColor (hdc, COLOR_lightwhite);
    Rectangle (hdc, rc1.left, rc1.top, rc1.right, rc1.bottom);
    Rectangle (hdc, rc2.left, rc2.top, rc2.right, rc2.bottom);
    Rectangle (hdc, rc3.left, rc3.top, rc3.right, rc3.bottom);
    Rectangle (hdc, rc4.left, rc4.top, rc4.right, rc4.bottom);
    InflateRect (&rc1, -1, -1); InflateRect (&rc2, -1, -1);
    InflateRect (&rc3, -1, -1); InflateRect (&rc4, -1, -1);
    SelectFont (hdc, logfontgb12);
    DrawText (hdc, szBuff1, -1, &rc1, DT_NOCLIP | DT_CENTER | DT_WORDBREAK);
    SelectFont (hdc, logfontgb16);
    DrawText (hdc, szBuff2, -1, &rc2, DT_NOCLIP | DT_RIGHT | DT_WORDBREAK);
    SelectFont (hdc, logfontgb24);
    DrawText (hdc, szBuff3, -1, &rc3, DT_NOCLIP |
    DT_SINGLELINE | DT_CENTER | DT_VCENTER);
    SelectFont (hdc, logfontgb16);
    DrawTextEx (hdc, szBuff4, -1, &rc4, 32, DT_NOCLIP | DT_LEFT | DT_WORDBREAK);
}
```

7.5 MiniGUI 应用程序开发

7.5.1 一般设计过程综述

MiniGUI 应用程序设计的一般步骤可以概括为：环境的建立→应用程序设计→编译。其中，"环境的建立"主要是 MiniGUI 软件的移植和人机界面的配置调整，7.3 节中已经详细介绍；"应用程序设计"主要是调用 MiniGUI 提供的 API 函数进行 C/C++语言编程实现具体的需求功能。

应用程序的"编译"过程，与一般类型的应用程序一样，视具体的操作系统和采用的编译器而不同。下面给出了 Windows 环境 VC++6.0 IDE 下的 MiniGUI 应用程序编译的一般步骤：

➢ 文件准备，主要包括 minigui.lib、minigui.dll 及其相关头文件和设计好的 MiniGUI 应用程序；
➢ IDE 环境配置，主要是 MiniGUI 函数库位置的指定；
➢ 编译与在 WVFB 中试运行。

下面以 LCD 触摸屏核准程序的设计为例加以具体说明。

7.5.2 举例：触摸屏核准

系统中常见的人机接口界面，由于触摸屏尺寸的不同，以及 GUI(Graphic User Interface) 方案选择和 IAL(Input Abstract Layer)的差异，使用中"基于触摸屏操作的图形界面坐标不准并且误差越来越大"的现象十分突出,迫切需要触摸屏的校正程序。一般开发板制造商并不提供触摸屏的校正程序,常常需要自行设计。这里详细说明一种基于嵌入式 Linux 和 MiniGUI 的通用触摸屏校准程序设计方法。

1. 环境参数的设置

基于触摸屏操作的图形界面坐标不准,是指触摸屏读出的点的物理坐标和实际 LCD 屏幕的像素坐标不匹配,应用程序无法通过触摸屏得到正确操控。下面介绍简单可行的触摸屏校准程序,基于 S3C2410 的 ARM9 内核,使用 6.4 英寸 640×480 的触摸屏,使用 μLinux 2.4.20 和 MiniGUI1.3.0Lite 版本。

在开始校正触摸屏的坐标前,首先要修改 MiniGUI.cfg 文件使其适应触摸屏驱动,该文件一般保存在开发板的/usr/local 目录下,所做修改如表 7-4 所列。

表 7-4　触摸屏校准程序开发的环境参数设置表

环境参数	鼠标驱动	触摸屏驱动
[system]	# GAL engine	# GAL engine
	gal_engine=fbcon	gal_engine=fbcon
	# IAL engine	# IAL engine
	ial_engine=console	ial_engine=console
	dev=/dev/mouse	dev=/dev/ts
	mtype=IMPS2	mtype=none
[fbcon]	# defaultmode=240×320−16bpp	# defaultmode=240×320−16bbp
	bppdefaultmode=640×480×16bpp	# defaultmode=640×480−16bpp
[qvfb]	defaultmode=640×480−16bpp	defaultmode=640×480−16bpp
	display=0	display=0

另外,在开发板的/dev/目录下建立连接:-s /dev/touchscreen/0rawts。

配置文件修改的主要目的是把 IAL 改为 SMDK2410,输入设备改为/dev/ts,鼠标类型 IMPS2 取消,使其适应触摸屏驱动。

2. 原理及编程思路

(1) 校正原理

传统的鼠标是一种相对定位系统,只和前一次鼠标的位置坐标有关。而触摸屏则是一种绝对坐标系统,要选哪就直接点哪,与相对定位系统有着本质的区别。绝对坐标系统的特点是每一次定位坐标与上一次定位坐标没有关系,每次触摸的数据通过校准转为屏幕上的坐标,不管在什么情况下,触摸屏这套坐标在同一点的输出数据是稳定的。由于技术实现的原因,并不能保证同一点触摸的每次采样数据相同,不能保证绝对坐标定位,"点不准"是触摸屏最怕出现的问题:漂移。对于性能质量好的触摸屏来说,漂移情况的出现并不是很严重。所以很多应用触摸屏的系统启动后,进入应用程序前,首先要执行校准程序。

通常应用程序中使用的 LCD 坐标是以像素为单位的。例如:左上角的坐标是一组非 0 的数值,如(20,20),而右下角的坐标为(620,460)。这些点的坐标都是以像素为单位的。而从触摸屏中读出的是点的物理坐标,其坐标轴的方向、XY 值的比例因子、偏移量、缩放因子都与LCD坐标不同。可以在IAL的某个函数(如wait_event函数)中把物理坐标首先转换为像素坐标,然后再赋给相应的数据结构,达到坐标转换的目的。LCD坐标和触摸屏的物理坐标的直观比较如图7-8所示。

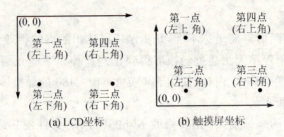

图7-8　LCD和触摸屏坐标对比示意图

(2) 校正思路

在IAL的某个函数(如wait_event函数)中加入调试信息,在开发板上运行校正程序,使触摸屏上任何一点的坐标可以在主机监视屏上回显出来。于是,就采集到了4个角的物理坐标,假设是6.4英寸屏,640×480分辨率,则它们的像素坐标分别是(20,20)、(20,460)、(620,460)和(620,20)。这样,使用待定系数法就可以算出坐标系之间的平移关系,如:

$$Vx = xFactor \times Px + xOffset \qquad Vy = yFactor \times Py + yOffset$$

在使用的开发板上,若系数xFactor、yFactor、xOffset、yOffset的值分别为0.211、−16.27、−19/116、625.23,则在IAL特定函数中就可以按照这个变换关系把物理坐标转换为像素坐标赋给相应的数据结构。因此,应用程序中首先弹出一个有若干点的界面,然后让用户去点,一般采用触摸屏4个角的4个点。根据像素坐标和物理坐标计算参数,并保存到一个文件中,以后只要这个文件的内容有效则不必再经历屏幕校准的过程。另外需要注意的是,还要参照一下触摸屏驱动的"读操作"方法,确定从触摸屏读出的数据的组织格式,如本例使用的S3C2410的驱动的"读操作"方法是返回8字节表示一点的坐标,在IAL的特定函数中首先要拼接才能得到点的物理坐标。

3. 程序设计

以下是实现校准的简单构架。

(1) 在屏幕上放置4个定位点

通过直接给屏幕划两个短线交叉的方法来实现,如在(20,20)点画一个十字光标,相应的程序代码如下

```
DrawLine (15, 20, 26, 20, 0xf800); DrawLine (20, 15, 20, 26, 0xf800);
```

(2) 获得每个定位点坐标

获得每个定位点坐标也就是触摸屏采样的值,该值进行核准后,保存到PEN_CONFIG结构体中,程序代码如下:

```
do
{   DrawLine (15, 20, 26, 20, 0xf800);        // Calibrate Point 1 (20,20)
    DrawLine (20, 15, 20, 26, 0xf800);
    do GetTouchvalue (tfd, &point[0].x, &point[0].y);
```

```
    while (! (point[0].x > X1_SCOPE_MIN && point0].x < X1_SCOPE_MAX
        && point[0].y > Y1_SCOPE_MIN && point[0].y < Y1_SCOPE_MAX))
    ……
    // 同样取其他三点
} while(CheckCalibratePont());
```

(3) 保存 PEN_CONFIG 结构体到一个数据文件中

```
typedef struct
{   U32 xFactor,yFactor;                    // X,Y方向比例因子
    U32 xOffset,yOffset;                    // X,Y方向偏移量
    U8 scale; RECT pan;                     // 缩放因子,校正区域矩形
}PEN_CONFIG, * P_PEN_CONFIG;
```

在程序中通过计算获得此结构体,这些数据非常重要,它提供给 IAL 使用。以下是保存这个结构体的部分源代码:

```
rt.left = (point[0].x + point[1].x)/2; rt.top = (point[0].y + point[3].y)/2;
rt.right = (point[2].x + point[3].x)/2; rt.bottom = (point[2].y + point[1].y)/2;
st.top = 20; st.left = 20; st.right = 620; st.bottom = 460; _PenCalibratePoint(&st,&rt);
wfd = open("/var/pencfg", O_WRONLY);            // 打开文件,写配置
if (wfd < 0) {   printf("Error: cannot open pencfg file.\n"); exit(1);   }
printf("The pencfg file was opened successfully.\n");
if(write(wfd, &_gPenConfig, sizeof(_gPenConfig)) = = sizeof(_gPenConfig)) printf("Write Victor \n");
close(wfd);
```

(4) 调试信息的输出

```
void GetTouchValue(int fp, int * x, int * y)
{   ts_event_t ts;
    while (1)
    {   if(read(fp, &ts, sizeof(ts_event_t)) = = sizeof(ts_event_t))
        {   if (ts.pressure = = 0 ) break;
            * x = ts.x; * y = ABSY - ts.y;
        }
    }
    printf (" x = %d, y = %d\n", *x, *y);        // 在屏幕上输出触摸屏坐标
}
```

比例因子及偏移量的输出如下:

```
printf ("_gPenConfig.xFactor = %x _gPenConfig.yFactor\
                    = %x \n",_gPenConfig.xFactor, _gPenConfig.yFactor);
printf ("_gPenConfig.xOffset = %x _gPenConfig.yOffset\
                    = %x \n",_gPenConfig.xOffset, _gPenConfig.yOffset);
printf ("_gPenConfig.scale = %x\n",_gPenConfig.scale);
```

(5) 让 IAL 获得 PEN_CONFIG 中的数据

在 IAL 的 Init2410Input 函数中编写打开的/var/pencfg 文件代码,从中读取 PEN_CON-

FIG 结构数据即可,其源码如下:

```
int rcfg = open ("/var/pencfg", O_RDONLY);
if (rcfg < 0) printf ("Open < /var/pencfg> File Error\n");
if(read(rcfg, &_gPenConfig, sizeof(_gPenConfig)) = = sizeof(_gPenConfig)) printf("Read Victor \n");
close(rcfg);
```

(6) 精度的控制

```
#define X1_SCOPE_MIN 45            // MIN 和 MAX 的差值就是校准的精度
#define X1_SCOPE_MAX 75
#define X2_SCOPE_MIN 45
#define X2_SCOPE_MAX 75
#define X3_SCOPE_MIN 940
#define X3_SCOPE_MAX 970
...
```

(7) 程序的运用

启动系统功能性应用程序前先运行触摸屏校准程序,再运行 MiniGUI 程序。这样可以使得运行系统应用程序前,IAL 可预先提取到触摸屏校准程序中的数据。

7.6 MiniGUI 模拟仿真

7.6.1 模拟仿真方法手段简介

基于 MiniGUI 的模拟仿真通常在 PC(Personal Computer)的 Linux 或 Windows 操作系统下借助于 Qt 工具 qvfb(Qt Virtual Frame Buffer)或 wvfb(Window Virtual Frame Buffer)进行,也可以在常见的硬件开发板 模拟器上运行,下面分别予以说明。

7.6.1.1 Windows PC——WVFB

在 PC 的 Windows 操作系统下进行基于 MiniGUI 的开发,通常使用 Visual Studio 集成开发环境进行开发及编译,并在模拟 FrameBuffer 的 Windows 应用程序 wvfb 下运行应用程序并调试。wvfb 是 Qt 开发套件中的一个常用模拟仿真显示工具,可以从飞漫软件公司或奇趣科技公司的网站上免费得到,飞漫软件公司提供的 Windows 平台演示程序包(mgdemo-win32-1.x.rar)和 MiniGUI 软件(minigui-dev-1.x.x-win32.tar)中都含有 wvfb,安装软件后,就可以看到 wvfb.exe。执行 wvfb.exe 就可以打开模拟仿真窗口,运行设计好的 MiniGUI 应用程序,其窗体框架结构就会出现在 wvfb 界面内。图 7-9 给出了 MiniGUI 演示程序包中的一个例程在 wvfb 中的模拟运行情形。

图 7-9　MiniGUI-wvfb 演示例程界面

7.6.1.2 Linux PC——QVFB

在 PC 的 Linux 操作系统下进行基于 MiniGUI 的开发,通常使用 Linux 环境所含的 gcc 交叉编译器进行开发及编译,并在模拟 FrameBuffer 的 Linux 应用程序 qvfb 下运行应用程序并调试。

qvfb 是 Qt 开发套件中的一个虚拟 FrameBuffer 工具。这个程序基于 Qt 开发(Qt 是 Linux 窗口管理器 KDE 使用的底层函数库),运行在 X Window 上。可以在 Qt3 或者 Qt4 源代码的 src/tools 目录中找到这个程序,也可以从飞漫软件公司的"免费下载"区下载独立 qvfb 包(qvfb-1.0.tar.gz)。

下载 qvfb 软件包后,按下面的命令单独编译 qvfb 程序:

```
user$ tar zxf qvfb-1.0.tar.gz
user$ cd qvfb-1.0
user$ ./configure
user$ make
```

上述命令将编译 qvfb 程序,为了使用方便,可以将该程序安装到系统搜索路径中:

```
user$ su - c 'make install'
```

上述命令的含义是以超级用户身份运行命令"make install"。该命令将提示用户输入超级用户密码,如果正确则会执行 make install 命令。make install 命令将把 qvfb 安装到默认的 /usr/local/bin 目录下。

/usr/local/bin 目录存在于默认的搜索路径设置中,因此可以在命令提示符处直接键入 qvfb 来运行 qvfb 程序。在 X Window 环境中,可以打开一个终端仿真程序,然后执行 qvfb & 命令;该命令将启动 qvfb 程序,在屏幕上出现一个黑色的空白窗口,该窗口就代表了一个可以用来在上面显示图像的显示屏。用户在该窗口中的单击,将被看成是在这个模拟显示屏上的单击。还可以通过程序菜单打开 qvfb 的配置界面,以便按自己的需要设置不同的显示模式,从而可以让 qvfb 模拟具有不同显示能力(分辨率及可显示的颜色数等)的显示屏,如图 7-10 所示。

qvfb 提供了一种软件方法通过这种方法可以在 PC 上看到所设计的图形程序运行起来的效果,它能模拟不同的分辨率及颜色模式(单色、4 色、256 色、16 位色及 32 位色等),因此可以用来替代实际的嵌入式硬件显示屏,从而大大方便应用程序的开发和调试。

7.6.1.3 µC/Linux EP7312——SkyEye

SkyEye 是一套不错的国产嵌入式系统模拟器,可以很好地运行在具有 µC/Linux 操作系统和 LCD 触摸屏的 ARM 微控制器开发板 EP7312 上,构成"µC/Linux EP7312——SkyEye"模拟器体系。以下说明如何在这套系统上运行 MiniGUI。按照资料指导,很容易完成针对 SkyEye 的 EP7312 模拟器内核编译,并准备好基本的文件系统。假定所需的源代码、工具等的安装布局如下:

armlinux 内核　　/opt/armlinux/linux-2.4.13
armlinux 交叉编译工具　　/usr/local/arm/2.95.3

1. 确认内核配置

首先将针对 SkyEye EP7312 模拟器的 LCD 驱动程序和触摸屏驱动程序添加到默认的

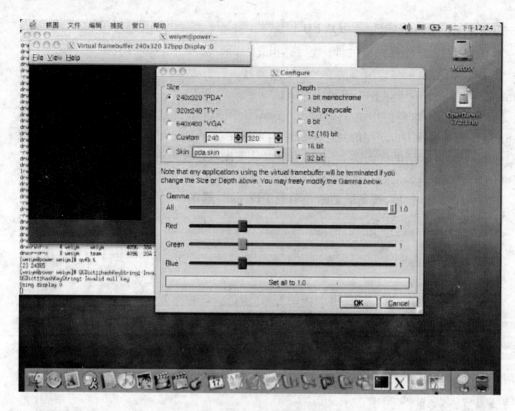

图 7-10 qvfb 程序及其配置界面

armlinux 内核中,把所提供的 armlinux4skyeye-ep7312.tar.gz 文件解开到主机的/opt/armlinux/ep7312 目录下:

```
root# cd /opt/armlinux/
root# mkdir /opt/armlinux/ep7312
root# cd ep7312
root# cp <path to cdrom>/armlinux/ep7312/armlinux4skyeye-ep7312.tar.gz .
root# tar jxf armlinux4skyeye-ep7312.tar.gz
```

然后,将 LCD FrameBuffer 驱动程序和触摸屏驱动程序源文件复制到 armlinux 内核中:

```
root# cd /opt/armlinux/
root# cp ep7312/armlinux4skyeye-ep7312/skyeye_ts_drv.[ch] linux-2.4.13/drivers/char/
root# cp ep7312/armlinux4skyeye-ep7312/ep7312_sys.h linux-2.4.13/drivers/char/
root# cp ep7312/armlinux4skyeye-ep7312/ep7312.h linux-2.4.13/drivers/video/
root# cp ep7312/armlinux4skyeye-ep7312/clps711xfb.c linux-2.4.13/drivers/video/ -f
```

接下来,修改 Linux 内核的配置文件,将触摸屏驱动程序添加到 Linux 内核的配置选项中。在 Config.in 文件中添加:

```
bool 'Touch screen driver support for SkyEye EP7312 simulation' CONFIG_TS_SKYEYE_EP7312
obj-$(CONFIG_TS_SKYEYE_EP7312) + = skyeye_ts_drv.o
```

在 linux-2.4.13/目录中运行 make menuconfig 命令配置 Linux 内核了。保持其他配置

不变,在"System Type"的"CLPS711X/EP721X Implementations"选择"EDB7312";在"Character devices"选项中,确保选择"Virtual terminal"以及刚才添加的针对 SkyEye EP7312 模拟器的触摸屏驱动程序(Touch screen driver support for SkyEyeEP7312 simulation)选项;在"Console drivers"选项组中,取消"VGA tex console"选项,并在"Frame-buffer Support"中,按图 7-11 所示选择各选项。

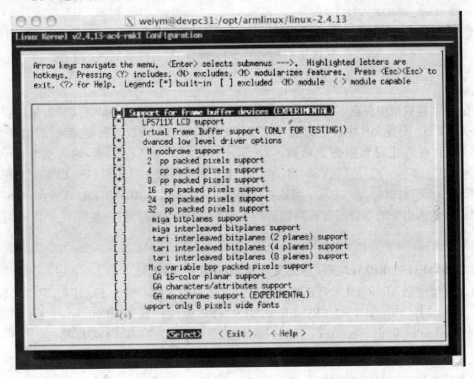

图 7-11　配置 μC/Linux 内核激活 FrameBuffer 驱动程序

完成上述配置,保存并退出 make menuconfig 命令,检查.config 文件,可看到如下选项:

CONFIG_VT = y
CONFIG_FB = y
CONFIG_FB_CLPS711X = y
CONFIG_FBCON_MFB = y
CONFIG_FBCON_CFB4 = y
CONFIG_FBCON_CFB16 = y

CONFIG_TS_SKYEYE_EP7312_TS = y
CONFIG_DUMMY_CONSOLE = y
CONFIG_FBCON_ADVANCED = y
CONFIG_FBCON_CFB2 = y
CONFIG_FBCON_CFB8 = y

接下来针对 SkyEye 的 EP7312 模拟器,编译包含 LCD 仿真和触摸屏仿真的 Linux 内核:

root# make dep; make bzImage

2. SkyEye EP7312 模拟器的 MiniGUI 输入引擎

MiniGUI-STR 中包含有对 SkyEye EP7312 模拟器的输入引擎:src/ial/skyeye-ep7312.h 和 src/ial/skyeye-ep7312.c 文件。该输入引擎的名称为"SkyEyeEP7312",src/ial/ial.c 中定义了其入口项:

……

```
#ifdef _SKYEYE_EP7312_IAL
#include "skyeye-ep7312.h"
#endif
……
static INPUT inputs [] =
{    ……
    #ifdef _SKYEYE_EP7312_IAL
    {"SkyEyeEP7312", InitSkyEyeEP7312Input, TermSkyEyeEP7312Input},
    #endif
    ……
}
```

inputs 结构数组中保存了所有 MiniGUI 的输入引擎入口项。MiniGUI 初始化过程中,根据 MiniGUI.cfg 配置文件中设定的输入引擎名称在该数组中寻找匹配项,然后调用对应的初始化函数,并在终止时调用终止函数。对 SkyEye 的 EP7312 模拟器,输入引擎的名称为"SkyEyeEP7312",初始化和终止函数分别为:InitSkyEyeEP7312Input 和 TermSkyEyeEP7312Input。这两个函数在 skyeye-ep7312.h 中声明,在 skyeye-ep7312.c 中实现。该输入引擎的编译配置选项默认是关闭的,需要特别打开:

    --enable-skyeyeep7312ial

3. 为 SkyEye 的 EP7312 模拟器交叉编译 MiniGUI-STR

可以直接使用 MiniGUI-STR 源代码包中包含的配置脚本来为 SkyEye EP7312 模拟器配置并交叉编译 MiniGUI-STR。MiniGUI-STR 源代码目录 libminigui-str-1.6.x/build/ 的 buildlib-linux-ep7312-skyeye 文件就是这个配置脚本,内容如下:

```
#!/bin/bash
rm config.cache config.status -f
CC = arm-linux-gcc                                  # 指定编译器
CFLAGS = -I/opt/armlinux/linux-2.4.13/include       # 指定 Linux 内核头文件的路径
./configure --prefix=/usr/local/arm/2.95.3/arm-linux/
                                                    # 设定配置文件、函数库及头文件目录前缀
                                                    # 指定交叉编译环境:工具链、宿主机及目标机
--build=i386-linux
--host=arm-unknown-linux
--target=arm-unknown-linux
--disable-static-cursor-micemoveable-galqvfb        # MiniGUI 配置选项
--enable-nativegal
--enable-skyeyeep7312ial                            # 打开 SkyEye EP7312 模拟器输入引擎
--disable-qvfbial-nativeial-latin9support-big5support
--disable-imegb2312-savebitmap-savescreen-aboutdlg-dblclk
```

在 MiniGUI-STR 源代码目录下,运行该脚本配置 MiniGUI,然后运行 make 和 make install 命令:

```
user$ cd libminigui-str-1.6.2
user$ ./build/buildlib-linux-ep7312-skyeye
user$ make clean; make
```

```
user$ su - c 'make install'
```

成功运行上述命令之后,在--prefix 选项指定的目录下,可以看到 MiniGUI 的头文件及交叉编译后的函数库文件:

```
user$ cd /usr/local/arm/2.95.3/arm-linux
user$ ls etc/ include/minigui/ lib/libminigui* -l-R
```

这样就编译好 SkyEye EP7312 模拟器的 MiniGUI-STR,并将配置文件、头文件和函数库安装到指定的位置。将 MiniGUI 头文件和函数库安装到上述这个位置主要的优点是在进行交叉编译时,无须显示指定 MiniGUI 相关头文件和库文件的搜索路径。

7.6.1.4 µC/Linux MC68x328——Xcopilot

Xcopilot 是一个掌上设备模拟器,它模拟 M68K 的 CPU。µC/Linux 发行包中包括了对该模拟器的支持,构成"µC/Linux M68K——Xcopilot"模拟器体系。以下说明如何在这套系统上运行 MiniGUI。

1. 确认内核及 µClibC 配置

(1) 与 MiniGUI 相关的内核配置

在系统的/opt/µClinux 目录下安装模拟器产品附带的 µClinux-dist,运行 µClinux-dist-20030522.patch 补丁。在/opt/µClinux/µClinux-dist 中运行命令 root# make menµConfig,进入 µClinux-dist 的图形配置界面。在 Vendor/ProdµCt 选项中确保选择目标平台为 3com/Xcopilot,Kernel 选为 linux-2.4.x,LibcVersion 选为 µClibc,然后选择 Customize Kernel Settings 选项,进行内核的配置。

在内核配置的 Character devices 菜单,选择 68328 digitizer support 和 Virtual terminal。前者是 Xcopilot 的触摸屏驱动程序,后者是 Frame-buffer support 虚拟终端支持。

进入 Frame-buffer support 子菜单,选择 Support for frame buffer devices,然后选择 Dragonball frame buffer 以激活 Xcopilot 的 FrameBuffer 驱动程序;选择 Advanced low level driver options,然后选择 Monochrome support(Xcopilot 是单色显示)。

其他选项保持不动,然后保存 µC/Linux 配置并退出。

(2) 与 MiniGUI 相关的 µClibC 配置

进入 µClinux-dist/µClibc 目录,运行命令"root# make TARGET_ARCH=m68k menµConfig",进入 µClibC 的图形配置界面,如图 7-12 所示。

进入 Target Architecture Features and Options 子菜单,选择 Enable floating point number support 和 Enable full C99 math library support,确保 µClibC 包含完整的数学函数接口。

如果要在 Xcopilot 上运行 MiniGUI-Threads,则需要打开 µClibC 中的线程库支持。进入 General Library Settings 子菜单,选择 POSIX Threading Support 线程支持。由于 µClibC 所带的线程库支持在许多平台上的实现非常不稳定,建议在 µC/Linux 上运行 MiniGUI-Standalone 模式。

其他选项保持默认值不变,保存配置并退出配置界面。

(3) µC/Linux 内核及 µClibC 库的编译

在 µClinux-dist 目录运行下面命令,编译 µC/Linux 内核及 µClibC 库:

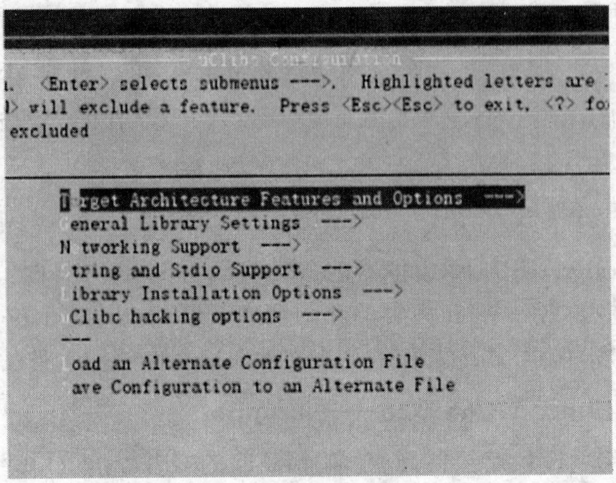

图 7-12 μClibC 配置界面示意图

root# cd /opt/μClinux/μClinux-dist;root# make dep;root# make

这些命令还会进入 μClinux-dist 下的 user/目录编译应用程序,并生成针对 Xcopilot 模拟器的 ROM 映像文件:images/ pilot.rom。

2. Xcopilot 模拟器的 MiniGUI 输入引擎

MiniGUI-STR 中包含有针对 Xcopilot 模拟器的输入引擎,完整的源代码在 MiniGUI 源代码包中的 src/ial/mc68x328.h 和 src/ial/mc68x328.c 文件。这个输入引擎的名称为 "MC68X328",引擎的入口项定义在 src/ial/ial.c 文件中:

```
……
# ifdef _MC68X328_IAL
# include "mc68x328.h"
# endif
……
static INPUT inputs [] =
{   ……
    # ifdef _MC68X328_IAL
        {"MC68X328", InitMC68X328Input, TermMC68X328Input},
    # endif
    ……
}
```

代码中的 inputs 结构数组中保存了所有 MiniGUI 的输入引擎入口项。初始化过程中,MiniGUI 将根据 MiniGUI.cfg 配置文件中设定的输入引擎名称在该数组中寻找匹配项,然后调用对应的初始化函数,并在终止时调用终止函数。对于 Xcopilot 模拟器,输入引擎的名称为"MC68X328",初始化和终止函数分别为:InitMC68X328Input 和 TermMC68X328Input。这两个函数在 mc68x328.h 中声明,在 mc68x328.c 中实现,代码如下:

```
static int ts = -1;
……
```

```c
BOOL InitMC68X328Input (INPUT * input, const char * mdev, const char * mtype)
{
    int err; struct ts_drv_params drv_params;
    int mx1, mx2, my1, my2, ux1, ux2, uy1, uy2;
    ts = open("/dev/ts", O_NONBLOCK | O_RDWR);         // 打开触摸屏设备
    if (ts < 0) { fprintf (stderr, "Error %d opening touch panel\n", errno); return FALSE; }
    err = ioctl(ts, TS_PARAMS_GET, &drv_params);
    if (err == -1) { close (ts); return FALSE; }
    drv_params.version_req = MC68328DIGI_VERSION;
    drv_params.event_queue_on = 1; drv_params.sample_ms = 10;
    #if LINUX_VERSION_CODE > KERNEL_VERSION(2, 4, 0)
        drv_params.deglitch_on = 1;
    #else
        drv_params.deglitch_ms = 0;
    #endif
    drv_params.follow_thrs = 0; drv_params.mv_thrs = 2;
    drv_params.y_max = 159 + 66; drv_params.y_min = 0;
    drv_params.x_max = 159; drv_params.x_min = 0; drv_params.xy_swap = 0;
    mx1 = 508; ux1 = 0; my1 = 508; uy1 = 0;            // 据mc68328digi.h中参数的计算方法,
    mx2 = 188; ux2 = 159; my2 = 188; uy2 = 159;        // 测量得到这些数据
    drv_params.x_ratio_num = ux1 - ux2;                // 参数计算
    drv_params.x_ratio_den = mx1 - mx2;
    drv_params.x_offset = ux1 - mx1 * drv_params.x_ratio_num / drv_params.x_ratio_den;
    drv_params.y_ratio_num = uy1 - uy2; drv_params.y_ratio_den = my1 - my2;
    drv_params.y_offset = uy1 - my1 * drv_params.y_ratio_num / drv_params.y_ratio_den;
    err = ioctl(ts, TS_PARAMS_SET, &drv_params);
    if (err == -1) { close (ts); return FALSE; }
    input->update_mouse = mouse_update; input->get_mouse_xy = mouse_getxy;
    input->set_mouse_xy = NULL; input->get_mouse_button = mouse_getbutton;
    input->set_mouse_range = NULL; input->update_keyboard = NULL;
    input->get_keyboard_state = NULL; input->set_leds = NULL;
    input->wait_event = wait_event; return TRUE;
}
```

InitMC68X328Input 函数打开/dev/ts 设备文件,然后调用 iotcl 系统获得一些参数,并根据 LCD 的显示分辨率等信息重新设置参数。之后该函数填充了 INPUT 结构的其他成员。

TermMC68X328Input 函数只完成一件事情,即关闭/dev/ts 设备文件:

```c
void TermMC68X328Input (void)
{ if (ts >= 0) close (ts); ts = -1; }
```

文件中的其他函数用来实现输入引擎具体工作,如监听设备文件、读取设备文件中出入的单击和移动操作等。监听设备文件的工作在 wait_event 函数中实现,代码如下:

```c
#ifdef _LITE_VERSION
    static int wait_event (int which, int maxfd, fd_set * in,
                fd_set * out, fd_set * except, struct timeval * timeout)
#else
```

```
    static int wait_event (int which, fd_set * in, fd_set * out,
                    fd_set * except, strµCt timeval * timeout)
#endif
{   fd_set rfds; int retvalue = 0,e;
    if (! in) {  in = &rfds; FD_ZERO (in);  }
    if ((which & IAL_MOUSEEVENT) && ts >= 0)
    {   FD_SET (ts, in);
        #ifdef _LITE_VERSION
            if (ts > maxfd) maxfd = ts;
        #endif
    }
    #ifdef _LITE_VERSION
        e = select (maxfd + 1, in, out, except, timeout) ;
    #else
        e = select (FD_SETSIZE, in, out, except, timeout) ;
    #endif
        if (e > 0)
            if (ts >= 0 && FD_ISSET (ts, in))
                {  FD_CLR (ts, in); retvalue |= IAL_MOUSEEVENT;   }
        else if (e < 0) return -1;
    return retvalue;
}
```

该函数调用 select 在 ts 文件描述符上监听可读数据,当有数据可读时,向 MiniGUI 上层返回 IAL_MOUSEEVENT 标志。MiniGUI 上层代码接着会调用 mouse_update 函数,请求输入引擎更新鼠标位置及按钮信息,代码如下:

```
static int pen_down = 0,mousex = 79, mousey = 79;
static int mouse_update(void)
{   strµCt ts_pen_info pen_info; int bytes_read;
    if (ts < 0) return 0;
    bytes_read = read (ts, &pen_info, sizeof (pen_info));
    if (bytes_read != sizeof (pen_info)) return 0;
    switch(pen_info.event)
    {   case EV_PEN_UP: pen_down = 0; mousex = pen_info.x;
            mousey = pen_info.y; break;
        case EV_PEN_DOWN: pen_down = IAL_MOUSE_LEFTBUTTON;
            mousex = pen_info.x; mousey = pen_info.y; break;
        case EV_PEN_MOVE: pen_down = IAL_MOUSE_LEFTBUTTON;
            mousex = pen_info.x; mousey = pen_info.y; break;
    }
    return 1;
}
```

该函数调用 read(系统调用)从 ts 设备上读取数据,并根据设备的返回值更新位置和按钮状态。若 mouse_update 函数返回 1,则 MiniGUI 上层会调用 mouse_getxy 和 mouse_getbutton 函数获得鼠标新的位置和按钮的单击信息：

```
static void mouse_getxy(int * x, int * y)
{   * x = mousex; * y = mousey; }
static int mouse_getbutton(void)
{   return pen_down; }
```

需要注意的是，该输入引擎不支持鼠标位置的设置，也不处理 Xcopilot 模拟器的按键信息，因此该输入引擎 INPUT 结构对应的相关函数被置成了 NULL：

```
input->set_mouse_xy = NULL;
......
input->set_mouse_range = NULL; input->update_keyboard = NULL;
input->get_keyboard_state = NULL; input->set_leds = NULL;
```

另外，该输入引擎的编译配置选项默认是关闭的。如果要在 MiniGUI 库中包含该输入引擎，则需要在配置 MiniGUI 时使用如下的配置选项：

```
--enable-mc68x328ial
```

3. 为 Xcopilot 模拟器交叉编译 MiniGUI–STR

可以直接使用 MiniGUI–STR 源代码包中包含的配置脚本来为 Xcopilot 模拟器配置并交叉编译 MiniGUI–STR。执行"user $ cd libminigui-str-1.6.2"进入 MiniGUI–STR 源代码目录，打开 build/目录下的 buildlib-μClinux-xcopilot 文件（即配置脚本的内容，中文注释为便于阅读而加）：

```
#!/bin/sh
rm config.cache config.status -f
CC = m68k-elf-gcc              # 使用 m68k-elf-gcc 来编译 C 程序
CFLAGS = "-m68000 -Os -I/opt/μClinux/μClinux-dist/lib/μClibc/include
-I/opt/μClinux/μClinux-dist/linux-2.4.x/include -fno-builtin
                               # 指定 Linux 内核头文件的路径
-mid-shared-library -mshared-library-id=0 "
LDFLAGS = "-Wl,-elf2flt -Wl,-move-rodata -Wl,-shared-lib-id,0 -Wl,-elf2flt -Wl,-move-rodata \
-L/opt/μClinux/μClinux-dist/lib/μClibc/lib \
-Wl,-R,/opt/μClinux/μClinux-dist/lib/μClibc/libc.gdb -lc" \
./configure --prefix=/opt/μClinux/μClinux-dist/minigui/m68k-elf/ \
                               # 设定安装文件的目录前缀
--build=i386-linux             # 指定了交叉编译环境：i386 系统，宿主机及目标机 m68k-elf
--host=m68k-elf-linux
--target=m68k-elf-linux
--disable-shared               # μClinux 不支持共享库，因而不编译生成 MiniGUI 的共享库
--with-osname=μClinux
--with-style=flat
--enable-lite
--enable-standalone            # 将 MiniGUI 配置成 MiniGUI-Standalone 模式
--disable-micemoveable-cursor
```

```
--enable-fblin1l            # 打开 MiniGUI fbcon 引擎的单色、左边为像素高位的 FB 引擎
--disable-fblin8-fblin16-fblin32-textmode-dummyial
--enable-mc68x328ial \      # 打开针对 Xcopilot 模拟器的输入引擎
--disable-nativeial-qvfbial-latin9support-gbksupport-big5support-savebitmap
--disable-jpgsupport-pngsupport-imegb2312-aboutdlg-savescreen-grayscreen
--enable-tinyscreen
```

MiniGUI-STR 源代码目录下，可直接运行该脚本配置 MiniGUI，然后运行 make 和 make install 命令：

```
user $ cd libminigui-str-1.6.2
user $ ./build/buildlib-μClinux-xcopilot
user $ make clean; make
user $ su  - c 'make install'
```

成功运行上述命令后，可在--prefix 选项指定的目录下看到 MiniGUI 的头文件及交叉编译后的函数库文件：

```
user $ cd /opt/μClinux/μClinux-dist/minigui/m68k-elf
user $ ls-l-R
.:
total 12
drwxr-xr-x 2 root root 4096 Mar 12 00:48 etc
drwxrwxr-x 3 root root 4096 Mar 12 00:48 include
drwxrwxr-x 2 root root 4096 Mar 12 00:48 lib
./etc:
total 8
-rw-r--r-- 1 root root 5138 Mar 12 00:48 MiniGUI.cfg
./include:
total 4
drwxrwxr-x 3 root root 4096 Mar 12 00:48 minigui
./include/minigui:
total 612
-rw-r--r-- 1 root root 37838 Mar 12 00:48 common.h
……
-rw-r--r-- 1 root root 202605 Mar 12 00:48 window.h
./include/minigui/ctrl:
total 212
-rw-r--r-- 1 root root 14761 Mar 12 00:48 button.h
……
-rw-r--r-- 1 root root 10576 Mar 12 00:48 trackbar.h
./lib:
total 580
-rw-r--r-- 1 root root 585068 Mar 12 00:48 libminigui.a
-rwxr-xr-x 1 root root 742 Mar 12 00:48 libminigui.la
```

至此，就编译好了针对 Xcopilot 模拟器的 MiniGUI-STR，并将头文件和库函数安装到指定位置。

7.6.2 模拟仿真的一般过程

模拟仿真 MiniGUI 图形应用体系的一般过程如下。
① 建立 GUI 运行环境,主要包括:
➤ 模拟工具软件(WVFB、QVFB 等)的安装运行;
➤ FrameBuffer 的配置运行。
② 安装和编译 MiniGUI 软件。
③ 编写并编译应用图形界面程序。
④ 模拟仿真运行程序,并观察分析,修改完善。

上述前三个方面在前面章节已经介绍,下面针对图形界面应用程序的模拟仿真运行,结合实例,加以详细说明。

7.6.3 模拟仿真示例演示

MiniGUI 软件针对不同的常用模拟仿真环境提供有一系列的示例程序,这里提取几个典型实例说明 MiniGUI 应用程序的模拟仿真。

7.6.3.1 WVFB 模拟仿真

飞漫科技公司的程序包 mgdemo-win32-1.x.rar 含有很多各种类型的 Windows 平台 WVFB 演示程序,借助于 VC++ 等 IDE 开发环境编译后,都可以在 WVFB 窗口中很好地运行。这些示例程序非常有助于具体 MiniGUI 应用图形程序的设计,图 7-13 是 MiniGUI 演示程序包中一款手机用户界面的设计及其 WVFB 中的模拟运行情形。WVFB 及其图形界面程序的运行方法,前面章节做有介绍。

7.6.3.2 QVFB 模拟仿真

这里以 MiniGUI-STR 为例,其示例程序为 mg-samples-str-1.6.2.tar.gz。

首先,执行以下命令,编译 mg-samples-str 包中的程序:

```
user$ tar zxf <path to cdrom>/minigui/mg-samples-str-1.6.
2.tar.gz
user$ cd mg-samples-str-1.6.2
user$ ./configure
user$ make
```

图 7-13 MiniGUI-WVFB 模拟仿真运行图

编译好的示例程序在 src/ 目录下,进入该目录,即可在当前目录下运行这些示例程序。可以让 MiniGUI 程序在 QVFB 中运行,也可以在 Linux 控制台的 FrameBuffer 设备上运行。

1. 在 QVFB 中运行 MiniGUI 应用程序

操作步骤如下:
① 在 X Window 环境中,启动 QVFB 程序。
② 单击 QVFB 菜单:file→configure,设置 320×240 的 16 位色的显示模式。

③ 修改 MiniGUI 的运行时配置文件 /usr/local/etc/MiniGUI.cfg，指定要使用的图形引擎和输入引擎名称及其相关参数如下：

[system]
gal_engine = qvfb
ial_engine = qvfb
[qvfb]
defaultmode = 320x240 - 16bpp
display = 0

之后运行已经编译好的 MiniGUI 示例程序，可以发现，MiniGUI 的窗口将显示在 qvfb 程序创建的窗口中，简单的"Hello work!"程序的运行界面如图 7 - 14 所示。

2. Linux 控制台的 FrameBuffer 设备上运行 MiniGUI 应用程序

操作步骤如下：

① 切换到 Linux 字符控制台下（X Window 环境中可按<Ctrl+Alt+F1>组合键）。

② 修改 MiniGUI 运行时的配置文件 /usr/local/etc/MiniGUI.cfg，指定要使用的图形引擎和输入引擎名称及其相关参数如下：

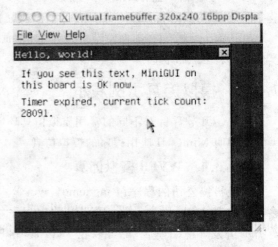

图 7 - 14　MiniGUI - QVFB 模拟仿真运行图

[system]
gal_engine = fbcon
ial_engine = console
mdev = /dev/mouse
mtype = PS2
[fbcon]
defaultmode = 1024x768 - 16bpp

这里假定使用的鼠标采用 PS2 协议，连接在 /dev/mouse 设备上，FrameBuffer 的分辨率为 1024×768，颜色深度为 16 位色。如果系统没有安装鼠标，或者鼠标不正常，可以通过指定 mtype=none 来禁止鼠标。

在 Linux 字符控制台上运行 MiniGUI 应用程序时，可以使用如下快捷键：

<Ctrl+Alt+BackSpace>　强制退出 MiniGUI 应用程序。

<Ctrl+Esc>　激活系统菜单，可以选择退出 MiniGUI 会话。

图 7 - 15 给出了 Linux 控制台上运行的一个 MiniGUI 应用程序（程序源代码在 mde - str - 1.6.x.tar.gz 中）的效果图。

7.6.3.3　SkyEye 模拟仿真

1. 交叉编译 MiniGUI 示例程序

编译 MiniGUI 应用程序，需注意在链接生成可执行程序时，要通过 - l 选项指定要链接的 MiniGUI 函数库，如：

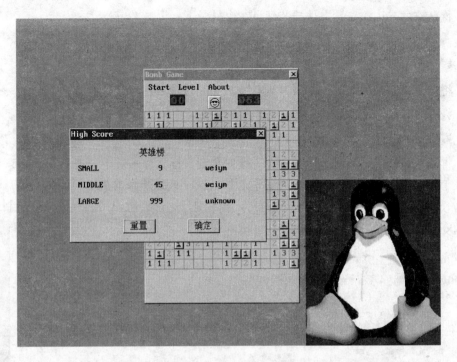

图7-15　Linux FrameBuffer 设备上运行 MiniGUI 应用程序的效果图

```
user$ arm-linux-gcc -Wall -O2 -o helloworld helloworld.c -lminigui -lpthread
```

若用 mg-samples-str 包，还可以直接使用预先准备的 configure 脚本生成交叉编译的 makefile 文件：

```
user$ cd <path to mg-samples-str-1.6.2>
user$ ./build-linux-ep7312-skyeye
user$ make clean; make
```

运行上述命令，将交叉编译生成 mg-samples-str 包中针对 SkyEyeEP7312 模拟器的所有示例程序。

2．准备文件系统

通常编译完 MiniGUI 和应用程序后，需要把 MiniGUI 库、资源和应用程序复制到为目标系统准备的文件系统目录中，然后使用相关的工具生成目标映像，再下载到目标板上运行。在某些目标系统上，也可以使用某些下载工具通过串口或以太网口单独下载文件到目标系统中。

针对 SkyEye 的 EP7312 模拟器，使用 ROMFS 技术，将根文件系统放在 ROMFS 中，由内核在引导结束后挂装该文件系统。为此，需在 skyeye.conf 文件中指定好 ROMFS 的映像文件名称及合适的大小。在一个已有的 initrd.img 基础上制作包括 MiniGUI 函数库、配置文件、资源文件及示例程序在内的 ROMFS 映像文件。这个原始的 initrd.img 文件/armlinux/ep7312/目录下。制作新 ROMFS 映像文件的步骤如下：

① 创建一个 romfs/目录：

```
root# mkdir /opt/armlinux/ep7312/romfs -p
root# cd /opt/armlinux/ep7312
```

② 将已有的 initrd.img 文件挂装到另一个目录下：

```
root# cp <path to cdrom>/armlinux/ep7312/initrd.img .
root# mount -t ext2 -o loop initrd.img /mnt/tmp/
```

③ 将旧文件系统的内容全部复制到新的 romfs 目录：

```
root# cp /mnt/tmp/* romfs/ -a
root# umount /mnt/tmp
```

④ 将 minigui-res-str 包中的资源直接安装到目标文件系统中。进入 minigui-res-str-1.6.x 目录并编辑 config.linux 文件，将其中的 prefix 变量修改为 prefix=/opt/armlinux/ep7312/romfs；然后执行 make install 即可将 MiniGUI-STR 所使用的资源文件复制到 /opt/armlinux/ep7312/romfs/usr/local/lib/minigui 目录下。

删除不需要的位图和图标等资源：

```
root# cd romfs/usr/local/lib/minigui/res/
root# rm bmp/*flat.bmp -f
root# rm bmp/*phone.bmp -f
root# rm icon/*flat.ico -f
root# rm imetab/ -rf
```

⑤ MiniGUI 应用程序使用动态链接，需要将交叉编译环境中的 C 函数库、libpthread 函数库和 MiniGUI 函数库复制到 ROMFS 文件系统的 /lib 目录下：

```
root# cd /opt/armlinux/ep7312/romfs
root# cp /usr/local/arm/2.95.3/arm-linux/lib/libminigui-1.6.so.2 lib/
root# cp /usr/local/arm/2.95.3/arm-linux/lib/libpthread.so.0 lib/
root# cp /usr/local/arm/2.95.3/arm-linux/lib/libm.so.6 lib/
root# cp /usr/local/arm/2.95.3/arm-linux/lib/libc.so.6 lib/
root# cp /usr/local/arm/2.95.3/arm-linux/lib/ld-linux.so.2 lib/
root# arm-linux-strip lib/*
```

这些命令将 ld-linux.so.2、libc.so.6、libm.so.6 和 libpthread.so.0 等文件复制到 ROMFS 文件系统的 /lib 目录。注意，最后调用 arm-linux-strip 命令剥离共享库中的符号信息。

⑥ 在 ROMFS 中建立下面的符号链接：

```
root# mkdir -p usr/local/arm/2.95.3/arm-linux/
root# ln -s /lib usr/local/arm/2.95.3/arm-linux/lib
```

这些命令确保动态链接系统能够找到正确的动态链接库。ROMFS 中的 /usr/local/arm/2.95.3/arm-linux/lib 目录其实就是在主机上编译生成可执行文件时共享库的位置，要在目标系统上建立一样的目录，以便在执行程序时动态链接系统能够找到这些共享库。

⑦ 复制 MiniGUI 的运行时配置文件：

```
root# mkdir usr/local/etc
root# cp /usr/local/arm/2.95.3/arm-linux/etc/MiniGUI.cfg usr/local/etc/
```

修改配置文件,指定正确的输入引擎名称:

```
[system]
gal_engine = fbcon            # GAL engine
ial_engine = SkyEyeEP7312     # IAL engine
mdev = /dev/ts
mtype = def
```

⑧ 将 MiniGUI 示例程序剥离符号信息,并复制到 ROMFS 文件系统的/bin 目录下:

```
root# arm-linux-strip <path to mg-samples-str-1.6.2>/src/
root# cp <path to mg-samples-str-1.6.2>/src/helloworld bin/
```

⑨ 调用 genromfs 命令制作 ROMFS 映像文件:

```
root# cd /opt/armlinux/ep7312
root# genromfs -d romfs -f romfs.img
root# ls -l romfs.img
-rw-r--r-- 1 root root 4218880 Mar 15 17:03 romfs.img
```

3. 运行 MiniGUI 示例程序

在/opt/armlinux/ep7312 目录中,创建如下的 skyeye.conf 文件:

```
cpu: arm720t
mach: ep7312
lcd:state = on
mem_bank: map = I, type = RW, addr = 0x80000000, size = 0x00010000
mem_bank: map = M, type = R, addr = 0x00000000, size = 0x000C0000
mem_bank: map = M, type = R, addr = 0x000C0000, size = 0x00800000, file = ./romfs.img
mem_bank: map = M, type = RW, addr = 0xc0000000, size = 0x01000000
```

该文件在定义内存块时,根据 romfs.img 的大小(4 218 880 字节)将 size 设置成为 0x00800000。将编译好的 Linux 内核复制到/opt/armlinux/ep7312 目录,然后在 X Window 终端仿真程序中运行 SkyEye:

```
root# cp /opt/armlinux/linux-2.4.13/vmlinux .
root# skyeye vmlinux
(SkyEye) target sim
(SkyEye) load
(SkyEye) run
```

内核启动之后,进入/bin 目录运行 helloworld 程序:

```
Welcome to ARMLinux for Skyeye
For further information check: http://hpclab.cs.tsinghua.edu.cn/~skyeye/
Execution Finished, Exiting Command: /bin/sh
Sash command shell (version 1.1.1)
/> cd bin
/bin> ./helloworld
```

则 MiniGUI 的 helloworld 程序将运行在 SkyEye 建立的用来模拟 LCD 的窗口中,如图 7-16

所示。

还可以运行 mde-str 包中的 MiniGUI 示例程序：

```
user$ cd <path to mde-str-1.6.x>
user$ ./build-linux-ep7312-skyeye
user$ make clean; make
```

然后将 same 程序及其资源放到 ROMFS 中：

```
root# cd /opt/armlinux/ep7312/romfs/bin
root# cp <path to mde-str-1.6.x>/same/same .
root# mkdir res; cd res
root# cp <path to mde-str-1.6.x>/same/res/*.gif .
```

重新生成 romfs.img 并执行 SkyEye，可在 SkyEye 的模拟 LCD 窗口中看到 MiniGUI same 游戏，图形界面如图 7-17 所示。

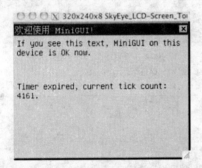

图 7-16 SkyEye-EP7312 模拟运行程序

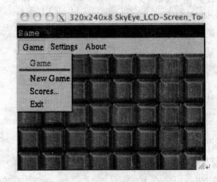

图 7-17 SkyEye-EP7312 模拟运行 same 程序

7.6.3.4 Xcopilot 模拟仿真

1. 交叉编译 MiniGUI 示例程序

编译 MiniGUI 应用程序有两种办法：一种是把 MiniGUI 应用程序添加到 uclinux-dist 的 user 目录中，在 uclinux-dist 中进行编译和链接，直至生成最后的映像文件；另一种是先单独编译 MiniGUI 程序，生成可执行程序文件，然后放到 uclinux-dist 的 romfs 目录中，执行 make image 命令生成映像。

先介绍第一种方法。在 uclinux-dist/user 目录下建立一个 mgdemo 目录，然后从 mg-samples-str 包中复制 helloworld.c 文件：

```
root# cd /opt/uclinux/uclinux-dist/user
root# mkdir mgdemo
root# cd mgdemo
root# cp <path to mg-samples-str>/src/helloworld.c .
```

然后在该目录下建立 Makefile 文件，其内容如下：

```
EXEC = mghello
OBJS = helloworld.o
CFLAGS += = -I/opt/uclinux/uClinux-dist/minigui/m68k-elf/include
```

```
LDFLAGS + = -L/opt/uclinux/uClinux-dist/minigui/m68k-elf/lib
LDLIBS + = -lminigui
all: $(EXEC)
$(EXEC): $(OBJS)
    $(CC) $(LDFLAGS) -o $@ $(OBJS) $(LDLIBS $(LDLIBS_$@))
romfs:
    $(ROMFSINST) /bin/$(EXEC)
clean:
    -rm -f $(EXEC) *.elf *.gdb *.o
```

最后修改 uClinux-dist/user/目录下的 Makefile 文件,加上一行"dir_y += mgdemo"。这样在 uClinux-dist 目录下输入"make"进行编译时,就把该示例程序包括在编译范围之内,编译后将在 romfs/bin 目录下生成 mghello 程序。

如果使用后一种方法,可以将设计的应用程序放到 uClinux-dist/目录树中和 μC/Linux 内核、μClibc 函数库一起编译。这样做可以借助 uClinux-dist 的 makefile 结构以及预先设定的变量及规则非常方便地编译所设计的应用程序,而不需要关注那些特殊的编译选项,但是每次编译总是要从内核、μClibC 开始编译,会浪费一些时间。具体实现步骤如下(以 cal 程序为例):

① 在 uClinux-dist/user 目录下为新的程序建立目录,并将 cal 程序的三个源文件复制到该目录下:

```
root# cd /opt/uclinux/uClinux-dist/user
root# mkdir mycal
root# cd mycal
root# cp <path to cal>/cal/*.[ch] .
```

② 从 user 目录下的 tip 目录中复制 Makefile 文件:

```
root# cp ../tip/Makefile .
```

③ 对复制后的 Makefile 文件做相应改动(只需修改前两行):

```
EXEC = mycal
OBJS = cal.o print.o
all: $(EXEC)
$(EXEC): $(OBJS)
    $(CC) $(LDFLAGS) -o $@ $(OBJS) $(LDLIBS $(LDLIBS_$@))
romfs:
    $(ROMFSINST) /bin/$(EXEC)
clean:
    -rm -f $(EXEC) *.elf *.gdb *.o
```

④ 修改 user/目录下的 Makefile 文件,在 dir_y += games 一行的后面加上一行:

```
dir_y += games                    dir_y += mycal
```

这样在 uClinux-dist 目录下输入"make"进行编译时,就会把该程序包括在编译范围之内,编译后将在 romfs/bin 目录下生成 mycal 程序文件。

单独编译 MiniGUI 程序时,要注意的是需要通过 -I、-L 以及 -l 选项指定头文件、库文件搜索路径以及要链接的函数库名称。如果使用 mg-samples-str 包还可以直接使用预先准备的 configure 脚本生成可用于交叉编译的 makefile 文件：

```
user $ cd <path to mg-samples-str-1.6.2>
user $ ./build-uclinux-xcopilot
user $ make
```

运行这些命令后,将交叉编译生成 mg-samples-str 包中针对 Xcopilot 的所有示例程序。

2. 准备文件系统

首先在 romfs 中建立相应的目录,并将 MiniGUI 的运行时配置文件放到 romfs 中：

```
root# cd /opt/uclinux/uClinux-dist/
root# mkdir romfs/usr/local/etc -p
root# cp minigui/m68k-elf/etc/MiniGUI.cfg romfs/usr/local/etc/
```

接下来要根据 MiniGUI.cfg 中的设置,将 MiniGUI 运行时所需要的位图、字体、图标和鼠标光标复制到对应的目录中。一个简单的办法是修改 minigui-res-str 包中的配置信息,运行 make install 让 make 命令复制这些文件。打开 minigui-res-str 包中的 config.linux 文件,并修改 TOPDIR：

```
TOPDIR = /opt/uclinux/uClinux-dist/romfs
```

然后以超级用户身份运行 make install 命令,该命令将把 MiniGUI 所需资源文件复制到 TOPDIR 设定的目录树下,这里就是 uClinux-dist 的 romfs 目录。

另外还需要修改 MiniGUI.cfg 文件,以便为 Xcopilot 模拟器指定正确的输入引擎名称。打开 uClinux-dist 目录下的 romfs/usr/local/etc/MiniGUI.cfg 文件,在[system]段中做如下修改：

```
[system]
gal_engine = fbcon              # GAL engine
ial_engine = MC68X328           # IAL engine
mdev = /dev/ts
mtype = unknown
```

最后在 uClinux-dist 目录下运行 make 命令,最终将生成 ROM 映像文件。

如果在 mg-samples-str 包中单独编译 MiniGUI 应用程序,则可以将编译后的程序复制到 romfs/中,最后运行 make image 命令生成映像文件,如：

```
root# cp <path to mg-samples-str>
root# cp src/helloworld /opt/uclinux/uClinux-dist/romfs/bin/
root# cd /opt/uclinux/uClinux-dist
root# make image
```

3. 运行 MiniGUI 示例程序

确保 Xcopilot 使用正确的 ROM 映像文件：

```
user $ cd ~/.xcopilot
user $ ln -s /opt/uclinux/uClinux-dist/images/pilot.rom
```

在 X Window 的终端仿真程序中启动 Xcopilot 模拟器：

user＄ cd <path to xcopilot>
user＄ ./xcopilot

在 Xcopilot 模拟器中运行 MiniGUI 示例程序：

/> cd bin
/bin> ./mghello

MiniGUI "Hello, world" 示例程序将在 Xcopilot 模拟器上显示，如图 7-18 所示。单击 Xcopilot 模拟器的 LCD 屏幕（相当于单击实际设备的触摸屏），看到该示例程序将打印的信息，表明接收到单击事件。

图 7-18 Xcopilot-MC68X328 模拟运行示例程序

7.7 MiniGUI 应用设计举例

本节列举几个典型应用实例，说明 MiniGUI 图形体系的具体应用设计。

7.7.1 机车显示终端界面设计

机车显示终端，高效直观地显示机车的行车安全信息、故障信息和设备状态等，可以有效地指导乘务员操作，确保安全行驶，减小故障影响，是乘务员与机车信息交互的主要方式。传统的机车显示终端大多采用 DOS 操作系统开发，设计难度和工作量很大，利用 MiniGUI 技术设计以 μLinux 为操作系统的机车显示终端的图形用户界面，界面优良，开发周期短，性价比高，应用意义巨大。

1. 系统整体设计方案

车载显示终端选用研华科技公司的 PC/104 主板 PCM-9372 为硬件平台核心，显示器选用 Sharp 公司的 10 英寸彩色 TFT 液晶显示屏。软件运行环境选用 μC/Linux 和 MiniGUI 构成。移植 μC/Linux，基于 MiniGUI 完成图形用户界面程序以及有关应用程序的开发。整个系统的软件结构如图 7-19 所示。

应用程序				
POSIX 接口		MiniGUI API		
底层接口库	GNU C 库	图形库		中文输入
μC/Linux 操作系统				
网络	存储管理	外设驱动	文件系统	多线程

图 7-19 机车显示终端软件体系结构框图

2. MiniGUI 的裁剪与移植

得到 libminigui-1.3.3.tar.gz 库文件和 minigui-res-1.3.3.tar.gz 资源文件，用以下命令进行 MiniGUI 的配置、编译和安装：

```
tar xzvf minigui-res-1.3.3.tar.gz
make install
tar xzvf libminigui-1.3.3.tar.gz
./configure
make
make install
```

安装后的 MiniGUI 体积约为 10 MB，对于嵌入式系统来说体积过于庞大，所以必须对其进行裁剪。可以利用编译选项和修改配置文件将 MiniGUI 裁剪到 2 MB，以满足机车显示终端嵌入式系统的要求，具体做法如下：

（1）编译 libminigui 时使用如下 configure 选项

```
./configure
--disable-static           # 不支持静态链接库
--disable-lite             # 编译成 thread 版本
--disable-debug            # 不支持调试信息，在应用程序调试成功后
--disable-tracemsg         # 不支持跟踪信息
--enable-flatstyle         # 支持平面窗口，而不是 3D 窗口
--disable-svgalib          # 不支持 svgalib 引擎
--disable-libggi           # 不支持 libggi 引擎
--enable-fblin16           # 支持 16 bpp 的 FrameBuffer 引擎
--enable-nativeial         # 支持本地 IAL
```

这样仅仅生成动态链接库，体积也就大大减小。

（2）修改 /usr/local/etc/MiniGUI.cfg 配置文件

在 MiniGUI.cfg 中，可供裁剪的选项包括 systemfont、truetypefonts、cursorinfo、iconinfo、bitmapinfo 和 imeinfo。裁剪完成后，将以下文件移植到目标机上：

① MiniGUI 的函数库，包括 libminigui、libmywins 和 libmgext 等，还包括其他应用程序函数库等。

② MiniCUI 的配置文件，即 /usr/local/etc/MiniGUI.cfg 文件。

③ MiniGUI 所使用的资源文件，即 usr/local/lib/minigui/res。

3. 终端图形用户界面设计与开发

车载显示终端的图形用户界面主要完成数据的显示、查询和用户输入等功能，设计上要求简单实用，操作方便，复杂的界面会带来不必要的开销，影响性能。MiniGUI 是一种基于线程的窗口系统，界面控制线程和应用逻辑可以用不同的线程来完成，相互之间通过消息来完成数据传递。将正常状态下的显示界面设定为主窗口，MiniGUI 为每个主窗口建立单独的消息队列，在该主窗口基础上派生出的其他主窗口、对话框及其控件均使用同一消息队列。这里在主函数 MiniGUIMain 中创建并显示主窗口，并建立窗口结构与窗口过程的联系，然后从窗口管理器中获取、翻译并分发消息，而窗口过程则处理各个窗口的消息。根据消息的类型可以完成不同的处理，如 MSG_PAINT 消息的处理通常用来绘制窗口，而 MSG_CLOSE 消息的处理则用来完成应用的结束，也可以在 MiniGUIMain 函数中建立其他应用线程。主界面设计流程图如图 7-20 所示。

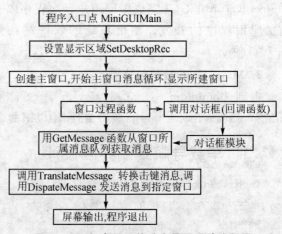

图 7-20　机车显示终端主界面设计流程图

主界面的关键代码如下所示：

```c
int MiniGUIMain (int argc, const char * argv[])/* 主函数 */
{
    ......
    pthread_create(&display_control_thread,NULL,&dis_app,hDlg);    // 建立工作线程
    pthread_create(&aparam_thread,NULL,&aparam_app,hDlg);          // 建立参数设置界面线程
    HWND hWnd = HWND_DESKTOP; DlgInitProgress.controls = CtrlInitProgress;
    DialogBoxIndirectParam(&DlgInitProgress,hWnd,InitDialogBoxProc,0L); return 0;
}
static int InitDialogBoxProc (HWND hDlg, int message, WPARAM wParam,
    LPARAM lParam)                                                 // 主界面消息处理函数
{ switch(message)
    { case MSG_INITDIALOG: return 1;
      case MSG_PAINT:                                              // 进行图形绘制操作
      case MSG_TIMER:                                              // 定时器消息
        ......                                                     // 获得工作线程数据并进
                                                                   // 行处理
        break;
      case MSG_MYKEYDOWN:
        ......
    }
    return DefaultDialogProc(hDlg, message, wParam, lParam);
}
```

设计开发完成的显示终端主界面和参数设置如图 7-21 所示。

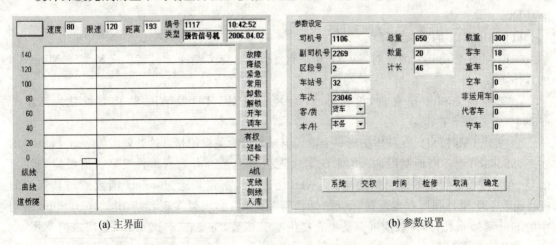

(a) 主界面　　　　　　　　　　　　　(b) 参数设置

图 7-21　机车显示终端设计图

7.7.2　车载导航终端界面设计

便携式车载导航及其电子地图显示具有广泛的应用,利用 MiniGUI 可以快速实现车载终端的电子地图在 LCD 上的绘制,配合 GPS(Global Position System)信号接收机实现实时定位导航的功能,下面说明具体的软硬件体系实现。

1. 系统整体设计方案

系统整体设计方案如图 7-22 所示,该系统可实现 GPS 导航、电子地图实时定位、GSM/GPRS 通信等功能。主控芯片采用 Samsung 公司的 ARM 核 32 位 RISC 微处理器 S3C2410,并在由其组成的开发板上移植 μC/Linux 操作系统,由 Linux 操作系统负责系统的整体调度和控制。通过 S3C2410 的 UART 接口连接 GPS 接收机 JUPITER 021/031,用以接收 NE-MA0183 格式的 GPS 定位信息。通过 UART 接口和 GSM/GPRS 模块 MC35 进行通信,通过发送 AT 命令控制 MC35,来完成语音呼叫、GSM SMS 及 GPRS 等功能。

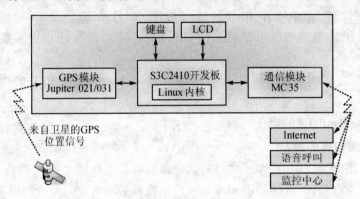

图 7-22　车载导航终端的整体设计方案框图

2. MiniGUI 的编译与移植

这里使用 MiniGUI 1.30 版本,将其编译为 Lite 版本并移植到 S3C2410 上。在此基础上开发基于 MiniGUI 的电子地图显示应用程序,配合 GPS 信号接收机实现定位导航功能。

(1) MiniGUI 的交叉编译

选用 Mizi 公司开发的针对 S3C2410 平台 armv41 交叉编译工具链。交叉编译 MiniGUI 的具体步骤如下:

① 要修改 configure 文件,设置 make 环境变量 CC、LD 及 AR 等,将其设置为选用的 armv41 交叉编译工具。

② 实现 IAL 接口。在具体实现一个输入引擎时最为关键的是事件处理函数 wait_event() 的实现,MiniGUI 会不断地调用该函数来确定输入引擎上是否有输入事件发生。需要特别注意的是,在实现 lite 版本输入引擎的 wait_event 函数时,一定要通过 select 函数或与其等价的 poll 函数来实现;同时,在实现目标板的触摸屏驱动时,必须要实现相应 file_operations 结构中的 poll 函数指针;即使触摸屏驱动没有提供 poll 函数,也要在 wait_event 返回之前调用 select,并传递相关参数。

③ 依次运行 configure、make 和 make install 命令,完成 MiniGUI 的配置和编译。

经过上述编译过程,编译好的 MiniGUI 库文件安装在/home/MiniGUI-lite 目录下。为了减小库文件的大小,可根据需要利用 configure 命令将 MiniGUI 中一些不需要的功能去掉,同时可以用交叉编译工具链中的 strip 命令删除 MiniGUI 函数库中的符号信息和其他一些调试信息。

(2) 移植 MiniGUI 到 S3C2410

通常编译完 MiniGUI 和应用程序后，需要把 MiniGUI 库、资源和应用程序复制到为目标系统准备的文件系统目录中，然后使用相关的工具生成文件系统映像，再下载到目标板上。这里使用 initrd 技术来挂载一个 ramdisk 做为目标板的根文件系统，因此需要将编译好的 MiniGUI 的库文件复制到 ramdisk 的 /user/lib 目录下，同时将 MiniGUI 的资源文件也复制到该目录下。

MiniGUI 在运行的时候需要一个配置文件，用来配置 MiniGUI 运行所需要的环境参数。这里将配置文件 MiniGUI.cfg 放到目标板的 /etc 目录下。mginit 初始化时必读的配置文件包括：系统使用的图形引擎、输入引擎、鼠标、屏幕设备的指定参数设置以及字体库等信息。

另外需要注意，在编译 Linux 内核时一定要将 Frame Buffer 相关的功能编译到内核中去。

3. 绘制基于 MiniGUI 的电子地图

(1) 电子地图数据的提取

地图格式采用广泛应用的 MapInfo 格式，它以矢量形式存储文件，即 TAB 形式。这种原始数控形态一直没有公开，直接利用 MapInfo 的原始数据很难。但可以利用 MapInfo 与外界交换数据的机制 MIF(MapInfo Interchange Format) 格式地图。

设计中利用 MapInfo MIF 格式的地图数据来完成地图的绘制工作，通过选取合适的数学模型和建立合适的数据结构，来实现电子地图的绘制。地图中的地理信息可以分为三类：

➢ Point 型——用于市区单位名等图层的绘制和显示；

➢ Pline 型——用于一级道路、二级道路、三级道路和单线河/桥等图层的绘制和显示；

➢ Region 型——用于边框、居民地、绿地、市界、县界和双线河等图层的绘制和显示。

对应于这三种类型的地理信息，分别定义数据结构 _POINT、_PLINE 和 _REGION。以道路为例，在程序中定义对应的 _PLINE 结构来描述相关信息，其结构定义如下：

```
struct _PLINE
{    double * B, * L;           // 描述各节点经、纬度坐标的数组指针
     int m_node; char * m_name; // 节点数；名称标识
}
```

_PLINE 和 _REGION 等数据结构的定义与 _PLINE 类似。有了上述结构的定义，就可以将 MIF 和 MID 文件中的信息读取到为对应信息定义的结构变量中，然后在具体绘制电子地图时只须对这些结构变量进行相应的操作即可。

(2) MiniGUI 电子地图的绘制

MiniGUI 程序的入口点为 MiniGUIMain，main 函数已经在 MiniGUI 的函数库中定义，该函数在进行一些 MiniGUI 的初始化工作后调用 MiniGUIMain 函数。如果应用程序为 Lite 版本 MiniGUI 下的应用程序，则应首先调用 SetDesktopRect 函数来设置程序的显示区域，然后调用 CreateMainWindow 函数创建并显示程序的主窗口，最终进入消息循环。

MiniGUI 是消息驱动的系统,一切运作都围绕着消息进行,MiniGUI 应用程序通过接收消息来与外界交互。在电子地图的绘制过程中,主要用到 MiniGUI 的窗口绘制消息 MSG_PAINT。该消息在需要进行窗口重绘时,发送到窗口过程。MiniGUI 通过判断窗口是否含有无效区域来确定是否需要重绘,在需要进行重绘时,MiniGUI 向相应的窗口过程发送 MSG_PAINT 消息。

基于 MiniGUI 的主程序框架如图 7-23(a)所示,为了与 JUPITER 021/031 通信,接收 GPS 定位信息,同时还要与 MC35 通信实现无线通信的相关功能,因此在主程序中启动两个子进程来实现与子系统的串口通信。另外,使用共享内存(shared memory)和信号(signals)机制来实现进程间的通信,用来传递定位数据等信息。GPS 信息接收的子进程功能框架如图 7-23(b)所示。

MiniGUI 主程序接收到其 GPS 通信子进程发送的 SIGUSR1 信号时,就调用相应的信号处理函数。为了实时更新定位点在电子地图中的位置,必须在该函数中读取共享内存中的最新位置信息;同时根据定位点位置的变化确定需要重绘的区域,调用 MiniGUI 中的 InvalidateRect 函数使该区域无效。通过这种方式,使得最新的位置信息实时的在电子地图上显示出来。

在程序中定义的 mpadraw 函数为电子地图绘制函数,在主程序的 MSG_PAINT 消息处理时调用该函数,以完成电子地图的具体绘制工作。mpadraw 函数的流程图如图 7-23(c)所示。在具体绘制的过程中,需要用到 MiniGUI 提供的 GDI(Graph Device Interface)函数来完成道路、道路名和居民区等地理信息的显示。

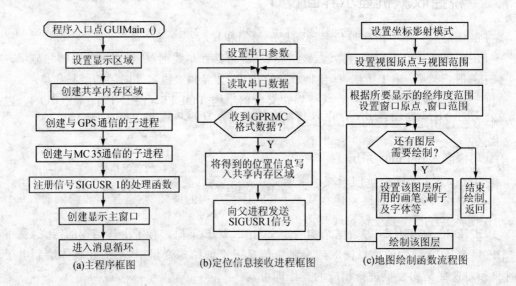

图 7-23 MiniGUI 电子地图设计流程图

应用 MiniGUI 实现的电子地图如图 7-24 所示。

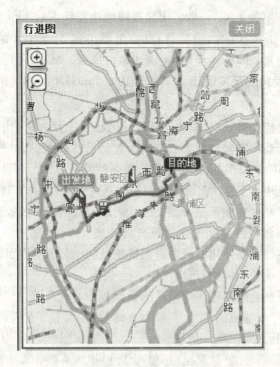

图 7-24 MiniGUI 实现的电子地图

7.7.3 税控收款机显示界面设计

税控收款机需要保证经营数据的正确生成、可靠存储和安全传递,实现税务机关管理和数据核查;更需要采用大屏幕彩色 LCD、图形式交互界面,并拥有完善的商业统计能力、计算能力;这些都迫切要求在产品设计时引入嵌入式操作系统,分层设计业务逻辑模块,同时设计图形界面时要选择合适的 GUI。以下介绍如何通过嵌入式 Linux 系统和 MiniGui 图形体系在 Intel 公司的 ARM 处理器 PXA255 硬件平台上设计高性价比的新型税控收款机,其开发过程主要包括:

1. 移植嵌入式 Linux 系统

移植嵌入式 Linux 系统的关键步骤如下。

① 建立交叉编译工具链。建立基于 ARM 体系结构的编译器、链接器和调试器。编译内核,制作文件系统都需要交叉编译环境。

② 配置、编译 μC/Linux 内核。首先要进行内核的系统类型、通用选项、块型设备、文件系统、字符型设备的选择和配置。选择文件系统时,由于税控收款机在掉电时需要保存交易数据,所以采用日志型文件系统 jffs2。而在开发中,希望对程序可以随时修改调整,所以在此阶段选用网络文件系统 NFS 作为文件系统。然后用交叉编译工具编译后,用 make zImage 命令生成压缩内核 zImage。

③ 建立根文件系统。需要保证 Linux 基本目录的存在,才能确保 Linux 系统正常工作。

④ 最后将嵌入式 Linux 系统烧入开发板。首先烧写 blob(boot loader),blob 起了 PC 系统中 BIOS 的作用,同时通过 blob 还可以把 Linux 内核和文件系统烧入 Flash。在烧写内核时,先将映像文件下载到开发板的 SDRAM 中,再从 SDRAM 烧入 Flash。下载到 SDRAM 时

可以用 xmodem 或 TFTP 的方式,一般选用通过网线速度较快的 TFTP。烧写 jffs2 文件系统的过程相似。

这样就得到了一个完整的嵌入式 Linux 系统。

2. 封装业务逻辑模块的开发设计

(1) 模块划分

根据税控机开发的特点与要求,总体功能设计时将系统分为驱动层、应用层和用户层。用户层根据不同机型设计系统流程和模块。应用层包括系统管理、商品管理和税控管理等。驱动层包括打印机模块、IC 卡操作模块、存储模块和串口模块等。

系统的总体功能模块如下:独立设计应用层的系统管理、商品管理和税控管理类,这样有关商品的所有操作全部被封装在商品管理类中。同理,系统管理、税控管理也是如此。再将驱动层的打印机、IC、存储和串口等操作分别封装设计成一个类,最后将这些部分封装起来,作为中间件供各种型号使用。在使用时只要调用这些类的相关函数即可。

这里对应用层各模块的功能进行分析。

应用层商品管理模块:封装与商业相关的全部操作。首先完成商业初始化、上电和商品交易准备等工作;然后完成部类的添加、删除和查询等;当设置了部类资料后就可以对商品进行添加、删除和搜索商品并返回相关信息。

应用层税控管理模块:封装与税控相关的全部操作。系统有关的操作包含税控功能初始化、日期检测和上电等;税控管理中对发票的处理、打印是完成税控功能的重要组成部分,发票的卷数分发、装卷,当前卷的剩余发票张数都要在这里进行处理;然后就是在商品交易、补打发票和废票处理等操作中涉及的发票总额上限、获取发票号和发票打印等一系列功能;还有汇总、报税、稽查、停机处理和信息查询等。税控管理是税控收款机功能的核心。

应用层系统管理模块:封装与税控/商业无关的或者全部相关的所有操作,包括硬件检测、建立有权限区别的用户、用户登陆系统、锁屏/锁机和指示灯等的控制。

分层设计的优点是应用层和驱动层根据税控机的各种要求进行设计,它们独立于系统流程之外,这部分的内容比较固定、全面,可以实现各种各样的功能;而根据市场需要可以选择不同类型的硬件平台(如 ARM7,ARM9)和软件平台(如 μC/Linux 等),并且因为硬件性能和需求不同,在不同档次的机型设计时选择不同的 GUI(如 MiniGUI 和 QtE),并且在设计功能时给予不同的取舍,开发适应特定需求的系统流程,很容易实现完整的产品线,因调用同样的应用层和驱动层而大大加快产品的设计。

(2) 数据结构设计

限于篇幅,这里只给出商业管理的部分数据结构设计。

部类结构:部类是具体商品的归类,它的定义包含部类编码、部类名称和税种等项目。

```
struct Dpt
{   uchar No;char Name[20 + 1];              // 编码,部类名称
    uchar TaxIndex;charReserved[10];         // 所属税种
};
```

PLU(商品)结构:商品是商品交易的基本单位和对象。一个商品要包含商品名称和单价等属性。

```
struct Plu
{   ushort No;char BarCode[13 + 1],Name[20 + 1];        // 编码,条码,商品名称
    uchar TaxIndex;uint Stock,Price;                     // 所属税种,库存数量,单价
};
```

3. 应用 MiniGUI 设计图形用户界面

MiniGUI 的编程概念包括窗口和事件驱动编程等。MiniGUI 将事件转换为一个消息,然后将该消息放入目标程序的消息队列中,程序通过如下代码执行消息循环,不断从消息队列中取出消息,进行处理:

```
while (GetMessage(&Msg, hMain - Wnd))
{   TranslateMessage(&Msg); DispatchMessage(&Msg);  }
```

下面以商品销售对话框为例,实现对话框初始化和对消息的处理:

```
static int TransactProc(HWND hWnd, int message, WPARAM wParam, LPARAM lParam)
{   switch(message)
    {   case MSG_INITDIALOG: SetFocus(GetDlgItem(hWnd, IDC_EDITNAM));
            ……
            break;
        case MSG_KEYDOWN:
            switch(wParam)
            {   case SCANCODE_EN - TER:
                    // 检查输入的商品编号和数量等是否匹配;
                    // 向列表型控件中添加商品,输入后回归默认状态;
                    break;
                ……
            }
            break;
    }
    return DefaultDialogProc (hWnd, message, wParam, lParam);
}
```

首先程序在初始化时设置了光标的位置,然后通过 wParam 键值对键盘消息进行处理,最后给出了默认消息处理函数。用 MiniGUI 编写的程序界面效率非常高,经过测试满足税控收款机响应时间要求。

7.8 本章小结

本章首先介绍了 MiniGUI 图形系统的功能特点、软件体系结构和运行模式,接着详细说明了 MiniGUI 的内核移植、编译及其设置,重点阐述了消息循环、窗口过程、对话框/控件编程、GDI 函数及其使用等 MiniGUI 应用开发基础,指出了 MiniGUI 应用程序开发设计与模拟仿真的过程步骤和方法手段。还针对 MiniGUI 移植、应用程序开发与模拟仿真等重要环节,结合常用软硬件平台和典型项目实例,展开了具体的分析和研究。

本章最后,理论联系实践,结合几个具体的项目开发,综合描述了如何运用 MiniGUI 设计

具体的优质图形界面系统。

7.9 学习与思考

1. 为什么 MiniGUI 能够广泛应用？
2. 试分析 MiniGUI 应用在 μC/Linux 下的软件体积大小。
3. 有一个 ARM9 + STN LCD 的硬件平台，采用了 μC/Linux 软件体系，选用 MiniGUI 作为其图形显示系统，MiniGUI 工作在什么模式好？为什么？
4. 概括说明 MiniGUI 移植及其应用程序设计的一般步骤。

第8章 嵌入式 Qt 图形系统设计

Qt 是人机图形用户界面设计中常用的优秀设计手段,针对便携式移动通信、个人数字助理等广大普遍的嵌入式系统应用需求,Qt 有 QtE/Qtopia 版本。嵌入式 Qt 图形系统有哪些特有的技术优势?如何进行 QtE-GUI 的软件移植?如何在嵌入式系统中使用 QtE/Qtopia 设计界面优美、高效实时的图形体系?本章将对上述问题展开全面阐述。本章主要有以下内容:

➤ Qt-GUI 图形体系概述;
➤ QtE-GUI 框架结构及核心技术;
➤ QtE-GUI 软件移植;
➤ QtE-GUI 编程技术详述;
➤ QtE-GUI 应用设计举例。

8.1 Qt-GUI 图形体系概述

8.1.1 Qt-GUI 软件体系简介

1. 有关 Qt 的基本知识

快速开发 Qt(Quick Tap),是挪威的奇趣科技(TrollTech)公司推出的一个跨平台的 C++图形用户界面库。可以简单地说,Qt 就是基于 C++语言的一种专门用来开发 GUI 界面的框架,里面包括了按钮(button)、标签(label)和窗口(frame)等很多可以直接调用的控件,每个控件都提供有很多可以直接使用的属性和方法函数。

Qt 通过汇集 C++类的形式,提供了建立艺术级优质图形用户界面所需的完美功能,而且 Qt 完全面向对象,很容易扩展,并且允许轻松组件编程。Qt 软件体系不仅能提供统一的、精美的图形用户编程接口,而且也能提供统一的网络和数据库操作的编程接口。

Qt 的应用十分广泛,正是由于 Qt 开发框架的出现,使得 Unix、Linux 等操作系统以更加方便、精美的人机界面走近普通用户,与 GNOME(GNU Network Object Model Environment)齐名的重量级软件 KDE(K Desktop Environment)桌面系统就是基于 Qt 的。

基本上,Qt 同 X Window 上的 Motif、Openwin、GTK 等图形界面库和 Microsoft Windows 上的 MFC(Microsoft Foundation Class)、OWL(Object Window Library)、VCL(Visual Component Library)和 ATL(Active Template Library)具有相同的类型。

2. Qt 系列软件工具简介

Qt 以工具开发包的形式提供,这些工具开发包通常含有快速 GUI 设计器、多国语言字体工具、makefile 制作工具、GUI 模拟仿真工具 qvfb/wvfb 和 Qt 的 C++类库等。针对常见操作系统的应用,奇趣科技公司提供有相应的 Qt 集成版本。Qt 在 Linux 操作系统下的版本是 QtX11,在 Windows 操作系统下的版本是 QtWin。运行 QtX11 或 QtWin 的计算机要有足够的内存和硬盘空间,以便于 Qt 的安装和编译。Linux 环境还需要安装有 KDE、g++等软件工具;Windows 环境还需要安装有 Visual C++,最好还能安装一个编辑/编译环境工具 DEVCPP。

奇趣科技公司先后推出了一系列 Qt 软件工具,Qt 系列软件主要包括的工具软件如表 8-1 所列。

其中 QtE 和 Qtopia 是用于嵌入式 Linux 环境下 GUI 设计的,Qt Designer 能够以可视化的形式帮助构建合适的 GUI 并产生程序框架代码。QSA 是具有跨平台功能的脚本工具箱,它为静态的 Qt/C++程序提供了一个脚本界面,可以定制和扩展程序。Teambuilder 是一个基于软件的、Linux/Unix C 和 C++的分布式的编译系统,它能够充分利用整个工作组的未用 CPU 周期,缩短编译时间,使开发者可以投入更多的时间到新代码的创建、编辑和测试上,降低成本。Qt Solutions 通过提供附加的组件和工具,使 Qt 开发更加简单有效,简化软件创建的开发工作,从而进一步缩短开发时间。

表 8-1 常见 Qt 系列软件工具构成

常见Qt系列软件工具	Qt套件(如QtX11、QtWin)
	基于帧缓冲的QtE(Qt Embedded)
	消费电子桌面平台Qtopia: Qtopia Mobile / Qtopia PDA / Qtopia 综合
	快速GUI设计器Qt Designer
	多国语言字体工具Qt Linguist
	脚本制作工具QSA
	团体编译平台Teambuilder
	附加组件/工具Qt Solutions

3. Qt 工具的主要特点

Qt 图形软件具有以下特点:

① Qt 是基于 C++的一种语言。Qt 本身可以被称作是一种 C++的延伸。Qt 中有数百个 class 都是用 C++编写的。这也就是说,Qt 本身就具备了 C++的快速、简易、面向对象 OOP(Object-Oriented Programming)等优点。

② 面向对象。Qt 的良好封装机制使得 Qt 的模块化程度非常高,可重用性较好,用户开发应用非常方便。尤其值得一提的是,Qt 提供的 signals/slots 安全类型代替了传统的 callback 机制,这使得各个元件之间的协同工作变得十分简单。

③ 丰富的 API。Qt 包括多达 250 个以上的 C++类,还提供基于模板的收集(collections)、串行化(serialization)、文件(file)、I/O 设备(device)、目录管理和日期/时间(date/time)等类,甚至还包括正则表达式的处理功能。

④ 优良的跨平台特性。Qt 支持的操作系统有 Microsoft Windows 95/98/NT、Linux、Solaris、SunOS、HP-UX、Digital UNIX(OSF/1,Tru64)、Irix、FreeBSD、BSD/OS、SCO、AIX、OS390 和 QNX 等。

⑤ 非常好的可移植性(portable)。Qt 不仅可以在 Linux 中运行,也同样可以运行在 Windows 中。这也就意味着,利用 Qt 编写出来的程序,在几乎不用修改的情况下,就可以

同时在 Linux 和 Windows 中运行。Qt 的应用非常广泛,从 Linux 到 Windows,从 X86 到 Embedded 都有 Qt 的影子。

⑥ 支持 2D/3D 图形渲染,支持 OpenGL。

⑦ 大量的开发文档。

⑧ 可扩展标记语言 XML(eXtensible Markup Language)支持。

8.1.2　QtE-GUI 及其应用综述

Qt 在嵌入式应用体系中广泛使用的是针对嵌入式 Linux 平台的 QtE 及其后来推出的 Qtopia,这里将它们统称为 QtE-GUI。QtE-GUI 图形体系设计的优势可以简单概括为:面向对象,可以可视化表单设计程序代码,界面设计方便美观,软件体系简洁,API 函数丰富。

1. QtE(Qt/Embedded)简介

QtE 是一个专为嵌入式设备 GUI 应用开发而设计的 C++ 工具开发包,可以运行在多种不同的处理器上部署的嵌入式 Linux 操作系统。如果不考虑 X 窗口系统的需要,居于 QtE 的应用程序可以直接对"缓冲帧"进行写操作。除了"类库"以外,QtE 还包括了几个提高开发速度的工具,使用标准的 Qt API,非常方便在 Windows 和 Unix/Linux 编程环境里开发嵌入式应用程序。

QtE 提供的 Qt C++ API 和工具,与 QtX11、QtWin 和 QtMac 版本相同,还包括类库和嵌入式开发工具,十分有利于应用程序的移植。

QtE 提供了一种类型安全的称为信号/插槽(signal/slot)的真正组件化编程机制,这种机制不同于传统的回调函数。QtE 还提供了一个通用的 widgets 类,这个类可以很容易被子类化为客户自己的组件或对话框。针对一些通用的任务,Qt 还预先为客户定制了类似于消息框和向导的对话框。

运行 QtE 所需的系统资源可以很小,相对 X 窗口下的嵌入解决方案而言,QtE 只要求一个较小的存储空间和内存。QtE 可以运行在不同的处理器上部署的 Linux 系统,只要这个系统有一个线性地址的缓冲帧并支持 C++ 的编译器。可以选择不编译 QtE 某些用户不需要的功能,从而大大减小了其内存占有量。QtE 编译后库的大小为 700 KB~7 MB,典型应用的库的大小为 2~3 MB。

QtE 包括有窗口系统,支持多种不同的输入设备。

可以使用熟悉的开发环境来编写代码。Qt 的 GUI 设计器可以用来可视化地设计用户接口,设计器中有一个布局系统,可以使设计的窗口和组件根据屏幕空间的大小自动改变布局。可以选择一个预定义的视觉风格,或建立独特的视觉风格。还可以通过一个"虚拟帧缓冲"软件工具 qvfb(Qt Virtual Frame Buffer)/wvfb(Window Virtual Frame Buffer)模拟仿真嵌入式系统的显示终端。

QtE 也提供了许多特定用途的非图形组件,如多国语言文字国际化组件、网络和数据库交互组件等。

QtE 是成熟可靠的工具开发包,在世界各地被广泛使用。除了在商业上的许多应用以外,QtE 还为小型设备提供 Qtopia 应用环境的基础。

QtE 以简洁的软件体系、可视化的表单设计和细致的 API 让编写代码变得轻松、愉快和舒畅。

2. Qtopia 简介

Qtopia 即 QPE（Qt Palmtop Environment），是 Trolltech 公司为采用嵌入式 Linux 操作系统的消费电子设备而开发的综合应用平台。Qtopia 包含完整的应用层、灵活的用户界面、窗口操作系统、应用程序启动程序以及开发框架。Qtopia 是采用 QtE 开发的嵌入式 Linux 的应用软件，最初是一个第三方的开源项目，现在已经成功应用于多款高档个人数字助理设备 PDA 和高端手机等产品中。

Qtopia 的特性简单概括如表 8-2 所列。

表 8-2 Qtopia 性能表

窗口操作系统	游戏和多媒体	工作辅助应用程序
同步框架	PIM 应用程序	Internet 应用程序
开发环境	输入法	Java 集成
本地化支持	个性化选项	无线支持

Qtopia 共有三种版本　　Qtopia 手机版、Qtopia PDA 版和 Qtopia 消费电子产品平台。

Qtopia 手机版　　面向嵌入式 Linux 的 Qtopia 手机版（Qtopia Phone）是 Qtopia 的一个自定义版本，用于内存有限的智能手机和功能手机，其用户界面可自定义，内存占用量低。Qtopia 手机版有两个版本：键盘驱动和手写笔驱动。使用 Qtopia 手机版可以创建令人赞叹的 GUI，而令手机性能卓越超群。

Qtopia PDA 版　　它是一个强大的专用于基于 Linux 操作系统的 PDA 平台，许多 PDA 产品都已采用了 Qtopia。Qtopia PDA 版已经成了事实上的 Linux 标准，它代表了可行的第三种 PDA 设计方案。Qtopia PDA 版具有可定制的用户界面，支持多种不同的屏幕尺寸以及横向和纵向布局。

Qtopia 消费电子产品平台（Qtopia CEP）　　它是一套高层次开发平台，适用于那些希望自行设计和开发应用套件的制造商，它使制造商能够在形形色色的手写笔和键盘驱动的设备上创建自定义环境，这些设备包括电视机 Web Pad、无线联网板机顶盒以及许多其他基于 Linux 的设备等。

Qtopia 产品系列旨在为基于 Linux 的消费电子设备提供和创建图形用户界面。它为制造商提供了前所未有的灵活性和众多选择。

8.2　QtE - GUI 框架结构及核心技术

8.2.1　QtE - GUI 的框架构造

1. QtE - GUI 的框架构造

QtE - GUI 软件体系及其应用框图如图 8-1 所示，为了便于比较，图中还给出了 Linux 下的 QtX11 软件体系。

QtE 抛弃了 X lib 库，采用帧缓冲 FB（FrameBuffer）作为底层图形接口，同时将外部输入设备抽象为键盘和鼠标输入事件。QtE 底层图形引擎基于 FB,这种接口采用 mmap 系统调用,将显示设备抽象为帧缓冲,从而使应用程序可直接写内核 FB,避免了使用繁琐的 X lib/Server 机制。

QtE 图形引擎中的图形绘制操作函数,由 src/kernel/ 目录中的 src/kernel/qgfxreaster_qws.cpp 文件所定义的 QgfxRasterBase 类声明。对于设备更加底层的抽象描述,在 src/kernel 目录 qgfx_qws.cpp 的 Qscreen 类中给予相应定义。这些是对 FB 设备直接操作的基础,包括点、线、区域填充、alpha 混合和屏幕绘制等函数均在其中定义实现。

图 8-1 QtE/QtX11 图形体系及其应用框图

鼠标类设备在 src/kernel/qwsmouse_qws.cpp 中实现,从该类中又重新派生出一些特殊鼠标类设备的实现类。也可以根据具体的硬件驱动程序实现的接口,实现类似的接口函数。

键盘响应的实际函数位于 src/kernel/qkeyboard_qws.cpp 中,在 qkeyboard_qws.h 中,定义了键盘类设备接口的基类 QWSKeyboardHandler。具体的键盘硬件接口需要建立在键盘驱动程序基础上,应用时需要根据键盘驱动程序从该类派生出实现类,实现键盘事件处理函数 processKeyEvent()。

QtE 采用 UNICODE 编码标准处理字符,同时支持两种其他编码标准(如 GB2312 和 GBK)的方式:静态编译和动态插件装载。通过配置 config.h 文件添加相应的编码支持宏定义,可以获得其他编码标准向 UNICODE 的转换支持,从而在 Qfont 类中得以转换与显示。UNICODE 涵盖了中文部分,所以 QtE 对中文支持非常好。

QtE 支持 TTF、PFA/PFB、BDF 和 QPF 字体格式。由于自身采用 UNICODE 编码方式对字符进行处理,在一定程度上导致了使用的字体文件体积增大。为了解决这一问题,QtE 采用了 QPF 格式,用 makeqpf 等工具可以将 TTF 等格式的字体转换至 QPF 格式。

2. QtE 实现的技术基础

(1) QtE 的图形引擎实现基础

QtE 图形引擎基于 FB,FB 是在 Linux 2.2 内核版本以后推出的标准显示设备驱动接口。采用 mmap 系统调用,可将 FB 的显示缓存映射为可连续访问的一段内存指针。目前比较高级的微控制/处理器如 ARM 中大多集成有 LCD(Liquid Crystal Display)控制模块。LCD 控制模块一般采用双 DMA(Direct Memory Access)控制器组成的专用 DMA 通道。其中一个 DMA 可自动从一个数据结构队列中取出并装入新的参数,直到整个队列中的 DMA 操作完成为止;另外一个 DMA 与画面缓冲区相关。两个 DMA 控制器交替执行,并每次都自动按照预定的规则改变参数。虽然使用了双 DMA,但这两个 DMA 控制器的交替使用对于微控制/处理器来说是不可见的。微控制/处理器所获得的只是由两个 DMA 组成的一个"通道"而已。

帧缓冲 FB 驱动分为两方面:一是对 LCD 及其相关部件的初始化,包括画面缓冲区的创建和对 DMA 通道的设置;二是对画面缓冲区的读/写,具体到代码为 read、write 和 lseek 等系统调用接口。至于将画面缓冲区的内容输出到 LCD 显示屏上,则由硬件自动完成。DMA 通道和画面缓冲区设置完成后,DMA 开始正常工作,并将缓冲区中的内容不断发送到 LCD 上。这个过程是基于 DMA 对 LCD 的不断刷新。基于该特性,FB 驱动程序必须将画面缓冲区的存储空间（物理空间）重新映射到一个不加高缓存和写缓存的虚拟地址区间中，这样才能保证应用程序通过 mmap 将该缓存映射到用户空间后，该画面缓存的写操作能够实时地体现在 LCD 上。

QtE 中，Qscreen 类为抽象出的底层显示设备基类，其中声明了对于显示设备的基本描述和操作方式，如打开、关闭、获得显示能力和创建 GFX 操作对象等。另外一个重要的基类是 QGfx 类。该类抽象出对于显示设备的具体操作接口（图形设备环境），如选择画刷、画线、画矩形和 alpha 操作等。这两个基类是 QtE 图形引擎的底层抽象。其中具体函数基本都是虚函数，QtE 对于具体的显示设备，如 Linux 的 FB、Qt Virtual FB 做的抽象接口类全都由此继承并重载基类中的虚函数来实现。图 8-2 给出了 QtE 中底层图形引擎实现的结构框图。

图 8-2 中，对于基本的 FB 设备，QtE 用 QLinuxFbScreen 来处理。针对具体显示硬件（如 Mach 卡和 Voodoo 卡）的加速特性，QtE 从 QLinuxFbScreen 和图形设备环境模板类 QGfxRaster 继承出相应子类，并针对相应硬件重载相关虚函数。

QtE 在体系上为 C/S(Client/Server)结构，任何一个 QtE 程序都可作为系统中唯一的一个 GUI 服务器存在。当应用程序首次以系统 GUI 服务器的方式加载时，将建立 QWSServer 实体。此时调用 QWSServer::openDisplay()函数创建窗体，在 QWSServer::openDisplay()中对 QWSDisplay::Data 中的 init() 加以调用；根据 QgfxDriverFactory 实体中的定义 (QLinuxFbScreen)设置关键的 Qscreen 指针 qt_screen，并调用 connect()打开显示设备（dev/fb0）。QWSServer 中所有对显示设备的调用都由 qt_screen 发起。至此完成 QtE 中 QWSServer 图形发生引擎的创建。当系统中建立好 GUI Server 后，其他要运行的 QtE 程序在加载后采用共享内存及有名管道的进程通信方式，以同步访问模式获得对共享资源 FB 设备的访问权。

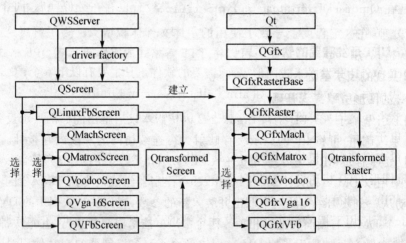

图 8-2　QtE 图形引擎实现结构框图

(2) QtE 的事件驱动基础

QtE 中与用户输入事件相关的信号，是建立在对底层输入设备的接口调用之上的。QtE 中的输入设备，主要是鼠标类与键盘类。鼠标设备的抽象基类为 QWSMouseHandler，从该类又重新派生出一些具体的鼠标类设备的实现类。键盘类基本上也相同。鼠标类和键盘类设备的派生结构框图如图 8-3 所示。

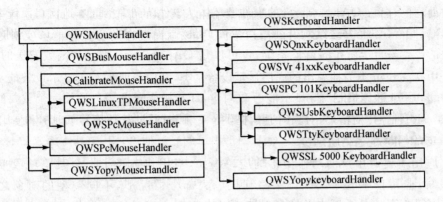

图 8-3 QtE 输入设备抽象派生结构框图

与图形发生引擎加载方式类似,在系统加载构造 QWSServer 时,调用 QWSServer::openMouse 与 QWSServer::openKeyboard 函数。这两个函数分别调用 QmouseDriverFactory::create() 与 QkbdDriverFactory::create() 函数。这时会根据 Linux 系统的环境变量 QWS_MOUSE_PROTO 与 QWS_KEYBOARD 获得鼠标类和键盘类设备的设备类型和设备节点。打开相应设备并返回相应的基类句柄指针给系统,系统通过将该基类指令强制转换为对应的具体子类设备指针,获得对具体鼠标类和键盘类设备的调用操作。

值得注意的是,虽然鼠标类设备在功能上基本一致,但由于触摸屏和鼠标底层接口并不一样,会造成对上层接口的不一致。例如,从鼠标驱动接口中几乎不会得到绝对位置信息,一般只会读到相对移动量;另外,鼠标的移动速度也需要考虑在内,而触摸屏接口则几乎是清一色的绝对位置信息和压力信息。针对此类差别,QtE 将同一类设备的接口部分也给予区别和抽象,具体实现在 QmouseDriverInterface 类中。键盘类设备也存在类似问题,同样引入 QkbdDriverInteface 来解决。

3. QtE-GUI 开发需要的软件工具

应用 QtE-GUI 开发嵌入式图形界面,需要的软件工具主要有以下 6 个:

- 嵌入式操作系统 μC/Linux,如 arm-elf-tools/arm-linux;
- 嵌入式 Linux 图形软件平台 QtE 即 Qt/Embedded;
- 消费电子平台工具 Qtopia;
- X 窗口虚拟帧缓冲模拟仿真显示工具 qvfb;
- 窗口/图形 GUI 快速设计器 Qt Designer 及 uic;
- MakeFile 文件简易发生工具 Tmake。

其中 uic 工具,用于把 Qt Designer 设计得到的 XML 语言格式的文件转换成可编译的 C/C++ 文件。

8.2.2 QtE 关键编程技术综述

1. 事件循环驱动过程

QtE 采用普遍使用的事件循环驱动机制:首先在 main() 函数中创建 QApplication 对象,该对象负责图像用户界面应用程序的控制流和主设置,通过调用该对象的 exec() 函数进入事件循环处理,对来自窗口系统或其他的事件进行处理和调度,直到收到 exit() 或 quit() 结束。

事件处理的过程：QApplication 的事件循环体从事件队列中拾取本地窗口系统事件或其他事件，译成 Qevent()，并送给 Qobject::event()，最后送给 QWidget::event()分别对事件处理。事件的产生来自于所在的窗口系统，也可以是 QApplication 类成员函数发送的消息，如 sendEvent()。

2. signal/slot 通信机制

signal/slot(信号/插槽)为对象间通信提供了一种新型机制，它是易于理解和使用的。

(1) signal/slot 的通信机理

GUI 应用需要对用户的动作做出响应。例如，当用户选择了一个菜单项或单击工具栏的按钮时，应用程序应尽快执行某些代码。大部分情况下，不同类型的对象之间要能够进行通信，必须把事件和相关代码联系起来，这样才能对事件做出响应。传统的工具开发包使用的事件响应机制容易崩溃，不够健壮，同时也不是面向对象的。Trolltech 公司创立了一种新的机制——"信号与插槽"。信号与插槽是一种强有力的对象间通信机制，它完全可以取代原始的回调和消息映射机制；信号与插槽是迅速的、类型安全的、健壮的、完全面向对象并用 C++来实现的一种机制。以往使用回调函数机制把某段响应代码和一个按钮的动作相关联时，通常把那段响应代码写成一个函数，然后把这个函数的地址指针传给按钮，当那个按钮被按下时，这个函数就会被执行。这种方式，不能够确保回调函数被执行时所传递进来的函数参数就是正确的类型，因此容易造成进程崩溃。另外一个问题是，回调这种方式紧紧地绑定了 GUI 的功能元素，因而很难把开发进行独立的分类。信号与插槽机制却不同，窗口在事件发生后会激发信号。如一个按钮被单击时会激发一个"clicked"信号。通过建立一个函数(称作一个插槽)，然后调用 connect()函数把这个插槽和一个信号连接起来，就完成了一个事件和响应代码的连接。信号与插槽机制并不要求类之间互相知道细节，这样就可以相对容易地开发出代码可高重用的类。信号与插槽机制是类型安全的，它以警告的方式报告类型错误，而不会使系统产生崩溃。例如，如果一个退出按钮的 clicked()信号被连接到了一个应用的退出函数——插槽 quit()，那么单击退出键将使应用程序终止运行。上述的连接过程用代码表示如下：

connect(button, SIGNAL(clicked()), qApp, SLOT(quit()))

signal/slot 通信的基本原理如图 8-4 所示，这种通信机理可以简单概括为：当某一个对象状态改变时，发出 signal，通知所有与该信号相连对象的 slot，从而引发对应 slot 的动作。

可以在 Qt 应用程序的执行过程中增加或是减少信号与插槽的连接。信号与插槽的实现扩展了 C++的语法，同时也完全利用了 C++面向对象的特征。信号与插槽可以被重载或者重新实现，它们可以定义为类的公有、私有或保护成员。

(2) signal/slot 详述

信号：当对象的内部状态发生改变，信号就被发射，在某些方面对于对象代理或所有者也许是很有趣的。只有定义了一个信号的类和它的子类才能发射这个信号。

例如，一个列表框同时发射 highlighted()和 activated()这两个信号。绝大多数对象也许只对 activated()这个信号感兴趣，但是有时想知道列表框中的哪个条目在当前是高亮的。如果两个不同的类对同一个信号感兴趣，可以把这个信号和这两个对象连接起来。当一个信号被发射，它所连接的"槽"会被立即执行，就像一个普通函数调用一样。信号/插槽机制完全不

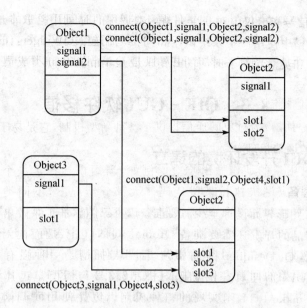

图 8-4 signal/slot 通信的过程与处理示意图

依赖于任何一种图形用户界面的事件回路。当所有的"槽"都返回后，emit 也将返回。如果几个槽被连接到一个信号，当信号被发射时，这些槽就会被按任意顺序一个接一个地执行。

槽：当一个和"槽"连接的信号被发射时，这个槽被调用。槽也是普通的 C++ 函数并且可以像它们一样被调用；"槽"唯一的特点就是它们可以被信号连接。槽的参数不能含有默认值，并且和信号一样，为了槽的参数而使用自己特定的类型是很不明智的。"槽"是普通成员函数，也和普通成员函数一样有访问权限。一个槽的访问权限决定了谁可以和它相连。

一个 public slots 区包含了任何信号都可以相连的槽。这对于组件编程来说非常有用：生成了许多对象，它们互相并不知道，把它们的信号和"槽"连接起来，这样信息就可以正确地传递，并且就像一个铁路模型，把它打开然后让它运行起来。

一个 protected slots 区包含了这个类和它的子类的信号才能连接的槽。这就是说这些槽只是"类"的实现的一部分，而不是它和外界的接口。

一个 private slots 区包含了这个类本身的信号可以连接的槽。这就是说它和这个类的关系是非常紧密的，甚至它的子类都没有获得连接权利这样的信任。

也可以把槽定义为虚的，这在实践中发现也是非常有用的。

signal 和 slot 不是一一对应关系，一个 signal 可以连接任意多个 slot，多个 signal 也可以连接一个 slot。

(3) signal/slot 机制的优劣分析

signal/slot 机制比"回调函数"机制在速度方面有所减慢，但并不明显，特别是在嵌入式应用系统中，所用的 signal 和 slot 不多的场合，这种速度损失是可以承受的。signal/slot 机制所带来的简明性、灵活性给应用带来的是更多、更大的便利。

通常，发射一个和"槽"相连的信号，大约只比直接调用那些非虚函数调用的接收器慢十倍。这是定位连接对象所需的开销，可以安全地重复所有的连接（如在发射期间检查接收器是否被破坏）并且可以按一般的方式安排任何参数。10 个非虚函数调用，听起来很多，其时间开销比任何一个"new"或者"delete"操作要少些。当执行一个字符串、矢量或列表操作时，需要

"new"或者"delete",信号和槽仅对一个完整函数调用的时间开销中的一个非常小的部分负责。任何时候在一个槽中使用一个系统调用和间接调用超过10个函数的时间是相同的。信号和槽机制的简单性和灵活性对于时间的开销来说是非常值得的,用户甚至无法察觉。

8.3 QtE-GUI 软件移植

8.3.1 QtE-GUI 开发环境的建立

1. 软件工具的准备

进行 QtE-GUI 图形界面设计至少需要准备以下三款软件工具:QtX11、QtE 和 Tmake。如果是消费类电子产品的开发还需要准备 Qtopia。QtX11 中含有 QtE-GUI 设计中经常使用的快速 GUI 设计器 Qt Designer 和"虚拟帧缓冲"软件工具 qvfb。

常用的 QtE-GUI 软件工具安装包版本是 Qt 2.3.2 for X11、Qt/Embedded 2.3.7、Qtopia-free-1.50 和 Tmake 1.11。这些软件工具都可以免费从 TrollTech 公司的 Web 网站或 FTP 服务器上下载。

2. 软件工具的安装与使用

QtE-GUI 软件工具安装的一般过程是:解压缩→,环境设置→配置修改→编译。这里重点介绍 QtX11,QtE 和 Tmake 的安装与使用,设定 QtX11 的安装路径为:/home/kaizq/QTE/qt-2.3.2;QtE 的安装路径为:/home/kaizq/QTE/qt-2.3.7;Tmake 的安装路径为:/home/kaizq/QTE/Tmake-1.11。

(1) 安装 QtX11 2.3.2

在 Linux 终端窗口运行以下命令:

```
tar xfz qt-x11-2.3.2.tar.gz
cd qt-2.3.2
export QTDIR=$PWD
export PATH=$QTDIR/bin:$PATH
export LD_LIBRARY_PATH=$QTDIR/lib:$LD_LIBRARY_PATH
./configure-no-opengl
make
make-C tools/qvfb
mv tools/qvfb/qvfb bin
cp bin/uic $QTEDIR/bin
cd ..
```

依据开发环境也可以在 configure 的参数中添加其他参数,如-no-opengl 或-no-xfs,可以键入./configure-help 来获得一些帮助信息。

运行虚拟缓冲帧 qvfb 工具的方法是在 Linux 的图形模式下执行命令 qvfb。

当命令行运行 Qt 嵌入式应用程序把显示结果输出到 qvfb 时,需要在程序名后加上-qws 的选项,如 hello-qws,这里 hello 是执行程序名称。

Qt Designer 的运行和使用将在后面章节叙述。

(2) 安装 Qt/Embedded 2.3.7

在 Linux 命令模式下运行以下命令：

```
tar xfz qt-embedded-2.3.7.tar.gz
cd qt-2.3.7
export QTDIR=$PWD
export QTEDIR=$QTDIR
export PATH=$QTDIR/bin:$PATH
export LD_LIBRARY_PATH=$QTDIR/lib:$LD_LIBRARY_PATH
./configure -qconfig -qvfb -depths 4,8,16,32
make sub-src
cd ..
```

命令"./configure-qconfig-qvfb-depths 4,8,16,32"指定 Qt 嵌入式开发包生成虚拟缓冲帧工具 qvfb，并支持4位/8位/16位/32位的显示颜色深度。也可以在 configure 的参数中添加-system-jpeg 和 gif，使 Qt/Embedded 平台能支持 jpeg 和 gif 格式的图形。

命令"make sub-src"指定按精简方式编译开发包，也就是说有些 Qt 类未被编译。Qt 嵌入式开发包有5种编译范围的选项，使用这些选项，可控制 Qt 生成的库文件的大小，但是应用所使用到的一些 Qt 类将可能因此在 Qt 的库中找不到链接。编译选项的具体用法可运行"./configure-help"命令查看。

(3) Tmake1.11 的安装和使用

Tmake 的安装。在 Linux 命令模式下运行以下命令：

```
tar xfz tmake-1.11.tar.gz
export TMAKEDIR=$PWD/tmake-1.11
export TMAKEPATH=$TMAKEDIR/lib/qws/linux-x86-g++
export PATH=$TMAKEDIR/bin:$PATH
```

Tmake 的使用。设有一个 qt 程序 hello，它由一个 C++头文件和两个源文件组成。首先要创建一个 Tmake 工程文件：progen-n hello-o hello.pro，接下来产生 makefile 文件：Tmake hello.pro-o Makefile，最后是执行 make 命令编译 hello 程序。

Makefile 模板。Tmake 发行版本中有三个模板：App.t、Lib.t 和 Subdirs.t。App.t 用于创建生成发布使用程序的 Makefile；Lib.t 用于创建生成 libraries 的 Makefile；Subdirs.t 用于创建目标文档在目录中的 Makefile。

Tmake.conf 这个 configuration 文件包含了编译选项和各种资源库。在生成的 Makefile 文件里，如果没有达到相应的要求，可以手动加以修改。例如在编写多线程程序时，就必须添加编译选项：-DQT_THREAD_SUPPORT，并修改链接库：-lqte-mt。

3. QtE 的编译与执行

① 在 QtE 编译与执行前，首先要设置 Tmake 与 QtE LIB 环境，具体方法如下：

```
[root@localhost tmake-1.8]# export TMAKEDIR=$PWD
[root@localhost tmake-1.8]# export TMAKEPATH=$TMAKEDIR/lib/qws/linux-x86-g++
[root@localhost tmake-1.8]# export PATH=$TMAKEDIR/bin:$PATH
[root@localhost qt-2.3.7]# export QTDIR=$PWD
```

```
[root@localhost qt-2.3.7]#export QTEDIR = $QTDIR
[root@localhost qt-2.3.7]#export PATH = $QTDIR/bin:$PATH
[root@localhost qt-2.3.7]#export LD_LIBRARY_PATH = $QTDIR/lib:$LD_LIBRARY_PATH
```

② 若用 Qt Designer 设计 GUI,则要将得到的 *.ui 文件转换成 *.h 和 *.cpp 文件。转换方法如下:

```
uic -o test.h test.ui
uic -o test.cpp -i test.h test.ui
```

③ 编写一个用于生成 Makefile 的 *.pro 文件。*.pro 文件格式比较固定。test.pro 文件基本格式如下(以 test.cpp , test.h main.cpp 为例):

```
EMPLATE = app
CONFIG += qt warn_on release
HEADERS = test.h
SOURCES = test.cpp main.cpp
TARGET = hello
DEPENDPATH = /home/wangxl/QTE/qt-2.3.7/include
```

④ 生成 Makefile 文件,方法为:

```
tmake -o Makefile test.pro
```

⑤ 编译生成可执行文件:

```
make
```

⑥ 打开 qvfb:进入安装 QT/X11 所在目录,在 BIN 目录下执行程序 qvfb。

有时需要修改 qvfb 执行时的 deptb 参数才能够执行 QT/E 程序。可以直接在 qvfb 打开窗口的 Configure 菜单项中选择,也可以用如下命令执行 QVFB:

```
./qvfb -width ** -height ** -depth **
```

⑦ 执行 QtE 程序:如./TEST,在 qvfb 程序打开的窗口中将出现 TEST 程序的显示。

8.3.2 QtE-GUI 的移植与应用

1. QtE-GUI 移植的大致步骤

在嵌入式系统中移植 QtE-GUI 软件体系的一般步骤如下:
① 设计硬件开发平台,移植嵌入式 Linux 操作系统;
② 根据该平台显示设备的显示能力,开发"帧缓冲"FB 驱动程序;
③ 开发针对该平台的鼠标类设备驱动程序,一般为触摸屏或 USB 鼠标;
④ 开发针对该平台的键盘类设备驱动程序,通常为"板载按钮"或 USB 键盘(可选);
⑤ 根据 FB 驱动程序接口,选择并修改 Qt/Embedded 中的 QlinuxFbScreen 和 QGfxRaster 类;
⑥ 根据鼠标类设备驱动程序,实现该类设备在 Qt/Embedded 中的操作接口;
⑦ 根据键盘类设备驱动程序,实现该类设备在 Qt/Embedded 中的操作接口(可选);
⑧ 根据需要选择 Qt/Embedded 的配置选项,交叉编译 Qt/Embedded 的动态库;

⑨ 交叉编译 Qt/Embedded 中的 Example 测试程序,在目标平台上运行测试。

FB 设备驱动程序提供的接口是标准的,除了注意字端对齐(endian)问题外,配置 Qt/Embedded 时选择相应的色彩深度支持即可,因此该部分的移植难点就在于 FB 驱动程序的实现。Qt/Embedded 中的 QWSServer 打开/dev/下的 FB 设备后读出相应的显示能力(屏幕尺寸、显示色彩深度),模板 QGfxRaster<depth.type>将根据色彩深度在用户空间设备创建出与显示缓存同样大小的缓冲作为双缓冲,并采用正确方式进行显示。

2. QtE-GUI 移植与应用举例

(1) QtE-GUI 在 PXA255 平台上的移植与应用

在某项 Smart-Phone 开发平台中,GUI 系统实现方案采用了 Qt/Embedded 2.3.7 和 Qtopia 1.7.0(基于 Qt/Embedded 2.x 系列的手持套件),硬件平台采用了基于 Intel XScale PXA255 处理器的嵌入式开发系统。该系统采用 640×480 分辨率的 TFT LCD 配合 PXA255 内部 LCD 控制模块作为显示设备,采用 ADS7846N 作为外部电阻式触摸屏控制器,采用五方向按键作为板载键盘,采用 ISP1161 作为 USB 主控制器(能较好地支持 USB 接口的键盘和鼠标),操作系统为 ARM Linux 2.4.19。参考 Linux 2.4.19 内核目录 drivers/input 部分,按照标准内核中输入设备接口可以设计实现触摸屏和键盘,实现了基于 ISP1161 的 EHCI 驱动程序,移植标准的 USB 接口的人机界面设备驱动 HID 和 USB 键盘、鼠标的驱动程序后,就可以获得对于该类设备的调用接口。

Qt/Embedded 2.x 系列对于输入设备的底层接口与 3.x 系列不同,触摸屏和键盘设备需要根据具体的驱动程序接口在 Qt/Embedded 中实现对应的设备操作类,其中对应于鼠标类设备的实现位于 src/kernel/qmouse_qws.cpp 中。由于触摸屏在实现原理上存在着 A/D 量化误差的问题,因此所有的触摸屏接口实现类需要从特殊的 QcalibratedMouseHandler 继承,并获得校正功能。

Qt/Embedded 2.x 中对于键盘响应的实现函数位于 src/kernel/qkeyboard_qws.cpp 中。在 qkeyboard_qws.h 中,定义了键盘类设备接口的基类 QWSKeyboardHandler,移植时需要根据键盘驱动程序从该类派生出实现类,实现键盘事件处理函数 processKeyEvent(),并在 QWSServer::newKeyboardHandler 函数中注册自己的键盘类设备即可。其中对于点击键的键码定义在 Qt/Embedded 的命名空间 src/kernel/qnamespace.h 中。

图 8-5 是在该 Smart-Phone 平台上移植 Qt/Embedded 2.3.7 和 Qtopia 1.7.0 后显示的一个界面。

(2) QtE-GUI 在 MC9328 平台上移植和应用

在一个车载导航辅助系统的开发平台设计中,采用了 Qt/Embedded 3.3.2 版本作为其 GUI 系统的实现方案。硬件平台采用自行设计的以 Motorola MC9328 MX1 为核心的开发系统。该系统采用 CPU 内部 LCD 控制器和 240×320 分辨率的 TFT LCD 作为显示设备,采用 I^2C 总线扩展了 16 按键以及 MX1 集成的 ASP 模块和电阻触摸屏。操作系统为 ARM Linux 2.4.18。

Qt/Embedded 3.x 版本系统与底层硬件接口相关部分的源码位于 src/embedded/目标中,该部分包含三类设备接口:FB、鼠标与键盘。参照该目标中相关设备的具体接口代码,据自身硬件平台增添接口即可。

由于系统 LCD 的分辨率为 240×320,物理尺寸较小,在实现基于该系统的 FB 驱动程序时并没有将其本身与 Linux 字符控制台设备挂靠,因此 FB 并不具备 Text 模式的工作方式。在移植 Qt/Embedded 时,不需要进行 FB 设备的工作方式转换。正确配置色彩显示支持后,

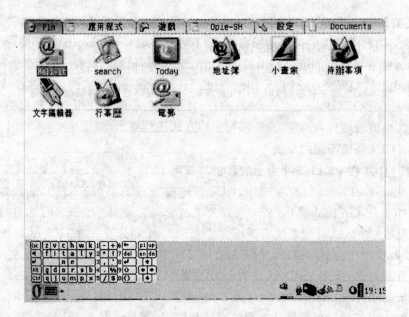

图 8-5 基于 PXA255 的 Smart-Phone 开发平台显示界面

QtE 能够在 LCD 显示出正确的图形。由于该平台的显示系统纵向为 320 行,在设计时考虑到人对于非手持设备的视觉习惯为宽度大于高度的观察方式,为了符合这种习惯性的观察方式,在移植 QtE 时采用了 Transformed 的旋转图形显示方式,在软件上实现了显示方向的转换变化。

鼠标设备接口,其基类 QWSMouseHandler 的实现位于 src/embedded/qmouse_qws.cpp 中。与 2.x 版本系列不同的是,3.x 中所有的 Linux 触摸屏示例接口代码均实现在 src/embedded/qmouselinuxtp_qws.cpp 中的 QWSLinuxTPMouseHandler 类中。其中对于不同型号的触摸屏的接口实现代码,采用不同的宏定义和预编译的方式将它们分隔开。通过从 QWSLinuxTPMouseHandler 中继承自身触摸屏接口类,替代原有的 QWSLinuxTPMouseHandlerPrivate 类,在 QWSLinuxTPMouseHandler 生成自身触摸屏接口对象的方式,可以较好地将移植部分的代码与原有比较混乱的代码分隔开来。

3.x 中键盘接口基类位于 src/embedded/qkbd_qws.cpp 中,是 QWSKeyboardHandler。实现 I^2C 总线扩展的 16 键键盘接口类,其方式与触摸屏类似。需要注意的是,QtE 提供了键盘事件过滤器(key event filter)的接口,在键盘点击事件从 QWSServer 截获并发送到相应的 client 之前会经过函数 QWSServer::KeyboardFilter。在此函数中可以按照自身需求生成新的键盘点击事件,而后利用 QWSServer::sendKeyEvent() 发送新的点击事件到 client 中。利用该方式可以将各种键盘点击无法输入的 unicode 字符转换出来,从而可以在较少的按键键盘上实现多 unicode 字符输入法。

8.3.3 QtE-GUI 移植的关键环节

移植过程通常采取宿主机和目标板的开发模式。宿主机是一台运行 Linux 的通用计算机,目标板即嵌入式软硬件体系。QtE-GUI 图形界面的设计一般先在宿主机上开发、调试通过后,再移植到目标板。

8.3.3.1 宿主机上的移植

宿主机上移植 QtE-GUI 需要的软件工具及环境变量如表 8-3 所列,其中环境变量可以直接用 export 来声明,也可以在~/.bash_profile 脚本文件中进行设置。

表 8-3 宿主机移植 QtE-GUI 所需软件工具及环境变量声明的简明列表

软件工具	说明
Qt-X11-2.3.2	GUI 相关工具:qvfb、Qt Designer、uic
	PATH LD_LIBRARY_PATH
Tmake 1.11	生成和管理 Makefile
	TMAKEDIR TMAKEPATH PATH
Qt/Embedded-2.3.7	Qt 库支持 libqte.so
	QTEDIR PATH LD_LIBRARY_PATH
Qtopia 1.7.0	应用程序开发包桌面环境
	QPEDIR PATH LD_LIBRARY_PATH

特别指出的是,在配置 QtE-2.3.7 时,使用命令"./configure -qconfig -qvfb -depths 4,8,16,32"就是指定 Qt 嵌入式开发包生成"虚拟缓冲帧工具"qvfb,并支持 4 位/8 位/16 位/32 位的显示颜色深度。运行 qvfb 的方法是在 Linux 图形模式下运行命令:./qvfb &。如果要把 Qt 嵌入式应用程序的显示结果输出到 qvfb 运行时需在程序名后加上"-qws"选项,如./canvas -qws。

8.3.3.2 目标板上的移植

目标板上的移植与宿主机类似,只需将编译参数做一定的修改即可。图 8-6 给出了 Qtopia 移植中 QtE 共享库支持、环境变量声明和关键编译配置命令以及最后目标板上 QPE 的架构。

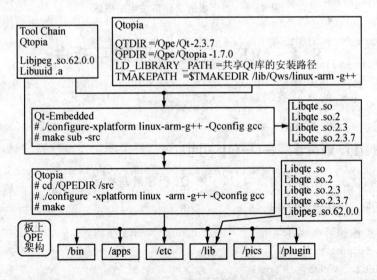

图 8-6 Qtopia 配置编译及其架构框图

在 XSbase255 开发系统上移植 Qt/Embedded 和 Qtopia 的显示界面如图 8-7 所示。目标板的文件系统组织如图 8-8 所示。

图 8-7 基于 XSbase 的 Qtopia 图形

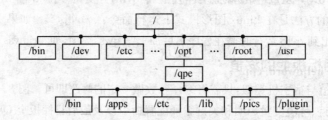

图 8-8 目标板的文件系统组织框图

8.4 QtE-GUI 编程循序渐进

本节通过一系列的典型举例，从简到繁，由浅入深，循序渐进，详细阐明如何进行 Qt-GUI 编程。

8.4.1 "Hello Word!"——Qt 初步

在此创建和显示一个简单的窗口，以了解 Qt 程序最基本的框架。

1. 实验代码：helloword.cpp

```
#include <qapplication.h>
#include <qlabel.h>
int main(int argc, char **argv)
{   QApplication app(argc, argv);                           // 顶层窗口对象：app[含命令行参数]
    QLabel *label = new QLabel("Hello, world!", 0);         // 创建标签："Hello, world!"
    label->setAlignment(Qt::AlignVCenter | Qt::AlignHCenter);
                                                            // 指定标签的对齐位置
    label->setGeometry(10, 10, 200, 80);                    // 指定标签的窗口位置[中心/宽/高]
```

```
    app.setMainWidget(label);              // 把定义对象插入到主窗口
    label->show();                          // 准备显示
    int result = app.exec();                // 执行程序
    return result;
}
```

2. 用 tmake 工具生成 Makefile 文件

创建 tmake 工程文件：

♯ progen - n hello - o hello.pro

产生 makefile 文件：

♯ tmake hello.pro - o Makefile

3. 编译并执行程序

程序编译：♯ make。命令提示符下选择在 qvfb 中执行 "♯./helloword - qws"。运行结果如图 8-9 所示。

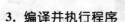

图 8-9 Qt 初步——Hello World！程序执行效果图

8.4.2 创建简单窗口并添加按钮

上面已经看到了一个 Qt 完整应用程序的基本框架，这里继续加深对 Qt 程序整体框架的应用：在一个窗口上显示一个按钮，按钮上面添加文字"Hello,world!"。

1. 实验代码：helloword.cpp

```
#include <qapplication.h>
#include <qpushbutton.h>
int main(int argc, char **argv)
{
    QApplication a(argc, argv);
    QPushButton hello("Hello world!", 0);   // 创建按钮"Hello world!"
    hello.resize(100, 30);                   // 按钮设置:100 像素宽,30 像素高,默认窗口位置
    a.setMainWidget(&hello);                 // 把定义对象插入到主窗口
    hello.show(); int result = a.exec(); return result;
}
```

QPushButton 构造函数的几个定义如下：

QPushButton(QWidget * parent, const char * name = 0)
QPushButton(const QString & text, QWidget * parent, const char * name = 0)
QPushButton(const QIconSet & icon, const QString & text, QWidget * parent, const char * name = 0)

命令按钮通常是矩形并且会用一个文本标签来描述它的操作。标签中有下画线的字母（其前以"&"标明）表明快捷键，例中加速键是 Alt＋H，文本标签将被显示为"Hello World！"。

按钮可以显示文本标签（Text）或像素映射（Pixmap），并且可有一个可选的小图标（IconSet）。这些可以通过使用构造函数来设置，并且再用 setText()、setPixmap() 和 setIconSet() 来改变。如果按钮失效，文本或像素映射和图标的外观将被按照图形用户界面的风格来操作，表明按钮看起来是失效的。

推动按钮被鼠标、空格键或者键盘快捷键激活，它发射 clicked() 信号。连接这个信号来

执行按钮的操作。推动按钮也提供不太常用的信号,例如 pressed()和 released()。

菜单中的命令按钮默认情况下是自动默认按钮,也就是说当它接受到键盘焦点时,将自动变为默认推动按钮。默认按钮就是一个当用户在对话框中按回车键或换行键时被激活的推动按钮。可以使用 setAutoDefault()来改变这一点。自动默认按钮会保留一小点额外区域来绘制默认按钮指示器。可通过调用 setAutoDefault(FALSE)去掉按钮周围的这些空间。

按钮重要的模式或状态有:可用或不可用(变灰,失效);标准推动按钮、切换推动按钮或菜单按钮,void setToggleButton (bool)、void setPopup (QPopupMenu * popup);开或关(仅对切换推动按钮),virtual void setOn (bool);默认或普通,对话框中的默认按钮通常可用回车键或换行键"单击",void QPushButton::setAutoDefault (bool autoDef)、void QPushButton::setDefault(bool def);自动重复或者不自动重复, void QButton::setAutoRepeat(bool);被按下或者没有被按下,void QButton::setDown (bool)。

当在应用程序或对话框窗口中单击时(如应用、撤销、关闭和帮助),并且窗口部件被假设有一个宽的矩形形状的文本标签,应用程序或对话框窗口要执行一个操作时,使用推动按钮,这可以作为一个通用规则。改变窗口的状态,不是执行操作的小的、通常正方形的按钮(如QFileDialog 右上角的按钮),也不是命令按钮,而是工具按钮(QToolButton)。如果需要切换行为(setToggleButton())或当一个按钮被像滚动条那样的箭头按下时,按钮自动重复激活信号(setAutoRepeat())。命令按钮的一个变体是菜单按钮,它提供一个或几个命令,使用 setPopup()方式来关联一个弹出菜单到一个推动按钮。其他按钮类是选项按钮(QRadioButton)和选择框(QCheckBox)。

Qt 中 QButton 基类提供了绝大多数模式和应用编程接口,QPushButton 提供了图形用户界面逻辑。

2. 编译执行

程序在 Qvfb 中的运行结果如图 8-10 所示。

图 8-10 "简单窗口创建与按钮添加"程序效果图

8.4.3 Signal/Slot 的对象间通信

Signal/ Slot 机制是 Qt 的一个中心特征,也是 Qt 与其他工具包最不相同的部分,主要用于对象之间的通信。8.2.2 小节中详细说明了"信号/插槽"通信的特点,这里重点举例说明其具体运用。

1. 实验代码

(1) counter.h

```
#ifndef COUNTER_H
#define COUNTER_H
#include <qlabel.h>
class Counter: public QWidget
{   Q_OBJECT
    public: Counter(QWidget * parent = 0, const char * name = 0);
    public slots:           // 定义了两个共有槽,用于接收外部发出的信号,分别进行加/减计数
        void IncCounter(); void DecCounter();
```

```
        private: int counter;     // 定义两个私有成员,分别用于计数和显示计数值
                int * QLabel
};
#endif
```

Counter 类,该类公有继承自 QWidget 类,是一个窗口部件,并且可以作为一个顶层窗口或者子窗口部件,就像 QPushButton 那样。除了从 QWidget 类继承的函数之外,该类只有一个共有函数即自己本身的构造函数:Counter(QWidget * parent=0, const char * name=0)。第一个参数是它的父窗口部件,为了生成一个顶层窗口,可以指定一个空指针作为父窗口部件。这个窗口部件总是默认为一个顶层窗口;第二个参数是这个窗口部件的名称,它不是显示在窗口标题栏或者按钮上的文本,只是分配给窗口部件的一个名称,以后可以用来查找这个窗口部件。

(2) counter.cpp

```
#include <stdio.h>
#include "counter.h"
Counter::Counter(QWidget * parent, const char * name): QWidget(parent, name)   // 初始化类
{   counter = 0;                            // 将计数值清零
    label = new QLabel( "0", this );        // 清空标签部件
    label->setAlignment( AlignVCenter | AlignHCenter );
}
void Counter::IncCounter()                  // 每次槽被所连的信号触发后,计数器加一并通过标
                                            // 签部件显示
{   char str[30]; sprintf( str, "%d", ++counter ); label->setText( str );}
void Counter::DecCounter()                  // 每次槽被连接的信号触发后,计数器减一并通过标
                                            // 签部件显示
{   char str[30]; sprintf( str, "%d", --counter ); label->setText( str );}
```

(3) mainwindow.h

定义 mainwindow 类用来显示一些组件,并将自己作为较复杂的组件。

```
#ifndef MAINWINDOW_H
#define MAINWINDOW_H
#include <qpushbutton.h>
#include "counter.h"
class MainWindow: public QWidget
{   Q_OBJECT
    public: MainWindow(QWidget * parent = 0, const char * name = 0);
    private: QPushButton * AddButton; QPushButton * SubButton; Counter * counter;
};
#endif
```

(4) mainwindow.cpp

```
#include "mainwindow.h"
MainWindow::MainWindow( QWidget * parent, const char * name): QWidget( parent, name )
{   QFont f("Helvetica", 14, QFont::Bold);            // 设置显示字体:Helvetica 字型,14 字号
```

```
                                              // 为粗体字形
    setFont(f);
    AddButton = new QPushButton("Add", this);     // 定义按钮及其名称、位置和大小
    AddButton->setGeometry(50, 15, 90, 40); SubButton = new QPushButton( "Sub", this );
    SubButton->setGeometry( 50, 70, 90, 40 );
    counter = new Counter( this );                // 定义类及其位置与大小
    counter->setGeometry( 50, 125, 90, 40 );
    QObject::connect(AddButton, SIGNAL(clicked()), counter, SLOT(IncCounter()));
    QObject::connect(SubButton, SIGNAL( clicked()), counter, SLOT( DecCounter()));
}
```

最后两条语句将按钮的 clicked() 信号与 counter 的"槽"连接在一起。当按钮按下时, clicked() 信号发出,"槽"代码被执行,计数器加/减一并显示结果。

(5) main. cpp

```
# include <qapplication.h>
# include "mainwindow.h"
int main( int argc, char * * argv )
{   QApplication app( argc, argv );
    MainWindow * mainwindow = new MainWindow(0);    // 定义 MainWindow 类对象及位置与大小
    mainwindow->setGeometry( 50, 20, 200, 200); app.setMainWidget( mainwindow );
    mainwindow->show(); int result = app.exec(); return result;
}
```

2. 编译执行

程序在 qvfb 上运行的结果如图 8-11 所示。

3. 重点说明

① Q_OBJECT 宏定义的声明,必须被包含到所有使用信号和"槽"的类,在 moc 元编译器编译源文件时,遇到 Q_OBJECT 就会自动生成另一个含有源对象的 C++代码。

② 在使用信号和"槽"机制时,需要注意的问题有以下几点:

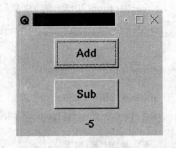

图 8-11 Signal/Slot 通信例程执行效果图

➢ signal、slot 可以接受参数,但不能是函数的指针,不支持默认的参数;
➢ 所有的 signal 和 slot 不能有返回值(必须是 void);
➢ slot 可以为虚函数,signal 和 slot 不能是构造函数;
➢ signal 的访问权限和 protected 相同,即只有本身及其派生类可以发出 signal。

8.4.4 使用菜单及其快捷键

Qt 应用程序的框架是窗口,几乎所有的窗口程序都有菜单栏、工具条和状态栏等装饰。这里加入这些内容,以丰富应用程序的界面,增加其使用功能。

1. 实验代码

(1) mainwidget.h

定义 MainWidget 的主部件类，用于显示整个主要窗口。

```cpp
#ifndef _MAINWIDGET_H_
#define _MAINWIDGET_H_
#include <qapplication.h>
#include <qmainwindow.h>
#include <qpopupmenu.h>
#include <qmenubar.h>
#include <qlabel.h>
class MainWidget: public QMainWindow
{   Q_OBJECT
    public: MainWidget(QWidget * parent = 0, const char * name = 0);
    public slots: void openFile(); void saveFile(); void exitMain();
    private: QLabel * label;
};
#endif
```

(2) mainwidget.cpp

```cpp
#include "mainwidget.h"
MainWidget::MainWidget(QWidget * parent, const char * name):QMainWindow(parent, name)
{   setCaption("QtE-GUI 例程");                    // 设置窗体的标题、背景色和使用字体
    setBackgroundColor( white ); QFont f("Helvetica", 18, QFont::Bold); setFont( f );
    label = new QLabel("", this );                 // 设置标签及其显示内容、位置、宽高和背景色
    label->setGeometry(50, 50, 250, 50); label->setBackgroundColor(white);
    QPopupMenu * file = new QPopupMenu;            // 定义弹出式菜单 file 及其字体
    QFont f1( "Helvetica", 14, QFont::Bold ); setFont( f ); file->setFont( f1);
    file->insertItem( "&Open", this, SLOT( openFile() ), CTRL + Key_O);
                                                   // 定义菜单项及名称/槽/快捷键
    file->insertItem("&Save", this, SLOT( saveFile() ), CTRL + Key_S);
    int id_save = file->insertItem( "&Save", this, SLOT( saveFile()));
    file->setItemEnabled( id_save, FALSE );        // 设置菜单项的状态
    file->insertItem( "E&xit", this, SLOT( exitMain()), CTRL + Key_X ); QMenuBar * menu;
    menu = new QMenuBar( this );                   // 定义菜单栏并加入菜单
    menu->insertItem( "&File", file );
}
void MainWidget::openFile()
{   label->setText( "File has been opened!" ); }
void MainWidget::saveFile()
{   label->setText( "File has been saved!" ); }
void MainWidget::exitMain()
{   QApplication::exit(); }
```

(3) main.cpp

```cpp
#include <qapplication.h>
#include "mainwidget.h"
int main( int argc, char ** argv )
{
    QApplication app( argc, argv );
    MainWidget * mainwidget = new MainWidget( 0 );
    mainwidget->setGeometry(10, 30, 280, 200 );
    app.setMainWidget( mainwidget ); mainwidget->show();
    int result = app.exec(); return result;
}
```

2. 编译执行

程序在 qvfb 中运行的结果如图 8-12 所示。

3. 重点说明

(1) 弹出菜单

QpopupMenu 类提供了弹出式菜单部件,既可是标准菜单栏中的下拉菜单,也可是独立的弹出式菜单。可以通过使用 insertItem()函数添加菜单项。

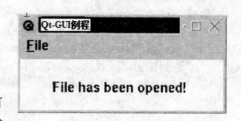

图 8-12 "菜单和快捷键使用"程序效果图

一个菜单项可以是字符串(string)、像素映射(pixmap)或者是包含了画图功能的自定义项目。另外,菜单项在其最左边还能有可供选择的图标和快捷键。菜单项有三种:分隔符、代表某种操作的菜单项和包含子菜单项的项目。采用 insertSeparator()函数可以插入分隔符。子菜单在调用 insetItem()函数时,通过参数传入 QpopupMenu 类型的指针来实现。其他的菜单项都是体现某种操作的条目。

在插入具有操作的菜单项时,需要指定一个接受对象和一个槽。接收对象在菜单项被选中时会被告知。另外,QpopupMenu 提供了 activated()和 highligthed()两个信号,用于发射各自的标志符。实际应用中,有时会将多个菜单项和一个槽相连。为了区分它们,可以通过指定槽的入口参数为整型,并通过 setItemParameter()设置使每个项目具有独一无二的值。

使用 clear()清除一个菜单,使用 removeItem()或 removeItemAt()清除一个菜单项。菜单项可以设置为激活或不激活,可以通过 setItemEnabled()来改变它们的状态。在一个菜单项可见之前,会发射出一个 aboutToShow()信号。可以在可见之前通过该信号设置菜单项的恰当状态:enable/disable。同样的,在菜单项隐藏的时候,相应的 aboutToHide()信号也会被发射。

(2) insetItem( )函数的一些定义

```
int insertItem(const QString & text, const QObject * receiver, const char * member,
        const QKeySequence & accel = 0, int id = -1, int index = -1 )
int insertItem(const QIconSet & icon, const QString & text, const QObject * receiver,
        const char * member, const QKeySequence & accel = 0, int id = -1, int index = -1)
int insertItem(const QPixmap & pixmap,    const QObject * receiver,
        const char * member, const QKeySequence & accel = 0, int id = -1, int index = -1)
int insertItem(const QIconSet & icon, const QPixmap & pixmap, const QObject * receiver,
        const char * member, const QKeySequence & accel = 0, int id = -1, int index = -1)
```

```
int insertItem(const QString & text, int id = -1, int index = -1)
int insertItem(const QIconSet & icon, const QString & text, int id = -1, int index = -1)
int insertItem(const QString & text, QPopupMenu * popup, int id = -1, int index = -1)
int insertItem(const QIconSet & icon, const QString & text,
            QPopupMenu * popup, int id = -1, int index = -1)
int insertItem(const QPixmap & pixmap, int id = -1, int index = -1)
int insertItem(const QIconSet & icon, const QPixmap & pixmap, int id = -1, int index = -1)
int insertItem(const QPixmap & pixmap, QPopupMenu * popup, int id = -1, nt index = -1)
int insertItem(const QIconSet & icon, const QPixmap & pixmap,
            QPopupMenu * popup, int id = -1, int index = -1)
int insertItem(QWidget * widget, int id = -1, int index = -1)
int insertItem(const QIconSet & icon, QCustomMenuItem * custom, int id = -1, int index = -1)
int insertItem(QCustomMenuItem * custom, int id = -1, int index = -1)
```

const QObject * receiver，const char * member 参数表示接收菜单事件的类和"槽"，实际上是调用了 connect()方法把菜单中被选中的这个信号与某个类的槽连接起来，这是很典型的用法。

(3) 菜单栏

QMenuBar 类提供水平方向的菜单栏。通过 insetItem()为菜单栏添加下拉菜单。菜单也可以设置为激活或不激活，通过使用函数 setItemEnabled()实现。菜单栏会自动设置自己的位置为父窗口部件的顶端，并且会随着父窗口大小的改变而适当的调整。可以用 Qmain-Windw 提供的 menuBar()在菜单栏上添加菜单和为菜单添加操作，如：

```
QpopupMenu * file = new QpopupMenu( this );
menuBar()->insertItem("&File", file ); fileNewAction->addTo( file );
```

菜单栏中的条目可以有文字和像素映射（或图标），由 insetItem()函数载入，插入分隔符由 insertSeparator()实现。也可以使用自定义的来自 QCustomMenuItem 的菜单元素。菜单栏中的条目可以通过 removeItem()来清除，通过 setItemEnabled()来设置激活与否。

(4) QMainWindow 的说明

QMainWindow 类是提供有菜单条、锚接窗口（如工具条）和状态条的主应用程序窗口，通常用在提供一个大的中央窗口部件（如文本编辑或者绘制画布）以及周围菜单、工具条和状态条。QMainWindow 常常被继承，这使得它很容易封装中央部件、菜单和工具条以及窗口状态。继承使创建用户单击菜单项或者工具条按钮时被调用的"槽"成为可能。也可以使用 Qt 设计器来创建主窗口。QMainWindow 可以显式创建，通过 setCentralWidget()设置中央窗口部件。弹出菜单可添加到默认工具条，窗口部件可添加到状态条，工具条和锚接窗口可以加到任何一个锚接区域。举例说明如下：

```
ApplicationWindow * mw = new ApplicationWindow();
mw->setCaption( "Qt-GUI 例程" ); mw->show();
```

其中，ApplicationWindow 是自编的 QMainWindow 子类，这是使用 QMainWindow 的常用方法。继承时，在子类的构造函数中添加菜单项和工具条。如果已经直接创建了一个 QMainWindow 实例，则可通过传递 QMainWindow 实例代替作为父对象的 this 指针来添加菜单项和工具条。如：

```
QPopupMenu * help = new QPopupMenu(this); menuBar()->insertItem( "&Help", help );
help->insertItem( "&About", this, SLOT(about()), Key_F1 );
```

这里添加了有一个菜单项的新菜单。菜单被插入 QMainWindow 默认提供的且可以通过 menuBar()函数访问的菜单条。当该菜单项被单击时，相应的"槽"被调用。

```
QToolBar * fileTools = new QToolBar( this, "file operations" );
fileTools->setLabel( "File Operations" );
QToolButton * fileOpen = new QToolButton( openIcon, "Open File", QString::null,
                          this, SLOT(choose()), fileTools, "open file" );
```

这里提取显示的是一个工具条按钮工具条的创建。QMainWindow 为工具条提供了 4 个锚接区域。当一个工具条被作为 QMainWindow 或继承类实例的子对象被创建时，它将会被放置到一个锚接区域中（默认是 Top 锚接区域）。当该工具条按钮被单击时，这个槽被调用。任何锚接窗口可以使用 addDockWindow()，或通过把 QMainWindow 作为父对象创建的方法来被添加到一个锚接区域中。

```
e = new QTextEdit( this, "editor" ); e->setFocus(); setCentralWidget( e );
statusBar()->message( "Ready", 2000 );
```

创建完菜单和工具条，就创建了一个大的中央窗口部件的实例，给它焦点并且把它设置为主窗口的中央窗口部件。这里，通过 statusBar()函数设置好状态条，显示初始信息两秒，可以添加其他的窗口部件到状态条，如标签，来显示更多的状态信息。

通常希望一个工具条按钮和一个菜单项同步。如单击"加粗"工具条按钮，希望"加粗"菜单项被选中。这种同步可以通过创建操作并且把它们添加到工具条和菜单上来自动实现。

```
QAction * fileOpenAction = new QAction( "Open File", QPixmap( fileopen ),
                          "&Open", CTRL + Key_O, this, "open" );
connect( fileOpenAction, SIGNAL( activated() ), this, SLOT( choose() ) );
```

这里创建了一个有图标的操作，图标用在这个操作所被添加到的菜单和工具条中。也给定这个操作一个菜单名称"&Open"和一个键盘快捷键。建立的连接在单击该菜单项或工具条按钮时被使用。

```
QPopupMenu * file = new QPopupMenu( this );
menuBar()->insertItem( "&File", file ); fileOpenAction->addTo( file );
```

这里提取显示一个弹出菜单的创建，把该菜单添加到 QMainWindow 的菜单条中并且添加操作。

```
QToolBar * fileTools = new QToolBar( this, "file operations" );
fileTools->setLabel( "File Operations" ); fileOpenAction->addTo( fileTools );
```

这里创建一个作为 QMainWindow 的子对象的工具条，并且把操作添加到这个工具条中。

8.4.5 增添工具条和状态栏

前面已经设计出了一个有菜单栏、菜单和快捷键的主窗口部件，在此基础上，进一步完善窗口风格的部件,添加工具条和状态栏。

1. 实验代码

(1) mainwidget.h

```cpp
#ifndef _MAINWIDGET_H_
#define _MAINWIDGET_H_
#include <qapplication.h>
#include <qmainwindow.h>
#include <qpopupmenu.h>
#include <qmenubar.h>
#include <qlabel.h>
#include <qtoolbar.h>
#include <qtoolbutton.h>
#include <qstatusbar.h>
class MainWidget: public QMainWindow
{   Q_OBJECT
    public: MainWidget( QWidget * parent = 0, const char * name = 0 );
    public slots: void openFile(); void saveFile(); void exitMain();
    private: QLabel * label;
}
#endif
```

(2) mainwidget.cpp

```cpp
#include "mainwidget.h"
MainWidget::MainWidget( QWidget * parent, const char * name ):QMainWindow( parent, name )
{   setCaption( "Qt-GUI 例程" );          // 设置窗口环境,添加一个菜单和一些菜单项
    setBackgroundColor( white );
    QFont f( "Helvetica", 18, QFont::Bold ); setFont( f );
    label = new QLabel( "", this ); label->setGeometry( 50, 50, 250, 50 );
    label->setBackgroundColor( white ); QPopupMenu * file = new QPopupMenu;
    QFont f1( "Helvetica", 14, QFont::Bold ); setFont( f1 ); file->setFont( f1 );
    file->insertItem( "&Open", this, SLOT( openFile() ), CTRL+Key_O );
    file->insertItem( "&Save", this, SLOT( saveFile() ), CTRL+Key_S );
    int id_save = file->insertItem( "&Save", this, SLOT( saveFile() ) );
    file->setItemEnabled( id_save, FALSE );
    file->insertItem( "E&xit", this, SLOT( exitMain() ), CTRL+Key_X );
    QMenuBar * menu = new QMenuBar( this ); menu->insertItem( "&File", file );
    QToolBar * tools = new QToolBar( "example", this );
    QPixmap exitIcon( "exit.xpm" );        // 构造标签为"Exit"、图标为"exit.xpm"的工具按钮
    QToolButton * exitmain = new QToolButton(exitIcon, "Exit", 0,
                                    this, SLOT(exitMain()), tools, "exit" );
    statusBar()->message( "Ready" );       // 状态条及其消息显示
}
void MainWidget::openFile()
{   label->setText( "File has been opened!" );
```

```
        statusBar()->clear(); statusBar()->message( "Opened" );
}
void MainWidget::saveFile()
{    label->setText( "File has been saved!" );
        statusBar()->clear(); statusBar()->message( "Saved" );
}
void MainWidget::exitMain()
{    QApplication::exit();    }
```

(3) main.cpp

```
#include <qapplication.h>
#include "mainwidget.h"
int main( int argc, char ** argv )
{    QApplication app( argc, argv ); MainWidget * mainwidget = new MainWidget(0);
    mainwidget->setGeometry(10, 30, 280, 200 ); app.setMainWidget(mainwidget);
    mainwidget->show(); int result = app.exec(); return result;
}
```

2. 编译执行

程序在 qvfb 上运行的结果如图 8-13 所示。

3. 重点说明

(1) 工具条

QToolBar 类提供了可以包含工具按钮这类窗口部件的可移动面板,用于提供常用命令或者选项的快速访问。工具条也可以被拖动出任何锚接区域而作为顶级窗口自由浮动。QToolBar 是 QDockWindow 的特殊化,提供 QDock-Window 的所有功能。

图 8-13 "添加工具条状态栏"程序效果图

使用 QToolBar,可以简单地把 QToolBar 创建为 QMainWindow 的子对象,从左到右或者从上到下创建许多 QToolButton 窗口部件或者其他窗口部件。需要分隔符时,调用 addSeparator()。当工具条被浮动时,标题会使用在构造函数中给定的标签,可以通过 setLabel()来改变。

可以在工具条中使用绝大多数窗口部件,最常用的是 QToolButton 和 QComboBox。QToolBar 可以被定位在 QDockArea 中或者像顶级窗口一样浮动。QMainWindow 提供了 4 个 QDockArea(上、下、左、右)。当创建一个新工具条作为 QMainWindow 的子对象时,这个工具条会被添加到上面的锚接区域。可以通过调用 QMainWindow::moveDockWindow()把它移动到其他锚接区域或者浮动起来。通常工具条将会得到它所需要的空间。通过 setHorizontalStretchable()、setVerticalStretchable()或 setStretchableWidget(),可以告诉主窗口在指定的方向延伸工具条来填充所有可用的空间。

工具条在水平方向或者垂直方向上排列它的按钮。通常 QDockArea 会设置正确的方向,可以使用 setOrientation()来设置它,并且通过连接到 orientationChanged()的信号来跟踪任何变化。可以使用 clear()方法来移除工具条的所有条目。

QtoolBar 的构造函数有如下两个：

```
QToolBar::QToolBar ( const QString & label, QMainWindow * mainWindow, QWidget * parent,
                bool newLine = FALSE, const char * name = 0, WFlags f = 0 )
QToolBar::QToolBar ( QMainWindow * parent = 0, const char * name = 0 )
```

label 和 newLine 参数被直接传递给 QMainWindow::addDockWindow()。name 是对象名称，f 是窗口部件标记。

(2) 处理图形的类

Qt 提供有两个处理图形的类：QPixmap 和 QImage。QPixmap 为画图专门设计和最优化，QImage 为 I/O、像素访问和操作专门设计和最优化。有几个函数用于 QPixmap 和 QImage 之间的互相转换，分别是 convertToImage() 和 convertFromImage()。一个经常使用 QPixmap 类的地方是使能窗口部件的平滑更新。只有通过 Qpainter 的函数、bitBit() 或将 QPixmap 转换成 QImage 才能访问像素。可以使用 QLabel::setPixmap() 轻松地在屏幕上显示像素映射。

(3) 工具按钮

工具按钮 QToolButton 支持自动浮起。可以使用 setAutoRaise() 来改变。工具按钮的图标被设置为 QIconSet。这使得它可以为失效和激活状态指定不同的像素映射。按钮的外观和尺寸可以通过 setUsesBigPixmap() 和 setUsesTextLabel() 来调节。当被用在 QToolBar 中时，按钮会自动地调节来适合 QMainWindow 的设置。可以使用 setPopup() 为 QToolButton 设置一个弹出菜单。默认延时是 600 ms，可以使用 setPopupDelay() 来调节。QtoolButton 的三个构造函数如下：

```
QToolButton::QToolButton ( QWidget * parent, const char * name = 0)
QToolButton::QToolButton ( const QIconSet & iconSet, const QString & textLabel, const QString
        & grouptext, QObject * receiver, const char * slot, QToolBar * parent,
        const char * name = 0)
QToolButton::QToolButton (ArrowType type, QWidget * parent, const char * name = 0)
```

构造一个父对象为 parent、名称为 name 的工具按钮。工具按钮显示 iconSet，它的文本标签和工具提示设置为 textLabel，并且它的状态条信息设置为 grouptext。被连接到 receiver 对象的 slot 槽。最后构造箭头按钮，ArrowType type 定义了箭头的方向，可用值为 LeftArrow、RightArrow、UpArrow 和 DownArrow。

(4) 状态条

QStatusBar 及其消息显示：为了显示临时的消息，可以调用 message() 把一个合适的信号和它连接起来。如果要移除一个临时的消息，则可调用 clear()。有两类消息：一类消息一直显示到下一个 clear() 或 mesage() 被调用才消失；另一类是有时间限制的。

```
connect( loader, SIGNAL(progressMessage(const QString&)),
                statusBar(), SLOT(message(const QString&)) );
statusBar()->message("Loading..."); loader.loadStuff();    // 初始消息,发射进程消息
statusBar()->message("Done.", 2000);                       // 显示2秒的最后消息
```

8.4.6 运用鼠标和键盘事件

GUI 程序中,鼠标和键盘是最主要的输入工具。不能很好地处理鼠标事件和键盘事件,应用程序的友好性会大打折扣。

1. 实验代码

(1) mousekeyevent.h

```
#ifndef MOUSEKEYEVENT_H
#define MOUSEKEYEVENT_H
#include <qlabel.h>
#include <qevent.h>
#include <qstring.h>
class MouseKeyEvent: public QWidget
{   Q_OBJECT
    public: MouseKeyEvent( QWidget * parent = 0, const char * name = 0 );
    protected: void mousePressEvent( QMouseEvent * );
        void mouseMoveEvent( QMouseEvent * ); void keyPressEvent( QKeyEvent * );
    private: QLabel * label;
};
#endif
```

(2) mousekeyevent.cpp

```
#include "mousekeyevent.h"
MouseKeyEvent::MouseKeyEvent( QWidget * parent, const char * name ):QWidget( parent, name )
{   setCaption("Qt-GUI 例程");                // 设置窗口的标题、背景和文字字形
    setBackgroundColor( white );
    label = new QLabel( "Wellcome!", this );   // 设置标签的字形、背景色和显示方式位置
    label->setBackgroundColor( white ); QFont f( "Helvetica", 16, QFont::Bold );
    label->setFont( f ); label->setGeometry( 25, 70, 250, 100 );
    label->setAlignment( AlignVCenter | AlignHCenter );
}
// 重载鼠标按下函数,通过入口参数区分事件并显示
void MouseKeyEvent::mousePressEvent( QMouseEvent * e )
{   switch( e->button())
    {   case LeftButton: label->clear(); label->setText( "Mouse:LeftButtonPressed!" ); break;
        case RightButton: label->clear(); label->setText( "Mouse:RightButton Pressed!" ); break;
        case MidButton: label->clear(); label->setText( "Mouse:MidButton Pressed!"); break;
        default: label->clear(); label->setText( "Mouse:Undefined Pressed!"); break;
    }
}
// 重载鼠标移动事件函数,来得到当前鼠标的坐标值,并通过标签部件显示出来
void MouseKeyEvent::mouseMoveEvent( QMouseEvent * e )
{   QString str = QString( "X:" ); QString ps = ""; ps = ps.setNum( e->x() );
    str += ps; str += "   Y:"; ps = ""; ps = ps.setNum( e->y() ); str += ps;
    label->clear();     label->setText( str );
```

```
}
// 重载键盘按下函数,通过入口参数辨别具体键盘值,并且通过标签显示相应的状态
void MouseKeyEvent::keyPressEvent( QKeyEvent *e )
{   switch( e->key() )
    {   case Key_Escape: label->clear(); label->setText( "Key:Esc Pressed!" ); break;
        case Key_Tab: label->clear(); label->setText( "Key:Tab Pressed!" ); break;
        ...
        default: label->clear(); label->setText( "Key:Undefined key Pressed!" ); break;
    }
}
```

(3) main.cpp

```
#include <qapplication.h>
#include "mousekeyevent.h"
int main( int argc, char **argv )
{   QApplication app( argc, argv );
    MouseKeyEvent *mousekeyevent = new MouseKeyEvent( 0 );
    mousekeyevent->setGeometry( 10, 20, 320, 240 );
    app.setMainWidget( mousekeyevent ); mousekeyevent->show();
    int result = app.exec(); return result;
}
```

2. 编译执行

程序在 qvfb 上运行的结果如图 8-14 所示。

3. 重点说明

(1) QEvent 的类

图 8-14 "鼠标键盘事件"程序效果图

qvent.h 中,定义了它是所有事件类的基类。事件类包含事件参数。Qt 的主事件回路[QApplication::exec()]从事件队列里取得本地窗口系统事件,转换为 QEvent 并且把转换过的事件发给 QObject。通常情况下,事件来自于窗口系统[spontaneous()返回真],也可以使用 QApplication::sendEvent() 和 QApplication::postEvent() 手动发送事件[spontaneous()返回假]。QObject 通过 QObject::event() 函数调用来接收事件。这个函数可以在子类中重新实现来处理自定义的事件和添加额外的事件类型,QWidget::event() 就是一个著名的例子。默认情况下,QObject::timerEvent() 和 QWidget::mouseMoveEvent() 这样的事件可以发送给事件处理函数。QObject::installEventFilter() 允许一个对象中途截取发往另一个对象的事件。基本的 QEvent 只包含了一个事件类型参数。QEvent 的子类包含了额外描述特定事件的参数。

QEvent 中,枚举了所有 Qt 中有效的事件类型,事件类型和其相应的事件类列举如下:

QEvent::Accessibility- 　　　可存取性信息被请求。
QEvent::Timer- 　　　　　　规则的定时器事件,QTimerEvent。
QEvent::MouseButtonPress- 　鼠标按下,QMouseEvent。
QEvent::MouseButtonRelease- 鼠标抬起,QMouseEvent。

QEvent::MouseButtonDblClick –	鼠标再次按下,QMouseEvent。
QEvent::MouseMove –	鼠标移动,QMouseEvent。
QEvent::KeyPress –	键按下(包括Shift),QKeyEvent。
QEvent::KeyRelease –	键抬起,QKeyEvent。
QEvent::IMStart –	输入法写作开始。
QEvent::IMCompose –	发生输入法写作。
QEvent::IMEnd –	输入法写作结束。
QEvent::FocusIn –	窗口部件获得键盘焦点,QFocusEvent。
QEvent::FocusOut –	窗口部件失去键盘焦点,QFocusEvent。
QEvent::Enter –	鼠标进入窗口部件边缘。
QEvent::Leave –	鼠标离开窗口部件边缘。
QEvent::Paint –	屏幕更新所需要的,QPaintEvent。
QEvent::Move –	窗口部件位置改变了,QMoveEvent。
QEvent::Resize –	窗口部件大小改变了,QResizeEvent。
QEvent::Show –	窗口部件被显示到屏幕上,QShowEvent。
QEvent::Hide –	窗口部件被隐藏,QHideEvent。
QEvent::ShowToParent –	一个子窗口部件被显示。
QEvent::HideToParent –	一个子窗口部件被隐藏。
QEvent::Close –	窗口部件被关闭(永久性地),QCloseEvent。
QEvent::ShowNormal –	窗口部件应该按通常模式显示。
QEvent::ShowMaximized –	窗口部件应该按最大化模式显示。
QEvent::ShowMinimized –	窗口部件应该按最小化模式显示。
QEvent::ShowFullScreen –	窗口部件应该按全屏模式显示。
QEvent::ShowWindowRequest –	窗口部件应该被显示。旧类型,为兼容而保留,新代码中不要使用。
QEvent::DeferredDelete –	在这个对象被清理干净之后,它将被删除。
QEvent::Accel –	子键按下,用于快捷键处理,QKeyEvent。
QEvent::Wheel –	鼠标滚轮转动,QWheelEvent。
QEvent::ContextMenu –	上下文弹出菜单,QContextMenuEvent。
QEvent::AccelAvailable –	在一些平台上Qt使用的内部事件。
QEvent::AccelOverride –	优于快捷键处理的子类事件按钮的按下操作,QKeyEvent。
QEvent::WindowActivate –	窗口被激活了。
QEvent::WindowDeactivate –	窗口被停用了。
QEvent::CaptionChange –	窗口部件的标题改变了。
QEvent::IconChange –	窗口部件的图标改变了。
QEvent::ParentFontChange –	父窗口部件的字体改变了。
QEvent::ApplicationFontChange –	默认的应用程序字体改变了。
QEvent::PaletteChange –	窗口部件的调色板改变了。
QEvent::ParentPaletteChange –	父窗口部件的调色板改变了。

QEvent::ApplicationPaletteChange -   默认的应用程序调色板改变了。
QEvent::Clipboard -   剪贴板内容发生改变,QClipboard。
QEvent::SockAct -   套接字触发,通常在 QSocketNotifier 中实现。
QEvent::DragEnter -   一个拖拽进入了一个窗口部件,QDragEnterEvent。
QEvent::DragMove -   一个拖拽正在进行中,QDragMoveEvent。
QEvent::DragLeave -   一个拖拽离开了窗口部件,QDragLeaveEvent。
QEvent::Drop -   一个拖拽完成了,QDropEvent。
QEvent::DragResponse -   在一些平台上 Qt 使用的内部事件。
QEvent::ChildInserted -   对象得到了一个子类,QChildEvent。
QEvent::ChildRemoved -   对象失去了一个子类,QChildEvent。
QEvent::LayoutHint -   窗口部件子类改变了布局属性。
QEvent::ActivateControl -   在一些平台上 Qt 使用的内部"激活"事件。
QEvent::DeactivateControl -   在一些平台上 Qt 使用的内部"去激活"事件。
QEvent::Speech -   为语音输入而保留。
QEvent::Tablet -   Wacom Tablet 事件。
QEvent::User -   用户定义事件。
QEvent::MaxUser -   最后用户事件 id。

在处理鼠标事件的 QMouseEvent 类中,定义了 4 个不同的关于鼠标的事件,分别为 mouseReleaseEvent、mouseDoubleClickEvent、mousePressEvent 和 mouseMoveEvent,分别对应着鼠标释放、鼠标双击、鼠标按下和鼠标移动事件。

处理键盘事件的类 QKeyEvent,定义了两个关于键盘的事件:keyPressEvent 和 keyReleaseEvent,对应为键盘按下和释放事件。

事件处理的方法:一个从 QWidget 派生的类只需要重载对应虚函数 Event()就可以捕获相应的事件。当该对象发生了某个事件时,该函数就会被执行,并可以通过函数的入口参数来表明具体的事件类型。

(2) QString 类

提供了一个 Unicode 文本和经典 C 的以零结尾的字符数组的抽象。它使用隐含共享,非常有效率并且很容易使用。QString 重载了许多的运算符,可以很简单地进行串之间的操作,如串赋值、串比较和串连接。QString 还提供了诸如查找、插入、追加和替换等高级操作。而且 QString 还可以进行数字与字符串的相互转换操作。

(3) 键盘事件及其处理

所有的 QWidget 派生类都可使用 keyPressEvent()和 keyReleaseEvent()处理键盘按下与放开事件。调用 QKeyEvent 类的 key()方法以判断具体的按键。头文件 qnamespace.h 中定义了所有键盘键的值,代码如下:

```
enum Key
{
    Key_Escape = 0x1000, Key_Tab = 0x1001, Key_Backtab = 0x1002,
    Key_BackTab = Key_Backtab, Key_Backspace = 0x1003,
    Key_BackSpace = Key_Backspace, Key_Return = 0x1004, Key_Enter = 0x1005,……
}
```

8.4.7 使用"对话框"窗口部件

对话框是要求输入某些任务所需信息的弹出式窗口,对话框中可以有各种控件,如文本框、按钮和图片等。对话框是窗口的特殊形式。Windows 编程中,使用对话框可以从资源文件创建;而在 Qt 中,必须写出每行代码。Windows 下的可视化工具把"画"出的对话框保存为"资源文件";而在 Qt 中,可视化工具则把它保存为 C++源文件。

1. 实验代码

(1) colordialog.h

```
#include <qpushbutton.h>
#include <qdialog.h>
class ColorDialog: public QDialog
{   Q_OBJECT
    public: QColor color();              // 构造模式对话框
        ColorDialog( QWidget * parent = 0, const char * name = 0, bool isModal = TRUE );
    private slots: void chooseColor();
    private: QColor col; QPushButton * whiteButton; …; QPushButton * lgrayButton;
};
#endif
```

(2) colordialog.cpp

```
#include "colordialog.h"
ColorDialog::ColorDialog(QWidget * parent, const char * name, bool isModal)
                     :QDialog(parent, name, isModal )
{   setCaption("Qt-GUI 例程");
    int width = 90; int height = 30; int x = 1; int y = 1; col = white;
    whiteButton = new QPushButton( "white", this );    // 设置按钮背景颜色(对应名字)、外形(平坦)
    whiteButton->setFlat(TRUE); whiteButton->setBackgroundColor( white );
    …
    lgrayButton = new QPushButton( "lightGray", this );
    lgrayButton->setFlat( TRUE ); lgrayButton->setBackgroundColor( lightGray );
    whiteButton->setGeometry( x, y, width, height);    // 对各个按钮进行排列
    …
    lgrayButton->setGeometry( x, ( y + height * 8 ), width * 2, height );
    // 将各个按钮的 pressed()信号与私有槽 chooseColor()连接在一起
    connect(whiteButton, SIGNAL( pressed()), SLOT(chooseColor()));
    …
    connect( lgrayButton, SIGNAL( pressed()), SLOT(chooseColor()));
}
void ColorDialog::chooseColor()
{   if ( whiteButton->isDown()) col = white;
    else if (…) …;
    else if ( lgrayButton->isDown()) col = lightGray;
    this->close();
```

```cpp
}
QColor ColorDialog::color()
{    return col;    }                          // 把值返回给调用者
```

(3) mainwindow.h

```cpp
#ifndef MAINWINDOW_H
#define MAINWINDOW_H
#include <qpopupmenu.h>
#include <qmainwindow.h>
#include <qmenubar.h>
#include "colordialog.h"
class MainWindow: public QMainWindow
{   Q_OBJECT
    public: MainWindow( QWidget * parent = 0, const char * name = 0 );
    public slots: void chooseBackgroundColor();
};
#endif
```

(4) mainwindow.cpp

```cpp
#include "mainwindow.h"
MainWindow::MainWindow( QWidget * parent, const char * name ):QMainWindow( parent, name )
{   setCaption("Qt-GUI 例程");                    // 设置窗口的标题、背景色
    setBackgroundColor( white );
    QPopupMenu * option = new QPopupMenu;         // 添加菜单栏,给菜单栏添加了一个下拉菜单
    option->insertItem( "&Choose background color ", this, SLOT( chooseBackgroundColor()));
    QMenuBar * menu = new QMenuBar( this ); menu->insertItem( "&Option", option );
}
void MainWindow::chooseBackgroundColor()          // 定义并执行 ColorDialog 对话框
{   ColorDialog * d = new ColorDialog( this, "NULL", TRUE );    // 构造模式对话框
    d->exec(); setBackgroundColor( d->color() );
    delete d;                                     // 销毁对话框
}
```

(5) main.cpp

```cpp
#include <qapplication.h>
#include "mainwindow.h"
int main( int argc, char ** argv )
{   QApplication app( argc, argv ); MainWindow * mainwindow = new MainWindow( 0 );
    app.setMainWidget( mainwindow ); mainwindow->setGeometry( 5, 5, 400, 320 );
    mainwindow->show(); int result = app.exec(); return result;
}
```

2. 编译执行

程序在 qvfb 上运行的结果如图 8-15 所示。

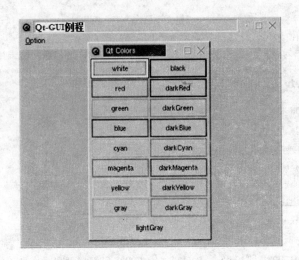

图 8-15 "对话框"例程执行效果图

3. 重点说明

QDialog 是对话框窗口基类。Qt 提供的一些常用对话框都是由 QDialog 直接派生的。在应用程序中选择颜色、字体,处理文件、消息等任务都可以使用这些预定义的对话框。Qt 预定义的对话框主要有:QColorDialog、QFileDialog、QFontDialog、QInputDialog、QMessage-Box、QPrintDialog、QTabDialog 和 QWizard。可以直接使用这些对话框。以 QColorDialog 为例,用户只需要调用 QColorDialog 的静态成员函数 GetColor()。GetColor()将生成一个颜色选择对话框,并在关闭后返回所选的颜色。

但是大多数情况下,要使用的对话框都不是标准的,因此必须从 QDialog 类派生。QDialog 类为使用对话框提供额外所需成员函数。本例中的 ColorDialog 正是由 QDialog 类派生出来的。

在对话框构造的过程中,通过构造函数中的参数 isModal 来区分模式和非模式对话框。

模式对话框是阻塞同一应用程序中其他可视窗口的输入对话框,必须完成这个对话框中的交互操作并且关闭它之后才能访问应用程序中的其他任何窗口。模式对话框有自己的本地事件循环。调用 exec()来显示模式对话框。关闭对话框时,exec()将提供一个可用的返回值并且流程控制继续从调用 exec()的地方进行。通常连接默认按钮,如"OK"到 accept()槽并且把"Cancel"连接到 reject()槽,来使对话框关闭并且返回适当的值。也可以连接 done()槽,传递给它 Accepted 或 Rejected。举例如下:

```
QFileDialog * dlg = new QFileDialog( workingDirectory, QString::null, 0, 0, TRUE );
dlg->setCaption( QFileDialog::tr( "Open" ) );
dlg->setMode( QFileDialog::ExistingFile ); QString result;
if ( dlg->exec() == QDialog::Accepted )
{    result = dlg->selectedFile(); workingDirectory = dlg->url();    }
delete dlg; return result;
```

非模式对话框是和同一个程序中其他窗口操作无关的对话框。字处理中的查找和替换对话框通常使用非模式对话框同时与应用程序主窗口和对话框进行交互。调用 show()来显示非模式对话框,它立即返回,调用代码中的控制流继续。在实践中会经常调用 show(),并且在其最后控制返回主事件循环,如:

```
int main( int argc, char * * argv )
{   QApplication a( argc, argv ); int scale = 10;
    LifeDialog * life = new LifeDialog( scale ); a.setMainWidget( life );
    life->setCaption("Qt-GUI 例程"); life->show(); return a.exec();
}
```

对话框还有第三种:半模式对话框,如 QProgressDialog。

8.4.8 绘图程序的 Qt 编制

在一个窗口画图可以有不同的方法,最简单的是直接在窗口中放入一幅位图,另外一种是使用基本的 API 函数进行画线和画点操作。这里重点说明后一种。

1. 实验代码

(1) drawdemo.h

```
#ifndef DRAWDEMO_H
#define DRAWDEMO_H
#include <qwidget.h>
#include <qcolor.h>
#include <qpainter.h>
#include <qtimer.h>
#include <qframe.h>
#include <math.h>
class DrawDemo: public QWidget
{   Q_OBJECT
    public: DrawDemo( QWidget * parent = 0, const char * name = 0 );
    protected: virtual void paintEvent( QPaintEvent * );
    private slots: void flushBuff();          // 定义槽,用于刷新缓存区
    private: int buffer[200];                 // 定义200字节缓存区,用于存储画图数据[显存]
        QTimer * timer; QFrame * frame;
}
#endif
```

(2) drawdemo.cpp

```
#define PI 3.1415926
#include <stdio.h>
#include "drawdemo.h"
DrawDemo::DrawDemo( QWidget * parent, const char * name ):QWidget( parent, name )
{   setCaption( "Qt-GUI 例程" );
    frame = new QFrame( this, "frame" );        // 设置 QFrame 对象 frame
    frame->setBackgroundColor( black ); frame->setGeometry( QRect( 40, 40, 402, 252 ) );
    for( int i = 0; i<200; i++ )                // 填充数据:一个周期的正弦波数据准备
        buffer[i] = ( int )( sin( (i*PI)/100 ) * 100 );
    QTimer * timer = new QTimer( this, "timer" );// 每 30 ms 刷新一次显存数据
    connect(timer, SIGNAL(timeout()), this, SLOT( flushBuff())); timer->start( 30 );
}
```

```
void DrawDemo::flushBuff()                          // 刷新显存:每刷新一次,就循环移位一次
{    int tmp = buffer[0], i; for( i = 0; i<200; i++ ) buffer[i] = buffer[i+1];
     buffer[199] = tmp; repaint( 0, 0, 480, 320, TRUE );   //调用 paintEvent()重画(0, 0, 480,
                                                           //320)区域
}
void DrawDemo::paintEvent( QPaintEvent * )
{    frame->erase( 0, 0, 400, 320 );                // 擦除窗口部件中的指定区域(x, y, w, h)
     QPainter painter( frame );                     // 构造绘图
     QPoint beginPoint;                             // 定义画图的起始点和结束点
     QPoint endPoint; painter.setPen( blue );       // 定义画笔颜色
     for( int i = 0; i<199; i++ )                   // 用画线的形式将显存的数据画出来
     {    beginPoint.setX( 2 * i );
          beginPoint.setY( buffer[i] + 125 );       // 偏移量:负值变为可操作的正值
          endPoint.setX( 2 * i + 1 ); endPoint.setY( buffer[i+1] + 125 );
          painter.drawLine( beginPoint, endPoint ); // 画线
     }
}
```

(3) main.cpp

```
#include <qapplication.h>
#include "drawdemo.h"
int main( int argc, char * * argv )
{    QApplication app( argc, argv ); DrawDemo * drawdemo = new DrawDemo( 0 );
     drawdemo->setGeometry(10, 20, 480, 320); app.setMainWidget( drawdemo );
     drawdemo->show(); int result = app.exec(); return result;
}
```

2. 编译执行

程序在 Qvfb 上的运行结果如图 8-16 所示。

3. 重点说明

(1) QTimer 类及其应用

QTimer 类是 Qt 中关于定时器的一个类,它提供了定时器信号和单触发定时器。QTimer 很容易使用:创建一个 QTimer,使用 start()开始并且把它的 timeout()连接到适当的槽。这段时间一过去,它将会发射 timeout()信号。当 QTimer 的父对象被销毁时,它也会被自动销毁。还可以使用静态的 singleShot()函数来创建单触发定时器,其详细定义为:

图 8-16 "Qt 绘图"例程执行效果

```
void QTimer::singleShot (int msec, QObject * receiver, const char * member)
```

receiver 是正在接收的对象,member 是"槽",时间间隔是 msec。这个静态函数在给定时间间隔之后调用"槽"。使用这个函数非常方便,不需要被 timerEvent 或创建一个本地 QTimer 对象所困扰。如：

```
#include <qapplication.h>
#include <qtimer.h>
int main( int argc, char * * argv )
{
    QApplication a( argc, argv ); QTimer::singleShot( 10 * 60 * 1000, &a, SLOT(quit()) );
    ……        // 创建并且显示你的窗口部件
    return a.exec();
}
```

示例程序会自动在 10 分钟之后终止(600 000 ms)。作为一个特殊情况，一旦窗口系统事件队列中的所有事件都已经被处理完，一个定时为 0 的 QTimer 就会到时间了。

QTimer 的精确度依赖于操作系统和硬件。绝大多数平台支持 20 ms 的精确度。

另一个使用 QTimer 的方法是为对象调用 QObject::startTimer()和在类中重新实现 QObject::timerEvent()事件处理器。缺点是 timerEvent()不支持像单触发定时器或信号那样高的水平。

QFrame 类是有框架的窗口部件的基类。它绘制框架并且调用一个虚函数 drawContents()来填充这个框架，该函数是被子类重新实现的。还有两个有用的函数：drawFrame()和 frameChanged()。有框架的窗口部件可以被改变。QFrame 类也能够直接用来创建没有任何内容的简单框架。通常情况下要用到 QHBox 或 QVBox，它们可自动布置放到框架中的窗口部件。

框架窗口部件有 4 个属性：frameStyle()、lineWidth()、midLineWidth()和 margin()。框架风格由框架外形和阴影风格决定。框架外形有 NoFrame、Box、Panel、StyledPanel、PopupPanel、WinPanel、ToolBarPanel、MenuBarPanel、HLine 和 VLine；阴影风格有 Plain、Raised 和 Sunken。线宽就是框架边界的宽度。中间线宽指的是在框架中间的另外一条线的宽度，它使用第三种颜色来得到一个三维的效果，中间线只有在 Box、HLine 和 VLine 这些凸起和凹陷的框架中才被绘制。"边白"是框架和框架内容之间的间隙。图 8-17 显示了风格和宽度的绝大多数有用的组合。

(2) repaint()方法

用于强制窗口立即重画，它有两种调用方式：

void QWidget::repaint(int x, int y, int w, int h, bool erase = TRUE) [slot]

void QWidget::repaint() [slot]

第一个可以指定重画的区域，而第二个只是简单地全部重画。两个函数都是槽，可连接信号。

Repaint()会通过立即调用 paintEvent()来直接重新绘制窗口部件。如果 erase 为真，则 Qt 在 paintEvent()调用之前擦除区域(x,y,w,h)。

(3) Qpainter 及其应用

Qt 用 Qpainter 来代表图形设备场景，它可以绘制从简单的直线到像饼图和弦这样的复杂形状，也可以绘制排列的文本和像素映射。通常在一个"自然的"坐标系统中绘制，但也可以在视频转换中做到这些。绘图工具的典型用法是构造一个绘图工具，设置画笔/画刷等，绘制、销毁该绘图工具。绝大多数情况下，所有这些步骤在一个绘制事件中完成，如：

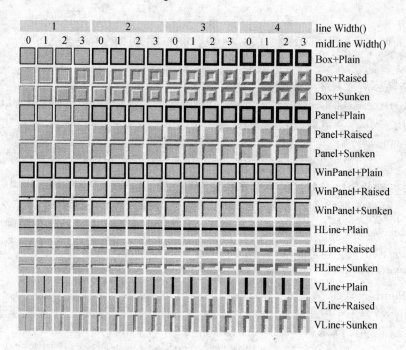

图 8-17 Qt 绘图风格和宽度的大多数有效组合示意图

```
void SimpleExampleWidget::paintEvent()
{    QPainter paint( this ); paint.setPen( Qt::blue );
     paint.drawText( rect(), AlignCenter, "The Text" );
}
```

可以使用的设置：font()、brush()、pen()、backgroundMode()、backgroundColor()、rasterOp()[像素绘制和已经存在的像素的相互作用]、brushOrigin()、viewport()/window()/worldMatrix()[绘制工具的坐标转换]、clipping()/clipRegion() 和 pos()[当前位置]。这些设置中的一部分会映像到一些绘制设备的设置中。

QPainter 的核心功能是绘制，最简单的绘制函数有：

drawPoint()　绘制单一的一个点；　　　　　　drawPoints()　绘制一组点；
drawLine()　绘制一条直线；　　　　　　　　drawRect()　绘制一个矩形；
drawWinFocusRect()　绘制一个窗口焦点矩形；　drawRoundRect()　绘制一个原形矩形；
drawEllipse()　绘制一个椭圆；　　　　　　　drawArc()　绘制一个弧；
drawPie()　绘制一个饼图；　　　　　　　　drawChord()　绘制一条弦；
drawLineSegments()　绘制 n 条分隔线；　　　drawPolyline()　绘制由 n 个点组成的折线；
drawPolygon()　绘制由 n 个点组成的多边形；　drawCubicBezier()　绘制三次贝塞尔曲线；
drawConvexPolygon()　绘制由 n 个点组成的凸多边形。

所有这些函数使用整数坐标，绘制尽可能快地进行。这里有绘制像素映射/图像的函数，名为 drawPixmap()、drawImage() 和 drawTiledPixmap()。drawPixmap() 和 drawImage() 产生同样的结果，drawPixmap() 更快一些。使用 drawText() 可以完成文本绘制，需要良好的定位配合使用 boundingRect()。drawPicture() 函数用来绘制整个 QPicture 的内容，它是唯一忽视所有绘制工具设置的函数。

通常，QPainter 在设备自己的坐标系统(通常是像素)上操作，而且它也能很好地支持坐标转换。最常用的函数是 scale()、rotate()、translate()和 shear()，所有这些在 worldMatrix()上操作。setWorldMatrix()可以替换或者添加到当前设置的 worldMatrix()。setViewport()设置 QPainter 操作的矩形，默认是整个设备。setWindow()设置坐标系统，它是被映射到 viewport()的矩形。在 window()中绘制的图形最终会在 viewport()中。所有坐标转换完成之后，QPainter 能把绘制裁剪到一个任意的矩形或者区域。如果 QPainter 裁剪，则 hasClipping()为真并且 clipRegion()返回裁剪区域，可以使用 setClipRegion()或 setClipRect()来设置。QPainter 裁剪之后，绘制设备也可以被裁剪。例如，绝大多数窗口部件按子窗口部件的像素裁剪并且绝大多数打印机按接近纸的边缘裁剪。这些另外的裁剪不会受 clipRegion()或 hasClipping()的返回值影响。

QPainter 也包括一些用得比较少的函数，需要的时候是非常有用的。isActive()指出绘制工具是否是激活的。begin()使它激活，end()释放它。如果绘制工具是激活的，device()返回所在的绘制设备。

(4) QPoint

QPoint 是 Qt 中定义了平面上的一个点的类，由一个 x 坐标和一个 y 坐标确定。标准类型是 QCOORD(32 位整数)，其范围是 $-2\,147\,483\,648 \sim 2\,147\,483\,647$。坐标可以通过函数 x()和 y()来访问，可以由 setX()和 setY()来设置并且由 rx()、ry()来参考。

(5) Qt 中画图的基本过程和方法

通过 QPainter 方法，可以提供图形，大约能满足百分之九十的需求。如果需要高度的灵活性，可以使用一个像素接一个像素的方式来准确地获取所需要的图形。也可以用能绘图的对象(如 QPen 和 QBrush)。为了在窗口中画图，必须设置一些基本的图形属性，这就是所谓的图形对象。基本的图形属性有：笔(QPen)、刷子(QBrush)、字体(QFont)、背景色(setBackgroundColor)和背景模式(setBackgroundMode)。笔是 Qt 提供的画线工具，刷子是用来填充图形对象的工具。画一个实心圆时，圆的边线用笔画，圆的内部用刷子画。刷子有颜色和风格属性。另外一种图形对象是字体，当在图形场景中使用文本输出函数时使用的是字体对象。

8.4.9 Qt 中的多线程编程

主要考察 Qt 对多线程的支持，了解怎样在 Qt 中进行多线程编程以及处理线程的同步。

1. 实验代码

(1) sinthread.h

sinthread.h/sinthread.cpp 定义和实现了一个画动态正弦波的线程类。

```
#ifndef SINTHREAD_H
#define SINTHREAD_H
#include <qdialog.h>
#include <qwidget.h>
#include <qcolor.h>
#include <qpainter.h>
#include <qtimer.h>
#include <qframe.h>
```

```cpp
#include <qapplication.h>
#include <qthread.h>
#include <math.h>
class SinThread: public QWidget, public QThread    //继承自两个类：画图同时本身也是一个线程
{    Q_OBJECT
    public: SinThread( QWidget * parent = 0, const char * name = 0, QFrame * f = NULL );
        void run(); void stop();
    protected: virtual void paintEvent( QPaintEvent * );
    private slots: void flushBuff();
    private: int buffer[200]; QTimer * timer; QFrame * frame;
};
#endif
```

(2) sinthread.cpp

```cpp
#define PI 3.1415926
#include <stdio.h>
#include "sinthread.h"              // 两个参数传给父类 QWidget,QFrame 类型参数用于画图
SinThread::SinThread( QWidget * parent, const char * name, QFrame * f ):QWidget( parent, name )
{    frame = f;
    for( int i = 0; i<200; i++ ) buffer[i] = ( int )( sin( (i*PI) /100 ) * 100 );
                        // 填充正弦波的数据
    QTimer * timer = new QTimer( this, "timer" );
    QObject::connect( timer, SIGNAL( timeout() ), this, SLOT( flushBuff()));
        timer->start( 500 );
}
void SinThread::flushBuff()
{    int tmp, i, j = 0;
    while( j< 20 )
    {    tmp = buffer[0]; for( i = 0; i<199; i++ ) buffer[i] = buffer[i+1];
        buffer[199] = tmp; j++;
    }
    repaint( 0, 0, 480, 320, TRUE );
}
void SinThread::paintEvent( QPaintEvent * )
{    qApp->lock();                    // 引入互斥操作
    frame->erase( 0, 0, 400, 320 ); QPainter painter( frame );
    QPoint beginPoint, endPoint; painter.setPen( blue );
    for( int i = 0; i<199; i++ )
    {    beginPoint.setX( 2*i ); beginPoint.setY( buffer[i] +125);
        endPoint.setX( 2*i+1 ); endPoint.setY( buffer[i+1] +125);
        painter.drawLine( beginPoint, endPoint );
    }
    msleep( 50 );/* 线程休眠 n 毫秒 */ qApp->unlock(); msleep( 50 );
}
void SinThread::run()
```

```
{ }
void SinThread::stop()
{ }
```

(3) trithread.h

trithread.h/trithread.cpp 定义和实现了一个画动态三角波的线程类。

```cpp
#ifndef TRITHREAD_H
#define TRITHREAD_H
#include <qdialog.h>
#include <qwidget.h>
#include <qcolor.h>
#include <qpainter.h>
#include <qtimer.h>
#include <qframe.h>
#include <qthread.h>
#include <qapplication.h>
#include <math.h>
class TriThread: public QWidget, public QThread
{   Q_OBJECT
    public: TriThread( QWidget * parent = 0, const char * name = 0, QFrame * f = NULL );
        void run(); void stop();
    protected: virtual void paintEvent( QPaintEvent * );
    private slots: void flushBuff();
    private: int buffer[200]; QTimer * timer; QFrame * frame;
};
#endif
```

(4) tirthread.cpp

```cpp
#define PI 3.1415926
#include <stdio.h>
#include "trithread.h"
TriThread::TriThread( QWidget * parent, const char * name, QFrame * f ):QWidget( parent, name )
{   frame = f;
    for( int i = 0; i<101; i++ ) buffer[i] = (int) i*2;    // 填充了一个三角波的数据
    for( int i = 101; i<200; i++ ) buffer[i] = (int)(200-i)*2;
    QTimer * timer = new QTimer( this, "timer" );
    QObject::connect(timer, SIGNAL( timeout() ), this, SLOT( flushBuff())); timer->start( 500 );
}
void TriThread::flushBuff()
{   int tmp = buffer[0], i, j = 0;
    while( j<20 )
    {   tmp = buffer[0]; for( i = 0; i<199; i++ ) buffer[i] = buffer[i+1];
        buffer[199] = tmp; j++; }
    repaint( 0, 0, 480, 320, TRUE );
}
```

```cpp
void TriThread::paintEvent( QPaintEvent * )
{    qApp->lock();    frame->erase( 0, 0, 400, 320 ); QPainter painter( frame );
     QPoint beginPoint, endPoint; painter.setPen( red );
     for( int i = 0; i<199; i++ )
     {   beginPoint.setX( 2*i ); beginPoint.setY( buffer[i] + 25 );
         endPoint.setX( 2*i+1 ); endPoint.setY( buffer[i+1] + 25 );
         painter.drawLine( beginPoint, endPoint );
     }
     msleep( 50 ); qApp->unlock(); msleep( 50 );
}
void TriThread::run()
{   }
void TriThread::stop()
{   }
```

(5) mainwindow.h

mainwindow.h/mainwindow.cpp 主窗口函数。

```cpp
#ifndef MAINWINDOW_H
#define MAINWINDOW_H
#include <qpushbutton.h>
#include <qframe.h>
#include "sinthread.h"
#include "trithread.h"
class MainWindow: public QWidget
{    Q_OBJECT
     public: MainWindow( QWidget * parent = 0, const char * name = 0 );
     private: SinThread * sinthread; TriThread * trithread; QFrame * f;
};
#endif
```

(6) mainwindow.cpp

```cpp
#include "mainwindow.h"
MainWindow::MainWindow( QWidget * parent, const char * name ):QWidget( parent, name )
{    setCaption( "QtE-GUI 例程"); f = new QFrame( this, "f" );
     f->setBackgroundColor( black ); f->setGeometry( QRect( 10, 40, 402, 252 ) );
     trithread = new TriThread( this, "trithread", f );
     sinthread = new SinThread( this, "sinthread", f );
}
```

(7) main.cpp 主函数

```cpp
#include <qapplication.h>
#include <qthread.h>
#include "mainwindow.h"
int main( int argc, char * * argv )
{    QApplication app( argc, argv );
```

```
MainWindow * mainwindow = new MainWindow( 0, "MainWindow" );
mainwindow->setGeometry( 20, 40, 420, 320 ); app.setMainWidget( mainwindow );
mainwindow->show(); int result = app.exec(); return result;
}
```

2. 编译执行

程序的运行结果如图 8-18 所示。

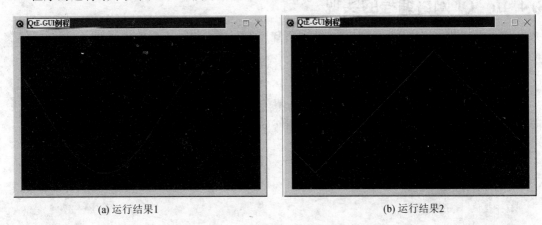

(a) 运行结果1　　　　　　　　　　　　(b) 运行结果2

图 8-18 "Qt 绘图"程序的执行效果图形

3. 重点说明

Qt 中的线程类 QThread 与系统无关。QThread 代表程序中的一个单独线程控制,在多任务操作系统中,它和同一进程中的其他线程共享数据,但运行起来就像一个单独的程序一样。QThread 不是在 main() 中开始,而是在 run() 中开始运行的。继承 run() 并且在其中包含自己的代码。

Qmutex 类用于处理线程同步的类,QMutex 的目的是保护一个对象、数据结构或者代码段,使同一时间只有一个线程可以访问它。lock() 函数加锁,unlock() 函数解锁。

一些使用 Qt 多线程编程时需要注意的问题:
- 当使用 Qt 库互斥量时不要做任何阻塞操作,这将会冻结事件循环。
- 确认锁定一个递归 QMutex 的次数和解锁的次数一样,不能多也不能少。
- 在调用除了 Qt 容器和工具类的任何控件之前锁定 Qt 应用程序互斥量。
- 谨防隐含地共享类,应该避免在线程之间使用操作符"=()"来复制它们。
- 谨防那些没有被设计为线程安全的 Qt 类。例如,QPtrList 的应用程序接口就不是线程安全的,并且如果不同的线程需要遍历一个 QPtrList,它们应该在调用 QPtrList::first()之前锁定并且在到达终点之后解锁,而不是在 QPtrList::next()的前后进行锁定和解锁。
- 确认只在 GUI 线程中创建的继承和使用了 QWidget、QTimer 和 QSocketNotifier 的对象。在一些平台上某个不是 GUI 线程的线程中创建这样的对象将永远不会接受到底层窗口系统的事件。
- 只在 GUI 线程中使用 QNetwork 类。QSocket 可以在多线程中使用,该类是异步的。
- 不要在不是 GUI 线程的线程中试图调用 processEvents()函数。也包括 QDialog::ex-

ec()、QPopupMenu::exec()、QApplication::processEvents()等。
> 在应用程序中,不要把普通的 Qt 库和支持线程的 Qt 库混合使用。也就是说,如果程序使用了支持线程的 Qt 库,就不应该链接普通的 Qt 库、动态的载入普通 Qt 库或者动态地链接其他依赖普通 Qt 库的库或者插件。在一些系统上,这样做会导致 Qt 库中使用的静态数据变得不可靠。

8.4.10 Qt 网络编程的实现

Qt 提供的关于网络模块的类可以使网络程序编写更轻松。下面给出了使用 Qt 网络的类进行网络编程、实现网络数据收/发的例子。

1. 实验代码

客户端(client)/服务器端(server)程序,两个程序单独编译和运行。客户端的源代码有 qclient.h、qclient.cpp 和 main.cpp,服务器端的源代码有 server.cpp。

(1) qclient.h

```
#ifndef QCLIENT_H
#define QCLIENT_H
#include <qsocket.h>
#include <qapplication.h>
#include <qvbox.h>
#include <qhbox.h>
#include <qtextview.h>
#include <qlineedit.h>
#include <qlabel.h>
#include <qpushbutton.h>
#include <qtextstream.h>
class QClient : public QWidget
{   Q_OBJECT
    public: QClient(QWidget * parent = 0, const char * name = 0);
    private slots: void closeConnection();      // 8个私有"槽"定义:关闭网络连接
        void sendToServer();                    // 发送数据到服务器端
        void connectToServer();                 // 连接服务器
        void socketReadyRead();                 // 有新数据可读
        void socketConnected();                 // 已连接上
        void socketConnectionClosed();          // 服务器关闭连接
        void socketClosed();                    // 本地关闭连接
        void socketError(int);                  // 错误
    private: QSocket * socket;                  // Qt 套接字定义
        QTextView * infoText;                   // 大量文本显示
        QLineEdit * addrText;                   // 行文本编辑器定义:输入服务器地址
        QLineEdit * portText, * inputText;     // 服务器端口号,输入文本
};
#endif
```

(2) qclient.cpp

```cpp
#include "qclient.h"
#include <qsocket.h>
#include <qapplication.h>
#include <qvbox.h>
#include <qhbox.h>
#include <qtextview.h>
#include <qlineedit.h>
#include <qlabel.h>
#include <qlayout.h>
#include <qpushbutton.h>
#include <qtextstream.h>
#include <qpoint.h>
QClient::QClient(QWidget * parent, const char * name) : QWidget(parent, name)
{
    infoText = new QTextView(this);                    // 定义信息显示窗
    QHBox * hb = new QHBox(this);                      // 将 inputText 在 QHBox 对象 hb 中水平摆放
    inputText = new QLineEdit(hb);
    QHBox * addrBox = new QHBox(this);                 // 将 ip,port,addrText,portText 放入 addrBox,
    QLabel * ip = new QLabel("IP:", addrBox, "ip");   // 并按声明的先后顺序水平放置
    ip->setAlignment(1); addrText = new QLineEdit(addrBox);
    QLabel * port = new QLabel("PORT:", addrBox, "port");
    port->setAlignment(1); portText = new QLineEdit(addrBox);
    QHBox * buttonBox = new QHBox(this);               // 将定义按钮放入不同的 QHBox 中
    QPushButton * send = new QPushButton(tr("Send"), hb);
    QPushButton * close = new QPushButton(tr("Close connection"), buttonBox);
    QPushButton * quit = new QPushButton(tr("Quit"), buttonBox);
    QPushButton * Connect = new QPushButton(tr("Connect"), addrBox);
    connect(send, SIGNAL(clicked()), SLOT(sendToServer()) );
                                                       // 连接按钮 clicked()信号与相应的槽
    connect(close, SIGNAL(clicked()), SLOT(closeConnection()) );
    connect(quit, SIGNAL(clicked()), qApp, SLOT(quit()) );
    connect(Connect, SIGNAL(clicked()), SLOT(connectToServer()) );
    socket = new QSocket(this);                        // 定义 Qsocket 对象,并将相应的信号与私
                                                       // 有槽相连
    connect(socket, SIGNAL(connected()), SLOT(socketConnected()) );
    connect(socket, SIGNAL(connectionClosed()), SLOT(socketConnectionClosed()) );
    connect(socket, SIGNAL(readyRead()), SLOT(socketReadyRead()));
    connect(socket, SIGNAL(error(int)), SLOT(socketError(int)) );
    QVBoxLayout * l = new QVBoxLayout(this);           // 定义 QVBoxLayout 类对象,垂直排列加入对象
    l->addWidget(infoText, 10); l->addWidget(hb, 1);
    l->addWidget(addrBox, l->addWidget(buttonBox, 1));
    infoText->append(tr("Tying to connect to the server"));   //连接到服务器
}
void QClient::closeConnection()                        // 根据当前网络连接状态,进行相应的"关
                                                       // 闭连接"操作
```

```cpp
{    socket->close();
    if (QSocket::Closing == socket->state())      // 迟延关闭
        connect(socket, SIGNAL(delayedCloseFinished()), SLOT(socketClosed()));
    else socketClosed();                          // 关闭
}
void QClient::sendToServer()
{    if (QSocket::Connection == socket->state())  // 写到服务器
    {    QTextStream os(socket); os << inputText->text() << "\n";
        inputText->setText("");   }
    else infoText->append(tr("The server is lost\n"));   // socket 没有连接
}
void QClient::connectToServer()
{    socket->connectToHost(addrText->text(), (portText->text()).toInt());   }
void QClient::socketReadyRead()
{    while (socket->canReadLine())                // 从服务器读
        infoText->append(socket->readLine());    // readLine()返回包含\n 的一行文本
}
void QClient::socketConnected()
{    infoText->append(tr("Connected to server\n"));   }
void QClient::socketConnectionClosed()
{    infoText->append(tr("Connection closed by the server\n"));   }
void QClient::socketClosed()
{    infoText->append(tr("Connection closed\n"));   }
void QClient::socketError(int e)
{    if (e == QSocket::ErrConnectionRefused) infoText->append(tr("Connection Refused\n"));
    else if (e == QSocket::ErrHostNotFound) infoText->append(tr("Host Not Found\n"));
    else if (e == QSocket::ErrSocketRead) infoText->append(tr("Socket Read Error\n"));
}
```

(3) main.cpp

```cpp
#include <qapplication.h>
#include "qclient.h"
int main( int argc, char **argv )
{    QApplication app( argc, argv ); QClient *client = new QClient( 0 );
    app.setMainWidget( client ); client->show(); int result = app.exec(); return result;
}
```

(4) server.cpp

```cpp
#include <qsocket.h>
#include <qserversocket.h>
#include <qapplication.h>
#include <qvbox.h>
#include <qtextview.h>
#include <qlabel.h>
```

```cpp
#include <qpushbutton.h>
#include <qtextstream.h>
#include <stdlib.h>
class ClientSocket : public QSocket
{   Q_OBJECT
    public: ClientSocket( int sock, QObject * parent = 0, const char * name = 0 ) : QSocket( parent, name )
    {    line = 0; connect(this, SIGNAL(readyRead()), SLOT(readClient()));
         connect(this, SIGNAL(connectionClosed()), SLOT(connectionClosed()));
         setSocket(sock );
    }     // 定义继承 Qsocket 的类 ClientSocket,用于服务器端接受并创建新连接
    ~ClientSocket() { }             // socket 号由服务器类通过参数传递进来
    private slots:
         void readClient()          // 将每次由 clinet 端发送过来的数据加上编号和冒号发
                                    // 送回去
             while ( canReadLine() )
             {  QTextStream os( this ); os << line << ": " << readLine(); line++;        }
         void connectionClosed()
             {   delete this;    }
    private: int line;
};
class SimpleServer : public QServerSocket
{   Q_OBJECT
    public: SimpleServer( QObject * parent = 0 ) : QServerSocket( 4242, 1, parent )
        if (! ok()) {qWarning("Failed to bind to port 4242"); exit(1); }
        // 定义继承 QServerSocket 的简单服务器端类
        ~SimpleServer() { }
        void newConnection( int socket )   // 在每次有新连接时,构造新的 socket,接收将数据发回
            {   (void)new ClientSocket( socket, this ); emit newConnect();        }
    signals: void newConnect();
};
class ServerInfo : public QVBox        // 用来显示服务器端连接信息
{   Q_OBJECT
    public: ServerInfo()
        {    SimpleServer * server = new SimpleServer( this );
             QString itext = QString("This is a small server example.\n"
                                     "Connect with the client now.");
             QLabel * lb = new QLabel( itext, this );
             lb->setAlignment( AlignHCenter );    infoText = new QTextView( this );
             QPushButton * quit = new QPushButton( "Quit" , this );
             connect( server, SIGNAL(newConnect()), SLOT(newConnect()) );
             connect( quit, SIGNAL(clicked()), qApp, SLOT(quit()) );
        }
        ~ServerInfo() { }
    private slots: void newConnect()
```

```
            {   infoText->append( "New connection\n" );           }
        private: QTextView * infoText;
};
int main( int argc, char * * argv )
{       QApplication app( argc, argv ); ServerInfo info;
        app.setMainWidget( &info ); info.show(); return app.exec();
}
#include "server.moc"
```

2. 编译执行

服务器端和客户端的程序单独编译后,一个在 Qvfb 上运行,一个在 X 窗口运行,执行结果如图 8-19 所示。

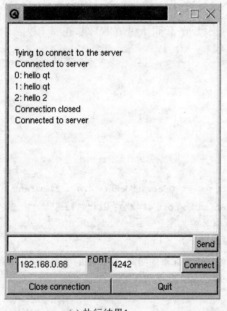
(a) 执行结果1

(b) 执行结果2

图 8-19 "Qt 网络编程"程序执行效果图

3. 重点说明

(1) QSocket 类

提供带缓冲的完全非阻塞的 QIODevice 型 TCP 连接。QSocket 继承了 QIODevice 并且重新实现了一些函数。通常可以把它作为 QIODevice 来写,并且绝大多数情况下也可作为 QIODevice 来读。相关操作函数:connectToHost()打开一个被命名的主机的连接;canReadLine()可以识别一个连接中是否包含一个完全不可读的的行;bytesAvailable()返回可以被读取的字节数量;信号 error()、connected()、readyRead()和 connectionClosed()通知连接的进展;connectToHost()完成其 DNS 查找并且开始其 TCP 连接时,hostFound()被发射;close()成功时,delayedCloseFinished()被发射;state()返回对象是否空闲,是否正在做 DNS 查找,是否正在连接,还是一个正在操作的连接等;address()和 port()返回连接所使用的 IP 地址和端口;peerAddress()和 peerPort()函数返回自身所用到的 IP 地址和端口,peerName()返回自身所用的名称;socket()返回套接字所用到的 QSocketDevice 的指针。相关函数还有 open()、close()、flush()、size()、at()、atEnd()、readBlock()、writeBlock()、getch()、putch()、ungetch()和 readLine()。

(2) QLineEdit 行文本编辑器

允许通过许多编辑函数来输入和编辑单行的纯文本,这些函数包括:撤销、重新键入、剪切、复制和拖放等。通过修改行编辑的 echoMode(),可以设置成"只写"的模式,如输入密码时。行的长度可以用 maxLength()来限制,并且只可以通过 validator()来任意的设置其合法性。

(3) QHBox 部件

为其子部件提供水平方上的几何管理。所有的 QHBox 子部件都互相靠着摆放,并且会根据其 sizeHints()来分配大小。可使用 setMargin()增加子类部件边缘的空隙,通过 setSpacing()设置部件之间的空隙。如果要按照比例来摆放不同大小的部件,可使用 setStretchFactor()。

(4) QTextStream 类

提供了使用 QIODevice 读/写文本的基本功能。文本流类的功能界面类似标准 C++的 iostream 类。iostream 和 QTextStream 的不同:后者的流操作发生在一个很容易被继承的 QIODevice 上,而 iostream 只能操作一个不能被继承的 FILE * 指针。QTextStream 类读/写文本,它不适合处理二进制数据,二进制数据操作可使用 QDataStream。

(5) connectToHost()函数

定义为:void QSocket::connectToHost(const QString & host, Q_UINT16 port)。任何连接或者正在进行的连接被立即关闭,并且 QSocket 进入 HostLookup 状态。查找成功,发射 hostFound(),开始一个 TCP 连接并且进入 Connecting 状态。最后当连接成功时,发射 connected()并且进入 Connected 状态。如果在任何一个地方出现错误,发射 error()。host 可以是一个字符串形式的 IP 地址,也可以是一个 DNS 名称。如果需要 QSocket 将会进行一个普通的 DNS 查找。注意 port 是本地字节顺序。

8.5 Qt Designer 及其应用

8.5.1 Qt Designer 简述

Qt Designer 是一个快速 GUI 构建工具,它使用控件(widget),通过控件功能增加,能以"所见即所得"的方式,产生 GUI 界面的程式代码。应用 Qt Designer 可以避免大量 GUI 界面代码的编制,把设计者的精力更多地集中在具体的程序功能实现上,加速开发进程。Qt Designer 的不足是所产生的程序代码有些繁琐,运行起来也比较慢。Qt Designer 的主窗口及其组成如图 8-20 所示。

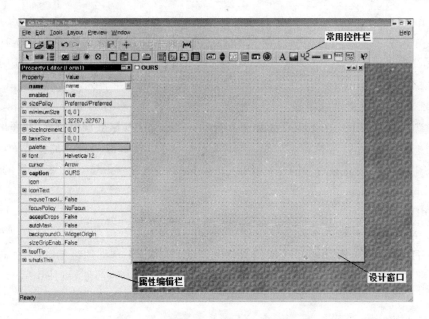

图 8-20 Qt Designer 设计主窗口及其组成示意图

8.5.2 基本运行要求

Linux 环境：需要安装 KDE，Qt-X11，Qt Designer，GC++ 或 KDevelop。

Windows 环境：需要 Qt-Win，Qt Designer，VC++ 或 DevC++。

8.5.3 uic 转换及其简化

Qt Designer 得到的是非常规、超文本格式的 .ui 文件，可以用 uic 工具软件将其转换成所需的 C/C++ 文件，uic 变换举例如下：

uic - o form1.h form1.ui
uic - i form1.h - o form1.cpp form1.ui

为简化操作，编写处理 .ui 文档的 script 如下：

```
#!/bin/sh
# myuic program convert .ui to .cpp .h by calling uic
INPUT_UI = $ at                          # 读取外面传回来的文件名
if [ ! -f "$ INPUT_UI" ]
then                                     # 检查 .ui 文件是否存在，如果找不到，则显示一
                                         #   个简短的使用说明
        echo "UIC File  $ INPUT_UI Not Found"
        echo
        echo "Userage myuic input_file dot ui"
        echo
        exit 1
fi
INPUT_H = `echo $ at | cut - d´dot´ - f1`.h    # 利用 cut 得到一个 .h 文件名
```

```
INPUT_CPP =`echo $ at | cut - d´dot´- f1`.cpp    # 利用 cut 产生一个.cpp 文件
uic - o $ INPUT_H $ INPUT_UI                      # 利用.ui 产生.h 文件
uic - i $ INPUT_H - o $ INPUT_CPP $ INPUT_UI      # 利用.h 和.ui 产生.cpp 文件
```

保存这个文件为 myuic,用 chmod ＋x 变成可执行档案,然后 cp 到/usr/bin。如果没有 root 的权限,可以在自己的 $ home 目录中做一个 bin 目录,然后去编辑.bash_profile(假设 shell 是 bash),在原来的 PATH 后面加上：$ home/bin 即可;如果没有则在.bash_profile 中写入：

```
PATH = $ PATH：$ HOME/bin
export PATH
```

用 myuic 生成新的.cpp、.h 文件的操作为 myuic form1.ui。

8.5.4 常用控件及其应用

1. 按钮 PushButton

(1) 基本应用

打开 Qt Designer,选择 New → Dialog。这时在 Qt Designer 中出现一个 From1。单击 tools 中标有 OK 图标的 pushbutton,并且用鼠标选择到一定大小。双击这个 pushbutton,在弹出的窗口中把 label 由 pushbutton1 换成 Exit。再给这个 Exit Button 增加一个 signal(信号),按一下 F3,然后在 Exit Button 上面单击一下,出现 Edit Connection 对话框。在 Signal 中选择 clicked,在 slot 中选择 setFocus(),再选择 OK 就完成了。可以用 CTRL＋T 来预览整个程式。

在 $ home 中建立一个存放文件的目录 qt_program。选择 File → Save 把这个文件存为 form1.ui 放在 $ home/qt_program。用 uic 工具把.ui 文件转换成 Qt 可以使用的.cpp 和.h 文件。

生成所需.h 文件 uic - o form1.h form1.ui。

```
#ifndef FORM1_H                                   // 定义 Form1.h 文件
#define FORM1_H
#include <qvariant.h>                             // 需要用到的两个.h 文件
#include <qdialog.h>
class QVBoxLayout;                                // Qt Designer 自动产生
class QHBoxLayout; class QGridLayout;
class QPushButton;                                // QPushButton 需要用到的 class
class Form1 : public QDialog                      // form1 是基于 QDialog 的
{   Q_OBJECT
    public: Form1( QWidget * parent = 0, const char * name = 0, bool modal = FALSE, WFlags fl = 0 );
        ~Form1(); QPushButton * PushButton1;"    // 产生 pushbutton (就是标有 exit 的按钮)
};
#endif
```

生成所需.cpp 文件 uic — i form1.h — o form1.cpp form1.ui。

```
#include "form1.h"
```

```
#include <qpushbutton.h>         // pushbutton 所需要的.h 文件
#include <qlayout.h>             // Qt Designer 自动产生
#include <qvariant.h>
#include <qtooltip.h>
#include <qwhatsthis.h>
Form1::Form1(QWidget * parent, const char * name, bool modal, WFlags fl)
                  : QDialog( parent, name, modal, fl)
{    if ( ! name ) setName( "Form1" );    // 若 Form1:Form1 中没有 pass 名字,就命名为 Form1
     resize( 596, 480 );
     setCaption( tr( "Form1" ) );         // 显示 Dialog 的名字为 Form1,即 window 中左上角的字
     PushButton1 = new QPushButton( this, "PushButton1" );
     PushButton1 - >setGeometry( QRect( 130, 160, 161, 71 ) );
                                          // 定义按钮的位置和大小
     PushButton1 - >setText( tr( "Exit" ) );
     connect(PushButton1, SIGNAL( clicked() ), PushButton1, SLOT( setFocus() ) );
                                          // 连接信号和槽
}
Form1::~Form1() {}                        // 无需删除子 widgets,由 Qt 完成
```

也可用脚本 myuic 来简化处理 form1.ui 文件,先把旧的.h、.cpp 删掉:rm - f *.cpp *.h;然后用 myuic 生成新的.cpp、.h 文件:myuic form1.ui。这时用 1 s 就会看到 form1.cpp、form1.h 和 form1.ui 这三个文件。

再编写一个简单的 main.cpp 就可以编译 form1.cpp。

```
#include "form1.h"
#include <kapp.h>                         // kapp.h 包含 qapplication.h
int main(int argc, char * * argv)
{    KApplication app(argc, argv, "Form1"); Form1 * form1 = new Form1();
     form1 - >show(); app.setMainWidget(form1); return(app.exec());
}
```

(2) 编　译

建议使用 Kdevelop。Kdevelop 界面友善,能避免写 Makefile 的麻烦。打开 Kdevelop,选择"项目"→"新建",创建新项目 KDE2 - Normal。在 menu 中选择"项目"→"添加现存文件"。然后加入 qt_program 中的 form1.cpp、form1.h 和 main.cpp 文件。按 F9,Kdevelop 自动编译并执行。

程式执行后,单击 Exit Button 并不"退出",因为并没有给它退出信号。对 form1.cpp 做两个小改动:

➤ 包含头文件 #include <kapp.h>;

➤ 把"connect(PushButton1, SIGNAL(clicked()), PushButton1, SLOT(setFocus()));"改为"connect(PushButton1, SIGNAL(clicked()), kapp, SLOT(quit()));"。

重新编译执行程序,单击 Exit Button,即可关闭整个程序。

(3) 典型属性/方法设定

下面利用 Qt Designer 的 ToolTip 为这个 PushButton 再增加一些功能。选择 Menu→

Windows→Property Edit,打开 Property Edit。单击 PushButton1 对其 Property 进行编辑。在 Property Edit 中的 ToolTip 后面输入以下文字:Click On this Button Will Exit Main Window。重新进行文件保存、格式转换,生成的 form1.cpp 文件增加了两行"QtoolTip::add(PushButton1, tr("Clicke On this Button Will Exit Main Window."));"和"#include <qtooltip.h>"。重新编译执行,当把鼠标移到 Exit 按钮时,停留 1~2 s,就会出现提示"Click On this Button Will Exit Main Window"。

QPushButton 中常用的功能还有 setEnabled、Font 等。setEnabled 通过设置值 TRUE 和 FALSE,可以决定这个按钮是否允许使用。在 Qt Designer 中的 Property Edit 中把 Enable 选择成 FALSE,重新进行文件保存、格式转换,再去观察 form1.cpp,里面多了一行"PushButton1->setEnabled(FALSE)",这一行把 PushButton1 设置为不可使用;如果需要 PushButton1 正常使用,只要用"PushButton1->setEnabled(TRUE)"即可。常用的方法是做出一个 SLOT 或者一个判断语句来设定 PushButton 的状态。

使用 Font 可以设定字体的大小、种类。Qt Designer 中 Property Edit 的 Font 选项用于实现该功能,进行相关设置,得到的程序会多出以下代码:

```
QFont PushButton1_font( PushButton1->font() );        // 给 PushButton1 进行字体设定
PushButton1_font.setFamily( "adobe-courier" );        // 字型选定
PushButton1_font.setPointSize( 24 );                   // 字体大小选择
PushButton1->setFont( PushButton1_font );              // 把设置值传给 PushButton1
```

2. 标签 QLabel

(1) 基本应用

Label 常用在视窗中的文字显示。在 Qt Designer 中,用鼠标选择 Text Label(图标为 A),然后设置标签的大小。双击这个 Label,在弹出的窗口中改变 TextLabel1 为 My Label。然后保存文件、格式转换。可以发现.h 文件增加了以下代码:

```
class QLabel;                    // 告诉程序需要用到 QLabel
QLabel * TextLabel1;             // 用 QLabel 生成 * TextLabel1
```

.cpp 文件增加了以下代码:

```
#include <qlabel.h>
TextLabel1 = new QLabel( this, "TextLabel1" );          // 定义 TextLabel1
TextLabel1->setGeometry( QRect( 130, 120, 171, 91 ) );  // 设定 TextLabel 的位置
TextLabel1->setText(tr( "My Label" ));
```

把这些代码加入到前述程式中,把 TextLabel1 放到屏幕的最左上角,将其位置坐标改为 (0,0,171,91)。重新编译程序,就会看到程式窗口的最左上角出现一排文字"My Label"。

(2) 典型属性/方法设定

可以用与 PushButton 一样的方法来定义 QLabel 字体:

```
QFont TextLabel1_font( TextLabel1->font() ); TextLabel1_font.setFamily( "adobe-courier" );
TextLabel1_font.setPointSize( 24 ); TextLabel1->setFont( TextLabel1_font );
```

这样就把这个 TextLabel 改为与前面 PushButton 一样的字体 courier (adobe) 24 号字。

TextLabel 显示图片：在 Qt Designer 中，单击 TextLabel，使 Property Edit 聚焦到 TextLabel。在 Property Edit 中找到 pixmap 项，打开相应的图片选择窗口，寻找并加入合适的图片。Qt Designer 可以接受的图片格式为 bpm、jpeg、pbm、pgm、png 和 ppm。为使加入的图片全部显示，在 Property Edit 中找到 scaledContents 项，修改其值为 True 即可，这时看到的就是一个经过平衡收放的图片。得到 .cpp 文件增加的代码如下：

```
#include <qimage.h>
#include <qpixmap.h>
static const char * const image0_data[] = { xxxxx, xxxxx, xxxxx, xxxxx,......, ... };
QPixmap image0( ( const char * * ) image0_data );          \\ image0_data 是 XPM 图片
TextLabel1->setPixmap( image0 );                           \\ 告诉 TextLabel1 使用并显示 image0
                                                           \\ (image0_date)
TextLabel1->setScaledContents( TRUE );                     \\ 打开自动平衡收放图片大小的功能
```

XPM 是 XPixMap 的简称，是 Linux 中 X11 的一种以 ASCII 文字模式储存图像的方法。XPM 可以直接被 C 编译器接受，可以直接把 XPM 图片编译到程序中。

可以不用把 XPM 的 Source 编译到程序中，而改用 QPixmap pixmap("image.xpm") 的形式。

Linux 中含有图片格式转换工具 convert，可以把其他格式图片文体转换成 XPM 格式。例如：

```
convert logo.gif logo.xpm
```

3. 单选框 RadioButton

（1）基本应用

RadioButton 常用在从多个选择中选出一个，通常配合 ButtonGroup 来使用。在 form1 中增加一个 RadioButton，则得到的 .h 文件多出以下代码：

```
class QRadioButton; QRadioButton * RadioButton1;
```

.cpp 文件增加的代码如下：

```
#include <qradiobutton.h>
RadioButton1 = new QRadioButton( this, "RadioButton1" );       // 在主显示视窗生成新 QRadioButton
RadioButton1->setGeometry(QRect( 260, 60, 151, 61));           // 设定 RadioButton 的大小
RadioButton1->setText( tr( "RadioButton1" ) );                 // 设置 RadioButton 的命名
```

将上面代码加入 form1.h 和 form1.cpp 中，重新编译执行，就可看到名为 RadioButton1 的 RadioButton。

（2）典型属性/方法设定

RadioButton 也有 setEnabled 和 setFont 功能，还有一个常用的 setChecked（TRUE/FLASE)功能。在 Property Edit 中，选择并设定 checked 为 True。得到的 .cpp 件中多出一行如下代码：

```
RadioButton1->setChecked( TRUE );
```

RadioButton 常成组使用，用作多选一，存在于按钮组 ButtonGroup 中。在 Qt Designer

中选择 ButtonGroup,鼠标点击,并在预设计 Form 中画出一个包括刚画的 RadioButton 的范围。得到的.h 文件增加的代码是:

class QButtonGroup; QButtonGroup * ButtonGroup1;

.cpp 文件增加和变化的代码是:

```
#include <qbuttongroup.h>                                    // QButtonGroup 需要的.h 文件
ButtonGroup1 = new QButtonGroup( this, "ButtonGroup1" );     // 在主视窗中生成 ButtonGroup1
ButtonGroup1->setGeometry( QRect( 230, 40, 251, 181 ) );     // 设定 ButtonGroup 的位置与大小
ButtonGroup1->setTitle( tr( "ButtonGroup1" ) );              // 设定显示为"ButtonGroup1"
RadioButton1 = new QRadioButton( ButtonGroup1, "RadioButton1" );
RadioButton1->setGeometry( QRect( 30, 30, 151, 61 ) );
RadioButton1->setText( tr( "RadioButton1" ) ); RadioButton1->setChecked( TRUE );
RadioButton2 = new QRadioButton( ButtonGroup1, "RadioButton2" );
RadioButton2->setGeometry( QRect( 30, 100, 151, 61 ) );
RadioButton2->setText( tr( "RadioButton2" ) );
```

4. 复选框 CheckBox

CheckBox 用于多重选择。像 RadioButton 操作一样,在 Qt Designer 中做出两个 Checkbox(中间为 X 方框标识),然后再做出一个 ButtonGroup,把 checkbox2 设定为 checked。得到的.h 文件增加的代码为:

class QCheckBox; QButtonGroup * ButtonGroup2; QCheckBox * CheckBox1, * CheckBox2;

得到的.cpp 文件增加的代码为:

```
#include <qcheckbox.h>
ButtonGroup2 = new QButtonGroup( this, "ButtonGroup2" );
ButtonGroup2->setGeometry( QRect( 20, 180, 161, 141 ) );
ButtonGroup2->setTitle( tr( "ButtonGroup2" ) );
CheckBox1 = new QCheckBox( ButtonGroup2, "CheckBox1" );
CheckBox1->setGeometry( QRect( 20, 30, 121, 41 )); CheckBox1->setText( tr( "CheckBox1" ) );
CheckBox2 = new QCheckBox( ButtonGroup2, "CheckBox2" );
CheckBox2->setGeometry( QRect( 20, 90, 121, 41 ) );
CheckBox2->setText( tr( "CheckBox2" ) ); CheckBox2->setChecked( TRUE );
```

5. 单行文本框 LineEdit

(1) 基本应用

LineEdit 通常是用来显示或者读取单行的数据,在 Qt Designer 中其工具图标为标有"ab"的小 Icon。鼠标点击,在设计视窗中画出一个 LineEdit。双击该 LineEdit,在出现的对话框输入"Display Some Text"。得到的.h 文件增加的代码为:

class QLineEdit; QLineEdit * LineEdit1;

得到的.cpp 文件增加的代码为:

```
#include <qlineedit.h>
LineEdit1 = new QLineEdit( this, "LineEdit1" );              //生成 LineEdit1
```

```
LineEdit1->setGeometry( QRect( 130, 70, 251, 71 ) );    //设定 LineEdit1 的位置
LineEdit1->setText( tr( "Display Some Text" ) );        //LineEdit1 的显示"Display Some Text"
```

（2）典型属性/方法设定

Property Edit 中，LineEdit 有一个 echoMode 的选项，设置它为 Password，刚刚输入文字就变成了"＊＊＊＊＊＊"。可以选择 echoMode 为 Password 或者 NoEcho，通常都是用作密码输入，此时输入一组密码时，屏幕不显示密码明文而是显示"＊＊＊＊＊＊"或者"－－－－"。.cpp 文件中出现的代码为：

```
LineEdit1->setEchoMode( QLineEdit::Password );
```

6. 多行文本框 MultiLineEdit

（1）基本应用

MultiLineEdit 用于多行文字显示。Qt Designer 中工具图标上为"cde"下为"ab"的 Icon。做出一个 MultiLineEdit，然后通过"双击"在弹出的窗口中输入两行文字：

```
This is a Multi Line Edit.
we are trying to put some text here.
```

得到的.h 文件增加的代码为：

```
class QMultiLineEdit; QMultiLineEdit * MutiLineEdit1;
```

得到的.cpp 文件增加的代码为：

```
#include <qmultilineedit.h>
MultiLineEdit1 = new QMultiLineEdit( this, "MultiLineEdit1" );
MultiLineEdit1->setGeometry( QRect( 70, 40, 441, 281 ) );
MultiLineEdit1->setText(tr("This is a Multi Line Edit.\n" "We are trying to put some text here.\n" ""));
```

这里不难看出，除了 MultiLineEdit 中的 setText 可以显示多行文字以外，其他与 LineEdit 并没有什么差别。

（2）典型属性/方法设定

Property Edit 中，MultiLineEdit 有很多功能项，常用的有 WordWrap、UndoDepth、ReadOnly 和 overWriteMode 等。把这几个功能选择出来，设定如下：WordWarp 为 NoWarp，UndoDepth 为 255，ReadOnly 为 FALSE，overWriteMode 为 TRUE。得到的.cpp 文件增加的代码为：

```
MultiLineEdit1->setWordWrap( QMultiLineEdit::NoWrap );  // 使 MultiLineEdit1 不支持自动断行
MultiLineEdit1->setUndoDepth( 255 );                    // 设定输入数据可复原(undo)的次数
MultiLineEdit1->setReadOnly( FALSE );                   // 设定非只读形式，只有这样才能用
                                                        // 于输入
MultiLineEdit1->setProperty( "overWriteMode", QVariant( TRUE, 0 ) );
                                                        // 允许输入时覆盖掉原有内容
```

7. 数显框 LCD Number

（1）基本应用

用于数字显示，Qt Designer 的工具图标是一个画了数字"42"的 Icon。单击此图标，在应

用视窗中做出一个 LCD Number,得到的.h 文件增加的代码为:

```
QLCDNumber * LCDNumber1;
```

得到的.cpp 文件增加的代码为:

```
#include <qlcdnumber.h>
LCDNumber1 = new QLCDNumber( this, "LCDNumber1" );
LCDNumber1->setGeometry( QRect( 350, 280, 111, 81 ) );
```

(2) 典型属性/方法设定

在 Property Edit 中,LCDNumber 的 numDigits 用于设定显示位数,intValue 用于设定显示的初始值,mode 用于设定显示的数制(可选 Hex、Dec、OCT 和 Bin 四种模式之一)。进行这三种设定后,得到的.cpp 文件增加的代码有:

```
LCDNumber1->setNumDigits( 2 );              // 最多显示两个数字
LCDNumber1->setProperty( "intValue", 3 );   // 最初的起始值为3
LCDNumber1->setMode( QLCDNumber::HEX );     // 采用十六进制
```

8.5.5 综合应用演示

把上述基本应用结合起来,写成一个小的应用程式,程式本身什么也不做,只是介绍一下程式入门。

1. main.cpp

```
#include "final.h"                         // 后面定义的.h 文件
#include <kapp.h>
int main(int argc, char * * argv)
{   KApplication app(argc, argv, "Form1"); Final * final = new Final();
                                           // final.h 里有定义
    final->show(); app.setMainWidget(final); return(app.exec());
}
```

2. final.h

```
#ifndef FINAL_H
#define FINAL_H
#include <qdialog.h>
class QButtonGroup, QCheckBox, QGroupBox, QLCDNumber, QLabel;
class QMultiLineEdit, QPushButton, QRadioButton, class QString, QLineEdit;
class Final:public QDialog                 // Final 基于 QDialog
{   Q_OBJECT public: Final (QWidget * parent = 0, const char * name = 0);
                                           // 主程式
    ~Final ();
    QButtonGroup * group_one;              // ButtonGroup,带两个 RadioButton (radio1,2)
    QRadioButton * radio_two, * radio_one;
    QGroupBox * group_two;                 // GroupBox,含三个 CheckBox(check1~3)
    QCheckBox * check_one, * check_two, * check_three;
```

嵌入式图形系统设计

```cpp
        QPushButton * ok_one, * ok_two;          // 两个 Pushbutton,给 radiobutton 和 checkbutton 用
        QLabel * click_label;                     // 显示在 LCD 上面的文字
        QLabel * picture;                         // 企鹅的图形
        QLineEdit * LineEdit;                     // radio button 状态显示
        QMultiLineEdit * MultiLineEdit;           // check box 状态显示
        QLCDNumber * LCD;                         // radio button 和 check box 后面的 ok 被按下去
                                                  // 的次数
        QPushButton * exit_button;                // 退出程式
        QPushButton * clear_button;
        QButtonGroup * group_three;               // ButtonGroup: LCD 数制及其确定
        QRadioButton * dec, * oct, * bin, * hex;
        QPushButton * lcd_ok_button;              // LCD 工作方式选择
        QString CHECK;                            // MultlLineEdit 显示 check box 状态时,需要的
                                                  // string
        int i;                                    // LCD 用来统计数字用的
    private slots: void check_radio ();           // 检查 radio button 状态的 slot
        void check_box ();                        // 检查 check box 状态的 slot
        void check_lcd ();                        // 检查 LCD 显示状态的 slot
        void CLEAR ();                            // 清除所有选择,回到程式开始的 slot
};
#endif
```

3. final.cpp

```cpp
#include "final.h"
#include <kapp.h>                    // exit_button 用 quit 来退出 kapplication
#include <qbuttongroup.h>            // buttongroup 用
#include <qcheckbox.h>               // checkbox 用
#include &l;qgroupbox.h>             // groupbox 用
#include <qlabel.h>                  // label 用
#include <qlcdnumber.h>              // LCD 用
#include <qlineedit.h>               // lineedit 用
#include <qmultilineedit.h>          // multilineedit 用
#include <qpushbutton.h>             // pushbutton 用
#include <qradiobutton.h>            // radiobutton 用
#include <qvariant.h>                // LCD 用
#include <qpixmap.h>                 // 图像(企鹅)用
#include <qstring.h>                 // multilineedit 用来显示 check_box 状态的
                                     // string 用
Final::Final (QWidget * parent, const char * name) : QDialog (parent, name)
                                     // 主程式开始
{   if (! name) setName ("Final"); resize (596, 480);
    setCaption (tr ("Final"));       // 命名为 Final
    i = 0;                           // 计数器最初值
    // 第一个 buttongroup 设定: radio button 1、radio button 2,radio_one 默认是 checked
    group_one = new QButtonGroup (this, "group_one");
```

```cpp
group_one->setGeometry (QRect (0, 0, 110, 121)); group_one->setTitle (tr ("Group"));
radio_one = new QRadioButton (group_one, "radio_one");
radio_one->setGeometry (QRect (10, 20, 90, 40));
radio_one->setText (tr ("One")); radio_one->setChecked (TRUE);
radio_two = new QRadioButton (group_one, "radio_two");
radio_two->setGeometry (QRect (10, 70, 90, 40)); radio_two->setText (tr ("Two"));
// 第二个 groupbox 设定: check box, check box 1~3,check_one 默认是 checked
group_two = new QGroupBox (this, "group_two");
group_two->setGeometry (QRect (0, 120, 111, 201)); group_two->setTitle (tr ("Group 2"));
check_one = new QCheckBox (group_two, "check_one");
check_one->setGeometry (QRect (10, 20, 90, 40));
check_one->setText (tr ("One")); check_one->setChecked (TRUE);
check_two = new QCheckBox (group_two, "check_two");
check_two->setGeometry (QRect (10, 80, 90, 40)); check_two->setText (tr ("Two"));
check_three = new QCheckBox (group_two, "check_three");
check_three->setGeometry (QRect (10, 140, 90, 40)); check_three->setText (tr ("Three"));
ok_one = new QPushButton (this, "ok_one");   // 用来检查 radio button 的状态
ok_one->setGeometry (QRect (120, 30, 71, 61)); ok_one->setText (tr ("OK"));
ok_two = new QPushButton (this, "ok_two");   // 用来检查 check box 的状态
ok_two->setGeometry (QRect (120, 190, 71, 61)); ok_two->setText (tr ("OK"));
// LCD 数字上方显示 Click On Ok。LCD 显示鼠标单击 radio button 和 check box 被检次数
click_label = new QLabel (this, "click_label");
click_label->setGeometry (QRect (250, 270, 190, 41));
QFont click_label_font (click_label->font ()); click_label_font.setPointSize (1);
click_label->setFont (click_label_font); click_label->setText (tr ("Click On OK"));
click_label->setAlignment (int (QLabel::AlignCenter));
picture = new QLabel (this, "picture");       // 读进企鹅图形并显示
picture->setGeometry (QRect (480, 10, 110, 140));
picture->setText (tr ("Picture")); QPixmap pixmap ("logo.xpm");
picture->setPixmap (pixmap); picture->setScaledContents (TRUE);
LineEdit = new QLineEdit (this, "LineEdit");   // 用 LineEdit 显示 radio button (只读)
LineEdit->setGeometry (QRect (210, 30, 251, 51)); LineEdit->setReadOnly (TRUE);
MultiLineEdit = new QMultiLineEdit (this, "MultiLineEdit");
                                    // MultiLineEdit 显示 check box
MultiLineEdit->setGeometry (QRect (210, 150, 250, 90));
MultiLineEdit->setReadOnly (TRUE);
LCD = new QLCDNumber (this, "LCD");      // LCD 显示设定(10 位)
LCD->setGeometry (QRect (220, 320, 231, 91));
LCD->setNumDigits (10); LCD->setProperty ("intValue", 0);
// LCD 显示控制(Button Group):数制单选(radio button)和确定选择(bush button)
group_three = new QButtonGroup (this, "group_three");
group_three->setGeometry (QRect (470, 170, 111, 221)); group_three->setTitle (tr ("LCD"));
dec = new QRadioButton (group_three, "dec"); dec->setGeometry (QRect (10, 60, 81, 21));
dec->setText (tr ("Dec")); dec->setChecked (TRUE);
oct = new QRadioButton (group_three, "oct"); oct->setGeometry (QRect (10, 90, 81, 31));
```

```cpp
    oct->setText (tr ("OTC")); bin = new QRadioButton (group_three, "bin");
    bin->setGeometry (QRect (10, 120, 91, 31)); bin->setText (tr ("Bin"));
    hex = new QRadioButton (group_three, "hex");
    hex->setGeometry (QRect (10, 30, 81, 21)); hex->setText (tr ("Hex"));
    lcd_ok_button = new QPushButton (group_three, "lcd_ok_button");
    lcd_ok_button->setGeometry (QRect (10, 160, 91, 51)); lcd_ok_button->setText (tr ("OK"));
    clear_button = new QPushButton (this, "cler_button");
                                          // 全部清除,设定到原始状态
    clear_button->setGeometry (QRect (10, 420, 131, 41)); clear_button->setText (tr ("Clear All"));
    exit_button = new QPushButton (this, "exit_button");
                                          // push button:退出程式
    exit_button->setGeometry (QRect (430, 420, 131, 41)); exit_button->setText (tr ("Exit"));
    connect (ok_one, SIGNAL (clicked ()), this, SLOT (check_radio ()));
                                          // 连接信号定义
    connect (ok_two, SIGNAL (clicked ()), this, SLOT (check_box ()));
    connect (lcd_ok_button, SIGNAL (clicked ()), this, SLOT (check_lcd ()));
    connect (clear_button, SIGNAL (clicked ()), this, SLOT (CLEAR ()));
    connect (exit_button, SIGNAL (clicked ()), kapp, SLOT (quit ()));
}
Final::~Final () { }
void Final::check_radio ()                // radio button 单击状态检查与统计显示
{   i++;
    if (radio_one->isChecked ()) LineEdit->setText (tr ("Radio Button 1 is Checked"));
                                          // 状态
    if (radio_two->isChecked ()) LineEdit->setText (tr ("Radio Button 2 is Checked"));
    LCD->display (i);                     // 单击次数显示
}
void Final::check_box ()                  // check box 状态检查与统计显示
{   i++; if (check_one->isChecked ()) CHECK = CHECK + "Check Box 1 is Checked\n";
    if (check_two->isChecked ()) CHECK = CHECK + "Check Box 2 is Checked\n";
    if (check_three->isChecked ()) CHECK = CHECK + "Check Box 3 is Checked\n";
    MultiLineEdit->setText (CHECK); CHECK = ""; LCD->display (i);
}
void Final::check_lcd ()                  // LCD 显示的数制设置
{   if (dec->isChecked ()) LCD->setMode (QLCDNumber::DEC);
    if (hex->isChecked ()) LCD->setMode (QLCDNumber::HEX);
    if (oct->isChecked ()) LCD->setMode (QLCDNumber::OCT);
    if (bin->isChecked ()) LCD->setMode (QLCDNumber::BIN);
}
void Final::CLEAR ()                      // 返回程式原始状态
{   LineEdit->clear (); MultiLineEdit->clear ();
    radio_one->setChecked (TRUE); dec->setChecked (TRUE);
    check_one->setChecked (TRUE); check_two->setChecked (FALSE);
    check_three->setChecked (FALSE); LCD->setMode (QLCDNumber::DEC);
```

```
     i = 0; LCD->setProperty("intValue", 0);
}
```

8.6 添加应用程序到 QtE/Qtopia

这里以基于 PXA255 的 ARM 单片机掌上信息处理体系为载体加以说明。

8.6.1 系统平台的构成

构建的系统是一个掌上信息处理终端系统,集个人数字助理应用、网络应用和多媒体应用于一体,成功运行在 XSbase255 嵌入式开发板上。

XSBase255 开发板采用了高性能(400 MHz 主频)/低功耗的 Intel PXA255 处理器、64 MB SDRAM/32 MB Flash 存储器、640×480 分辨率的 LG TFT LCD 和触摸屏驱动 ADS7843。PXA255 是 Intel 公司推出的取代 Strong ARM 的新一代嵌入式应用处理器,它拥有 Thumb 压缩指令、64 位长乘法指令和扩展型 DSP 指令等先进特性,具有众多的扩展接口与无线接口,可支持 PCMCIA、CF 卡、MMC/SD 卡、USB、Bluetooth IF 和 IrDA 等设备。XS-Base255 开发板是一款比较理想的 PDA、手机等应用的开发系统。

整个系统平台的软件体系构造如图 8-21 所示,它主要由 4 部分组成:

① 引导装载程序(BootLoader),驻留在开发板上,系统上电后首先被执行,对 CPU 和内存等进行初始化,完成内核映像的装载和引导;

GUI	应用程序	游戏	设置	文档
	Qtopia			
	Qt/Embedded			
内核	ARM Linux 内核			
	驱动程序		JFFS 2	
			MTD	FB
板级	CPU	SDRAM	引导程序	闪存	LCD	…

图 8-21 典型 QtE-GUI 系统平台构成框图

② Linux 内核,是在 Linux 2.4.18 内核基础上加入了相应的硬件驱动和新的文件系统而构成的;

③ 图形用户界面 GUI,采用基于 Qt/Embedded 的 Qtopia 桌面环境;

④ 应用程序的编写与添加。

8.6.2 添加应用程序到 Qtopia

① 建立 camera 程序的图标文件。制作一个 32×32 大小的 PNG 格式图标文件,将此文件存放在 Qtopia/pic/inline 目录下,然后用 Qt-x11 里的一个工具 Qembed 将 Qtopia/pics/inline 下所有的图形文件转换成一个 C 语言的头文件,该头文件包含了该目录下图形文件的 RGB 信息。

② 重新交叉编译 Qtopia。

③ 建立.desktop 文件,将其保存在 qtopia/apps/applications 目录下,具体内容可参考 qtopia 自带应用的.desktop 文件。

④ 制作文件系统映像。把新建应用程序的相关文件加入原有的文件系统映像,下载到 Flash 中的 JFFS2 文件系统结构,如图 8-8 所示。根目录下除 opt 以外的文件目录都来自原有文件系统。首先需要把新建的应用程序的相关文件(包括启动器文件,包含了图标的库文件

libqte.so.*和应用程序的可执行文件)复制到 qpe 对应的目录下。接下来通过 JFFS2 工具 mkfs.jffs2 创建生成新的文件系统映像。利用 bootloader 将生成的文件系统映像下载后写入 Flash,从而为内核启动做好了根文件挂载的准备。

⑤ 自动运行。为使 qpe 能够自动运行,需要改写其 etc/profile 脚本文件,添加相应的行。

重新运行 qtopia,就可以看到添加的应用的图标,单击此图标就可以运行该应用程序了。图 8-22 是编写的 camera 程序在 Qtopia 下的截图。

图 8-22　添加 camera 程序后的 Qtopia

8.7　QtE-GUI 应用设计举例

这里以物流信息终端导航定位系统为例,说明 QtE-GUI 的应用设计。这个系统针对当前物流行业终端定位功能的需求,提出了与之相适应的物流终端定位功能实现方案,并利用 Qt/Embedded,在基于嵌入式 Linux 和 S3C2410 的物流信息化终端平台上对终端定位功能进行了初步实现。

8.7.1　系统设计原理

基于现有网络建设的总体情况和物流配送过程中对定位数据的可靠性、连续覆盖性及精度的要求,并综合考虑各种定位技术的发展现状及技术成熟度、实现成本等因素,在物流配送网络中采用了 GPS 辅助定位系统,即"GPS + CellID + RFID + 图形道路匹配"相结合的定位技术。

系统的软硬件功能框图如图 8-23 所示,开发板 CPU 采用的是 Samsung 公司的 S3C2410。该处理器集成了 ARM920T 处理器核的 32 位微控制器。GPS 模块利用 RS232 接口与开发板通信,提供卫星定位信号;GSM/GPRS 模块提供通信以及 CellID 定位信息获取;

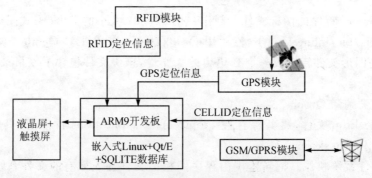

图 8-23　物流信息定位终端系统的软硬件原理示意图

RFID模块提供标签信息采集和RFID定位功能。终端通过GSM/GPRS通信网络与物流信息控制中心建立联系,提交相关数据采集信息和接收物流信息控制中心指令。

系统采用嵌入式Linux操作系统,移植Qt/Embedded 3.3.4和SQLITE数据库,采用Qt编程实现物流信息化终端定位功能。

8.7.2 软件系统设计

软件系统以S3C2410平台为核心,通过RS-232串口从GPS模块、GSM/GPRS模块和RFID模块提取定位信息,加以分析转换,并根据需要用于终端导航或通过GSM/GPRS网络提交给物流信息控制中心。

1. 建立宿主机开发环境

系统开发过程中采用的平台如下:

宿主机　RED HAT 9.0,Qt/X11 3.3.4,Qt/Embedded 3.3.4,SQLITE 2.8.16,cross-2.95.3.tar.bz2。

目标机　Linux Kernel 2.4.18,Qt/Embedded 3.3.4,SQLITE 2.8.16,Qt/Embedded 3.3.4。

为了正确交叉编译Qt/Embedded,宿主机完全安装RED HAT 9.0,同时要确保UUID、ZLIB、JPEG、GIF、PNG和SQLITE等Qt中所需要的头文件、库文件在交叉编译前正确安装,并移植相应的库文件至目标机中。下面主要对Qt/Embedded 3.3.4的交叉编译及移植进行详细说明。

2. 下载解压源文件

```
$ cd ~
$ mkdir -p qt_embedded/
$ cd qt_embedded
$ wget ftp://ftp.trolltech.com/qt/source/qt-x11-free-3.3.4.tar.bz2
$ wget ftp://ftp.trolltech.com/qt/source/qt-embedded-free-3.3.4.tar.bz2
$ tar jxf qt-x11-free-3.3.4.tar.bz2
$ tar jxf qt-embedded-free-3.3.4.tar.bz2
$ mkdir -p qt-embedded-free-3.3.4-target/
$ sudo cp -r qt-embedded-free-3.3.4/ qt-embedded-free-3.3.4-target/
```

3. 安装Qt/X11

```
$ cd qt-x11-free-3.3.4
$ export QTDIR=$PWD
$ export PATH=$QTDIR/bin:$PATH
$ export LD_LIBRARY_PATH=$QTDIR/lib:$LD_LIBRARY_PATH
$ echo yes | ./configure -thread -plugin-sql-sqlite -prefix /usr/local/Qt-3.3.4/
$ make
$ sudo make install
```

4. 安装Qt/E 3.3.4的宿主机版本

为便于在宿主机上进行嵌入式程序开发,利用qvfb进行虚拟嵌入式LCD屏幕显示。

```
$ cd ../qt-embedded-free-3.3.4
```

```
$ export QTDIR = $ PWD
$ export PATH = $ QTDIR/bin:$ PATH
$ export LD_LIBRARY_PATH = $ QTDIR/lib:$ LD_LIBRARY_PATH
$ echo yes | ./configure - thread - plugin - sql - sqlite - prefix /usr/local/Qt - embedded
 - 3.3.4 - host - qvfb
$ make
$ sudo make install
$ sudo cp - r lib/fonts/ /usr/local/Qt - embedded - 3.3.4 - host/lib/
```

5. 安装 Qt/E 3.3.4 的目标机版本

```
$ cd ../qt - embedded - free - 3.3.4 - target
$ cp ../qt - x11 - free - 3.3.4/bin/uic bin/(注意:需复制 uic 工具的 QT/X11 版本至安装目录中)
```

由于 Qt/E 3.3.4 没有专门针对触摸屏的配置选项,为了确保触摸屏能正常工作,可以利用现有的配置选项进行修改,以满足实际需要。这里利用 qt - mouse - Linuxtp 修改触摸屏驱动。

修改 src/embedded/qmouselinuxtp - qws.h,添加下面两行代码:

```
#define Qt_QWS_IPAQ
#define Qt_QWS_IPAQ_RAW
```

修改 src/embedded/qmouselinuxtp - qws.cpp,把文件中/dev/**3600 改为开发板 μC/Linux 操作系统中相应触摸屏驱动的名称/dev/touchscreen/0raw。

```
$ echo yes | ./configure - embedded arm - shared - debug - no - cups - thread - plugin - 
  sql - sqlite - no - ipv6 - qt - mouse - Linuxtp - prefix /usr/local/Qt - embedded - 
  3.3.4 - target - depths 16 - system - libpng - system - libjpeg
$ export QMAKESPEC = qws/linux - arm - g + +
$ make
$ sudo make install
$ sudo cp - r lib/fonts/ /usr/local/Qt - embedded - 3.3.4 - target/lib/
```

此时,将交叉编译的 Qt/E 3.3.4 库文件下载至开发板中,并设置相应的环境变量 QTDIR、PATH 和 LD_LIBRARY_PATH 等。设置触摸屏环境变量如下:

```
$ export QWS_MOUSE_ PROTO = LinuxTP:/dev/touchscreen/0raw
$ export QWS_KEYBOARD =
```

此时,触摸屏可能仍无法工作或误差较大,其主要原因是开发板操作系统中/etc/pointercal 文件不存在或该文件中对触摸屏进行调整的校准参数不正确,需对/etc/pointercal 文件进行修改。修改方法有两种:一种方法是直接新建该文件,并在文件中按正确格式添加相应参数;另一种方法是交叉编译 tslib - 1.3.tar.bz2,将生成的校准程序复制至目标板,设置环境变量,运行校准程序,可直接生成高精度的/etc/pointercal 文件。推荐使用第二种方法。

至此,Qt/E 3.3.4 便可在目标板上正确执行,移植结束。

8.7.3 QtE 编程实现

采用 Qt/Embedded 3.3.4 版本,主要是考虑到 Qt/E 3.3 版本相对以往版本更成熟,可视化编程相对更方便易用,且其支持 SQLITE 数据库驱动,便于数据库操作与编程。设计中主要使用了 Qt/E 的画布模块、SQL 模块、网络模块及多线程编程,缩短了程序的开发周期,提高了开发效率。

1. 多线程编程

通常情况下,图形用户界面应用程序有一个执行线程并且每次执行一个操作。如果用户在单线程的应用程序中从用户界面中调用一个耗时的操作,当这个操作被执行的时候,用户界面通常会被冻结。使用 QThread 子类化得到 QGPSThread 类,并使用 QMutex、QSemphore 和 QWaitCondition 来同步各线程。QGPSThread 类用于通过串口编程接收 GPS 模块的 $ G-PRMC 定位数据帧,并加以解析,得到实时的经纬度等定位信息,供其他线程使用。

2. 画布模块及其实现

画布模块中 QCanvas 库是一个高度优化的二维绘图库,QCanvas 可以包含很多任意图形的项并且在内部使用双缓冲来避免闪烁,而且 QCanvas 支持分层,适合数字地图的分层显示。QCanvas 与其他画布模块结合使用,能很方便地实现导航地图的显示、缩放、漫游以及鹰眼等功能。下面给出了导航地图常用操作的实现代码。

```
void Form2::zoomin()                    // 缩小地图比例
{   QWMatrix m = mapview->worldMatrix(); m.scale( 0.5,0.5 ); mapview->
    setWorldMatrix( m ); }
void Form2::movleft()                   // 地图向左漫游
{   mapview->scrollBy( -10,0 );     }
void Form2::centerpoint()               // 将当前定位点居于显示地图正中
{   mapview->center (pointx,pointy);    }
void Form2::movleft()                   // 定位点在地图上移动
{   i->move (pointx,pointy); canvas->update();      }
```

3. 系统的初步实现

嵌入式信息终端平台定位功能的初步实现如图 8-24 所示,该系统人机界面友好,定位精确。定位误差主要取决于 GPS-OEM 模块的定位精度。

实验显示,设计系统能够初步满足物流信息终端对定位功能的需求。

图 8-24 嵌入式信息终端平台定位功能的初步实现

8.8 本章小结

本章首先简要介绍了 Qt 系列软件及其图形系统构建的功能特点,说明了嵌入式图形系统设计中常用的 QtE 与 Qtopia,指出了 QtE-GUI 的软件框架结构,重点阐述了 QtE 编程的关键技术:事件驱动(Event Drive)和信号/插槽(signal/slot)机制。

QtE-GUI 开发环境的建立和工具软件的移植是嵌入式 Qt 图形系统设计的基础,本章逐一阐述了建立开发环境和移植 QtE-GUI 的各个环节,重点说明了移植的关键环节:QtE-GUI 的宿主机和目标机移植。图形界面设计是 QtE-GUI 设计的中心,本章从简单的窗体创建、按钮/菜单添加、signal/slot 通信,到鼠标/键盘事件处理、对话框使用,再到复杂的图形绘制、网络编程实现,循序渐进,逐步阐述了如何进行 QtE-GUI 编程。为了加快 QtE-GUI 程序开发,本章详细介绍了 Qt Designer 及其应用。本章还介绍了如何添加应用程序到 QtE/Qtopia 体系。

本章最后理论联系实践,结合具体项目设计,逐步综合演示了 QtE-GUI 图形系统设计的整个过程。

8.9 学习与思考

1. 概括 QtE-GUI 图形界面设计的一般方法步骤。
2. 什么是 signal/slot 机制?它有哪些优势和不足?
3. 什么情况下使用工具软件 Tmake、qvfb/wvfb 和 Qt Designer?如何使用?
4. MakeFile 文件编制非常麻烦,如何避免这一必不可少的过程?
5. 试通过 QtE-GUI 设计在一个窗口中同时绘制正弦曲线和三角折线。

第9章 WinCE 下的图形用户界面系统设计

嵌入式 WinCE 图形系统传承了微软 Windows 视窗界面的优秀特点,以出色的图形用户界面及其丰富的应用程序接口,在移动通信、个人数字助理、消费电子和工业控制领域得到了越来越多的应用。什么是 WinCE 图形系统?它有哪些体系构造和功能特点? WinCE 有哪些用户界面要素?如何在应用设计中正确使用 WinCE 用户界面要素展开嵌入式图形界面开发?本章将对上述问题进行具体阐述。

本章主要有以下内容:
- WinCE 用户界面服务概述;
- WinCE 用户界面要素及其使用;
- WinCE 下的图形用户界面设计;
- WinCE 图形用户界面开发举例。

9.1 WinCE 用户界面服务概述

WinCE 的图形用户界面 GUI 系统即"图形-窗口-事件"系统 GWES(Graphic – Windows – Event System),它集 Win32 的用户界面应用编程接口 UI – API(User Interface – Application Programmable Interface)和图形设备接口 GDI(Graphic Device Interface)于一体,构成 GWES 模块 gwes.exe,嵌于 WinCE 内核,对外呈现不同的 GUI 能力。GWES 所支撑的 WinCE UI 元素非常丰富,几乎可与桌面 Windows 相比,包括窗口、对话框、控制按钮、菜单和其他资源,使用户能够控制应用程序;GWES 还可以通过位图、插入符、光标、文本和图标的形式为用户提供信息。

GDI 可以理解为 GWES 的图形引擎,用于控制文本和图形的显示,实现直线、曲线、闭合图形、文本和位图的绘制。存储在指定设备上用于显示文本和图形的数据构成 GDI 的设备环境,其图形对象包括画线的笔、描绘和填充的刷子、输出文本的字体、复制和滚屏的位图、定义可用颜色的调色板及其剪切区等。GUI 实现的主要图形界面功能如下:

- 多种增强光栅效应的光栅字体和可伸缩、旋转的 TrueType 字体;
- 每像素 1 位/2 位/4 位/8 位/16 位/32 位颜色深度的调色板定制及其调色与非调色的彩色显示;
- 支持变换和组合位图的位块传输功能和光机型操作码;
- 支持虚线笔、宽线笔和实线笔,以及各种形状的刷子功能;
- 支持各种光标和图形打印,支持椭圆、多边形、矩形和圆角矩形的绘制等。

GWES 可以随着内核的剪切而伸缩变化:最小配置 WinCE 时,GWES 仅支持通知/控件及其消息处理、部分用户输入和电源管理,不显示图形界面;中等配置 WinCE 时,GWES 增加了常规的 GDI、窗口与对话框管理、输入法管理、可定制触摸与图形界面校准、网络图形界面对话、发光二极管指示等功能;完全配置 WinCE 时,GWES 则提供其所有组件及其图形能力。

通过 WinCE 配置,还可以实现键盘、输入面板、鼠标、输入笔和语音等人机交互输入的要求。

应该看到,虽然 WinCE GWES GUI 视窗体系的画质优良,图形界面丰富,但由于其硬件资源占有量大,源码不公开及软件价格高等方面的劣势,还是限制了它的广泛应用。WinCE 图形系统远远没有 μC/Linux、μC/GUI、MiniGUI 和 QtE 图形系统的应用广泛。

9.2 WinCE 用户界面要素及其使用

9.2.1 窗口及其事件处理

1. 概 述

GWES 传承了简化的 Windows 视窗功能及其窗口管理和事件驱动-消息传送的机制。

操作系统将感知到每个事件都包装成一个称为消息的结构体 MSG 来传递给应用程序。GWES 不支持消息钩子。MSG 结构主要由消息标识和附加的消息数据构成。其定义如下:

```
typedef struct tagMSG
{   HWND hwnd;窗口句柄(索引内存当中的资源)
    UINT message;                   // 无符号整型,消息号
    WPARAM wParam;                  // 整型,关于消息的附加参数,如具体的按键
    LPARAM LParam;                  // 整型,关于消息的附加参数
    DWORD time;                     // 32 位整数,消息被传递时的时间
    POINT pt;                       // 坐标结构体,消息被传递时光标在屏幕上的位置
} MSG;
```

总是矩形的窗口分为客户区和非客户区。非客户区包括边框、滚动条和各种控件等,环绕在客户区周围,它完全由窗口管理器控制。可供绘图使用的是客户区。各个窗口在屏幕上堆放显示的位置次序,称为 Z 序。窗口的显示或隐藏由其 WS_VISIBLE 样式决定。窗口以窗口句柄唯一标识,窗口句柄的获得和改变可以通过调用 GetWindowsLong/SetWindowsLong 函数来实现。每个应用程序不管是否拥有图形界面,至少拥有一个窗口。窗口是接收消息的途径,每个窗口必须与一个称为窗口过程 WinPro 的特殊函数相关联,WinCE 通过 WinPro 向应用程序传递消息。WinPro 可以对消息执行适当的操作,可以检查消息标识,用消息参数指定的数据处理消息。WinPro 不处理的消息需要调用 DefWindowsPro 函数进行默认处理。大多数 WinPro 只处理少数几种消息,而将其他消息传递给 DefWindowsPro 处理。窗口过程可以共享,接收消息的指定窗口的句柄可以作为 WinPro 的一个参数。

除了拥有窗口过程外,每个应用程序必须以 WinMain 函数作为入口点,WinMain 执行一系列任务,包括使用 RegisterClass 和 CreateWindowsEx 函数的主窗口的类型注册和创建。WinMain 中必须创建消息循环。消息循环从线程的消息队列获取消息,并发往适当的窗口过程。消息队列负责协调指定线程的消息传递,每个线程只能拥有一个消息队列。一条消息发

往某个窗口时,就加入到窗口线程的消息队列中,线程负责接收和发送消息。

2. 消息传递及其处理

可以通过 PostMessage/SendMessage 函数邮寄/同步发送消息。PostMessage 是异步传递,只管发往目的地,不管消息是否被处理;若以 NULL 为窗口句柄的不指定窗口的情况下邮寄消息,则消息加入当前线程关联的消息队列,迫使直接在消息循环中处理消息,这样就创建了一条适合整个应用程序而不是特定窗口的消息。SendMessage 是同步传递,需要等到接收线程对消息处理完毕才能返回,因而不要向不在执行消息循环的线程窗口发送消息而造成发送线程停止响应。

消息的接收和分发使用 GetMessage 与 DispatchMessage 函数,消息检查使用 PeekMessage 函数。GetMessage 接收消息的顺序依次是 SendMessage 消息、PostMessage 消息、输入系统消息、PostQuitMessage 消息 WM_QUIT、绘图消息 WM_PANIT 和定时消息 WM_TIMER。GetMessage 收到的消息将从队列中删除,而 PeekMessage 则只要检查而不删除。PeekMessage 会将检查的消息填充一个 MSG 结构。分发消息前,可以使用 TranslateMessage 确定键盘消息所携带的字符并邮寄给消息队列,使用 TranslateAccelerator 拦截消息和产生菜单命令,使用 IsDialogMessage 以确保无模式对话框的正确操作。

WinCE 既支持标识为 0~0x3ff 的系统定义消息,也支持标识为 0x400~0x7fff 的用户自定义消息。系统定义消息分为通用窗口消息和特殊目的消息两大类。通用窗口消息适用于所有窗口;特殊目的窗口适用于特定的窗口类型。通用窗口消息覆盖了很广的信息和请求范围,包括输入设备消息、键盘输入消息、窗口的创建和管理消息等。常用符号前缀标识消息种类,如通用窗口消息以 WM_开头,按钮控件消息以 BM_开头等。可以自定义消息,但要调用 RegisterWindowMessage 函数进行注册,以便操作系统认可与识别。应用程序需要认真对待系统资源不足的 WM_HIBERNATE 通知消息,此时应尽量多地释放资源。

3. 窗口操作

每个窗口都是窗口类的一个实例,窗口类是创建窗口的模板,必须注册。WinCE 提供有几个自动注册的系统定义的窗口类,可用这些类直接创建窗口。创建窗口主要使用 CreateWindow 或 CreateWindowEx 函数,还可使用 DialogBox、CreateDialog 和 MessageBox 函数创建对话框、消息框等特殊目的的窗口。

CreateWindow 函数是 CreateWindowEx 函数的宏扩展,它们所含的参数用于指定被创建窗口的属性。CreateWindowEx 函数及其说明如下:

```
HWND CreateWindowEx(DWORD dwExStyle,       // 窗口的扩展样式,以 WS_EX_为标志前缀
    LPCWSTR lpClassName, lpWindowName,     // 窗口类名,窗口名即窗口文本,Unicode 字符串
    DWORD dwStyle,                         // 窗口样式,以 WS_为标志前缀
    Int x, y, nWidth, nHeight,             // 窗口的位置和大小
    HWND hwndParent,                       // 父窗口为 NULL,则为顶级窗口.
    HMENU hMenu,                           // 不支持菜单栏,用以识别子窗口或设置为 NULL
    HINSTANCE hInstance,                   // 创建窗口的应用程序实例句柄
    LPVOID lpParam);                       // 通常是包含创建特定窗口所需的数据结构指针
```

联合使用 AdjustWindowTrctEx 和 CreateWindowEx 函数可以创建指定客户区大小的窗口。创建窗口后,用 SetWindowTxet 函数改变窗口文本,用 GetWindowTextLength 和

GetWindowText 函数获得窗口文本,用 MoveWindow 或 SetWindowPos 函数设置窗口的大小或位置。创建的窗口需要由应用程序的 WinMain 函数调用 ShowWindow 函数来显示。通过使用 ShowMessage 或 SetMessagePos 函数,或者通过打开或关闭 WS_VISIBLE 样式,可以控制窗口的可见性,使用函数可以确定窗口是否可见。

调用 GetSystemMetrics 函数可以检查屏幕的大小,调用 GetWindowRect 函数可以得到窗口边界矩形的坐标,调用 ScreenToClient/MapWindowPoints 和 ClientToScreen 函数能够完成客户坐标与屏幕的互换,调用 GetClientRect 函数可以得到窗口客户区的位置和大小,调用 WindowFromPoint 函数可以得到指定点的窗口句柄,调用 Child WindowFromPoint 函数得到占据父窗口客户区指定点的子窗口句柄。延迟函数 DeferWindowPos、BeginDeferWindowPos 和 EndDeferWindowPos,允许依次排队多个窗口位置的变化,然后同时执行这些操作。调用 DestoryWindow 函数可以显式地删除窗口并释放资源,WinCE 的自动窗口删除功能并不时时有效。

9.2.2 资源及其使用

1. 综　述

资源是在应用程序中使用但在应用程序外定义的对象。链接应用程序时,资源被加入到可执行文件中。WinCE 资源包括菜单、键盘加速器、对话框、插入符、光标、图标、位图、字符串表记录项、消息表记录项、定时器和自定义数据等,基于 WinCE 的目标平台决定了可用的资源。

资源文件以.rc 为扩展名,包含特殊资源语言或脚本,必须用资源编译器编译为.res 文件才能被应用程序使用。菜单等基于文本的资源可以用文本编辑器创建。位图资源需用资源编辑器产生并被相关联的.rc 文件引用。使用资源前必须被载入内存:首先用 FindResource 函数查找资源,然后用 LoadResource 函数将其载入内存。之后,WinCE 就可以根据内存状况和应用程序执行的需求自动卸载和重载资源了。应用程序使用资源的常用操作函数有:装载并格式化消息表记录项的 FormatMessage,装载加速键表的 LoadAccelerators,装载光标的 LoadCursor,装载图标的 LoadIcon,装载图标/位图/光标的 LoadImage,装载菜单的 LoadMenu,装载字符串表记录项的 LoadString 等。终止应用程序前应该释放调用资源所占的内存,相关的操作函数有 DestoryAcceleratorTable(加速链表)、DeleteObject(位图)、DestoryCursor(光标)、DestoryIcon(图标)和 DestoryMenu(菜单)等。

2. 在 UI 设计中应用资源

在 UI 设计中应用每一种 WinCE 资源都有一定的方法和技巧,这里以菜单的应用为例加以说明。

菜单是菜单项的列表。常见的 WinCE 菜单形式有标准菜单、命令栏和滚动菜单。WinCE 以顶级弹出式窗口实现所有菜单。在应用程序中创建菜单有两种方法:定义菜单模板或使用菜单创建函数。

(1) 定义菜单模板

菜单模板在资源文件中定义一个菜单,包括所有的菜单项和子菜单。菜单资源的语法格式如下:

```
menuID MENU [optional-statemenus] {item-defines…}
```

其中menuID是标识菜单的16位无符号整数，optional-statemenus是菜单创建时的指定选项，tem-defines用于创建菜单项。

可以创建两种类型的菜单项，最终菜单MENUITEM和弹出式子菜单POPUP，其语法格式如下：

```
MENUITEM text, result, [optionlist] MENUITEM SEPARATOR
POPUP text, [optionlist] {item-defines…}
```

其中，text是包含菜单名的字符串，optionlist是指定菜单外观的参数，result是用户选择菜单项时产生的数字，该参数接受一个整数值并返回一个整数；当用户选择菜单项时，其结果被送给菜单的主窗口。SEPARATOR指定产生菜单项分组。

一个简单的MENU语句代码如下：

```
#define IDR_CEPADMENU           101
#define IDM_NEW                 4001
……
#define IDM_EXIT                4005
……
IDR_CEPADMENU DISCARDABLE
BEGIN
    POPUP " &FILE
    BEGIN
        MENUITEM " &New    Ctr+N", IDM_NEW
        ……
        MENUITEM SEPARATOR
        MENUITEM " &Exit",          IDM_EXIT
    END
    POPUP "&EDIT"
    BEGIN
        ……
    END
    ……
END
```

菜单模板资源可用LoadMenup函数显式地加载，也可通过将其名字赋给注册窗口类的lzMenuName成员从而指定为某个窗口类的默认菜单。

(2) 使用菜单创建函数

可以在运行时创建或改变菜单。CreateMenu/CreatePopupMenu函数用于创建菜单，AppendMenu/InsertMenu函数用于向菜单中添加菜单项。

赋予某个菜单项MFT_MENUBREAK标志，将导致产生一个列分隔符。TrackPopupMenu函数用于在处理WM_CONTEXTMENU消息时显示一个快捷菜单（又称浮动式弹出菜单或上下文菜单）。应用程序应调用DestoryMenu函数删除未指定给任何窗口的菜单。

(3) 设置菜单项属性

菜单项具有影响其外观的属性，可以通过相关操作加以改变。CheckMenuItem函数用于设置"标记菜单项是否起作用"的标记符号属性。CheckMenuRadioItem 函数用于标记一个菜单项使之成为单选菜单项。EnableMenuItem 函数使菜单项有效或变为灰色无效。GetMenuItemInfo 函数用于确定某个菜单项是否有效。使用属主绘制的菜单项可以控制菜单的外观，属主绘制的菜单项需要应用程序负责绘制菜单项的选择状态、标记状态和未标记状态。

9.2.3 控件及其使用

控件是一个子窗口，应用程序将它与另一个子窗口结合使用以执行 I/O 任务。WinCE 提供三类控件：窗口控件、公共控件和专有控件。窗口控件包括按钮、复选框、单选按钮、下压按钮、组框、组合框、编辑控件、列表框、滚动条和静态控件，产生 WM_COMMAND 消息。公共控件主要包括基础控件、文件控件、标度控件和信息控件，它一般产生 WM_NOTIFY 消息，只有少数控件产生 WM_COMMAND 消息。专有控件包括 HTML 浏览器控件、Rich Ink 控件和语音录制器。HTML 浏览器控件提供一个简单的界面，用于 HTML 文本，显示图片、通知应用程序用户事件；Rich Ink 控件使用户能够用单击设备光触摸屏书写和绘画。控件通常置于对话框内或标准窗口的客户区内。每个控件都有影响其外观和特性的属性。创建控件时可以把一种或多种样式应用于控件。需要对控件的通知消息进行处理。

1. 窗口控件的使用

(1) 概 述

使用窗口控件，必须在应用程序中包括 Windows.h 或 Winuser.h 头文件。创建窗口控件首先要在应用程序头文件中为每个所用控件定义标识符。

在标准窗口内创建窗口控件需要使用 CreateWindowEx 函数，其原型如下：

```
CreateWindowEx(DWORD dwExStyle, LPCTSTR lpCLassName,
         LPCTSTRlpWindowName, int x, int y, int nWide, int Height,
         HWND hWmdParent, HMENU hMenu, HINSTANCE hInstance, LPVOID lpParam)
```

其中，dwExStyle 指定窗口扩展样式，lpCLassName 指定预定义窗口类，WindowName 确定控件的外观和特征，x/y 确定控件相对父窗口左上角的位置，nWide/Height 指定控件的大小，hWmdParent 指定父窗口句柄，hMenu 指定控件标识符，hInstance 指定关联的应用程序或模块，lpParam 为附加参数。

调用 CreateWindowEx 后，WinCE 负责处理所有重绘任务，也负责在应用程序终止时删除所有控件。

下面的例程代码段说明了如何用 CreateWindowEx 向标准窗口内添加控件：

```
DWORD dwStyle = WM_VISABLE | WM_CHILD |TVS_HASLINES
                |TVS_LINESATROOT | TVS_HASBUTTONS;
hwnd TreeView = CreateWindowsEx(WC_TREEVIEW, TEXT("TreeView"),
              0, 0, CW_USEDEFAULT, CW_USEDEFAULT,
              Hwnd, (HMENU)IDC_TREEVIEW, hInst,NULL);
```

通过使"应用程序资源文件包含对话框模板"在对话框内创建窗口控件，使用资源文件可以同时创建多个控件。定义对话框使用 DIALOG 语句，它定义对话框在屏幕上的位置和大小及其对话框样式。相关参数为 nameID 指定对话框标识，x/y 确定相对对话框左上角的位置，

Width/Heigh 指定对话框的大小，Option-statemenus 指定对话框的特征。调用 DialogBox 或 CreateDialog 函数，并指定对话框模板的标志符或名字以及对话框过程的地址，可以创建模式或无模式对话框。

下面代码段说明了如何在一个对话框内创建下压按钮和静态文本控件：

```
#define IDD_ABOUT        103
#define IDD_STATIC       -1
IDD_ABOUT DIALOG DISCARDABLE 0, 0, 132, 55
STYLE MODALFRAME |DS_CENTER | WS_POPUP |WS_CATTION | WS_SYSMENU
CAPTION " About CE Pad"
FONT8, " MS Sans Serif"
BEGIN
    DEFPUSHBUTTON         "OK", IDOK, 39, 34, 50, 14
    CTEXT                 "Microsoft Window CE", IDC_STATIC, 7, 7, 118, 8
    CTEXT                 "CePad Sample Application", IDC_STATIC, 7, 7, 118, 8
END
```

(2) 通知消息的处理

窗口控件通过向父窗口发送通知消息来响应用户输入或控件变化。通知消息是一条 WM_COMMAND 消息，包含控件标识符和识别事件属性的通知码。应用程序必须捕获这些通知消息并做出响应。一种捕获通知消息的代码例程如下：

```
BOOL CALLBACK AboutDialogProc(HWND hwndDlg, UINT uMsg,      // 参数：对话框句柄,消息
                              WPARAM wParam, LPARAM lParam) // 参数：消息参数
{   switch(uMsg)
    {   case WM_INITDIALOG: return TRUE;
        case WM_COMMAND: switch(LOWORD(wParam))
            {   case IDOK: EnDialog(hwndDlg, IDOK); return TRUE;
                case IDCANCLE: EnDialog(hwndDlg, IDCANCLE); return TRUE;
            }
            break;
    }
    return FALSE;
}
```

一些窗口控件既接收消息也产生消息，窗口过程向控件发送消息指导其执行任务，控件处理消息并执行动作。可以发送给控件的这类预定义消息有 WM_GETDLGCODE、WM_GET-FONT、WM_GETTEXT、WM_GETTEXTLENGTH、WM_KILLFOCUS、WM_SETFOCUS、WM_SETTEXT 和 WM_SETFONT 等。也可以用 SendMessage 函数向控件发送消息。

(3) 窗口控件的使用

这里以按钮窗口控件的创建为例加以说明。WinCE 提供 4 种按钮：复选框 CHECKBOX、下压按钮 PUSHBUTTON、单选按钮 RADIOBUTTON 和组框 GROUPBOX。下面以复选框的使用来说明。

用 CreateWindowEx 函数创建复选框，需要将 lpClassName 参数指定为 BUTTON 窗口

类,将 dwdtyle 参数指定为一个或多个复选框样式。

在对话框中创建复选框,需要将 CHECKBOX 资源定义语句加入到 DIALOG 资源中:

CHECKBOX text, id, x, y, width, height [[, style, [[extended-style]]]]

这里,text 是显示控件右边的文本,id 是识别复选框的值,控件的右上角位于(x,y),控件的大小由 width 和 height 确定,style 和 extended-style 决定复选框的外观。

CHECKBOX 创建的是手动复选框,每次用户选择控件时需要应用程序负责标记复选框或取消标记。如果希望 WinCE 负责标记复选框或取消标记,可以使用 AUTOCHECKBOX 资源语句。

处理按钮消息:选择按钮时,其状态发生变化,向父窗口发送相关改变的通知消息及其携带数据,如下压按钮产生 BN_CLICKED 通知消息。对于自动按钮,操作系统处理所有状态改变,应用程序只需处理 BN_CLICKED 通知消息。对于非自动按钮,应用程序通常发送一条改变按钮状态的消息来响应通知消息。选择了一个属主绘制的按钮时,按钮向其父窗口发送 WM_DRAWITEM 消息。按钮也可以接收消息,父窗口可以用 SendMessage 函数向一个重叠窗口或子窗口中的按钮发送消息,用 SendDlgItemMessage 和 CheckRadioButton 函数向对话框中的按钮发送消息。窗口为其按钮提供默认的颜色值,应用程序可以用 GetSysColor 函数获得颜色值,也可以使用 SetSysColor 函数设置颜色值。预定义按钮控件窗口类的窗口过程负责处理按钮控件过程不处理的所有消息。

2. 公共控件的使用

(1) 概 述

公共控件是 WinCE 公共控件动态链接库(DLL)支持的一组子窗口,多数公共控件发送 WM_NOTIFY 消息。使用公共控件前必须先注册,有两种注册方法:一种是调用 InitCommonControls 函数,它将立即注册除 rebar 条、时间/日历选择器之外的所有公共控件;一种是调用 InitCommonControlEx 函数,它将注册指定的公共控件类。任何一个函数功能确保公共控件 DLL 被装载。使用公共控件时,必须在应用程序中包括 Commctrl.h 头文件,使用属性表单时还需包括 Prsht.h 头文件。可以用函数创建公共控件,也可用指定控件的 API 函数创建公共控件。

(2) 使用公共控件

WinCE 提供的公共控件有命令栏、命令条、rebar 条、工具条、工具指示、标题控件、图像列表、列表视图、轨迹条、图形视图、上下控件、时间/日历选择器、月历控件、状态栏、进度条、属性表单和卡片控件等。下面以命令栏的使用加以说明。

命令栏是一个可以包含菜单、组合框和按钮等的工具栏,用于组织应用程序的菜单和按钮。函数 CommandBar_Create 用于创建命令栏,调用 CommandBar_InsertMenubar/CommandBar_InsertMenubarEx、CommandBar_AddBitmap 和 CommandBar_AddButtons 等函数可以向命令栏中添加控件,调用 CommandBar_AddAdomments 函数可以向命令栏中增加 Close 和 Help 按钮。其中参数 dwFlags 为 CMDBAR_HELP,则 WinCE 自动增加 Close 按钮。其他操作命令栏的函数有删除命令栏的 CommandBar_Destory,取得命令栏高度的 CommandBar_Height,确定命令条可见性的 CommandBands_GetRestorreInformation,增加命令栏按钮工具提示的 CommandBar_AddTooltips,显示/隐藏命令条控件的 CommandBands_

Show,确定命令栏是否可见的 CommandBar_IsVisible,创建组合框并加入命令栏的 CommandBar_InsertComboBox,获得命令栏中菜单句柄的 CommandBar_GetMenu,获得命令栏中菜单栏上子菜单句柄的 GetSubMenu,修改命令栏中菜单栏后重绘的 CommandBar_DrawMenuBar 等。

命令栏上的每个元素具有一个起始值为 0 的用于标识的索引值。插入操作时,菜单栏、按钮或组合框被插在 iButton 参数指定按钮的左边。命令栏将绘制按钮图像所需的信息存储在一个内部列表中,每个图像具有一个起始值为 0 的关联按钮的索引值,CommandBar_AddBitmap 函数用于向列表尾部添加图像数组并返回加入图像的索引值。系统预定义的命令栏按钮,头文件中定义了它们的索引常量。

创建命令栏的一段简单示例代码如下:

```
hwndCB = CommandBar_Create(hinst, hwnd, 1);              // 建立命令栏
CommandBar_AddTooltips(hwndCB, uNumSmallTips, szSmallTips);  // 添加工具提示
CommandBar_Bitmap(hwndCB, HINST_COMMCTRL,                // 加入 15 个按钮图像
                  IDB_STD_SMALL_COLOR, 15, 16, 16);
CommandBar_InsertMenubar(hwndCB, hinst, IDM_MAIN_MENU, 0);   // 加入菜单栏
CommandBar_AddButtons(hwndCB, sizeof(tbSTDButton)         // 向 tbSTDButton 加入按钮
                  /sizeof(TBBUTTON), tbSTDButton);
CommandBar_AddAdomments(hwndCB, WM_HELP | CMDBAR_OK, 0);  // 加入 Help 和 OK 按钮
```

主窗口改变大小时,命令栏不能自动改变其大小。可以在主窗口收到 WM_SIZE 消息,向命令栏发送 TB_AUTOSIZE 消息时,调用 CommandBar_AlignAdommets 函数,实现命令栏随主窗口的改变而变化。否则窗口大小改变时,OK、HELP 命令栏按钮就不再位于窗口的右端。相关的例程代码段如下:

```
Case WM_SIZE: SendMessage(hwndCB, TB_AUTOSIZE, , 0L, 0L);  // 使命令栏重绘
     CommandBar_ AlignAdommets(hwndCB); break;
```

9.2.4 图形及其使用

GDI 负责控制文本和图形的显示,它是一个覆盖范围小但功能强大的全彩色图形显示系统。GDI 提供了用于生成图形输出的函数和结构,图形可以输出到显示、打印机和其他设备。用 GDI 函数可以绘制直线、曲线、闭合图形、文本和位图图像。绘制项的颜色和样式取决于所创建的绘图对象。创建的图形绘图对象包括:画线的笔、填充闭合图形的刷子和书写文本的字体等。

应用程序通过为设备创建设备环境 DC(Device Context)将输出定向到指定设备。设备环境是一个由 GDI 管理的结构,它包含有关设备的信息,可以通过相关函数创建,GDI 返回用于识别设备的 DC 句柄。应用程序可以将输出定向到显示器等物理设备,也可以将输出定向到内存等逻辑设备。

设备环境包含 GDI 函数如何与设备进行交互的属性,可以用属性函数改变设备的当前设置和操作模式。操作模式包括文本和背景色以及混合模式,混合模式指定了笔或刷子的颜色如何与显示平面上现有的颜色组合在一起。

1. 获取设备环境句柄

(1) 获取显示 DC 句柄

调用 BeginPaint 或 GetDC 函数并提供窗口句柄,可以获得具有默认对象属性和图形模式的显示 DC 句柄,可以使用默认的刷子、调色板、字体、笔和区域对象进行图形绘制。用 GetCurrentObject 和 GetObject 函数可以检查默认对象的属性,GetCurrentObject 函数返回识别当前笔、刷子、调色板、位图或字体的句柄,GetObject 函数初始化一个包含对象属性的结构。用于取代默认对象的特定对象创建函数有相关位图的 CteateBitmap、CreateCompatibleBitmap 和 CreateDIBSection,相关刷子的 CreateDIBPatternBrushPt、CreatePatternBrush 和 CreateSolidBrush,相关调色板的 CreatePalette,相关字体的 CreateFontIndirect,相关笔的 CreatePen 和 CreatePenIndirect 等。获取句柄后,可以调用 SelectObject 函数将新对象选入设备环境。不再使用新对象时,可以再用 SelectObject 函数恢复默认对象,并用 DelectObject 函数删除新对象。图形绘制结束后,必须用 EndPaint 或 ReleaseDC 函数释放设备环境。

下面示例代码说明了如何获取和释放设备环境以及调用 SelectObject 函数获得新对象:

```
HDC hDC;                                          // 显示设备环境句柄
HBBURSH hBrush, hOldBrush;                        // 新/旧刷子对象句柄
if(! (hDC = GetDC(hwnd))) return;                 // 获取显示设备句柄
hBrush = CreateSolidBrush(RGB(0, 255, 255));      // 创建新的实心刷子并加入显示设备环境
hOldBrush = SelectObject(hDC, hBrush);
Rectangle(hDC, 0, 0, 100, 200);                   // 绘制一个矩形
SelectObject(hDC, hOldBrush);                     // 选择旧刷子返回进入设备环境
DeleteObject(hBrush);                             // 删除新刷子对象
ReleaseDC(hwnd, hDC);                             // 释放设备环境
```

(2) 获取内存和打印机 DC 句柄

用 CreateCompatibleDC 函数可以创建内存 DC,内存 DC 也称兼容 DC,是为了兼容特定设备;调用 CreateCompatibleDC 后,WinCE 创建一个临时的 1×1 像素的单色位图,并将其选入 DC;用此 DC 绘制图形前必须用 SelectObject 函数将一幅具有适当宽度、高度和颜色深度的位图选入 DC。一旦新位图选入 DC,就可以用此内存 DC 存储图像了。用 CreateDC 函数可以创建打印机 DC。使用内存和打印机 DC 后,必须用 DelectDC 函数加以删除。

(3) 修改设备环境

一旦创建了 DC,就可以用 GetDeviceCaps 函数获得颜色格式、光栅能力、绘图形状和文本/线型的能力等设备数据。修改 DC 前,调用 SaveDC 函数可以保存 DC 的图形对象和图形模式到一个专用 GDI 栈中,还可以保存应用程序的原始状态;调用 RestoreDC 函数可以恢复 DC 的原始状态。使用图形模式函数可以改变 DC 的外观,WinCE 支持背景图形模式和绘制模式,这两种模式分别定义了在笔、刷子、文本和位图操作中背景或前景颜色如何与窗口或屏幕的颜色相混合,用 GetbkMode 或 SetBkMode 函数可以获得或设置当前背景混合模式,用 SetROP2 函数可以设置前景混合模式,用 SetViewportOrgEx 函数可以将视区的坐标原点从默认位置移到其他点。

2. 图形要素及其使用

这里以位图的使用加以说明。位图是一个位数组,用于创建、修改和存储图像。WinCE

支持两种类型的位图：设备相关位图 DDB 和设备无关位图 DIB，DDB 没有自己的色素，只有在与创建位图的设备具有相同的显存结构的设备上才能正确显示；DIB 通常有自己的色素，可以在许多设备上显示。

(1) 创建 DIB

其过程为：调用 CreateDIBSection 函数创建一个包括显示 DIB 所需全部信息的 DIBSection，然后调用 SelectObject 函数将 DIBSection 选入 DC，再次选择 DIBSection，并在结束后调用 DeleteObject 函数删除 DIBSection。BITMAPINFO 结构定义了 DIB 的尺寸与颜色信息，该结构由一个 BITMAPINFOHEADER 结构和一个包含两个或多个 RGBQUAD 结构的数组组成。BITMAPINFOHEADER 结构包含 DIB 的尺寸与颜色格式信息，每个 RGBQUAD 结构定义一种位图颜色。BITMAPINFO 结构必须包括一个色表，16 bpp/32 bpp(bit per pixel) 的非调色图像的色表长度必须是三项，以指定红、绿、蓝位掩码的值。24 bpp 的位图则直接以 RGB 格式存储图像像素，因为 GDI 忽略 24 bpp 位图的色表。

(2) 创建 DDB

其过程为：调用 CreateCompatibleDC 函数创建内存 DC，然后调用 CteateBitmap 或 CreateCompatibleBitmap 函数创建位图，再调用 SelectObject 函数将位图选入 DC。然后 WinCE 就可以用足够大的数组取代一位数组，以存储指定矩形内像素的颜色数据。使用 CreateCompatibleBitmap 函数，一定要指定显示 DC，否则将获得 1 bpp 设备的 DC。用 CreateCompatibleBitmap 函数返回的句柄进行绘制，输出存储在内存中，调用 BitBlt 函数进而可以将存储在内存中的图像显示在硬件显示设备上。

DDB 位图的创建及其显示的简单示例代码如下：

```
VOID BitmapDemo(HWND hwnd)
{   HDC hDC, hDCMem;                                    // 显示 DC 与内存 DC 句柄
    HBITMAP hBitmap, hOldBitmap;                        // 新/旧位图句柄
    static int iCoordinate[200][4];
    int i, j, iSrc, ySrc, iXDest, iYDest, iWidth, iHeight;  // 源/目标位置,位图的宽与高
    if(!(hDC = GetDC(hwnd)))                            // 获得显示 DC 句柄
    hDCMem = CreateCompatibleDC(hDC);                   // 创建内存 DC
    iWidth = GetSystemMetrics(SM_CXSCREEN)/10;          // 获得窗口显示元素的宽与高
    iHeight = GetSystemMetrics(SM_CYSCREEN)/10;
    hBitmap = CreateCompatibleBitmap(hDC, iWidth, iHeight);// 创建设备相关的位图
    hOldBitmap = SelectObject(hDCMem, hBitmap);         // 把新位图对象选入内存 DC
    for(i=0; i<2; i++) for(j=0; j<200; j++)
    {   if(i==0)
        {   iCoordinate[j][0] = iXDest = iWidth*(rand()%10);
            iCoordinate[j][1] = iYDest = iHeight*(rand()%10);
            iCoordinate[j][2] = iXSrc = iWidth*(rand()%10);
            iCoordinate[j][3] = iYSrc = iHeight*(rand()%10);
        }
        else
        {   iXDest = iCoordinate[200-i-j][0]; iYDest = iCoordinate[200-i-j][1];
            iXSrc = iCoordinate[200-i-j][2]; iYSrc = iCoordinate[200-i-j][3];
```

```
            }
        BitBlt(hDCMem, 0, 0, iWidth, iHeight,          // 把内存中图像显示在硬件设备界面上
                hDC, iXDest, iYDest,SRCCOPY);
        BitBlt(hDCMem, iXDest, iYDest, iWidth, iHeight, hDC, iXSrc, iYSrc,SRCCOPY);
    }
    SelectObject(hDC, hOldBitmap);                     // 把旧位图恢复入 DC
    DelectObject(hBitmap);                             // 删除位图对象,释放相关资源
    DelectDC(hDCMem); DelectDC(hDC);                   // 删除显示和内存 DC
}
```

BitBlt 等位块传输函数可用于修改或传输位图。通过按照光栅操作 ROP(Raster OPeration)码指定的格式将目标位图与笔、刷子或源位图组合起来,可以修改目标位图。每个 ROP 码指定一种唯一的组合图像对象的逻辑模式,如 SRCCOPY ROP 将源位图复制到目标位图。源位图和目标位图大小不同时,可以用 StretchBlt 函数在两个位图间执行扩展或压缩操作。可以调用 PatBlt 函数用选择的刷子和 ROP3 码绘制所选的矩形区。还可以调用 TransparentImage 函数传输除了用指定透明色绘制部分之外的位图的其余部分。

9.2.5 接收用户输入

WinCE 支持的用户输入类型有键盘、鼠标、触摸屏/输入笔、输入面板和手写体识别等。这里以键盘和输入笔及其输入接收为例加以说明。

1. 接收键盘输入

(1) 概　述

WinCE 的键盘输入模型如图 9-1 所示,其中形成的键盘消息包括扫描码、虚键码和字符数据。扫描码是底层硬件产生的按键识别数字。虚键码是键盘驱动程序由扫描码翻译或映射得到的与硬件无关的数字。字符是键盘驱动程序对同一虚键根据其他键(如 shift 键)状态而产生的不同字符。每个线程维护自己的活动窗口和焦点窗口,活动窗口是顶级窗口,焦点窗口是活动窗口或其后代窗口,线程的活动窗口被视为前台窗口,消息最终发往线程焦点窗口的窗口过程,若焦点窗口为 NULL,则活动窗口接收消息。可以在应用程序的线程中用 GetForegroundWindow 和 GetActiveWindow 函数获得前台窗口或活动窗口。窗口的活动与否或前/后台变化和焦点的窗口间移动,通常由操作系统根据用户操作而自动变化,也可以在应用程序的线程中用 SetForegroundWindow、SetActiveWindow 和 SetFocus 函数设置前台窗口、活动窗口和移动窗口焦点。

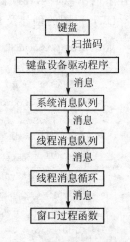

图 9-1　WinCE 的键盘输入模型框图

(2) 处理键盘消息

窗口以击键消息和字符消息的形式接收键盘输入,击键消息控制窗口特性,字符消息确定显示在窗口中的文本。击键消息分为系统击键消息和非系统击键消息。系统击键消息是与 ALT 键一起按下某键或无窗口焦点时的击键,供系统用来产生菜单的内在键盘接口,并使用

户能够控制窗口的激活;某个窗口过程要处理系统击键消息,只能将消息传递给函数。拥有键盘焦点的窗口接收所有键盘消息,响应键盘输入的应用程序通常只处理非系统击键消息中的非字符消息,可以根据消息结构中包含在虚键码确定如何处理消息。典型的应用程序接收和处理击键消息的窗口过程框架如下:

```
case WM_KEYDOWN:
    switch(wParam)
    {    case VK_HOME:…break;              // HOME 键的处理代码
         case VK_F2:…break;                // F2 键的处理代码
         ……
         default:…break;                   // 其他非字符键的处理代码
    }
```

(3) 处理字符消息

应用程序消息循环调用 TranslateMessage 函数从击键消息中检测并产生字符消息,字符消息在消息循环的下一次循环中被删除或分发。下面的代码段说明了如何在典型的线程消息循环中包括 TranslateMessage 函数,代码如下:

```
while(GetMessage(&msg,(HWND)NULL,0,0)
{   if(TranslateAccelerator(hwndMain,haccl,&msg)= = 0)
    {   TranslateMessage(&msg);DispatchMessage(&msg);    }
}
```

WinCE 支持 4 条字符消息,典型的窗口过程只需处理其中的 WM_CHAR 消息即可。WM_CHAR消息中包含有字符码和有关字符的附加数据标记。字符消息的检测与处理和非系统非字符击键消息类似。

(4) 创建和显示插入符

窗口应用插入符指示下一个字符在客户区的显示位置,应该在获得键盘焦点时创建并显示插入符,在失去焦点时删除插入符,可以在处理 WM_SETFOCUS 和 WM_KILLFOCUS 消息时执行这些操作。用 CreateCaret、ShowCaret、DestoryCaret 和 HideCaret 函数控制插入符的可见性,用 SetCaretPos 函数在用户输入时改变插入符的位置。

(5) 检查其他键

用以确定产生当前消息的键之外的另一个键的状态,用 GetKeyState 函数可以得到产生当前消息时某键的状态,用 GetAsyncKeyState 函数可以得到调用时键的状态。

(6) 增加热键支持

热键是产生 WM_HOTKEY 消息的键的组合。调用 RegiserHotKey 函数可以定义热键,定义产生 WM_HOTKEY 消息的键的组合、接收消息的窗口句柄以及热键标识符。在应用程序终止前应用 UnregisterHotKey 函数删除热键。

2. 接收输入笔/触摸屏输入

输入笔和触摸屏是现代人机交互的重要手段,为鼠标提供了一种直接且直观的替代。输入笔和触摸屏的输入是鼠标输入的子集。窗口中发生的输入笔/触摸屏的输入事件被"邮寄"给创建窗口程序的消息队列。输入事件消息有"双击"WM_LBUTTONDBLCLK、"单击"WM_LBUTTONDOWN、"拾起"WM_LBUTTONUP 和"移动"WM_MOUSEMOVE。消息的

lParam 参数表示笔尖的位置,低位字是 x 坐标,高位字是 y 坐标;参数 wParam 包含一些标志,表示输入笔的其他按钮的状态和输入事件发生时 CTRL 键和 SHIFT 键的位置。

9.3 WinCE 下的图形用户界面设计

WinCE 下的 GUI 设计,主要涉及的方面如下:

1. 窗口和对话框的设计

通常采用"类比台式机操作"的方式,以通过熟悉的环境简化公共文件操作。例如,将文件绘制为文件档案,将目录绘制为文件夹,将删除项绘制在回收站内等。这种方式将对象置于窗口和对话框中,适用于多数运行于手提电脑或类似设备上的应用。其他类型的嵌入式应用,如车载导航,也可采用其他合适的类比方式,可以放弃窗口的使用,只将对象置于对话框中,也可以使用固定大小的窗口。

对话框是包含控件和向用户提供动作信息的辅助窗口。WinCE 提供三种类型的对话框:应用程序定义对话框、消息框和属性表单。应用程序定义对话框,可以容纳控件,帮助用户执行应用程序特有的任务,并能够独立地产生完整的应用程序界面;使用应用程序定义对话框时,应只包括所需的控件,并在控件间留出足够的空间;应用程序定义对话框可以是模式的和无模式的。模式对话框要求应用程序继续执行前必须提供信息或关闭对话框,无模式对话框使用户能够在其不关闭的情况下提供信息并返回上一级任务。消息框显示消息,提示用户输入,它通常包含文本消息和一个或多个预定义的按钮。属性表单是一组允许用户查看和修改对象属性的卡片页。

WinCE 中,对话框通常包括 OK 和 X 命令,X 命令表示 Close 或 Cancel 命令。

2. 菜单的设计

菜单是命令、属性选择、分隔条和其他可选元素的集合,WinCE 中把菜单栏和工具栏组合为"命令栏控件",以高效地利用较小的显示屏幕空间。WinCE 仅支持 4 种类型的菜单:弹出式菜单、滚动式菜单、级联式菜单和下拉式菜单。

3. 命令栏的使用

命令栏组合了菜单栏、工具栏和地址栏,它可以包含组合框、编辑框和按钮,还可以包含 X 按钮、Help(?)按钮和 OK 按钮。命令栏由多个带区组成,带区之间以"抓手"控件相分隔,"抓手"控件可以使用户隐藏按钮和菜单。每个带区最多包含一个子窗口,可以是工具栏或其他任何控件。带区可以有自己的作为工具栏背景的位图。通过拖动"抓手"控件可以改变带区的大小和位置。单击"抓手"控件旁边的文本标签或图标,可以极大化带区或恢复带区大小。

命令栏菜单包括一个命令列表,单击命令栏上的菜单标题,命令列表就下拉显示。若命令栏含有菜单栏,菜单栏必位于其左边,各个菜单项从左到右排列,一个矩形框把所有菜单项围起来,黑体显示菜单标题。WinCE 支持命令栏和工具栏按钮的工具提示,菜单或组合框没有工具提示。工具提示通常只显示按钮命令的标题及其快捷键。

可以在命令栏中放置复选框或单选按钮,以方便用户在不同视图之间时切换。命令栏按钮表面可以显示文本,也可以显示图像。为节省命令栏空间,宜使用组合按钮而不是三四个独立按钮。

在命令栏编辑框旁边放置标签有两种方法：一种是在其上方或左边插入一个静态文本域，一种是在文本域中包括编辑控件标签为默认文本，多采用第一种方法。使用后一种方法时，应将标签置于尖括号中，以避免显示混淆。

4. 控件的选择

WinCE 提供有大量预定义控件，常见的窗口控件有复选框、单选按钮、下压按钮（命令按钮）、组框、组合框、编辑控件、列表框、滚动条和静态控件等；常见的用于包含或管理其他控件的基础控件有命令条、命令栏、工具栏、属性表单、卡片控件和 Rebar 控件等；常见的用于显示文件的文件控件有标题控件、图像列表、树形视图、列表视图、旋转框和轨迹条（滑条）等；常见的用于提供工具、进程或时间信息的信息控件有进度条、日期/时间选择器、状态栏、月历和工具提示等。

WinCE 支持定制绘制服务，这是一种简化定制公共控件外观的服务。用定制绘制服务可以改变公共控件的颜色或字体，或者部分或完全地绘制控件。WinCE 还支持创建定制控件。

使用控件时，应该根据试图捕获的输入类型、控件的能力和限制及硬件屏幕的特征等因素综合考虑，选择所需的合适预定义控件。

5. 彩色/灰度调色板的使用

图形界面设计时，应注意以下颜色使用原则：
- 屏幕上一次显示的颜色不宜超过 4 种，整个应用程序使用的颜色不宜超过 8 种；
- 不要只用颜色区分元素，可将颜色与字体、图标、屏幕位置或模式等强调技术一起使用，来区分界面上的区域或识别重要功能；
- 避免使用频谱相对的颜色组合，如红和蓝、黄和紫，它们会使图像模糊；
- 程序设计时主要考虑灰度级显示器，许多用户可能没有彩色显示器，当应用程序完成时再增加颜色；
- 不宜采用颜色对比度来提高视图效果，以免用户眼睛适应后无法辨别；
- 避免使用缺乏对比度的颜色和具有相同亮度的颜色，这些颜色不易区分；
- 使用黑色、白色和灰色，可以提高分辨率；
- 使用通用颜色关联，提高熟悉程度，如红色表示停止，绿色表示前进。

WinCE 的彩色设计模型是基于 Windows 彩色模式的 16 色 Windows 调色板，使用每个像素的位数 bpp 表示。WinCE 支持 1 bpp、2 bpp、4 bpp、8 bpp、16 bpp、24 bpp 和 32bpp 的像素格式。应用程序设计时应首先确定设备支持的彩色格式，然后采用一种互补的显示策略。

使用难以区分的浅色时，可以加倍像素或直线的宽度来加强它们。浅灰色非常适合在白色背景上为大控件创建阴影效果，以及抗混淆，向图形增加彩色像素可以平滑凹凸不平的边界。如果以浅灰色作为屏幕背景色，则应用白色直线从视觉上将关键区域（如命令栏、属主绘制的菜单）与屏幕上的其他区域分隔出来。WinCE 不分前/后台应用程序调色板，应该只用显示设备标准调色板的前 10 种和后 10 种颜色，即标准 Windows 视频图形适配器 VGA 颜色。

6. 图标/位图的创建

图标要能清楚地表达所代表的属性或任务，而且容易记忆，其外观尽量与所代表的功能相像，符号图标要尽量使用人们所熟悉的。图标常用于按钮上，也可以用于进度指示器上。可以使用具有相同样式和颜色的 Windows 应用程序彩色图标，但必须创建相应的 16 色版本和灰度级版本,以确保图标在彩色设备和 2 bpp 设备上都能显示,使用 WinCE 中的图标编辑器可以完成这种创建。也可以用标准的 Windows 16 色调色板创建自己的图标。为了增加图标深度,可以使用加亮和阴影技术。

7. 人机交互及其使用

WinCE 支持键盘、鼠标、触摸屏、输入笔和语音识别等输入设备,人机交互的信息可以以消息形式显示在图形界面上。消息通知用户系统状况或提示用户完成某个动作,有效的消息应该简洁而清楚。

9.4 WinCE 图形用户界面开发举例

9.4.1 WinCE GUI 应用程序框架

WinCE GUI 应用程序的基本框架,可以用以下实例代码简单地加以描述。WinCE GUI 应用程序从 WinMain 函数开始,该函数首先调用 InitApplication 函数,通过 RegisterClass 函数注册应用程序的主窗口类,复杂的应用程序还要注册更多的窗口类并确定是否有这一应用程序的其他实例在运行;然后,调用 InitInstance 函数,通过 CreateWindow 创建窗口;进而调用 GetMessage、TranslateMessage、DispatchMessage 等函数,创建消息循环,消息循环接收消息并将消息分发给窗口过程 WndProc。窗口过程分别处理需要的消息,并将不处理的消息传递给 DefWindowProc 函数。

```
#include <windows.h>
HINSTANCE g_hInst = NULL;                              // 应用程序实例的句柄
HWND g_hwndMain = NULL;                                // 应用程序主窗口的句柄
TCHAR g_szTitle[80] = TEXT("Main Window"),             // 应用程序主窗口的名称
    G_szClassName[80] = TEXT("Main window class");    // 应用程序主窗口类的名称
// 主窗口回调函数,用来处理发往主窗口的消息
LRESULT CALLBACK WndProc(HWND hwnd, UINT umsg, WPARAM wParam, LPARAM lParam)
{    switch(umsg)
    {   case WM_CREATE: …return 0;
        …   // 不要默认处理的消息,如 COMMAND, PAINT 等
        case WM_CLOSE: DestoryWindow(hwmd); return 0;
        case WM_DESTORY: PostQuitMessage(0); return 0;
    }
    return DefWindowProc(hwnd, umsg, wParam, lParam);
}
// 创建和显示主窗口
BOOL InitInstance(HINSTANCE hInstance, int iCmdShow)
{   g_hInst = hInstance;
    g_hwndMain = CreateWindow(g_szClassName, g_szTitle,
                                                // 注册类名,应用程序窗口名
            WS_OVERLAPPED, 0, 0,                // 窗口样式,位置
            CW_USEDEFAULT, CW_USEDEFAULT,       // 窗口大小
            NULL, NULL,                         // 父窗口/菜单标识的句柄
            hInstance,                          // 应用程序实例的句柄
```

```
                NULL);                              // 窗口创建数据的指针
      if(! g_hwndMwin) return FALSE;                // 创建窗口失败，则退出
      ShoeWindow(g_hwndMain, iCmdShow); UpdateWindow(g_hwndMain); return TRUE;
}
// 声明窗口类结构,给窗口类成员赋值并注册窗口类
BOOL InitApplication(HINSTANCE hInstance)
{     WNDCLASS wndclass;
      wndclass.style = CS_HREDRAW | CS_VREDRAW;
      wndclass.lpfnWndProc = (WNDPROC)WndProc;
      wndclass.cbClsExtra = 0; Wndclass.cbWndExtra = 0;
      wndclass.hIcon = NULL, wndclass.hInstance = hInstance;
      wndclass.hCursor = NULL, wndclass.lpszMenuName = NULL;
      wndclass.hbrBackground = (HBRUSH)GetStockObject(WHITE_BRUSH);
      wndclass.lpszClassName = g_szClassName; return RegisterClass(&wndclass);
}
// 应用程序主函数,被系统用作 WincE 应用程序的初始入口点
int WINAPI WinMain(HINSTANCE hInstance, HINSTANCE hPrevInstance, /* 当前/先前实例句柄 */
           LPWSTR lpCmdLine, /* 命令行指针 */ int iCmdShow /* 窗口状态显示 */)
{     MSG msg; HACCEL hACCEL;                      // 消息结构,加速表句柄
      if(! hPrevInstance)
      {     if(! InitApplication(hInstance)) return FALSE;
            if(! InitInstance(hInstance, iCmdShow)) return FALSE;
            hACCEL = LoadAccelerators(…);          // 插入装载加速表的代码
            while(GetMessage(&msg, NULL, 0, 0))
                  if(! TranslateAccelerator(g_hwndMain, // 参数:目的窗口句柄
                        hAccel, &msg)              // 参数:加速表句柄,消息数据地址
                  {     TranslateMessage(&msg); DispatchMessage(&msg);    }
      }
      return msg.wParam;
}
```

9.4.2 基于 WinCE 的监控界面设计

这里列举的是一个采用 WinCE 的中央空调主机的触摸屏监控软件,它用来监控冷温水机的状态参数,为用户提供友好的图形界面及完成一些控制功能。该软件可以实时接收、处理从端口传来的数据,并能通过向串口发送命令来设定冷温水机参数。

软件设计任务主要是页面设计和通信设计。鉴于 WinCE 优秀的多线程支持,在该监控软件设计中引入多线程技术,主要包括通信线程和 TCP/IP 线程。整个软件的程序流程如图 9-2 所示。系统启动后,首先初始化所有工程变量,创建并初始化所有页面,进而创建其他线程,包括通信线程和数字屏监视线程,接着进入消息循环处理,有相

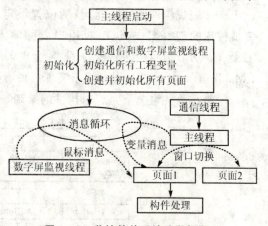

图 9-2 监控软件系统流程框图

应的消息到达则交给相应的页面处理。主线程的主要功能是管理所有页面的切换、显示或隐藏，管理系统主要参数的保存和载入；数字屏监视线程监测数字屏的状态，并负责向当前显示窗口发送鼠标消息（通过主线程可得到当前显示窗口的句柄）；设备通信线程负责提供设备命令发送接收功能，并在接收状态改变时通知当前窗口更新显示；存盘线程负责数据的保存及提取。

程序主线程派生于 CWinApp 类"class CTxcontrolApp : public CWinApp"。该线程管理所有页面和所有工程变量，负责页面的绘制/构建和工程变量的关联处理，是通信线程和页面沟通的途径。对工程变量的管理通过类 CDataManage 完成，主线程拥有该类的一个实例。对于工程变量的管理，所有变量保存在数组 CArray＜COleVariant，COleVariant＞m_VarientArray 中，其他模块（页面、通信线程）通过接口函数 GetFloatValue、GetIntValue、SetFloatValue、GetVarType 访问工程变量。对于页面的管理，所有页面指针保存在 CMapStringToPtr m_PageMap 中，初始化时创建所有页面，并在 m_PageMap 中保存页面指针，通过一个字符串来查找页面，在程序退出时（ExitInstance）关闭所有页面。通过 CSANYOApp::UpdateFace 向页面发送工程变量改变消息来驱动页面关联的工程变量构件的更新。工程变量与页面管理的流程如图 9-3 所示。

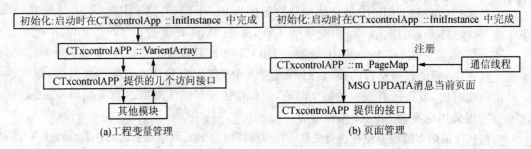

图 9-3 工程变量与页面管理流程框图

所有页面从 CPage 派生，CPage 从 CDialog 派生。CPage 完成页面的共同功能：创建和管理页面内的所有构件（如圆、方框等）；负责在需要重绘时检查需要重绘的构件并调用构件绘制函数；在工程变量变化时负责检查构件，并更新相关的构件；在有用户输入（鼠标消息）时检查需要处理该消息的构件，并调用构件的消息处理函数。

构件完成程序的绝大部分界面显示和操作，整个系统的构件设计如图 9-4 所示。其中 CMyCtrl 完成构件基本功能，包括位置设定、文本设定、文本颜色和管理变量等；CMyButton 完成按钮的基本操作，包括对用户鼠标输入的响应，按钮按下和弹起状态的处理；CStaticText、CMyProgress、CMyPoly 分别实现静态文本框、进度条和折线的功能；CMstButton、CMainButton、CCtrlButton 用于实现三种不同风格的按钮。

需要在两种情况下完成对构件的绘制，一是用户消息，如单击触摸屏；二是工程变量变化

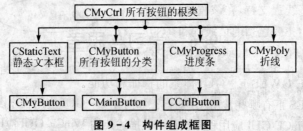

图 9-4 构件组成框图

要发送相应的通知消息。这两种情况都采用消息响应机制,处理流程如图 9-5 所示。

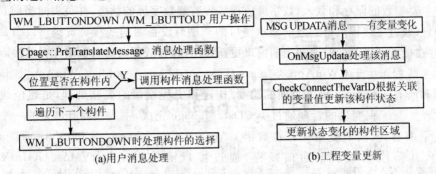

图 9-5 构件绘制的两种处理流程框图

每个页面定义了一个由构件 ID、消息和处理该消息函数指针构成的结构的静态数组。有变量变化,由 CheckConnectTheVarID 根据关联的变量值,更新该构件的状态。

对于串口通信线程和 TCP/IP 通信线程,本系统软件设计了一个通信基类 Ccommunication,串口通信线程和 TCP/IP 通信线程分别派生为 Cserial 和 CTCPIPTransfer。其中 Cserial 完成串口的打开、关闭、读/写和配置等工作,采用 WinCE 支持的 CreateFile、ReadFile 和 WriteFile 等函数完成;对于 TCPIP 通信线程由 CTCPIPTransfer 类管理,实现向外界(其他本地或远程程序)提供数据交换的接口,目前支持 4 个命令:取得所有变量的实时值,取得所有开关量的实时值,取得所有模拟量的实时值,取得指定变量的实时值。TCP 端口号定为 3333,该部分实现采用标准的 Socket 编程方法。

监控软件采用多线程避免在进行文件等耗时操作时会引发阻塞现象。同时为了防止多个线程同时对同一个变量进行操作引起的时序差错,保持线程的同步,还采取了临界区加/解锁的技术。由于使用了定时器,可以满足实时显示功能,以便及时地将所接收到的动态数据反映到屏幕上。

9.5 本章小结

本章首先介绍了 WinCE GWES E-GUI 体系的结构组成和功能特点,接着说明了窗口、消息、资源、控件、图形和用户输入等 WinCE 用户界面要素及其使用方法,阐述了进行 WinCE GUI 设计的具体过程,给出了 WinCE GUI 应用程序的基本框架,还联系实际应用列举了典型的 WinCE 用户界面设计实例。

嵌入式 WinCE GUI 设计内容丰富,涉及知识众多,本章只是重点介绍了一些重要方面及其部分环节,更为详细的 WinCE GUI 知识及其应用,请参阅微软公司提供的 WinCE GUI 服务手册及其相关文档。

9.6 学习与思考

1. 简述 WinCE GWES E-GUI 体系的特征和功能。
2. WinCE GWES 下有哪些常用 UI 要素?如何在 E-GUI 应用程序设计中使用这些要素?
3. 如何展开 WinCE GUI 应用程序设计?试描述架构 WinCE GUI 应用程序的一般方法步骤。

第10章　VxWorks下的图形用户界面设计

嵌入式WindML/Zinc图形系统，以使用方便，运行快，显示方式多，源代码开放，可定制/裁剪，设计界面友好，功能强大和易于实现等特点，推动着VxWorks实时操作系统更为广泛的应用。通常使用WindML就可以在VxWorks上实现大多数嵌入式图形用户界面；Zinc架构在WindML之上，使用Zinc能够在VxWorks应用体系中快速开发出可与WinCE相媲美的视窗界面。本章将以WindML为主，阐述这两款基于VxWorks的优秀的嵌入式多媒体设计软件及其实践应用。本章的主要内容如下：

- VxWorks图形界面设计综述；
- 安装使用WindML/Zinc软件；
- WindML多媒体组件及其应用；
- Zinc多媒体组件及其应用。

10.1　VxWorks图形界面设计综述

VxWorks操作系统以高度实时和稳定可靠而著称，在嵌入式应用系统中，特别是在工业数据采集和控制领域倍受青睐。然而遗憾的是，VxWorks下的图形用户界面设计，往往需要进行耗时耗力的直接设计或借助于$\mu C/GUI$、MiniGUI、QtE等第三方图形系统软件。随着嵌入式图形用户界面的需求的与日俱增，迫切需要能够十分适合VxWorks操作系统且高效、实用、性能优良的嵌入式图形系统。在这种背景下，创立VxWorks操作系统的Wind River公司，汲取现有嵌入式图形系统的众家之长，结合现代多媒体音/视频技术及其应用的特点，陆续推出了WindML和Zinc图形界面设计体系。

WindML和Zinc都是可裁剪、可定制的VxWorks多媒体组件，它们作为VxWorks操作系统的有机部分进行使用。在嵌入式VxWorks应用体系中，采用WindML和Zinc，可以较低的系统开销(CPU执行周期的占用和存储器资源的使用等)实现丰富多彩的图形界面。

WindML即Wind Meadia Library，是基于嵌入式操作系统的多媒体库，包含图形、视频和音频应用程序开发的基本技术和标准化的设备驱动程序设计框架，提供对各类音频/视频、人机交互输入等设备支持的开放性的应用程序接口API。WindML编程比较灵活，有更大的自由度，能够满足现代大多数VxWorks下嵌入式多媒体图形界面开发的需求，常常被用于各类现代VxWorks下的图形界面设计。WindML的不足在于，其开发功能十分底层，没有视窗设计中常见功能的直接函数或模块，而且需要编写的代码量较多。但是在嵌入式领域，强调实时性及资源消耗最小的同时能够实现如此功能已经是十分优秀了。

Zinc是一套完善的图形用户界面开发工具，封装有各种常见控件，能够实现复杂的视窗功能,能够为应用程序创建图形用户界面提供框架可扩展的面向对象的类库,为实现复杂的图形用户界面提供更多的支持。Zinc 中含有类似 Qt Designer 的图形设计工具 Zinc Designer,可用于方便地进行视窗界面设计,并得到 C 或 C++代码,对项目开发特别有用。Zinc 特别适用于为高性能嵌入式设备开发低内存开销、本地编译的图形化用户界面。

在嵌入式 VxWorks 应用体系中,Zinc 架构在 WindML 上,必须通过调用 WindML 的应用程序接口才能实现其强大的图形功能。WindML 是基础,为基本的嵌入式多媒体操作提供一个抽象层。Zinc 是更高一层的抽象,属于高端应用,Zinc 组件的价格较高。

Zinc 可以运行在多个平台之上,包括 VxWorks、Microsoft Widows、Unix、X/Motify 和 MSDOS。Zinc 应用程序框架 ZAF(Zinc Appliacation Frame)定义了一个 API 的抽象层,这个抽象层可以独立于任何操作系统。为了给用户在任何环境下提供可移植的存取方法,该 API 会被映射到每个操作系统的本地功能。

Zinc 需用系统资源较多,但其多媒体功能强大,开发简易,应用便捷,正在被越来越多地选用在嵌入式 VxWorks 应用体系中。

10.2　安装使用 WindML/Zinc 软件

在嵌入式 VxWorks 应用系统中使用 WindML 和 Zinc 多媒体组件,首先需要在 Tornado 集成开发环境中安装、配置及编译它们,然后才能使用它们进行多媒体图形界面的应用程序设计。

在 Tornado 2.2.1/VxWorks 5.5.1 下使用 WindML 和 Zinc 的一般过程步骤如下。这里给出的主机环境是 Windows 2000,目标机环境是 Pentium 为核心的 PC104 板组。相关软件可从网上直接下载。

① 安装 tdk-15061-zc-00 和 tdk-14631-zc-01。安装选项按默认即可。

② 安装 dk-14376-zc-00,windml 2.0.3。这里选择 windml 2.0.3 source for tornado 2.0.x。

③ 安装 tdk-13835-zc-00,zinc 6.0 for tornado 2.0.x。安装选项包括 Zinc Source:any x none、Zinc:Windowsnt x Pentium、Zinc:windowsnt x simpc。

④ 安装 patch-zinc6-cp1,将 Zinc 升级到 6.0.1。

⑤ Zinc 在 Tornado 2.2.x 下有一个补丁,文件名是 zinc60t22.tar.gz。将其解压缩,并复制到 Tornado 的安装目录下。

⑥ 启动 Tornado,在菜单 Tools 中选择 WindML,弹出 WindML 编译配置对话框如图 10-1 所示。其中,选择的配置项目如下:

▶ Configuration 中输入一个新的配置名称(任意名称),处理器选择 pentium;
▶ Graphics 中选择 Generic VGA,颜色深度 4,分辨率 640×480;
▶ Input 中,如果不需要鼠标,将 Pointer Configuration 的 Type 设为 no pointer;
▶ UGL Bitmap Fonts 中,选择"<<all",包含所有字体;
▶ Miscellaneous 中,Build 选项可以全部都不选中。

然后选择 Save,并按下 Build,编译 WindML。

⑦ 在 Tornado 菜单 Tools 中选择 Zinc,弹出 Zinc 的编译配置对话框。

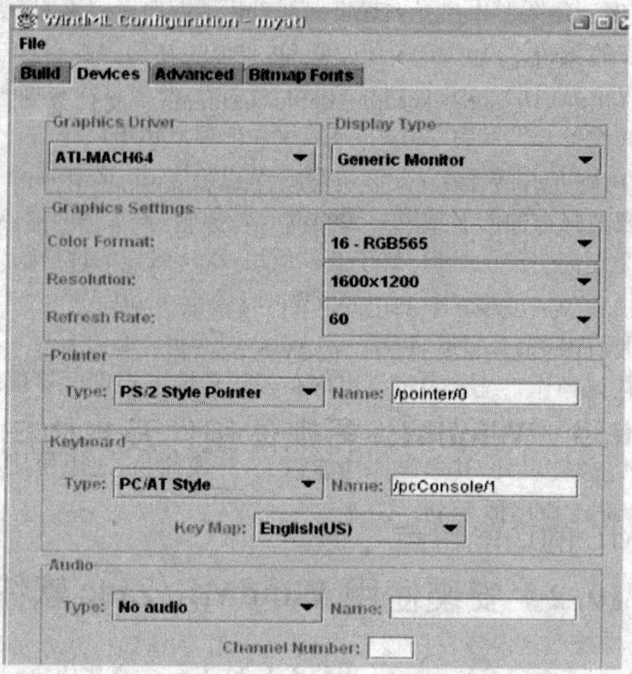

图 10-1 Tornado IDE 下的 WindML 配置对话框

在 Configuration 选项中输入一个新的配置名称(任意名称),处理器选择 Pentium。

配置选项可以不用修改,选择 Save 后可直接按 Build 编译 Zinc。

⑧ 在 Tornado 菜单 Tools 中选择 Zinc Designer,启动 Zinc 的图形编辑工具。可以根据自己需要创建图形界面,并保存。在 Zinc Designer 的 Options 菜单中选择 Generate Code 自动生成代码,在 SourceCode-<Application Data>对话框中,设置 User Src 为 True,并设置 Windows 项为主窗口名称。然后单击 Apply 按钮,再选择 Generate Code,就可以自动生成 C++代码。

⑨ 在 Tornado 中创建一个 Bootable 的 VxWorks Image 工程,组件中需要包括:

➤ WindML　P2 键盘、WindML 图形支持(PCI 设备)、全部 2D 库;

➤ Zinc　全部 Zinc。

在 Build 属性的 C/C++Compiler 中添加定义-dzinc_config_tool。此处尤其需要注意的是,在 VxWorks 的配置中不能包含 PC Console 组件。原因在于 usrwindml.c 文件中有如下语句:

```
#ifndef include_pc_console
    i8042kbddevcreate(windml_keyboard_dev_name);
#endif
```

因此,如果包含了 PC Console 组件,将不会创建键盘设备,导致 udx11kbd.c 文件中 uglx11kbdinit 函数在调用 pdevice->fd = open(sys_keyboard_name, o_rdonly, 0)时返回值为 error,其原因就在于没有键盘设备。把上述三行改为:i8042kbddevcreate(windml_keyboard_dev_name)可以解决问题。如果要修改文件 usrwindml.c,需要注意的是 Tornado 下有

两个 usrwindml.c 文件。

⑩ 在上面创建的工程中添加第⑧步中产生的代码文件,并把\target\src\zinc\demos\hello\v_app.cpp 和\target\src\ugl\example\demo\ugldemo.c 文件复制到工程目录下,并添加到工程中。

⑪ 启动目标机,配置并启动 Target Server,然后在 WindShell 中调用 ugldemo,此时应该能够看到 WindML 的图形显示。如果没有图形显示,就是 WindML 的配置、编译等方面有问题。

重新启动目标机,在 WindShell 中调用 hello,应该能够看到利用 Zinc Designer 设计出来的图形界面。 如果没有图形显示,就是 Zinc 的配置、编译等方面有问题。

10.3　WindML 多媒体组件及其应用

10.3.1　WindML 的功能特点

多媒体组件 WindML 是一个适用于 VxWorks 下开发图形用户界面的简易多媒体库,它支持基于嵌入式操作系统的多媒体应用程序,能够为操作系统提供基本的图形、视频、声频技术和标准化的设备驱动程序框架,还可以提供一系列工具用来处理人机交互输入设备和过程事件。

WindML 提供一系列的 API 函数,其 API 函数库具有统一的图形硬件接口和处理输入设备及其事件的能力,功能强大,对于实现图形用户界面的开发十分方便。

WindML 多媒体组件的技术优势如下:
- 简单,WindML 含有灵活的图形源语集、基本的视频和声频功能;
- 硬件体系简易,可以在多种微控制/处理器体系结构上使用,提供独立于硬件的代码;
- 操作系统适应性强,可以用在多种实时操作系统上,特别是 VxWorks;
- 驱动程序开发方便,WindML 给开发者提供有一个定制设备驱动程序的简易机理;
- WindML 本身也具有可裁剪性和可配置性,以适应不同的应用要求。

WindML 的图形显示技术是一个复杂的系统,涉及图形管理、事件管理、内存管理等各种技术。其主要功能有二维图形 API、事件服务、区域和窗口管理、多媒体和资源管理。

其中,二维图形 API 是最常用的部分,主要包括以下内容:
- 基本绘图操作。由简单几何要素组成的基本图形,包括点、线、矩形、椭圆和多边形等的绘制。
- 文字渲染和字体管理。提供了一种简便的方法将文本信息绘制到显示设备上。
- 位图管理。提供了一个简便的机制用来创建和渲染单色、彩色和透明位图图像至显示设备。
- 图形指针管理。指针是一个由应用程序创建并由指针设备定位到屏幕上的图像,支持 254 种颜色以及透明色和反向像素。
- 批量绘图。进行绘图操作,能够确认绘图操作的完整性,使屏幕闪烁最小,并且能最有效地利用系统资源。
- 图形环境变量,也即图形上下文,包含了图画特征的所有信息,如绘图的基本要素、默认位图、裁剪与观察区尺寸、光栅模式和文字渲染用的字体等。

➢ 颜色管理。在多种显示模式或多种显示设备类型下，API 利用颜色管理能方便地进行一些应用软件开发，并对应用软件进行优化。

➢ 双缓冲技术。主要是为了减少高频率或大区域刷新时的屏幕闪烁。利用 API 可以先将对象绘制入一个未显示的页（或缓冲），当绘图结束时再将这个页面显示出来。

事件服务程序是用来处理输入设备的输入请求的。它会把键盘、鼠标等输入的数据转化为事件并且赋给"事件句柄"，传送到应用队列中。事件处理一般包括鼠标、触摸屏、键盘和用户自定义事件等。

区域和窗口管理，包括裁剪，可以在界面上定义一个区域或多线程之间共享的窗口以供画图操作。

多媒体 API 支持 NTSC、PAL、SECAM 等视频制式，DSP 或混频器两种设备的音频输出，也支持 JPEG 图形格式。

资源管理，指资源的建立、控制和删除，包括常规资源（如设备和事件队列）、内存管理、设备驱动注册表、重叠界面及驱动信息与管理。

10.3.2 WindML 的体系构造

1. WindML 及其应用的层次结构

WindML 由软件开发工具包 SDK(Software Development Kit)和设备驱动程序开发工具包 DDK(Device Driver Kit)两个部分组成。SDK 提供应用程序代码和底层硬件驱动程序的接口，包括图形、输入处理、多媒体、字体和内存管理等方面的 API 函数，使开发人员可以对不同硬件平台开发与底层硬件无关的便携代码。DDK 对通用硬件设置提供完整的驱动程序，它包含一系列完整的常用硬件配置的驱动程序参考集和 API 集，以使开发者能够迅速地引导和使用自己的驱动程序。DDK 具有可扩展性和可定制性，它是 SDK 与硬件之间的中间层，直接与应用对象的硬件设备（包括显示器、视频、音频、键盘和鼠标等）相连接。WindML 及其应用的层次结构如图 10-2 所示。WindML 图形界面开发设计的总体框架过程可以简单概括为：调用 uglInitialize 函数完成通用图形库 UGL(Universal Graphicis Library)初始化，装载设备驱动，创建图形环境变量，最后完成对所有资源的释放并退出。

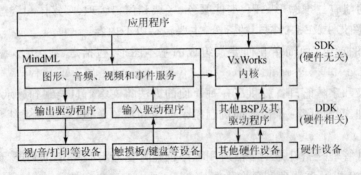

图 10-2 WindML 体系的层次结构框图

2. WindML 图形驱动的体系结构

WindML 图形驱动主要有以下三个通信层次：

(1) 二维图形层

二维图形层与图形驱动程序通过 UGL 图形接口结构 ugl_ugi_driver 进行通信,该结构定义在 install-Dir/target/h/ugl/uglugi.h 文件中,其中的每一个功能指针对应一个执行相应图形显示操作的驱动。二维图形层不直接调用驱动,而通过结构功能指针调用驱动。例如:

```
typedef struct ugl_ct_driver
{   UGL_GENERIC_DRIVER pGenDriver;
    UGL_UINT32 busType, chipType;
} UGL_CT_DRIVER;
```

如果应用需要画线,就要调用 uglLine()。此函数在 installDir/target/src/ugl/2d 下执行,然后 uglLine()通过 UGL 结构的线条程序指针调用设备驱动程序的线条驱动,驱动程序就把线条画在指定的位置。一些图形驱动在图形设备画图的地方运用了加速程序,驱动可以快速地为应用程序返回一个控制。有的图形驱动运用软件程序有效地把数据每次一个像素地写入目的位置。二维图形层并不知道图形驱动是怎样勾画线条的,也不知道图形设备硬件是怎样操作的。UGI 结构提供了一个提取层,用于分离了二维图形层和图形驱动。

(2) 板极支持包及操作系统

WindML 图形驱动通过硬件提取 API 与操作系统通信,硬件提取 API 提供了允许图形驱动保留独立于母板和 CPU 的接口。硬件提取 API 执行以下操作:

① 映射设备到 MMU(Memory Management Unit);

② 在引导时设置设备相关寄存器;

③ 返回图形设备的基地址及每一个地址偏移量。

(3) 图形硬件设备

图形设备接口由图形硬件设备定义。对于一些图形设备,其接口是复杂的 SVGA 寄存器装置,很多寄存器为不同类型的输出提供特征以及屏幕尺寸的适时更新。这些设备一般包含几个可扩展的寄存器作为图形加速器。可加速的操作有线条、填充、颜色扩充和光标。有的图形设备相对比较简单,只需要连接 LCD(Liquid Crystal Display)即可,不提供加速器。

3. WindML 图形驱动的实现

WindML 根据以下步骤实现图形驱动:

(1) 创建源文件及头文件目录

WindML 图形驱动目录结构如下:

① installDir/target/srcugld/river/graphics。图形设备所有的源代码都在此目录下。该目录下,对应每一个图形设备厂商都有一个子目录,并且在相应的子目录下,根据不同的设备型号或者颜色深度又可建立下一级的子目录。

② installDir/target/h/ugl/driver/graphics。图形设备所有的头文件都在此目录下。该目录下,对应每一个图形设备厂商都一个子目录。除了指定厂商的图形设备驱动程序之外,在同级子目录里还包含了通用的图形驱动,通用驱动可以被所有的驱动程序所用。如果要添加新的图形设备驱动程序,只需在此图形驱动结构目录下建立相应厂商子目录。

(2) 创建驱动头文件

驱动程序头文件是根据设备硬件定义的,部分信息必须在头文件里定义,这些信息注释了

WindML 的其他部分如何访问图形驱动和驱动程序如何获得配置信息。

① 图形驱动结构，必须在头文件中由 ugl_ugi_driver 结构定义。此结构包含连同二维图形层接口一起的所有的驱动数据元素以及二维图形层访问图形驱动的功能指针。

② 配置管理，图形驱动必须从 WindML 配置过程中获得配置信息。具体配置信息包括显示解决方案、色彩格式及像素深度和添加/删除附加功能的元素缩放比例。

(3) 实现设备创建程序

VxWorks 下，所有的设备必须通过调用 xxxDevCreate() 程序创建。这个函数是设备驱动以及设备最初功能的主要入口，uglInitialize() 程序在 WindML 初始化时调用 xxxDevCreate()。xxxDevCreate() 程序是必需的，也是唯一在 ugl_ugi_driver 结构中没有对应功能指针的函数。设备创建程序必须返回一个指向已初始化的 ugl_ugI_driver 数据结构指针，如果驱动创建函数初始化设备失败，则返回 NULL 指针标识错误。创建函数的功能原型为：

UGL_UGI_DRIVER(UGL_UINT32 instance, UGL_UINT32 param1, UGL_UINT32 param2)

其中，参数 instance 为图形设备号，后面两个参数可以根据设备驱动程序而改变，设备驱动程序可运用这两个参数做任何用途。

驱动创建程序的必要处理包括：

➤ 分配驱动图形结构。此结构已在驱动头文件里定义。
➤ 利用硬件提取层打开图形设备。分配了驱动结构之后，硬件提取层将被用来打开图形设备，校验是否能被写入和映射设备到虚拟内存。这个过程中，图形设备的基地址和寄存器将被定义。
➤ 初始化驱动控制结构。在确定图形设备可以被访问之后，初始化驱动控制结构。
➤ 设置设备为静止状态。校验设备之后，驱动对图形设备进行最小初始化，并设置其为静止状态。图形设备设置为静止状态需要以下操作：屏蔽图形相关中断，调用 uglGenericClutCreate() 初始化调色板，初始化图形芯片的内存控制器，需要时关闭显示。
➤ 返回指向驱动结构的指针。如果 xxxDevCreate() 函数执行成功，则返回一个指向 ugl_ugi_driver 结构的指针；如果 xxxDevCreate() 函数执行失败，则返回 NULL。

(4) 实现信息控制程序

每一个驱动都必须支持一个信息控制程序 xxxinfo()。这个程序允许应用程序质问驱动提供的支持并且控制各种选项。在很多方面，xxxinfo() 与标准控制函数 ioctl() 程序相似。以下应用程序会用到 xxxinfo()。

① 获得画面缓冲器的特征，例如画面缓冲器的地址、视频存储的数量、显示的宽度和高度；

② 获得基色的信息，例如索引的或直接的颜色模式、RGB 或 YUV 色彩空间、色彩深度和索引色彩系统下的颜色查找表的大小；

③ 为图形设备例示一个扩展。

(5) 实现设备销毁程序

每一个驱动都必须支持一个设备销毁程序 xxxDevDestroy()，该程序释放系统资源和图形硬件设备，具体执行任务如下：①释放已经分配的颜色表；②释放所有的系统资源；③释放其他指定驱动的资源；④如果合适，则恢复图形硬件到原模式；⑤释放驱动结构；⑥关闭图形设备;⑦返回操作的状态。

10.3.3 WindML 的配置编译

WindML 在安装后并不能直接使用,使用之前必须对 WindML 进行配置。WindML 发布之初就已经开发了一些标准常用设备的驱动。WindML 标准配置也就是使用 WindML 发布时所支持的这些设备驱动来生成 WindML 库。

WindML 的配置方法有两种,一种是使用 Tornado 下的图形化 WindML 配置工具,一种是通过直接编辑相关的头文件和源文件(target/src/ugl/config/uglInit.h 和 target/src/ugl/config/uglInit.c)进行设置。图形化 WindML 配置,形象、直观、易用。直接编辑方式虽然繁琐,但是可以完成图形化配置工具未提供的用户特定的设置。一般使用 Tornado 下的图形化 WindML 配置工具(WindML Configuration Tool)对 WindML 进行标准配置。WindML 配置工具是一种使用方便、图形化的工具。

WindML 库编译的步骤跟通常的编译一样,有两种编译方法:命令行和图形。一般应用选择在图形模式下编译,这通常结合图形化 WindML 配置进行。图形化 WindML 配置界面如图 10-1 所示。编译后会在..\target\lib\pentium\PENTIUM4\gnu\目录下生成两个文件:wndml.o 和 libwndml.a。这里假定应用程序为 wndml,将其中一个文件编译到 VxWorks 工程中即可。

在 Tornado 2.2 开发工具的 Builds 选项中,如下设置添加库文件到 VxWorks 工程中,并将 atiMach64Drvt22.a 库文件(显示器驱动)也添加到 VxWorks 工程中,如图 10-3 所示,然后编译生成 VxWorks。

(a) 对话框1

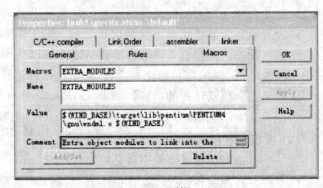
(b) 对话框2

图 10-3 设备驱动的设置

WindML 的配置和编译,在 10.2 节已经说明,这里阐述的只是一些重要细节。

10.3.4 WindML 的具体应用

1. WindML 的基本应用

WindML 的图形界面是以像素为单位的,一般采用配色表来选择颜色,首先要做的是在配色表上配置好一种颜色的 R、G、B 值,并用其在配色表中的索引值代表这种颜色。

VxWorks 支持 C 和 C++语言。在 WindML 的编程中,用 C 和 C++语言编写的程序完全可以编译通过，但是 C 语言中的 printf() 等函数是无法在图形界面上输出字符的，必须用 WindML 提供的相应函数才行。例如，uglTextDraw(ge, x1, y1, length, text) 是在屏幕上 (x1, y1) 处用前面已设置的字体输出英文字符串 text。

WindML 可以使用多线程和多任务，但图形的资源是一定的，为防止多线程之间产生资源冲突，需要使用互斥信号量锁定资源。WindML 中，一般在使用一组画图函数前，用 UgiBatchStart(gc) 通过互斥信号量锁定图形上下文、图形设备及数据缓冲区，并且隐藏光标。在画图操作完成后，再用 UglBatchEnd(gc) 释放被锁定资源以被其他的画图函数所使用。下面是一个基本画图操作程序：

```
void BasicExample(void)
{   UGI_GC_ID gc;                                           // 定义图形上下文
    ……
    uglInitialize();                                        // 初始化
    g = uglGcCreate(devId);                                 // 创建图形上下文
    ……
    uglColorAlloc(devId, &colorTable[BLACK].rgbColor.UGL_NULL,
        &colorTable[BLACK].uglColor.l);                     // 色彩初始化,允许已定义的颜色被使用
    // 绘制矩形
    uglBatchStart(gc);                                      // 锁定图形资源
    uglForegroundColorSet(gc.colorTable[WHITE].uglColor);   // 设定前景色
    uglBackgroundColorSet(gc.colorTable[GREN].uglColor);    // 设定背景色
    uglLineWidthSet(gc, 7);                                 // 设定线宽,单位:像素
    uglRectangle(gc, 60,80,240,160);                        // 画矩形
    uglBatchEnd(gc);                                        // 释放图形资源
    ……
}
```

2. 字符/图形界面的显示

字符和图形在显示之前都必须首先初始化 WindML。WindML 初始化通过调用 API 函数 uglInitialize() 实现。然后，需要获得输出和字体驱动的服务 ID 号，可以通过调用 uglDriverFind() 获得。对于图形显示，还需要产生一个图形环境。对于字符输出，应先设置字体驱动程序，由函数 uglFontDriverInfo() 完成。由于许多嵌入式系统只提供少量的有限字体选择，因此一般还需要应用 uglFontFind() 函数找到系统提供的与所要显示字体最匹配的字体。找到后由 uglFontCreate() 函数生成该字体。具体程序实现如下：

```
UGL_LOCAL void windMLDemo ()
{   ……
    static UGL_FONT_DRIVER_ID fontDrvId;                    // 定义数据结构
    static UGL_FONT_ID fontDialog ;
    UGL_FONT_DEF FontDef ; UGL_GC_ID gc;
    static UGL_CHAR * text = "input and output example.";
    gc = uglGcCreate(devId);                                // 生成图形环境
    /* 获得字体驱动 */
    uglDriverFind (UGL_FONT_ENGINE_TYPE, 0, (UGL_UINT32 *)&fontDrvId);
```

```
uglFontDriverInfo(fontDrvId, UGL_FONT_TEXT_ORIGIN, &textOrigin);
/* 找到、生成匹配字体 */
uglFontFindString(fontDrvId, "familyName = Lucida; pixelSize = 12", &FontDef);
if ((fontDialog = uglFontCreate(fontDrvId, &systemFontDef)) = = UGL_NULL)
{    printf("Font not found. Exiting.\n"); return;        }
uglFontSet(gc, fontDialog);                                  // 设置字符样式
uglTextDraw(gc, displayWidth ,displayHeight , -1, text);     // 显示输出字符
uglBatchStart(gc);
uglForegroundColorSet(gc, colorTable[BLUE].uglColor);        // 设置颜色
uglLine(gc, 10, 10,200,200);                                 // 画线
uglEllipse(gc, left, top, right, bottom, 0, 0, 0, 0);        // 画椭圆
uglRectangle(gc, left, top , right, bottom);                 // 画矩形
uglBatchEnd(gc);…
}
```

3. 中文显示的实现

WindML 本身不支持中文,甚至在 VxWorks 的开发环境 Tornado 中都无法直接输入中文。而在国内的应用场合,图形界面中不能显示中文往往是不符合要求的。这里可以用调用点阵字库的办法解决这样的问题。国家标准规定:汉字库分 94 个区,每个区有 94 个汉字(以位作区别),每个汉字在汉字库中有确定的区和位编号,这就是汉字的区位码。每个汉字在库中是以点阵字模型式存储的,一般采用 16×16 点阵(32 字节)、24×24 点阵(72 字节),每个点用一个二进制位(0 或 1)表示,在屏幕上显示出来,就是相应的汉字。由于在中文环境下,输入的是汉字的内码,必须将之转换成区位码,算出偏移量,从字库中找到对应的汉字,将其字模显示即可。采用这种方法需要有字库文件,还必须自己写一个调用字库显示汉字的函数。这样,在主程序中将需要显示的汉字用引号表示成一个字符串,调用显示汉字的函数即可。由于 Tornado 中无法直接输入中文,需要在其他的编辑器中(如 UltraEdit)输入汉字字符串保存后在 Tornado 中打开。这种方法使用起来比较方便,但是字体大小受制于字库点阵大小及屏幕分辨率。想改变大小的话,要么换点阵字库,要么将汉字点阵在屏幕上的显示步长乘一个比例因子,不过,这样显示出来的汉字有时会有一些轻微变形。下面是一个在 WindML 中显示汉字的程序:

```
void PutChinese(int x, int y, int color, unsigned short Chinese)
{    ……
    cw = chinese / 256; cq = chinese & 0xff;          // 取得内码字节
    cw - = 0xa0; cq - = 0xa0;                         // 计算区位码
    chops = (cq * 94 + cw - 95) * 32;                 // 计算点阵字模在字库中的位置
    rewind(clib);                                     // 回到字库的起始点位置
    fseek(clib, chops, SEK_SET);                      // 指针移到字库的起始位置
    fread(dot, sizeof(unsigned short), 16, clib);     // 读入点阵字模
    for(i = 0;i<16;i+ +)
    {    ……
        for(j = x, pos = 0x8000;j<x + 16;j+ + ,pos/ = 2)
            if(dot[i]&pos)                            // 如果点阵上该像素的值为真
                uglPixelSet(gc, j, i + y, colorTable[color], uglColor);
```

```
                                                     // 画一个像素
    }
}
```

4. 输入设备的使用

一般来讲,嵌入式实时系统的人机交互性较弱。但是,在大多数情况下,还是需要通过键盘及鼠标等输入设备实现一定的人机交互。WindML 支持键盘及鼠标等输入设备,下面是一个在 WindML 中识别有键按下并执行相应操作的程序:

```
void KeyPress (UGL_GC_ID ge)
{    UGL_EVENT event;                                 // 定义事件
    if(uglEventGet(qId, &event, sizeof(event), 0) ! = UGL_STATUS_Q_EMPTY
        && event.header.type = = UGL_EVENT_TYPE_KEYBOARD)  // 有键按下
    {    UGL_INPUT_EVENT * pInputEvent =              // 写入输入事件
                        (UGL_INPUT_EVENT * )&event;
        if(pInputEvent - >header.type = = pInputEvent - >modifier
            & UGL_KEYBOARD_KEYDOWN &&
                pInputEvent - >type.keyboard.key = = 48 + i)  // 按下某个数字键
        {    ……     // 相应操作        }
    }
}
```

更为一般的键盘响应程序的实现步骤如下:

(1) 初始化定义数据结构

```
static UGL_EVENT_SERVICE_ID eventServiceId;          // 定义事件服务 ID
static UGL_EVENT_HANDLER_ID eventHandlerId;          // 定义事件处理 ID
static UGL_EVENT_Q_ID qId;                           // 定义事件消息队列 ID
static UGL_EVENT event;                              // 定义事件
static UGL_STATUS status;                            // 定义 UGL 状态
```

(2) 获得输入设备 ID,产生输入队列

```
uglDriverFind (UGL_EVENT_SERVICE_TYPE, 0,
            (UGL_UINT32 * )&eventServiceId);         // 获得输入事件服务设备驱动
qId = uglEventQCreate (eventServiceId, 100);         // 产生事件消息队列
```

(3) 根据键盘输入,响应键盘

```
UGL_FOREVER
{    status = uglEventGet (qId, &event, sizeof (event), UGL_WAIT_FOREVER);
    if (status ! = UGL_STATUS_Q_EMPTY)
    {    UGL_INPUT_EVENT * pInputEvent = (UGL_INPUT_EVENT * )&event;
                                            // 定义输入事件结构指针并赋值
        c = pInputEvent - >type.keybord.key;
        swich(c)
        {    ……
            case ALT_H: ……
```

```
            case ALT_V:……
              ……
            }
        }
    }
```

5. 实时时钟的使用

在许多应用中,需要在界面上显示时钟,而 WindML 提供了符合 POSIX 1003.1b 标准的 API 以提供系统时间。首先,需要定义一个如下的结构用来存储时间:

```
struct timespec
{   time_t tv_sec;              // WindML 类定义 time_t,即 unsigned long;秒数
    long tv_nsec;               // 纳秒数
};
```

然后就可用 clock_gettime(clockid_ clock_id, struct timespec * tp)将系统时间存入结构 tp 中。下面是一个按时钟方式显示系统自动开机以来时间的程序:

```
void DisplaySystemTIme(UGL_GC_ID gc)
{   struct timespec NewSystemTime;
    clock_gettime(CLOCK_REALTIME, &NewSystem);       // 获取系统时间
    if(NewSystemTime.tv_sec! = OldSystemTime)        // 若系统时间更新
    {   int TempTime, j; char buffer[20];
        TempTime = int(NewSystemTIme.tv_sec/(60 * 60));  //小时数
        if(TempTime<10)
        {   j = sprintf(buffer, "%d", 0);            // 小时数小于 10,首位补 0
            j + = sprintf(buffer, "%d", TempTime);   // 写入小时数
        }
        else j + = sprintf(buffer, "%d", TempTime);
        j + = sprintf(buffer, "%d", ':');            // 写入时钟分隔符
        TempTime = int(NewSystemTIme.tv_sec * (60 * 60)/60);  // 分钟数
        ……
        uglBatchStart(gc);                           // 锁定图形资源
        uglTextDraw(gc, 580, 40, 4, buffer);         // 显示时间
        OldSystemTime = NewSystemTime.tv_sec;
    }
}
```

10.2.5 WindML 的功能扩展

在实际编写程序时,总会遇到这样或那样的问题,有些可以通过已定义的功能函数来解决,而另一些不能直接解决的,通常可以编写一段程序对现有功能进行扩展,即利用已有的函数,通过特定的算法,完成特定功能。下面是几个在利用 WindML 组件进行编程时,通过功能扩展来解决实际问题的实例。

1. 指针延时自动隐藏

通常通过循环读取事件队列中的事件信息,对类型是指针的事件进行处理来完成鼠标消

息的响应。但在此之前必须对鼠标指针的位置、图像以及大小等进行初始化,并将其显示在显示器上。事件处理时,如果通过函数 uglEventGet 得不到事件信息,即该函数返回状态为 UGL_STATUS_Q_EMPTY 时,若满足某特定条件,或者系统已经空闲一定时间,则程序将调用函数 uglCursorOff 隐藏指针,直到有鼠标事件进入事件队列并被得到时,调用函数 uglCursorOn 显示指针。程序流程如图 10-4 所示。

2. 窗口显示的互锁

窗口显示互锁就是要求整个屏幕中最多只有一个窗口显示,要想显示另一个窗口必须在该窗口关闭后才能进行。WindML 组件自身没有提供这种互锁功能,组件中的窗口可以重叠、嵌套。理论上,只要系统提供的资源足够,那么屏幕上可以显示无限个窗口。图 10-5 给出了实现的程序流程。

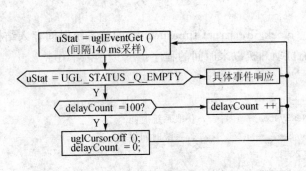

图 10-4 指针自动隐藏流程图

图 10-5 窗口互锁流程图

3. 屏幕取词技术

在 WindML 组件中,所有的图像、文字和窗口等都是以像素的形式画到显示设备上的。因此,一旦将对象绘制到显示设备上,就不可能用给定的函数得到某个区域中的对象。这样,如果需要用户输入信息,然后再得到这些信息时,问题就出现了:本来用户输入信息可以通过响应键盘事件而后刷新相应显示区域来完成,但此时得到相应显示区域内的信息就十分棘手了,因为 WindML 组件中没有提供实现该功能的函数。必须对 WindML 进行功能扩展以实现屏幕取词功能。首先,规定需要用户输入的内容放在某个窗口中完成,假定要求用户输入的内容不止一个,但也不超过十个,多个内容按上下顺序排列;其次,规定在窗口中指针单击 OK 键完成取词功能,单击 CANCLE 键不取词;再次,假定键盘事件只响应数字键、"."键以及上下左右 4 个方向键;最后,所有的动态更新数据存放在字符串数组指针中,并在关闭窗口前释放它。

4. 按键仿真技术

WindML 组件中不存在像按钮这类的控件,所以,要实现 Windows 中的各种控件功能,要么使用 Zinc 组件,要么就利用 WindML 现有的功能仿真实现。现以按钮控件为例,说明如何利用 WindML 实现按键功能。首先需要完成按钮的外观设计:初始时先用一种颜色在规定的区域内绘制一矩形框,并在框内写字以完成一按钮抬起时的状态;单击该区域时,必须要仿真出按钮被按下的状态,此时只要以另一种颜色重画这个区域并重新写字即可。其次必须通过程序知道什么时候单击了该区域,可以利用宏 UGL_POINT_IN_RECT(point, rect)来判断。鼠标左键按下时，可以通过事件得到当前指针的位置(x,y)，令 point. x＝x,point. y＝y,如果 point 在给定的 rect 范围(上述规定区域)内,则宏返回 UGL_TRUEU,否则返回 GL_FALSE。这样就实现了按键功能的仿真。

10.3.6　WindML 显示驱动开发

底层显示器的硬件驱动是 VxWorks－WindML 图形系统的基础,下面以 ATI MACH64 显示卡的驱动开发为例加以说明。显卡驱动的开发,需要相应的文档,也需要相应的一些关于显示方面的专业知识。使用的开发环境为 Tornado 2.2 和 WindML 3.0。这款显卡在通用计算机上只能支持到 1280×1024,若要支持高分辨率 1600×1200 的显示模式,则需要自己开发驱动程序。

该驱动程序的设计包括两部分：一部分是标准的 UGL 接口程序,该部分可以由 WindML 自带的一些驱动修改而成,如…\target\src\ugl\driver\graphics\ 目录下的 chips 或 igs；另外就是图形界面下的配置数据库程序,主要用在编译时的接口。

另外一部分就是显卡的核心驱动程序,该部分可以独立来做。通常要做的工作是：

▶ 查找 PCI 设备并获取到该设备的资源,如帧缓冲区的地址以及显卡寄存器的基地址等。ATI MACH64 寄存器的基地址是帧缓冲区地址加上 0x7ffc00。

▶ 初始化时钟,获取内存大小。

▶ 设置相关色度,8 位、16 位或者其他色度。WindML 普通线性帧缓冲只支持一种色度。

▶ 获取显示模式(如分辨率、刷新频率等),并计算其有效性。

▶ 编写相关寄存器,设置显示模式及 DAC(Digital Anolog Convertor)控制器。

▶ 如支持三维图形,则初始化三维图形引擎。

这部分工作的主要内容取决于不同的显卡设备,显卡不同,做的工作就可能不同。

驱动开发完成后还需要做一些工作,就是要编译 WindML 库及驱动的使用。WindML 库编译前面已经介绍,这里着重阐述一下驱动的使用。

可以利用 WindML 自带的 example 目录下的 ugldemo 例子程序来测试,在 ugldemo 程序开头首先调用 sysAtiPciInit(M1600×1200×60)来初始化 ATI 显卡到 M1600×1200×60 模式。并在文件开头包含头文件 atiMach64User. h,即 ♯ include "atiMach64User. h"。sysAtiPciInit 是核心驱动初始化函数,atiMach64User. h 头文件主要是提供给用户的一些接口函数及常数的定义。

10.4　Zinc 多媒体组件及其应用

10.4.1　Zinc 组件综合描述

1. Zinc 的功能特点

Zinc 是 Wind River 公司针对嵌入式图形用户界面结构紧凑、占用资源少、高性能、高可靠性、可配置等特点而推出的一个功能强大、跨平台、国际化的图形用户界面开发工具,它为创建图形用户界面和事件驱动的应用程序提供了完整的面向对象的 C＋＋类库形式的 API 及一个可视化设计工具 Zinc Designer。

Zinc 既支持图形用户接口可视化开发,也支持直接编写代码开发。

Zinc 程序可以在下述几种平台上运行:VxWorkS、Microsoft Windows、Unix、X/Motify 和 MS-DOS。

Zinc 采用了先进的 il8n (internationalization) 技术,其程序可以显示几种语言的信息,包括中文、英文和日文等。在 VxWorks 下运行,Zinc 需要 WindML 作为底层基础。可以很容易地对 Zinc 规划和配置,其最小内存约 350 KB,完全可以工作在由 VxWorks 和 Zinc 构成的、低于 1 MB 内存的环境中。Zinc 能够满足给定应用程序的高度图形用户界面要求。

2. Zinc 及其应用的层次框架

Zinc 可以运行在多个平台之上,其应用框架 ZAF 定义了一个独立于操作系统的 API 抽象层。在 VxWorks 中使用 Zinc 要运行在 WindML 之上。WindML 为基本的操作系统提供一个抽象层,Zinc 是更高一层的抽象,它能够提供类似 Windows 风格的接口,有各种控件被封装在内,编程接口类似于 Windows。在 VxWorks 下,Zinc 应用的层次框架如图 10-6 所示。

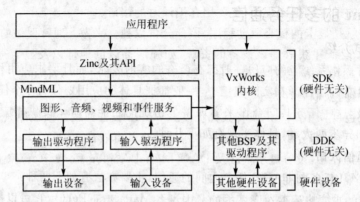

图 10-6 Zinc 体系的层次结构框图

3. Zinc 的事件驱动模型

Zinc 具有一个事件驱动的体系结构。输入设备与应用程序之间的交互是通过事件完成的。VxWorks 本身不是事件驱动的实时操作系统,在 VxWorks 运行平台中,Zinc 主要从输入设备和应用任务获取事件。然后 Zinc 以标准的方式将这些事件打包,并且将它们路由给适当的对象以进行进一步的处理。如图 10-7 给出了一个基于 Zinc 的嵌入式地理信息系统 EGIS(Embedded Geography Information System)事件模型,其中 GSM(Global System for Mobile communication)通信任务使用了自定义的事件与 GUI(Graphic User Interface)任务进行异步通信。

在 VxWorks 中 Zinc 事件的主要来源是输入设备和应用程序(如 GSM 通信程序),由于 VxWorks 不支持事件驱动的系统,事件管理器周期性地查询或接收来自输入设备的数据并以 Zinc 定义的事件结构包装成事

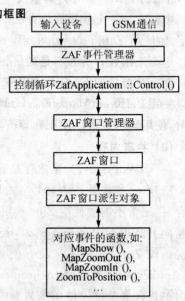

图 10-7 基于 Zinc 的 EGIS 事件路由示意图

件。一旦事件管理器获得事件，Zinc 主控进程重新获得对应用程序的控制，该进程从时间管理器中得到事件并传送给窗口管理器。窗口管理器决定事件的最终目的地和合适的路由并将其发送。最终窗口对象的 Event 方法收到每个事件并对其进行处理。在 EGIS 中，可以通过重载 Event 函数实现对自定义事件的处理。

4. Zinc 的性能优化

可以采取一些措施改善 Zinc 应用系统的性能。通常的做法是把一个应用分成多个任务，尽量把 GUI 工作放在 Zinc 任务中完成，任何需要大量计算的非 GUI 工作在外部任务中完成。而且在多任务的应用中，Zinc 任务比其他的大多数任务优先级都低。Zinc 中的 ZafDisplay 类在实现 GUI 时是很有效的，但是它会增加一些额外的开销。一般来说，并不提倡不用 Zinc 而用 WindML API 直接编程，但是如果能够正确使用的话，可以提高性能。如果只用 Zinc API，则 Zinc 会保证屏幕正常工作。

10.4.2　Zinc 的多任务通信

1. 通信方式介绍

运行在实时操作系统上的应用一般都有严格的实时要求，而且要求应用程序必须是可靠的和运行过程具有确定性。在实际应用中，一般都把具体的应用划分为多个任务，并给每个任务不同的优先级，这些任务共同合作来实现整个系统的功能。Zinc 提供相应的通信机制，通信方法有同步和异步两大类，具体实现有如下几种。

(1) Zinc 通信入口

用来实现 GUI 任务与非 GUI 任务之间的通信，主要方法有如下两种：

① 使用 Zinc 通信的基本入口点函数 ZafEventManager::Put()，它可以把事件放到事件队列中。这是一个异步通信方法，只能适用于可接受异步通信的场合。

② 使用 ZafApplication::BeginSynchronize() 和 ZafApplication::EndSynchronize() 函数。这两个函数自身并不是通信程序，但能确保直接通信方式访问 Zinc 是安全的。直接通信通常由一个对象的 Event() 函数来实现，也可能采用其他的方式，如数据对象更新。间接通信可以使用 ZafEventManager::Unblock() 函数来实现。使用一个派生设备或其他方法进行通信时，使用该函数可以使正在等待事件的 Zinc 任务解除阻塞。

(2) 共享内存

在 VxWorks 中，共享内存是容易实现的。为了安全地共享内存，最好给共享的内存分配一个信号量，这样就能防止共享内存被同时多次修改，避免任务之间出现资源冲突。使用共享内存时，通常不需要使用 Zinc 提供的保证线程安全的入口点。但是当一个窗口对象的某个成员指向共享内存时例外。例如，若一个 ZafButton 的 bitmapData 成员正指向共享内存，除非已经确保 Zinc 任务目前没有使用该共享内存，才能安全地更新该共享内存。可以使用 ZafApplication::BeginSynchronize() 和 ZafApplication::EndSynchronize() 函数来保证在某一时刻该任务是唯一使用该共享内存的任务。

(3) 操作系统消息队列

可以在 Zinc 中创建 VxWorks 消息队列，利用消息队列可以实现从 Zinc 任务到外部任务的通信，或者是从外部任务到 Zinc 任务的通信，但不允许同时进行两个方向上的通信。

在 VxWorks 下使用 Zinc 时，有两种不同类型的消息队列可供选用：事件管理器消息队列和 VxWorks 操作系统提供的消息队列。可以通过 ZafEventManager::Put()和 ZafEventManager::Get()函数访问事件管理器消息队列。事件管理器队列只提供从非 GUI 任务到 Zinc 任务的通信，利用事件管理器队列进行从 GUI 任务到非 GUI 任务的通信是不实用的。

（4）派生设备

选用共享内存或消息队列作为通信方法时，Zinc 需要与该通信方法进行交互，这可以通过派生设备实现。使用派生设备可以检查是否有来自另一个任务的通信。每当 ZafEventManager::Get() 函数被调用，事件管理器轮询该设备，看看是否有新消息。这个派生设备仅仅需要检查共享内存或消息队列。如果有新信息可用，派生设备可以直接调用对象的 Event()函数，在队列上面放置一个新事件，也可以自己处理这个消息。

派生设备还可用于实现从 GUI 任务到非 GUI 任务的通信。

ZafEventManager::UnBlock()函数对这种通信方法是非常有用的。正常情况下，如果没有需要处理的事件，Zinc 会阻塞自己。如果采用一个派生设备监听一个 VxWorks 消息队列，向该队列发送一个消息后解除事件管理器的阻塞可以更及时地轮询该派生设备。派生设备自身不会阻塞，也不会导致 Zinc 暂停。

2. 通信方式的选择

每种 GUI 任务通信方式各有其优缺点，在选择通信方法时，应该以具体的应用场合为依据，一般应遵循如下的原则。

① 应该尽量选用简单的通信方式。在大多数情况下，Zinc 入口点足够用。Zinc 入口点是最简单的关于 GUI 任务的通信方式，它们不需要 Zinc 任务内部的任何专门代码。可用的最简单入口点是 ZafEventManager::Put()函数。然而，它有下列缺点：第一，只允许从非 GUI 任务到 GUI 任务的通信；第二，是异步的；第三，因为要防止 ZafEventManager::Get()和 ZafEventManager::Put()函数同时访问 Zinc 事件队列以对其进行保护，ZafEventManager::Put()可能会阻塞。

如果异步通信可接受的，但不能接受阻塞，可以采用下列两种方法：

➢ 使用 ZafEventManager::Put()函数，并且另外有一个可被阻塞的任务向 Zinc 队列中放置事件。这个任务可以监听一个操作系统消息队列，而原先产生消息的任务正是使用操作系统消息队列来发送消息。

➢ 创建一个设备以监听操作系统消息队列，产生消息的任务发送一个消息给操作系统消息队列，然后由派生设备接收并解释。派生设备可以放置一个事件在 Zinc 队列中，或者自己处理这个事件。

这两种方法都会给应用程序增加一点复杂性。

② 必须使用函数对 ZafApplication::BeginSynchronize()和 ZafApplication::EndSynchronize()，才能进行同步通信。调用 ZafApplication::BeginSynchronize()之后，可以保证对 Zinc 对象的任何访问是安全的。该方法很简单，且不需要在 GUI 任务中添加专门的代码。使用 ZafApplication::BeginSynchronize()的缺点是该函数会阻塞，使用该方法时必须采取预防措施。

③ 采用共享内存进行通信时必须创建保护和同步机制。共享内存是从 GUI 任务到非 GUI 任务的两种通信方法之一，其优点是对数据的访问简单而直接。共享内存没有对数据访

问进行保护的内在支持,所以必须创建一个对访问进行保护及同步的机制,并且访问共享内存的所有任务都应该使用该机制。采取这种方案的缺点是容易发生阻塞。

④ 在不能接受阻塞的应用场合,最好使用操作系统消息队列。操作系统消息队列是从 GUI 任务到非 GUI 任务和从非 GUI 任务到 GUI 任务进行通信的另一种方法。使用操作系统消息队列进行通信时,需要在 GUI 任务和非 GUI 任务中编写访问消息队列的代码。在正确进行设置的情况下,消息队列不会引起阻塞问题。创建消息队列时,必须保证消息队列有足够的消息容量或者建立处理消息队列溢出的机制。

3. 多任务通信应用举例

这里以 EGIS 中 GUI 任务与非 GUI 任务之间通信的实现为例加以说明。EGIS 包括两个部分:跑车分系统和中心显示分系统。跑车上包括一台 PC(Personal Computer)、一台 GPS(Global Position System)接收机和一台短信收发设备。中心包括一台 VxWorks 目标机、一台 PC(用于开发和调试)和一台短信收发设备。其中,VxWorks 目标机上运行的是 EGIS 各功能模块。

为了提高系统性能和简化代码,将目标机上的 EGIS 软件划分为两个任务:GUI 任务和 GSM 通信任务。GUI 任务的主要功能是负责界面和菜单的实现,并且需要根据 GSM 实时接收到的经纬度数据在地图上画出跑车的运行轨迹。GSM 通信任务的主要功能是实时接收以短消息方式传输的 GPS 经纬度数据,存放在环形缓冲区中,并通知 GUI 任务。

EGIS 系统需要满足两方面的实时性:第一,GSM 通信任务接收经纬度数据的实时性;第二,GUI 任务响应菜单操作的实时性和特定情况下画出跑车轨迹的实时性。为此在该系统中采取两种通信方式:Zinc 入口点和共享内存。GUI 任务与非 GUI 任务之间通信的实现主要包括如下几个方面。

(1) 用户事件的定义

Zinc 中的事件共分为 7 类,其中包括用户事件。用户事件的取值范围为 10 000 到 32 767。在 EGIS 中定义的用户事件为

```
const ZafEventType TRACKING = 10028;
```

其中,ZafEventType 是 Zinc 事件类型。

(2) 用户事件的发送

用户事件的发送通过下面的调用完成:

```
zafApplication->EventManager()->Put(TRACKING);
```

其中,zafApplication 是 Zinc 全局变量,也是 GUI 任务的任务变量。某些程序可能同时被多个任务调用,这些程序可能要求全局变量或静态变量对于每个调用该程序的任务具有一个不同的值。为了适应这种情况,VxWorks 提供了一种所谓任务变量的机制。一个 4 字节的变量可以任务变量的方式被添加到一个任务上下文中,这样每当任务切换时,切换该变量的值。由于在 GUI 任务和 GSM 通信任务中的 zafApplication 具有不同的值,因此可以在创建 GSM 通信任务时,通过参数传递使 GSM 通信任务获得 GUI 任务的任务变量 zafApplication:

```
GSMTaskID = taskSpawn("SERIAL_PORT",90, VX_FP_TASK,
    ZAF_VXW_STACK_SIZE, (FUNCPTR)Trace, (int)zafApplication,0,0,0,0,0,0,0,0,0)
```

```
        if (GSMTaskID! = ERROR)              // 通过参数传递 GUI 任务的任务变量 zafApplication
            taskVarAdd(GSMTaskID,(int * )&zafApplication);
                                              // 添加 zafApplication 为任务变量
```

在 GSM 通信任务中：

```
    int Trace(CGIS_Window * pWindow,ZafApplication * application)
    {   ……
        taskVarAdd(0,(int * )&zafApplication);
                                              // 添加 zafApplication 为任务变量
        zafApplication = application;         // GSM 通信任务变量赋值
        zafApplication->EventManager() -> Put(TRACKING);
                                              // 发送用户事件
        ……
    }
```

(3) 用户事件的处理

```
    ZafEventType CGIS_Window::Event(const ZafEventStruct& event)
    {   if (event_type = = TRACKING)         // 判断是否用户定义事件 TRACKING
        {   ……
            m_pMainController->ZoomToPosition(Lat_Long[0],Lat_Long[1]); // 事件处理函数
            ZafEventType code = TrackCode; return (code);
        }
        else ……                              // 处理其他事件
    }
```

(4) 任务之间的数据共享

共享数据是通过下面的全局变量数据实现的。GSM 任务收到数据后，首先将经纬度数据存入数组 Lat_Long 中，然后将变量 PntNumber 加 1，而 GUI 任务首先读取 PntNumber，然后处理 Lat_Long 中的数据。因此不会产生共享冲突。

```
    float Lat_Long[2000];                     // 存放通过 GSM 终端所收到的经纬度数据
    int PntNumber;                            // 存放通过 GSM 终端所收到的经纬度数据的个数
```

10.4.3 Zinc 应用程序设计

1. Zinc 应用程序的结构

(1) 逻辑结构

Zinc 应用程序是以事件驱动的思想建立起来的，其体系结构如图 10-8 所示。

① 接收事件：由事件管理器 ZafEventManager 定期查询输入设备（键盘、鼠标等）及程序中有关对象产生的事件并对所有事件进行排队。

② 分发事件：由 ZafApplication::Control() 循环查询事件队列，并将其发送给窗口管理器 ZafWindowManager，窗口管理器根据事件的目的地再把它发送给相应的窗口对象 ZafWindowObject。

③ 事件处理：每个对象的事件处理成员函数 Event() 在收到相应的事件后，完成相应的

操作。

(2) 代码结构

主要是入口点和应用程序的调用。

典型的应用程序入口代码如下：

```
int ZafApplication::Main(void)
{   LinkMain();
    ……
    // 用户代码区,产生应用程序窗口
    zafWindowManager->Add("应用程序窗口名称");
    Control(); return(0);
}
```

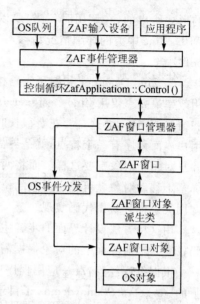

图 10 - 8 Zinc 应用程序的体系结构图

典型的应用程序的调用过程如下：

```
int ZafVxWorksMain(void)
{   ZafApplication application(0, 0);
    if(fapplication.Error() == ZAF_ERROR_CONSTRUCTOR)
    {   ZafErrorStub::Beep(); return(1); }
    else return(application.Main0);
}
extern "C"
{   int user_programe_name()                // 可执行程序的入口
    {   if(taskSpawn("ZAF_DATA", 90, VX_FP_TASK, ZAF_V XW_STACK_SIZE,
            (FUNCPTR)ZafVxWorksMain, 0, 0, 0, 0, 0, 0, 0, 0, 0, 0)! = ERROR) return(0);
        else return(-1);
    }
}
```

在主机的 Shell 中键入 user_programe_name 即可运行 Zinc 应用程序。

2. Zinc 应用程序的开发

用 Zinc 开发图形用户界面,既可以使用 Zinc Designer,也可以直接编写代码。这两种方法可以分别使用,也可以结合使用。对此 Zinc 没有具体的规定。当然,两种方法各有优缺点。就修改而言窗口上的控件如果较多,用 Zinc Designer 设计时修改很方便。但如果所有控件的显示位置有联系并且每一个都要修改时,当然是通过写代码修改要方便些。根据编程经验,如果图形用户界面上的控件多,且各控件的排列很有规律,就编写代码来实现,否则就用 Zinc Designer 来实现。实际应用中,最好将两种方法结合起来使用。用 Zinc Designer 设计控件少的窗口,用编写代码来设计控件多的窗口。

① 用 Zinc Designer 设计界面：在 Tornado Ⅱ集成环境下,启动 Zinc designer,根据程序功能设计相应的界面。具体操作详见 Tornado 安装目录下\docs\pdf\zinc 子目录中的 zaf-start.pdf 文档。

② 编写代码设计界面：整个 Zinc 应用程序的执行是以事件驱动的。根据面向对象的程序设计思想,首先定义类,再对类中的方法编写代码。特别值得一提的是,Zinc 定义了许多 API,应用程序只要直接调用就行了。与通常 API 不同之处是,Zinc API 是以类中成员函数

的形式给出的，在调用时，首先要以包含该成员函数的类为基类，派生一个类，然后再应用该API。Zinc 中类的详细情况请参考 Tornado 安装目录下\docs\pdf\zinc 子目录中的 zafrefer.pdf 文档。

③ Zinc Designer 和编写代码相结合设计图形界面：在实际开发中，将两种方法结合起来用效率最高。仅用 Zinc Designer 开发时，必须熟悉其中的所有机制，包括事件发送、事件处理和窗口调用等，而这是要花费很长时间的；仅用编写代码的方法开发时，工作量太大，因为图形用户界面程序有一个特点，就是界面上有许多对象，要调试对象的位置必须进行大量的计算，并且对每个对象都要这样。而将两种方法结合起来，界面上对象的位置调试就很方便，只需在屏幕上移动对象就可确定对象的位置，并且根据面向对象的程序设计方法，界面上对象之间的调用关系也容易用代码实现。

用这种方法设计界面的步骤主要是两步：第一步，用 Zinc Designer 设计好界面，并产生代码；第二步，对界面上的对象根据需要定义相应的类，并对其中的成员函数编写代码。

根据编程经验，Zinc 应用程序中的表格最好用代码来实现。另外，在 Tornado 安装目录下的\target\src\zinc\demos 子目录中有 Zinc 提供的类的用法的例子，这些例子基本上都是用上述方法实现的。

3. Zinc 程序运行注意事项

为了使设计程序能够顺利运行，应注意以下几点：

① 必须在包含 Zinc 应用程序的工程的 Build 选项 C/C++ Compiler 中增加编译选项：

```
-DZAF_GUL -DZAF_VXWORKS
```

② Zinc 的资源文件 *.znc 要和 VxWorks 放在同一个目录下；

③ 将 Zinc 应用程序下载以前，应依次下载 ugl.o、zinc.o。

4. 创建 ugl 和 zinc 库的方法

Zinc 应用程序运行的基础是要有 gul 库和 zinc 库的支持。生成两种库文件的步骤如下所述。生成两种后缀的文件，.a 用于静态连接，.o 用于动态下载。

① 设置路径。从命令行运行：Tornado\host\x86-win32\bin\Torvars.bat。

② 创建 UGL 库。进入\Tornado\target\src\ugl 目录，运行 make CPU=I80486 applibs，在 lib 目录下产生 libI80486gnuUgl.a 文件，在 lib\objI80486gnuApps 目录下产生 ugl.o 文件。

③ 创建 zinc 库。进入\Tornado\target\src\zinc 目录，运行 make CPU=I80486 applibs，在 lib 目录下产生 libI80486gnuZinc.a 文件，在 lib\objI80486gnuApps 目录下产生 zinc.o 文件。

5. 主机环境下动态库和应用程序的创建与使用

Zinc 应用程序既可以在 VxWorks 操作系统的目标机上运行，也可以在 Window 操作系统的主机环境下运行。前面介绍的方法是在目标机环境下运行的过程，下面介绍在主机环境下运行的过程。

① VC++6.0 环境的准备。动态库和应用程序的创建要用到 VC 的 nmake.exe，安装 VC++6.0 时全部选默认设置。正常安装后，手工将…\common\MSPDB60.DLL 复制到…\vc98\bin 子目录下。

② 设置环境变量。作一个批处理文件 zincvars.bat,其内容如下:

```
set WIND_ HOST_TYPE = x86 - win32
set WIND_ BASE = C:\Tornado
set include = …\vc98\include; % WIND_BASE % \target\h
set lib = …\vc98\lib; % WIND_ BASE % \targe\lib
set path = …\vc98\lib; % WIND_ BASE % \host\ % W IND_ HOST_TYPE % \bin;
```

以命令行方式运行 zincvars 设置环境变量。

③ 创建 Windows 下的动态库。以命令行方式进入子目录…\tornado\target\sr\zinc,运行命令 nmake - f ms.mak 形成如下文件:

…\tornado\target\lib\objx86 - win32ms\ * .obw

…\tornado\target\lib\libzincx86 - win32ms.1ib

④ 创建 Windows 下应用程序。以命令行进入应用程序子目录,首先编写 ms.mak,然后运行命令 nmake - f ms.mak win32,即可生成应用程序在 Windows 环境下的可执行文件 .exe。

例1,进入…\tornado\target\src\zinc\demos 子目录,运行 nmake - f ms.mak win32,可生成…\demos 子目录下所有子目录中的应用程序在 Windows 下的可执行文件 w*.exe。

例2,进入…\tornado\target\src\zinc\znc2rsrc 子目录,运行 nmake - f ms.mak win32,可生成 znc2rsrc.exe 文件。

说明:"…"指主机上相应的路径,实际操作时要随主机上的路径而变化;应用程序的可执行文件 .exe 在 Windows 下可以直接运行,不需要 UGL 层的支持。

10.5 本章小结

本章介绍了嵌入式 VxWorks 下的多媒体组件 WindML 和 Zinc 的功能特点、应用体系构造和安装使用,以 WindML 为重点详细介绍了如何运用 WindML 和 Zinc 在 VxWorks 下进行嵌入式图形用户界面设计及其设计的方法技巧。

嵌入式 VxWorks 应用系统,实时响应性强,运行稳定可靠,加上 WindML/Zinc,更是锦上添花。一般使用 WindML 就可以在 VxWorks 上实现大多数嵌入式图形用户界面。Zinc 架构在 WindML 之上,使用 Zinc 及其设计工具则能够在 VxWorks 应用体系中快速开发出丰富多彩的嵌入式视窗界面。

10.6 学习与思考

1. 分别简述 WindML 和 Zinc 的功能特点和应用体系结构组成。

2. 归纳总结 WindML 和 Zinc 多媒体图形体系构建和应用的一般过程步骤。

3. 试比较 WindML/Zinc 体系与 μC/GUI、μC/Linux、MiniGUI、QtE 和 WinCE 体系的异同。

4. 设计一款用于震后搜救的便携式 VxWorks 生命搜寻仪,选用 WindML 体系还是选用常用的 WindML/Zinc 体系?

参考文献

[1] 怯肇乾. 嵌入式系统硬件体系设计[M]. 北京：北京航空航天大学出版社，2007.
[2] 怯肇乾. 基于底层硬件的软件设计[M]. 北京：北京航空航天大学出版社，2008.
[3] 怯肇乾. FPGA—SoPC 软硬件协同设计纵横[J]. 单片机与嵌入式系统应用，2008，93(9)：8-11.
[4] 怯肇乾. 人机界面中 LCD 的控制驱动与接口设计[J]. 单片机与嵌入式系统应用，2004，47(11)：9-12.
[5] 肖俊武，等. 基于嵌入式图形系统 μC/GUI 的应用研究[EB/OL]. [2006-11]. 机器人天空 http://www.robotsky.com/Html/qrsxt/2006-11/29/00_04_57_55367.html.
[6] 方恒耀，等. 基于 S3C44B0X 的嵌入式 GUI 的研究与应用[EB/OL]. [2007-11]. 计算机与信息技术 http://www.ahcit.com/lanmuyd.asp?id=1907.
[7] 周东进. μC/GUI 在基于 S3C44B0X 的 μC/OS-Ⅱ上移植[EB/OL]. [2006-11]. 电子开发网 http://www.dzkf.cn/html/qianrushixitong/2006/1130/1125.html.
[8] 杨光友，等. 嵌入式测控仪器图形界面设计[J]. 中国仪表仪器，2004，(10)：36-39
[9] 张磊，等. 基于 μC/OS-Ⅱ的嵌入式 GUI 研究与应用[EB/OL]. [2006-08]. I 无忧电子开发网 http://www.dzsc.com/data/html/2008-6-14/65089.html.
[10] 李亚峰. 用 μC/GUI 进行界面研究和设计[EB/OL]. [2007-09]. 期刊杂志网 http://qkzz.net/magazine/1009-3044/2007/09/837068.htm.
[11] 谢长，等. 基于 MicroWindows 的嵌入式 GUI 分析及应用[EB/OL]. [2007-10]. 中国电子市场 http://dzsc.com/data/html/2007-10-29/46456.html.
[12] 吴升艳，等. 嵌入式 Linux 系统下 MicroWindows 的应用[EB/OL]. [2007-01]. IT 技术 http://linux.ccidnet.com/art/302/20070112/999881_1.html.
[13] 吴升艳，等. 嵌入式系统下 MicroWindows 的实现[EB/OL]. [2007-01]. http://www.cechinamag.com/article/html/2007-01/2007116092728.htm.
[14] 吴升艳，等. MicroWindows 体系结构及应用程序接口[J]. 单片机与嵌入式系统，2003，29(5)：5-8.
[15] 李凯，等. MicroWindows 在基于 S3C44B0X 的嵌入式系统中的移植[EB/OL]. [2006-02]. 电子设计应用 http://www.eaw.com.cn/news/show.aspx?ClassID=44&ArticleID=7421.
[16] 胡双红，等. 基于 MicroWindows 的嵌入式 Linux 轻量级图形应用库的设计[EB/OL]. [2008-01]. ICGLE 技术 http://icgle.net/Technic/technic/2008/01/22/Technic18815.htm.
[17] 李爱平. ARM 平台的 MicroWindows 图形编程[EB/OL]. [2006-06]. 精品文章 http://www.mcu99.com/Article/ARM/200606/1031.html.
[18] 杨显强，等. 嵌入式系统中 LCD 驱动的实现原理[EB/OL]. [2005-08]. 老古开发网 http://www.laogu.com/wz_18338.htm.
[19] 徐少峰. 基于 PXA270 的 LCD 显示系统的设计与实现[EB/OL]. [2007-08]. 中国电子网 http://www.21ic.com/news/html/76/show21489.htm.
[20] 左锦. FLTK 编程模型[EB/OL]. [2003-05]. http://www.ibm.com/developerworks/cn/linux/l-fltk/index.html.
[21] 陈艳，等. 基于 S3C44B0X 的 MicroWindows 在远程红外抄表器中的应用[EB/OL]. [2007-08]. 中国电子市场 http://www.dzsc.com/data/html/2007-8-1/42143.html.
[22] 谭巍，等. 基于 ARM 的微伏信号在线监测系统设计[EB/OL]. [2007-08]. 嵌入式技术网 http://www.icembed.com/info-25316.htm.
[23] 万书芹，等. 基于 EP7132 的新型嵌入式系统的实现[EB/OL]. [2007-06]. 中国 EDA 技术网 http://www.51eda.com/Article/embed_system/rtos/200706/9802.html.
[24] 魏永明. MiniGUI 简介与嵌入式 Linux 应用[EB/OL]. [2005-08]. 赛迪网 IT 技术应用 http://tech.

ccidnet. com/art/310/20050825/318539_1. html.

[25] 魏永明. 基于 Linux 和 MiniGUI 的嵌入式系统软件开发指南[EB/OL]. [2005 - 09]. http:// www. pc-dog. com/edu/linux/2005/09/i027963. html.

[26] 赵传祥. MiniGUI 在 S3C2410 开发板的移植[EB/OL]. [2007 - 07]. 嵌入式在线 http:// www. mcuol. com/tech/116/15677. htm.

[27] 魏永明, 等. Linux/µCLinux + MiniGUI 嵌入式系统开发原理、工具及应用[M]. 飞漫软件技术有限公司, 2005.

[28] 魏永明, 等. MiniGUI 技术白皮书 V2. 0. 4/1. 6. 10[M]. 飞漫软件技术有限公司, 2007.

[29] 刘锬. 触摸屏校准程序设计[J]. 计算机世界报, 2006(13): 25 - 27.

[30] 张晓辉. 基于 MiniGUI 的机车车载显示终端研究[EB/OL]. [2007 - 07]龙源电子期刊阅览室 http:// 202. 107. 212. 150:82/dsmag/view. asp? titleid=dzyd20070737.

[31] 韩飞, 等. MiniGUI 在车载导航终端中的应用[EB/OL]. [2007 - 09]开发者 http:// dev. w3pub. com/ content/2007 - 9 - 19/5803. html.

[32] 张欣, 等. 基于嵌入式 Linux 和 MiniGUI 的图形界面税控收款机开发[EB/OL]. [2005 - 09]. 中国新通信网 http:// www. telenews. com. cn/Article/62 - 1. htm.

[33] 周立功, 等. ARM 嵌入式 MiniGUI 初步与应用开发范例[M]. 北京: 北京航空航天大学, 2006.

[34] 徐广毅, 等. Qt/Embedded 在嵌入式 Linux 系统中的应用[EB/OL]. [2005 - 04]. 中国电子网 21IC ht-tp:// www. 21ic. com/news/html/63/show7082. htm.

[35] 于晓, 等. 基于 Qt/Embedded 的微波信号发生器软件设计[EB/OL]. [2007 - 08]. 中国测控网 http:// www. ck365. cn/lunwen/show. asp? infoid=1699.

[36] SmallWL. Qt/Embedded 开发环境建立的过程[EB/OL]. [2006 - 08]. 红联 http:// www. linuxdiyf. com/ viewarticle. php? id=15899.

[37] 苏东. Qt/Embedded 的移植[EB/OL]. [2007 - 08]. http:// book. 51cto. com/art/200708/53782. htm.

[38] 白玉霞, 等. 基于 Qt/Embedded 的 GUI 移植及应用程序开发[EB/OL]. [2005 - 08]. 老古开发网 http:// www. laogu. com/wz_42927. htm.

[39] 陈小鹏, 等. 基于 Qt/Embedded 的物流信息终端导航定位功能设计[EB/OL]. [2007 - 10]. 电子设计应 用 http:// www. eaw. com. cn/news/show. aspx? ClassID=44 & ArticleID=9624.

[40] 微软著/希望图书译. Microsoft Windows CE User Interface Services Guide 图形界面服务指南[M]. 北 京: 希望电子出版社, 1999.

[41] 吴松华, 等. 基于 WinCE. NET 的监控软件设计与实现[EB/OL]. [2006 - 04]. 天极网 http:// dev. yesky. com/91/2362091. shtml.

[42] 余彬, 等. WindML 显示技术的优势和实现[EB/OL]. [2006 - 09]. 电子先锋 http:// www. dz863. com/ VxWorks - VxWorks - WindML - SDL. htm.

[43] 陈恩庆, 等. VxWorks 下图形用户界面的开发[EB/OL]. [2007 - 06]. 嵌入式开发网 http:// www. em-bed. com. cn/downcenter/Article/Catalog42/3893. htm.

[44] GEM2000. 在 Tornado 2. 2. 1 下如何使用 WindML 和 Zinc[EB/OL]. [2004 - 08]. 电子开发论坛 http:// bbs. dzkf. net/thread - 4143 - 1 - 1. html###.

[45] 姚宇峰, 等. 基于 WindML 的 VxWorks 图形驱动研究[EB/OL]. [2007 - 11]. ICgle 技术 http:// icgle. net/Technic/technic/2007/11/08/Technic17597. htm.

[46] 袁渊. 基于嵌入式操作系统 VxWorks 的图形界面开发[EB/OL]. [2008 - 05]. 中国电子网 http:// www. 21ic. com/news/html/63/show26701. htm.

[47] 孟桥. 嵌入式操作系统 VxWorks 中的显控程序设计[EB/OL]. [2006 - 11]. 爱问科技网 http:// www. 21aw. com/web/software/OS/200611/1191. shtml.

[48] 蔡本华. VxWorks 操作系统图形模式下显卡驱动设计[EB/OL]. [2006-06]. 综合电子论坛 http://www.avrw.com/article/art_104_1177.htm.

[49] 刘王景,等. 嵌入式 VxWorks 下的图形用户界面开发工具 Zinc[EB/OL]. [2006-09]. 电子先锋 http://www.dz863.com/VxWorks-Zinc-WindML-.htm.

[50] 彭宇. VxWorks 环境下基于 Zinc 的 GUI 任务与非 GUI 任务之间的通信[EB/OL]. [2007-12]. ICgle 技术 http://icgle.net/Technic/technic/2007/12/29/Technic18537.htm.

[51] 陈养平,等. 基于 VxWorks 的 Zinc 程序设计[J]. 微电子学与计算机,2003(增刊):32-35.

北京航空航天大学出版社 单片机与嵌入式系统图书推荐

(2007年6月后出版图书)

嵌入式系统教材

书 名	作 者	定价	出版日期
嵌入式系统设计与实践	杨 刚	45.0	2009.03
ARM 嵌入式程序设计	张 喻	28.0	2009.01
ARM 嵌入式系统基础教程(第2版)	周立功	39.5	2008.09
嵌入式系统软件设计中的数据结构	周航慈	22.0	2008.08
嵌入式系统中的双核技术	邵贝贝	35.0	2008.08
ARM9 嵌入式系统设计基础教程	黄智伟	45.0	2008.08
ARM&Linux 嵌入式系统教程(第2版)	马忠梅	34.0	2008.08
嵌入式系统——使用 HCS12 微控制器的设计与应用	王宜怀	39.5	2008.03
嵌入式 Linux 系统设计	郑灵翔	32.0	2008.03
ARM 体系结构及其嵌入式处理器	任 哲	38.0	2008.01
ARM9 嵌入式系统设计技术——基于 S3C2410 和 Linux	徐英慧	36.0	2007.08
嵌入式原理与应用——基于 XScale 处理器与 Linux 操作系统	石秀民	36.0	2007.08

ARM、SoC 设计、IC 设计及其他嵌入式系统综合类

书 名	作 者	定价	出版日期
嵌入式软件设计之思想与方法	张邦术	32.0	2009.01
ARM Cortex-M3 权威指南(含光盘)	宋 岩	49.0	2009.01
嵌入式微控制器 S08AW 原理与实践	王 威	39.0	2009.01
嵌入式 SoC 系统开发与工程实例(含光盘)	包海涛	49.0	2009.01
嵌入式 Internet TCP/IP 基础、实现及应用(含光盘)	潘琢金译	75.0	2008.10
ARM Linux 入门与实践(含光盘)	程昌南	49.5	2008.10
ARM9 嵌入式系统开发与实践(含光盘)	王黎明	69.0	2008.10
基于 MDK 的 STM32 处理器开发应用	李 宁	56.0	2008.10
SOPC 系统设计与实践(含光盘)	王晓迪	32.0	2008.08
STM32 系列 ARM Cortex-M3 微控制器原理与实践(含光盘)	王永虹	49.0	2008.08
ARM 处理器与 C 语言开发应用	范书瑞	32.0	2008.08
Linux 中 TCP/IP 协议实现及嵌入式应用	张曦煌	39.0	2008.07
嵌入式网络系统设计——基于 Atmel ARM7 系列(含光盘)	焦海波	49.0	2008.04
ARM 开发工具 RealView MDK 使用入门	李 宁	45.0	2008.03
ARM 程序分析与设计	王宇行	32.0	2008.03
嵌入式软件概论	沈建华	42.0	2007.10

DSP

书 名	作 者	定价	出版日期
TMS320C6000 DSP 结构原理与硬件设计	于凤芹	48.0	2008.09
TMS320C55x DSP 应用系统设计	赵洪亮	36.0	2008.08
TMS320C672x 系列 DSP 原理与应用	刘伟	42.0	2008.06
TMS320X281xDSP 应用系统设计(含光盘)	苏奎峰	42.0	2008.05
TMS320X281x DSP 原理及 C 程序开发(含光盘)	苏奎峰	48.0	2008.02
DSP 开发应用技术	曾义芳	85.0	2008.02
DSP 应用系统设计实例	郑红	36.0	2008.01
TMS320C54x DSP 结构、原理及应用(第2版)	戴明帧	28.0	2007.09
TMS320X240x DSP 原理及应用开发指南	赵世廉	38.0	2007.07

单片机

教材与教辅

书 名	作 者	定价	出版日期
单片机应用系统设计(含光盘)	冯先成	35.0	2009.01
单片机快速入门(含光盘)	徐 玮	36.0	2008.05
单片机项目教程(含光盘)	周 竖	28.0	2008.05
51 单片机基础教程	宁 凡	24.0	2008.03
单片机应用设计培训教程——理论篇	张迎新	29.0	2008.01
单片机应用设计培训教程——实践篇	夏继强	22.0	2008.01
80C51 嵌入式系统教程	肖洪兵	28.0	2008.01
单片机教程习题与解答(第2版)	张俊谟	26.0	2008.01
51 单片机原理与实践	高卫东	23.0	2007.11
单片机原理与应用设计	蒋辉平	22.0	2007.10
单片机基础(第3版)	李广弟	24.0	2007.06
高职高专规划教材——单片机测控技术	童一帆	16.0	2007.08

51 系列单片机其他图书

书 名	作 者	定价	出版日期
51 单片机工程应用实例(含光盘)	唐继贤	39.0	2009.01
匠人手记:一个单片机工作者的实践与思考	张 俊	39.0	2008.04
80C51 单片机实用技术	久朋	24.0	2008.04
单片机入门与趣味实验设计	肖 婧	20.0	2008.04
单片机原理及串行外设接口技术	李朝青	28.0	2008.01
从0开始教你用单片机	赵星寒	22.0	2009.01
从0开始教你学单片机	赵星寒	25.0	2008.01
手把手教你学单片机 C 程序设计(含光盘)	周兴华	36.0	2007.09
单片机基础与最小系统实践	刘同法	32.0	2007.06
电动机的单片机控制(第2版)	王晓明	26.0	2007.08
单片机课程设计指导(含光盘)	楼然苗	39.0	2007.07
手把手教你学单片机(第2版)(含光盘)	周兴华	29.0	2007.06

书 名	作者	定价	出版日期
PIC 单片机			
dsPIC 数字信号控制器入门与实战——入门篇(含光盘)	石朝林	49.0	2009.01
PIC 单片机 C 程序设计与实践	后闲哲也	39.0	2008.07
其他公司单片机			
Freescale 08 系列单片机开发与应用实例(含光盘)	何此昂	39.0	2009.01
MSP430 系列 16 位超低功耗单片机原理与实践(含光盘)	沈建华	48.0	2008.07
ST7 单片机 C 程序设计与实践(含光盘)	梁海波	36.0	2008.06
HT48Rxx I/O 型 MCU 在家庭防盗系统中的应用	吴孔松	32.0	2008.06
HT46xx AD 型 MCU 在厨房小家电中的应用	杨 斌	35.0	2008.06
HT46xx 单片机原理与实践(含光盘)	钟启仁	55.0	2008.09
AVR 单片机入门与实践	李 泓	38.0	2008.04
AVR 单片机原理及测控工程应用——基于 ATmega 48/ATmega 16	刘海成	39.0	2008.03
MSP430 单片机基础与实践	谢兴红	28.0	2008.01
AVR 单片机嵌入式系统原理与应用实践 (含光盘)	马 潮	52.0	2007.10
HCS12 微控制器原理及应用	王 威	26.0	2007.10
总线技术			
圈圈教你玩 USB(含光盘)	刘 荣	39.0	2009.01
ET44 系列 USB 单片机控制与实践	董胜源	39.0	2008.09
8051 单片机 USB 接口 VB 程序设计	许永和	49.0	2007.10
现场总线 CAN 原理与应用技术(第 2 版)	饶运涛	42.0	2007.08
其 他			
短距离无线通信详解——基于 CYWM6935 芯片	喻金钱	32.0	2009.01
FPGA/CPLD 应用设计 200 例(上、下)	张洪润	92.0	2009.01

书 名	作者	定价	出版日期
Verilog HDL 入门(第 3 版)	夏宇闻译	39.0	2008.10
SystemC 入门(第 2 版)(含光盘)	夏宇闻译	36.0	2008.10
Verilog 数字系统设计教程(第 2 版)	夏宇闻	40.0	2008.06
Altium Designer 快速入门	徐向民	45.0	2008.11
Profel DXP 2004 电路设计与仿真教程	李秀霞	33.0	2008.03
数字信号处理的 SystemView 设计与分析(含光盘)	周润景	29.0	2008.01
传感器技术大全(上)、(中)、(下)	张洪润	78.0 76.0 82.0	2007.10
计算机系统结构	胡越明	32.0	2007.10
EDA 实验与实践	周立功	34.0	2007.09
高职高专规划教材——传感器与测试技术	李 娟	22.0	2007.08
EDA 技术与可编程器件的应用	包 明	45.0	2007.09
传感器与单片机接口及实例	来清民	28.0	2008.01
基于 MCU/FPGA/RTOS 的电子系统设计方法与实例	欧伟明	39.0	2007.07
无线发射与接收电路设计(第 2 版)	黄智伟	68.0	2007.07
电子技术动手实践	崔瑞雪	29.0	2007.06
数字电子技术	靳孝峰	38.0	2007.09
ZigBee 网络原理与应用开发	吕治安	35.0	2008.02
无线单片机技术丛书——CC1110/CC2510 无线单片机和无线自组织网络入门与实战	李文仲	29.0	2008.04
无线单片机技术丛书——ARM 微控制器与嵌入式无线网络实战	李文仲	55.0	2008.05
无线单片机技术丛书——ZigBee 2006 无线网络与无线定位实战	李文仲	42.0	2008.01
无线单片机技术丛书——CC1010 无线 SoC 高级应用	李文仲	41.0	2007.07
无线 CPU 与移动 IP 网络开发技术	洪 利	56.0	2008.03
电子设计竞赛实训教程	张华林	33.0	2007.07

注:表中加底纹者为 2008 年后出版的图书。

以上图书可在各地书店选购,或直接向北航出版社书店邮购(另加 3 元挂号费)邮购电话:010 - 82316936
地址:北京市海淀区学院路 37 号北航出版社书店 5 分箱   邮购部收   邮编:100083   邮购 Email:bhcbssd@126.com
投稿联系电话:010 - 82317035、82317022   传真:010 - 82317022   投稿 Email:emsbook@gmail.com